LA PHYSIQUE

DES ARBRES.

SECONDE PARTIE.

LA PHYSIQUE
DES ARBRES;

où il est traité

DE L'ANATOMIE DES PLANTES

et

DE L'ÉCONOMIE VÉGÉTALE:

Pour fervir d'Introduction au Traité complet des B o i s
& des F o r e s t s :

Avec une Dissertation sur l'utilité
des Méthodes de Botanique ; & une Explication des termes
propres à cette Science, & qui font en ufage pour
l'exploitation des B ois & des Forêts.

Par M. DUHAMEL DU MONCEAU, de l'Académie Royale des
Sciences; de la Société Royale de Londres ; des Académies de Palerme &
de Befançon ; Honoraire de la Société d'Edimbourg & de l'Académie de
Marine ; Infpecteur Général de la Marine.

Ouvrage enrichi de Figures en taille-douce.

SECONDE PARTIE.

A PARIS,

Chez H. L. Guerin & L. F. Delatour, rue
Saint Jacques, à Saint Thomas d'Aquin.

M. DCC. LVIII.

Avec Approbation et Privilege du Roi.

TABLE

DES LIVRES, CHAPITRES ET ARTICLES
Contenus dans la Seconde Partie.

LIVRE QUATRIEME.

Des Semences & de leur germination : de l'accroissement des Arbres tant en hauteur qu'en grosseur : des Plaies : des Greffes : des Boutures : des Marcottes : de la direction des Tiges, & de celle des Racines, &c. page 1

II. Partie. a

LIVRE CINQUIEME.

De l'économie des Végétaux: des divers mouvements de la Seve: des maladies des Arbres, & des remedes qu'on y peut appliquer. page 183

Fin de la Table de la Seconde Partie.

Extrait des Registres de l'Académie Royale des Sciences.

Du 10 Mai 1758.

MESSIEURS DE JUSSIEU & GUETTARD, qui avoient été nommés pour examiner un Ouvrage de M. DUHAMEL, intitulé : *Traité sur la Physique des Arbres* ; en ayant fait leur rapport , l'Académie a jugé cet Ouvrage digne de l'impression : en foi de quoi j'ai signé le présent Certificat. A Paris ce 10 Mai 1758.

Signé, GRANDJEAN DE FOUCHY,
Secretaire perpétuel de l'Acad. R. des Sciences.

PRIVILEGE DU ROI.

LOUIS, par la grace de Dieu, Roi de France & de Navarre : A nos amés & féaux Conseillers, les Gens tenans nos Cours de Parlement, Maîtres des Requêtes ordinaires de notre Hôtel , Grand - Conseil, Prévôt de Paris, Baillifs, Sénéchaux, leurs Lieutenans Civils, & autres nos Justiciers qu'il appartiendra , SALUT. Nos bien amés LES MEMBRES DE L'ACADEMIE ROYALE DES SCIENCES de notre bonne Ville de Paris , nous ont fait exposer qu'ils auroient besoin de nos Lettres de Privilège pour l'impression de leurs Ouvrages : A CES CAUSES , voulant favorablement traiter les Exposans , Nous leur avons permis & permettons par ces Présentes, de faire imprimer par tel Imprimeur qu'ils voudront choisir , toutes les Recherches ou Observations journalieres, ou Relations annuelles de tout ce qui aura été fait dans les Assemblées de ladite Académie Royale des Sciences,. les Ouvrages, Mémoires ou Traités de chacun des Particuliers qui la composent, & généralement tout ce que ladite Académie voudra faire paroître , après avoir fait examiner lesdits Ouvrages , & jugé qu'ils sont dignes de l'impression , en tels volumes, forme , marge , caracteres, conjointement ou séparément , & autant de fois que bon leur semblera , & de les faire vendre & débiter par tout notre Royaume , pendant le tems de vingt années consécutives à compter du jour de la date des Présentes; sans toutefois qu'à l'occasion des Ouvrages ci-dessus spécifiés il en puisse être imprimé d'autres qui ne soient pas de ladite Académie : Faisons défenses à toutes sortes de personnes, de quelque qualité & condition qu'elles soient , d'en introduire d'impression étrangere dans aucun lieu de notre obéissance; comme aussi à tous Libraires & Imprimeurs d'imprimer ou faire imprimer, vendre , faire vendre & débiter lesdits Ouvrages , en tout ou en partie , & d'en faire aucunes traductions ou extraits, sous quelque prétexte que ce puisse être , sans la permission expresse & par écrit desdits Exposans, ou de ceux qui auront droit d'eux , à peine de confiscation des Exemplaires contrefaits, de trois mille livres. d'amende contre chacun des contrevenans ; dont un tiers à Nous, un tiers à l'Hôtel - Dieu de Paris , & l'autre tiers auxdits Exposans , ou à celui qui aura droit d'eux , & de tous dépens , dommages & intérêts ; à la charge que ces Présentes seront enregistrées tout au long sur le Registre de la Communauté des Libraires & Imprimeurs. de Paris , dans trois mois de la date d'icelles ; que l'impression desdits Ouvrages sera faite dans notre Royaume , & non ailleurs , en bon papier & beaux caracteres , conformément aux Reglemens de la Librairie ; qu'avant de les exposer en vente , les Manuscrits ou Imprimés qui auront servi de copie à l'impression desdits Ouvrages seront remis ès mains de notre très-cher & féal Chevalier le sieur DAGUESSEAU , Chancelier de France , Commandeur de nos Ordres ; & qu'il en sera ensuite remis deux Exemplaires dans notre Bibliothéque publique , un en celle de notre Château du Louvre , & un en celle de notredit très-cher & féal Chevalier le sieur DAGUESSEAU, Chancelier de France , à qui à peine de nullité desdites Présentes : du contenu desquelles vous mandons &, enjoignons de faire jouir lesdits Exposans & leurs ayans cause pleinement & paisiblement , sans souffrir qu'il leur soit fait aucun trouble ou empêchement. Voulons que la copie des Présentes , qui sera imprimée tout au long , au commencement ou à la fin desdits Ouvrages , soit tenue pour duement signifiée , & qu'aux copies collationnées, par l'un de nos amés , féaux Conseillers & Secrétaires , foi soit ajoutée comme à l'Original. Commandons au premier notre Huissier ou Sergent sur ce requis , de faire pour l'exécution d'icelles , tous actes requis & nécessaires , sans demander autre permission , & nonobstant Clameur de Haro , Charte Normande , & Lettres à ce contraires : CAR tel est notre plaisir. DONNÉ à Paris le dix-neuvieme jour du mois de Février , l'an de grace mil sept cens cinquante & de notre Regne le trente-cinquième. Par le Roi en son Conseil. Signé, M O L.

Regiſtré sur le Regiſtre XII. de la Chambre Royale & Syndicale des Libraires & Imprimeurs de Paris. N. 430. Fol. 309. conformément au Réglement de 1723 qui fait défenses , article 4. à toutes personnes , de quelque qualité & condition qu'elles soient , autres que les Libraires & Imprimeurs , de vendre , débiter & faire afficher aucuns Livres pour les vendre , sous qu'ils s'en disent les Auteurs ou autrement ; à la charge de fournir à la susdite Chambre huit Exemplaires de chacun , prescrits par l'art. 108. du même Réglement. A Paris , le 5 Juin 1750. Signé, LE GRAS, Syndic.

LIVRE QUATRIEME.

LIVRE QUATRIEME.

Des Semences & de leur Germination; de l'Accroissement des Arbres, tant en hauteur qu'en grosseur; des Plaies; des Greffes; des Boutures; des Marcottes; de la direction des Tiges, & de celle des Racines, &c.

INTRODUCTION.

Nous avons examiné dans le premier livre l'organisation du corps des arbres, celle de leurs racines & de leurs branches. Le second livre a été employé à suivre l'anatomie des parties qui garnissent les branches, les boutons à bois, les mains, &c.

On jugera peut-être que j'aurois dû traiter dans ce même livre des fleurs & des fruits, puisque ces productions se forment sur les branches; mais il m'a paru que les organes de la fructification fournissoient des discussions si curieuses & si abondantes, qu'elles méritoient d'être traitées à part. C'est ce qui m'a déterminé à en faire l'objet du troisieme livre.

Je me propose d'examiner dans ce quatrieme livre les semences formées, la façon dont elles agissent lorsqu'elles font leurs productions. Mais, pour me rendre plus intelligible, je crois devoir remettre sommairement sous les yeux du lecteur ce que j'ai dit dans le livre précédent sur cet objet, & in-

Partie II.   A

diquèr les obſervations qu'on a faites ſur la reproduction des animaux *vivipares* & *ovipares*.

Le germe des animaux *vivipares*, de quelque façon qu'il ſoit formé, prend ſon accroiſſement dans le ſein de la mere; d'où le jeune animal ſort pourvu de tous ſes organes. Au moment de ſa naiſſance, il prend, pour ainſi dire, une autre façon de vivre. Le fœtus qui recevoit continuellement de la nourriture de ſa mere par les vaiſſeaux umbilicaux, qui ne reſpiroit point, & dont le ſang circuloit par des routes qui ſe ferment peu après la naiſſance; ce fœtus devenu enfant au ſortir du ſein de ſa mere, reſpire; ſon ſang ſuit une nouvelle route par les poumons, où il reçoit les avantages que l'air peut lui procurer. Privé du ſecours des vaiſſeaux umbilicaux, il prend ſa nourriture par la bouche. Néanmoins après cette métamorphoſe il n'eſt point encore en état de ſe paſſer des ſecours de ſa mere : les dents lui manquent, & ſon eſtomac trop délicat ne s'accommoderoit pas d'aliments ſolides; il a beſoin de ſuccer les mammelles de ſa mere pour en tirer une eſpece de chyle qui n'exige preſque aucune digeſtion : peu-à-peu toutes ſes parties ſe fortifient, ſon eſtomac devient capable de recevoir & de digérer des aliments plus ſolides & plus nourriſſants : ainſi on peut dire qu'il acheve de ſe former après ſa naiſſance. Voyons maintenant ce qui ſe paſſe à l'égard des animaux qui ſe forment dans les œufs de ceux que l'on appelle *ovipares*.

La mere peut produire toute ſeule un œuf : tous les jours on voit les poules pondre ſans le miniſtere d'un coq; mais ces œufs très-bien formés d'ailleurs, ne produiſent cependant rien, s'ils n'ont été fécondés par le mâle. Après cette fécondation, on n'apperçoit aucune différence entre cet œuf & celui qui eſt infécond. Sans doute qu'il y exiſte un germe capable de devenir un poulet; mais le poulet n'exiſte pas, au moins ſenſiblement : que faut-il donc pour que ſon exiſtence devienne ſenſible? Rien autre choſe qu'un certain degré de chaleur. Que cette chaleur ſoit produite artificiellement dans les fours de M. de Reaumur, qu'elle réſulte du corps même de la poule qui couve, cela eſt indifférent. Au moyen de cette ſeule chaleur, qui doit durer pendant tout le temps de l'incubation, on apperçoit sur le jaune, vers l'endroit qu'on nomme la *cicatricule*, de petits points qui palpitent, de petits vaisseaux sanguins qui deviennent sensibles; peu-à-peu le poulet se forme; & pendant tout le temps de l'incubation il se nourrit, par les vaisseaux umbilicaux, aux dépens du jaune de l'œuf, qui est continuellement réparé par le blanc, dont toute la substance passe dans le jaune par des vaisseaux de communication, que le vulgaire prend mal-à-propos pour le germe. Le poulet sort de sa coquille, pourvu d'une suffisante quantité d'aliments, pour pouvoir se passer de nourriture pendant 36 ou 48 heures; mais après ce temps, il périroit si on ne lui en fournissoit pas. Le poulet ne tette pas comme les *vivipares*; mais la mere a soin de lui fournir des aliments faciles à digérer. Au reste, au moment qu'il sort de sa coquille, instant qu'on peut regarder comme celui de sa naissance, il commence à respirer, ainsi que les animaux *vivipares*. Le peu que je dis ici sur la formation des animaux, suffit, je crois, pour faire comprendre ma pensée sur les végétaux. Je vais donc parler des semences.

CHAPITRE PREMIER.

DES SEMENCES.

On a vu dans le livre précédent que les noyaux se remplissent d'une substance glaireuse, que nous avons comparée à la glaire des œufs. Du côté de la pointe d'une amande, on apperçoit une autre liqueur pareillement transparente, mais qui est contenue dans des membranes qui lui sont propres. Cette vésicule, que je compare au jaune de l'œuf, communique par des vaisseaux avec la substance que j'ai comparée au blanc. Voilà, ce me semble, un œuf assez semblable à ceux des oiseaux : suivons cette comparaison.

J'ai dit que dans l'œuf tout formé & nouvellement pondu, on n'appercevoit encore aucun vestige du poulet : on a vu pareillement dans le livre précédent que je suis incertain

Pl. I. si j'ai apperçu le commencement de l'amande dans un noyau assez gros, & tout-à-fait rempli de ses substances glaireuses.

Peu de temps après, l'amande commence à paroître & à se former par le petit bout, de la même maniere, qu'après plusieurs jours d'incubation, on trouve dans l'œuf la premiere origine du poulet : au moins c'est à ce terme qu'elle commence à être sensible. Je remarquerai seulement que cette partie des amandes, qu'on nomme les *lobes*, est alors fort petite, relativement au germe qui est assez gros.

L'amande qui est enchassée dans la substance que je compare au jaune de l'œuf, grossit sensiblement; elle tire sa nourriture de cette substance, laquelle devient elle-même plus abondante aux dépens d'une autre substance que j'ai comparée au blanc de l'œuf. La même chose se passe dans l'œuf, puisque le poulet se nourrit du jaune, qui se répare par le blanc.

Enfin le poulet entiérement formé brise sa prison, au lieu que l'amande reste renfermée dans l'enveloppe ligneuse du noyau. En suivant notre comparaison, on s'attendroit à trouver un petit arbre sous l'enveloppe ligneuse du noyau; mais l'amande n'offre rien qui ressemble à un arbre : examinons les parties dont elle est composée.

L'amande est extérieurement recouverte par les enveloppes générales dont j'ai parlé dans le livre précédent. Avec de la patience & de l'adresse, on découvre intérieurement des membranes minces, qui sont les débris de celles qui enveloppoient les liqueurs que j'ai comparées au jaune & au blanc de l'œuf. Toutes ces enveloppes s'enlevent aisément, après que l'on a tenu quelques minutes les amandes dans de l'eau chaude; alors on apperçoit le corps de l'amande (Pl. I. *fig. 1.*) qui se divise aisément en deux parties, qu'on nomme les *lobes* (*fig. 2.*), à la pointe desquels on voit (*fig. 3.*) un petit corps, qu'on nomme le *germe*. Ce germe s'unit aux deux lobes par des appendices dont je parlerai dans la suite. Ce corps, figuré comme deux cônes qui se réunissoient par leur base, ressemble à un fuseau. Un de ces cônes *a* est extérieur aux deux lobes; l'autre cône *b* est renfermé entre les deux.

Fig. 1.
Fig. 2 & 3.

La partie qui se montre à l'extérieur *a* doit former la racine : la partie *b* qui est renfermée entre les lobes, est destinée à faire la tige. La dissection de la partie *a*, qui doit devenir la racine qu'on nomme la *radicule*, ne m'a fait appercevoir au microscope qu'un changement de substance, qui
n'est même sensible que par la couleur. Le dehors est fort
blanc, & l'intérieur a une teinte qui tire un peu sur le jaune.
J'ai cru appercevoir dans la partie *b* qui doit devenir la tige,
& qu'on nomme la *plume*, quelques petits appendices qui
font apparemment les rudiments des parties qui doivent former la tige. Tout cela deviendra plus sensible, quand l'amande aura resté quelque temps en terre. Mais en voyant dans ce
petit corps, qui termine l'amande, les rudiments de la racine & de la tige, que font donc ces lobes ? comment font-
ils organisés, & à quoi servent-ils ?

Quant à l'organisation, j'aurai peu de choses à ajouter aux
découvertes de Grew. Si l'on coupe, du côté du germe d'une
grosse feve qui a resté quelques jours en terre, des tranches
minces, on appercevra (*fig.* 7.) des points plus verds que le
reste ; & en pénétrant plus avant dans le fruit par de pareilles sections, on découvrira que ces points verds font les coupes transversales de plusieurs vaisseaux qui s'épanouissent en
une infinité de ramifications dans toute l'étendue des lobes,
comme dans la *fig.* 6. M. Bonnet a trouvé le moyen de rendre ces vaisseaux plus sensibles, en mettant des feves tremper, par les lobes, dans de l'encre ; car, après avoir fait
la coupe dont nous venons de parler, les vaisseaux, au lieu
de paroître verds, se montroient noirs ; ainsi on les pouvoit compter, & les suivre dans l'intérieur des lobes. Il
faut donc concevoir que les lobes des semences (*fig.* 5.) font
formés d'abord d'un prodigieux épanouissement de vaisseaux,
que Grew nomme la *racine séminale* ; & comme toutes les
semences fournissent, ou de la farine, ou de l'huile, il y a
lieu de soupçonner que les deux racines séminales, qu'on
pourroit nommer *vaisseaux mammaires*, font destinées à apporter à la jeune plante l'une ou l'autre de ces substances, dis-
soutes dans l'eau qu'elle pompe de la terre ; ainsi les lobes
peuvent être comparés aux mammelles des animaux ; puisque

Pl. I.

Fig. 7.

Fig. 6.

Fig. 5.

leur fonction est de fournir une nourriture convenable à la jeune plante, jufqu'à ce qu'elle puiffe fe paffer de ce fecours, en tirant fa nourriture par fes propres racines.

Il eft exactement vrai de dire que le jeune arbre eft contenu en petit dans ce que l'on appelle le germe de la femence; ou plutôt, on peut regarder ce germe comme formé d'un bouton à bois d'où fort la plume, & d'un bouton à racine d'où doit fortir la radicule; & de même que l'enfant nouveau né ne peut fubfifter fans le fecours de fa mere, de même le jeune arbre courroit rifque de périr faute de nourriture, fi les lobes, qui tiennent ici lieu de mammelles, ne lui en fourniffoient pas pour le mettre en état d'étendre des racines dans la terre, d'où il doit tirer fa fubfiftance.

Il eft vrai que M. Bonnet, après avoir entiérement fupprimé les lobes à des Haricots qui avoient feulement trempé quelques jours dans l'eau, eft parvenu, à force de précautions, à faire prendre terre & pouffer ces germes ainfi fevrés avant le terme; mais cette ingénieufe expérience prouve l'utilité des lobes; car ces plantes qui ont fubfifté jufqu'aux gelées, & même fleuri, fournirent des haricots nains, & pour ainfi dire en mignature, puifque, tandis que des pieds de même âge avoient un pied & demi de hauteur, ceux qui avoient été fevrés avant le temps, n'avoient que deux pouces de longueur.

Voilà les femences formées : elles ont, fuivant les différents arbres qui les portent, des formes fi différentes, que par cette configuration feule on peut reconnoître plufieurs arbres; auffi avons-nous eu égard aux formes des femences dans les defcriptions génériques que nous avons données dans le Traité des Arbres & des Arbuftes. Cette raifon m'engagera à être très-abrégé dans ce que je vais dire de la forme des femences.

Entre les différentes femences, les unes font recouvertes d'une enveloppe ligneufe ; on les nomme des *noyaux*; telles que la noix, l'amande, la cerife, la pêche, &c. D'autres font recouvertes d'une enveloppe coriacée, telles que la châtaigne, le *Pavia*, le Marronnier d'Inde, le gland : je les nomme des *pepins*. D'autres enfin le font par une membrane; ainfi que le Citife, l'arbre de Judée, &c. je les nomme des *fruits à membrane.*

La figure de tous ces fruits varie beaucoup. Entre ceux à noyau, les uns font ronds & lices, tels que celui de la cerife ; d'autres font ovales, applatis & affez unis, ainfi que l'abricot : d'autres font durs ; d'autres affez tendres : on trouve des uns & des autres dans les amandes & dans les noix. Il y en a qui font allongés & terminés en pointe, comme l'amande ; d'autres ovales, ainfi que l'olive & le Micocouillier. Beaucoup de noyaux ne contiennent qu'une amande, telle eft la noifette ; d'autres en contiennent deux, tels que le Jujubier, l'Olivier, le Cormier, le Laurier ; il y en a de chagrinés, de fillonés, de ftriés, de ruftiqués, tels que les noyaux des prunes, des pêches, des Elæagnus : d'autres ont des formes bifarres ; de ce genre eft le Nefflier.

Entre les femences coriacées, les unes font en forme de larme, ainfi que le Poirier, le Pommier : d'autres font ovales ; par exemple, le gland : d'autres ont des formes encore plus bifarres ; tels font le Châtaignier, le Pavia, le Marronnier d'Inde, &c.

On trouve encore plus de variétés dans la forme des femences qui font recouvertes d'une membrane : les unes font rondes ; d'autres font ovales & obtufes ; d'autres font longues & pointues : il y en a qui reffemblent à un rein ; d'autres à une larme ; d'autres font d'une forme très-irréguliere : on en voit de fort dures ; d'autres affez tendres : les unes font fort groffes ; d'autres font de groffeur médiocre : & enfin il y en a qui font fi menues, que l'on a de la peine à concevoir qu'elles puiffent contenir aucun germe. Les femences varient encore par leur couleur ; il y en a de blanches, de noires, de rouges, de jaunes, de brunes : elles varient encore par leur odeur, qui quelquefois eft agréable, & d'autres fois déplaifante. Je me borne ici à ces généralités, & je renvoie, pour les détails, à mon Traité des Arbres & Arbuftes.

CHAPITRE II.

DE LA GERMINATION DES SEMENCES.

L'AIR ET L'HUMIDITÉ fuffifent pour la germination des femences. On les voit faire leurs premieres productions fur des cruches perméables à l'eau. J'en ai fait germer de quantité d'efpeces différentes dans des éponges humides ; mais une fubmerfion totale les pourrit ordinairement. A l'égard de l'air, M. Homberg (Mémoires de l'Académie des Sciences, an. 1693) a fait des expériences qui prouvent que, fi le reffort de l'air & fa pefanteur ne font point la caufe principale de la germination des plantes, il faut au moins qu'il foit une caufe accidentelle de cette germination, puifque d'une même quantité de graine de Pourpier, de Creffon, de Laitue, de Cerfeuil & de Perfil, femée dans deux caiffes de pareille grandeur, dont une étoit reftée à l'air, & l'autre avoit été tenue fous le récipient d'une bonne machine pneumatique, toutes ont levé dans la premiere, pendant que dans celle que l'on tenoit dans le vuide de la machine pneumatique, il n'en a paru qu'une partie, & encore très-imparfaitement. Voici à-peu-près à quoi fe réduifent les obfervations de Homberg.

1°. A l'air libre la Laitue leva avant le Pourpier : le contraire eft arrivé dans le vuide.

2°. Il ne parut dans le vuide que quelques pieds, qui en trois jours s'éleverent de plus d'un pouce, & les feuilles féminales de la Laitue ne s'étendirent point, fur-tout en largeur : celles du Pourpier & du Creffon étoient à l'ordinaire.

3°. Le Pourpier ne fubfifta qu'un jour dans le vuide ; le Creffon fix jours : la Laitue fubfifta dans un même état pendant dix jours : le Cerfeuil & le Perfil ne parurent point.

4°. Après avoir laiffé rentrer l'air dans le récipient, le Cerfeuil & le Perfil leverent, ainfi que quelques graines de Creffon.

5°. Après

5°. Après avoir enlevé le récipient, pour voir si ces plantes subsisteroient dans l'air libre, elles périrent toutes, les unes un peu plutôt que les autres.

6°. Pendant tout le temps que les plantes avoient resté dans le vuide, on voyoit toujours au haut de chaque tige une goutte d'eau fort claire, qui de temps en temps couloit le long de la tige, & rentroit en terre; mais peu-à-peu il s'en formoit une nouvelle. Je pense que cette eau sortoit des pores de la plante, quoique M. Homberg les attribue à des gouttelettes d'eau qui sortoient de la terre, & qui, en s'élevant, s'arrêtoient aux tiges.

Comme il y a sûrement un peu d'air élastique renfermé dans les sémences, cet air, en se dilatant, doit déchirer, ou au moins beaucoup dilater certaines parties; les unes ne pouvant résister à son effort, se rompront; d'autres pourront se prêter à des extensions monstrueuses, d'où il ne résultera qu'une germination très-imparfaite.

On voit dans les Transactions philosophiques (n°. 23.) qu'une même espece de Laitue ayant été semée dans deux vases remplis d'une terre de semblable qualité, la semence germa & les plantes s'éleverent à deux pouces & demi de hauteur, en huit jours de temps, dans le vase qui étoit resté à l'air libre; mais qu'il ne parut rien dans celui qui fut tenu dans le vuide: après que l'on eut laissé rentrer l'air, & ôté le récipient, la plupart des semences tenues dans le vuide germerent, & les plantes s'éleverent, en huit jours, à deux ou trois pouces de hauteur.

Au reste une petite quantité d'air suffit pour la germination des plantes. En 1675, M. Huyghens rompit, en présence de l'Académie, une bouteille de verre double, où il avoit mis de la terre dès 1672, & qu'il avoit ensuite bien bouchée. On trouva cette bouteille presque remplie de plantes, quoique depuis l'instant de l'expérience il n'y en fût point entré du dehors. Voilà, ce me semble, assez d'expériences pour prouver que l'air de l'atmosphere est au moins très-utile à la germination des semences. Examinons maintenant ce qui se passe dans l'ordre naturel.

Mettons une amande en terre, à une profondeur conve-

Partie II.　　　　　　　　　　　　　　　　　B

Pl. I.

nable; elle réuſſiroit mal, ſi elle y étoit trop avant : eſſayons
d'examiner ce qui ſe paſſe. L'humidité de la terre traverſe le
bois du noyau, ainſi que les enveloppes de l'amande; de-là
elle s'inſinue dans le parenchyme des lobes : il ne faut pour
cela que la force attractive des vaiſſeaux capillaires.

L'amande groſſit alors conſidérablement; elle oblige l'enveloppe ligneuſe de s'ouvrir en deux, & ſans doute que l'humidité diſſout, ou la partie farineuſe, ou la ſubſtance hui-
leuſe qui eſt contenue dans le parenchyme. En un mot, cette
humidité forme, avec les différentes ſubſtances qui ſe trouvent dans les lobes, quelque choſe d'approchant de nos émul-
ſions, ou une eſpece de lait végétal qui, étant pompé par
Fig. 4. & 6. les extrémités des racines ſéminales (*fig.* 4 & *fig.* 6.), paſſe
dans les gros troncs de cette racine, & eſt porté à la radi-
cule, comme on le voit (*fig.* 6.) Cette radicule *a*, qui doit
dans la ſuite former la racine pivotante dont nous avons parlé
au premier livre, s'allonge; elle produit des racines chevelues qui ſucent la terre, & fourniſſent de la nourriture à la
plume *b*, laquelle s'étend pour former la tige voiſine. Je rapporterai ici une expérience très-propre à prouver ce que je
viens d'avancer.

Si l'on met tremper une feve blanche dans l'eau, par le
bout qui eſt le plus éloigné du germe, les lobes s'étant im-
bibés à la maniere des éponges, le petit germe ſuce par ſes
vaiſſeaux de communication l'humidité que contiennent ces
lobes, la radicule s'allonge, les lobes s'écartent l'un de l'autres : lorſque la radicule a atteint l'eau, elle la porte à la plume, & les lobes qui s'étendent en tout ſens forment les feuilles ſéminales. On doit remarquer que c'eſt la racine qui ſe
montre la premiere. La même choſe s'obſerve aux Oignons,
qu'on place ſur des carafes remplies d'eau : les feuilles ne paroiſſent que lorſque les racines ſe ſont beaucoup allongées.

Apparemment qu'il n'eſt point indifférent que l'eau traverſe
les enveloppes de l'amande, ne fût-ce que pour en modérer
la quantité; car les amandes dépouillées de leurs écorces réuſ-
ſiſſent mal. Sans doute que cette humidité, en ſe combinant
avec les différentes ſubſtances qui ſont en réſerve dans les lobes, reçoit des préparations qui ſont auſſi néceſſaires pour

Pl. I.

faire croître la jeune plante, que les différentes préparations
des aliments le font pour la nourriture des animaux. Mais,
comme je ne pourrois donner que des conjectures fur ces préparations, & que d'ailleurs elles doivent être à-peu-près les
mêmes que celles du fuc nourricier des plantes, je n'entreprendrai point (au moins pour le préfent) d'en donner aucune explication : il me paroît plus à propos de fuivre le
développement de la racine, pour paffer tout de fuite à celui de la tige. Je prends pour exemple le marron d'Inde (*fig.* Fig. 8.
8.) Ce fruit eft ordinairement formé de deux lobes de groffeur inégale ; *a* le grand lobe, *b* le petit lobe, qui femble
être d'un tiffu plus ferré que le grand : fouvent ce petit lobe
entre dans une cavité qui eft creufée dans le grand ; & à l'endroit du contact, les furfaces qui fe touchent, font ordinairement fort polies : la ligne ponctuée *c c* marque la féparation
des deux lobes, & *d* indique la jeune racine.

Dans la *fig.* 9 on a retranché les deux lobes pour faire ap- Fig. 9.
percevoir la jeune racine *d*, *e e* les deux appendices qui forment la communication des lobes à cette racine, & la plume *f*, qui dans la *fig.* 8 eft cachée entre les lobes.

La *fig.* 10 fait voir la jeune racine *d* qui s'eft beaucoup plus al- Fig. 10.
longée ; les appendices *e e* ont auffi pris de l'étendue, ce qui fait
appercevoir comment la plume eft reçue entre les appendices, comme dans une efpece de gaîne, & qu'elle a peine
à fe dégager d'entre les deux lobes : elle l'eft néanmoins dans
la *fig.* 11, qui repréfente en *g g* un marron encore couvert Fig. 11.
de fon écorce : *h h* indique des crevaffes de cette écorce qui
laiffent voir la fubftance des lobes : *d* eft la jeune racine qui
a déja produit des racines chevelues, & *f* la plume qui commence à prendre une certaine étendue ; de même dans la
noix (*fig.* 12 & 13.), *a* eft la plume, *b* la jeune racine, *c d* Fig. 12 &
13.
les amandes qui reçoivent dans une gouttiere la plume & la
jeune racine. Lorfque l'arbre eft pourvu de racines, il n'a
plus autant befoin du fecours des lobes ; il eft en quelque façon fevré. La feve qui monte par les racines, non-feulement
fait croître la plume, elle fe répand encore dans les lobes,
qui ordinairement s'élevent hors de terre, augmentent de groffeur, &, dans un grand nombre de plantes, telles que la feve

Pl. I.
dont nous venons de parler, ils se convertiffent en feuilles qu'on a nommées *féminales*, parce qu'elles font différentes des feuilles ordinaires, foit par leur forme, foit par leur tiffu. Ces feuilles font ordinairement épaiffes, tendres, point dentelées, fans poils, & elles ne fubfiftent pas long-temps. Néanmoins il n'eft pas douteux que ces feuilles féminales ne foient fort utiles aux plantes; car M. Bonnet les ayant coupées à un jeune pied de Haricot, il pouffa plus lentement, & refta plus nain que ceux auxquels il avoit laiffé les mêmes feuilles : ayant répété la même expérience fur le Sarrazin, l'effet fut encore plus fenfible.

Fig. 14.
Fig. 15.
Fig. 16.
On voit (*fig.* 14.) un noyau de cerife qui fort de terre : les enveloppes ligneufes étant tombées; on apperçoit (*fig.* 15.) comment les lobes commencent à s'étendre; & dans la *fig.* 16 on a repréfenté les feuilles féminales avec les vraies feuilles qui commencent à fe développer. Il arrive que dans plufieurs plantes les feuilles féminales prennent beaucoup plus d'étendue que n'avoient leurs lobes. Il faut obferver néanmoins que les lobes ne deviennent pas toujours des feuilles féminales; ceux du gland, de la noix, du marron ne s'épanouiffent pas en vraies feuilles, quoiqu'ils reçoivent de la nourriture de la jeune racine, puifqu'ils reftent long-temps verts & fucculents, qu'ils acquierent de la groffeur & de l'étendue, & même qu'ils prennent fouvent des couleurs différentes de celles qu'ils avoient dans les femences. Ces circonftances donnent à penfer que, foit que les lobes fe convertiffent en feuilles féminales, ou non, ils font pendant un temps, après la germination, utiles aux jeunes plantes.

En effet, comme la feve doit d'abord paffer des lobes dans la jeune racine, & qu'enfuite elle doit changer de route, en paffant de la racine à la plume, il paroît qu'il faut une caufe expreffe qui détermine la feve à changer fa route : les petites feuilles de la plume peuvent bien y contribuer, mais dans ce cas, les feuilles féminales femblent devoir leur être d'un grand fecours : ce qu'il y a de certain, c'eft qu'il arrive fouvent que des femences qui ont bien germé, & qui font forties de terre avec force, périffent en grand nombre, quand les vraies feuilles viennent à fe développer.

Toutes les plantes n'ont pas un égal nombre de lobes. Les graminées n'en ont qu'un ; beaucoup en ont deux ; d'autres en ont trois, ou un plus grand nombre. M. Herman a imaginé de nommer les lobes *cotiledones*, & de diftinguer les plantes en *monocotiledones* & en *policotiledones*. Cette diftinction ne s'étend pas bien loin : le nombre des lobes n'étant pas toujours conftant, il eft difficile de l'établir exactement dans les femences policotiledones. Ces raifons font que cette méthode n'a pas eu beaucoup de fectateurs.

On fait que les plantes s'allongent par leurs extrêmités dans des fens contraires : les racines s'étendent en s'enfonçant dans le terrein ; les branches s'élevent dans l'air : mais à quel endroit fe fait ce point de partage ? Il paroîtroit naturel de le chercher au point où la radicule fe fépare de la plume ; ainfi tout ce qui feroit au deffus des appendices *ee* (*fig.* 9.), appartenant à la plume, devroit s'élever, pendant que ce qui eft compris depuis *ee* jufqu'à l'extrémité de la jeune racine devroit s'étendre, en s'enfonçant en terre. Cela n'arrive prefque jamais : dans la plupart des plantes les lobes fortent de terre avec la plume, & ils s'élevent plus ou moins ; ainfi le point *a* (*fig.* 14, 15 & 16.) marque celui de partage entre ces deux façons de s'étendre.

Si j'entreprenois d'expliquer, ou plutôt de rapporter les obfervations qui ont été faites relativement à ces deux directions oppofées, que les racines & les tiges obfervent dans leur accroiffement, je m'engagerois dans une digreffion qui feroit perdre de vûe l'examen de l'accroiffement des arbres, qu'il eft à propos de fuivre fans interruption. Cependant, comme cette queftion eft une des plus curieufes de l'économie végétale, je me propofe de la traiter dans un article particulier ; ainfi pour ne point interrompre mon plan, je vais parler de l'accroiffement des tiges, tant en groffeur qu'en longueur, & il me reftera peu de chofe à dire fur la production & l'accroiffement des racines. Néanmoins, avant de finir cet article, je dois avertir que, fi l'on prend une jeune racine, telle que celle de la *fig.* 11, qu'on la faffe bouillir ou macérer dans de l'eau, après avoir enlevé l'écorce, la portion ligneufe, qui fera encore tendre, pourra fe divifer par filets

Pl. II. très-fins, & ces filets, expofés au foyer d'un microfcope; fe montreront être des vaiffeaux fpiraux, ou des trachées; ce qui pourroit faire penfer que toutes les fibres ligneufes étoient elles-mêmes des fibres fpirales, lorfqu'elles étoient encore tendres.

CHAPITRE III.

DE L'ACCROISSEMENT DES ARBRES.

ARTICLE I. *Accroiffement de la jeune Tige pendant la premiere année.*

QUAND la jeune racine s'eft étendue dans la terré, & qu'elle y a jetté d'autres racines fibreufes, la plume fort de terre avec les lobes, comme nous venons de le dire. Voilà le commencement de la tige qui produit des feuilles : & quand les feuilles tombent en automne, la petite tige refte terminée par un ou plufieurs boutons.

Nous avons prouvé dans le premier livre, en parlant des racines, qu'elles ne s'allongent que par leur extrêmité : il n'en eft pas de même de la jeune tige dont il s'agit; car lorfque cette tige n'étoit qu'à la hauteur d'un pouce & demi, com-
Fig. 17. me en *b* (Pl. II. *fig.* 17.), je divifai l'efpace compris entre *a* & *b* en dix parties égales, que je marquai avec des fils d'argent très-fins, qui furent piqués dans l'écorce : l'automne fuivant, tous ces fils fe trouverent écartés les uns des autres, mais de façon que ceux qui étoient en bas vers *a*, s'étoient peu écartés, tandis que ceux qui étoient vers l'extrêmité, auprès de *b*, l'étoient beaucoup.

Cette expérience prouve que les jeunes tiges tendres s'étendent dans toute leur longueur, mais beauçoup plus vers l'extrêmité, où la tige eft reftée plus long-temps tendre qu'ailleurs, donc l'extenfion diminue à mefure que l'endurciffement

de la tige fait des progrès : on va voir si cette extension cesse, Pl. II.
quand la portion ligneuse est endurcie.

J'ai laissé mes fils d'argent piqués dans mon arbre, comme
on le voit (*fig.* 17.) Au printemps suivant le bouton de l'extrêmité s'ouvrit, il en sortit une tige herbacée, entièrement
semblable à celle qui étoit sortie de la semence ; & quand elle
eut acquis quatre à cinq lignes de longueur, je divisai encore cet espace en dix parties égales, en y piquant d'autres
fils d'argent. Ces fils s'éloignerent les uns des autres, à-peu-
près dans la même proportion que l'année précédente ; mais
ceux de la premiere année resterent dans une même position
respective, à-peu-près comme on les voit dans la *fig.* 17.
Cela prouve que les bourgeons qui se font endurcis ne s'é-
tendent plus ; & l'observation qu'on a faite sur ceux de la seconde année, confirme ce qui a été dit à l'occasion des bourgeons de la premiere.

Si, à l'entrée de l'hiver, on fend cette petite tige suivant
sa longueur, pour en examiner l'intérieur, on verra (*fig.* 18.) Fig. 18.
qu'elle est formée de l'écorce *c c*, d'un cône ligneux *d d*, &
de la moëlle *e*. Il n'en est pas de même des bourgeons qui
se développent actuellement. Nous avons dit plus haut qu'ils
étoient entiérement herbacés, & qu'on ne trouvoit presque
sous l'écorce qu'un tissu cellulaire très-abreuvé. La portion
qui doit se convertir en bois est très-tendre & fort mince ;
ce ne font que des vaisseaux spiraux, lesquels probablement
deviennent ligneux dans la suite. Si cela est prouvé, Grew
auroit eu raison de douter si ces vaisseaux ne font destinés qu'à
contenir de l'air, & dans ce cas ils feroient vaisseaux séveux,
qui pourroient quelquefois se trouver vuides de liqueurs. Dé-
taillons ce méchanisme.

La *fig.* 19 représente un rameau de Marronnier d'Inde : la Fig. 19.
partie comprise depuis *a* jusqu'à *b* étoit formée dès l'année
précédente, & la partie depuis *b* jusqu'à *c* est la pousse qui
se développe actuellement, & qui est encore herbacée. On
voit en *b* quelques-unes des enveloppes du bouton qui ne font
point encore tombées. Il faut de plus remarquer deux feuilles
d d, formées des enveloppes intérieures du bouton, lesquelles ont pris un certain accroissement. Ces feuilles font fort

Pl. III.
minces; elles périffent & tombent bientôt, ainfi que les lobes des femences. *e e* font les pédicules de deux feuilles qui ont déja dans leurs aiffelles chacune un bouton.

Fig. 20.
La *fig.* 20 (Pl. III.) fait voir la même branche écorcée : la partie depuis *a* jufqu'à *c* eft du bois formé dès l'année précédente : il eft fort blanc. La partie depuis *c* jufqu'à *d* eft encore herbacée , verte & fucculente, quoique la couche extérieure commence à prendre un peu de confiftance.

On voit en *b* & en *c* les ouvertures par lefquelles il fort des productions de la moëlle.

On apperçoit en *e* des faifceaux de fibres ligneufes qui fe diftribuoient à une feuille qui étoit à cet endroit. *f* eft un morceau d'écorce, laquelle eft beaucoup plus épaiffe en cet endroit que fur le jeune bourgeon, où l'on a auffi détaché vers le haut un autre morceau d'écorce *g*.

Fig. 21.
La *figure* 21 repréfente la même branche fendue en deux. La moëlle qui s'étend depuis *a* jufqu'en *d* eft blanche & feche : depuis *d* jufqu'à *b* elle eft rouffe : & verte depuis *b* jufqu'à *c* : on apperçoit vers *b* des productions médullaires qui traverfent la fubftance ligneufe.

Le bois de l'année précédente s'étend depuis *a* jufqu'a *b* ; & depuis *b* jufqu'à *c* on apperçoit une couche mince, qui commence à être ligneufe : on voit en *e* l'épaiffeur de l'écorce de l'année précédente.

Fig. 22.
La *figure* 22 fait voir l'union du nouveau bourgeon avec celui de l'année précédente , ou la coupe longitudinale de l'endroit *b d* de la *fig.* 21. La différence qu'il y a , c'eft que la *fig.* 22 eft faite plus en grand que la *fig.* 21. On y voit la moëlle qui eft blanche depuis *a* jufqu'à la hauteur *d* ; rouffe depuis *d* jufqu'à *e* ; & verdâtre depuis *e* jufqu'à *f*. La lame extérieure *c d e f* repréfente l'écorce qui eft d'inégale épaiffeur; car elle eft plus épaiffe depuis *c* jufqu'à *e*, que depuis *e* jufqu'à *f* : *b* repréfente le bois du bourgeon de l'année précédente ; il eft blanc, & il s'étend jufqu'à *e*, où il eft plus épais qu'ailleurs. On voit en *c* que le bois du nouveau bourgeon communique avec l'ancienne couche ligneufe ; laquelle s'étend depuis *c* jufqu'en *g* : on l'a repréfentée d'une façon plus diftincte qu'elle ne l'eft effectivement. On peut encore

remarquer

Pl. III.

remarquer en *g* que cette nouvelle couche ligneufe femble naître du bois de l'année précédente ; au lieu que du côté *e* la même couche ne paroît tirer fon origine que d'entre le bois & l'écorce. Je crois que cette différence vient de ce que le bois de l'année derniere fe termine par des efpeces de digitations qui font repréfentées (Livre II, Pl. IV. fig. 89.); & qu'il n'y a qu'une partie des fibres ligneufes qui réponde à la nouvelle couche ; ainfi la différence qu'on remarque entre le côté *e* & le côté *g*, dépend de l'endroit où l'on a fait la fection.

Fig. 23.

La *fig.* 23 repréfente l'extrêmité d'un bourgeon herbacé, actuellement pouffant : *a* eft la coupe du bourgeon ; *bc* deux feuilles coupées : entre deux, au milieu, vers *e*, fe voient les jeunes feuilles qui pouffent actuellement.

Fig. 24.

La *fig.* 24 repréfente la *fig.* 23 coupée longitudinalement fuivant fon axe : on voit en *a* beaucoup de moëlle renfermée dans le corps ligneux, qu'on ne peut prefque diftinguer de l'écorce : *bc* eft la coupe de deux feuilles, dans lefquelles on trouve de la moëlle, beaucoup de fubftance corticale, & des fibres ligneufes qui fe détachent, comme on le voit (*fig.* 20.), à l'extrêmité, vers *e*, fous les feuilles qui fe développent actuellement.

Fig. 25.

La *fig.* 25 offre la coupe d'un bourgeon pareil à celui de la *fig.* 22, mais un peu plus âgé. On a cru appercevoir que la nouvelle couche ligneufe, qui fe forme actuellement, partoit de l'extrêmité des couches ligneufes de l'année précédente.

De ces obfervations, jointes avec les expériences que nous avons rapportées plus haut, on en peut conclure : 1°, que les bourgeons s'allongent dans toutes leurs parties, tant qu'ils font tendres & herbacés : 2°, que l'allongement diminue à proportion que le bois s'endurcit : 3°, qu'il ceffe quand la portion ligneufe eft entiérement endurcie.

Seroit-il poffible que le corps ligneux ne s'étendroit plus, ni en hauteur ni en groffeur, fi-tôt qu'il feroit converti en bois ? Plufieurs bons Phyficiens l'ont prouvé avant moi ; néanmoins, comme ce point de l'économie végétale eft très-important, j'ai effayé de le bien conftater par les expériences que je vais rapporter,

Partie II. C

Pl. II.

Tout le monde peut avoir remarqué qu'une branche qui sort d'un arbre, à une certaine distance du terrein, reste toujours à cette même hauteur, quoique l'arbre, qui la porte, croisse & s'éleve beaucoup : de même, quand les essieux des roues ont endommagé la tige d'un jeune arbre, on remarque que la cicatrice reste toujours à la hauteur des essieux, quoique l'arbre croisse. Or, pour constater ces observations par une expérience exacte, j'ai enfoncé auprès d'un jeune arbre Fig. 26. (Pl. II. *fig.* 26.) un pieu *c*, qui portoit un index *d*, dont la pointe répondoit à une marque que j'avois faite sur l'écorce de cet arbre. J'ai remarqué que, quoique l'arbre eût considérablement crû, cet index répondoit toujours au même point marqué. Enfin j'ai enfoncé dans la tige d'un jeune arbre deux pointes *a b*, qui répondoient exactement aux deux extrémités d'une regle *e*. Comme j'avois soin de présenter toutes les années cette regle à la tige de cet arbre qui s'élevoit beaucoup, j'ai remarqué que les bouts de la regle répondoient constamment aux deux pointes qui ne s'étoient point écartées sensiblement l'une de l'autre.

Ces observations & ces expériences s'accordent toutes à prouver que le corps ligneux, une fois endurci, ne s'étend point en longueur. Voici comme je me suis assuré qu'il ne s'étend point non plus en grosseur.

Fig. 27. Au printemps, lorsque les arbres étoient en pleine seve, j'enlevai à un jeune arbre (*fig.* 26 & 27.) un morceau d'écorce qui découvroit le bois jusqu'à la moitié du diametre du corps de l'arbre que j'avois mesuré avec un compas d'épaisseur *c* : ayant conservé l'ouverture de ce compas, je posai une petite piece d'étain battu immédiatement sur le bois, & je remis ensuite le morceau d'écorce à sa place, où je l'assujettis avec une bandelette chargée de térébenthine. Cette écorce se greffa, l'arbre grossit en cet endroit comme ailleurs, pendant plusieurs années que je le laissai sans l'examiner; enfin ayant scié mon arbre à l'endroit de cette greffe, je trouvai ma petite lame d'étain battu recouverte d'une couche de bois assez épaisse; mais après avoir mesuré la portion du corps ligneux qui avoit été renfermée par la lame d'étain, je reconnus qu'elle n'avoit pas sensiblement augmenté de gros-

Pl. II.

feur ; ce qui prouve très-bien que le bois, qui étoit formé au commencement de l'expérience, n'avoit pas contribué à l'augmentation de groffeur de cet arbre. Ce fait bien confta-té, on n'aura pas de peine à comprendre comment fe fait l'accroiffement des arbres. Je vais commencer par traiter de leur augmentation en groffeur : je parlerai enfuite de leur ac-croiffement en hauteur.

Aʀᴛ. II. *De l'augmentation des Arbres en groffeur.*

Fig. 28.

Cᴏᴍᴍᴇ l'aire de la coupe horifontale d'un tronc de Chêne (*fig.* 28.) repréfente des cercles à-peu-près concentriques, on a été porté à croire que les arbres étoient formés par ces couches, qui fe recouvroient les unes les autres ; & l'on a jugé que chaque couche étoit l'effet de la végétation qui fe faifoit pendant une année. Mais fi l'on coupe obliquement une de ces couches, on voit, avec le fecours d'une loupe, qu'elle eft formée d'un grand nombre de couches extrême-ment minces, qui paroiffent s'être formées fucceffivement pendant toute la durée de la feve. Pour pouvoir être plus cer-tain de ce fait, j'ai enlevé un petit lambeau d'écorce à un arbre dès le commencement du printemps, auffi-tôt que les arbres fe trouverent affez en feve pour permettre à l'écorce de fe détacher du bois, & ayant placé une petite lame d'é-tain battu entre le bois & ce lambeau d'écorce, je le rabattis à fa place naturelle, & je le recouvris d'un peu de cire & de térébenthine, pour qu'il fe pût greffer plus facilement. J'eus foin de répéter cette même opération tous les quinze jours, tant que la feve du printemps & celle d'Août me permirent de foulever l'écorce fans l'endommager. Je coupai mon jeune arbre dans le mois de Décembre, & je fis bouillir fa tige dans l'eau pour enlever l'écorce, & pour pouvoir examiner l'épaif-feur des couches ligneufes qui recouvroient mes lames d'é-tain. La couche la plus épaiffe recouvroit immédiatement la premiere lame d'étain qui avoit été mife en place au com-mencement du printemps ; & celle qui n'avoit été interpofée qu'à la fin de la feve d'automne, n'étoit recouverte que par un feuillet ligneux extrêmement mince. Cette expérience prouve que c'eſt avec raiſon que l'on penſe que le corps ligneux eſt formé par des couches qui s'enveloppent les unes les au-tres; elle démontre encore de plus que ces couches épaiſſes, que l'on regarde comme le réſultat de l'accroiſſement d'une année, ſont elles-mêmes formées d'un nombre de couches infiniment minces qui ſe forment ſucceſſivement, & pendant toute la durée de la ſeve.

Tous les Phyſiciens conviennent que les arbres augmentent en groſſeur par des couches ligneuſes qui s'ajoutent au bois déja formé; mais tous ne ſont point d'accord ſur l'origine de ces nouvelles couches.

Malpighi dit que ce ſont les couches les plus intérieures de l'écorce (celles qu'il nomme *liber*) qui ſe convertiſſent en bois, & qui s'attachant au bois précédemment formé, pro-duiſent l'augmentation en groſſeur des arbres.

Grew, dans une grande partie de ſon ouvrage, paroît être d'un ſentiment peu différent; néanmoins dans ſes additions il ſemble qu'il n'admet point la converſion du liber en bois, mais qu'il fait émaner les couches ligneuſes du corps de l'écorce.

Parent (Hiſt. de l'Académie de 1711.) dit que les couches ligneuſes ſont formées par l'écorce.

M. Hales veut que les nouvelles couches ligneuſes ſortent du bois précédemment formé.

Enfin un ſentiment fort ancien, mais qui me paroît combat-tu par Grew, lorſqu'il traite de la communication du bois avec l'écorce, ſentiment qui n'eſt plus guere ſuivi que par les Jar-diniers, qui ſe contentent d'un examen ſuperficiel, eſt de croire qu'il ſe raſſemble entre le bois & l'écorce une matiere viſqueuſe, qui s'endurcit enſuite, & qui forme une couche li-gneuſe.

Les obſervations particulieres que j'avois eu occaſion de faire, m'ayant paru favoriſer, tantôt un ſentiment, & tantôt un autre, j'ai cru devoir exécuter quelques expériences, uni-quement dans la vue d'éclaircir, s'il étoit poſſible, cette queſtion, qui eſt une des plus curieuſes de l'économie vé-gétale. Mais avant de les rapporter, il eſt à propos de donner une idée un peu plus étendue de ces différents fentiments.

§. I. *Sentiment de Malpighi.*

Le tronc, comme nous l'avons dit, fe peut diftinguer en trois parties principales : favoir, l'écorce, le bois & la moëlle.

Malpighi dit expreffément que l'écorce eft deftinée à deux fonctions : premiérement à la préparation ou à la coction de la feve, fecondement à l'accroiffement des arbres, qui fe fait chaque année par l'addition de nouvelles couches ligneufes.

La Nature, ajoute cet Auteur, produit continuellement dans le liber des plans de fibres longitudinales, ou du moins leur accroiffement les y rend fenfibles : ces fibres font deftinées à porter la nourriture tant que leur foupleffe les rend propres à cet ufage ; mais quand elles font devenues roides & fermes, elles s'attachent aux couches du bois précédemment formées ; & par la fuperaddition de ces couches, le tronc & les branches des arbres augmentent de groffeur ; d'où on peut conclure, ajoute-t-il encore, que la principale partie des arbres eft cette portion de l'écorce qui touche immédiatement le bois, puifque c'eft par fon moyen que les arbres confervent leur vie, & que le tronc augmente de groffeur.

La portion extérieure de l'écorce, continue le même Auteur, devient aride ; mais elle refte attachée au liber, qu'elle garantit de pareils accidents, pendant que le liber ne fert pas peu à la confervation du bois qui eft deffous.

Après avoir établi une grande conformité entre les vaiffeaux de l'écorce & ceux du bois, notre Auteur dit avoir obfervé affez fouvent une fibre oblongue & continue qui, dans une partie de fa longueur, s'uniffoit & fe foudoit, pour ainfi dire, au bois, & que cette fibre, un peu au deffus, confervoit encore quelque chofe de la nature d'écorce.

Cela étant, pourfuit le même Auteur, il n'eft pas étonnant que dans les troncs & les branches des arbres, auxquels on a enlevé une portion d'écorce, la partie ligneufe, qui eft découverte & privée de fon écorce, ne prenne aucun accroiffement.

En parlant des racines, Malpighi répete à-peu-près ce qu'il a dit à l'occafion du tronc, & il penfe que la portion intérieure de l'écorce, ou le liber, eft comme un fœtus dont toutes les parties font encore tendres & imparfaites, mais qu'elles font protégées par la portion extérieure de l'écorce : les lames du liber les plus proches du bois, ajoute-t-il, contractent avec lui une adhérence, par le moyen des productions du tiffu utriculaire & du fuc ligneux qui les affermit.

Enfin, dit-il, les trachées ne font point encore perceptibles dans l'écorce, elles n'y font point l'office de poumons, comme il arrive aux animaux avant leur naiffance ; mais ces trachées paroiffent lorfque l'écorce eft convertie en bois.

J'avoue que ce que je viens de rapporter d'après Malpighi n'eft point une traduction littérale de fon texte : mais j'efpere n'en avoir point altéré le fens ; ainfi il me paroît que cet auteur penfoit : 1°, que les premiers rudiments des couches ligneufes fe forment dans l'écorce.

2°. Qu'ils y deviennent peu-à-peu affez approchants de l'état des couches ligneufes.

3°. Que les couches les plus intérieures du liber s'attachent au bois précédemment formé, & qu'elles font en cet endroit une nouvelle couche ligneufe.

4°. Il me femble encore que cet auteur penfe qu'entre chaque couche de fibres longitudinales il y en a une de tiffu véficulaire qui y eft interpofée.

5°. Il eft vrai que dans les vieux arbres les couches extérieures de l'écorce deviennent arides; & l'on peut bien accorder à Malpighi que dans certain cas elle protege la portion de l'écorce qui refte vive; mais auffi il y a des arbres où cette fonction ne paroît pas avoir lieu, puifque la portion d'écorce qui fe deffeche, fe détache de l'arbre, comme dans la Vigne, le Platane, &c. Cette déperdition des couches corticales peut être comparée à la dépouille des ferpents.

Voilà, ce me femble, une idée générale & abrégée du fentiment de Malpighi. Il faut maintenant examiner ce que Grew a penfé fur cette même matiere.

§. II. *Sentiment de Grew.*

Cet Auteur dit expressément que le bois, ainsi que l'écorce, est formé de deux parties principales, savoir : 1°, du parenchyme : 2°, des vaisseaux ; & que dans plusieurs arbres le parenchyme traverse, non-seulement le bois, mais qu'il s'étend d'une certaine quantité dans l'écorce. A l'égard des vaisseaux à air, ils n'appartiennent qu'au bois.

Il faut concevoir, dit encore Grew, qu'il se forme tous les ans un nouvel anneau de vaisseaux séveux à la partie intérieure du liber ; que cet anneau, s'endurcissant peu-à-peu, se convertit à la fin de l'année en un anneau de bois parfait.

De telle sorte que tous les ans le liber se partage en deux portions qui prennent des routes contraires : la portion extérieure se range du côté de la peau, & la forme, de même que la cuticule des animaux, qui n'est qu'une production de la peau.

Je dis donc, continue Grew, que l'ancienne peau des arbres n'a point été formée telle, mais qu'elle étoit avant cela une portion du liber qui, ayant été tous les ans poussé vers l'extérieur, est devenue, en se desséchant, une véritable peau semblable à la dépouille des viperes, quand il s'est formé au dessous une peau nouvelle. Ainsi cet Auteur pense qu'une substance vasculeuse, comprise en quelques années dans la partie vulgairement nommée écorce, & extérieure à celle qui porte le nom de bois, est transformée en vrai bois dans l'année suivante.

§. III. *Remarques sur le sentiment de Grew.*

Pour concevoir ceci, il faut remarquer que Malpighi ne donne le nom de liber qu'aux lames intérieures de l'écorce, au lieu que Grew comprend sous ce nom toutes les couches corticales, excepté l'épiderme qu'il nomme la peau. Je reviens au sentiment de Grew.

La portion intérieure du liber se distribue & se joint tous

les ans au bois, de telle forte que la partie parenchymateuſe produit l'augmentation des inſertions qui, étant interpoſées entre les fibres ligneuſes & les vaiſſeaux du liber, forment l'augmentation des faiſceaux de fibres ligneuſes, entre leſquelles les inſertions ſont placées. Ainſi un anneau de vaiſſeaux ſéveux dans le liber fait tous les ans un anneau qui eſt tout diſpoſé à devenir bois, ou qui eſt formé immédiatement ſur le bois (*ligni proxima*), & ainſi d'années en années.

Il me paroît : 1°, que Grew admet une grande conformité entre le liber & le bois.

2°. Qu'il penſe qu'il ſe forme tous les ans une couche entre l'écorce & le bois, & que c'eſt cette couche qui fait une nouvelle couche de bois.

3°. Grew ne dit pas poſitivement ſi cette nouvelle couche du liber eſt une production du bois, ou une production de l'écorce ; mais il y a tout lieu de préſumer qu'il la croyoit produite par l'écorce, non-ſeulement à cauſe de la grande connexité qu'il admet entre cette nouvelle couche & le liber, connexité aſſez conſidérable pour qu'il regarde cette nouvelle couche comme appartenante au liber, mais encore parce qu'il fait procéder les vaiſſeaux de cette nouvelle couche des vaiſſeaux du liber, & le parenchyme des nouvelles couches du parenchyme du liber : il n'y auroit donc que les vaiſſeaux à air qui pourroient émaner du bois.

4°. Je ne vois point que Grew ait parlé de l'origine des couches du liber qui doivent reſter liber ou corticales : il dit bien qu'une portion du liber ſe porte vers l'extérieur de l'arbre, mais c'eſt pour former la peau ou l'épiderme, ſans faire de diſtinction entre les couches du liber qui doivent devenir bois, & celles qui doivent faire partie de l'écorce.

Au reſte, voilà l'idée que j'ai priſe du ſentiment de Grew ; car il faut avouer qu'en pluſieurs endroits de ſon ouvrage il ſemble ſe rapprocher beaucoup du ſentiment de Malpighi ; & Grew ayant parlé ailleurs des différentes filtrations & préparations de la ſeve, dont la derniere ſe fait dans le corps ligneux, il dit que la ſeve étant alors devenue un vrai ſuc nourricier, la plus noble partie de cette matiere eſt enfin convertie par coagulation, & aſſimilée en une même ſubſtance avec

le

le corps ligneux. Cependant je crois qu'il s'agit là de la nutrition. Plusieurs Anatomistes ont dit également que la lymphe bien préparée, ou le suc nourricier, s'assimile aux parties qui croissent; imaginant que l'extension d'une membrane,
par exemple, produit des vuides qui sont remplis par le suc
nourricier : au reste je n'ai garde de m'élever à des considérations qui, ne pouvant être appuyées, ni sur l'observation, ni
sur l'expérience, ne peuvent par conséquent être regardées que
comme des productions de l'imagination. Je passe au sentiment de M. Hales.

§. IV. *Sentiment de M. Hales.*

COMME M. Hales n'entreprend pas de donner un Traité
complet de l'économie végétale, il ne laisse appercevoir son
sentiment sur la formation des couches ligneuses que d'une
façon très-générale, & seulement quand les circonstances l'o-
bligent d'en parler. Néanmoins il paroît assez clairement que
cet Auteur prétend que ce sont les dernieres couches du bois
formé qui produisent la nouvelle couche, qui par son endurcissement fait l'augmentation de grosseur du bois. On doit penser, dit-il, que les couches ligneuses de la seconde, troisieme &c, année ne sont pas formées par la seule dilatation ho-
risontale des vaisseaux, mais bien plutôt par une extension des
fibres longitudinales & des tuyaux qui sortent du bois de l'année précédente, avec les vaisseaux duquel ils conservent une
libre communication. Il ajoute dans un autre endroit, à l'occasion d'une tumeur qu'il a fait naître sur une branche, que
le bois de cette tumeur est évidemment sorti du bois de l'année précédente par des interstices serrés; d'où il semble conclure que l'accroissement des nouvelles couches ligneuses de
l'année consiste dans l'extension de leurs fibres en long sous
l'écorce.

§. V. *Remarque sur le sentiment de M. Hales.*

Il paroit que M. Hales fait émaner les couches ligneuses du bois même, au lieu que, suivant Grew, elles émanent de l'écorce.

Après avoir exposé le plus clairement & le plus briévement qu'il m'a été possible, le sentiment de Malpighi, de Grew & de M. Hales, il me reste à dire quelque chose d'un sentiment que je puis nommer le sentiment commun, parce qu'il est assez généralement suivi par ceux qui n'examinent pas la formation des couches ligneuses avec beaucoup d'attention.

§. VI. *Sentiment commun.*

Ceux qui admettent ce sentiment pensent que la matiere, qui forme les couches corticales ou ligneuses, suinte du bois ou de l'écorce précédemment formés, & qu'elle s'accumule entre le bois & l'écorce.

Cette matiere est d'abord si fluide, qu'on n'apperçoit aucune adhérence entre l'écorce & le bois d'un Saule, par exemple, qui est en pleine seve; elle devient ensuite glaireuse ou muqueuse par l'évaporation d'une partie de l'humidité. Si dans cette circonstance, qui arrive au déclin de la seve, on enleve l'écorce d'un arbre, le bois & le liber restent couverts d'une substance épaisse que j'ai ci-devant nommée, ainsi que Grew, le *Cambium.*

Enfin on sait que l'hiver l'écorce est tellement adhérente au bois, qu'on ne peut l'en séparer. Les sectateurs du sentiment que nous examinons, disent qu'en hiver l'écorce, immédiatement & exactement appliquée sur le bois, forme un contact d'où il résulte l'adhérence qu'on apperçoit; mais que si l'on suppose qu'il s'insinue au printemps une humeur molle entre l'écorce & le bois, ces deux substances pourront être aisément séparées.

Un fait des plus favorables à ce sentiment, est que, si en hiver on fait bouillir un morceau de bois verd dans de l'eau, ou ſeulement ſi on l'expoſe à une chaleur ſuffiſante, l'écorce ceſſe d'être adhérente, & elle ſe détache fort aiſément du bois qu'elle recouvroit; ce que l'on attribue à la fuſion du *cambium* épaiſſi.

Quoi qu'il en ſoit, le ſentiment dont il s'agit ſe réduit à penſer qu'il s'introduit entre l'écorce & le bois une liqueur quelconque; que cette liqueur s'épaiſſit; qu'elle s'organiſe, & qu'enfin prenant encore plus de ſolidité, elle parvient à former une couche ligneuſe.

Les obſervations que je viens de rapporter ont engagé à croire qu'il n'y a point d'union entre l'écorce & le corps ligneux, & que l'écorce forme uniquement au bois une enveloppe, qu'on a comparée au gand qui recouvre la main, ou au foureau de l'épée.

Grew dit que, malgré les obſervations dont on appuie ce ſentiment, l'écorce eſt auſſi continue avec le bois, que la peau des animaux l'eſt avec leurs chairs; & que cette union s'opere par le moyen du parenchyme, qui s'étend de l'écorce au bois.

Pour moi, je crois que la ſubſtance mucilagineuſe, ou le *cambium végétal* qu'on trouve entre l'écorce & le bois, n'eſt point un ſuc extravaſé, mais un *cambium* auſſi bien organiſé que celui qu'on apperçoit dans les plaies des animaux, lorſqu'elles ſe cicatriſent.

Je ne puis imaginer qu'une liqueur extravaſée puiſſe produire un corps organiſé; & il me paroît beaucoup plus naturel de croire avec Grew, qu'il ſe développe entre le bois & l'écorce des vaiſſeaux & du tiſſu cellulaire, & que ces ſubſtances extrêmement remplies de ſucs, ſont auſſi tendres que les vaiſſeaux les plus mous des animaux. On penſe bien, ajoute Grew, avec quelle facilité on romproit mille vaiſſeaux d'un embrion, ou d'un poulet qui ſe forme dans l'œuf. En effet une poire fondante, quand elle eſt encore petite & verte, eſt dure & filamenteuſe; ſi on la mâche, elle laiſſe beaucoup de marc dans la bouche; mais lorſque cette poire eſt parvenue à ſa groſſeur naturelle & à ſa parfaite maturité, il ne reſte plus de marc, preſque tout ſe réduit en eau.

Par la même raiſon, les racines des Scorſoneres, qu'on laiſſe

Pl. II.

pendant plufieurs années en terre avant d'en faire ufage dans les cuifines, font filamenteufes & cordées quand on les arrache, lorfqu'elles font montées en graine ; mais deux ou trois mois après, quand ces racines fe font remplies de nouveaux fucs, elles deviennent tendres & délicates.

Il pourroit bien arriver quelque chofe de femblable à cette fubftance interpofée entre le bois & l'écorce. Si elle a l'apparence d'un mucilage, on n'en doit pas conclure qu'elle n'eft point organifée, puifque le glaire des œufs & l'humeur vitrée de l'œil, que le vulgaire ne regarde que comme des fucs vifqueux, font reconnus organifés par tous les Anatomiftes; & je crois pouvoir comparer l'efpece de diffolution qu'on fait du *cambium*, quand en hiver on expofe à la chaleur un morceau de bois verd pour en détacher l'écorce, à celle qui fe fait du blanc de l'œuf, qui fe réduit en lait lorfqu'on l'expofe pareillement à une chaleur modérée.

§. VII. *Expériences faites pour éclaircir cette queftion.*

Fig. 29.

Pour rendre plus fenfible ce que j'aurai à dire dans la fuite, je prie le Lecteur de jetter les yeux fur la *fig.* 29 de la Pl. II. Quoiqu'elle foit purement idéale, elle m'a femblé propre à procurer les éclairciffements que je defire.

Je fuppofe qu'elle repréfente la coupe horifontale d'un tronc d'arbre ; que les couches ligneufes font repréfentées par les traits pleins, & les couches corticales par ceux qui font ponctués. Je dis avec Grew & Malpighi que la couche corticale a été produite dans la même année que la couche ligneufe; que cette couche corticale, qui eft à la circonférence de l'arbre, touchoit immédiatement & recouvroit la couche ligneufe formée dans le même temps qu'elle, & qui eft au centre, lorfque cet arbre n'étoit âgé que d'un an. Ces deux couches 1 & 1, maintenant fi féparées l'une de l'autre, fe touchoient alors.

Ce que je viens de dire des couches 1, 1, je le dis des couches 2, 2; 3, 3 & 8,8; de forte que chaque femblable numéro

repréſente les couches corticales & ligneuſes qui ſe ſont formées dans le même temps.

Pour m'aſſurer que ceci n'étoit pas une pure ſuppoſition,
j'ai paſſé un fil d'argent *aa* (*fig.* 29.) qui traverſoit l'écorce,
environ à la moitié de ſon épaiſſeur ; & ayant laiſſé ſubſiſter
cet arbre pendant pluſieurs années, j'ai remarqué que le fil
d'argent étoit tous les ans pouſſé vers l'extérieur de l'arbre,
emporté par les couches corticales qui ſuivoient la même direction.

Ceci explique : 1°, pourquoi les mailles du rézeau de fibres longitudinales, qui forme les couches corticales, ſont
d'autant plus grandes, que les couches ſont plus extérieures,
& les arbres plus gros.

2°. Pourquoi les fibres des couches extérieures corticales
ſont plus ligneuſes que celles des couches intérieures.

3°. Pourquoi le tiſſu cellulaire eſt plus abondant & plus
endurci dans les couches extérieures que dans les intérieures.

4°. Enfin, pourquoi l'organiſation eſt dérangée dans ces
ſortes de couches*.

Il faut remarquer que je ne parle ici que des gros & vieux
arbres ; l'organiſation n'étant point dérangée dans les jeunes,
on trouve immédiatement ſous leur épiderme une couche très-
ſucculente : nous en avons parlé dans le premier livre. Mais
on voit clairement que, ſi cet arbre eſt en ſeve, il ſe doit former une couche corticale & une couche ligneuſe au point
o (*fig.* 29.)

Il convient maintenant d'examiner ſi les couches ſont formées par le corps ligneux, par l'écorce, ou par le concours
de tous les deux, puiſque ce ſont les ſentiments qui partagent
les Auteurs ; mais avant de rapporter les obſervations que j'ai
faites à ce ſujet, je remarquerai :

1°. Que les couches ligneuſes, qu'on apperçoit ſi ſenſiblement ſur la coupe de certains arbres, ne ſont pas toutes d'une
même épaiſſeur. Cette inégalité d'épaiſſeur dépend : 1°, de
l'âge de l'arbre ; la ſeve d'un gros arbre ayant à ſe diſtribuer
à un plus grand nombre de parties, les couches ſont plus
minces : 2°, de la vigueur de l'arbre : celui qui ſera planté
dans un terrain gras, fournira des couches plus épaiſſes que

*Voy. Liv. I.
Ch. II. Art.
3.

Pl. II. celui qui le fera dans un terrein maigre. 3°. Enfin cette inégalité d'épaiſſeur dépend auſſi ſouvent de l'état des ſaiſons &
de la durée de la ſeve. Dans une année favorable à la végétation, les couches feront une fois plus épaiſſes que dans les
années, ou très-ſeches, ou très-froides.

2°. Les couches ligneuſes ſont beaucoup plus épaiſſes que
les corticales intérieures ; néanmoins on ne peut pas conclure de cette obſervation, que Malpighi ait eu tort d'admettre la converſion du liber en bois, car cet Auteur n'a point
dit que les couches ligneuſes fuſſent uniquement formées par
les couches du liber ; il admet entre les couches de fibres longitudinales l'interpoſition du tiſſu cellulaire, lequel ſe gonflant
prodigieuſement dans le temps de la ſeve, peut augmenter
beaucoup l'épaiſſeur des couches ligneuſes, qui au moyen de
cela feroient formées des fibres longitudinales du liber, & de
quantité de véſicules.

D'ailleurs, comme j'ai prouvé qu'il ſe forme toutes les années un grand nombre de couches ligneuſes très-minces, une
couche épaiſſe de bois peut être produite par l'aggrégation
d'un grand nombre de couches du liber.

3°. On obſerve aſſez généralement que l'écorce des arbres
languiſſants eſt, proportionnellement au bois, plus épaiſſe que
celle des arbres vigoureux. Un Sectateur de Malpighi pourroit rendre cette obſervation favorable à la converſion du liber en bois, en diſant que, de même que l'aubier des arbres
vigoureux ſe convertit plus promptement en bois que celui des
arbres languiſſants, de même auſſi, dans un arbre vigoureux, un plus
grand nombre de couches du liber ſe convertiſſent en aubier;
& l'on pourroit prendre confiance à cette conjecture, en exa-
Fig. 30. minant un tronçon de Charme (*fig.* 30.) : on y appercevra
que ſon écorce eſt de différente épaiſſeur à différents endroits
de la circonférence, & que la ſubſtance ligneuſe a plus d'é-
paiſſeur aux endroits où l'écorce en a moins.

Malpighi penſe donc que les fibres corticales entrent, en
certain temps, dans la compoſition de l'aubier. Les fibres corticales ſont, ſuivant lui, de la même nature que les fibres ligneuſes. Cette partie du bois, qu'on nomme l'*aubier*, eſt tendre, ajoute cet Auteur ; & je la crois formée par des fibres

de l'écorce qui, étant rapprochées les unes des autres, &
réunies, forment un rézeau dont les mailles ſont très‑pe‑
tites.

Il faut avouer que ce ſentiment paroît aſſez conforme à l'or‑
dre que la nature obſerve dans ſes productions : elle ne fait
rien, comme l'on dit, par ſaut ; ſes productions ſont pré‑
parées de loin. Les organes ne paroiſſent pas tout‑à‑coup dans
leur état de perfection. Les fibres oſſeuſes des animaux ſont
en premier lieu très‑tendres, & elles paſſent par l'état de car‑
tilage avant d'acquérir leur dureté. Il en eſt de même des
plantes : tout eſt tendre dans un jeune arbre qui ſort de la ſe‑
mence : peu‑à‑peu le corps ligneux acquiert de la ſolidité, &
les fibres ligneuſes ſe diſtinguent des corticales & de la moël‑
le : le bois a beſoin de paſſer par bien des états avant d'être
parfait. On voit que celui du centre eſt plus dur & plus pe‑
ſant qu'aucune des zones qui l'environnent ; que les zones ont
d'autant moins de denſité, qu'elles approchent plus de l'écor‑
ce : enfin que les couches du liber, plus ſucculentes que cel‑
les de l'aubier, ont déja aſſez de ſolidité pour qu'on en puiſſe
faire quelques ouvrages, & qu'elles réſiſtent à la cuiſſon. Voilà
une gradation dans la formation du bois, dont on peut obſer‑
ver l'inverſe dans la décompoſition des mêmes parties. Ces
raiſons de convenance paroiſſent indiquer que les couches li‑
gneuſes ſe préparent peu‑à‑peu dans l'écorce, mais des rai‑
ſons de convenance ne ſont pas des preuves ; & l'on pour‑
roit objecter que les lames de tiſſu cellulaire, que Malpighi
admet entre les couches de fibres longitudinales, doivent paſ‑
ſer aſſez promptement de l'état de molleſſe, où elles ſont dans
le temps de la ſeve, à celui d'une ſolidité aſſez approchante
de celle des fibres longitudinales. Les Sectateurs de Grew, &
de M. Hales pourront objecter que certaines écorces ont plus
de ſolidité que les couches d'aubier, & qu'elles réſiſtent beau‑
coup plus à la pourriture. On fait des cordes avec l'écorce
du Tilleul. Il eſt vrai qu'on peut dire que leur ſoupleſſe les
rend plus propres à cet uſage que leur force ; mais l'écorce
du Bouleau, qu'on emploie dans le Nord pour couvrir les
maiſons, & en Canada à faire des canots, eſt une ſubſtance
preſque incorruptible, pendant que le bois de cet arbre ſe
pourrit aſſez promptement.

Pl. III.

De plus, les trachées que l'on ne peut appercevoir dans l'écorce, forment une objection que Malpighi ne fait qu'éluder, en difant que ces vaiffeaux font apparemment encore trop fins dans l'écorce pour y être apperçus. Voilà, ce me femble, les différents fentiments fuffifamment difcutés: effayons maintenant de connoître par des expériences celui qu'on doit adopter.

Comme le bois des Pêchers eft de différente couleur que celui des Pruniers, j'imaginai qu'en examinant des écuffons de Pêchers fur Pruniers, peu de temps après leur infertion, je pourrois découvrir la premiere formation des couches ligneufes.

On fe rappellera que, pour exécuter ces fortes d'écuffons, on fait à l'écorce d'un Prunier une incifion en forme de T, & qu'après avoir foulevé les bords de cette écorce, comme Fig. 31. dans la *fig.* 31, on gliffe entre le bois & l'écorce l'écuffon du Pêcher, qui eft un morceau d'écorce garni d'un bouton, Fig. 32. comme dans la *fig.* 32.

En Janvier, quatre ou cinq mois après l'application de ces écuffons, j'en coupai quelques-uns; & pour les dépouiller de leur écorce, fans endommager la couche ligneufe, s'il s'en étoit déja formée une, je fis bouillir ces morceaux de bois dans de l'eau : alors, & avant que les morceaux de bois fuffent refroidis, j'enlevai aifément l'écorce de deffus le bois, &, par ce moyen, j'apperçus fous l'écorce de l'écuffon une Fig. 33. lame très - mince de bois de Pêcher (*fig.* 33.) qui étoit unie par les bords au bois du Prunier : mais ayant coupé en travers Fig. 34. ce morceau de bois par la ligne *c d*, je reconnus (*fig.* 34.) que ce feuillet de bois de Pêcher n'avoit contracté aucune adhérence par fa furface intérieure avec le bois du Prunier, quoique l'écorce de l'écuffon eût été appliquée le plus immédiatement & le plus exactement qu'il étoit poffible fur le bois du Prunier.

Il eft important de remarquer que, dans la façon ordinaire d'écuffonner, on a grande attention de ne point laiffer de bois à la partie intérieure de l'écuffon (*fig.* 32.), qui ne doit être qu'un fimple bouton entouré d'un morceau d'écorce qui s'enleve parfaitement dans le temps de la feve. Il s'enfuit donc

que

que ce feuillet ligneux avoit été formé depuis l'application de l'écuſſon, & qu'il l'avoit été par l'écorce du Pêcher; car ſi le bois du Prunier avoit fait quelques productions, le feuillet ligneux auroit participé de ſa même nature, au lieu qu'il étoit très-aiſé de le reconnoître pour du bois de Pêcher : d'ailleurs, comme il n'étoit point adhérent au Prunier par ſa ſurface intérieure, il ne pouvoit être une production de ce corps auquel il ne touchoit point.

Un Phyſicien, qui n'a point voulu ſe nommer, mais que je ſoupçonne être M. Ludot de Troies, déja connu par un prix qu'il a remporté à l'Académie Royale des Sciences, & qui ſe trouve cité honorablement par pluſieurs Auteurs, entre autres, MM. de Réaumur, Tillet, &c. ce Phyſicien très-attentif, doué de beaucoup de ſagacité, mais dont je ne puis que ſoupçonner le nom, m'ayant fait part de ſes réflexions ſur la formation des couches ligneuſes, je vois dans ſes lettres, qu'il a greffé pluſieurs eſpeces de Saules ſur le Peuplier; que le bois qui s'eſt formé ſous l'écorce du Saule n'étoit point blanc, comme celui du Peuplier, mais verdâtre, comme celui du Saule nouvellement formé.

Ces expériences engageroient à croire, d'après Malpighi, que les couches ligneuſes ſont formées par le liber de l'écuſ-ſon qui s'eſt converti en bois. Il pourroit cependant bien arriver que cette couche ligneuſe mince ne ſeroit pas une couche du liber endurcie; mais, ſuivant le ſentiment de Grew, une production de l'écorce du Pêcher, ou du Saule, quoiqu'il ſoit difficile d'imaginer que de ſi petits morceaux d'écorce, qui n'ont contracté aucune adhérence, ſoit avec le Prunier, ſoit avec le Peuplier, fuſſent capables de faire une telle production; car je ſuis très-certain que le bois du Prunier n'a point contribué à former le feuillet ligneux : ceci ſera encore mieux prouvé par l'expérience ſuivante.

J'ai quelquefois laiſſé à deſſein du bois de Pêcher ſous l'é-corce de l'écuſſon : quelques-uns de ces écuſſons ayant repris, je trouvai le bois de l'écuſſon mort, ou prêt à mourir, il n'a-voit contracté aucune union avec le bois du Prunier; mais on voyoit une nouvelle couche ligneuſe de Pêcher interpoſée entre l'écorce du Pêcher & le bois mort du même arbre. Si

Partie II.   E

Pl. III. l'on réfléchit fur cette nouvelle couche, & fur le mauvais état du bois de l'écuffon, on fera très-perfuadé que le nouveau feuillet ligneux n'a été produit que par l'écorce. Pour en être encore plus certain, je me propofai de faire des écuffons qui, ayant plus d'étendue, feroient plus favorables à mes recher-

Fig. 35. ches: j'enlevai tout autour du tronc de plufieurs jeunes Ormes un anneau d'écorce de 3 à 4 pouces de largeur (*fig.* 35.): le bois reftoit parfaitement découvert, parce que je faifois cette opération au printemps, dans le temps que ces arbres étoient en pleine feve: je pris avec un compas d'épaiffeur le diamêtre du cylindre ligneux, & fur le champ je remis à fa place l'écorce que je venois d'enlever: elle fe greffa, les arbres groffirent, & pendant 3 ou 4 ans je fciois chaque année quelques-uns de ces arbres dans l'endroit où j'avois réappliqué la laniere d'écorce. Le cylindre ligneux formé avant l'expé-rience n'avoit point augmenté de groffeur; mais il étoit re-couvert d'une couche ligneufe, d'autant plus épaiffe, que l'ar-bre avoit fubfifté plus long-temps depuis que j'avois remis

Fig. 36. l'écorce à fa même place (*fig.* 36.); ce bois nouveau n'avoit contracté aucune adhérence avec l'ancien; il en étoit féparé

* Les Foref-
tiers appellent
Roulure, une
féparation des
couches li-
gneufes qui ne
s'appercoit que
dans l'inté-
rieur de l'ar-
bre. par une *roulure* * *a* qui s'étendoit tout autour de l'arbre: le nou-veau bois n'étoit donc pas formé, comme le penfe M. Ha-les, par l'ancien; il l'étoit néceffairement par l'écorce, foit que ce fuffent des couches du liber endurcies, ou qu'elles euffent été produites par des émanations des couches corti-cales.

Le Phyficien, que j'ai cité il n'y a pas long-temps, a exécuté des expériences à-peu-près femblables, mais dont les circon-ftances font particulieres. 1°. Au lieu d'appliquer le même mor-ceau d'écorce qu'il venoit d'enlever, il y a fubftitué des écorces d'arbres de différentes efpeces, & qui avoient peu d'analogie avec les fujets qu'il foumettoit à fes expériences, telles que l'écorce du Cerifier fur des Pruniers, &c. 2°. Dans la vue de faire fub-fifter le Prunier, il avoit ménagé un filet de l'écorce de cet arbre qui s'étendoit du bas de l'endroit entamé vers le haut. Il s'eft formé un petit filet ligneux fous l'écorce du Cerifier; mais le filet d'écorce du Prunier ayant fait de grandes pro-ductions ligneufes, a recouvert en partie le bois couvert par

Pl. IV.

l'écorce du Cerifier qui, dans la plupart de ces arbres, a péri en peu de temps : dans d'autres, l'écorce du Cerifier a confervé affez long-temps fa verdeur ; mais il n'y en a eu qu'un feul qui ait produit une petite branche. Ces expériences font voir, ainfi que les miennes, que l'écorce peut produire des couches ligneufes ; mais l'expérience fuivante le prouve d'une façon encore plus convainquante.

Au lieu d'enlever l'écorce tout autour de l'arbre, je la coupai par lanieres fuivant la longueur du tronc (*fig.* 37.) J'en détachai une de haut en bas, une de bas en haut, & ainfi alternativement tout autour de l'arbre (*fig.* 38.) Quand le bois fut découvert, j'en grattai la fuperficie pour détruire l'organifation, & empêcher qu'il ne fît aucune production : je rétablis fur le champ l'écorce à fa même place, & je l'affujettis avec une bandelette chargée d'un mélange de cire & de térébenthine. L'écorce fe greffa (*fig.* 39.) ; & il fe forma d'épaiffes couches ligneufes (*fig.* 40, dont la fuperficie n'étoit point unie comme dans l'expérience précédente, à caufe des fections longitudinales que j'avois faites à l'écorce : comme ces couches corticales n'étoient point adhérentes à l'ancien bois, elles avoient donc été formées par l'écorce. Le Phyficien déja cité ayant enlevé l'écorce d'un Coignaffier, y fubftitua des lanieres d'écorce de Poirier, fous lefquelles il fe forma des feuillets ligneux ; mais entre ces lanieres d'écorce de Poirier, qui apparemment ne fe joignoient pas exactement, il crut appercevoir des filets de bois de Coignaffier, qui vraifemblablement avoient été produits par l'ancien bois de cet arbre. Nous parlerons ailleurs des productions que le bois peut faire ; mais je vais continuer mes recherches fur les productions de l'écorce. Ayant détaché du bois & foulevé un lambeau d'écorce, j'enlevai un copeau du bois qu'elle recouvroit ; & en remettant l'écorce à fa place, j'eus attention qu'elle ne touchât point au bois, & même qu'elle ne répondît point exactement à la partie de l'écorce d'où je l'avois féparée (*fig.* 41.) Je couvris ce bois avec une bandelette chargée de cire & de térébenthine : ce lambeau ne pouvoit fe greffer, néanmoins il ne mourut pas entiérement, & il produifit un appendice ligneux (*fig.* 42.) qui étoit couvert extérieurement par l'an-

Fig. 37.

Fig. 38.

Fig. 39.
Fig. 40.

Fig. 41.

Fig. 42.

cienne écorce, & intérieurement par une nouvelle.

Le Phyſicien, avec lequel j'étois en correſpondance, a exécuté des expériences à-peu-près ſemblables à celles que je
viens de rapporter, ſur des branches de Peupliers âgés de 6 à
7 ans; mais au lieu d'emporter, comme je l'avois fait, un
copeau de bois ſous l'écorce, il s'eſt contenté de mettre du
papier entre le bois & l'écorce, pour empêcher la réunion:
il s'eſt formé, comme dans mon expérience, un feuillet ligneux
au dedans du lambeau d'écorce ſoulevé & détaché du bois. Il
a répété cette même expérience ſur du Tremble: *On apperçoit*
ſur le bois nouveau, ce ſont les termes de ſa lettre, *quelques*
filets qui paroiſſoient être des communications de l'ancien liber dans
le bois, ou du bois dans l'écorce. Il ajoute: *Ce trajet de l'écorce*
& du bois l'un dans l'autre, étoit plus ſenſible dans deux groſſes
branches de Tremble.

Le même Correſpondant a encore exécuté dans des vues
pareilles une autre expérience très-curieuſe ſur des branches
de Noyers âgés au moins de 25 ans. Vers le mois d'Août
il détacha pluſieurs lambeaux d'écorce, entre autres un aſſez
étroit, qui avoit près de trois pieds de longueur: il ſe deſſécha preſque dans toute ſa longueur, & ne fournit aucun
ſujet d'obſervation: un autre qui étoit plus large, & qui n'a-
voit que deux pieds de longueur, étoit deſſeché par les bords;
on le coupa aſſez près de l'arbre, ſix à ſept ſemaines après
l'opération: le milieu avoit conſervé ſa verdeur, & l'on appercevoit déja une langue d'un bois très-tendre de plus d'un
demi-pied de longueur, qui s'étoit formée dans l'épaiſſeur de
l'écorce détachée. Le bout d'écorce qui étoit reſté adhérent
à l'arbre, ne pouvant réſiſter au froid de l'hiver, ſe deſſécha
par le bout; mais une partie du bas conſerva ſa verdeur au
dedans de la vieille écorce, & il étoit terminé par un petit
bourelet d'écorce nouvelle. Cés dernieres expériences ſont
bien favorables au ſentiment de Malpighi; mais indépendamment du ſentiment de cet Auteur, il eſt donc bien prouvé que
l'écorce peut produire du bois. Cependant, comme il m'étoit
important de ne laiſſer aucun doute ſur ce point, je crus devoir
tenter quelques expériences qui me paroiſſoient encore plus dé-
ciſives.

J'enlevai des morceaux d'écorce; mais avant de les remettre à leur place, je couvris le cylindre ligneux d'une lame de cet étain battu qu'on emploie pour les glaces (*fig.* 43.): l'écorce étant enfuite remife dans fa pofition naturelle, s'y greffa; & malgré l'interpofition de la lame d'étain, il fe forma entre l'étain & l'écorce des couches ligneufes, auffi épaiffes que fi l'écorce avoit été immédiatement appliquée fur le bois; mais il n'y avoit aucune production entre la feuille d'étain & le bois : tout cela paroît dans la *fig.* 44.

Dans le même temps, au lieu d'enlever entiérement des anneaux d'écorce, je me contentois quelquefois d'en foulever un lambeau (*fig.* 45.), & je plaçois entre ce lambeau d'écorce & le bois une grande lame d'étain qui débordoit de tous côtés, & dont je reploîs les bords fur l'extérieur de l'écorce : le tout fut recouvert d'une bandelette chargée de cire amollie avec de la térébenthine. Mon deffein étoit de m'affurer fi ce morceau d'écorce, qui ne tenoit à l'arbre que par un de fes côtés, & qui étoit entouré de tous les autres par la lame d'étain, formeroit quelques productions ligneufes : il en forma en effet; & quoique les bords du lambeau d'écorce fuffent morts & defféchés, comme on le voit en *b*, ayant fait bouillir ces morceaux de bois dans l'eau, je trouvai un feuillet ligneux, mince, repréfenté par la *fig.* 47; & ce qui mérite bien d'être remarqué, c'eft que ce feuillet ligneux étoit recouvert en dehors par l'ancienne écorce, & en dedans par une nouvelle. La *fig.* 46 donnera une idée affez jufte de cette expérience : *a* eft le cylindre ligneux formé avant l'expérience; *b*, la lame d'étain interpofée entre le bois & l'écorce; *c*, le feuillet ligneux qui s'eft formé depuis l'expérience, & qui eft continu avec la couche *d d*; *e*, l'écorce ancienne qui eft defféchée à l'extrêmité du lambeau *f*. Entre la lame d'étain *b* & le feuillet ligneux *c* on voit la nouvelle écorce qui revêt intérieurement ce feuillet ligneux.

Quand un jeune arbre eft ferré par un lien, on remarque qu'il fe forme un bourrelet au deffus de ce lien. Cette obfervation me fit foupçonner que les couches ligneufes fe formoient par un allongement, ou une production des couches contemporaines qui fe formoient à l'ordinaire fous les cou-

Pl. IV.

Fig. 43.

Fig. 44.

Pl. V. fig. 45.

Fig. 47.

Fig. 46.

Pl. V. ches qui étoient reftées à leur place naturelle; & le bourrelet qui fe forme au deffus des ligatures, me fit penfer que ces pro-ductions ligneufes avoient plus de difpofition à s'étendre de haut en bas que de bas en haut, ou latéralement. Pour m'affurer de ce fait, j'exécutai l'expérience dont je vais rendre compte.

J'enlevai de bas en haut une laniere d'écorce à un jeune ar-*Fig. 48 &* bre (*fig.* 48.); à un autre de haut en bas (*fig.* 50.); & enfin
50.
Pl.VI.fig.52. à un troifieme j'enlevai l'écorce en travers (*fig.* 52.) Je pla-çai enfuite fous ces lanieres des lames d'étain battu qui dé-bordoient de tous les côtés: ainfi ces lambeaux ne pouvoient fe greffer, & ils ne devoient recevoir de nourriture que par la portion qui étoit reftée continue avec l'écorce. S'il ne s'é-toit formé de feuillet ligneux que fous le lambeau d'écorce que j'avois détaché de bas en haut, il eft probable que ce bois auroit été formé par la feve defcendante; mais comme il s'en
Pl.V & VI. eft formé fous tous les lambeaux (*fig.* 49, 51 & 53.), il s'en-
fig. 49, 51 & fuit que, dès que l'écorce reçoit de la feve, foit de bas en
53. haut, foit de haut en bas, foit latéralement, elle peut faire des productions ligneufes.

Etant bien certain que les couches corticales en peuvent produire de ligneufes, il me reftoit à favoir fi ces couches ligneufes font, comme le penfe Malpighi, des couches du liber endurcies, ou fi, comme le croit Grew, elles font pro-duites par l'écorce, fans en avoir auparavant fait partie: c'é-toit le but de l'expérience fuivante.

Pl.VI.fig.54. J'enlevai quelques lanieres d'écorce (*fig.* 54.), & les ayant divifées en deux, fuivant leur épaiffeur, je plaçai entre les couches corticales *a* & entre le bois & l'écorce *b* de petites lames d'étain qui n'avoient que deux lignes de largeur. Le tout fut recouvert, à l'ordinaire, de cire attendrie avec de la térébenthine: la lame d'étain qui étoit entre le liber & le bois fe trouva, après quelques années, engagée dans le bois *b*
Fig. 55. (*fig.* 55.), ce qui n'offre rien de fingulier après les expérien-ces que je viens de rapporter; on remarquera feulement que la moitié de l'épaiffeur de l'écorce a fuffi pour cette produc-tion ligneufe. A l'égard des couches corticales qui étoient au deffus de la feconde lame *a*, elles fe deffécherent; mais les couches corticales, qui étoient au deffous de cette lame, con-

Pl. VI.

serverent leur verdeur : elles firent non-seulement des productions ligneuses qui recouvroient, comme je l'ai dit, la premiere lame d'étain que j'avois placée sur le bois ; mais, de plus, elles produisirent sous l'écorce morte, & sous la seconde lame d'étain, des couches corticales. Ainsi on peut conclure de cette expérience que l'écorce peut faire des productions ligneuses & des productions corticales : mais la question que je me proposois d'éclaircir, reste irrésolue, puisque les couches extérieures, qui étoient au dessus de la seconde lame d'étain, devoient, selon le sentiment de tous les auteurs, rester toujours corticales. J'espérai acquérir plus de lumieres en passant, avec une très-fine aiguille, des fils d'argent-trait très-déliés dans l'épaisseur de l'écorce de plusieurs Ormeaux, de telle sorte que les uns fussent passés dans les couches les plus intérieures du liber, d'autres environ aux deux tiers de l'épaisseur de l'écorce, & enfin d'autres vers la moitié de cette épaisseur ; & je disois : Si, comme le pense Malpighi, quelques couches corticales deviennent ligneuses, le fil qui aura traversé ces couches se trouvera, au bout de quelques années, engagé dans le bois ; au contraire si, comme le croit Grew, toutes les couches corticales restent constamment corticales, tous les fils d'argent resteront constamment dans l'écorce.

J'exécutai ces expériences ; & je fus surpris de trouver une partie des fils d'argent qui n'avoient aucune adhérence avec le bois, pendant que d'autres étoient recouverts d'une épaisse couche ligneuse. Cette variété me fit craindre que quelques-uns de mes fils n'eussent été placés entre le liber & le bois ; car, comme je n'avois pas soulevé l'écorce, mes fils n'avoient été placés qu'à-peu-près aux endroits de l'épaisseur de l'écorce que je viens d'indiquer. Je répétai donc ces mêmes expériences, mais avec plus de précaution que la premiere fois ; car ayant eu l'attention de détacher le lambeau d'écorce, où je voulois placer mes fils (*fig. 56.*), j'examinai, au bout de quelques années, ces arbres, & je remarquai : 1°, que les fils passés dans les couches corticales extérieures étoient simplement recouverts d'une pellicule morte qui se rompoit très-aisément : 2°, que les fils introduits vers le milieu ou vers les

Fig. 56.

Pl. VI.
Fig. 57.
deux tiers de l'épaiſſeur de l'écorce, étoient dans les couches corticales extérieures (*fig.* 57.) : 3°, enfin que les fils introduits dans les couches intérieures du liber étoient recouverts d'une épaiſſe couche de bois.

Ces expériences prouveroient, s'il y avoit encore lieu d'en douter, que la plus grande partie des couches de l'écorce reſtent toujours corticales, ſans jamais ſe convertir en bois : elles prouveroient encore inconteſtablement que les couches les plus intérieures du liber ſe convertiſſent en bois, ſi j'étois bien certain de n'avoir fait aucune rupture au liber, en y introduiſant mes fils d'argent : mais les ſcrupules ſont bien fondés, ſi l'on fait attention à l'extrême fineſſe & à la fragilité de ces couches intérieures ; car, comme je faiſois mon poſſible pour placer mes fils dans les couches les plus intérieures, il pourroit bien être arrivé que j'euſſe rompu quelques fibres, & alors mes fils d'argent ſe ſeroient trouvés poſés, comme ſi je les euſſe placés entre l'écorce & le bois. Quoi qu'il en ſoit, ces expériences paroiſſent aſſez favorables au ſentiment de Malpighi : mais en voici qui nous replongent dans l'incertitude.

Fig. 58.
En diſſéquant, peu de temps après celui de l'opération, des arbres auxquels j'avois enlevé un anneau d'écorce, & interpoſé une lame d'étain, j'apperçus à quelques-uns une couche qui reſtoit en partie adhérente à cette lame, & en partie à l'écorce que j'enlevois. La *figure* 58 repréſente un jeune Orme examiné cinq ou ſix ſemaines après l'application de la lame d'étain. On voit que cette lame d'étain étoit en partie recouverte par un feuillet ligneux très-mince & aſſez tendre : la direction longitudinale des fibres reſſembloit aſſez aux couches ligneuſes, & auſſi aux couches intérieures du liber : car, comme nous l'avons remarqué plus haut, la direction des fibres des couches intérieures du liber reſſemble fort à celle des fibres du corps ligneux. Je fus d'abord ſurpris de ce qu'une partie de la lame d'étain reſtoit découverte ; mais bientôt j'apperçus le reſte de la couche ligneuſe ſur la face intérieure du lambeau d'écorce *a b* que j'avois levé.

Fig. 59.
La *fig.* 59 repréſente la même choſe ſur une branche de Noyer ; & ce qui m'a engagé à la deſſiner, c'eſt que les fibres longitudinales de la nouvelle couche ligneuſe étoient fort apparentes.

apparentes. La *fig.* 60. repréſente un pareil morceau de bois, Pl. VII. fig. 60.
auquel la lame d'étain ne paroiſſoit point du tout; mais elle
ſe montroit pour peu qu'on détachât des eſquilles de la couche ligneuſe, qui étoit extrêmement mince. La *fig.* 61 repré- Fig. 61.
ſente une branche pareille à la précédente, à laquelle je par-
vins à enlever un feuillet aſſez étendu & régulier de cette
nouvelle couche ligneuſe : alors la lame d'étain reſtoit entiérement à découvert. Enfin la *fig.* 62 eſt une branche ſembla- Fig. 62.
ble aux précédentes, mais n'ayant été diſſéquée que cinq
à ſix mois après l'application de la lame d'étain, la couche
ligneuſe étoit devenue plus épaiſſe ; de ſorte que je fus obligé d'emporter beaucoup plus de bois pour découvrir la lame
d'étain. On ne peut réuſſir à faire ces obſervations, qu'en
examinant beaucoup de branches, en différents temps, après
l'application des lames d'étain : car ſi ces feuillets, qui doivent augmenter la groſſeur du bois, ſont fort tendres, ils
reſtent entiérement adhérents à l'écorce; & s'ils ſont ſuffiſamment endurcis, on n'apperçoit qu'une couche ligneuſe qui
recouvre toute la lame d'étain.

Quoi qu'il en ſoit, mes obſervations jettent, me ſemble,
un grand jour ſur la formation des couches ligneuſes dans
l'état naturel, puiſqu'elles prouvent inconteſtablement que les
couches ligneuſes étant produites par l'écorce, elles ne peuvent pas acquérir tout d'un coup toute leur dureté, ni devenir, dès leur premiere formation, fort adhérentes au corps
ligneux. Sans doute que dans les dernieres expériences, dont
je viens de rendre compte, je les ai ſaiſies dans leur état
moyen; c'eſt-à-dire, entre leur molleſſe primitive & l'endurciſſement qu'elles doivent acquérir; ou bien dans le moment
où elles n'avoient pas plus d'adhérence avec le bois qu'avec
l'écorce. La queſtion ſe réduit donc maintenant à ſavoir ſi
on les doit regarder avec Malpighi comme faiſant partie du
liber, ou, ſi lors qu'étant très-molles, & adhérentes à
l'intérieur de l'écorce, on doit les conſidérer, avec Grew,
comme une émanation de l'écorce, qui n'en fait néanmoins
point partie; de ſorte que dans ce temps-là même, cette
couche appartient au bois, quoiqu'elle reſte adhérente à l'é-
corce. On peut, ſi on veut, regarder cette queſtion comme

Partie II.

PL. VII. une pure difpute de mots, & la laiffer indécife ; mais j'avoue que je me fens très-difpofé à adopter le fentiment de Grew. Jufqu'à préfent on n'a point vu que le bois ait fait aucune production, ni corticale, ni ligneufe, comme le penfe M. Hales. Il convient maintenant de faire voir que le bois peut produire de l'écorce, auffi aifément que l'écorce produit du bois.

On fait que, quand on a enlevé un morceau d'écorce à un arbre, le bois ainfi découvert fe deffeche, & qu'il ne fait aucune production. La plaie fe ferme, il eft vrai, mais de proche en proche, par des productions des bords de l'écorce, dont nous parlerons dans peu. Ce feroit agir avec trop de précipitation que de décider, d'après cette feule obfervation, que le bois eft incapable de faire aucune production. En effet, ayant jugé que le defféchement des couches extérieures du bois étoit la vraie caufe qui empêchoit qu'il ne fît aucune production, je me propofai de prévenir ce defféchement, efpérant par-là mettre le bois en état de faire des productions, fuppofé qu'il en fût réellement capable. Dans cette vue j'enlevai, dans le temps de la feve, un anneau d'écorce de trois ou quatre pouces de largeur, tout autour de la tige de plufieurs jeunes arbres, Ormes, Prüniers, &c. Je paffai la tige de ces arbres dans de gros tuyaux de criftal, qui renfermoient les endroits découverts d'écorce, & je fermai exactement les deux extrêmités de ces tuyaux, en les joignant à la tige avec un maftic compofé de craie & de térébenthine, que je cou
Fig. 63. vris avec de la veffie (*fig. 63.*) Au bout de quelques jours, les parois intérieures de ces tuyaux devinrent nébuleufes, à caufe d'un petit brouillard qui s'élevoit dans l'intérieur, fur-tout quand il faifoit chaud : lorfque l'air devenoit frais, ce brouillard fe condenfoit en gouttes qui tomboient en bas ; le verre devenoit tranfparent, & l'obfervateur étoit en état de mieux appercevoir ce qui fe paffoit dans l'intérieur. Je dois ajouter que, pour prévenir encore plus le defféchement des couches ligneufes, je plaçois un paillaffon du côté du foleil, de façon qu'on pouvoit l'ôter pour mieux obferver ce qui fe paffoit fur le cylindre ligneux contenu dans le tuyau.

Le 8 Avril j'apperçus une gourme, ou bourrelet galleux qui

fortoit d'entre le bois & l'écorce, principalement à la partie supérieure de la plaie : vers le bas de cette plaie il n'en parut qu'un fort petit. Je vis aussi des mamelons gélatineux qui fortoient d'entre les fibres longitudinales de l'aubier : ces mamelons étoient isolés, & ne tenoient pas aux bourrelets dont je viens de parler (*fig.* 64.) La plupart de ces mamelons gélatineux fortoient de dessous de petites lanieres de liber extrêmement minces, ou feuillets de bois nouvellement formé, qui apparemment étoient restés sur le bois, quoique l'écorce eût été enlevée bien nette dans le temps de la seve. Je vis d'abord paroître çà & là de petites taches rousses ; c'étoient les membranes minces dont je viens de parler : je les vis peu-à-peu se gonfler, & peu de temps après j'apperçus au dessous de petites productions grenues, blanchâtres, demi-transparentes, & comme gélatineuses, qui soulevoient les petits feuillets membraneux.

Cette matiere, en apparence gélatineuse, devint de couleur grisâtre, & le 18 Avril elle avoit pris une teinte verte. Toutes ces productions continuerent à s'étendre pendant l'été : le bourrelet du haut de la plaie prit de l'étendue ; celui du bas fit peu de progrès. Peu-à-peu les productions nouvelles s'étendirent, principalement en descendant, & la plaie se trouva cicatrisée, sans que le bourrelet inférieur y eût presque contribué. L'écorce qui formoit cette cicatrice étoit très-raboteuse (*fig.* 65.), parce qu'elle avoit été produite par la réunion de plusieurs productions qui partoient, les unes de la partie supérieure, & les autres de la partie moyenne de la plaie : il y avoit même quelques endroits où l'écorce manquoit entiérement. Ces arbres soufrirent un peu pendant la formation de la cicatrice ; leurs feuilles jaunirent, quelques-uns se dépouillerent en partie ; mais ceux-là exceptés, ils augmenterent tous en grosseur, puisque plusieurs rompirent leurs tubes ; & quand les plaies furent cicatrisées, tous reprirent seve, & poufferent à merveille.

L'espérance que j'avois de mettre le corps ligneux en état de faire des productions, se trouve justifiée par les expériences que je viens de rapporter : elles prouvent à merveille que le bois peut produire de l'écorce ; mais ce ne font que les

Pl. VII.

Fig. 64.

Fig. 65.

Pl. VIII. couches extérieures; car il eſt très - certain que les couches intérieures, qui ſont bien endurcies, ſont incapables de faire aucunes productions. Je ſacrifiai pluſieurs de ces arbres pour examiner les productions corticales, dans le temps qu'elles avoient acquis la couleur verte; & je trouvai toujours au deſſous un feuillet ligneux extrêmement mince : ainſi il eſt bien prouvé que le bois peut produire de l'écorce, & que cette écorce eſt dès-lors en état de produire des feuillets ligneux. Voilà ce que j'ai pu obſerver de plus favorable au ſentiment de M. Hales.

Ce que je viens de rapporter ſur de petites plaies, peut réuſſir ſur de fort grandes, puiſque dans le printemps, lorſque les Ceriſiers étoient en pleine ſeve, j'en fis écorcer de gros Fig. 66. dans toute la longueur de leur tronc (*fig.* 66.), comme on fait aux jeunes Chênes, que l'on écorce pour le tan. Sur le champ, à l'aide de petits cerceaux, j'enveloppai le tronc de Fig. 67. cet arbre de paille longue (*fig.* 67.) : cette enveloppe étoit éloignée de quelques pouces du tronc écorcé. Pour tenir la plaie encore plus à l'abri du ſoleil, j'attachai, du côté du midi, un paillaſſon que je ſoutins avec des pieux. L'arbre, en cet état, fleurit un peu plus tard que les autres, & noua ſon fruit, quoiqu'il eût perdu une partie de ſes feuilles & beaucoup de ſes menues branches. L'année ſuivante il parut encore languiſſant; mais la troiſieme année, le voyant bien rétabli, j'ôtai l'enveloppe de paille, & je trouvai le tronc recouvert d'une nouvelle écorce. *

J'ai dit, qu'aux endroits où l'écorce ſe reprenoit, on voyoit reparoître une écorce blanchâtre demi-tranſparente, reſſemblant à un mucilage : ſeroit-ce véritablement un mucilage, ou un tiſſu cellulaire très-rempli de ſeve? Cette queſtion, qui regarde la formation des couches ligneuſes, étoit trop importante pour négliger de l'éclaircir par des expériences. Dans cette vue, j'enlevai, le 1 Avril, un anneau d'écorce à un Fig. 68. jeune Orme; j'y adaptai un tuyau de criſtal (*fig.* 68.), que je remplis d'eau : je comptois que, ſi les mamelons que j'avois ci-devant apperçus n'étoient qu'un ſimple mucilage, ils

---

* Voyez dans les Journaux de Berlin 1727, un Mémoire de J. L. Friſch, qui rapporte pluſieurs expériences pareilles.

ſe diſſoudroient dans l'eau, & ne ſe convertiroient pas en écorce. Le 18 du même mois je ne remarquai aucun changement : quelques jours après on apperçut çà & là des eſpeces de floccons tranſparents, & on voyoit des globules d'air qui ſembloient ſortir d'entre les fibres longitudinales de l'aubier, & qui s'élevoient à la ſurface de l'eau. Le 22 Avril on apperçut la ſubſtance gélatineuſe blanche, & peu-à-peu la plaie ſe couvrit en partie d'une nouvelle écorce, beaucoup plus raboteuſe & moins parfaite que celle qui s'étoit formée dans les tuyaux où il n'y avoit pas eu d'eau.

Je voulus, l'année ſuivante, répéter cette expérience ; mais comme il ne me fut pas poſſible de la commencer avant la fin du mois de Juin, elle ne me réuſſit pas. La ſeve paroiſſoit ſortir de quelques endroits, & elle ſe répandoit dans l'eau ſous la forme d'un nuage : la plaie ne ſe referma pas ; l'arbre perdit ſes feuilles bien plutôt que les autres, quoiqu'elles fuſſent beaucoup plus épaiſſes. Quoi qu'il en ſoit, puiſque j'ai vu un arbre ſe recouvrir d'une nouvelle écorce dans l'eau, cela ſuffit pour me confirmer dans l'idée où j'étois que la matiere, gélatineuſe en apparence, eſt organiſée. Une ſeule preuve affirmative emporte une conviction, qui ne peut être infirmée par des preuves négatives ; & dans les expériences exécutées au mois de Juin, l'eau contenue dans le tuyau pouvoit endommager le tiſſu véſiculaire, & faire extravaſer la ſeve. Mais une circonſtance que je ne dois pas paſſer ſous ſilence, c'eſt que dans une de mes expériences, où j'examinois la régénération de l'écorce dans des tuyaux de verre, il ſe trouva par haſard un bouton à bois, dont les enveloppes écailleuſes furent emportées avec l'écorce ; la jeune branche fit malgré cela quelques progrès. On pourroit tenter cette même expérience, pour obſerver à découvert les premieres productions des boutons.

On voit, dans l'hiſtoire de l'Académie Royale des Sciences, année 1709, que M. Dupuis ayant vu en automne un Orme du Jardin des Thuileries dépouillé de ſon écorce juſqu'à la naiſſance de ſes branches, il fut très-ſurpris au printemps ſuivant de le voir ſe garnir de feuilles. Comme on arracha enſuite cet arbre, M. Dupuis ne fut plus en état de ſuivre cette obſervation. J'ai écorcé à deſſein beaucoup d'arbres de différentes groffeurs ; je puis affurer que leur durée eft proportionnelle à leur groffeur ; de forte que j'en ai eu de fort gros qui n'ont péri que la quatrieme année. Mais fi on ne prévient pas le deffechement, il ne fe fera point de productions, ni corticales, ni ligneufes ; & l'arbre périra néceffairement tôt ou tard.

§. VIII. *Conclufion fur les Couches ligneufes.*

NOUS avons vu : 1°, Que l'écorce étant entamée, foit qu'elle s'exfolie, ou que l'exfoliation foit peu fenfible, la partie qui refte vive peut produire une nouvelle écorce.

2°. Que l'écorce peut, indépendamment du bois, faire des productions ligneufes.

3°. Que, quand on tient un lambeau d'écorce, féparé du bois par un de fes bords, il fe forme un appendice ou levre ligneufe, qui fe recouvre en deffous d'une nouvelle écorce.

4°. Que les couches corticales, qui ne font point partie du liber, reftent toujours corticales, fans jamais fe convertir en bois.

5°. Que les couches les plus intérieures du liber, ou fi l'on veut, la couche la plus intérieure de l'écorce fe convertit en bois, quoiqu'il y ait apparence que cette couche n'eft pas de même nature que les autres couches corticales.

6°. Que le bois peut produire une écorce nouvelle, fous laquelle il paroît tout de fuite des couches ligneufes. Ces faits font maintenant inconteftables ; ainfi nous croyons que nos recherches ont jetté quelque jour fur la formation des couches ligneufes. Néanmoins elles n'ont pas diffipé tous les nuages ; & la fagacité des Phyficiens a encore de quoi s'exercer fur ce même objet : car, puifque le bois peut produire de l'écorce, pourquoi ne s'en eft-il point formé fous mes lames d'étain ? & pourquoi ne s'en forme-t-il pas dans l'intérieur des bois roulis ? C'eft un fait dont la raifon m'eft inconnue.

On a vu que l'écorce eft capable de produire des couches corticales & des couches ligneufes ; & il faut qu'elle en produife tous les ans au point *o* (Pl. II. *fig. 29.*) Si ces deux productions font, dans leur origine, effentiellement les mêmes, ſi la différence des couches corticales & des ligneuſes ne conſiſte qu'en ce que les fibres longitudinales des couches, qui doivent ſe convertir en bois, reſtent dans leur premiere poſition, en s'endurciſſant en bois, au lieu que les fibres longitudinales des couches, qui doivent reſter en écorce, ſont obligées de s'écarter, à meſure qu'il ſe forme de nouvelles couches ligneuſes ou corticales; en un mot, ſi l'identité des couches corticales & ligneuſes étoit bien prouvée, la difficulté que je vais expoſer s'évanouiroit : mais cette identité n'eſt pas ſuffiſamment établie ; au contraire l'exiſtence des trachées dans le bois engage à penſer que les couches corticales ſont très-différentes des couches ligneuſes, même dès leur premiere origine; d'autant qu'en examinant avec attention la pouſſe tendre & herbacée d'un arbre, on voit que le feuillet, plus tendre que l'écorce qui le recouvre, mais qui doit devenir bois, eſt d'un tiſſu différent de l'écorce dont il eſt environné. Néanmoins, ſi l'héterogénéïté des couches deſtinées à devenir ligneuſes ou corticales, étoit prouvée, comment concevoir que le même organe, qui eſt l'écorce, puiſſe former dans un même lieu, entre l'écorce & le bois, des productions ſi différentes? C'eſt une difficulté qui mérite l'attention des Phyſiciens.

Enfin, il n'eſt point ſingulier de voir l'écorce ſe réparer lorſqu'elle a été entamée; mais il eſt étonnant que le bois, qui fait des productions quand il eſt découvert de ſon écorce, n'en faſſe aucune quand, après en avoir détaché l'écorce, on la remet ſur le champ à ſa place. Comment des couches corticales & des couches ligneuſes, qui dans leur origine ſont ſi tendres, qu'on eſt tenté de les prendre pour un mucilage; comment les couches, qui ſe touchent & qui ſont très-preſſées l'une contre l'autre, puiſqu'elles ſont obligées de forcer les fibres longitudinales de l'écorce de ſe déſunir, comment ſe forment-elles ſans ſe confondre? La matiere n'eſt donc pas à beaucoup près épuiſée ; mais il eſt hors de doute que le bois augmente en groſſeur, par l'addition des couches ligneuſes qui ſe forment ſous l'écorce, & s'ajoutent à l'ancien bois. Examinons maintenant comment les arbres croiſſent en hauteur.

ART. III. De l'Accroissement des Arbres en hauteur.

LORSQUE nous avons parlé de la germination des semences, nous avons expliqué comment la plume se développoit, & comment se formoit le commencement de la tige
dans le cours de la premiere année. Nous avons dit à cette
occasion, que cette petite tige (Pl. II. *fig.* 17.) étant observée en automne, elle se trouvoit formée (*fig.* 18.) de l'é-
corce *c c*, d'un petit cône ligneux *d d*, de la moëlle *e*, &
qu'elle étoit terminée par un bouton *f*. Maintenant si l'on se
rappelle que nous avons dit, en parlant des boutons à bois
(Livre II.), que les enveloppes écailleuses renfermoient les
rudiments d'une jeune branche, ou quelque chose de semblable
ble à ce que nous avons appellé la plume, lorsque nous
avons traité de la germination des semences, on concevra
qu'à cet égard l'intérieur des boutons peut être comparé à
cette partie du germe des semences qui doit former la plume,
ou la nouvelle tige.

On ne trouve point de lobes dans les boutons comme dans
les semences, parce que l'embrion de la tige est implanté sur
la pousse de l'année précédente, qui lui fournit la nourriture dont ella a besoin. On ne trouve point non plus dans
le bouton l'embrion de la radicule, parce que le jeune bourgeon est secouru par les racines de l'arbre qui le porte : mais
il y a beaucoup de ressemblance entre ce qui regarde l'embrion des bourgeons dans les boutons, & celui de la nouvelle tige dans les semences. Aussi le développement des bourgeons se fait-il comme celui des nouvelles tiges; il s'étend
dans toutes ses parties tant qu'il est tendre & herbacé : l'extension diminue à mesure que l'endurcissement fait du progrès, & il cesse lorsque la partie ligneuse est entiérement convertie en bois : c'est ce qui fait qu'aux bourgeons, comme à
la nouvelle tige, l'extension subsiste vers l'extrêmité, lorsqu'elle a cessé vers la partie qui s'est développée en premier
lieu. Aussi-tôt qu'un bourgeon de Marronnier d'Inde, par
exemple, s'est allongé de deux pouces, je le divise en lignes,

&

& je marque les divisions avec du vernis coloré. Je laisse croître ce bourgeon, & j'observe que toutes les marques de vernis s'écartent les unes des autres : je fends alors un autre bourgeon du même arbre, & je reconnois qu'il est tendre, succulent & herbacé dans toute sa longueur.

Je reviens, quelque temps après, examiner de nouveau le jeune bourgeon marqué de vernis, & je trouve que les divisions, qui sont les plus proches de son origine, ne s'écartent plus guère, tandis que celles qui sont à l'extrêmité supérieure, continuent de s'écarter considérablement. Je cherche encore dans un autre bourgeon de même âge à connoître ce qui se passe sous l'écorce, & j'apperçois que l'intérieur de ce jeune bourgeon commence à s'endurcir en bois, seulement du côté qui répond à la branche, qui est l'endroit où les divisions ne s'écartent plus guère les unes des autres.

M. Hales qui pense, comme nous, que l'extension des bourgeons se fait en raison renversée de l'endurcissement du bois, a observé très-judicieusement que cette extension dépend encore de l'abondance de la seve.

Un sarment de Vigne, dit-il, qui commence à se former lorsque la seve est peu abondante, & souvent quand la saison est encore froide, a, vers son origine, ses nœuds plus près les uns des autres, que ceux qui se forment dans le temps que la seve est très-abondante. Quand les feuilles sont parvenues à leur grandeur, & quand la seve diminue, alors les nœuds deviennent plus serrés à l'extrêmité des sarments. Ce que nous disons, d'après M. Hales, des nœuds de la Vigne, a son application aux feuilles & aux boutons des autres arbres : ainsi tout ce qui peut rallentir l'endurcissement est favorable à l'extension des bourgeons. De-là vient que les branches gourmandes, qui tirent une grande quantité de seve, sont beaucoup plus longues que les autres ; que les arbres plantés dans des terreins humides, sont de plus grandes pousses que ceux qui sont placés dans des terreins secs. Les années pluvieuses sont favorables à l'extension des bourgeons : une plante tenue à l'ombre, & qui transpire peu, s'étend beaucoup plus que celle qui est brûlée par le soleil, ou desséchée par le vent.

Partie II.   G

Pl. VIII.

On peut conclure de ces expériences & de ces obfervations?
Que, tandis que toute l'étendue des bourgeons a été herbacée,
ils fe font étendus dans toute leur longueur; mais que la propriété de s'étendre a diminué, à proportion que le corps ligneux s'eft formé ou endurci; & que l'extenfion a ceffé quand
il a été entiérement endurci. Ceci a été prouvé plus haut :
ainfi il eft exactement vrai de dire que le petit cône ligneux
e f (Pl. II. *fig.* 18.), qui étoit formé & fuffifamment endurci à l'entrée de l'hiver qui fuit la germination, que ce petit
cône ligneux, ne s'étendant plus, ni en hauteur, ni en groffeur, il conferve fes mêmes dimenfions au pied & au centre
du plus grand arbre. De forte que, fi l'on a bien fuivi ce que
nous venons de dire fur l'accroiffement des arbres, on conviendra qu'il y a au pied & au centre d'un grand arbre, âgé
de cent ans, du bois de cent ans, pendant qu'à l'extérieur &
aux extrêmités des branches il y a du bois d'un an : rendons
ceci encore plus fenfible par une figure.

Fig. 69.

La *fig.* 69 repréfente en *a*, *b*, la portion ligneufe d'un arbre qui eft provenue de la femence au printemps, & qu'on
obferve en automne. Au printemps fuivant il fort du bouton
b un bourgeon qui s'éleve jufqu'en *c*; mais en même temps
il fe forme des couches ligneufes fur le cône ligneux *a*, *b*; &
cet arbre, augmenté de l'épaiffeur qui eft ombrée dans la figure, & marquée *I*, forme, à la fin de la feconde année, un
arbre *a*, *c*. Le printemps fuivant, le bouton *c* s'ouvre; il en
fort un bourgeon qui s'éleve jufqu'en *d*: il fe forme auffi des
couches ligneufes; & cet arbre, âgé de trois ans, peut être
repréfenté par *a*, *d* : de même, la quatrieme année par *a*, *e*.
On voit vers *f*, fur la coupe horifontale de cet arbre, les
quatre couches ligneufes qui ont été formées pendant ces quatre premieres années.

Cette figure m'a paru très-propre à faire comprendre comment les arbres croiffent, foit en hauteur, foit en groffeur;
& pour peu qu'on y prête attention, l'on concevra : 1°, Que
les couches ligneufes peuvent être comparées à des cônes
qui fe recouvrent les uns les autres : 2°, Que le diametre
des arbres augmente tous les ans de deux épaiffeurs de couches : 3°, Que les arbres croiffent beaucoup plus en hauteur

qu'en groſſeur; & que cet accroiſſement ſe fait par l'éruption des bourgeons qui ſortent des boutons, préciſément comme la premiere pouſſe ſort de la ſemence; ainſi ce ſont autant d'arbres *a b*, *b c*, *c d*, *d e*, qui ſont en quelque façon placés les uns au deſſus des autres, mais liés enſemble par les couches ligneuſes qui s'étendent de toute la hauteur de l'arbre.

4°. On voit ſenſiblement qu'au pied & au centre de l'arbre (*fig. 69.*) il y a du bois de 4 ans, pendant qu'à l'extérieur & à la cime de cet arbre, c'eſt-à-dire, depuis *d* juſqu'en *e*, le bois eſt de la derniere année.

5°. Il paroît que les couches ligneuſes de certains arbres, tels que le Marronnier d'Inde, &c. s'endurciſſent beaucoup plus lentement que d'autres, tels que le Buis, &c. Celles qui s'endurciſſent lentement, doivent conſerver plus long-temps la propriété de s'étendre : c'eſt peut-être ce qui fait que certains arbres croiſſent beaucoup plus promptement que d'autres.

6°. Par la même raiſon, un arbre qui ſe trouve à l'abri du ſoleil, tranſpirant peu, il conſerve long-temps l'humidité qu'il contient; l'endurciſſement ſe fait plus lentement que dans un arbre qui eſt fort expoſé au ſoleil; & l'on remarque aſſez conſtamment que les arbres tenus à l'abri pouſſent beaucoup plus vigoureuſement que ceux qui ſont brûlés du ſoleil.

7°. Quand j'ai vu que les bourgeons ceſſoient de s'étendre, j'ai meſuré, avec un fil de laiton menu & ſeouit, la circonférence de pluſieurs jeunes arbres : il m'a paru qu'ils augmentoient encore en groſſeur; ce qui m'a fait penſer que les arbres continuent à s'étendre en groſſeur par l'addition de pluſieurs couches ligneuſes, quelque temps après celui auquel ils ont ceſſé de s'étendre en hauteur par l'allongement des bourgeons; & ſi cela eſt, les couches ligneuſes qui ſe forment dans certains automnes, ſoit ſur les bourgeons, ſoit ſur le corps des arbres, occaſionnent peut-être cette ſolidité que les bourgeons n'acquierent pas toujours, & que les Jardiniers déſignent, en diſant que le bois eſt formé, ou que les bourgeons ſont *Aoutés.* *

---

* *Aoûté*, eſt comme ſi l'on diſoit : *perfectionné par la ſeve d'Août* ; parce que c'eſt au déclin de cette ſeve que les bourgeons prennent la conſiſtance dont nous venons de parler.   G ij

Pl. VIII. 8°. Si, par quelque caufe que ce puiffe être, une même couche ligneufe reftoit plus long-temps extenfible d'un côté d'un bourgeon que d'un autre, le côté moins endurci faifant plus de progrès, il en réfulteroit une difformité, dont nous avons dit quelque chofe en traitant des monftruofités végétales. J'aurai occafion de parler ailleurs d'autres caufes accidentelles qui empêchent les tiges de s'élever perpendiculairement ; mais je ne dois pas me difpenfer de dire ici un mot de quelques moyens que les Jardiniers emploient pour redreffer les jeunes arbres, en forçant les couches ligneufes de s'étendre plus d'un côté que d'un autre.

Fig. 70. Suppofons un jeune arbre (*fig.* 70.) qui foit courbé : les Jardiniers font quelquefois, avec la pointe d'une ferpette, des incifions obliques, & qui fe croifent dans toute la partie intérieure *a*, *a*, *a*, de la courbure. Si ces incifions pénetrent jufqu'au bois, elles occafionnent une éruption du tiffu cellulaire, qui, faifant plus croître les couches ligneufes de ce côté-là que de l'autre, forcent la tige de fe redreffer.

Quelquefois, en mettant leur genou contre la tige, vers *b*, ils tirent à eux le haut de la tige, jufqu'à lui faire décrire la courbe *c*, *c*, *c*, ou une plus grande : par cette opération forcée, ils rompent quantité de petites fibres dans toute l'étendue *a*, *a*, *a*, ce qui produit à-peu-près le même effet que les incifions que les autres emploient.

La production des branches a trop de rapport à ce que nous venons de dire fur l'accroiffement des arbres, pour remettre à en parler ailleurs.

ART. IV. *De la Production & de l'Accroiffement des Branches.*

CE QUE nous venons de dire fur l'accroiffement des tiges, ayant fon application à tous les boutons, on doit s'attendre à en voir fortir des bourgeons, qui s'étendront dans le même ordre que celui que nous venons de décrire. Un bouton forme une jeune branche, laquelle, en s'élevant perpendiculairement, forme la tige principale, pendant que les autres, qui

prennent des directions obliques, font les branches latérales. Pl. VIII.
Mais, pour donner une idée plus exacte de leur formation,
ſuppoſons un arbre âgé de 4 ans (*fig.* 71.) Imaginons que Fig. 71.
dès la premiere année, ſur le cône ligneux n°. 1, il ſe ſoit développé un bouton vers *a*; dans la quatrieme année ce bourgeon
latéral ſera formé par 4 couches, comme le repréſente *a b*.
Si un autre bourgeon s'étoit développé ſur la couche de la
ſeconde année n°. 2, 2, cette branche, dans la quatrieme
année, ne ſera formée que par 3 couches, comme on le voit
en *c d*. Suppoſons maintenant que la troiſieme année il ſe développe un bourgeon ſur la branche *a b*, vers *e*, il ſe formera
alors une petite branche *e f*, qui ne ſera formée que de deux
couches. Enfin, ſi la quatrieme année, lorſque la couche ligneuſe n°. 4, 4, s'eſt formée, il s'eſt développé un bourgeon vers *g*, on aura la petite branche *g h*, qui ne ſera formée que d'une ſeule couche ligneuſe.

Il ſuit de là que toutes les branches ſe terminent dans le
corps des arbres par un cône *a*, *b*, *c*, (Pl. IX. *fig.* 72.) qui Pl. IX. fig.
a ſon ſommet *b* ſur la couche où le bouton, qui a été la pre- 72.
miere origine de cette branche, a commencé à paroître:
dans l'exemple préſent la branche a 11 ans. Ceci démontre
bien clairement l'origine des nœuds, qui pénetrent d'autant
plus profondément dans les pieces, que les branches qui les
occaſionnent, ſont plus anciennes.

Parent, Hiſt. de l'Académie 1711, dit que les branches
ſont nourries par la moëlle. On voit en effet leur origine pénétrer juſqu'au centre des branches, par une trace dont nous
avons parlé dans le ſecond livre; mais le nœud ne s'étend
pas juſqu'à la moëlle.

L'examen que nous faiſons des branches, nous engage à
faire remarquer encore que les fibres longitudinales, ſoit ligneuſes, ſoit corticales, prennent pour direction le grand
courant de la ſeve; de ſorte que ſi la ſeve eſt déterminée à
ſuivre la direction du tronc, comme cela arrive dans les arbres qui n'ont point de branches, les fibres longitudinales
ſuivent cette même direction; mais ſi une branche détermine
une grande portion de la ſeve à ſe porter de ſon côté, alors
les fibres longitudinales, ou ligneuſes, ou corticales, prennent,

Pl. IX.
Fig. 73.
pour fuivre la direction de cette branche, l'obliquité que l'on voit dans la *fig.* 73. Mais cela ne paroît jamais plus fenfiblement que quand on étête un arbre, immédiatement au deffus d'une jeune branche; car alors toute la feve étant obligée de paffer par cette jeune branche, les fibres prennent tout d'un coup fa même direction; de forte que fi l'on a retranché la tige en hiver, & qu'on coupe enfuite cet arbre vers la fin du printemps pour en enlever l'écorce, on appercevra les nouvelles fibres ligneufes qui croiferont les autres,
Fig. 75. ainfi qu'on le voit dans la *fig.* 75.

Fig. 74. Quand il fort une jeune branche d'un affez gros tronc, on voit (*fig.* 74.) que les fibres font forcées de s'écarter, pour laiffer fortir cette branche, & elles fe rapprochent enfuite au deffus pour fuivre leur premiere direction droite. Tous ces changements de direction dans les fibres font appercevoir très-clairement comment fe forment les bois *rebours*.

Les lumieres que nous avons pu acquérir fur la formation des couches ligneufes, nous mettront encore à portée d'expliquer cette finguliere opération de jardinage, qu'on appelle la *greffe*. Mais, comme les obfervations que nous avons faites fur la réunion des plaies des arbres, peuvent nous mettre en état d'expliquer encore plus aifément & plus clairement ce qui regarde les greffes, nous commencerons d'abord par la difcuffion de cet objet, que l'on pourra regarder comme un préliminaire de la matiere que nous traiterons enfuite.

ART. V. *De la réunion des plaies des Arbres.*

J'AI DIT dans le premier livre que l'écorce des arbres eft formée de plufieurs couches qui s'enveloppent & fe recouvrent les unes les autres. Les couches les plus extérieures font formées d'un rézeau de fibres plus groffieres que celles qui font plus voifines du bois; or, fi l'on emporte les couches extérieures, même jufqu'au-delà de la moitié de toute l'épaiffeur de l'écorce, la plaie qui en proviendra fe refermera avec beaucoup de facilité, fur-tout fi l'on recouvre cette plaie avec un mêlange de cire & de thérébentine, afin de diminuer l'exfoliation qui pénetre plus avant dans l'écorce. Quand l'endroit entamé reste exposé à l'air, les plaies de l'écorce, ainsi que celles qui ne s'étendent pas au-delà de l'épaisseur de la peau des animaux, se réparent sans qu'il paroisse presque de cicatrice. Il n'en est pas de même quand on enleve toute l'épaisseur de l'écorce, & qu'on laisse le bois, pour ainsi dire écorché, à découvert : alors la plaie se ferme peu-à-peu ; & après la parfaite guérison, la cicatrice paroît long-temps : c'est aussi ce qui arrive à l'égard des animaux, quand les plaies sont profondes. J'ai suivi le progrès des cicatrices des arbres dans les expériences que je vais rapporter.

Pl. IX.

Au printemps j'enlevai un morceau d'écorce sur un Ormeau (*fig.* 76.) : le bois dépouillé resta à l'air : quelque temps après je vis sortir d'entre le bois & l'écorce, ou des couches corticales les plus intérieures, un bourrelet cortical & verdâtre, qui acquit de la solidité & de la grosseur pendant l'été.

Fig. 76.

L'hiver suivant je sciai cet arbre vis-à-vis la plaie (*fig.* 77.) Je le fis bouillir dans l'eau pour enlever l'écorce : la plaie étoit bordée d'un bourrelet ligneux, recouvert par une écorce semblable à celle qui enveloppe les jeunes branches. Dès que j'eus vu cette écorce se former au bord de la plaie (étant prévenu que c'est l'organe qui sert à la formation des couches ligneuses), je jugeai qu'il s'en formoit d'autres au dessous, qui fermeroient peu-à-peu la plaie, à mesure que l'arbre grossiroit, en suivant l'ordre qui est représenté par la *fig.* 80. Pl. X, & qui rend la chose assez sensible, pour que je sois dispensé de m'étendre sur la formation de ces cicatrices.

Fig. 77.

Pl. X. fig. 80.

Ces observations, en justifiant ma conjecture, me donnerent encore l'occasion de remarquer que les couches ligneuses, qui forment les cicatrices, s'appliquoient très-exactement sur le bois qu'on avoit découvert de leur écorce, sans s'y unir en aucune façon. C'est pourquoi, sous les plaies exactement fermées, il reste toujours dans l'intérieur de l'arbre une solution de continuité, ou, comme disent les Bucherons, une *gelivure* qui ne s'efface jamais : elle est marquée dans la *fig.* 80.

Je crus encore appercevoir que le bois, qui avoit été dé-

Pl. IX.

pouillé de son écorce, formoit un point d'appui aux nouvelles couches ligneuses ; ce qui étoit très-favorable à la formation des cicatrices ; & pour m'en assurer encore mieux,

Fig. 78.

j'enlevai à un jeune Orme (*fig.* 78. Pl. IX.) un lambeau d'é-
corce pareil à celui de l'expérience précédente ; ensuite avec
une gouge je creusai le bois que j'avois découvert, dans la vue
d'ôter aux couches ligneuses, qui se formeroient, le point
d'appui dont je viens de parler. Cette plaie fut bien plus long-
temps à se fermer que les autres, parce que les couches ligneuses s'étendoient, en formant une espece de volute, jusqu'au fond de la plaie que j'avois creusée, comme je l'ai dit.

Pl. IX &
X, fig. 79 &
81.

La disposition de ces couches est représentée dans les *fig.* 79
& 81. Pl. IX & X. Cette observation sert à expliquer comment certaines plaies, qui se trouvent sur un endroit où le
bois est carié, ne se ferment jamais : de ce genre sont les
plaies que les Jardiniers nomment *œil-de-bœuf.*

Ces expériences prouvent que, dans les circonstances où
elles ont été faites, ce n'est pas le bois découvert d'écorce
qui fournit la matiere qui forme le bourrelet ; il est produit
(comme je l'ai déja fait remarquer), ou par les couches les
plus intérieures de l'écorce, ou bien il tire son origine d'entre le bois & l'écorce. Je crus appercevoir de plus que toute
la circonférence d'une plaie ne contribuoit pas également à
former la cicatrice : pour m'en assurer, je fis les expériences
suivantes.

Dès le commencement du printemps j'enlevai, dans le milieu de la tige d'un jeune Orme, une laniere d'écorce, qui
avoit environ un pouce de largeur sur trois pouces de lon-

Fig. 82.

gueur, & je laissai la plaie quarrée exposée à l'air (*fig.* 82.)

Fig. 83.

Le 20 Avril on commença à appercevoir le bourrelet ; mais
il ne paroissoit que sur les grands côtés du parallélograme (*fig.*
83.) ; & au haut, ainsi qu'au bas de la plaie, l'écorce sembloit se détacher du bois.

Fig. 84.

Quelque temps après l'écorce se montra au haut de la
plaie (*fig.* 84.), & cette plaie paroissoit alors bordée
d'une moulure en baguette. Ensuite le bourrelet se fit voir
à la partie inférieure de la plaie ; il étoit de forme circulaire,
ou cintrée en contre-bas, parce qu'il avoit principalement
pris

pris ſon accroiſſement des angles inférieurs de la plaie : voyez *fig.* 85.

Pl. X.
Fig. 85.

Je fis au tronc d'un autre jeune Orme deux plaies triangulaires : les pointes des triangles étoient éloignées l'une de l'autre de 5 à 6 lignes, & les deux baſes des triangles regardoient, l'une le haut de l'arbre, & l'autre les racines.

Je m'attendois que la baſe du triangle ſupérieur auroit formé un bourrelet bien plus conſidérable que la baſe du triangle inférieur ; il ſembloit même que ce devoit être une conſéquence de l'expérience précédente : néanmoins elles ſe fermerent preſque auſſi promptement l'une que l'autre. Je ſoupçonne que cet événement imprévu vient de la différente forme des plaies : car, comme dans la premiere expérience le bourrelet des angles inférieurs qui étoient droits, a fait beaucoup de progrès, il s'en devoit faire de plus conſidérables dans celle-ci, où les angles étoient aigus ; & comme la plaie n'étoit pas fort grande, la cicatrice s'étoit formée promptement : ainſi, pour bien juger du progrès des bourrelets, il faut faire des plaies d'une aſſez grande étendue.

J'enlevai dans le même temps, autour du tronc d'un jeune Orme, une laniere d'écorce en forme d'hélice (*fig.* 86.) Dès le 21 Avril on appercevoit le bourrelet qui ſe formoit à la partie ſupérieure des révolutions de l'hélice *a a* (Pl. XI. *fig.* 87.), ainſi qu'aux coupes perpendiculaires du commencement & de la fin de l'hélice *b* ; mais il ne paroiſſoit rien aux bords inférieurs *c*.

Fig. 86.

Pl. XI. Fig. 87.

Comme, dans toutes les expériences que je viens de rapporter, je n'avois enlevé que l'écorce, il convenoit de m'aſſurer ſi la même choſe arriveroit en entamant le bois. Pour cela, je fis à la tige d'un jeune Orme une entaille (*fig.* 88.) qui pénétroit juſqu'au cœur de cet arbre. Le 21 Avril le bourrelet paroiſſoit à l'angle *a*. Peu de temps après il ſe montra à la partie ſupérieure *b*, & enfin il s'étendit de *a* juſqu'en *c* : il ne reſtoit, à la fin de l'année, qu'une petite portion au centre de la plaie, où la cicatrice manquoit.

Fig. 88.

Je fis encore à d'autres arbres des plaies qui ne différoient des précédentes, que parce qu'elles étoient dans une ſituation renverſée, comme dans la *fig.* 89. Le 21 Avril le bourrelet commença à paroître à l'angle *a*, mais moins ſenſiblement qu'à

Fig. 89.

Partie II.   H

Pl. XI. la partie fupérieure de la plaie de l'expérience précédente. Ce bourrelet s'étendit peu-à-peu jufqu'à l'angle *b*, toujours en diminuant de groffeur, à mefure qu'il s'éloignoit de l'angle *a* : il ne paroiffoit point du tout à la partie *c*. L'automne fuivante la cicatrice n'étoit pas, à beaucoup près, auffi avancée que celle de l'expérience précédente.

Ces expériences prouvent que les plaies fe cicatrifent, principalement par les productions qui partent du haut & des côtés des plaies ; néanmoins, pour en être encore plus certain, je fis l'expérience fuivante, où la plaie ne pouvoit être fermée que par les productions qui viendroient du haut ou du bas, les côtés ne pouvant rien fournir.

Fig. 90. J'enlevai un anneau d'écorce, de 3 pouces de largeur, tout autour de la tige d'un jeune Orme (*fig.* 90.) : il fe forma un bourrelet à la partie fupérieure *a*, & l'arbre fe tuméfia à cet endroit, mais il ne s'en forma point à la partie inférieure ; il fe développa feulement quelques foibles bourgeons *b* qui fembloient fortir d'entre le bois & l'écorce : il étoit refté à la partie moyenne de la plaie quelques fragments de liber qui fe deffécherent, fans produire, ni écorce, ni bourrelet.

Dans des vues différentes, & pour augmenter la denfité du bois, je dépouillai de leur écorce, dans le temps de la grande feve, une centaine d'arbres, depuis leurs branches jufqu'à leurs racines. Je fis, à cette occafion, plufieurs obfervations dont je rendrai compte ailleurs ; il me fuffira de dire préfentement qu'on appercevoit à la coupe de l'écorce, qui répondoit aux branches, des productions qui avoient quelquefois un pied & demi de longueur, pendant qu'il ne s'en formoit point du tout à la coupe qui répondoit aux racines.

Les expériences que je viens de rapporter, prouvent :

1°, Que les productions qui doivent former les cicatrices, émanent plutôt de la coupe longitudinale de l'écorce, que de la coupe tranfverfale ; & de la partie fupérieure des plaies, plutôt que de la partie inférieure.

2°. Que ces productions qui, en premier lieu, font corticales, fortent, ou des couches les plus intérieures de l'écorce, ou d'entre le bois & l'écorce ; en un mot, de cette partie où fe forment tous les ans une couche corticale & une ligneufe.

3°. Que le bourrelet s'applique très-exactement fur le bois, qu'il recouvre, fans s'y unir, & fans que le bois qu'il recouvre, contribue en rien à la cicatrice ; bien entendu dans le cas où on laiffe les plaies expofées à l'air ; car en prevenant le deffèchement du bois, on a vu que la chofe fe paffe tout autrement.

Pour faire des plaies intérieures, je pliai des jeunes arbres, affez pour pouvoir rompre une grande partie de leurs fibres corticales & ligneufes : je redreffai enfuite ces arbres, & les affujettis avec des écliffes, afin que le vent ne dérangeât pas leur fituation verticale : après avoir laiffé quelque temps ces arbres dans cette fituation, j'en fciai de temps à autres quelques-uns, pour obferver ce qui fe paffoit dans leur intérieur, & j'obfervai :

1°, Que les fibres ligneufes ne contribuoient point du tout à la réunion de ces arbres.

2°. Que tous les vuides, qui étoient entre les fibres ligneufes, étoient remplis par une fubftance grenue & herbacée qui paroiffoit émaner du liber.

3°. Que peu-à-peu cette fubftance s'endurciffoit.

4°. Qu'elle formoit enfin des productions ligneufes, dont la direction des fibres étoit fort irréguliere.

Si l'on fe reffouvient que j'ai dit que je fuis parvenu à faciliter beaucoup la guérifon des plaies des arbres, lorfque je les ai tenu renfermés dans des tubes de verre, on pourra remarquer que j'ai employé des procédés qui approchent beaucoup de ceux qui font en ufage pour la guérifon des plaies des animaux. En bonne chirurgie le traitement des plaies récentes fe réduit à les défendre de l'attouchement de l'air extérieur, & à prévenir une trop grande tranfpiration, & à prendre bien garde de ne rien déranger de ce que la nature opere pour la formation des cicatrices ; ce qui arrive aux Chirurgiens ignorants, qui effuient les plaies avec trop de foin, ou qui les tamponnent de charpie, ou qui y emploient des médicaments maturatifs & pourriffants. Les tuyaux de verre & les enveloppes de paille dont j'ai couvert les plaies des arbres de mes expériences, rempliffoient toutes ces vues : ils empêchoient une trop grande tranfpiration ; ils les défendoient du contaƈt d'un air nouveau, & ils tenoient la fubftance, en apparence gélatineufe, à couvert de tout ce qui auroit pu la déranger.

Cette comparaifon entre la guérifon des plaies des arbres, & celle des animaux, me fit naître l'idée d'effayer ce que produiroient, pour la guérifon des plaies des arbres, les différents médicaments qu'on applique fur les plaies des animaux.

Le 1 Juin je fis des plaies à plufieurs Ormeaux, en enlevant au milieu de leur tronc un morceau d'écorce d'environ un pouce en quarré : je couvris fur le champ ces plaies avec plufieurs matieres en forme d'emplâtre, que je retins avec des bandelettes de toile.

Les matieres que j'employai furent : 1°, un onguent compofé de térébenthine, de poix de Bourgogne & de cire. Je choifis cet onguent par préférence, parce qu'il n'entre point de graiffe dans fa compofition, & qu'il attire beaucoup, lorfqu'on l'applique fur les tumeurs des animaux.

2°. De la cire ; parce que les Jardiniers s'en fervent quand ils ont coupé quelques branches.

3°. De la térébenthine, qui eft une fubftance végétale très-propre à prévenir le defféchement, & à défendre les plaies du contaƈt de l'air.

4°. De la bouze de vache, fubftance onƈtueufe que les Jardiniers emploient pour couvrir les plaies des grands arbres.

5°. De l'onguent de la mere Thecle, qui n'eft compofé que de graiffes épaiffies par de la litarge.

6°. De l'onguent gris, qui eft du mercure éteint dans le fain-doux & la térébenthine ; dans la vue de connoître ce que ce minéral opéreroit fur les végétaux.

7°. De la chaux anciennement éteinte dans l'eau ; pour connoître l'effet des abforbants.

8°. Du fel volatil armoniac, qui, comme l'on fait, eft très-contraire aux plaies des animaux, & qui fait tomber les chairs en mortification.

9°. De la mouffe, qui a l'avantage de fe maintenir long-temps fraîche fans fe pourrir.

10°. Deux plaies étoient recouvertes de morceaux de verre affujettis avec du maftic.

110. Deux autres plaies étoient restées exposées à l'air.

Au mois de Septembre suivant je levai tous ces appareils pour reconnoître en quel état étoient les plaies.

Celle couverte d'un mélange de poix de Bourgogne & de térébenthine étoit en bon état, & presque cicatrisée.

Sous la cire, la cicatrice étoit plus avancée, & la nouvelle écorce mieux conditionnée.

La plaie couverte de térébenthine étoit entiérement fermée par une écorce très-verte & fort unie.

Il en étoit de même sous la bouze de vache; mais la nouvelle écorce n'étoit, ni si unie, ni si verte : il est vrai qu'à cet arbre seulement l'écorce avoit été enlevée tout autour.

Sous l'onguent de la mere Thecle la cicatrice étoit peu avancée : le bourrelet de la nouvelle écorce paroissoit avoir peu de vigueur, & l'onguent, dans l'endroit qui recouvroit la plaie, étoit plus blanchâtre & plus mou qu'ailleurs. Je ne fus pas surpris du mauvais état de cette plaie, d'autant plus que je savois que les graisses sont contraires aux végétaux.

La plaie couverte d'onguent gris commençoit à peine à se cicatriser; l'arbre même avoit beaucoup souffert; plusieurs de ses feuilles étoient tombées, & plusieurs de ses petites branches étoient mortes. Est-ce le mercure? est-ce la graisse qui a produit cet effet? Pour décider cette question, je couvris une plaie avec de la térébenthine dans laquelle j'avois éteint du mercure. Cette plaie ne se ferma pas; elle étoit seulement bordée d'un bourrelet mal conditionné; elle n'étoit cependant pas en si mauvais état que celle qui étoit couverte de l'onguent gris ordinaire, ni que d'autres que j'avois couvertes de sain-doux tout pur : ainsi le mercure paroît être peu favorable à la formation des cicatrices, mais ne leur être pas aussi désavantageux que les graisses.

Sous la chaux on ne voyoit nulle apparence de cicatrice: les bords de la plaie étoient même presque desséchés, & la chaux avoit pris une couleur citrine vis-à-vis la plaie.

Le sel volatil, bien loin d'avoir favorisé la cicatrice, avoit occasionné une escarre considérable qui s'étoit séparée de l'écorce vive.

La plaie couverte d'un morceau de verre s'étoit totalement

& très bien cicatrifée. La cicatrice étoit auffi affez bien formée fous la mouffe.

La plaie qui étoit reftée expofée à l'air, étoit feulement bordée d'un bourrelet, comme je l'ai dit plus haut.

Comme la vigueur des différents arbres pouvoit influer fur la formation des cicatrices, & comme j'avois remarqué que, quoique j'euffe enlevé un anneau d'écorce tout autour d'un jeune Orme, la plaie s'étoit entiérement cicatrifée fous la bouze de vache; je pris le parti de répéter mes expériences fur de pareilles plaies; & j'ajoutai aux drogues que j'avois employées en premier lieu, de la gomme de Cerifier, un maftic fait de térébenthine mêlée avec de la craie & de la poix noire. Voici l'état où fe trouverent ces plaies à la fin de Septembre.

Onguent de la mere; gros bourrelet à la partie fupérieure; ni bourrelet ni bourgeons à la partie inférieure; quelques feuilles jaunes.

Mêlange dé térébenthine & de poix de Bourgogne; l'arbre dépouillé; un bourrelet à la partie fupérieure, qui s'étendoit vers le bas, & qui auroit probablement entiérement couvert la plaie, fi l'appareil n'avoit pas été trop ferré : néanmoins l'arbre ne paroiffoit pas fort vigoureux.

Cire; l'arbre très-vigoureux; la plaie prefque entiérement couverte d'une belle cicatrice.

Onguent-gris; l'arbre prefque dépouillé, n'ayant plus que quelques feuilles jaunes; gros bourrelet à la partié fupérieure de la plaie; cet arbre ne paroiffoit pas trop vif; quelques bourgeons à la partie inférieure; le bois découvert d'écorce étoit fort noir.

Térébenthine; l'arbre avoit perdu quelques feuilles; le bourrelet du haut de la plaie avoit fait du progrès en defcendant, & auroit probablement couvert toute la plaie, fi l'appareil n'avoit pas été trop ferré; car ce bourrelet étoit très-verd & bien conditionné.

Poix noire; comme le précédent : l'appareil étant encore plus ferré, le bourrelet s'étoit moins étendu.

Gomme de Cerifier; de même.

Chaux éteinte; un petit bourrelet defféché, ainfi que le bois.

Bouze de vache ; la plaie entiérement cicatriſée ; l'arbre en très-bon état : il avoit tellement groſſi, qu'il avoit déchiré la bandelette.

Sel volatil armoniac ; un très-petit bourelet ; l'écorce du bas de la plaie morte ; le bois l'étoit auſſi ; l'arbre avoit perdu toutes ſes feuilles.

Térébenthine & craie ; la plaie couverte d'une cicatrice galleuſe ; la bandelette déchirée ; l'arbre en fort bon état.

La plaie expoſée à l'air ; il s'étoit formé au haut de la plaie un petit bourrelet.

Quelques années après je répétai encore ces mêmes expériences, mais d'une autre façon. Car, pour connoître ſi une même plaie ſe cicatriſeroit dans quelques endroits, & non en d'autres, ſuivant les drogues qui couvriroient ſes différentes parties, je levai au printemps, à la tige d'un jeune Orme, une laniere d'écorce d'un bon pouce de largeur, ſur près de deux pieds de longueur ; j'appliquai à différents endroits de cette longue plaie les drogues que j'avois employées dans mes précédentes expériences. Voici l'état où elle ſe trouva l'automne ſuivante.

Onguent de la mere ; point de cicatrice : mêlange de térébenthine & de craie ; entiérement cicatriſé : bouze de vache, de même : onguent-gris ; la plaie noire ; point de cicatrice : ſel volatil ; le bois blanc & deſſéché ; point de cicatrice.

Il ſuit de toutes les expériences que je viens de rapporter :

1°, Qu'il eſt avantageux de tenir les plaies des arbres à l'abri du contact de l'air.

2°. Qu'il n'eſt pas indifférent d'employer pour cela toutes ſortes de drogues : il faut éviter les graiſſes, les abſorbants, les cauſtiques, les ſpiritueux ſalins. Il convient de faire uſage des ſubſtances balſamiques qui empêchent le deſſéchement des plaies, & qui peuvent les défendre de la pluie & du contact de l'air.

3°. Qu'il eſt important de faire en ſorte que l'interpoſition des matieres, ſur-tout quand elles peuvent ſe durcir, n'empêche le prolongement du bourelet, ni l'extenſion du tiſſu cellulaire qui ſort d'entre les fibres ligneuſes.

Quand les Jardiniers attentifs ont coupé une groſſe bran-

Pl. XI. che, ils ont coutume de couvrir la plaie avec quelques-unes des fubftances que nous venons d'indiquer. Cette précaution ne peut être qu'avantageufe, quoique les cicatrices fe forment différemment fur les branches ou fur les tiges coupées, que fur les plaies dont nous venons de parler. J'en vais dire quelque chofe pour terminer cette matiere.

Fig. 91. Si, en abattant un arbre, on fait la coupe horifontale, comme dans la *fig.* 91, le printemps fuivant l'écorce paroît fe détacher du bois, & il fort d'entre le bois & l'écorce de nouveaux bourgeons qui s'épanouiffent, par le bas, fur l'aire de la coupe : mais cela ne fuffit pas pour recouvrir entiérement la plaie, quand l'arbre eft un peu gros; car je n'ai jamais vu fortir aucune production des couches ligneufes anciennement formées.

Fig. 92. Il y a un double avantage à faire la coupe fort oblique à l'horifon, comme dans la *fig.* 92 ; car, 1°, l'eau ne féjournant pas fur la plaie, le vieux bois eft moins fujet à pourrir. 2°. Les côtés de la plaie qui approchent d'être verticaux, fournissent des bourelets qui contribuent à former promptement la cicatrice, fur-tout lorfque les arbres ne font pas trop gros.

Fig. 93. Il eft clair que la branche *a* de la *fig.* 93 eft à-peu-près dans le même cas que le tronc (*fig.* 91.); mais quand une branche eft abattue à raz du tronc *b* (*fig.* 93.), la plaie eft dans le même cas que celle qui eft repréfentée (*fig.* 92.); à cela près que, quelque attention que l'on prenne à garantir ces fortes de plaies du contact de l'air, elles ne fe recouvrent que par le progrès d'un bourrelet : car, comme je l'ai dit, il ne fort point d'émanations, ni ligneufes, ni corticales des fibres qui font coupées de travers, non plus que des couches ligneufes longitudinales, quand les dernieres formées font détruites.

Nous allons effayer de faire ufage des connoiffances que nous avons acquifes fur la formation des couches ligneufes, & fur la guérifon des plaies des arbres, pour examiner enfuite ce qui opere la réunion des greffes.

CHAPITRE

CHAPITRE IV.

DES GREFFES.

TOUT LE MONDE fait que, par l'opération de la greffe, on fubftitue une branche d'un arbre qu'on veut multiplier, aux branches naturelles de l'arbre fur lequel on applique la greffe, & que l'on nomme le *fujet.*

Je n'ai, par exemple, que des Pruniers, & je defire avoir des Pêchers : pour cela je coupe des branches de Pêchers, que je fubftitue aux branches de mes Pruniers, ayant foin de ne conferver que les branches de Pêchers, & de retrancher toutes celles de Pruniers qui voudroient fe montrer. Par ce moyen je me procure des arbres, dont les racines font de Prunier, & les branches de Pêcher. Voilà un exemple bien fenfible de l'effet de la greffe. Rapportons les différentes manieres de greffer, & expofons ce qu'elles ont de commun, pour expliquer comment fe fait l'union de la greffe avec le fujet : nous dirons enfuite ce qu'on peut légitimement attendre de cette finguliere opération d'agriculture; & cette difcuffion nous fournira l'occafion de combattre quelques erreurs qui fe trouvent répandues dans plufieurs Auteurs d'agriculture.

On peut greffer ou écuffonner pendant tout le cours de l'année ; favoir : 1°, en fente dans les mois de Février ou de Mars : 2°, en couronne, en fifflet, en écuffon à la pouffe, & à emporte-piece lorfque les arbres font en pleine feve, dans les mois de Mai & de Juin : 3°, en approche pendant tout le printemps & l'été : 4°, en écuffon, à œil dormant, depuis la mi-Août jufqu'à la mi-Septembre.

Suivons, l'une après l'autre, ces différentes façons de greffer.

ART. I. *De la Greffe en Fente.*

IL EST BON de cueillir les greffes avant que les boutons ayent groffi ; favoir, en Janvier, ou vers le commencement

Partie II.   I

de Février ; & si l'on tiroit les greffes de loin, il n'y auroit nul inconvénient à les cueillir dès la fin de Novembre, pourvu qu'on prît, pour leur conservation, les mêmes précautions que l'on apporte quand on envoie des arbres enracinés ; c'est-à-dire, qu'on prévienne leur desséchement, sans les exposer à se moisir ou à s'échauffer. Nous parlerons ailleurs de ces précautions.

Les branches de la derniere pousse pourroient fournir de très-bonnes greffes ; néanmoins il est souvent mieux que le bois de la greffe, qui doit entrer dans la fente, soit un bois de deux ans ; & cette attention devient importante quand on greffe des especes qui ont beaucoup de moëlle. Il seroit superflu de recommander de choisir des branches saines, vigoureuses, dont l'écorce soit fine, & qui portent de gros boutons. Les branches chiffonnes donnent des greffes languissantes ; les gourmandes sont long-temps à se mettre à fruit : c'est pour cette raison que l'on conseille de prendre préférablement les greffes sur des arbres qui donnent du fruit, plutôt que sur des arbres trop jeunes. Ces attentions sont sur-tout inutiles pour les arbres qu'on destine à former des avenues ou des salles dans des jardins. Si l'on greffe des arbres pour faire des pleins vents, on fera bien de cueillir les greffes sur des branches qui s'élevent droites : celles de côté sont rarement de belle tige. Consultez, à cet égard, ce que nous dirons dans l'article des boutures.

Quand les greffes sont cueillies, on les lie par petites bottes, espece par espece ; on les numérote sur de petites plaques de plomb, ou sur des ardoises, pour éviter la confusion.

Pour conserver les greffes jusqu'à la saison où l'on doit en faire usage, on enterre le bas des petites bottes, de la profondeur de deux pouces, le long d'un mur exposé au Nord. Quelques-uns les couvrent entiérement de terre ; & d'autres ne les enterrent que fort peu ; mais ils ont soin de les couvrir quand il survient des gelées un peu fortes ; d'autres enfin les conservent dans des godets remplis d'eau qu'ils changent tous les huit jours. Il faut être plus attentif à préserver de la gelée les greffes des fruits à noyau, que celles des fruits à pepin & des arbres forestiers.

On peut greffer en fente depuis la mi-Février, & même plutôt, jufqu'à ce que les arbres foient en feve; mais alors l'écorce fe détachant aifément du bois, il vaut mieux pratiquer la greffe en couronne, ou en écuffon à œil pouffant, fuivant la groffeur des arbres.

Pl. XI.

On peut appliquer des greffes à la naiffance des branches, ou au haut de la tige, ou bien on fcie la tige, fi l'on veut greffer auprès de terre, comme le repréfente la *fig.* 94, après avoir paré la coupe avec une plaine de tonnelier, ou tout autre inftrument tranchant: enfuite on fend la tige par fon diametre, en plaçant, fuivant cette direction, le tranchant d'une ferpe, fur laquelle on frappe avec un maillet. Lorfque l'arbre eft menu, une ferpette fuffit pour cette opération; mais quand l'arbre eft gros, on eft obligé de fe fervir d'un coin pour ouvrir la fente, & placer commodément les greffes. Quelques-uns commencent par couper l'écorce avec la pointe d'une ferpette vis-à-vis l'endroit où ils doivent faire la fente, afin que l'ouverture foit plus propre, que & la greffe fe puiffe placer mieux. Quand la fente eft faite, fi l'on apperçoit des filaments de bois, il faut les couper avec la ferpette. Lorfque les fujets font minces, on ne place qu'une greffe (*fig.* 95.); mais quand ils font gros, on en place deux, ou même quatre, en faifant une autre fente qui coupe la premiere à angle droit.

Fig. 94.
Fig. 95.

Tout étant ainfi difpofé, on taille les greffes, comme on les voit (*fig.* 96.): ce n'eft autre chofe qu'une petite branche garnie de deux ou trois yeux ou boutons, qu'on taille en coin par le bas; & l'on fait ordinairement deux petites retraites au deffus de la tête du coin: & comme ce coin doit entrer dans la fente qui traverfe l'arbre, on a foin que le côté qui répondra au cœur de l'arbre, foit un peu plus menu que celui qui doit répondre à l'écorce.

Fig. 96.

On a l'attention de proportionner la groffeur des greffes à celle des fujets, choififfant les plus groffes greffes pour les gros fujets.

Quand on greffe fur des Pommiers de paradis, qui font de petits arbres, on ne laiffe que deux boutons fur les greffes: on en laiffe trois quand on greffe des nains, & quatre pour les pleins-vents gros & vigoureux.

Pour mettre les greffes en place, quand on a ouvert la fente avec un coin, si c'eſt un gros arbre, ou avec la pointe de la ſerpette, ſi l'arbre eſt menu, on introduit dans la fente la partie de la greffe qui eſt en forme de coin, ayant grande attention que la partie de la greffe qui eſt entre le bois & l'écorce, réponde exactement entre le bois & l'écorce du ſujet, ou plutôt que le liber de la greffe réponde bien juſte au liber du ſujet : c'eſt de ce point que dépend principalement la réuſſite des greffes. Quelques Jardiniers recommandent de faire coincider les écorces ; mais l'inconvénient de cette méthode eſt que, comme ordinairement l'écorce du ſujet eſt beaucoup plus épaiſſe que celle de la greffe, le liber de la greffe ſe trouve alors répondre à la moitié de l'épaiſſeur des couches corticales du ſujet, & ainſi les greffes ne reprennent point. Comme c'eſt en ce point que conſiſte la réuſſite des greffes, il y en a qui recommandent de choiſir des greffes dont le bas ſoit un peu courbe, & de placer la courbure en dehors, de façon que le milieu, qui eſt creux, entre un peu en dedans du bois, & que le haut & le bas des greffes ſortent un peu en dehors : de cette façon il y a toujours une portion du liber de la greffe qui croiſe celui du ſujet, ce qui ſuffit pour la faire reprendre. Mais il vaut encore mieux que ce rapport ſe trouve dans toute la longueur.

Quand les greffes ſont bien placées, on retire le coin ; & ſi l'arbre eſt un peu gros, le reſſort du bois ſuffit pour ſerrer ſuffiſamment la greffe. Quelques Jardiniers appréhendant que la greffe ne ſoit trop ſerrée, laiſſent dans la fente un petit coin qui diminue la trop grande preſſion. Mais quand l'arbre eſt menu, on entoure le haut avec un lien d'oſier fendu en deux. Enfin quand les arbres ſont gros, on couvre l'aire de la coupe du ſujet & la fente verticale avec un coupeau de bois, & l'on forme une pouppée avec un mêlange de terre rouge ou d'argile, & de bouze de vache ; & l'on retient cette eſpece d'onguent avec un morceau de vieux linge. Quand les arbres ſont menus & précieux, on recouvre la plaie avec un mêlange de cire & de térébenthine.

Lorſque les arbres ſont fort menus, on choiſit une greffe auſſi groſſe que l'endroit du ſujet où on l'applique, & alors, comme dans la *fig.* 97, la moëlle du bois & l'écorce de la greffe répondent aux mêmes parties du sujet : c'est ainsi que les Génois greffent les jasmins d'Espagne. Cette pratique m'a réussi sur des Poiriers & des Pommiers. Pl. XI. fig. 97.

Il y a encore une autre espece de greffe en fente, qu'on nomme *par enfourchement* (Pl. XII. *fig.* 98.) Au lieu de tailler la greffe en coin, c'est l'extrêmité du sujet à qui l'on donne cette forme : & après avoir fendu la greffe, on passe l'extrêmité du sujet dans cette fente. Comme il faut toujours que les libers se rencontrent, il est nécessaire alors que la greffe soit aussi grosse que le bout du sujet que l'on taille en coin. Pl. XII. fig. 98.

On voit que la greffe en fente peut être pratiquée sur des arbres de toute grosseur, & que la réussite dépend principalement d'avoir grande attention à ce que l'écorce des greffes ne se sépare pas du bois, & de faire bien coincider le liber de la greffe avec celui du sujet. C'est pour cette raison qu'on rebute toutes les greffes où l'écorce se détache du bois, & qu'on taille un peu plus gros la partie du coin qui doit être en dehors, l'autre étant inutile.

Quand les sujets sont un peu gros, il faut mettre deux ou quatre greffes; la plaie en est plutôt recouverte. Si les sujets sont trop menus pour recevoir deux greffes, on les coupe obliquement ou en flûte, excepté à l'endroit où repose la greffe : au moyen de cette précaution, la plaie se referme plutôt.

Les sujets ne manquent guere de pousser quelques jets, qu'on a soin de retrancher, à moins que ces sujets ne soient très-vigoureux; car en ce cas on en peut laisser un ou deux pour consommer une partie de la seve, dont l'abondance pourroit nuire à la greffe.

Art. II. *De la Greffe en Couronne.*

Cette greffe se pratique principalement sur de fort gros arbres : voici en quoi elle differe de la greffe en fente. On ne fend point le sujet; mais en profitant du temps où le sujet est en pleine seve, on se contente de détacher, avec un petit coin de bois dur & figuré comme le gros bout d'un cure-dent, l'écorce du bois; & après avoir taillé le bas des

Pl. XII. fig.
99.
greffes comme le bout d'un cure-dent (*fig. 99.*), on infinue
cette partie de la greffe entre l'écorce & le bois, à la place
du petit coin : on en met ainfi tout autour de l'arbre, à trois
Fig. 100. pouces les uns des autres (*fig. 100.*) L'attention qu'il faut
avoir, fe réduit à ce que l'écorce de la greffe ne fe détache
pas du bois, en l'introduifant entre le bois & l'écorce du fujet ; & comme cette greffe ne fe peut pratiquer que quand
les arbres font en feve, on eft fouvent obligé de rebuter plufieurs greffes qui fe dépouillent de leur écorce dans le moment qu'on les met en place.

On doit, ainfi que pour les greffes en fente, fcier l'arbre
dans un endroit où il ne fe rencontre point de nœuds.

Pour faciliter l'introduction des greffes en couronne, quelques-uns font, avec la pointe d'une ferpette, une incifion
verticale à l'écorce : quoique cette incifion ne s'étende qu'à
la moitié de fon épaiffeur, il arrive fouvent qu'elle s'ouvre en
cet endroit quand on introduit le petit coin ; & alors il fe
trouve une fente à l'écorce qui recouvre la greffe ; mais il
n'y a pas grand mal, parce que la réuffite de cette greffe confifte dans l'application exacte de la face de la greffe qu'on a
taillée en cure-dent contre le bois du fujet. Enfin on recouvre la plaie avec une poupée, de la même maniere que les
greffes en fente, & elles pouffent ordinairement avec une force furprenante. C'eft pour cela qu'il faut avoir foin d'affujettir
les pouffes avec des baguettes, pour éviter que le vent ne
les rompe.

Quelques Jardiniers pratiquent cette même greffe fur des
jeunes fujets ; & pour cela, fans retrancher entiérement toutes les branches du fujet, ils fendent l'écorce en forme de
T, & après avoir détaché cette écorce, ils introduifent entre elle & le bois une greffe, dont ils ont coupé l'extrêmité
en forme de cure-dent (*fig. 99.*) : ils lient enfuite l'écorce
avec un peu de laine, comme nous le dirons en parlant des
écuffons, que nous croyons préférables à cette efpece de
greffe.

Si l'on craint que les chenilles n'endommagent les greffes,
on peut entourer la tige, près de terre, avec une corde de
crin, ou faire une ceinture avec du vieux oing, pour les garantir

des fourmis ; ou bien on répand au pied des arbres de la Pl. XII.
fciure de bois, ou de la fuie de cheminée, & l'on entoure
la tige avec de la laine imbibée d'huile. Ces précautions font
affez bonnes pour préferver les greffes d'être endommagées
par les infectes.

Art. III. *De l'Ecuffon en Sifflet.*

On a vu dans les expériences que nous avons exécutées
pour connoître la formation des couches ligneufes, que toutes les fois que nous avons emporté un anneau d'écorce, &
que nous l'avons remis à fa même place, foit que nous euffions
mutilé le bois découvert d'écorce, ou que nous l'euffions enveloppé d'une lame d'étain, l'écorce s'eft toujours greffée, &
il s'eft formé des couches ligneufes comme dans les autres
endroits. C'eft cette même opération que l'on pratique pour
faire les écuffons en fifflet.

Dans le temps que les arbres font en pleine feve, on coupe la tige d'un jeune arbre, & l'on enleve à fon extrêmité
un anneau d'écorce (*fig.* 101.) Ayant choifi pour la greffe   Fig. 101.
une branche de même groffeur que la tige qu'on veut écuffonner, on fait, avec la ferpette, une incifion circulaire, &
en tordant l'écorce, qui alors n'eft point adhérente au bois,
on enleve un petit tuyau d'écorce (*fig.* 102.) garni d'un bou-   Fig. 102.
ton, & on place ce tuyau fur le morceau de bois écorcé
(*fig.* 101.) ; de forte que cette écorce étrangere fe trouve fubf-
tituée à l'écorce naturelle de cet arbre (*fig.* 103.) On cou-   Fig. 103.
vre le tout d'un mêlange de cire & de térébenthine. Quand
l'opération a été bien faite, le bouton s'ouvre & fournit une
branche.

Il n'eft pas toujours aifé de trouver une branche de la même groffeur que le fujet qu'on veut greffer ; mais il y a moyen
d'y remédier. Si l'anneau cortical eft trop grand pour s'ajufter exactement à la place qu'on lui deftine, on le fend à la
partie oppofée au bouton, & on retranche un peu d'écorce.
Si l'anneau eft trop petit, on peut ôter un peu de bois du fujet,
comme dans la *fig.* 101. J'ai vu de pareils écuffons qui, malgré cette fouftraction de bois, ont bien réuffi ; mais comme

Pl. XII.

il eſt important que les libers ſe rencontrent, il vaut mieux fendre le tuyau cortical, qui, étant mis ſur le cylindre ligneux, ne le couvrira pas à la vérité entiérement, mais cela n'empêchera pas qu'il ne reprenne. Enfin il y a des Jardiniers qui, au lieu d'emporter un tuyau cortical au bout du ſujet, comme on le voit *fig.* 101, coupent l'écorce par lanieres

Fig. 104.

(*fig.* 104.), & après avoir placé l'écuſſon, le recouvrent avec ces lambeaux d'écorce, qui meurent & ſe deſſechent par la ſuite, mais qui ont été très-utiles juſqu'es-là, pour aſſujettir l'anneau cortical.

Ayant fait un jour un de ces écuſſons, de ſorte que l'anneau cortical ne joignoit pas exactement l'écorce du ſujet, je vis un petit bourrelet qui émanoit d'entre l'écorce de l'écuſſon & le bois du ſujet, & qui ſe prolongea, en deſcendant, pour ſe réunir avec les productions du corps de l'arbre. Cet écuſſon réuſſit très-bien.

On voit que tous les anneaux d'écorce, que j'ai enlevés pour les expériences dont j'ai rendu compte plus haut, auroient fait de vrais écuſſons, ſi je leur avois ménagé un bouton : ainſi, ſans retrancher toutes les branches, on feroit des écuſſons, dont la réuſſite ſeroit preſque certaine, ſi l'on ſubſtituoit à l'écorce d'un arbre une écorce étrangere, qui rempliſt exactement l'eſpace dépouillé d'écorce ; bien entendu que cette écorce étrangere ſeroit garnie d'un bouton.

Art. IV. *Des Ecuſſons proprement dits.*

Je crois que cette façon de greffer eſt nommée *écuſſon*, parce qu'elle ſe fait avec un morceau d'écorce garni d'un bou-

Fig. 106 & 107.

ton (*fig.* 106 & 107.), auquel on a cru trouver quelque reſſemblance avec les écuſſons des armoiries.

Quoi qu'il en ſoit, puiſqu'il faut détacher un morceau d'écorce du bois qu'elle recouvre, on en peut conclure que cette façon de greffer n'eſt pratiquable que quand les arbres ſont en ſeve. Mais quoiqu'il ſoit poſſible de faire des écuſſons tant que l'écorce ſe peut détacher du bois, & quoique j'en aie fait moi-même durant tout l'été & le printemps, on a coutume cependant de ne la pratiquer qu'au printemps & en automne.

automne. Celle que l'on fait au printemps s'appelle *à œil pouſſant*, parce que le bouton ou l'œil s'ouvre ſur le champ, &
fournit une branche : celle qui ſe fait au déclin de la ſeve d'été
ſe nomme *à œil dormant*, parce que le bouton reſte fermé
tout l'hiver, & ne s'ouvre qu'au printemps ſuivant. Quand
j'aurai décrit la façon d'écuſſonner en œil pouſſant, il me reſ-
tera peu de choſe à dire ſur l'œil dormant.

Ainſi que pour les greffes en fente, on cueille celles qu'on
deſtine à faire des écuſſons en œil pouſſant, avant que les
boutons ſe ſoient ouverts ; & on les conſerve le long d'un
mur, à l'expoſition du Nord, en ne les enfonçant dans la terre
que de deux ou trois doigts. On ne doit lever les écuſſons
que ſur les branches de la derniere pouſſe.

Pour écuſſonner au printemps, on attend que les arbres
ſoient en pleine ſeve, ce qu'on reconnoît quand l'écorce ſe détache aiſément du bois, & quand, en coupant l'écorce, on
voit ſuinter de la ſeve. Pour les fruits à noyau, il eſt dangereux que les arbres aient trop de ſeve ; mais on doit être
averti qu'un arbre, qui n'eſt pas en ſeve quand le temps eſt
ſec, ſe trouve en ſeve quelques jours après, lorſqu'il a tombé de l'eau.

Il faut auſſi avoir ſoin de couper pendant l'hiver toutes les
branches ſuperflues des ſujets que l'on veut greffer ; car ſi l'on
faiſoit ce retranchement quelques jours avant d'écuſſonner,
les arbres auroient perdu leur ſeve, & l'écorce ſeroit adhérente au bois. Cette attention eſt plus importante pour les
arbres qu'on écuſſonne en œil dormant, que pour ceux qu'on
écuſſonne à la pouſſe.

Il faut détacher de deſſus les jeunes branches un morceau
d'écorce avec un bouton : cela ne ſe fait pas auſſi aiſément
dans le printemps qu'en automne, parce que ces petites branches, qui ont été détachées des arbres depuis pluſieurs mois,
n'ont pas ordinairement beaucoup de ſeve. Pour détacher l'é-
cuſſon, on leve ſur la jeune branche un zeſte, ou pour mieux
dire, un copeau qui pénetre dans le bois, environ du tiers
de l'épaiſſeur de la branche : enſuite tenant ce copeau d'u-
ne main par le bouton, on détache, avec la pointe du greffoir qu'on a dans l'autre main, tout le bois le plus exacte-

Partie II. K

Pl. XII.

Fig. 107.

ment qu'il est possible. Le mieux est qu'il n'en reste point, &
que l'écorce soit en dedans nette de bois & bien unie, comme on le voit *fig.* 107; mais avant de mettre cet écusson en
place, il faut examiner si l'œil n'est point vuide : & voici en
quoi cela consiste.

On peut se souvenir, qu'en parlant des boutons à bois,
nous avons dit qu'ils étoient formés d'une enveloppe écailleuse
qui renferme les rudiments d'une jeune branche : nous avons
dit encore que les écailles du bouton tiroient leur origine des
couches corticales, & que la jeune branche émanoit des couches ligneuses, ou d'entre le bois & l'écorce. Or quand ce
petit germe de la jeune branche reste adhérent au bois, &
qu'il ne demeure pas attaché à l'écorce étant recouvert par les
enveloppes du bouton, alors l'écorce se greffe comme dans les
expériences que nous avons rapportées à l'occasion de la formation des couches ligneuses, mais il ne sort point de branches du bouton : il faut donc regarder si le bouton de l'é-
cusson n'est point vuide ; si on y apperçoit le germe de la
branche, l'écusson est bon, & on l'applique sur le sujet, comme nous allons l'expliquer, après avoir fait remarquer que,
quand les greffes ont peu de seve, on préfere de laisser dans
leur intérieur un peu de bois, plutôt que d'emporter le germe de la branche dont nous venons de parler.

Fig. 105.

Pour mettre l'écusson en place, on fait à l'écorce des sujets (*fig.* 105.) des incisions en forme de T ; & après avoir
soulevé avec l'ongle, ou avec le manche du greffoir, l'écorce de cet arbre, on insinue l'écusson entre le bois & l'écorce, de sorte que le bouton de l'écusson sorte entre les deux
levres de l'écorce du sujet. On assujettit le tout avec plusieurs
révolutions d'un fil de laine, & l'opération est finie. Assez ordinairement on lie les écussons avec de la filasse ; mais ce
lien endommage les écussons quand les arbres grossissent : il
vaut mieux les lier avec de l'écorce d'ozier, qu'on trouve chez
les Vanniers, ou avec de la laine, comme nous venons de
le dire. Si l'on emploie de la laine de différentes couleurs,
on se procurera un moyen commode de reconnoître les différentes especes d'arbres qu'on aura écussonnés.

· Si l'on pose ces écussons, dans le printemps, à la pousse, ou, comme l'on dit, en œil pouffant, on coupe le fujet deux travers de doigts au deffus de l'écuffon qui pouffe inceffamment, & produit une branche. Mais fi l'on écuffonne en automne à œil dormant, comme on ne veut pas qu'il pouffe avant l'hiver un jet tendre & herbacé, qui périroit prefque infailliblement, on n'étête les fujets qu'après l'hiver. Quelques-uns recommandent de n'étêter les arbres qu'on écuffonne en œil pouffant, que huit jours après l'application des écuffons. Je ne crois pas cette pratique mauvaife; car la feve qui coule fans interruption, peut faciliter l'union de l'écuffon avec le fujet.

Nous remarquerons, à l'occafion de la greffe en écuffon : 1°, Qu'elle eft plus fréquemment pratiquée que toute autre dans les pépinieres, non-feulement parce qu'elle fe fait aifément, mais encore parce qu'elle convient très-bien pour les jeunes arbres : elle réuffit mal quand les écorces font épaiffes.

2°. Qu'il eft certain, comme je l'ai dit d'après mes propres expériences, qu'on peut écuffonner tant que l'écorce peut fe détacher du bois. On a cependant raifon de n'écuffonner que dans deux faifons; favoir, le printemps en œil pouffant, & l'automne à œil dormant; car il faut, ou que le bouton paffe l'hiver fermé, ou que la branche, qui en fort, foit affez bien formée pour réfifter aux injures de l'hiver : & fi l'on écuffonnoit vers le déclin de la feve du printemps, il fortiroit du bouton une branche herbacée, qui ne manqueroit pas de périr pendant l'hiver. Je me fuis cependant bien trouvé de paffer fur cet inconvénient; car recevant des greffes dans des faifons peu convenables, j'ai appliqué des écuffons fur des branches gourmandes, & je fuis parvenu à les empêcher de périr l'hiver, en les enveloppant avec de la mouffe.

3°. Un grand avantage de l'écuffon à œil dormant eft que s'il ne reprend point, le fujet n'en reçoit aucun dommage, puifqu'on n'étête au printemps que les arbres où le bouton de l'écuffon paroît difpofé à s'ouvrir.

Pour terminer ce que j'ai à dire des écuffons à œil dormant, je remarquerai : 1°, que, comme on coupe les écuffons quand on veut greffer dans le mois d'Août, il faut fur le champ couper les feuilles au milieu de la queue, & abattre l'extrêmité de la branche : car en conservant ces parties qui transpirent beaucoup, les branches auroient bientôt perdu leur seve.

2°. Il faut sur le champ les envelopper d'herbe verte, ou d'un linge humide, & ne les en tirer que lorsqu'on applique les écussons.

3°. Si on est obligé de transporter les greffes, ou de les conserver quelques jours, rien n'est mieux que de fourrer le gros bout dans une pomme ou un concombre, & de les envelopper dans de la mousse humide. Il y a quelques Jardiniers qui les mettent dans un pot avec du miel. Avant d'écussonner, on les lave dans de l'eau claire. Ce procédé m'a réussi quelquefois, & d'autres fois les écussons se sont trouvés en mauvais état.

4°. Nous avons dit plus haut que les boutons de Pêcher étoient posés deux ou trois à côté les uns des autres, les boutons à fruit étant presque toujours accompagnés de boutons à bois. Si l'écusson qu'on applique est chargé de deux boutons, on pourra avoir, dès la premiere année, une fleur & un fruit. On m'avoit, par exemple, envoyé des greffes d'un pêcher, dont on m'assuroit que les fruits étoient sans noyau. Pour en être promptement certain, je les écussonnai à la pousse sur des brins gourmands de Pêcher; & ayant eu l'attention de lever des yeux doubles, j'eus des fleurs & un fruit qui tomba, parvenu à la grosseur d'un œuf : comme ce fruit avoit un gros noyau très-dur, je reconnus, dès la premiere année, qu'on m'avoit trompé.

5°. Pour la plupart des arbres, les gros boutons du bas des greffes sont estimés les meilleurs ; mais quant aux Pêchers, ces boutons étant sujets à ne rien produire sur les arbres, on fera bien de donner la préférence à ceux qui sont plus élevés.

6°. Il faut placer les écussons assez hors du terrein, pour que les greffes ne se trouvent point recouvertes de terre quand on met les arbres en place. Car on a vu à l'article des boutures que le bourrelet, qui se forme à l'endroit de l'insertion, a beaucoup de disposition à pousser des racines qui, s'étendant à la superficie de la terre, font périr les racines du sauvageon, quand les années font humides; mais qui périffent elles-mêmes, quand les années font feches. Ainfi on a coutume d'écuffonner, 5 à 6 pouces au deffus de la terre, les arbres qu'on deftine pour être nains, & 9 à 10 pouces ceux qui doivent venir en plein vent. Néanmoins comme les arbres greffés ne font pas auffi vigoureux que ceux qui croiffent fur leurs propres racines, j'ai employé avec fuccès ce moyen pour avoir des arbres qui portent du bon fruit, fans être greffés : par exemple, tous nos Pavia étoient greffés fur Marronniers d'Inde. J'en fis greffer quelques-uns très-bas. Les greffes étant bien reprifes, je les fis mettre affez avant en terre, pour que la greffe en fût recouverte. Quand ils eurent produit des racines du colet, je les fis arracher pour couper tout ce qui appartenoit au fujet, & je me fuis procuré, par ce moyen, des Pavia qui ne font point greffés, & qu'on peut appeller des boutures. Je me fuis encore procuré par le même moyen des Reines-claudes & plufieurs efpeces de bonnes prunes, dont tous les rejets n'ont pas befoin d'être greffés.

7°. Un foleil trop vif deffeche quelquefois les écuffons, fur-tout ceux qu'on fait au printemps. On peut prévenir cet inconvénient, en attachant au deffus des écuffons un cornet de papier renverfé, qu'on ôte quand les écuffons ont pouffé. C'eft auffi pour éviter le deffechement, qu'on a coutume de n'écuffonner que le matin ou le foir, lorfqu'il fait beau. Car les écuffons mouillés de la pluie font fujets à périr. Le cornet de papier empêche auffi l'eau de s'infinuer entre l'écorce de l'écuffon & celle du fujet; il empêche encore que la gelée ne faffe périr la nouvelle pouffe : mais il attire quelquefois les infectes.

8°. Plus les greffes en fente, en couronne & en écuffon pouffent avec force, plus il y a à craindre qu'elles ne fe décolent. Ces jeunes branches, qui fouvent dans une année acquierent 3 & 4 pieds de longueur, & qui font chargées de larges feuilles, ne tiennent au fujet que par une couche ligneufe, qui n'a pas encore acquis beaucoup de folidité : ainfi elles font expofées à être détachées de l'arbre par la pluie & par le vent. C'eft pour cela que l'on doit avoir une finguliere attention de les foutenir avec des échalats ; & même quand on a appliqué les greffes fur les branches d'un arbre à haute tige, on fera bien de couper l'extrêmité des greffes qui pouf-fent avec beaucoup de force, plutôt que de s'expofer à les voir fe décoler. C'eft dans cette vue que certains Jardiniers laiffent un long chicot du fauvageon au deffus des écuffons, pour leur fervir de tuteur, en y liant les greffes avec du jonc.

ART. V. *De la Greffe par approche.*

Fig. 108. LORSQUE deux arbres de pareille groffeur font voifins l'un de l'autre, comme le repréfente la *fig.* 108, fi l'on entame l'écorce & le bois de l'un & de l'autre, & qu'on applique les plaies l'une fur l'autre, de façon que le liber de l'une ré-ponde au liber de l'autre, ces deux arbres fe grefferont fi exactement, que fi l'on coupe un des deux vers *a*, les raci-nes de l'autre nourriront les deux têtes. Voila déja une forte de greffe par approche, laquelle s'exécute quelquefois natu-rellement dans les Charmilles, où les arbres fe trouvent très-ferrés les uns contre les autres. Mais cette greffe ne peut pas être d'une grande utilité, parce qu'on ne veut ordinairement conferver que les branches d'un des deux arbres.

J'ai quelquefois coupé la tête à un des deux arbres ainfi greffés, & coupant l'extrêmité de la tige en bec de plume fort allongé, je l'ai appliquée le plus exactement qu'il m'a été poffible contre une plaie que j'avois faite à un arbre voifin ; Fig. 109. ces deux arbres difpofés, comme le repréfente la *fig.* 109, fe font greffés ; de forte qu'une feule tête avoit deux troncs & deux appareils de racines. Je fuis même parvenu à en avoir un qui, fans compter fa propre racine, en avoit trois autres. Je me propofois alors d'examiner fi cet arbre poufferoit avec plus de force, que s'il n'avoit eu qu'une racine ; mais un Jar-dinier peu curieux l'arracha impitoyablement la troifieme an-née. C'eft encore là une forte de greffe par approche qui n'eft point en ufage.

Ordinairement, pour greffer par approche, on étête le fu-jet, & on lui fait au haut une entaille triangulaire, comme Fig. 110. le repréfente la *fig.* 110 : on taille enfuite, en forme de coin, la tige, ou une des branches de l'arbre qu'on veut multiplier, de la maniere que le repréfente la *fig.* 111. Il faut que la partie de l'arbre taillée en coin ne s'étende pas au-delà de la moitié de la circonférence de la tige, afin qu'il refte affez d'écorce pour former l'union avec le fujet, & que cette branche puiffe fub-fifter, jufqu'à ce qu'elle ait contractée avec le fujet une union affez parfaite. Il faut auffi tailler le coin de façon qu'il rem-pliffe exactement le creux de l'entaille qu'on a faite au fujet, de façon que les deux liber fe rencontrent exactement.

Pl. XII.
Fig. 111.

On les affujettit dans cette pofition avec un lien, comme le repréfente la *fig.* 112 : & quand les deux arbres font bien foudés, on coupe la branche qui forme la greffe vers *a*.

Fig. 112.

Une façon encore plus fimple de greffer par approche con-fifte (*fig.* 113.) à couper la tige du fujet en forme de coin, & de fendre la tige de l'arbre qu'on veut multiplier, de fa-çon que les deux côtés s'appliquent exactement fur le coin, & que les libers coincident. La figure exprime fi clairement cette façon de greffer, que ce feroit ennuyer le Lecteur que d'en donner une plus ample defcription : je dirai feulement que quand l'arbre qu'on veut multiplier par cette façon de greffer, a de la difpofition à reprendre de bouture, on peut en couper une branche, en fourrer le bas dans la terre, & la greffer par le haut, comme le repréfente la même *fig.* 113. Sou-vent la bouture & la greffe reprennent ; & quand la bouture ne reprend pas, elle a du moins tiré affez de fubftance pour faire reprendre la greffe. Je terminerai ce que j'ai à dire fur cette greffe, par quelques remarques fur les avantages de la greffe par approche.

Fig. 113.

1°. Elle fert à multiplier un arbre rare, fans lui faire au-cun tort, puifqu'on ne lui retranche qu'une branche ; & fi j'ai repréfenté toutes ces greffes prifes fur des tiges, ce n'eft que pour rendre la chofe plus fenfible.

2°. La reprife eft plus certaine que par aucun autre moyen, parce que la branche tenant à fon propre pied, ne laiffe pas d'en tirer de la nourriture jufqu'à ce que l'union foit parfaite.

3°. On pratique ordinairement cette greffe fur des arbres rares, qu'on éleve en pot ou en caiffe ; parce qu'alors on a la facilité de les tranfporter auprès du fujet : mais quand on eft

maître de couper une branche affez longue pour qu'elle entre
en terre, quoique dépourvue de racines, elle ne laiffe pas de
tirer quelque fubftance, ce qui la maintient prefque dans le
même état que fi elle tenoit à fon arbre, comme je l'ai dit
plus haut.

4°. Comme on peut par ce moyen greffer une branche toute
entiere, chargée de menues branches & de boutons, on a
l'avantage d'avoir en peu de temps un arbre tout formé.

5°. Un autre avantage de cette façon de greffer, c'eft qu'on
peut employer cette pratique, tant que les arbres font en feve;
il eft cependant plus convenable de faire ces greffes au printemps, avant que les boutons foient ouverts; parce que les
feuilles tranfpirant alors beaucoup, plufieurs branches périffent
quand on les entame un peu profondément, & les greffes ne
reprennent pas fi bien quand on les entame peu : au refte, il
faut éviter de les faire trop tard, parce que fi la greffe ne fe
colloit pas fuffifamment avant l'hiver, on ne pourroit pas la
renfermer dans la Serre avant cette faifon, ce qui en bien des
cas pourroit être embarraffant.

Je pourrois m'étendre fur plufieurs autres façons de greffer
& d'éculfonner; mais comme celles que je viens de rapporter
font préférables aux autres, il me fuffira de faire remarquer
qu'elles doivent toutes fe réunir en un même point; favoir,
de faire coincider les *libers*. Je n'infifterai donc pas plus long-
temps fur ces pratiques; je vais effayer d'expliquer comment
fe fait l'union de la greffe avec le fujet.

ART, VI, *Comment s'opere l'union des greffes avec leurs fujets.*

QUAND j'ai voulu examiner des greffes en couronne & en
fente, trois femaines environ après leur application; ou plutôt
quand les greffes avoient commencé à pouffer, j'ai apperçu que
toute la partie de la greffe qui étoit embraffée par l'écorce,
ainfi que tous les vuides que l'inexactitude de l'opération avoient
laiffés entre la greffe & le fujet, étoient remplis d'une fubftance
tendre, herbacée, & comme grenue; & à la partie de ces greffes
qui repofoit fur l'aire de la coupe du fujet, il s'étoit formé un
bourrelet,

Pl. XII.

bourrelet, ou un épanchement de cette même subſtance herbacée, qui s'étendoit pour recouvrir l'aire de cette coupe ; mais
quoique le bois des greffes touchât immédiatement celui du
ſujet, j'ai toujours remarqué que ces deux bois ne s'uniſſoient
point l'un à l'autre : le bois des greffes ſe deſſeche & meurt, &
toute la réunion ſe fait au moyen de la ſubſtance herbacée
dont je viens de parler, laquelle paroît tranſſuder d'entre le bois
& l'écorce. Ces productions herbacées paroiſſent dans les petites
branches *c* des figures 114 & 115.

Ayant examiné quelque temps après des greffes plus avancées, je trouvai la ſubſtance herbacée endurcie en bois, comme
on le voit au bas des groſſes branches *b* des mêmes figures.
De plus, les lames intérieures des écorces, ſoit de la greffe, ſoit
du ſujet, étoient continues ; de ſorte qu'on n'appercevoit la
différence de ces deux écorces que par celle de leur couleur,
ou par quelqu'autre caractere diſtinctif encore moins ſenſible.
Cette identité d'écorce ne ſe remarque quelquefois pas la premiere, ni même la ſeconde année, elle n'eſt même jamais parfaite à certains arbres ; mais quand elle exiſte, il ſe forme des
couches ligneuſes, qui paroiſſent tellement d'une ſeule piece,
que quand l'analogie entre les deux arbres eſt parfaite, & quand
les deux bois ſont de même couleur, comme dans la *fig.* 116 (Pl. Pl. XIII.
Fig. 116.
XIII.) on a bien de la peine à appercevoir le point de cette union ;
on voit ſeulement que les fibres longitudinales du ſujet s'inclinent
vers les greffes, comme nous l'avons dit plus haut en parlant
des branches. Effectivement la branche étrangere qu'on place
entre l'écorce & le bois ſe trouve préciſément au point où ſe
placent naturellement les bourgeons qui ſortent d'un arbre été té,
& la greffe tenant la place d'un bourgeon naturel pouſſe de la
même maniere ; car ce bourrelet qu'on obſerve au bas des greffes 114 & 115 (Pl. XII.) qui couvre la plaie, quand les arbres
ne ſont pas trop gros, s'obſerve de même au bas des bourgeons
naturels d'un arbre qu'on a été té.

J'ai pareillement examiné des écuſſons peu de temps après
leur application, (la diſſection en eſt aſſez facile quand on les a
fait bouillir dans l'eau ;) j'ai remarqué, 1°, que les bords de l'ancienne écorce qu'on avoit détachée du bois pour placer l'écuſſon
étoient morts & deſſéchés : 2°, que les bords de l'écuſſon étoient

Partie II,　　　　　　　　　　L

Pl. XIII. garnis de la fubftance herbacée dont j'ai parlé à l'occafion des greffes en fente & en couronne: 3°, quand on enleve l'écorce de l'écuffon, on trouve au-deffous un feuillet ligneux qui eft de la même nature que l'écuffon, & qui eft d'autant plus épais qu'il y a plus de temps que l'écuffon a commencé à faire des pro- Fig. 117. duſtions, (*Voyez fig.* 117.) 4°, on apperçoit fenfiblement autour de ce feuillet ligneux des points d'adhérence avec la couche ligneufe du fujet formée dans le même-temps, de forte qu'il femble que le feuillet ligneux de l'écuffon, foit coufu au feuillet Fig. 118. ligneux du fujet. On voit par la coupe repréfentée *fig.* 118, qu'il n'y a point d'adhérence entre le feuillet ligneux de l'écuf-fon & le bois fur lequel il eft appliqué, ce qui s'obferve prefque toujours; néanmoins il m'a paru quelquefois, mais rarement, qu'il y avoit quelques points d'adhérence vers le milieu de l'é-cuffon. Peut-être que dans cette circonftance il étoit refté fur le cylindre ligneux quelques lambeaux du *liber:* on voit auffi quelquefois de petits appendices ligneux aux endroits *a, a, fig.* 118. où l'écorce du fujet avoit été foulevée pour introduire l'écuffon. Quand il y a beaucoup d'analogie entre la greffe & le fujet, les couches ligneufes de l'écuffon font au bout de quelques années fi continues avec celles du fujet qu'on a peine à appercevoir la féparation; mais affez fouvent l'un & l'autre ne font joints que par des points d'union, comme le repréfentent Fig. 119 & 120. les *fig.* 119 & 120. Nous aurons encore occafion de parler ailleurs des fingularités qu'on obferve à l'endroit de l'application des greffes, lorfqu'on entreprend d'inférer l'un fur l'autre des arbres de différent tempérament; mais pour ne point perdre de vue ce qui concerne l'union primitive de deux arbres, je vais effayer de répondre à une queftion qui pourra venir à l'efprit de ceux qui auront lû avec attention ce que j'ai dit de la fubf-tance herbacée, que j'ai trouvée auprès des greffes & des écuf-fons nouvellement appliqués.

On fe rappellera que j'ai dit en examinant la réunion des plaies des arbres, qu'il fort de l'écorce, ou d'entre le bois & l'écorce, & même dans certains cas du corps ligneux, une fubftance à demie tranfparente, qui devient enfuite grife, puis verdâtre & corticale, & que fous cette nouvelle écorce il fe forme tout de fuite des couches ligneufes. Il n'eft pas douteux

Pl. XIII.

que la fubftance herbacée qui environne les greffes & les écuffons n'ait une pareille origine, & que l'union des deux arbres ne fe faffe au moyen de cette matiere, en apparence gélatineufe, de cette fubftance cellulaire très-fucculente, laquelle auffi-tôt qu'elle eft formée peut produire des couches corticales, & celles-ci des couches ligneufes.

Mais la greffe ou l'écuffon peuvent-ils contribuer à la formation de la fubftance en apparence gélatineufe, laquelle probablement produit l'union; ou bien, cette fubftance gélatineufe ne vient-elle que du fujet? Il n'eft guere poffible de révoquer en doute que le fujet n'en produife une bonne partie ; mais ce que j'ai dit ci-deffus à l'occafion d'une greffe en fifflet exécutée avec négligence, me perfuade que la greffe contribue auffi à fa formation. On aura fans doute peine à convenir qu'un morceau d'écorce qui n'a encore contracté aucune union avec l'arbre fur lequel on l'applique, puiffe faire quelques productions ; cependant fi l'on examine un écuffon de Pêcher dont le bois eft jaune, appliqué fur un Prunier dont le bois eft rouge, la différente couleur de ces deux bois donnera lieu d'appercevoir que l'écuffon, ainfi que le fujet, ont contribué à la formation des points d'union qui font la communication d'un bois à l'autre ; & par conféquent que l'un & l'autre ont fourni de cette fubftance, en apparence gélatineufe, laquelle, fuivant moi, unit les couches ligneufes de l'un & de l'autre arbre : au furplus cela n'a rien de plus fingulier que ce qui fe paffe à l'occafion des boutures, qui doivent faire d'elles-mêmes quelques productions pour fe procurer les racines qui leur manquent.

J'ai voulu m'affurer fi les écorces pourroient fe greffer ; & pour cela j'ai choifi, au printemps, deux jeunes Charmes *a b, fig.*121. J'ai légérement entamé leur écorce qui, comme l'on fait, eft affez mince ; j'ai appliqué l'une contre l'autre les deux plaies corticales, & les ayant affujetties avec un lien de filaffe, j'ai coupé l'hiver fuivant ces deux arbres pour pouvoir examiner plus commodément ce qui fe feroit paffé dans l'endroit où j'avois entamé les écorces. Fig. 121.

Après avoir détaché le lien, & mis bouillir ces arbres dans l'eau, j'enlevai leur écorce, & j'obfervai (*fig.* 122.) 1°, qu'il s'étoit fait une union fort intime au deffus du lien vers *a :* 2°, qu'il Fig. 122.

Pl. XIII. y avoit aussi une légere adhérence au dessous du lien vers *b*?
3°, qu'il s'étoit formé des bourrelets aux endroits où les révolutions de la filasse laissoient un peu d'intervalle : 4°, ayant séparé ces deux morceaux de bois, je reconnus qu'il y avoit entre
eux deux couches d'écorce brune qui n'étoient point adhérentes
l'une à l'autre ; mais ces écorces étoient traversées par de petites
veines herbacées qui commençoient à former une légere union.

Fig. 123 &   Les *fig.* 123 & 124 , représentent la coupe transversale de
824.   ces deux morceaux de bois : on y apperçoit ; 1°, l'écorce qui
enveloppe les deux morceaux de bois : 2°, la ligne brune qui
les sépare montre de l'écorce desséchée : 3°, cette ligne brune
étoit traversée en certains endroits par de petites veines très-
déliées : 4°, déja les corps ligneux paroissoient un peu applatis
du côté du contact, parce que la pression avoit forcé la substance
ligneuse de se jetter sur les côtés où il y avoit moins de pression,
à cause que les deux cylindres laissoient sur leurs côtés deux
angles curvilignes *a*, *b*, *fig.* 124, où il n'y avoit point de pression.
Quand l'écorce n'est pas trop épaisse, elle se rompt en ces endroits, & elle laisse passer la substance ligneuse qui embrasse un
Pl. XIV. fig. morceau d'écorce, comme on le voit (Pl. XIV. *fig.* 125 ;) mais
125.   lorsque les couches corticales sont épaisses, comme dans la *fig.*
Fig. 126.   126, elles empêchent cette union. Je crois pouvoir conclure,
de plusieurs expériences que j'ai suivies avec soin, que les écorces, lorsqu'elles sont formées, sont aussi incapables de s'unir
que les couches ligneuses ; il faut, comme je l'ai dit plus haut,
que l'union se fasse dans les couches qui se forment actuellement, & de la même substance qui forme les couches ligneuses
& corticales entre le bois & l'écorce.

Dans un des Articles précédents, j'ai attribué une partie des
monstruosités qu'on remarque dans les fruits, à l'union de plusieurs fruits qui se greffoient dans le bouton même ; apparemment que ces embrions sont assez mous pour s'unir, ainsi que
les couches qui se forment lorsqu'il se fait une union des greffes ;
mais si-tôt que les fruits sont noués, je crois qu'ils ne peuvent
plus s'unir les uns aux autres, du moins j'ai tenté inutilement
ces sortes de greffes sur de petites poires. Il est vrai qu'il m'est
arrivé bien des accidents : quelquefois une des deux pour-
rissoit, ou elle se détachoit ; d'autres fois la ligature ne les assu-

jettissant pas assez exactement, les poires se dérangeoient ; mais quand ces accidents n'arrivoient pas, les marques d'union étoient si foibles, que je reste persuadé que ces sortes de greffes ne sont pas praticables. Je n'en dis pas autant des greffes qui se font sur les racines : j'en ai pratiqué quelques-unes avec succès : j'entends ici de greffer une racine sur une autre racine ; car je crois encore plus praticable de greffer des branches sur des racines. Je veux dire, qu'en découvrant, par exemple, une racine d'Orme pour y insérer en fente ou en couronne des greffes du même arbre, je suis persuadé qu'elles s'y joindroient ; mais j'avoue que ce n'est qu'un simple soupçon, car je ne l'ai pas éprouvé.

Les anciens Agriculteurs étonnés du succès de leurs greffes, se sont laissé emporter à leur imagination, qui les a fait tomber dans deux erreurs que je vais combattre, en prouvant, 1°; que les arbres de toute espece ne peuvent pas indifféremment se réunir par la greffe, & que cette union ne se peut faire que lorsqu'il y a une certaine analogie entre la greffe & le sujet.

2°, Que la greffe qui est très-propre à multiplier beaucoup une certaine espece, ne peut produire, comme on l'a cru, de nouvelles especes.

Art. VII. *De l'importance de l'analogie & des rapports que les Arbres doivent avoir entre eux, pour la réussite & la durée des Greffes.*

On trouve dans les livres d'Agriculture plusieurs sortes de greffes extraordinaires qui doivent, dit-on, produire des fruits singuliers ; tels que le Poirier sur le Chêne, sur le Charme, sur l'Orme, sur l'Érable, sur le Prunier, &c ; le Murier sur l'Orme, sur le Figuier, sur le Coignassier ; le Cerisier sur le Laurier-cerise ; le Pêcher sur le Noyer ; la Vigne sur le Cerisier & sur le Noyer ; & une infinité d'autres greffes & écussons de cette nature.

Le peu de succès de la plûpart de ces greffes que j'ai exécutées plusieurs années de suite, en fente, en écusson, & par approche, m'a persuadé que les Auteurs qui les ont proposées n'étoient point fondés en expérience, & qu'ils avoient trop présumé d'une certaine vraisemblance ; d'ailleurs les tentatives infructueuses que j'ai faites, m'ont fait naître des réflexions sur un certain rapport d'organisation, ou une similitude de parties qui doit être nécessairement entre la greffe & le sujet, sans lequel, ou ces greffes ne reprennent absolument point, ou si elles reprennent, elles ne subsistent pas long-temps.

Je crois devoir prévenir que dans ce que je vais dire, je ne ferai usage que de quelques-unes de mes expériences, & de celles seulement que j'ai pû suivre de plus près ; ces expériences, quoiqu'en petit nombre, m'ont suffi pour faire plusieurs remarques, dont j'espere que la Physique & l'Agriculture pourront tirer quelque avantage. Les voici en peu de mots.

Il est inutile de dire qu'il y a des greffes qui reprennent avec beaucoup de facilité : ce fait est connu de tous les Jardiniers.

Quelques-unes des greffes extraordinaires que j'ai tentées, ont toujours péri sur le champ, sans me donner la moindre apparence de réussite.

D'autres, sans avoir fait aucune production, se font entretenues long-temps vertes.

Quelques-unes ont poussé à la premiere seve, & n'ont pû subsister jusqu'à la seconde.

Plusieurs autres, après s'être soutenues pendant les deux seves, se font trouvées mortes au printemps suivant : j'en ai eu qui après avoir vécu pendant deux ou trois ans, ont péri comme les autres.

Voici encore des observations qui méritent attention :

1°, Quelques greffes ont péri sans que le sujet en souffrît.

2°, D'autres ont semblé n'avoir péri que par la mort du sujet.

3°, La plûpart des arbres greffés ne durent pas si long-temps que ceux qui ne l'ont pas été. Je dis la plûpart, car il s'en trouve où l'analogie est si parfaite, qu'on a peine à s'assurer si l'arbre a été greffé ou non.

4°, Nonobstant cette régle, presque générale, il m'a paru que quelques arbres subsistoient plus long-temps, étant greffés, que lorsqu'ils ne l'étoient pas : mais si cela arrive, ce n'est que par des causes particulieres indépendantes de l'analogie.

5°, Il paroît encore dans des cas particuliers, que certaines greffes appliquées sur des sujets foibles, subsistent plus long-temps que lorsqu'elles l'ont été fur des fujets plus vigoureux. Pl. XIV.

Il eft certain que pour qu'une greffe réuffiffe parfaitement, il faut qu'elle fe joigne fi intimement avec le fujet, qu'elle devienne comme une de fes branches naturelles. Cela arrive quelquefois : j'ai fait travailler des gros Poiriers de haute tige, qui avoient été greffés à fix ou fept pieds de terre : quand on levoit, à la varlope, des copeaux minces qui s'étendoient du fauvageon fur la greffe, on ne remarquoit (*fig.* 127) aucun Fig. 127. changement de direction dans les fibres, & on ne pouvoit diftinguer la partie *a*, *b*, qui appartenoit à la greffe, d'avec la partie *a*, *c*, qui appartenoit au fujet, que parce que la couleur du bois fauvageon étoit moins rouge que celle du bois de la greffe : néanmoins quand on ployoit ces copeaux, ils rompoient plus facilement vis-à-vis le point *a* qu'ailleurs. Mais il s'en faut beaucoup que dans l'examen de toutes les greffes, on trouve une union auffi parfaite. Il eft tout naturel de penfer que les différents fuccès des greffes dépendent de la différente organifation des bois. On a vu dans le premier Chapitre, que toutes fe reffemblent en certains points généraux, toutes ont des vaiffeaux lymphatiques, des vaiffeaux propres, du tiffu cellulaire, des trachées ; mais le différent grain des bois, leurs différentes pefanteurs fpécifiques, leur différente dureté, leur différente force, la propriété que les uns ont de ployer pendant que les autres rompent net ; ces différences, & quantité d'autres qui font connues de tout le monde, ne permettent pas de douter qu'il n'y ait encore d'autres différences dans les parties folides. On apperçoit dans prefque tous les bois, l'exiftence de la lymphe, & d'un fuc propre ; mais ce fuc propre eft tantôt blanc, tantôt roux, quelquefois tranfparent & limpide, d'autres fois réfineux & gommeux, &c. Ces différences fe rendent encore fenfible au goût & à l'odorat ; il y en a d'infipides, de douces, de fuaves, d'acres, d'ameres, d'acides, de cauftiques, d'aromatiques, & de fétides.

Nos connoiffances font trop bornées fur l'organifation des plantes, pour pouvoir établir précifément ce qui doit réfulter de l'application d'une telle greffe fur un tel fujet ; mais on apperçoit en général que ces différences, qui s'étendent prefqu'à l'infini, doivent, fuivant qu'elles font plus ou moins confidérables, influer fur la réuffite des greffes.

Cela pofé, on voit, en examinant différents bois, des différences confidérables dans leurs parties folides, & auffi dans la
différente qualité de leur feve ; mais fi nous faifons attention à
l'abondance plus ou moins grande de cette feve, dans les différents arbres ; fi nous remarquons que les Saules pouffent plus
en un an, que les Buis en fept ou huit ans, nous concevrons
que cette différence doit influer fur la réuffite des greffes.

Je n'ai garde d'infifter fur des variétés peu fenfibles ; mais je
ne 'puis me difpenfer d'en faire remarquer une qui eft peut-être
d'une plus grande conféquence dans l'occafion préfente, que
les précédentes : elle confifte dans les différents temps où les
arbres font leur premiere pouffe au printemps : l'Amandier eft
en fleurs avant que quantité d'autres arbres ayent ouvert
leurs boutons : quand les arbres plus tardifs font en fleurs,
l'Amandier fe trouve garni de feuilles ; & fouvent fon fruit eft
noué, avant que les autres arbres ayent commencé à pouffer.

Quand on fait attention à toutes ces différences, on a plus
lieu d'être étonné de voir des arbres adopter des branches qui
leur font étrangeres, que d'en voir qui refufent cette adoption.
Il eft néanmoins d'expérience, que fouvent l'union eft fi parfaite que le fujet fubvient à la nourriture des greffes, comme
aux branches qui lui font propres ; & cette greffe qui change
fubitement de nourriture, s'en accommode fi bien, qu'elle fait
fouvent de plus belles productions, qu'elle n'auroit faites fur
fon propre tronc. On ne peut s'empêcher d'être furpris quand
on voit un écuffon de Bigarotier appliqué au printemps fur un
Merifier, former en quinze jours de temps une branche de cinq
à fix pouces de longueur. Je ne chercherai point à donner
d'autre explication de ce fait, fi ce n'eft qu'il y a un grand rapport entre ces deux arbres, le Bigarotier & le Merifier ; de
même qu'il y a une contrariété très-manifefte entre le Prunier
& l'Orme, que je donne pour exemple des greffes qui périffent
fans avoir donné aucune marque de reprife.

Dans le nombre des greffes extraordinaires que j'ai tentées,
j'en ai eu quelques-unes, comme je l'ai déja dit, qui n'ont péri
qu'après avoir fait quelques productions. En difféquant ces
greffes avec précaution, j'ai reconnu que dans ce cas, la réunion
ne s'étoit faite que par quelques fibres, lefquelles ont pu fuffire

pour

pour entretenir les greffes dans un état de verdeur, & même pour les mettre en état de faire quelques productions ; mais le plus grand nombre des fibres éoit noir & desséché ; & le plus souvent je trouvois à l'endroit de l'insertion un dépôt de gomme, ou d'une seve corrompue, résultante apparemment d'un épanchement qui s'étoit fait par les vaisseaux qui n'avoient point formé d'union avec la greffe.

La greffe du Prunier sur l'Amandier, & celle de l'Amandier sur le Prunier, m'ont fourni des exemples de ces greffes qui réussissent très-bien de prime abord, mais qui dépérissent ensuite peu à peu, & qui meurent à la fin : elles m'ont donné lieu de faire des observations qui méritent quelque attention.

J'avois fait écussonner à la seve d'Août, des Amandiers sur des Pruniers de petit damas noir, sur la foi de plusieurs Auteurs qui assurent, que par ce moyen on rend les Amandiers plus tardifs, & moins exposés à être endommagés par les gelées du printemps : ces écussons poufferent à merveille au printemps & à l'été suivant, de sorte qu'en automne ces Amandiers étoient quelquefois garnis de feuilles, pendant que les Amandiers ordinaires en étoient entiérement dépouillés. On ne pouvoit pas concevoir une plus belle espérance ; cependant ceux que je fis lever de la pépiniere pour les mettre en place, moururent ; la plûpart de ceux qui étoient restés dans la pépiniere poufferent passablement l'année suivante ; mais ils moururent la troisieme année : je dis la plûpart ; car deux de ceux-là ont subsisté pendant plusieurs années, & m'ont donné de fort beaux fruits. On ne peut pas attribuer le mauvais succès de ces greffes au manque d'analogie dans les parties solides, ni dans les liqueurs ; non-seulement parce que la reprise de ces greffes avoit été des plus heureuses, mais encore parce que l'on greffe tous les jours, & avec un succès pareil, les Pêchers sur des Amandiers & sur des Pruniers : ce qui ne pourroit pas être, si ces deux arbres étoient d'une nature fort différente ; mais j'ai remarqué que la greffe d'Amandier prenoit beaucoup de grosseur, & que l'extrêmité de la tige du premier restoit fort menue, de sorte qu'il se formoit au bas de la greffe un gros bourrelet : d'ailleurs, il est prouvé par l'expérience que l'Amandier pouffe de meilleure heure au printemps, & qu'il croît plus vîte que le Prunier.

Partie II. M

Si ces remarques font penfer que les branches dépenfoient plus de feve que la tige n'en pouvoit fournir, on jugera qu'elle étoit en quelque façon affamée par la greffe qui l'empêchoit de prendre de la groffeur : fi la greffe a bien pouffé pendant la premiere année, c'eft que le Prunier étoit en état de fuffire à la nourriture d'une jeune branche ; mais il a été épuifé quand cette branche a eu acquis une certaine étendue : fi ces arbres ont péri au printemps plutôt que dans d'autres faifons, c'eft que l'Amandier pouffant plutôt que le Prunier, le fujet déja épuifé, a été hors d'état de fuffire à la fuccion de la greffe : fi les arbres qui ont été tirés de la pépiniere ont péri plutôt que les autres, c'eft que les arbres tranfplantés n'ont pas autant de feve que ceux dont les racines ont pris poffeffion de la terre. Je ne dois pas négliger de faire remarquer que j'ai fait ces ex-périences fur des Pruniers de haute tige, qui étoient plantés dans une terre affez feche ; car fi les circonftances étoient diffé-rentes, je fuis perfuadé que le fuccès le feroit auffi.

Si les greffes d'Amandier fur Prunier ont eu un mauvais fuccès, on va voir que le Prunier greffé fur un Amandier n'a pas mieux réuffi. Cette conformité dans les effets engage à en admettre dans les caufes ; ainfi quoique l'une de ces greffes ait paru périr d'inanition, & que l'autre ait femblé périr d'une furabondance de fubftance, les deux faits fe réuniffent, en ce que la difproportion d'élafticité, de foupleffe, de reffort dans les fibres, ou dans les liqueurs, a fait périr l'une & l'autre greffe.

Le Frere Jardinier des Chartreux fit greffer en couronne, du Prunier fur de gros Amandiers : les greffes pousserent d'abord à merveille ; mais la gomme s'étant amaffée à l'endroit de l'infertion, les greffes périrent.

Cette feule obfervation femble faire connoître la caufe de la perte de ces greffes ; car les Amandiers qui étoient gros, & qui avoient pouffé de meilleure heure que les Pruniers, four-niffoient aux greffes qui n'étoient pas encore en action, plus de feve que les greffes n'en pouvoient pomper ; c'eft proba-blement ce qui a occafionné le dépôt de feve qui s'eft manifefté par la gomme.

C'eft ici le lieu de rendre raifon d'une autre fingularité, dont j'ai parlé au commencement de cet Article, puifque, fans s'écarter des mêmes principes, on découvre comment certaines greffes périssent sans que le sujet en souffre, pendant que d'autres semblent ne périr que par la mort du sujet.

Le premier cas n'offre rien de surprenant, puisqu'il est naturel qu'une greffe périsse quand elle ne trouve point dans un sujet la disposition d'organe, ou la quantité de suc qui lui convient ; & dans ce cas le sujet produit de nouvelles branches, comme si on ne l'avoit pas greffé.

Mais le contraire arrive, quand après que les greffes sont bien reprises, on voit les sujets périr par une espece d'exténuation. Aux exemples que je viens de rapporter de la greffe d'Amandier sur Prunier, je puis joindre, pour employer des faits connus de tout le monde, les greffes des Poiriers sur Coignassier, ou celles de Pommier sur le Paradis : lorsque ces arbres se trouvent dans un terrein sec, on remarque que les sujets ne prennent presque point de corps, qu'ils produisent peu en racines, que les arbres jaunissent & périssent au bout de quelques années.

Nous ne pouvons pas à la vérité soupçonner, comme nous l'avons fait à l'occasion de l'Amandier sur le Prunier, qu'il y a une grande différence entre l'élasticité des fibres & des liqueurs des Coignassiers, relativement aux Poiriers, & des Pommiers de paradis comparés aux Pommiers ordinaires, ces arbres ouvrant leurs boutons à peu près dans le même temps ; mais on apperçoit assez sensiblement, que les Poiriers dépensent plus de seve que les Coignassiers ne leur en peuvent fournir ; & de même des Pommiers, relativement à l'espece qu'on nomme Paradis, sur-tout quand ces arbres sont plantés dans une terre seche ; car il est d'expérience que ces sortes d'arbres subsistent assez long-temps dans les terreins frais, principalement quand on a soin de diminuer par le moyen de la taille la consommation de la seve.

Comme il n'est pas aisé de trouver un rapport parfait entre différents arbres, on n'a pas lieu de s'étonner si en général les arbres greffés ne durent pas autant que ceux qui ne l'ont pas été. Il est rare de voir périr de vieillesse un Coignassier, même dans les terreins assez secs ; au lieu que les Poiriers greffés sur le Coignassier ne subsistent pas long-temps dans ces sortes de

M ij

terreins : il n'en eſt pas de même des Poiriers greffés ſur leurs ſauvageons, ni des Ormes de différentes eſpeces greffés les uns ſur les autres : ces arbres durent très-long-temps ; néanmoins je ſoupçonne que la vie d'un ſauvageon-Poirier, ou d'un Orme non greffé, ſurpaſſe toujours celle des arbres de même eſpece greffés.

Mais j'ai dit, qu'il y avoit quelques arbres qui m'avoient paru durer plus long-temps après avoir été greffés, que lorſqu'ils ne l'étoient pas. Lorſque j'aurai rapporté les expériences qui ont donné lieu à cette obſervation, on ſera en état de juger, ſi ces greffes offrent quelque choſe d'aſſez ſingulier pour mériter de faire une exception à la regle générale.

Nous avons conſervé pendant plus de vingt ans dans une terre graſſe des Pruniers de reine-claude, que nous avions fait greffer ſur des Pêchers de noyau, dans la vue de n'être point incommodés par les rejets que les Pruniers pouſſent en grande quantité. Ces greffes n'ont pas beaucoup pouſſé en bois ; mais elles ont donné beaucoup de bon fruit : il eſt d'expérience aſſez commune, que les Pêchers de noyau ne durent pas ſi long-temps ; & probablement ceux qui ſervoient de ſujets auroient péri plutôt, s'ils n'avoient pas été greffés.

Pour comprendre les ſecours que les Pêchers ont reçu des Pruniers, il faut ſavoir que le Pêcher eſt fort délicat, qu'il pouſſe plus de brins gourmands qu'il n'en peut nourrir, ce qui fait que les Pêchers en plein vent ſont toujours remplis de bois mort ; ils perdent ſubitement quelques-unes de leurs groſſes branches, quelquefois même les troncs meurent entiérement, & ils ne repouſſent que quelques foibles rejets. C'eſt pour ces raiſons que dans nos climats on les met en eſpalier, & qu'on leur retranche beaucoup de bois pour ne leur en laiſſer que ce qu'ils peuvent nourrir.

En greffant deſſus un Prunier, on ſubſtitue à ſes branches délicates d'autres qui ſont plus robuſtes : on n'a pas beſoin de lui retrancher du bois, puiſque les Pruniers n'en pouſſent que ce qu'ils peuvent nourrir. Mais comme les Pruniers font ordinairement de plus grands arbres que les Pêchers, nos greffes ont donné peu de bois, & je crois qu'elles auroient péri, ſi elles n'avoient pas été faites près de terre, & ſur des

arbres plantés dans un terrein très-fertile : ainſi cette obſervation particuliere ne doit pas empêcher qu'on ne regarde
comme une regle générale, que la plûpart des arbres greffés
ne durent pas auſſi long-temps que ceux qui ne le ſont pas ;
& que la durée plus ou moins longue des arbres greffés, dépend du plus ou moins de rapport qui ſe trouve entre les arbres
qu'on greffe les uns ſur les autres.

Enfin j'ai dit que certains arbres duroient quelquefois plus
long-temps, étant greffés ſur des ſujets foibles, que lorſqu'ils
l'étoient ſur d'autres plus vigoureux : la greffe du Pêcher nain
ſur les Pêchers de noyau & ſur les Pruniers m'en a fourni un
exemple. Car, quoique les Pruniers vivent plus long-temps
que les Pêchers de noyau, néanmoins il m'a paru que le petit
Pêcher nain, qui ne vient pas plus gros qu'un Chou, duroit
plus long-temps étant greffé ſur Pêcher de noyau que ſur Prunier ; ce qui paroît dépendre de l'analogie que nous jugeons
néceſſaire pour la réuſſite des greffes ; car les Pêchers ne devant
pas faire d'auſſi grands arbres que les Pruniers, il ſemble qu'ils
ſont plus proportionnés à la foibleſſe des Pêchers nains ; d'ailleurs, il doit y avoir plus d'analogie entre deux Pêchers, qu'entre un Prunier & un Pêcher.

Il ſembleroit ſuivre de ce que nous venons de dire, qu'il
faudroit tendre à cette analogie parfaite le plus qu'il ſeroit poſſible ; & que l'on devroit ſe borner à étudier les rapports que
les arbres ont entr'eux, pour ne greffer les uns ſur les autres
que ceux qu'on reconnoîtroit avoir le plus de convenance : la
plûpart des Auteurs nous y invitent ; & cela ſeroit vrai, ſi l'on
ne cherchoit qu'à avoir des arbres vigoureux & de longue
durée. C'eſt bien là le but où l'on doit tendre, quand on ſe propoſe de faire des avenues, ou de planter des vergers d'arbres en
plein vent ; mais comme l'on ſait que les arbres qui pouſſent
avec trop de vigueur ne donnent point de fruits, il peut être
avantageux de diminuer leur force, quand on ſe propoſe d'avoir
des arbres nains dans les potagers.

Voici une expérience qui rendra mon idée très-ſenſible :
j'avois un Poirier nain de Craſane, greffé ſur ſauvageon ; il
étoit planté entre deux gazons dans leſquels il pouſſoit quantité de rejets qui l'épuiſoient : en cet état, cet arbre pouſſoit

peu de bois, fes feuilles étoient jaunes ; & cependant il donnoit beaucoup de fruit. Je fis défricher les gazons & détruire les rejets ; le Poirier reprit vigueur, fes feuilles étoient d'un beau verd, il pouffoit quantité de bois ; mais auffi il ne donnoit plus de fruit : voilà qui prouve qu'une trop grande abondance de feve eft un obftacle à la fructification. Or je trouve dans le choix des fujets un moyen de diminuer tant qu'on voudra la vigueur des arbres, puifque cette vigueur dépend en partie du degré d'analogie qui fe trouve entre la greffe & le fujet ; de forte que fi dans un terrein fertile un Poirier greffé fur fon fauvageon, pouffant avec trop de vigueur, donne beaucoup de bois & peu de fruit, il conviendra de choifir un fujet qui ait moins d'analogie avec le Poirier : ce fera le Coignaffier, ou l'Epine-blanche, ou le Nefflier, ou l'Alizier, ou le Cormier. On fait que les Poiriers greffés fur Coignaffier, fe mettent plus aifément à fruit que ceux qui font greffés fur fauvageon-Poirier.

Je connois un Poirier *de-livre* greffé fur l'Epine-blanche, qui fait un joli demi-vent, & qui donne beaucoup de fruit. J'ai vû à la Galiffonniere des virgouleufes, & d'autres efpeces de poires, qui donnoient difficilement du fruit, lefquelles en ont fourni affez promptement, lorfqu'on les a eu greffées fur l'Epine-blanche ; & çe feroit une découverte bien utile en Jardinage, que de trouver dans le genre des Poiriers, un fujet qui pût tenir lieu du paradis des Pommiers ; car par ce moyen on auroit des arbres très-nains, qui donneroient beaucoup de très-gros fruits : l'Epine-blanche approche de ce point, puifqu'elle fournit des arbres plus nains que le Coignaffier ; mais elle ne fe plaît pas dans des terreins fecs. La Quintinie dit expreffément qu'il avoit tenté, fans aucun fuccès, les mêmes greffes qui ont fi bien réuffi à la Galiffonniere : je n'ai pu avoir le même avantage dans un terrein affez fec ; mais mes arbres fubfiftent fort bien dans un terrein humide.

Dans les cas où l'on ne pourroit pas employer les moyens que je viens de propofer, ne pourroit-on pas tenter d'affoiblir les arbres, en faifant plufieurs greffes les unes au deffus des autres, & même en interpofant une branche d'Epine ou de Coignaffier entre un fujet & une greffe de Poirier ? J'ai tenté ces moyens, & çe n'a pas été fans fuccès ; mais des occupa-

tions d'un autre genre m'ont détourné de les fuivre avec autant d'exactitude que je l'aurois defiré.

Si les recherches dont je viens de rendre compte font utiles
à la Phyfique par les détails où je fuis entré, fur les effets qui
réfultent des rapports qui fe trouvent entre certains arbres, &
les explications que j'ai effayé de donner de plufieurs phénomenes qui appartiennent aux greffes, l'Agriculture en pourra
auffi tirer quelque avantage, non-feulement pour parvenir dans
de certains cas à fe procurer des arbres vigoureux, & dans d'autres cas à avoir des arbres nains qui donnent plus promptement
du fruit ; mais encore pour nous mettre en garde contre quantité de faits faux qu'on trouve dans les Ouvrages d'Agriculture
& de Jardinage, puifque l'on éprouve tous les jours que prefque
toutes ces greffes extraordinaires qu'on y propofe, ne peuvent
réuffir. Il me refte à faire voir que les greffes qui reprennent &
fubfiftent jufqu'à donner du fruit, ne peuvent cependant produire les effets merveilleux qu'on nous promet avec tant d'affurance : ce fera le fujet de l'Article fuivant.

ART. VIII. *La Greffe ne change point les efpeces des fruits.*

QUE la greffe foit le plus fûr moyen pour remplir un Jardin
des fruits que l'on trouve le plus à fon goût, c'eft un avantage
que perfonne ne lui peut difputer : qu'elle donne quelque perfection aux fruits, l'expérience journaliere ne nous permet pas
d'en douter : mais qu'elle puiffe changer les efpeces ; beaucoup
d'Auteurs l'ont cru ; quelques-uns l'ont nié, & moi je me propofe de combattre cette opinion par grand nombre de remarques & d'obfervations.

C'eft un fentiment affez généralement adopté que la greffe
affranchit les fruits ; ce qui fignifie, qu'elle les adoucit,
qu'elle diminue leur âcreté : j'eftime que cette opinion commune a quelque réalité. Si l'on fcie en travers des greffes ou
des écuffons qui n'ayent pas entr'eux beaucoup d'analogie, on
apperçoit des changements de direction dans les fibres, qui peuvent n'être pas abfolument indifférents à la préparation de la
feve. Dans ce cas de médiocre analogie, fi l'on fuit avec une

loupe une même fibre du sujet sur la greffe, sur-tout dans les bois qui sont de couleurs différentes, on y remarquera bien une continuité; mais on appercevra que l'union des deux bois, dont le tissu n'est pas entiérement semblable, produit une petite augmentation de densité qui peut fort bien influer sur la préparation de la seve. En un mot, il me paroît impossible que tous les vaisseaux, fibres ou canaux de la greffe, répondent assez précisément à l'extrémité de tous les vaisseaux ou fibres du sujet, pour que les sucs puissent passer aussi librement de l'un dans l'autre, que s'ils n'avoient eu qu'à poursuivre leur cours ordinaire dans le même arbre. Il faut donc que les vaisseaux de l'un & de l'autre, pour pouvoir s'ajuster ensemble, se plient & se replient de différentes façons, & qu'ils forment une sorte d'organe artificiel, ou une espece de glande végétale, laquelle probablement contribue à l'atténuation des sucs. Quoique cette déviation des fibres soit quelquefois très-sensible, j'avoue cependant que l'usage que je leur attribue n'est qu'une simple conjecture : ce qui peut résulter du mélange des seves, a quelque chose de plus positif; car il est certain qu'une même branche de Poirier de bon chrétien, appliquée sur un Coignassier, & sur un sauvageon-Poirier, produira des fruits assez différents; ceux de la greffe appliquée sur le Coignassier, auront l'écorce plus fine & plus colorée, la chair plus délicate, plus fine & plus succulente que les fruits que produira la greffe faite sur le sauvageon : le choix des sujets n'est donc point une chose indifférente. Au reste, ces petits changements n'operent rien de plus que ce qu'occasionnent les différentes expositions, ou les différents terreins : ici, où la terre est grasse & humide, les fruits seront succulents, mais sans goût; & là, où la terre sera moins humectée, les fruits devenus moins gros, auront une saveur plus agréable : mais dans tous ces cas, il n'en résultera point de changement dans les especes. Le plus foible connoisseur en fruits, reconnoîtra pour bon chrétien les fruits qui seront venus sur Coignassier ou sur sauvageon-Poirier, ou dans une terre seche, ou dans un terrein humide.

Si quelques particularités se font voir par hasard sur quelque branche, comme des fleurs doubles, des fleurs panachées, &c. elles se perdront promptement, si on les laisse sur les arbres

qui

qui les ont produites ; au lieu qu'elles deviendront plus constan-
tes, si l'on coupe les branches pour les greffer ; parce que dans
ce cas il arrive à peu près la même chose, que si l'on retranchoit
à l'arbre qui a produit ces variétés, toutes les branches qui sont
dans l'ordre naturel, pour ne conserver que celle qui offre quelque chose d'extraordinaire ; & même elles se perdront sur les
arbres où l'on aura transporté, par le moyen de la greffe, ces
sortes de monstruosités, si l'on n'a pas le soin de retrancher
toutes les branches qui croîtroient dans l'ordre naturel.

Il suit de ce que je viens de dire, que la greffe est plus propre
à conserver les especes qu'à les changer ; & que, tout au plus,
elle peut concourir, avec les autres manœuvres d'agriculture, à leur donner quelque perfection, mais sans pouvoir
changer leur nature : c'est ce que je vais prouver par quelques
expériences.

J'ai greffé cette espece de prune que l'on nomme à Paris,
la Reine-claude, sur l'Amandier, sur le Pêcher, & sur le Prunier
de Damas ; &, quoique la seve de ces trois arbres soit différente,
j'ai eu sur ces différents sujets la même espece de prune.

On greffe tous les jours le Pêcher sur le Pêcher-sauvageon,
sur des Amandiers, & sur différentes especes de Pruniers, sans
qu'on apperçoive aucun changement dans les especes.

L'Amandier greffé sur le Prunier, m'a donné des amandes
assez semblables à celles que produisoit l'arbre qui avoit fourni
la greffe.

J'ai greffé une même espece de Poirier sur le Poirier-sau-
vageon, sur le Coignassier, sur l'Epine & sur le Nefflier, sans
avoir eu de changement dans les fruits.

La grosse neffle greffée sur le Nefflier des bois, sur le Coignassier, & sur l'Epine-blanche, est restée la même.

Bien plus, je peux prouver qu'il y a tout près des fruits,
des organes qui operent la principale préparation de la seve ;
car j'ai greffé par approche un citron nouvellement noué, sur
un Oranger : quoique ce fruit déja formé, fût joint à l'Oranger
par sa queue, qui n'avoit que quelques lignes de longueur, le
citron grossit & parvint à sa maturité sans avoir en rien changé
d'espece ; il ne participoit nullement de l'orange.

A l'égard des greffes extraordinaires, que l'on vante tant dans

Partie II.   N

preſque tous les Ouvrages d'Agriculture ; telles que celle du Poirier ſur l'Orme, ſur l'Erable, ſur le Charme, ſur le Chêne ; celle de la Vigne ſur le Noyer ; des Pêchers ſur les Saules, &c. comme celles que j'ai tentées ont toutes péries dans la premiere ou la ſeconde année, je ſuis convaincu que les Auteurs qui les propoſent, n'ont parlé que d'après leur imagination : on peut mettre au même rang un certain Prunier greffé ſur Coignaſſier, que M. Lemery dit, dans les Mémoires de l'Académie des Sciences, année 1704, ne contenir qu'un ſeul pepin. M. Hales, dans ſa Statique des végétaux, eſſaye d'expliquer pourquoi un Jaſmin blanc, ſur lequel on a greffé un Jaſmin jaune, produit des fleurs jaunes ſur les branches qui partent du ſujet au deſſous de la greffe. Si M. Hales avoit cherché à vérifier ce fait, il l'auroit reconnu faux, & auroit été diſpenſé d'entreprendre de l'expliquer.

A l'égard des greffes qui infectent leur ſujet, je préſume que c'eſt qu'elles l'affament, en dépenſant plus de ſeve que le ſujet n'en peut fournir, ainſi que je l'ai déja expliqué plus haut : ce n'eſt donc point la greffe qui produit les nouvelles eſpeces ; mais ce ſont les ſemences.

Joignons à ceci un fait connu de tous les Jardiniers : ſi l'on greffe ſur un Poirier-ſauvageon qui ne produit que de petites poires acres, une branche de beurré, cette greffe produira de belles & groſſes poires de beurré : ſi ſur cette branche de beurré on écuſſonne une branche de ſauvageon, elle ne donnera que de petites poires acres : que l'on répete alternativement, & tant qu'on voudra, ces greffes de beurré & de ſauvageon, on aura toujours les deux mêmes eſpeces de fruits ; la ſeve changera de modifications toutes les fois qu'elle paſſera d'une greffe dans une autre : les organes qui operent ces changements exiſtent par-tout ; car s'il ſe développe deux bourgeons à quelques lignes de diſtance l'un de l'autre, celui qui part de la greffe participe entiérement de ſa nature, & celui qui ſort du ſujet eſt auſſi entiérement de ſon eſpece. Ainſi (Pl. XIII. *fig.* 120.) un bouton placé en *a* donnera une branche de Pêcher, & celui placé en *b* une branche de Prunier.

Fig. 120.

Après avoir parlé de l'accroiſſement des tiges & de pluſieurs choſes qui y ont rapport, je vais maintenant dire quelque choſe des racines.

CHAPITRE V.

DES RACINES ET DE LEUR ACCROISSEMENT.

Comme j'ai déja parlé des racines, je passerai légérement ici sur ce qui a été assez amplement discuté dans le premier Livre de cet Ouvrage : je prie seulement le Lecteur de se souvenir que j'ai dit au commencement de ce IVe Livre, que la premiere production des semences étoit la radicule, laquelle se nourrit des lobes , jusqu'à ce qu'elle ait assez pris possession de la terre pour pouvoir opérer ses fonctions, & fournir de la nourriture à la plume & aux lobes , qui dans quantité de plantes s'épanouissent, & forment des feuilles, d'un tissu particulier, que l'on nomme feuilles séminales. J'ai rapporté dans le premier Livre les expériences que j'avois faites pour m'assurer que les racines ne s'étendent que par leurs extrêmités, & que ces extrêmités retranchées donnoient occasion au développement de plusieurs autres racines ; j'ai dit encore, que de la racine pivotante il s'en développoit de latérales ; j'ai enfin rapporté quelques observations de M. Bonnet sur l'origine de ces premieres racines : je n'ai point apperçu qu'elles tirassent leur origine des boutons, ainsi que les branches ; néanmoins dans l'Article suivant, où nous traiterons des boutures, on verra que dans certaines circonstances il se forme des especes de boutons de racines.

On a vu dans le premier Livre, que l'organisation des racines des arbres est à peu près la même que celle du tronc & des branches ; ainsi il ne nous reste qu'à dire que leur accroissement, tant en grosseur qu'en longueur, se fait de la même maniere, & par l'addition de couches ligneuses qui s'enveloppent & se recouvrent les unes sur les autres ; & que par un allongement qui se fait au bout des racines, le lieu de la formation, soit des couches ligneuses, soit des corticales des racines, est, ainsi qu'aux branches, entre le liber & le bois ; & comme je me suis assuré de toutes ces choses par des expériences femblables à celles que j'ai rapportées à l'occafion de l'accroiffement du tronc & des branches, je dois épargner au Lecteur l'ennui qui réfulteroit de répétitions inutiles, & je me détermine d'autant plus volontiers à parler des boutures, qu'elles me fourniront l'occafion d'expliquer beaucoup de chofes qui ont rapport aux racines.

Art. I. *Des Boutures.*

Les Semences fourniffent un moyen bien commode pour faire une grande multiplication des arbres; ainfi lorfqu'il fera queftion de former de grands bois, le plus court moyen, & celui qui coûtera le moins, fera prefque toujours de les femer.

Mais ce moyen eft lent; & il y a des circonftances où il eft bien plus expéditif de multiplier les arbres par des boutures ou des marcottes : en femant des pepins de raifin, on feroit bien long-temps à fe procurer une treille chargée de fruits ; & au moyen de boutures, on jouit de cette fatisfaction dès la cinquiéme année.

On pourroit dire la même chofe des Saules, des Peupliers & des Tilleuls, lefquels, par le moyen des boutures ou des marcottes, forment au bout de cinq ou fix ans des arbres plus gros qu'on ne les auroit obtenus au bout de vingt, fi on les avoit élevé des femences. D'ailleurs, fi l'on fe propofe de multiplier des arbres étrangers qui ne portent point de femences dans ce pays-ci, ou parce qu'ils font trop jeunes, ou parce que le climat ne leur eft pas favorable, ou enfin parce que nous n'aurions qu'un fexe de ces arbres, on eft forcé d'avoir recours aux boutures ou aux marcottes.

Enfin, par les femences, on n'eft point affuré d'avoir précifément l'efpece d'arbre qu'on defire : fouvent une groffe châtaigne produit un arbre qui n'en donne que de petites : j'ai prouvé ce fait dans cet Ouvrage. Les arbres d'un même genre fe fécondent les uns les autres, & leurs femences produifent des arbres métifs. Il eft vrai que par le moyen des greffes on multiplie les efpeces ou les variétés, fans craindre qu'elles changent ; mais auffi il faut être pourvu d'arbres analogues à l'efpece qu'on veut multiplier, ce qui eft fouvent difficile à l'égard des arbres étrangers. Si l'on manque de ces especes analogues, on est alors forcé d'avoir recours aux boutures & aux marcottes, qui fournissent des arbres francs de pied ; ce que je regarde comme très-avantageux. C'est donc travailler utilement pour l'agriculture, que de chercher les moyens de rendre cette pratique du jardinage plus certaine.

Faire des marcottes ou des boutures, c'est faire en sorte qu'une branche qui n'a point de racines, s'en garnisse ; ce qui fait concevoir qu'il est important au sujet que je traite, d'examiner quelques circonstances de la formation des racines.

Il seroit hors de toute vraisemblance de croire que les sucs que les racines tirent de la terre, fussent tout d'un coup en état de subvenir à la nourriture & au développement de ces mêmes racines ; il est plus naturel de penser que le suc qui est pompé de la terre, passe dans le corps de l'arbre, qu'il s'y prépare, & que de-là il se distribue partie aux branches & partie aux racines.

Ce n'est pas le chyle que pompent les veines lactées des animaux qui sert à leur nourriture : quoique tout le sang passe dans le cœur, ce viscere est lui-même nourri par des vaisseaux particuliers qui sont expressément destinés à cet usage.

La germination des semences justifie ce raisonnement : la jeune racine ne reçoit pas d'abord sa nourriture des sucs qu'elle tire de la terre ; cette petite racine n'est alors presque rien ; la tige est aussi trop petite pour subvenir à ses besoins ; mais cette nourriture se prépare dans les lobes de la semence ; ce sont ces lobes qui la fournissent aux racines naissantes ; & ce qui prouve bien les secours que les racines & les tiges se prêtent mutuellement, c'est que, principalement dans les plantes où les lobes deviennent des feuilles séminales, les racines leur fournissent alors la nourriture qui est nécessaire pour leur accroissement. Une observation qui prouve encore la dépendance réciproque des racines & des tiges ; c'est que les arbres profitent assez proportionnellement en branches & en racines.

J'ai arraché de jeunes arbres, qui n'avoient fait que peu de productions en branches ; j'ai trouvé leurs racines presque dans le même état où elles étoient au temps qu'on les avoit mis en terre.

Les arbrisseaux n'ont jamais d'aussi grosses & d'aussi longues racines que les grands arbres.

Pl. XIV. Les arbres qu'on taille pour les tenir en buiſſon ou en eſpallier, n'ont jamais d'auſſi fortes racines que ceux qu'on laiſſe croître en plein vent.

Les Ormes abandonnés à leur naturel étendent très-loin leurs racines; ils n'en produiſent cependant que fort peu quand on taille leur tête en boule d'oranger.

Il paroît donc que les racines imbibant l'humidité de la terre, les feuilles celles des roſées, ces liqueurs doivent recevoir dans la plante différentes préparations qui les rendent propres à être nourricieres; une portion eſt portée vers le haut de l'arbre pour la nourriture des bourgeons; l'autre portion vers le bas pour la ſubſiſtance des racines. Je vais maintenant établir un parallele entre le développement des bourgeons & celui des racines.

Fig. 128. Si l'on coupe horiſontalement (Pl. XIV. *fig.* 128.) la tige d'un arbre vigoureux, & ſi l'on a l'attention de détruire tous les bourgeons qui tendroient à ſortir de l'écorce, on verra paroître entre le bois & l'écorce un bourrelet duquel il ſortira pluſieurs bourgeons, *a, a, a.*

Si l'on coupe de même une racine vigoureuſe *b*, à un ou deux pieds du tronc, & qu'enſuite on la recouvre de terre, on appercevra ordinairement l'année ſuivante, ou au bout de deux ans, qu'il ſe ſera fait un bourrelet entre le bois & l'écorce, duquel il ſera ſorti pluſieurs racines.

Voilà, ce me ſemble, un fait qui établit déja une grande conformité entre l'éruption des branches & celle des racines. Je me propoſe de démontrer cette conformité de pluſieurs autres façons; mais je veux auparavant faire remarquer qu'on ne peut guere ſoupçonner, que le bourrelet & les nouvelles racines *b* ayent elles-mêmes pompé les ſucs néceſſaires à leur entretien; je trouve plus naturel de croire qu'elles ont reçu leur nourriture par la ſeve qui eſt deſcendue du corps de l'arbre.

J'ai remarqué à deſſein qu'il falloit recouvrir de terre cette racine *b*; car quand il m'eſt arrivé de laiſſer à l'air des racines d'Orme ainſi coupées, le bourrelet qui eſt ſorti de deſſous l'écorce a produit quantité de bourgeons *c*, au lieu de former de nouvelles racines.

Le bourrelet des tiges & celui des racines eſt donc eſſentiellement une même choſe: l'un & l'autre contiennent quantité

Pl. XIV.

de germes propres à produire des bourgeons ou des racines; &
l'une ou l'autre de ces productions se développe suivant cette
circonstance, ou lorsque le bourrelet est dans l'air, ou lorsqu'il
est dans la terre : je prie que l'on fasse attention à cette singularité, car je compte en faire usage dans la suite; je me contente pour le présent de remarquer, qu'il paroît qu'une portion
de la seve descend avec force pour fournir la nourriture aux racines, & qu'une autre portion s'éleve pour fournir la nourriture
& procurer le développement des bourgeons : cela ne paroît
maintenant qu'une conjecture ; mais on verra dans la suite quel
poids donneront à cette conjecture les expériences que j'ai faites
pour parvenir à reconnoître quelle confiance on peut avoir à
cette idée. Je commencerai par rapporter une observation de
M. de la Baisse, qui se trouve dans la Piece qui a remporté le
prix de l'Académie de Bordeaux en 1733. En faisant débiter un
gros tronc de noyer, on découvrit, au haut de la tige, sous
une des plus grosses branches, une cavité peu considérable en
dehors, mais grande au-dedans, au fond de laquelle on trouva
du terreau & des feuilles pourries. La partie supérieure de cette
cavité étoit saine ; il sortoit de sa partie moyenne une racine
de quatre lignes de diametre, laquelle, à sa naissance, s'étendoit
de huit pouces de longueur dans la terre dont cette cavité étoit
presque remplie : voila, ce me semble, un effet bien marqué
de l'usage de la seve descendante pour la production des racines.

Comme j'étois du sentiment que la seve descendoit en partie
vers la racine, & qu'elle se portoit d'autre part vers les branches,
je me proposai de former un obstacle à cette seve descendante ;
& pour cet effet soupçonnant qu'il devoit passer beaucoup de
seve dans l'écorce, puisque c'est cet organe qui forme plus particuliérement les couches ligneuses, je me suis quelquefois contenté d'enlever un anneau d'écorce de la largeur de deux lignes,
auquel je substituois un fil ciré qui enveloppoit le bois de toute
part. D'autres fois je me suis contenté de serrer fortement la
tige d'un jeune arbre, avec cinq ou six révolutions d'une ficelle
cirée, ou d'un fil de laiton bien recuit (*fig.* 129. *a,*). Ces ligatures & ces entamures ayant été recouvertes de mousse ou de
paille, afin de les défendre contre l'ardeur du Soleil, je laissai
agir la nature : ces arbres pousserent fort bien pendant le prin-

Fig. 129.

Pl. XIV. temps & l'été : les ayant examiné en automne, je trouvai que dans tous ces cas il s'étoit formé un gros bourrelet à la partie supérieure des plaies, ou au dessus des ligatures ; & qu'il ne s'en étoit presque point formé au dessous *b* : ces bourrelets font assez semblables à celui que M. Parent avoit remarqué, qui s'étoit formé au dessus d'un anneau de fer qu'on avoit mis pour retenir un Acacia le long d'une muraille. *Voyez l'Histoire de l'Académie, année* 1711.

Je crois que c'est ici le lieu de placer une observation que j'ai faite en Provence. Plusieurs paysans, dans la vue de se procurer certaine espece d'Olivier à laquelle ils croyent devoir donner la préférence, font dans l'usage d'écussonner d'assez gros Oliviers au printemps ou à la pousse ; & au lieu de couper l'arbre au dessus de l'écusson, comme on le pratique ordinairement, ils se contentent d'enlever un anneau d'écorce de quatre doigts de largeur au dessus de l'écusson. L'arbre ne manque jamais de donner beaucoup de fruit dans la même année, & il se forme un bourrelet au dessus de l'endroit dépouillé d'écorce.* Je donnerai plus bas le détail de plusieurs expériences qui prouvent qu'il se forme toujours un bourrelet dans de pareils cas ; mais avant cela, & pour rendre ce fait plus clair, je crois devoir rapporter quelques autres expériences.

Dans le second Volume de l'Abrégé des Transactions Philosophiques par Lewtorp, on voit l'expérience suivante de M. Boterson. Il enleva deux éclats de la tige d'un jeune Noisettier : Fig. 130. (*fig.* 130.) un de ces éclats marqué *a*, étoit continu avec les fibres qui répondoient aux racines : l'autre marqué *b*, étoit une continuation des fibres qui se distribuoient aux branches ; celui-ci augmenta de grosseur, & l'autre resta dans son premier état. Il me semble que cette expérience présente un effet bien marqué de la seve descendante. Voici une expérience que j'ai exécutée il y a environ vingt ans.

Je greffai par approche le haut de la tige d'un jeune Orme *b*, Fig. 131. (*fig.* 131.) sur le milieu de la tige d'un autre jeune Orme *a* : quand les deux arbres furent bien unis, je coupai vers *c*, à un demi-pied de terre, l'arbre qui étoit inféré au milieu de la

---

* M. Magnol, dans un des Volumes de l'Académie, dit que la même chose se pratique dans le Languedoc.

tige

Pl. XIV.

tige de l'autre ; en cet état l'arbre greffé fortoit du milieu de la tige du fujet en forme de crochet, & defcendoit prefque juf- qu'à terre. On fent bien qu'il étoit néceffaire que la feve du fujet defcendît dans ce crochet pour noúrrir quelques bourgeons, qui en partoient, & qui pendant plus de douze ans fe font tòu- jours garnis de feuilles : il eft vrai que ces bourgeons ne croif- foient prefque pas ; mais enfin ils fubfiftoient ; & la plaie du bas du crochet fe cicatrifoit, ce qui fuffit pour prouver que la feve defcendoit.

Je ne diffimulerai pas que le célebre M. Hales, ne paroît pas être entiérement du même fentiment que moi dans fon excel- lent Ouvrage de la Statique des végétaux. Voici l'expofé de fon expérience, & les conféquences qu'il en tire, telles qu'on les trouve dans la Traduction que M. de Buffon a faite de fon Ouvrage.

Fig. 132 & 133.

» Je choifis (c'eft M. Hales qui parle) deux pouffes vigou- » reufes *a a*, *b b*, (*fig.* 132, 133,) d'un Poirier nain : à la dif- » tance de trois quarts de pouces, je leur enlevai l'écorce d'un » demi-pouce de largeur tout autour en plufieurs endroits 2, 4, » 6, 8, 10, 12 & 14. Chaque anneau d'écorce qui reftoit avoit » un bouton à feuilles, qui en produifit l'été fuivant : la feule » couche 15, étoit fans bouton : les anneaux 9 & 11 de *a a* » crûrent & fe gonflerent à leur bord inférieur, jufqu'au mois » d'Août que cette branche mourut ; mais la branche *b b* vécut » & fe porta fort bien : tous fes anneaux fe gonflerent à leur » extrêmité inférieure ; ce qu'on doit attribuer à quelqu'autre » caufe qu'à la feve arrêtée dans fon retour en bas, puifque ce » retour dans la pouffe *b b* étoit intercepté trois fois par l'en- » levement de l'écorce en 1, 3, 5. Plus le bouton à feuilles » étoit gros & vigoureux, plus il produifoit de feuilles, & plus » l'écorce des anneaux fe gonfloit à fon bord inférieur. »

J'ai fait les mêmes expériences que M. Hales, & l'événement a été le même : mais je ne vois pas le befoin qu'il y a de cher- cher une autre caufe, que celle de la defcente de la feve, pour la formation du bourrelet, fi cette caufe fe manifefte claire- ment, & fi elle fatisfait à l'obfervation. Si l'objet de M. Hales eft de combattre la circulation de la feve, mon but n'eft pas de l'établir ; mais le retour de la feve eft indépendant d'une circulation réguliere. D'ailleurs, il étoit néceſſaire que les anneaux d'écorce fuſſent nourris par le bois ; & ſi le bois leur fournit cette nourriture, ce ſera ſuivant l'ordre naturel, & par conſéquent il y aura une portion de la ſeve qui deſcendra vers les racines.

Les racines pompent l'humidité de la terre, qui monte dans le tronc & dans les branches : les feuilles s'imbibent de l'humidité des roſées ; & cette humidité ne peut ſervir à la nourriture des plantes, qu'elle ne deſcende des branches dans la tige : la ſeve eſt donc tantôt aſcendante, & tantôt deſcendante ou rétrograde : c'eſt peut-être cette ſeve rétrograde qui produit les bourrelets dont nous venons de parler, en même-temps qu'elle ſert à la nutrition des racines.

Voici comme il me paroît que l'on pourroit expliquer la formation des bourrelets de l'expérience de M. Hales.

Les anneaux d'écorce où il n'y avoit pas de bouton, ne devoient preſque faire aucunes productions, parce qu'il n'y avoit point de cauſe qui déterminât la ſeve à ſe porter à cette partie : mais ſi tôt qu'il s'eſt trouvé un bouton à feuilles, voilà, dans les principes de M. Hales, un organe de tranſpiration, & par conſéquent une force appliquée en cet endroit, qui détermine la ſeve à paſſer du bois dans cet anneau d'écorce, & par conſéquent un organe d'imbibition, qui, lorſque la ſeve aura un mouvement rétrograde, pourra fournir aſſez de cette ſeve pour gonfler les couches herbacées de ces anneaux d'écorce, & former les bourrelets dont il eſt queſtion.

Je crois donc avec M. Hales, que ce n'eſt pas principalement la ſeve deſcendante de toute la branche qui produit les bourrelets au bas des anneaux iſolés ; mais je penſe que la ſeve rétrograde, qui vient des nouveaux bourgeons implantés ſur les anneaux d'écorce, ſe joignant à quelque portion de ſeve qui peut venir du bois, occaſionne des bourrelets qui ne ſont pas ſi gros que ſi l'écorce étoit reſtée en ſon entier dans toute la longueur des branches *a a*, *b b* : voici une expérience qui le prouve.

On ſait que les branches des Marronniers d'Inde ſont oppoſées. Je choiſis deux jeunes Marronniers qui étoient de même âge & d'égale force ; à l'un, je fis une forte ligature immédiatement

au deſſous de la réunion des deux branches oppoſées ; (*fig.* 134) Pl. XIV. fig.
de ſorte qu'il y avoit trois branches au deſſus de cette ligature :
je fis tout de ſuite une pareille ligature à l'autre Marronnier ;
mais je la plaçai au deſſus de deux branches oppoſées, (*fig.* 135) Fig. 135.
en ſorte qu'il n'y avoit au deſſus de cette ligature que la branche
du milieu. Le bourrelet qui ſe forma au deſſus de cette ligature
ne fut pas à beaucoup près auſſi gros que celui de l'autre arbre ;
ce que j'attribue à ce qu'il deſcendoit une plus grande quantité
de ſeve des trois branches, que de cette ſeule branche de la
fig. 135.

Il me ſembla encore important de connoître ſi le reflux de
la ſeve s'étendoit juſqu'aux racines ; & dans cette vue je fis ſur
des racines de groſſeur médiocre, mais vigoureuſes, *o*, (*fig.* 129)
les mêmes expériences que j'avois faites ſur les tiges : le ſuccès
fut le même. J'eus un aſſez gros bourrelet à la partie ſupérieure,
& preſque point à la partie inférieure. Le reflux de la ſeve ſe
manifeſte donc ſur les racines comme ſur les branches ; ce qui
me détermine à penſer que ce reflux ſert à l'allongement des
racines.

A propos de ces bourrelets produits ſur les racines, je ne
dois point négliger de rapporter une expérience que j'ai exécutée il y a environ douze ou quinze ans.

Je plantai dans un aſſez petit pot, un arbre qui étoit fort gros
relativement à la capacité de ce pot : mon intention étoit de le
laiſſer en cet état juſqu'à ce qu'il y pérît ; j'avois ſeulement ſoin
de ne le pas laiſſer manquer d'eau. Cet arbre vécut pluſieurs
années ; enfin, comme il étoit preſque mourant, je l'arrachai,
pour examiner en quel état étoient ſes racines. La plupart
étoient appliquées contre les parois du pot, ou contre les
pierres qui étoient au fond ; & en ces endroits, elles étoient
terminées par des nœuds gros comme des avelines, figurés à
peu près comme on le peut voir dans la *fig.* 136. Il y a lieu de Fig. 136.
croire que la ſubſtance deſtinée pour l'allongement des racines,
avoit formé ces eſpeces de bourrelets.

Dans le temps que j'étois occupé à examiner la formation
de ces bourrelets, il me vint en penſée de parvenir à connoître,
ſi c'eſt le poids de la ſeve qui la fait deſcendre quand la force
qui la détermine à monter diminue, ou qu'elle ceſſe d'agir, ou

Pl. XIV. si cette seve descend par une force expresse, comparable à celle qui la fait monter.

Dans cette vue je recourbai des branches de jeunes Ormes, de façon que leur extrêmité chargée de feuilles pendoit vers la terre, & que le tronc principal de ces branches étoit à peu près Fig. 129. parallele à la tige qui les portoit : *Voyez fig.* 129, *d.* Je retins ces branches dans cette situation renversée, en les liant à la tige même ; & ensuite je fis des ligatures & des incisions à l'écorce de ces branches, de la même maniere que j'avois fait à des tiges : la situation renversée de ces branches n'occasionna aucun changement à la formation du bourrelet ; il étoit tel qu'il auroit été, si les branches étoient restées dans leur situation naturelle ; le gros bourrelet étoit toujours du côté de l'extrémité des branches. Cela m'autorise à conclure que ce n'est pas le poids de la seve qui l'oblige à se porter vers les racines ; mais que c'est l'effet d'une force expresse qui la porte vers le bas, comme il y en a une qui la détermine à se porter vers le haut pour le développement des branches. *

Si l'on joint ici l'observation que j'ai rapportée, Livre premier, en parlant du suc propre, où l'on voit qu'il a découlé du haut d'une plaie faite à un Cerisier dans le temps de la seve, une prodigieuse quantité de gomme, & les observations rapportées dans le Traité des Arbres & Arbustes aux Articles de l'Erable & des arbres résineux, tels que les Pins, Sapins, &c. on sera plus embarrassé de trouver des preuves qu'une portion de la seve monte, que d'en trouver qu'une autre portion descend.

Quoi qu'il en soit, essayons de faire voir qu'on peut profiter de la formation de ces bourrelets pour se procurer des arbres de bouture, & faire parfaitement réussir les marcottes.

Tout le monde sait que pour avoir des Pommiers nains qui donnent promptement du fruit, on peut greffer toutes les especes de Pommier sur cette petite espece qu'on nomme Paradis : ces arbres ne durent pas long-temps, mais ils se mettent promptement à fruit, & ils en fournissent de fort beau tant qu'ils subsistent.

* Quand on voudra occasionner des bourrelets pour faire des boutures, je conseille cependant de faire les ligatures, plutôt sur les branches qui s'élevent verticalement, que sur celles qui s'étendent horisontalement : les bourrelets s'en formeront beaucoup mieux.

Il se forme presque toujours à l'endroit où la greffe a été Pl. XIV.
appliquée, un bourrelet, une gourme, en un mot, une tumeur
comme dans la *fig.* 137. Si cette tumeur se trouve couverte de Fig. 137.
terre, ou seulement si elle touche à un terrein humide, il ne
manque pas d'en sortir des racines, lesquelles appartenant à la
greffe, la déterminent à pousser avec vigueur. L'arbre cesse
alors d'être nain ; il produit des branches vigoureuses, il ne
donne plus de fruit ; & comme nous avons remarqué que quand
il y a en terre deux plans de racines, l'un au dessus de l'autre,
le plan supérieur s'approprie tous les sucs, les racines du Paradis périssent peu à peu, & alors ce n'est plus un arbre greffé ;
c'est tant par les racines que par les branches, un Calville, une
Reinette, un Apis, &c. en un mot c'est un Pommier de bouture.

J'ai rapporté, Livre premier, Article des racines, une Observation faite sur des Ormes renversés par le vent, suivant laquelle il est arrivé à de très-gros arbres tout ce que nous venons
de faire remarquer au sujet des Pommiers sur Paradis.

Comme on pourroit douter que les racines qui partent du
bourrelet, tant au Paradis qu'au gros Orme, appartiennent à
la greffe, je ferai remarquer : 1°, A l'égard du Paradis, que les
racines qui partent du bourrelet, sont grosses, dures, ligneuses ;
au lieu que celles des Pommiers sur Paradis, sont toujours foibles, herbacées & faciles à rompre : 2°, A l'égard des Ormes,
on ne peut douter que les racines n'appartiennent aux greffes,
puisque tous les rejets qu'elles avoient produits en abondance,
étoient des Ormes à larges feuilles, de l'espece même qui avoit
été greffée.

Il y a plus ; si l'on fait bouillir ces tumeurs dans l'eau, pour
les dépouiller de leur écorce, on reconnoîtra, par la différente
couleur du bois de la greffe, & celle du bois du sujet, que toute
la tumeur appartient à la greffe. Je ne prétends pas dire que
les tumeurs appartiennent toujours aux greffes ; je sai que quelquefois le sujet prend plus de volume que la greffe ; mais en
ce cas le bourrelet produit des bourgeons de la nature du sujet,
& n'est point propre à donner des racines.

En réfléchissant sur la formation des tumeurs du Pommier
de Paradis, il m'a paru probable qu'elles étoient formées de la

même maniere que celles que j'avois occafionnées par des ligatures ; c'eft-à-dire, qu'elles étoient l'effet d'un gonflement des couches du liber, occafionné par la feve qui defcend du tronc & des branches, & qui, fi tout étoit dans l'ordre naturel, ferviroit à l'accroiffement des racines du fujet ; mais qui ne pouvant être reçue en totalité par les foibles racines du Paradis, produit une tumeur à l'endroit où la greffe avoit été appliquée.

Si ce raifonnement eft jufte, la tumeur en queftion doit tenir beaucoup de la nature des racines : c'eft pour ainfi dire une bulbe, un oignon qui eft tout difpofé à produire des racines toutes les fois qu'on l'entretiendra dans une humidité convenable : c'eft auffi ce que l'expérience juftifie, non-feulement à l'égard des arbres greffés fur Paradis, mais encore à l'égard de tous les arbres qui font une tumeur à l'endroit de la greffe.

Cette comparaifon entre les tumeurs des arbres greffés fur Paradis, & celles que j'avois occafionnées par des ligatures ou des incifions, me fit penfer que ces incifions devoient avoir la même propriété de produire des racines. Pour en être plus certain, je répétai fur de jeunes Ormes, qui avoient par leur pied trois à quatre pouces de circonférence, les mêmes expériences dont j'ai rendu compte au commencement de cet Article ; j'eus feulement foin d'entourer les endroits ferrés par une ligature de corde ou de fil de laiton recuit, tantôt avec de la terre détrempée, & tantôt avec de la mouffe que je retenois avec une enveloppe de vieille toile. Je faifois jetter de temps en temps un peu d'eau fur cet appareil ; & je les défendois de l'action directe du Soleil, pour que le bourrelet fût toujours dans un état de fraîcheur.

Je défis l'appareil l'automne ou le printemps fuivant : je trou-

Pl. XV.
Fig. 138.
vai à tous un bourrelet bien formé (*fig.* 138. Pl.XV.). Ordinairement ceux de ces arbres qui avoient feulement été ferrés par plufieurs révolutions de corde, n'avoient pas produit de racines ; mais la plûpart de ceux auxquels on avoit enlevé un petit anneau d'écorce, en avoient de plus ou moins longues, *c c*. Je fis bouillir dans l'eau plufieurs de ces bourrelets ; & en les dé-
Fig. 139.
pouillant de leurs écorces (*fig.* 139.) je découvris quantité de mamelons ligneux qu'on peut regarder comme des efpeces de

Pl. XV.
Fig. 140.

boutons de racines : cela m'engagea à fcier en deux un de ces bourrelets dans le fens de fa longueur ; (*fig.* 140) j'apperçus : 1º, Que la maffe ligneufe qui formoit le bourrelet, fe diftinguoit aifément du bois qui étoit déja formé lorfque l'on avoit placé la ligature ; non-feulement par la couleur qui en étoit un peu rougeâtre, mais principalement par la direction des fibres ligneufes, qui étoit très-réguliere dans l'ancien bois, & fort irréguliere dans le bourrelet : 2º, Les efpeces de nœuds que j'appercevois dans le bourrelet, tendoient ou à une racine ou à un mamelon, imitant cette trace de tiffu cellulaire, que j'ai dit qu'on trouvoit dans l'intérieur des arbres : vis-à-vis les boutons, chaque mamelon étoit formé d'un petit cône ligneux recouvert par l'écorce ; & cette écorce s'étendant proportionnellement à l'extenfion du cône ligneux, il fe formoit une racine.

Quoi qu'il en foit, je coupai quelques-uns de ces arbres au deffous du bourrelet ; je les mis enfuite en terre & prefque tous poufferent à merveille ; au lieu que des branches de même groffeur, auxquelles on n'avoit point occafionné la production d'un bourrelet, fe deffécherent & périrent.

Voilà un moyen de faire réuffir des boutures, qui auroient péri fans cette opération. Mais, dira-t-on, on fait tous les jours des boutures qui reprennent parfaitement fans qu'il foit néceffaire d'occafionner la formation d'aucun bourrelet ? J'en conviens, relativement à certains arbres qui ont beaucoup de difpofition à produire des racines ; mais il s'en trouve auffi quantité d'autres qui fe refufent à cette production, & qui périffent : je n'affure pas même que le moyen que je propofe puiffe réuffir fur toutes les efpeces d'arbres ; c'eft une épreuve qu'il feroit difficile d'exécuter ; mais c'eft déja beaucoup d'être parvenu à faire reprendre, de bouture, quantité d'arbres qui ne réuffiroient pas, fans cette pratique par laquelle on occafionne la formation d'un bourrelet. En étudiant ce que la nature opere par la reprife des boutures qui réuffiffent avec la plus grande facilité, j'ai reconnu que la pratique que je viens d'indiquer eft conforme aux vues de cette même nature.

Et pour m'en affurer je mis en terre, au commencement du printemps, des boutures de Saule, de Peuplier, de Sureau, d'If

& de Buis ; je les arrachai en automne : celles de Saule, de Peuplier & de Sureau qui avoient pouſſé aſſez conſidérablement en branches, étoient preſque toutes terminées en bas par un bourrelet d'où partoient pluſieurs racines : il en ſortoit auſſi de quelques autres endroits que j'indiquerai dans un inſtant. Les boutures d'If & de Buis, celles même qui, loin d'avoir fait quelques productions, étoient en partie dépouillées de leurs feuilles, étoient auſſi pour la plupart terminées par des bourrelets, mais dont il ne partoit aucunes racines : elles ne paroiſſent ordinairement à ces ſortes d'arbres que dans la ſeconde année ; alors elles produiſent des bourgeons, & leur temps critique eſt paſſé.

On voit par ces expériences, comme par les précédentes, qu'il faut que la ſeve deſtinée à la formation des racines, forme d'abord un bourrelet ; toute la différence conſiſte, en ce que dans le premier cas, on peut occaſionner, comme je l'ai fait, la formation de ce bourrelet par des ligatures, dans le temps que la branche tenant encore à ſon arbre en peut tirer de la nourriture ; au lieu que dans le ſecond cas il faut que les boutures ſubſiſtent de leur propre fonds, & de plus, qu'elles fourniſſent aſſez de ſubſtance, non-ſeulement pour la formation du bourrelet, mais encore pour celles des premieres racines : aſſurément les boutures d'If & celles du Buis, qui ne pouſſent ordinairement des racines que dans la ſeconde année, périroient, ſi ces arbres tranſpiroient comme ceux qui quittent leurs feuilles.

Pendant que j'étois occupé à faire ces expériences, je m'aviſai de découper en différents ſens l'écorce qui recouvroit la partie des boutures que je mettois en terre : quand je les arrachai, je remarquai que le bourrelet ſuivoit tous les contours de l'écorce découpée ; mais il étoit d'autant plus conſidérable que la découpure de l'écorce étoit plus perpendiculaire à l'axe de la bouture, & d'autant plus petit que les découpures approchoient davantage de la parallele à l'axe de la bouture.

Dans le même temps j'enlevai à deux boutures de Saule une laniere d'écorce en vis, de ſorte qu'il reſtoit une pareille laniere roulée ſur le cylindre ligneux : quand j'arrachai cette bouture j'apperçus, comme dans mes expériences ſur les plaies des arbres, qu'il s'étoit formé un bourrelet au bord inférieur de la

laniere

laniere d'écorce, & qu'il en partoit quantité de racines. Mon opération avoit interrompu la communication directe des fibres de l'écorce ; il falloit donc que le bourrelet fût formé par la portion de feve qui avoit fuivi toutes les révolutions de mon ruban d'écorce, ou par le moyen d'une communication laté-rale du bois à l'écorce.

On a vu, quand j'ai rendu compte de l'expérience de M. Hales, que quand on enleve plufieurs anneaux d'écorce les uns au deffus des autres, il ne fe forme de bourrelets qu'aux anneaux où il fe rencontre un bouton à feuilles : j'ai dit que les feuilles qui fortoient de ces boutons déterminoient la feve à paffer dans ces anneaux ; en conféquence je penfai qu'il étoit effentiel d'examiner ce qui arriveroit à des boutures de Saule, auxquelles j'enleverois, à la portion qui devoit être mife en terre, plufieurs anneaux d'écorce les uns au deffus des autres ; parce qu'alors la feve ne pouvoit être déterminée à paffer dans ces anneaux d'écorce ifolés, puifqu'il ne pouvoit y avoir de feuilles à la partie des boutures enterrées : il convenoit encore de s'affurer fi, au cas qu'il fe développât des racines, elles produiroient, pour la formation du bourrelet, le même effet que les bourgeons. Il fe forma un gros bourrelet à l'extrêmité de l'écorce qui étoit continue avec celle de la tige, & il en partit de vigoureufes racines : quelques-uns des anneaux ifolés en poufferent auffi de très-foibles, mais il ne fe forma prefque pas de bourrelet, & ces foibles racines périrent en peu de temps : ce fait juftifie ma conjecture fur la formation des bourrelets dans l'expérience de M. Hales, & mon obfervation ne s'écarte point de la régle générale, fuivant laquelle, quand il fe trouve plufieurs plans de racines les uns au deffus des autres, il n'y a que le fupérieur qui fubfifte.

Quoique la plus grande partie des racines prennent naiffance du bourrelet, il en part cependant encore d'autres endroits. Pour pouvoir mieux connoître ce qui s'opere en terre, je plaçai de menues branches de Saule le long des parois intérieures de quelques Poudriers de verre que je remplis de terre convena-blement humectée, & j'obfervai ce qui arriveroit à ces boutu-res, dont je pouvois fuivre les progrès à travers le verre.

Ces jeunes branches étoient chargées de boutons qui s'ou-vrirent ; il en fortit des bourgeons ; ceux qui étoient du côté de la terre périrent, après ne s'être allongés que de quelques lignes ; ceux qui étoient du côté du verre s'allongerent davantage, & prirent une couleur verte ; mais les supports des boutons se gonflerent considérablement, sur-tout aux endroits où les boutons avoient été arrachés : quelque temps après je vis sortir plusieurs racines de ces endroits tuméfiés, ainsi que d'une grosseur que l'on voit presque toujours aux endroits où une branche se sépare d'une autre ; & cette grosseur étoit originairement le support d'un bouton ; enfin je vis encore sortir quelques racines de certaines éminences qu'on apperçoit sur l'écorce.

Ces petites éminences dont j'ai parlé, Livre premier, à l'occasion de l'épiderme, les supports des boutons, ainsi que les grosseurs qu'on trouve à la naissance des branches, toutes ces tumeurs peuvent être regardées comme autant d'especes de bourrelets naturels qui contiennent quantité de germes de branches & de racines.

Ces tumeurs contiennent des germes de racines, cela vient d'être prouvé par plusieurs expériences ; & indépendamment de celles que je rapporterai dans la suite, on peut remarquer que dans les plantes qui poussent des racines sans être en terre, telles que le *Cedum* arborisant, le Palétuvier, ces racines sortent des aisselles des feuilles ou des branches.

Ces tumeurs contiennent des germes de branches ; puisque si l'on abat une jeune branche assez près de son origine pour entamer cette tumeur, ce que la Quintinie appelloit tailler à l'épaisseur d'un écu, il ne manque guere d'en sortir trois ou quatre jeunes branches ; ce qui n'arriveroit pas si on avoit abatu la branche, soit à raze de celle qui la portoit, soit au dessus d'un bouton. C'est donc avec raison que quelques Jardiniers, lorsqu'ils coupent des boutures, ont soin d'enlever avec elles un peu de vieux bois ; car, par cette attention, ils conservent ces tumeurs qui ont tant de disposition à produire des racines.

Pour continuer mes recherches sur les bourrelets qui sont si importants pour la réussite des boutures, & dans l'intention de connoître mieux d'où dépend leur formation, je me proposai d'examiner s'il y auroit des vaisseaux particuliérement destinés à porter la seve aux racines, pendant que d'autres seroient destinés à la porter aux branches, car je soupçonnois que si cela étoit,

Pl. XV.

il y auroit dans chaque efpece de pareils vaiffeaux des valvules, ou l'équivalent des valvules, qui s'oppoferoient à ce que la feve prît une route contraire.

Or, en fuppofant que cela fût, il étoit probable que la feve qui auroit dû fe porter en haut pour la formation des branches, n'auroit pas été propre à la formation des racines, fuppofé qu'on pû la déterminer à prendre une route contraire à celle qu'elle devoit tenir naturellement : quoi qu'il en foit de ces idées, pour connoître le degré de confiance qu'on y pourroit avoir, je tentai de faire reprendre des boutures dans une fituation renverfée, en mettant leur petit bout dans la terre : par ce moyen toute l'économie de la plante fe devoit trouver bouleverfée ; il étoit donc queftion de favoir ce qui en arriveroit ; c'eft ce qu'on doit attendre des expériences fuivantes, que j'ai exécutées avec des branches de Saule, parce que cette efpece d'arbre reprend très-aifément de bouture.

Pour me procurer un objet de comparaifon, je mis en terre plufieurs branches dans la fituation ordinaire, (*fig.* 141) le gros bout en bas : elles produifirent de fort belles branches ; ce qui n'offre rien de fingulier. Fig. 141.

Dans le même temps je mis d'autres branches, à peu près de la même groffeur, dans une fituation renverfée, le petit bout en terre : il en fortit plufieurs jeunes branches qui poufferent d'abord comme fi elles euffent voulu gagner la terre, mais bien-tôt elles fe recoürberent pour prendre la direction ordinaire. Je remarquai la même chofe aux racines : elles avoient d'abord pris une direction, comme fi elles euffent tendu à gagner la fuperficie de la terre, mais elles s'étoient enfuite recourbées pour s'enfoncer dans le terrein : (*fig.* 143.) les productions de ces boutures, tant en branches qu'en racines, n'étoient pas fi fortes que celles des branches qui avoient été plantées en terre à l'ordinaire. Enfin je remarquai, qu'au lieu que les tiges des boutures placées à l'ordinaire étoient bien rondes, celles des autres boutures étoient par côtes, lefquelles fembloient répondre à la naiffance des branches. Fig. 143.

Je fis encore couper à raze de terre un jeune Saule, & je le fis planter le gros bout en en-haut, c'eft-à-dire que je difpofai les branches dans la terre, comme fi elles euffent été des racines ;

Pl. XV.
Fig. 142. mais j'eus l'attention de conferver les boutons fur plufieurs branches, & de les ôter de deffus les autres. (*fig.* 142.)

Ces arbres produifirent des branches à peu près comme les boutures renverfées dont je viens de parler, mais la partie qui étoit en terre me procura l'occafion de faire plufieurs remarques. Les boutons qu'on avoit confervés s'ouvrirent, ils s'allongèrent de quelques lignes, puis ils périrent, mais il étoit forti quantité de racines des groffeurs qui étoient aux aiffelles des branches, ou qui formoient des fupports aux boutons; les racines me parurent plus fortes aux branches où l'on avoit retranché les boutons; mais comme cette différence, qui n'étoit que du plus au moins, pouvoit dépendre d'autres caufes, il n'y faut pas prêter beaucoup d'attention.

Pour connoître encore mieux ce que peut faire fur les boutures la circonftance de les planter le gros ou le petit bout en en-bas, je fis courber en arc de longues perches de Saule, & je les fis planter, les unes le milieu en terre & les deux bouts de- Fig. 144.
Fig. 145. hors, (*fig.* 144.) & les autres les deux bouts en terre & le milieu en l'air: (*fig.* 145.) de cette façon tous les bourgeons pouvoient fortir du petit bout, & les racines du gros bout.

Les boutures qui étoient enterrées par leur milieu, produifirent des branches à leurs deux extrêmités, & des racines de toute la portion qui étoit en terre; mais les branches & les racines furent plus fortes du côté du petit bout que du côté du gros bout.

A l'égard des boutures qui avoient les deux bouts en terre, elles pouffèrent des racines à leurs deux extrêmités & des branches fur toute la portion qui étoit à l'air; mais les branches & les racines étoient bien plus vigoureufes du côté du gros bout que du côté du petit.

Au refte, dans toutes ces expériences, lorfque le petit bout étoit en en-bas, les tiges étoient relevées de côtes groffes comme le doigt, & ces côtes partoient d'une racine vigoureufe, & alloient aboutir à la naiffance d'une branche. Ce que j'ai dit fur les crochets ou changements de direction que font les racines & les branches quand les boutures font renverfées, s'eft auffi conftamment remarqué dans toute la fuite de mes expériences: ainfi on apperçoit qu'il fe fait dans ces boutures ren-

Pl. XV.

verſées de furieuſes révolutions ; le crochet que font les bourgeons, les côtes qui ſe forment ſur les tiges, la foibleſſe de
leur production en ſont des preuves ſenſibles : au reſte, il ſe
forma des bourrelets à l'extrêmité de la partie qui étoit en terre ;
les groſſeurs qui étoient aux aiſſelles des branches & à l'attache
des feuilles ſe gonflerent, il en ſortit des racines, & tout peu-à-
peu rentra dans l'ordre ordinaire ; les tiges s'arrondirent, les
productions ne firent plus le crochet, & au bout de quelques
années ces arbres pouſſerent comme les autres : ainſi, je ne puis
accorder à pluſieurs Auteurs d'agriculture, que pour avoir des
arbres nains, il ſoit ſuffiſant de ſe les procurer par des boutures
renverſées.

On a vu dans le détail de mes dernieres expériences, des
branches qui ont produit des racines, & qui en ont fait l'office :
nous en allons rapporter où les racines feront l'office de branches, & même qui en produiront. On doit ſe ſouvenir qu'ayant
courbé en arc des perches de Saule, j'en ai mis quelques-unes
les deux bouts en terre qui ont produit des racines. Après
avoir arraché un de ces arbres, je le fis replanter le gros bout
en terre, & le petit bout garni de ſes racines étoit en en-haut,
de maniere que ces racines tenoient lieu de branches, j'eus
ſeulement la précaution de les faire entourer avec de la mouſſe
que j'eus ſoin de ne point preſſer, car ce n'étoit que pour prévenir le deſſéchement des racines, ſans former d'obſtacle au
développement des bourgeons : malgré cette précaution les
racines les plus menues ſe deſſécherent ; celles qui étoient plus
fortes produiſirent des branches, plus foibles à la vérité que
celles qui ſortoient de la tige, mais elles m'ont ſuffi pour prouver que les racines ont des germes de branches, comme les
branches ont des germes de racine ; & pour conclure que, de
même que des branches peuvent faire l'office des racines, les
racines peuvent faire l'office des branches. Voici une autre
expérience qui prouve la même choſe.

J'avois greffé l'un ſur l'autre, par approche, deux jeunes
Ormes : quand ils furent bien unis enſemble, je coupai leur tige
commune au deſſus de la greffe ; enſuite j'en arrachai un, & je
l'élevai le long d'un pieu, de façon que les racines de cet arbre
ſembloient être les branches de l'autre ; (*fig.* 146.) pour pré-

Fig. 146.

Pl. XV. venir leur deſſéchement, je les entourai avec de la mouſſe. Au printemps ſuivant cet arbre renverſé pouſſa de jeunes branches qui partoient des principales racines ; mais malheureuſement il ſurvint dans le mois d'Août des chaleurs ſi vives qu'elles le firent périr.

Il eſt bien prouvé par ces expériences que les germes pro-pres à produire des racines, & ceux qui doivent produire des bourgeons, ſont repandus dans toutes les parties de l'écorce ; mais on doit remarquer que les racines ou les bourgeons ſe développent ſuivant deux circonſtances ; ſavoir, la ſituation qu'on donne à la bouture, & le milieu qui l'environne ; je m'ex-plique : la partie qui eſt en bas donne des racines, celle qui eſt en haut fournit des bourgeons ; voilà qui regarde la ſituation : la partie qui eſt en terre donne des racines, & celle qui eſt à l'air des bourgeons ; voilà qui regarde le milieu environnant. Il m'a paru intéreſſant de parvenir à ſavoir ſi ces deux circonſtances étoient auſſi eſſentielles l'une que l'autre pour le développe-ment des racines & des bourgeons : c'eſt l'objet des expérien-ces ſuivantes.

J'élevai & je ſoutins ſur des pieux, une futaille de la capacité d'une demie-queue, meſure d'Orléans ; cette futaille qui devoit faire l'office d'une grande caiſſe avoit ſon fond au bout d'en bas.

Je perçai ce fond de trous aſſez larges pour admettre des boutures ; j'y paſſai deux perches de Saule, de façon qu'elles entroient d'un pied & demi dans la terre qui étoit au deſſous de la futaille, & qu'elles excédoient le deſſus des futailles d'environ un demi-pied ; la ſeule différence qu'il y avoit entre ces deux boutures conſiſtoit, en ce que l'une avoit le gros bout en en-bas, & l'autre avoit le même bout en en-haut : je fis remplir cette futaille avec de la terre, & je recommandai à mon Jar-dinier de l'arroſer fréquemment : ainſi, chaque perche ou bou-ture de Saule avoit un de ſes bouts en terre ; deux pieds ou environ de la longueur de ſa tige étoit au deſſous du tonneau & reſtoit à l'air ; enſuite cette tige traverſoit la terre contenue dans la futaille, & elle l'excédoit d'environ un demi-pied

Fig. 147. (*fig.* 147.)

Ces boutures produiſirent l'une & l'autre des racines dans la terre, de vigoureuses branches à la partie qui étoit comprise entre le fond de la futaille & la terre, des racines dans la terre de la futaille, & enfin des bourgeons à la partie qui excédoit cette terre; mais la perche qui étoit dans une situation renversée poussa plus foiblement que l'autre.

Cette expérience prouve très-bien que les bourgeons se développent aux endroits où les boutures se trouvent dans l'air, & les racines aux endroits qui sont dans la terre ou seulement environnés d'une humidité suffisante; car ayant exécuté ces mêmes expériences en petit avec des bocaux de verre que j'avois remplis de morceaux d'éponge humectés, le succès fut le même: cette regle n'est cependant pas générale pour toutes les plantes, car on sait qu'aux plantes aquatiques, les bourgeons se développent dans l'eau même.

Quoi qu'il en soit, il paroît qu'on pourroit conclure de mon expérience, que les racines se peuvent former au dessus des bourgeons, comme les bourgeons se peuvent former au dessus des racines; mais je me suis gardé d'en tirer cette conséquence, parce qu'on peut regarder chacune des boutures de mon expérience, comme faisant deux boutures séparées l'une de l'autre; précisément comme si chaque perche avoit été coupée au niveau du fond de la futaille; car selon cette considération, on voit que chaque bouture, quoique continue, pouvoit végéter à part, les branches qui étoient au dessus de la futaille, tirant leur nourriture de la terre contenue dans cette futaille, pendant que les branches qui étoient au dessous de la même futaille, tiroient la leur du terrein où l'extrêmité inférieure des perches avoit jetté quantité de racines.

Ne pouvant donc rien conclure de cette expérience relativement à la position réciproque des branches & des racines, je fis celle que je vais rapporter.

Je disposai une futaille comme pour l'expérience précédente, avec cette seule différence que je coupai la partie supérieure des perches vers le milieu de la hauteur de la futaille, laquelle fut entiérement remplie de terre, de sorte que les boutures, tant celles qui avoient le gros bout en-bas, que celles qui étoient dans une situation contraire, étoient enfoncées d'un pied & demi dans le terrein, puis elles avoient trois pieds de leurs tiges à l'air, & l'extrêmité d'en-haut entroit d'un pied & demi dans la terre de la futaille, & en étoit recouverte de près d'un pied : de cette façon l'extrémité supérieure ne pouvoit pas produire des branches ; & si elles fournissoient des racines, elles devoient comme celles d'en-bas servir à la nourriture des bourgeons qui devoient se développer entre le fond de la futaille & le terrein : j'ai répété cette même expérience pendant trois ans : voici les observations qu'elle m'a fournies.

La premiere année, la bouture plantée le gros bout en en-bas, poussa de fortes racines dans le terrein : il parut de vigoureuses branches entre le terrein & le fond de la futaille ; mais le petit bout qui étoit dans la terre de la futaille mourut.

L'autre bouture dont le gros bout étoit dans la terre de la futaille, produisit quelques racines dans cette terre, quelques foibles jets au dessous, & ensuite elle mourut.

Les deux années suivantes, toutes les boutures pousserent de grosses & vigoureuses racines dans le terrein, de fortes branches à la portion qui étoit à l'air, & quelques foibles racines à la partie qui étoit dans la terre contenue dans la futaille ; mais quoiqu'elles fussent plus fortes aux boutures qui avoient le gros bout dans la futaille, qu'aux autres, ces racines supérieures aux bourgeons étoient chétives, & ne paroissoient pas devoir subsister long-temps.

Ces expériences prouvent, comme les précédentes, que toutes les parties des boutures contiennent des germes de bourgeons & de racines ; elles font encore voir que la circonstance d'être en terre est nécessaire pour le développement des racines de la plûpart des arbres ; car il y a quelques arbres, comme le Palétuvier, qui font une exception à cette regle ; mais le mauvais état des racines qui étoient dans la terre de la futaille, me fit penser qu'il n'étoit point du tout dans l'ordre naturel que les bonnes racines fussent au dessus des branches. Néanmoins pour en être plus certain, je crus devoir m'assurer, si des boutures pouvoient subsister par les seules racines qu'elles poussoient dans la terre des futailles.

Pour cela je disposai des boutures de façon qu'elles sortoient par le fond d'une futaille remplie de terre, & qu'elles ne s'étendoient pas jusqu'au terrein. Celles qui avoient leur petit bout

dans

dans la terre des futailles, périrent en peu de temps, presque Pl. XV.
sans produire ni branches, ni racines ; celles dont le gros bout
étoit dans la terre, pousserent quelques branches & quelques
racines, mais elles ne subsisterent pas long-temps : on voit
toujours que les boutures renversées ont moins de disposition
à pousser que les autres.

Comme un arbre bien enraciné est plus vigoureux qu'une
bouture, je jugeai qu'il pourroit subsister dans cette situation
renversée, quoique les boutures eussent péri : je pris donc deux
Pommiers sur Paradis qui étoient plantés dans des caisses, j'en
couvris la superficie avec des planches pour empêcher la
terre de se répandre, & après avoir renversé ces caisses, je les
fis placer à trois pieds de terre sur des trétaux, de sorte que
les tiges étoient en bas, & les racines en haut. Ces Pommiers
pousserent des branches de dessus leurs racines, & ces branches
s'élevoient par le fond des caisses ; je laissai subsister ces jets à
un de mes Pommiers ; ils prirent beaucoup de force, & bien-tôt
l'ancienne tige qui étoit au dessous des racines périt. A l'autre,
j'eus l'attention de retrancher ces rejets à mesure qu'ils parois-
foient, & l'ancienne tige subsista plusieurs années ; mais elle
alloit toujours en dépérissant. Ces expériences font connoître
qu'il n'est point du tout dans l'ordre naturel que les racines
soient au dessus des branches : il paroît que la seve qui doit
développer les racines a une disposition pour descendre, pendant
que celle qui doit développer les branches en a une pour monter.

J'ai voulu expérimenter ce qui arriveroit à des boutures placées dans une situation horizontale ; & pour cela il faut toujours se représenter la futaille placée comme dans les expériences précédentes, mais les boutures la traversoient horizontalement, entrant par la bonde *A*, & sortant par le côté opposé *B*, (*fig.* 147.) le milieu de ces boutures étoit donc placé Fig. 147.
dans la terre, & les deux bouts restoient à l'air.

Il est bon de remarquer que leur position étoit différente de
celles courbées en arc, comme dans la *fig.* 144 ; car les boutu- Fig. 144.
res que je passois dans la futaille, étoient de toute leur longueur
dans un même plan, au lieu que les autres faisant un arc, les
deux extrêmités remontoient en sortant de terre & chaque bout
formoit comme un arbre séparé, de sorte qu'on auroit changé

Partie II.   Q

Pl. XV. peu de chofe fi l'on eût coupé cet arbre courbé en deux par fon milieu.

Quoi qu'il en foit, ces deux boutures horizontales fournirent des racines dans toute la portion qui étoit en terre; l'une ne donna des branches que par le petit bout, l'autre s'en fournit à fes deux bouts, mais de bien plus vigoureufes du côté du petit que du côté du gros, & même celles-ci périrent en automne. J'obferverai de plus, que la plûpart des branches fortoient de la face fupérieure, & les racines de la face inférieure de ces boutures.

Dans le même temps je couchai des perches de Saule dans des tranchées, & je les couvris entiérement de terre, mais feulement de l'épaiffeur d'un ou de deux pouces: ces boutures, quoique tout-à-fait enterrées, produifirent de vigoureufes branches & des racines qui toutes partoient de la face inférieure Fig. 148. de ces perches. (*fig.* 148.)

Cette expérience fembleroit contredire ce que j'ai conclu de plufieurs autres; favoir, que les jeunes branches ne paroiffent qu'à la partie des boutures qui eft expofée à l'air, & que les racines ne fe développent que de la partie qui eft dans la terre: mais le développement des branches ne fe manifefte au dehors que quand elles n'ont pas une grande épaiffeur de terre à traverfer pour en gagner la furface; précifément comme aux femences qui ne montrent point de tige, fi elles font enfoncées trop profondément en terre; c'eft auffi pour cette raifon que les arbres dont les racines s'étendent à une petite diftance de la fuperficie de la terre, font fort fujets à fournir des drageons enracinés, pendant que ceux de même efpece qui enfoncent leurs racines n'en fourniffent aucun; & il ne faut pas chercher d'autre raifon pour expliquer pourquoi les arbres élevés de femence font moins fujets à fournir des drageons que ceux qu'on éleve de marcotte; car on fait que les racines qui viennent immédiatement de femences, s'enfoncent plus avant en terre que les autres.

Voyant que toutes mes expériences s'accordoient à prouver qu'il defcend une portion de feve pour le développement des racines, & qu'il en monte une autre pour le développement des bourgeons, j'en tirai cette conféquence; que fi le gros

bourrelet qui fe forme au deffus des ligatures, & qui eft occafionné par l'obftacle qu'on fait à la feve defcendante, donne
des racines quand on le tient en terre, le petit bourrelet du
deffous des ligatures, qui fe forme probablement par l'interruption du cours de la feve montante, devoit donner des branches
fi on les laiffoit à l'air. Cette réflexion m'engagea à répéter les
expériences que j'avois faites en premier lieu; j'eus feulement
la précaution de n'envelopper les endroits où devoient fe faire
les bourrelets qu'avec un peu de mouffe, peu preffée, afin
que les jeunes jets puffent la traverfer aifément : il arriva ce
que j'avois prévu ; plufieurs des Ormes de mon expérience
donnerent des branches qui partoient du bourrelet d'en-bas,
(Pl. XIV. *fig.* 129) lequel , auffi-tôt qu'il fut garni de jets,   Pl. XIV.
devint fort gros.   Fig. 129.

Dans le même temps je m'avifai d'entourer depuis la terre
jufques fous les branches, la tige d'un jeune Maronnier d'environ quatre pieds de hauteur, avec les révolutions d'une ficelle
qui ferroit fortement la tige dans toutes fes parties : cet arbre
fubfifta quatre ans en cet état, & mourut la cinquieme année ;
dans la premiere année il pouffa un peu moins en branches
que d'autres Maronniers de même âge : cette différence fut
plus fenfible la feconde année, & fes feuilles étoient un peu
jaunes ; la troifieme & la quatrieme il ne produifit que de très-
courtes branches ; mais il fe garnit de quantité de fleurs, pendant
que les arbres de même âge n'en avoient point : il fe forma
un gros bourrelet au deffus de la ficelle, mais point de racines,
probablement parce que je l'avois laiffé à l'air : il parut auffi
un bourrelet au deffous de cette enveloppe de ficelle, & il en
fortit quantité de jets que j'avois foin de couper à mefure qu'ils
paroiffoient ; enfin où il fe trouvoit le moindre intervalle entre
les révolutions de la ficelle, il s'élevoit un bourrelet d'où l'on
voyoit fortir des branches.

Les expériences que je viens de rapporter femblent établir :
1°, Que la feve defcend quelquefois vers les racines, & que
d'autres fois elle s'éleve vers les branches : 2°, Que foit qu'elle
defcende, foit qu'elle s'éleve, c'eft toujours par une force expreffe, c'eft-à-dire qu'elle ne fe porte pas vers les racines par
fa feule pefanteur, toutes les fois que la force qui la fait monter

cesse d'agir : ainsi les racines se développent de la même manière que les branches, avec cette différence, qu'elles tirent leur nourriture de la seve descendante, & les bourgeons de celle qui monte. (Je dois le répéter : je ne prétends pas agiter ici la question de la circulation de la seve, ni entrer dans la distinction de deux seves essentiellement différentes, l'une pour la formation des branches, l'autre pour la formation des racines : peut-être que le balancement de la seve établi par Mariotte & M. Hales, est suffisant pour l'explication des faits que je viens de rapporter :) 3°, Que si l'on forme un obstacle au reflux de la seve, il se forme un bourrelet au dessus de la ligature, & alors les germes des racines se disposent à paroître : 4°, Qu'il se forme un autre petit bourrelet au dessous de la ligature, & que ce bourrelet procure le développement de plusieurs jeunes branches.

5°, Que les tumeurs qui se forment à l'occasion des greffes, soit aux bifurcations des branches, soit aux attaches des feuilles, soit aux cicatrices, ou tout naturellement sur l'écorce, ainsi que celles que j'ai occasionnées par des ligatures ; toutes ces tumeurs ont de grandes dispositions à produire des racines ou des branches, suivant différentes circonstances : 6°, Que ces circonstances consistent ou dans la nature du milieu qui les environne, ou dans la situation où elles se trouvent : les racines se développent dans les endroits qui sont environnés de terre, ou tenus dans une humidité convenable : les Cierges, les Mangliers, & d'autres plantes qui produisent des racines hors de terre sur leurs branches, forment quelques exceptions à une regle qu'on peut regarder comme générale. Les branches paroissent aux endroits qui sont exposés à l'air ; car celles qui se développent en terre périssent infailliblement, s'il y a une épaisseur de terre un peu considérable à traverser. A l'égard de la situation, l'ordre commun & naturel exige que les racines soient au dessous des branches, quoique plusieurs plantes sarmenteuses & rampantes puissent avoir leurs racines plus élevées que leurs tiges & leurs branches ; car j'ai vu une treille plantée sur une terrasse, dont les branches couvroient une partie du revêtement de cette terrasse.

Mariotte, en parlant des boutures, dit que la branche que

l'on coupe par le bas en forme de coin, étant mife en terre, la moëlle qui eft fort groffe dans les arbres qui reprennent de bouture, s'imbibe comme une éponge de l'humidité de la terre, & qu'elle la tranfmet aux petites fibres qui font entre l'écorce & le bois, d'où enfuite elle eft pouffée en partie vers le bas pour produire des racines, & en partie vers les nœuds qui font expofés à l'air pour enfler les boutons, & produire les branches.

Je n'infifterai point fur cette explication qui eft bien vague; je me contenterai d'avertir qu'il n'eft pas bien certain qu'il foit important à la reprife des boutures, que les arbres ayent beaucoup de moëlle : le Saule, l'If, le Buis, l'Oranger, reprennent aifément de boutures, & cependant ces arbres ont peu de moëlle. Si l'on veut faire ufage des conféquences que j'ai tirées de mes expériences, & embraffer une méthode avantageufe pour faire des boutures & des marcottes, voici celle qui m'a le mieux réuffi.

A R T. II. *Méthode-pratique pour faire reprendre les Boutures.*

M. MILLER dit qu'il faut couper en automne les boutures des arbres verds : cela peut être. J'ai cependant fait reprendre des boutures de Buis, d'If, de Sabine, & de quelques autres arbres de cette nature, que j'avois coupées au commencement de Mars; il eft vrai que ces arbres pouffent volontiers des racines; mais je crois qu'en général, il convient de couper les boutures avant que les arbres ayent commencé à pouffer : ainfi je confeille de couper celles des arbres hâtifs dès le mois de Février; on pourra différer à couper les boutures des arbres tardifs au mois de Mars, parce que, tant que les arbres ne font point de productions, les boutures fe deffechent moins, étant attachées à leur fouche, que quand elles en font féparées; d'ailleurs, pendant qu'elles reftent attachées à leur tronc, elles font plus en état de fupporter les rigueurs de l'hiver; mais il faut fur-tout éviter de les couper trop tard, parce qu'alors les arbres commencent à produire des racines avant de développer leurs branches; c'eft pour cette raifon que l'on peut couper beaucoup plutôt les boutures qu'on fe propofe de faire reprendre dans les serres sur des couches de tan : en un mot, il est bon de profiter du premier mouvement de la seve, parce qu'il est très-favorable pour la formation du bourrelet. D'ailleurs, si l'on attendoit pour couper les boutures qu'elles eussent commencé à pousser, les feuilles & les nouvelles pousses qui transpireroient beaucoup, périroient infailliblement, & la bouture pourroit bien n'avoir pas alors assez de force pour développer de nouveaux boutons : ce n'est pas tout ; elles se dessécheroient, & celles qui n'auroient pas encore pu produire ni bourrelet, ni racines, ne seroient plus en état de tirer de la terre de quoi réparer cette déperdition.

Quant au choix des boutures ; comme une branche languissante auroit plus de peine à reprendre qu'une branche vigoureuse, il faut choisir de jeunes branches dont le bois soit bien formé, & dont les boutons paroissent bien conditionnés.

Si l'on a le temps & la commodité de faire former un bourrelet par des ligatures, je conseille de ne point négliger cette précaution ; la réussite des boutures en sera plus certaine : en ce cas, si la branche est menue, il ne faut pas en tailler l'écorce ; on courroit risque de la faire périr ; il suffit de serrer fortement la branche avec plusieurs révolutions de fil de laiton recuit, ou avec de la ficelle cirée.

Si la branche dont on veut faire une bouture a plus d'un pouce de diametre, on pourra enlever un petit anneau d'écorce de la largeur d'une ligne, & recouvrir le bois de plusieurs tours de fil ciré ; si la branche ne périt pas, le bourrelet en sera plus gros & plus disposé à produire des racines, ce qui est avantageux ; car il y a certains arbres où l'on ne peut avoir de bourrelets bien formés qu'au bout de deux ans.

On a vu par le détail de mes expériences, qu'il est important, pour le développement des racines, que l'endroit d'où elles doivent sortir soit entouré de terre convenablement humectée ; il faut donc recouvrir l'endroit où se doit former le bourrelet avec de la terre & de la mousse qu'on assujettira avec un réseau de ficelle, ou quelque morceau de vieux linge ; il sera bon encore de mouiller de temps en temps cette terre, & de la défendre du Soleil au moyen d'une enveloppe épaisse de paille, ou avec des paillassons.

Au mois de Mars fuivant, fi après avoir levé cet appareil, on trouve au deffus de la ligature un gros bourrelet, on aura tout lieu d'efpérer un heureux fuccès, & fi le bourrelet eft chargé de racines, ou même de mamelons, la réuffite fera certaine ; on pourra en toute affurance couper les boutures au deffous du bourrelet, & les mettre en terre comme je vais l'expliquer dans un moment. Si le bourrelet ne fe trouve pas bien formé, on remettra le même appareil en place, & l'on ne fe fervira de cette bouture que dans l'année fuivante.

Si l'on n'avoit pas le temps ou la commodité de procurer la formation d'un bourrelet, il faudroit profiter de tout ce qui peut en tenir lieu ; &, pour cet effet, on enlevera avec les boutures cette groffeur qui fe trouve à l'infertion des branches. Si à la portion des branches qui doit être en terre, il y a quelque branche à retrancher, on ne les abbatra pas au raz de la principale branche ; mais, pour ménager cette groffeur dont je viens de parler, on laiffera fur les boutures une petite éminence feulement de deux lignes d'épaiffeur ; fi à la portion des boutures qui doit être en terre, il fe trouvoit quelques boutons, il les faudroit arracher, mais ménager les petites éminences qui les fupportent ; car on a reconnu qu'elles ont beaucoup de difpofition à produire des racines.

Malpighi recommande de faire de petites entailles à l'écorce : je crois que cette précaution ne peut être qu'avantageufe, furtout quand on reçoit des boutures qui n'ont point été coupées avec les précautions dont nous venons de parler.

Tout ce que je viens de dire regarde la portion des boutures qui doit être mife en terre ; il faut ménager tous les boutons, & même les petites branches, à la partie qui doit être à l'air, fur-tout fi l'efpece d'arbre qu'on veut multiplier a de la peine à percer l'écorce pour former de nouveaux bourgeons ; il ne faut pas néanmoins trop charger les boutures de jeunes branches ; car en pouffant par tous les yeux, elles confommeroient trop de feve, & les boutures fe trouveroient épuifées.

Voilà donc les boutures choifies & taillées ; il faut enfuite, lorfqu'on les met en terre, éviter qu'elles ne fe deffechent, & qu'elles ne pourriffent ; & faire enforte qu'elles produifent promptement des racines : voici ce qu'il convient de pratiquer pour remplir cet objet.

Il faut faire une tranchée en terre, ou un fossé orienté du levant au couchant; on lui donnera une longueur & une largeur proportionnée à la quantité des boutures qu'on se propose d'y placer; mais il faut que ce fossé ou cette tranchée ait au moins trois pieds de profondeur.

On traversera cette tranchée, suivant sa longueur, par deux cloisons de vieilles planches, ou des claies qu'on placera au tiers de la largeur de la tranchée; on remplira l'espace contenu entre les deux cloisons avec de la terre franche passée à la claie, & non pas avec du terreau qui se desseche trop promptement, & qui ne s'applique pas assez exactement contre les boutures; d'ailleurs les racines venues dans le terreau sont toujours menues, noirâtres, chiffonnes, & mal conditionnées. Le surplus de la tranchée, c'est-à-dire les espaces compris entre les cloisons & les bords de la tranchée seront remplis de fumier de cheval, avec lequel, si l'on en a la commodité, on mêlera un peu de fumier de pigeon, afin que ces couches qui seront totalement en terre, puissent conserver long-temps leur chaleur, & la communiquer à la terre qui est renfermée entre les deux cloisons.

Tout étant ainsi disposé, on plantera les boutures dans la terre contenue entre les deux cloisons; on pressera avec soin cette terre pour qu'elle touche immédiatement les boutures, mais on évitera de la pétrir, ce qui arriveroit, si elle étoit trop mouillée; après quoi on recouvrira cette terre d'une couche de litiere de quatre doigts d'épaisseur, qui la garantira d'être battue par les arrosemens, & qui empêchera qu'elle ne se desseche trop promptement, & qu'elle ne se fende. Aussi-tôt on enveloppera la portion des boutures qui est hors de terre, avec de la mousse qu'on retiendra au moyen d'une ficelle un peu lâche, pour qu'elle ne forme point d'obstacle au développement des jeunes branches. Enfin il faudra placer du côté du midi de forts paillassons, retenus avec de bons pieux, pour empêcher que le Soleil ne desseche les boutures, & pour prévenir une trop grande transpiration qui pourroit les faire périr.

L'entretien des boutures consiste à leur faire de petits, & fréquents arrosemens, toujours en forme de pluie, afin qu'en même-temps qu'on humecte la terre, on entretienne toujours la mousse humide.   Si

Si l'on fait attention que tant que les boutures n'ont point de racines, elles font réduites à fubfifter de la feve qu'elles contiennent, & de l'humidité qu'elles afpirent, on fentira combien il eft important de les préferver d'une trop grande tranfpiration, & de les entretenir dans une atmofphere humide; ainfi quand il tombe de l'eau, lorfque le temps eft couvert, & pendant toutes les nuits, on doit fe contenter de laiffer feulement ces boutures à l'abri des paillaffons qui les garantiffent du midi; mais quand il fait bien chaud, un beau Soleil, ou un grand vent, on les doit couvrir d'autres paillaffons que l'on accottera contre ceux qui étoient attachés à demeure à des pieux.

Toutes ces boutures périffent, comme je l'ai déja dit, ou parce qu'elles fe deffechent, ou parce qu'elles pourriffent avant d'avoir produit des racines: c'eft pour prévenir leur defféchement que je recommande qu'on les garantiffe du Soleil du midi, qu'on les entoure de mouffe humide, qu'on couvre la terre de litiere, qu'on leur faffe de fréquents arrofements, enfin qu'on les défende d'un Soleil trop vif, & d'un vent un peu fort.

Il y a des Jardiniers qui, pour prévenir le defféchement des boutures, les plantent dans des terreins fi frais, fi humides, & fi ombragés, qu'elles y pourriffent: un arbre bien enraciné auroit peine à fubfifter dans une telle fituation; peut-on préfumer que des boutures y puiffent réuffir? On empêche à la vérité qu'elles ne fe defféchent; mais auffi on les fait tomber en pourriture. Comme c'eft là un autre écueil qu'il faut éviter, je préfere de défendre les boutures de la trop vive action du Soleil en les couvrant avec les paillaffons, plutôt que de les mettre le long des murailles, ou fous des arbres; parce que la chaleur du Soleil ne laiffe pas de fe faire fentir à travers les paillaffons, & encore parce que dans les étés frais & humides, lorfque les grandes chaleurs font paffées, on peut ôter les paillaffons quand les boutures ont commencé à produire des racines, ce qui, comme l'on voit, doit être fort utile dans plufieurs circonftances. C'eft encore pour empêcher que les boutures ne pourriffent, que je recommande de ne faire que de petits arrofements qui puiffent entretenir la terre humide fans la réduire en boue, & que je propofe cette couche fourde de fumier;

parce qu'en échauffant la terre où font plantées les boutures, elle y excite la végétation.

Il n'eft pas befoin de faire remarquer, que fi l'on fe propofoit de ne faire qu'une petite quantité de boutures, il fuffiroit de les planter dans un grand manequin qu'on placeroit au milieu d'une couche.

Pour les plantes précieufes, il fera encore préférable de mettre les boutures dans une ferre chaude, & fur une couche de tan : au refte les précautions que je viens de rapporter, feront toujours utiles, mais je recommande fur-tout d'avoir attention de garantir les boutures de l'action directe du Soleil.

Enfin il eft bon d'être prévenu : 1°, Qu'il ne faut pas compter qu'une bouture foit reprife quoiqu'on lui voie produire quelques bourgeons : la feve que la bouture contenoit peut fuffire pour de pareilles productions qui périffent bien-tôt, quand il ne s'eft pas formé de racines.

2°, Il ne faut pas non plus défefpérer de la réuffite des boutures, quand on voit périr les premieres productions : car on voit affez fouvent paroître huit à quinze jours après d'autres bourgeons, & ces nouveaux font des marques prefque affurées que les boutures font alors pourvues de racines.

3°, J'augure toujours bien d'une bouture quand fon écorce s'entretient verte, & qu'elle femble groffir.

4°, Il eft bon en automne d'ôter les paillaffons du côté du midi, & de les placer du côté du nord, afin de garantir des gelées les productions des boutures, qui font alors fort délicates ; & dans des temps de verglas, on fera encore bien de mettre des paillaffons du côté du Soleil ; on en verra les raifons dans l'Article où nous parlerons de l'effet des gelées fur les plantes.

5°, Il n'eft pas hors de propos d'avertir que les mêmes précautions que je recommande ici, feront très-utilement employées pour faire reprendre les arbres qui viennent de loin, & qui ont fouffert dans le tranfport : je m'en fuis très-bien trouvé pour faire reprendre des Orangers, des Jafmins d'Efpagne ou d'Arabie, des Capriers, &c. Tout ce que je viens de dire des boutures peut être appliqué aux marcottes ; c'eft ce que je vais faire fentir dans l'Article fuivant.

Pl. XV.

ART. III. *Méthode-pratique pour faire reprendre les Marcottes.*

Il y a des arbres qui ont tant de difposition à produire des racines, qu'il fuffit de paffer une de leur branche dans une caiffe ou dans un mannequin rempli de terre, ou de replier leurs branches de façon qu'elles foient environnées de terre, pour qu'elles fe garniffent de racines, lefquelles fortent des mêmes points que nous avons défignés en parlant des boutures.

Quand on veut avoir beaucoup de marcottes d'un même arbre, on fait ce que les Jardiniers appellent des *meres;* (*fig.* 149) Fig. 149. c'eft-à-dire, qu'on coupe un gros arbre jufqu'au raz de terre, le tronc coupé pouffe au printemps fuivant quantité de branches; on doit avoir eu l'attention, ou de planter les arbres qu'on deftine à faire des meres au fond d'une excavation, ou fi l'arbre étoit précédemment planté on décomble la terre tout autour, afin que les branches pouffent fort bas, & qu'elles puiffent être plus aifément recouvertes de terre.

Quand les fouches ont produit des branches de deux pieds & demi ou trois pieds de longueur, ce qui arrive ordinairement dès la premiere année, alors on butte la fouche, c'eft-à-dire qu'on la recouvre de terre, ainfi que la naiffance de toutes les branches : il fera bon, avant de butter la fouche, au lieu de laiffer croître les branches droites comme *b*, de les incliner comme celles marquées *a*, & de les retenir au fond du baffin avec des crochets de bois : on verra dans un inftant que, fi dans cette opération il fe fait quelque rupture, ne fût-ce qu'à l'écorce, les marcottes en produiront plus aifément des racines; mais il faut bien prendre garde qu'elles ne rompent entiérement ; car alors ce ne feroit plus une marcotte, mais une bouture.

Quand les branches ont ainfi refté deux ans en terre, elles font ordinairement pourvues d'affez bonnes racines pour être féparées de la fouche, & être mifes en pépiniere ; & comme à mefure que l'on décharge la fouche des branches enracinées, elle en produit de nouvelles, une mere bien ménagée fournit tous les deux ans du plan affez abondamment pendant douze à quinze années.

R ij

Pl. XV.
On conçoit que la souche produira d'autant plus de branches qu'elle sera plus grosse; & qu'on ne pourroit retirer qu'une petite quantité de boutures d'une tige qui n'auroit que deux à trois pouces de diametre : dans ce dernier cas on coupe la tige à un Fig. 150. pied & demi, ou deux pieds de terre *a*, (*fig.* 150.) alors cette tige produit dans sa longueur quantité de branches ; en automne on fait un décomble tout autour, & une tranchée du côté où il ne se trouve pas de fortes racines ; on couche cette tige dans la tranchée, on la retient en cette situation par un fort crochet de bois *b*, on étend de côté & d'autre toutes les branches, on les recouvre de terre ainsi que la tige, ne laissant dehors que l'extrêmité des branches, lesquelles au bout de deux ans se trouveront amplement fournies de racines, si l'on opere sur des arbres tels que les Coignassiers, les Tilleuls, &c. qui ont de la disposition à en produire ; car il y a des arbres qui se refusent à cette production, & quelques-uns seroient en terre sept à huit ans sans en produire une seule.

Par exemple, j'ai tenu dans cette situation des branches de Tulipier pendant trois ou quatre ans sans qu'elles ayent produit des racines : bien plus, une branche du *Catalpa*, qui reprend aisément de bouture, reste bien des années couchée en terre sans produire aucunes racines : dans ce cas il faut que l'art aide à la nature ; & il convient de faire usage des principes que nous avons établis plus haut : car en occasionnant des bourrelets par des incisions, des ligatures, &c. on déterminera ces branches à produire des racines ; mais il faut placer ces ligatures convenablement ; & comme j'ai dit ci-devant que les racines sortent plus volontiers de la partie basse, c'est là qu'il convient de faire les incisions ou de placer les ligatures ; ainsi lorsqu'on laisse les branches dans leur situation naturelle, on doit faire les ligatures le plus près qu'on pourra de la souche, de la tige, ou de la branche d'où sort la marcotte : mais si l'on est obligé, comme cela arrive souvent, de courber la marcotte, il faudra placer la ligature à la partie la plus basse au dessous de la naissance d'une branche, ou d'un bouton, pour qu'il se puisse former plus aisément en cet endroit une tumeur ou un bourrelet. On en comprendra encore mieux la raison, si l'on prête attention aux remarques qui suivent.

En examinant au printemps les boutons dont les jeunes branches font chargées, on peut remarquer :

1°, Qu'aux branches perpendiculaires, (Pl. XVI. *fig.* 152.) ce Pl. XVI. fig. 152. font les boutons du bout des branches qui s'ouvrent les premiers, & ces boutons fourniffent les branches les plus vigoureufes ; de forte que le bouton *a* fournit la branche la plus vigoureufe, enfuite le bouton *b*, puis le bouton *c*; mais le bouton *d* fournit la plus foible branche. Quand la branche eft fort longue, il arrive fouvent que plufieurs boutons du bout d'en bas ne s'ouvrent point ; mais fi l'on coupoit ces branches au deffus de *c*, alors ce bouton feroit d'auffi belles productions que le bouton *a* en auroit fait dans l'ordre naturel : la même chofe s'obferve aux branches qui font prefque horizontales, comme dans la *fig.* 153 ; mais fi l'on courboit une branche, ainfi que *f*, Fig. 153; ce feroit alors le bouton *d* qui s'ouvriroit le premier, & qui formeroit la plus belle branche.

Le contraire arrive pour la production des racines, lorfqu'on fait des marcottes ; c'eft prefque toujours à la partie *a* la plus baffe qu'elles fe développent : ainfi à l'arbre de la *fig.* 154, fup- Fig. 154. pofé enterré jufqu'à la ligne *a b*, les racines de la branche *c* fe développeront en *o*, & celles de la branche *d* fortiront du point *n*: ce fera donc à ces mêmes endroits *n* & *o* qu'il fera convenable de faire les ligatures.

Enfin comme les racines pouffent principalement aux endroits où les tumeurs font environnées d'une terre fuffifamment humectée, il s'enfuit qu'il eft néceffaire d'entretenir cette terre toujours un peu humide ; & ce fera, pour les marcottes qu'on fait en pleine terre, en la couvrant de litiere, qu'on arrofera de temps en temps ; mais la chofe devient plus difficile pour les marcottes qu'on paffe dans des manequins, (Pl. XV. *fig.* 151.) Pl. XV. fig. 151. des pots, de petites caiffes, des entonnoirs de fer blanc, &c. car comme il y a peu de terre dans ces vafes, elle fe deffeche promptement, & il y a à craindre que les fréquents arrofements ne dérangent la terre, & n'empêchent la production des racines : dans ce cas, je me fuis bien trouvé de garantir du Soleil avec des paillaffons le pot, la caiffe ou le manequin, où j'avois mis de pareilles marcottes, afin de prévenir le deffèchement de la terre ; & pour entretenir toujours la terre humide, je plaçois un vafe plein d'eau *b* au deffus de celui qui contenoit la marcotte, dans lequel je faifois paffer l'eau au moyen d'une lifiere de drap qui faifoit l'office de fiphon.

Il eft bon de favoir, que plus on interrompt la communication d'une marcotte avec fa fouche, plus on accélere la production des racines; mais auffi plus on rifque de les faire périr; il y a donc ici un milieu à garder qui n'eft pas le même pour tous les arbres; c'eft à l'expérience à l'indiquer.

Malgré toutes ces attentions il ne faut pas efpérer que toutes les marcottes feront également garnies de racines; celles qui en auront fuffifamment pourront tout de fuite être mifes dans la pépiniere; mais pour ne point perdre celles qui en auront peu, il conviendra de les cultiver, comme je l'ai amplement expliqué en parlant des boutures.

Art. IV. *Examen de quelques procédés qu'on trouve recommandés par les Auteurs d'agriculture, pour faire reprendre plus aifément les boutures & les marcottes.*

On trouve dans plufieurs Ouvrages d'agriculture, que le plus fûr moyen pour faire réuffir des boutures, eft de percer une perche de Saule dans fa longueur de plufieurs trous avec un villebrequin, de fourer l'extrêmité des boutures dans ces trous, de coucher la perche de Saule dans une tranchée, & de la recouvrir de terre.

Ces Auteurs ne difent point s'il faut percer d'outre en outre la perche de Saule, ou feulement en partie; s'il faut enlever l'écorce de la partie des boutures qui doit entrer dans les trous, ou la conferver. Je croyois que ces circonftances pouvoient être de quelque importance, fuppofé que cette pratique fût avantageufe; car fachant par mes propres expériences, que des perches ainfi couchées en terre pouffent des racines & des branches, fi elles font peu recouvertes de terre, je jugeois que fi les boutures en tiroient quelque fubftance, il falloit qu'elles fe greffaffent avec la perche. Cette réflexion m'engagea à prendre de jeunes branches de Saule pour en faire des boutures, afin qu'il y eût une analogie parfaite entre les boutures & la perche ; je perçai plufieurs trous jufqu'aux deux tiers du diametre de la perche, d'autres la traverfoient entiérement ; j'écorçai quelques boutures, feulement à la partie qui devoit entrer dans les trous de la perche ; j'en laiffai d'autres avec leur écorce ; prefque toutes mes boutures poufferent, mais aucune n'avoit contracté la moindre union avec la perche, & cette perche avoit elle-même produit des racines & des branches.

Les boutures qui étoient dans les trous qui ne traverfoient pas la perche, avoient formé un gros bourrelet à l'entrée du trou, & il partoit de bonnes racines de ce bourrelet ; celles qui traverfoient toute la perche avoient un pareil bourrelet garni de racines ; mais celles auxquelles on avoit confervé l'écorce entiere, avoient encore produit quelques racines au deffus du niveau de la perche ; enfin celles dont le bout étoit écorcé avoient un bourrelet au bord de l'écorce : au refte, tout cela feroit arrivé indépendamment de la perche de Saule ; ainfi on la doit regarder comme inutile, & je fuis fûr que dans certains cas elle deviendroit nuifible.

Quelques Auteurs recommandent de tremper l'extrêmité des boutures dans un certain maftic, dont on indique la compofition avec des circonftances qui feroient croire que la réuffite de ces boutures dépend de la nature de ce maftic : quand j'ai voulu fuivre ce procédé, il m'a paru que la formation du bourrelet en étoit un peu retardée ; parce qu'au lieu de fe former à l'extrêmité de la bouture, il ne paroiffoit qu'au deffus du maftic ; d'où j'ai conclu que fi cette pratique n'eft pas condamnable, elle eft au moins inutile.

D'autres recommandent de faire une incifion à l'écorce & au bois, & d'y inférer un grain d'orge ou d'avoine : il n'y a affuré-ment pas la moindre analogie entre les racines que ces grains produiront, & celles qui font néceffaires pour nourrir la bou-ture.

Enfin on lit encore dans quelques Ouvrages d'agriculture, que l'on peut, au moyen des boutures, fe procurer des arbres nains : pour cela, dit-on, il n'y a qu'à faire reprendre des bou-tures dans une fituation renverfée. En effet, j'ai conſervé dans un pot, pendant quelques années, un jafmin commun, que

j'avois obtenu d'une bouture renverſée , & ce jaſmin n'a jamais pouſſé de branches gourmandes, comme les autres font
ordinairement : au reſte, cette différence pouvoit venir de ce
que le pot étoit aſſez petit, & la terre uſée; car on a vu que mes
Saules renverſés ont peu à peu repris vigueur, & qu'après quelques années, ils pouſſoient auſſi bien que les autres : j'avoue que
je n'ai pas ſuivi plus loin cette expérience.

Je n'ai juſqu'à préſent prétendu parler que des arbres ; mais
ſi on remarque que toutes les plantes *arondinacées*, & les *grami-
nacées* qui tracent, produiſent en terre des racines qui partent
des nœuds ; & à l'air, des feuilles & des branches qui ſortent
des mêmes endroits : ſi l'on fait attention que quand on marcotte des œillets, les nouvelles racines ſortent de l'inciſion ou
des nœuds voiſins, on conviendra que la nature agit de la même
façon pour la production des racines dans tous les végétaux.

Malgré tout ce que je viens de dire, je n'ai garde de prétendre qu'il ne puiſſe ſe développer des racines ailleurs qu'aux tumeurs ; je ſais que M. Bonner a vu ſortir des racines, des nervures & des pédicules de certaines feuilles de choux, de celles
de haricot, de belle-de-nuit & de méliſſe, qu'il avoit miſes tremper dans l'eau : il eſt vrai que ces feuilles ne produiſirent jamais
de branches ; mais il ſuffit qu'elles ayent pouſſé des racines
pour penſer que la même choſe peut arriver à des branches ;
ainſi tout ce que je prétends dire, c'eſt que les racines ſortent
plus volontiers des tumeurs que de tout autre endroit. J'ajouterai aux obſervations de M. Bonnet, que j'ai vu des feuilles de
pluſieurs plantes graſſes, produire non-ſeulement des racines,
mais même des plantes de leur eſpece : il y a encore une choſe
ſinguliere ; c'eſt que certaines plantes qui périſſent ordinairement la ſeconde ou la troiſieme année, pourront ſubſiſter tant
qu'on voudra, ſi l'on a l'attention de les renouveller par des
boutures. Donnons-en un exemple : j'avois une giroflée violette
très-double & panachée ; il ne m'étoit pas poſſible de multiplier
cette belle eſpece par les ſemences ; mais je ſuis parvenu non-
ſeulement à la conſerver, mais même à la multiplier, par le
moyen des boutures : la capucine double qui n'eſt point vivace,
ne ſe peut multiplier que par les boutures.

J'ai fréquemment parlé de la différente direction que pren-
nent

nent les branches & les racines ; celles-ci tendent toujours à defcendre, foit perpendiculairement, foit felon certaines directions plus ou moins obliques à l'horifon, pendant que les branches s'élevent ou verticalement, ou fuivant des directions plus ou moins obliques à cette verticale. Ce phénomene eft un des plus finguliers de l'économie végétale ; mais il eft en même-temps très-difficile à expliquer. Je n'ofe préfumer d'y réuffir ; mais je croirai avoir travaillé utilement pour le progrès de la Phyfique, fi je parviens à expofer clairement l'état de la queftion, & à raffembler toutes les obfervations qui ont rapport à cet objet, & les expériences que j'ai faites pour éclaircir un point auffi important.

CHAPITRE VI.

SUR LA DIRECTION DES TIGES ET DES RACINES,

ET SUR LA NUTATION DES DIFFE'RENTES PARTIES DES PLANTES.

DES GLANDS dépofés en tas dans un lieu humide germent ; & l'on remarque conftamment que, quelque fituation que le hazard ait fait prendre à ces glands, toutes les radicules tendent vers le fol, & que toutes les plumes du germe s'élevent. Dans toutes les expériences que j'ai rapportées, foit fur la germination des femences, foit fur le développement des branches & des racines, cette tendance s'eft manifeftée : tous les payfans ont pu faire la même remarque ; mais la plûpart n'en font point frappés. Si on leur demande pourquoi une partie de ce germe s'enfonce en terre pendant que l'autre s'éleve ; ils donnent le fait pour raifon, en répondant que cette partie s'enfonce, parce qu'elle eft une racine, & que cette autre s'éleve parce qu'elle eft une tige ou une branche : l'opium provoque le fommeil, parce qu'il a une vertu narcotique. Au refte, ne badinons point trop de ces façons de s'exprimer ; nous nous en fervons tous les jours, fans nous en appercevoir, lorfqu'on nous fait des queftions fur des chofes qui nous font inconnues. Ne dit-on pas qu'une pierre tombe à caufe de fa gravité ? Et ceux qui donnent pour raifon qu'elle eft attirée par la

Partie II.   S

Pl. XVI. terre, ne fatisfont pas mieux le Phyficien de bonne foi, qui ne
fe contente point de fimples termes vuides de fens. Il eft, ce
me femble, plus fimple de faire de bonne foi l'aveu de fon
ignorance; & probablement quand les Anciens difoient qu'un
effet étoit produit par une qualité occulte, ils n'entendoient pas
donner une explication phyfique, & ils ne prétendoient dire
autre chofe, finon que tel effet étoit produit par une caufe qui
leur étoit inconnue. La différence du Phyficien fincere d'avec
l'homme qui ne réfléchit point eft, que le Phyficien fentant
qu'il ne connoît pas la caufe de la pefanteur, s'efforce d'en
étudier les effets, d'en connoître les loix, dont il fait faire des
applications utiles aux méchaniques.

On ignore jufqu'à préfent la caufe de la vertu magnétique;
mais au moyen de la découverte que l'on a faite de fa direction
& de fa variation, les Navigateurs connoiffent & dirigent leur
route au milieu des mers.

Suivons donc l'exemple de ces fages Phyficiens à l'égard de
l'objet qui nous occupe : fi nous ne pouvons parvenir à découvrir la caufe de la différente direction des racines & des tiges,
frappés de la fingularité de cet effet, effayons d'examiner les
circonftances qui l'accompagnent. Ces connoiffances pourront
ne nous pas être inutiles, foit pour la culture des végétaux,
foit pour mettre entre les mains des Phyficiens un fil qui pourra
les conduire au but où nous défefpérons de pouvoir atteindre.
Feu M. Dodart qui a difcuté cette matiere dans les Mémoires
de l'Académie, de l'année 1700, avoue que fes conjectures
font bien éloignées de le fatisfaire. Expofons le plus clairement
qu'il nous fera poffible le fait dont il eft queftion.

Si l'on met un gland ou un noyau en terre, le petit bout en
en-bas; la radicule fortira par cette extrêmité, & elle s'étendra
dans le terrein fuivant une ligne perpendiculaire, (*fig.* 155.) &
la plume fortira du terrein, & s'élevera fuivant une route contraire; mais toujours verticalement. Si l'on a mis le gros bout
du noyau en en-bas, (*fig.* 156.) la radicule pouffera d'abord tout
droit fuivant la ligne ponctuée *a*; mais bien-tôt elle fe recourbera pour s'enfoncer dans le terrein *b*. On apperçoit auffi en *c*
la plume qui fe recourbe en fens contraire, pour s'élever &
fortir de terre. Il ne faut pas croire que quand la radicule s'eft

Pl. XVI.

une fois recourbée, elle ne s'allonge plus que suivant cette nouvelle direction ; car ayant mis un gland dans un tuyau de verre
rempli de terre, de façon que le gland touchoit les parois intérieures du verre, je posai d'abord mon tuyau de façon que le
petit bout du gland étoit en en-bas : la radicule parut en descendant suivant la direction *a, fig.* 157; alors je retournai le tuyau, Fig. 157.
& la radicule se recourba après s'être allongée d'environ un
pouce ; je retournai encore le tuyau, & il se forma une autre
courbure *c*, tant à la radicule qu'à la plume ; & par des renversements répétés de ce tuyau, la radicule prit les inflexions
marquées par la ligne ponctuée *d*.

Feu M. Dodart attribue la direction des tiges & des racines à l'action du Soleil qui attire à lui les tiges, ainsi que la
terre attire à elle les racines; mais on verra dans la suite de ce
Chapitre, que cette direction a été la même lorsque j'ai fait
germer des glands dans des éponges humides suspendues à un
fil au milieu du plancher d'une chambre close de toutes parts,
& dans laquelle le Soleil ne pénétroit pas. On verra que j'ai
observé la même direction des tiges & des racines dans des
caisses où les semences étoient au centre de la terre qui les
remplissoit, & que dans ce cas le Soleil pouvoit agir à peu
près également sur les côtés comme sur la surface de cette
terre ; enfin on verra quantité d'autres expériences, dont on
ne pourroit jamais rendre raison en suivant l'hypothese de
M. Dodart.

M. Astruc dit dans les Mémoires de l'Académie, que les
branches se redressent, par la raison que la seve se porte par
son propre poids à la partie basse des branches au moyen des
vaisseaux latéraux; cela supposé, il s'y dépose, dit-il, plus de sucs
nourriciers, & la partie convexe prenant plus d'étendue que
la concave, il en résulte ce redressement de tige dont on cherche la cause. On verra cependant qu'une tige qui pend perpendiculairement en en-bas, ou que l'on pose à dessein dans
cette situation, se recourbe pour se redresser : le redressement
des tiges dépend donc d'une autre cause que de l'abondance
du suc nourricier qui se porte, à cause de son poids, plus abondamment vers la partie inférieure des branches que vers la
supérieure ?

De la Hire explique la tendance des racines vers le centre de la terre, par le poids du suc nourricier qui les remplit ; & celle des tiges vers le Ciel, par ce même suc élaboré dans la plante, qui monte réduit en vapeurs dans la tige, lesquelles par leur légéreté tendent à s'élever verticalement. Il est vrai qu'il me paroît que les tiges prennent la même direction que les vapeurs ; mais l'explication de cet Académicien souffre de grandes difficultés par rapport aux racines ; car je ne puis me persuader qu'elles soient formées & nourries par cette humeur crue qu'elles tirent de la terre : je soupçonne que le suc nourricier des racines reçoit des préparations dans la plante, ainsi que celui des tiges ; & il faut bien que cela soit, puisque l'on voit tous les jours sortir des branches de dessus les racines : cette question sera examinée dans le Livre suivant.

Je remarquerai en passant que M. Hales ne s'écarte pas du sentiment de de la Hire, puisqu'il dit que les vaisseaux séveux sont si fins, que la seve doit, pour y entrer, être presque réduite en vapeurs.

Quelques-uns ont voulu expliquer la perpendicularité des tiges par la circulation de la seve : mais cette circulation n'est pas encore bien établie ; elle est même combattue par de puissants adversaires. D'ailleurs, en supposant la circulation, on ne voit pas par quelle vertu la seve s'élance verticalement, plutôt que de suivre toute autre direction ; & on peut concevoir la circulation de la seve dans une plante rampante, comme dans celles qui soutiennent leurs tiges.

Feu M. Bazin, dans un petit Ouvrage imprimé à Strasbourg, dit que les racines n'ont nulle inclination, nul ressort intérieur qui les détermine à se porter vers le bas. La seve, dit-il, entre dans les racines, les gonfle, les allonge, sans leur donner d'autre direction que celle que recevroit un tuyau flexible que l'on force à s'allonger en le remplissant de vent ou d'eau, sans aucun égard au haut ni au bas : ce liquide introduit avec soi un air qui est en état de dissolution, tel qu'il est dans toutes les liqueurs, & par conséquent un air inanimé, privé de force élastique, & qui ne peut donner aucune direction déterminée aux productions des plantes ; mais le seul poids du liquide suffit pour faire ramper les racines, & même les faire pancher vers le bas, si elles avoient commencé à prendre une direction contraire : une autre force les retient encore & les assujettit à ne point quitter l'humidité de la terre ; c'est la contiguité des parties de l'eau ou l'adhérence qu'elles ont entr'elles ; car il n'y a point de doute que l'humidité de la terre & la seve des racines ne fassent un corps continu, sujet comme tous les autres aux loix de la pesanteur ; ce qui prouve que c'est l'humidité de la terre qui conduit & gouverne les racines, qui dirige leur marche, qui les fait ramper quand elles s'étendent horisontalement, & aussi s'enfoncer quand elles entrent dans la terre.

On pourroit donner quelque poids à ce sentiment en rappellant ici une observation du premier Livre, par laquelle on voit que des racines d'arbres suivent la direction d'un fossé plein d'eau : mais si la direction des racines vers le bas dépendoit de la pesanteur de l'eau, cette cause seroit anéantie dans une plante qui végete dans l'eau même ; & néanmoins, il est d'expérience qu'elles descendent en en-bas comme dans l'air & dans la terre. D'ailleurs, on verra dans la suite que des oignons placés dans une situation renversée ont recourbé leurs racines qui plongeoient dans l'eau.

Concluons de ce qui vient d'être dit, que les explications qu'on a données jusqu'à présent ne sont point satisfaisantes : mais pour suivre cette recherche avec plus de précision, examinons l'une après l'autre les causes qui semblent devoir principalement influer sur le phénomene dont il s'agit.

Seroit-ce la fraîcheur de la terre, l'humidité qu'elle contient, qui occasionneroit cet effet ? La chose ne paroît pas probable ; puisque le gland dont j'ai fait mention ci-dessus étoit placé au milieu du tuyau entiérement rempli de terre retenue par deux fonds de toile claire ; & le tuyau étant retourné de temps en temps, l'humidité paroissoit être à peu près égale dans la masse de terre qui le remplissoit : néanmoins pour en être encore plus certain, je fis les expériences suivantes.

Je mis un gland entre deux éponges humides, suspendues au plancher par un fil ; la radicule se recourba pour descendre, & la plume regagna la perpendiculaire : je pris ensuite des tuyaux de grais, de deux pieds & demi de longueur, & de plus de trois pouces de grosseur en dedans.

Pl. XVI.

Fig. 158.
159. & 160.

Trois de ces tuyaux furent remplis de terre jufqu'à la moitié de leur longueur : je mis fur cette terre des glands, & j'achevai de remplir les tuyaux. Un de ces tuyaux fut placé perpendiculairement : (*fig.* 158.) un autre obliquement ; (*fig.* 159.) & un autre fut couché par terre, (*fig.* 160.) Les racines & les tiges de ces glands s'étendirent fuivant les perpendiculaires ponctuées qui font marquées fur chacun de ces tuyaux. Ceux de la *fig.* 158, s'étendirent fans aucune réfiftance tant en racines qu'en tige ; mais ces productions ne purent gagner le haut des tuyaux, parce que les glands étoient recouverts d'une trop grande épaiffeur de terre ; ceux de la *fig.* 159, s'étendirent jufqu'à toucher les parois intérieures des tuyaux ; alors les racines coulerent fur les parois intérieures du tuyau en defcendant ; & les tiges en montant.

A l'égard des glands contenus dans le tuyau couché de long par terre, (*fig.* 160.) après que les racines & les tiges eurent atteint les parois des tuyaux, elles fuivirent différentes directions, & elles formérent un entrelacement fingulier & bizarre. Il me vint dans la penfée que je pourrois peut-être changer cette direction, fi je plaçois mes glands près de l'extrémité inférieure de mes tuyaux, & de façon que les tiges n'euffent qu'un pouce ou deux de terre à traverfer pour gagner l'air ; & que leurs racines euffent au deffus d'elles près de deux pieds & demi d'épaiffeur de terre, dans laquelle elles pouvoient s'étendre. Ce qui me faifoit préfumer avantageufement de cette idée, c'eft que je me rappellai d'avoir vu un Orme très-vigoureux, planté fur un banc de pierre, & que cet Orme tiroit prefque fa feule nourriture d'une butte de bonne terre rapportée, qui en étoit à quelques toifes de diftance. D'ailleurs, j'ai dit ci-devant, qu'une perche de Saule couchée en terre produit des branches, fi la couche de terre qui la recouvre n'eft pas épaiffe : on fait même que les racines qui tracent près de la fuperficie de la terre, produifent fréquemment des drageons enracinés : ces obfervations m'engageoient à croire qu'en difpofant les femences de façon qu'elles n'euffent qu'une petite épaiffeur de terre à traverfer, les tiges fe montreroient fans doute au bas des tuyaux.

En conféquence de cette idée, je remplis plufieurs tuyaux

Pl. XVI.

femblables à ceux de la *fig.* 158; mais au lieu de mettre les glands dans le milieu, je les plaçai tout au bas, de forte qu'ils n'étoient enfoncés dans la terre que de deux travers de doigt, & j'eus l'attention de placer en en-haut le bout du tuyau d'où devoit fortir la radicule; enfin je plaçai verticalement un de ces mêmes tuyaux, en pofant le bout d'en-bas fur un grillage de bois aſſez fin pour empêcher la terre de tomber, fans former un obſtacle à la fortie de la plume: un autre tuyau fut mis horizontalement, comme dans la *fig.* 160.

Rien ne parut au bout du tuyau vertical: les tiges avoient remonté dans la terre du tuyau, & les racines s'étoient entrelacées dans la terre du bas: la même chofe n'arriva pas au tuyau horizontal; les tiges fortoient vers *a*, & les racines s'étoient étendues dans la terre qui touchoit la partie *b* de ce tuyau; ainfi la direction ordinaire des racines & des tiges ne fut point dérangée.

Comme aſſez fouvent l'intérieur de la terre eſt plus frais que l'air de l'atmoſphere, je me propoſai de rafraîchir l'air & d'échauffer beaucoup la terre; & pour cela j'enterrai, dans une couche de fumier de pigeon, un pot dans lequel j'avois femé des glands: je le couvris d'un chapiteau d'alambic garni de fon réfrigérent, dans lequel, faute de glace, je mettois de temps en temps de l'eau fraîche. (*fig.* 161.) Rien ne fut dérangé par cet appareil. Les tiges s'éleverent, & les racines plongerent dans la terre. Cette expérience n'ayant rien produit, je me propoſai de faire l'inverfe: un pot qui n'avoit point de trou vers le bas fut plongé dans l'eau froide, & couvert d'un chapiteau que je couvris de fumier de pigeon, pour échauffer beaucoup l'air qui touchoit la fuperficie de la terre: tout cela n'empêcha pas les racines & les tiges de prendre leur direction ordinaire.

Fig. 161.

Si l'on joint à toutes ces expériences le détail de celles que j'ai faites à l'occaſion des boutures, où l'on a vu qu'à celles qui étoient renverſées, les branches & les racines qui en premier lieu prenoient une direction contraire à l'ordre naturel, fe recourberent enfuite pour rentrer dans cet ordre; & que celles qui étoient plantées horizontalement, prenoient, malgré la poſition de la bouture, une direction perpendiculaire à l'horizon: fi l'on fait attention qu'un arbre qui fort du revêtement

Pl. XVI.
Fig. 169. d'une terraffe, (*fig.* 169.) pouffe fes branches parallélement à ce mur de revêtement, on conviendra que la force qui produit le redreffement des tiges, produit fes effets dans toutes les hypothefes poffibles : en voici encore d'autres exemples.

Si un pied de haricot, ou de quelqu'autre plante flexible, eft planté dans un pot ; le poids de la tige la fera tomber vers le

Fig. 162. bas, comme on le voit en *a* dans la *fig.* 162 ; mais à mefure que cette plante croîtra, fon extrêmité fe recourbera pour reprendre une direction perpendiculaire à l'horizon.

M. Bonnet qui a beaucoup diverfifié ces expériences, remarque que les inflexions fe font ordinairement aux endroits des nœuds ; ce qui dépend, je crois, de ce que dans plufieurs efpeces de plantes, ce point qui dans la fuite devient plus dur que le refte de la tige, demeure fouvent plus long-temps tendre : néanmoins le redreffement des tiges s'opere dans celles mêmes qui font affez dures ; car on apperçoit tous les jours que fi l'on

Fig. 170. abat un jeune arbre bien près de terre, (*fig.* 170.) affez fouvent les jets fortent fuivant la direction prefque horizontale marquée par la ligne ponctuée *a* ; néanmoins au bout de quelques années les jets fe redreffent & prennent la direction de la ligne ponctuée *b* ; bien plus, ce redreffement s'opere même fur des branches

Fig. 171. fort groffes ; car fi en étêtant un Orme affez gros, (*fig.* 171.) qui fait un fourchet, on abat la branche *a*, fuivant la ligne *b b*, d'abord la branche *c* fera une grande inflexion ; mais peu à peu, & après plufieurs années, cette même branche *c* fe rapprochant de la direction de la ligne *d*, la tige de cet arbre paroîtra moins tortue. Au refte, il faut faire attention que dans les expériences que j'employe ici, je ne prétends examiner que ce qui arrive aux tiges tendres, parce que dans ce cas les inflexions fe font très-promptement, & beaucoup plus fenfiblement. En réfléchiffant fur toutes les expériences que je viens de rapporter, on jugera peut-être qu'il eft impoffible de troubler cette direction des tiges & des racines ; cela n'eft cependant pas exactement vrai : un nombre confidérable de caufes influe fur la direction que prennent les racines & les tiges, ainfi que fur la fituation des feuilles & des fleurs. Quelques Auteurs ont exprimé principalement celle des fleurs qui s'inclinent de différents côtés par le terme *de nutation :* ces phénomenes font affez finguliers pour être

traités

traités à part, d'autant que l'examen de ce qui les concerne Pl. XVI.
pourra répandre quelque lumiere fur la perpendicularité des
tiges.

Art. I. *De la Direction droite ou oblique des Tiges & des Racines.*

A L'ÉGARD des racines, il n'y a que la radicule qui s'étende
perpendiculairement en defcendant dans la terre, lorfque rien
ne s'y oppofe. Cette racine qu'on nomme le pivot, en produit
de latérales qui s'étendent à peu près horizontalement ; & fi
l'on examine une bouture d'arbre un peu groffe, (*fig.* 172.) Fig. 172.
on verra ordinairement que les racines *a*, qui fortent du bourrelet qui eft au bout de la tige, defcendent affez perpendiculairement, au lieu que celles *b*, qui fortent le long de la tige,
s'étendent horizontalement ; de même, les jeunes branches *c*
qui fortent d'entre le bois & l'écorce, s'élevent droites, &
celles *d* qui fortent de l'écorce, forment une courbe. On a vu
dans le premier Livre de cet Ouvrage, que des caufes particulieres, comme feroit une terre remuée, ou plus fertile, ou
fort humide, déterminent les racines à prendre certaines directions. Tout le monde fait que quand on met des plantes ou des
arbres qui pouffent vigoureufement en différents endroits d'une
chambre où il n'y a qu'une croifée, toutes les pouffes tendres
perdent leur perpendicularité, pour fe diriger vers cette croifée.

M. Bonnet ayant femé des haricots dans une cave, remarqua
que dans le jour les tiges s'inclinoient vers le foupirail, & que
dans la nuit elles fe redreffoient un peu. La même chofe arrive
en plein air ; car on pourra remarquer que fouvent les arbres
ifolés pouffent plus vigoureufement du côté du midi que du
côté du nord : néanmoins cet effet eft fouvent dérangé par la
vigueur des racines ; parce que les arbres pouffent avec plus de
force du côté où les racines font plus vigoureufes.

La direction des tiges du côté de l'air eft bien autrement
fenfible dans les maffifs d'un bois : un jeune arbre qui fe trouve
entouré de tous côtés par de grands arbres qui ne lui laiffent
d'air qu'au deffus de lui, pouffe tout droit, toujours en s'élevant, mais prenant peu de corps ; de forte que ces arbres fort

Partie II.　　　　　　　　　　　T.

Pl. XVI. menus gagnent en peu de temps la hauteur de ceux qui les environnent. J'ai particuliérement fait cette obfervation fur un Chêne verd, qui étoit planté entre des Cyprès beaucoup plus grands que lui ; il s'éleva en un an de près de quatre pieds, & en peu d'années il gagna la hauteur des principales branches de ces Cyprès : quand fa tête fe trouva affez élevée pour profiter de l'air, alors il ceffa de croître en hauteur, & il prit de la groffeur.

Si un jeune arbre planté dans le maffif d'un bois n'a pas la liberté de l'air au deffus de fa tête, mais qu'à une petite diftance il fe trouve une claire voie, toutes fes productions tendront à gagner l'air que lui fournit cette claire voie ; de forte qu'elles s'inclineront de ce côté-là, comme les arbuftes placés dans une chambre s'inclinent vers la croifée.

On fait que toutes les branches des arbres plantés en efpalier le long d'un mur, s'en écartent pour gagner l'air ; & il m'a paru que les branches des arbres frappés par le Soleil du midi s'en écartoient plus que celles des arbres plantés à l'expofition du nord : des plantes pofées entre deux croifées dont les chaffis à verre étoient fermées, fe font inclinées du côté du chaffis extérieur : à d'autres qui étoient pofées fur l'appui intérieur d'une croifée, le chaffis à verre étant fermé, de forte que ces plantes recevoient l'air de la chambre, & qu'elles ne recevoient la lumiere qu'au travers les vitres de la croifée, les jeunes pouffes fe font toujours inclinées vers le chaffis à verre ; & cela, foit que l'air intérieur de la chambre fût frais ou chaud, fec ou humide ; car j'ai fait une pareille obfervation dans des Orangeries affez humides, & dans des ferres échauffées par des poëles.

En examinant avec attention la direction des branches des arbres touffus, on remarque affez ordinairement que les branches du haut font un angle plus aigu avec la tige que les branches du bas ; & je crois que cet écartement des branches du *Fig. 173.* bas (*fig.* 173.) dépend de ce qu'elles s'inclinent pour chercher l'air, & probablement c'eft cette même raifon qui produit le parallélifme des branches des arbres qui font plantés fur une coline, fuivant l'obfervation de feu M. Dodart, où l'on voit qu'un arbre planté fur la croupe d'une montagne, éleve fa tige fuivant une ligne perpendiculaire, & que fes branches font à peu près paralleles au terrein. Comme les branches oppofées à la montagne doivent plus profiter que celles qui font du côté même de cette montagne, & comme elles doivent fe porter en dehors, elles forceront les branches d'en-bas de baiffer, au lieu que cette caufe ne fubfiftant pas du côté de la montagne, il en réfultera le parallélifme que ce Naturalifte a remarqué. *Voyez les Mémoires de l'Académie Royale des Sciences*, année 1693.

Une obfervation encore bien finguliere, c'eft qu'un arbre qui vient de femence éleve fa tige fort droite ; il en eft de même d'une bouture qu'on feroit d'une tige droite ; mais celle qu'on feroit avec les branches latérales & des jets courbes fur l'arbre, fe courbent beaucoup, fur-tout fi c'eft un arbre dont le bois foit fort dur.

Si l'on met fur une plante en pleine terre un tuyau opaque, de grais par exemple, qui foit ouvert par en-haut, la plante pouffera beaucoup en hauteur, fans prefque prendre de groffeur ; ainfi pour parler en termes de l'art, elle fera veule & étiolée. Si le tuyau eft de criftal & tranfparent, la plante s'inclinera du côté du Soleil, & elle fera moins étiolée. J'ai fait cette expérience : M. Bonnet l'a faite auffi ; mais il en a fuivi bien plus loin que moi les circonftances. Cet ingénieux Naturalifte a fait croître à la même expofition des pois d'une même efpece ; les uns recouverts de tuyaux de verre, les autres d'étuis, foit de bois mince, foit de carton blanc, ou de papier bleu ; les uns étoient ouverts par le haut & les autres fermés ; à quelques autres il pratiquoit de petites ouvertures fur les côtés.

Le réfultat de toutes ces expériences fut, que plus l'obfcurité étoit grande pour la plante, & plus l'étiolement étoit complet ; en conféquence les pois qui croiffoient fous les étuis de papier bleu, ou de bois, étoient plus étiolés que ceux qui étoient recouverts d'étuis de carton blanc : ceux qui étoient fous le verre ne l'étoient point du tout ; les tiges s'inclinoient vis-à-vis les petites ouvertures pratiquées à quelques tuyaux opaques.

M. Bonnet a encore executé plufieurs expériences relatives à celles-ci ; mais nous remettons à en parler, quand nous examinerons ce qui rend les plantes étiolées.

Si l'on feme dans un vafe du bled ou de la graine de navette, & qu'au milieu de la fuperficie de ce vafe on place une petite

Pl. XVI. planche fupportée par des chevilles à deux travers de doigt
au deffus de la terre, les plantes qui ne feront point recouvertes par la planche s'éleveront à peu près droites, & les autres s'inclineront pour gagner les bords de la planche ; de forte
que celles qui feront plus vers le milieu de la planche s'incline-
Fig. 164. ront plus que les autres. (*fig.* 164.)

Je m'étois propofé d'examiner fi j'obtiendrois quelque différence, en fubftituant à la planche de bois, des lames de cuivre,
de porcelaine, de carton, de verre, &c ; mais d'autres occupa-
tions m'ayant empêché de fuivre ces expériences avec exactitude, je n'en ferai aucune mention ; il m'a feulement paru que
fous une plaque de criftal, les plantes s'élevoient prefque jufqu'au point de la toucher avant de s'incliner.

Il y a des arbres qui d'eux-mêmes, & fans aucune autre caufe
antérieure, laiffent pendre leurs branches. Le Saule du levant,
N° 20, de mon Traité des Arbres, pouffe des branches fi foibles
que ne pouvant foutenir leur poids, elles pendent ; mais à
mefure qu'elles groffiffent elles fe redreffent. J'ai eu des Ormes
dont l'extrêmité de toutes les branches fe recourboit vers le bas :
Fig. 175. (*fig.* 175.) j'ai trouvé une fois fur un des Noyers de nos avenues,
Fig. 174. une branche, (*fig.* 174.) laquelle, contre l'ordre de toutes les autres
branches du même arbre, defcendoit tout droit vers la terre, & dont
les feuilles fuivoient la même direction. Je n'ai pu imaginer aucune raifon tant foit peu fatisfaifante d'un fait auffi extraordinaire.

J'ai dit que les branches inférieures de la tige d'un arbre étoient
communément déterminées à fe porter en dehors, parce que les
branches fupérieures leur déroboient l'air : il ne faut cependant
pas croire que la pofition des branches fur les tiges dépende uniquement de cette caufe ; il fuffit, pour s'en convaincre, de comparer le Cyprès, n° 1, du Traité des Arbres, avec celui du n° 2,
& le Peuplier de Lombardie, dont il eft parlé dans ce même
Ouvrage, avec les autres Peupliers : il faut bien que dans
les arbres qui raffemblent ainfi leurs branches, il y ait une difpofition intérieure qui eft tout-à-fait inconnue. Au refte, ce
font-là des exceptions à la régle générale, car communément
les arbres ifolés repandent leurs branches de tous les côtés ;
ils font, comme l'on dit, le Pommier ; au lieu que ceux qui
font raffemblés en maffif de bois, élevent beaucoup leurs tiges,

& ne pouffent prefque pas de branches latérales.

On a vu que j'ai employé inutilement plufieurs moyens pour changer la direction naturelle des tiges & des racines qui fortent des femences : mais puifque je viens de rapporter plufieurs circonftances qui dérangent la direction des tiges, je ne dois pas omettre de dire qu'ayant mis à près de trois pieds en terre des marrons d'Inde, ils y germerent ; mais que les ayant tirés de terre en automne, je trouvai que les tiges & les racines avoient pris des directions fort bizarres : à quelques-unes, même, ces productions s'étoient roulées fur le marron, comme une corde fur une pelotte. J'avoue que la terre du fond du trou où ils avoient été plantés étoit fort dure, & que les racines auroient eu peine à s'étendre en en-bas ; mais la tige qui étoit dans une terre remuée pouvoit s'étendre fuivant fa direction naturelle : je fuis fâché de n'avoir pas pu répéter cette expérience. Les tiges ne font pas les feules parties qui s'inclinent vers le jour, comme nous venons de le dire ; on fait que certaines plantes penchent leurs fleurs du côté du Soleil, qu'elles quittent leur perpendicularité, & qu'elles s'inclinent par leur fommet, de façon qu'elles préfentent leur difque à cet aftre ; & comme pendant le cours de la journée le Soleil change de fituation, les fleurs en changent auffi ; elles regardent le matin l'orient, à midi le fud, & le foir l'occident : c'eft ce mouvement qu'on appelle plus particuliérement la *nutation* des plantes ; celles qui obéiffent plus particuliérement à cette nutation fe nomment plantes *héliotropes*. Ceci bien entendu, on peut dire que le grand *Corona folis*, eft finguliérement héliotrope ; mais fi l'on remarque que par un beau temps, la fleur d'un jeune pied de *Corona folis* tourne du matin au foir du levant au couchant, il ne faut pas croire que ce mouvement fe faffe par une torfion de la tige ; il s'exécute par une nutation réelle, ou parce que les fibres de la tige fe racourciffent du côté de l'aftre.

Mrs de la Hire & Hales expliquent ce phénomene par la conftruction des vaiffeaux de la tige qui tranfpirant, difent-ils, plus du côté du Soleil que de tout autre, les fibres fe racourciffent de ce côté-là, & font pencher les fleurs : on verra plus bas ce qu'on doit penfer de ce fentiment qui paroît jufqu'à préfent très-vraifemblable. M. Bonnet a remarqué que les épis de bled qui, en s'inclinant par le poids du grain, forment ce qu'on appelle le cou-d'oie, ne penchent prefque jamais du côté du nord, mais ne s'inclinent que depuis le point du levant jufqu'au couchant : il faut donc que les caufes de la nutation influent fur l'obliquité des épis.

Je crois devoir dire un mot d'un phénomene que tout le monde voit, que peu de gens ont remarqué, & que perfonne n'a fuivi auffi attentivement que M. Bonnet.

Suivant les obfervations de cet habile Phyficien, les feuilles font elles-mêmes fujettes à une forte de nutation encore plus finguliere que celle des tiges & des fleurs. Tout le monde aura pu remarquer que les feuilles de la plûpart des plantes, foit herbes, foit arbres, font difpofées fur leurs branches de façon que leur face fupérieure regarde le ciel ou l'air libre, & leur face inférieure eft tournée vers la terre ou du côté d'une muraille, ou vers l'intérieur de la tige de l'arbre. Cette obfervation générale a engagé M. Bonnet à en faire de particulieres qui font fort intéreffantes, & dont je vais rendre compte, après avoir averti le Lecteur que, pour éviter toute confufion, nous apellons le deffus ou la partie fupérieure des feuilles, celle qui eft ordinairement la plus liffe, dont le verd eft le plus foncé, & fur laquelle les nervures font plutôt marquées en creux qu'en relief; & que nous nommons deffous des feuilles, leur face où les nervures font ordinairement en relief. On fait que quand un farment de vigne, ou une branche fouple de ronce eft couchée par terre, toutes les feuilles font difpofées de façon que leur partie fupérieure regarde le ciel, & celle de deffous, la terre. Dans la vue de troubler cet ordre naturel, M. Bonnet renverfa des branches de ces plantes, de façon que la face fupérieure de toutes les feuilles regardoit la terre ; mais il remarqua qu'au bout d'un temps, quelquefois affez court, toutes les feuilles avoient repris leur premiere fituation ; c'eft-à-dire, que le pédicule s'étant contourné, tantôt d'une façon, tantôt d'une autre, toutes les faces fupérieures regardoient le ciel, comme avant le renverfement des branches.

M. Bonnet fit plus : il gêna avec un fil la tige d'un arbre nouvellement fortie de fa femence : la cime qui étoit encore tendre & herbacée fe retourna en entier, & les feuilles fe trouverent dans leur situation naturelle : lorsque la tige étoit trop dure pour se prêter à cette inflexion, les feuilles se retournoient par leur pédicule, & cette torsion se faisoit à l'endroit du pédicule qui étoit le plus tendre.

C'est pour cette raison que les jeunes feuilles se retournent plus promptement que celles qui sont déja plus endurcies, & que les feuilles des plantes se retournent en moins de temps que celles des arbres.

Il faut que la force qui opere ce revirement soit répandue dans toutes les parties des feuilles ; car si une portion des feuilles est retenue par quelque cause que ce soit, quoiqu'assez puissamment pour ne pouvoir obéir à la force qui la sollicite à retourner, la portion de la feuille qui sera en liberté se repliera pour présenter sa face supérieure à l'air.

M. Bonnet a encore remarqué, que si l'on incline deux sarments de vigne, l'un vers le midi, l'autre vers le nord, & que l'on fasse ensorte que les feuilles soient dans une situation renversée, les feuilles se retourneront ; mais que celles de la branche courbée du côté du nord présenteront leur face supérieure au nord, pendant que l'autre présentera cette même face au sud.

Si l'on répete plusieurs fois le renversement des branches, les feuilles se retourneront à chaque fois ; c'est ce que M. Bonnet a exécuté plus de douze fois ; mais il a remarqué que le revirement est d'autant plus lent, qu'on l'aura répété un plus grand nombre de fois ; & que quand on a exposé des feuilles à un nombre considérable de renversements consécutifs, elles paroissent en souffrir, sur-tout à l'endroit du pédicule où se fait la torsion.

Le retournement des feuilles s'opere également la nuit ; mais il se fait beaucoup plus promptement quand l'air est échauffé & serein, que quand il est frais & sombre.

L'action du Soleil sur les feuilles est si forte, que le même Auteur a observé que celles de certaines plantes, comme la Mauve, l'Atriplex, le Trefle, &c. suivent le Soleil de la même maniere que les fleurs des plantes héliotropes.

J'ai dit que les feuilles que l'on a frotées d'huile souffroient beaucoup de l'attouchement de ce corps gras : M. Bonnet a

Pl. XVI.
r cependant remarqué que l'huile n'a pas empêché qu'elles ne conservaffent leur mouvement ordinaire, immédiatement après qu'on l'a eu appliquée.

M. Bonnet a étendu fes obfervations fur des feuilles conjuguées ; & il a remarqué que le filet qui fupporte les folioles, eft ordinairement trop dur pour fe prêter à leur renverfement ; mais que ces folioles font affez connoître leur tendance à fe retourner ainfi que les feuilles.

Tous les mouvements des feuilles dont je viens de parler s'exécutent fur des branches coupées, dont le bout trempe dans l'eau, mais plus lentement que lorfqu'elles font encore fur leurs plantes, & il faut pour cet effet qu'elles foient placées dans un lieu chaud & expofé au Soleil, parce que ces mouvements font peu fenfibles dans les caves qui ne reçoivent du jour que par les foupiraux.

Voilà bien des faits : M. Bonnet a defiré en connoître la caufe, qui paroît être la même que celle qui agit fur les tiges & fur les fleurs.

Pour découvrir fi ces différentes nutations étoient produites par la chaleur, cet ingénieux Naturalifte plaça des plantes d'Atriplex dans une étuve échauffée à vingt-cinq degrés : les tiges fe pencherent, non pas du côté de la plus grande chaleur, mais vers une petite ouverture qu'on avoit faite à la clôture de cette étuve.

Fig. 162. Le même ayant mis trois pieds d'une même plante pendante, comme celle de la *fig.* 162, favoir, une à l'air qui étoit alors frais, l'autre dans un cabinet tempéré, & la troifieme dans une étuve ; le recourbement s'opéra plus promptement dans le cabinet & dans l'étuve qu'à l'air libre ; & les tiges tendoient toutes trois vers la lumiére.

Ayant préfenté la flamme d'une bougie & un fer chaud fur des feuilles de vigne renverfées, on y apperçut bien quelques mouvements ; mais elles ne fe retournerent pas.

Si l'on joint à ces expériences celles que j'ai exécutées fur des plantes qui fortoient de terre, par le fecours de couches de fumier de pigeon, placées au deffous & au deffus des pots, on penfera, je crois, que la chaleur n'influe pas fur les phénomènes dont il s'agit. Effayons de voir ce que peut produire
l'humidité.

l'humidité. En premier lieu, on a beau arroser un arbre ou une
plante dans le chaud du jour, l'humidité ne fait point changer
la situation naturelle de ses feuilles ; mais de plus on sait que si
la tige d'une plante aquatique est pliée par quelque accident,
tel que la chûte d'une pierre, d'une piece de bois, le bout se
redresse & tend à reprendre la verticale, quoique tout le corps
de la plante soit submergé.

Pl. XVI.

J'ai remarqué que des branches de Beaume d'eau qui végétoient dans des bocaux de verre remplis d'eau, s'inclinoient
vers la lumiere ; & M. Bonnet a vu que les tiges renversées,
comme dans la *fig.* 162, se recourboient pour gagner la perpendiculaire, quoiqu'elles fussent plongées dans l'eau.

Fig. 162.

Je me suis assuré que la submersion ne changeoit point non
plus la direction des racines. Car ayant mis dans un tube de
verre évasé un oignon de Jacinthe, comme on la voit *fig.* 168,
j'assujettis l'oignon au tube avec un mélange de cire & de térébenthine, & ayant renversé ce tube, je remplis d'eau l'extrêmité évasée. Il sortit du bas de l'oignon quantité de racines
qui se recourberent jusqu'à toucher par leur extrêmité la cire
que j'avois mise pour empêcher l'eau de passer entre le verre
& l'oignon.

Fig. 168.

Enfin M. Bonnet s'est assuré que les feuilles de la vigne ont
exercé leur mouvement, quoique submergées, & de la même
maniere que si elles eussent été à l'air libre ; mais le vase dans
lequel il les avoit mises étoit transparent & exposé au Soleil :
l'eau, même en abondance, ne paroît donc pas influer essentiellement sur la direction des tiges, ni sur le mouvement des
feuilles ? & l'on a lieu de soupçonner que le Soleil agit plus
par sa lumiere que par sa chaleur pour opérer les mouvements
dont il s'agit : en effet, si l'on couvre les vases dont on se
sert avec un gros papier bleu & épais, pareil à celui dont on
enveloppe les pains de sucre, alors le mouvement des feuilles
ne s'opere presque plus.

M. Bonnet crut d'abord que la lumiere d'une grosse bougie
pourroit en quelque façon tenir lieu de celle du Soleil ; mais la
chose mieux examinée, il reconnut qu'il n'en étoit rien.

Il se proposa ensuite de troubler ces mouvements, en interceptant la communication de la plante avec l'air extérieur ;

Partie II.   V

Pl. XVI. pour cela il mit ses plantes dans des poudriers en partie remplis
d'eau, sur laquelle il versa de l'huile : les feuilles cependant se retournerent, & les tiges se courberent.

　　Apparemment que l'huile n'intercepte pas suffisamment la
communication de l'air ; car le même Observateur ayant mis
le même poudrier dans un grand vase rempli d'eau, & par dessus
Fig. 166. ce poudrier une cloche de verre, comme dans la *fig.* 166, il
remarqua que les feuilles ne se retournoient point lorsqu'il ne
restoit plus d'air au haut de la cloche ; mais ce mouvement se
laissoit voir un peu, quand on laissoit de l'air au haut de cette
cloche : ce moyen ne paroît cependant pas être toujours suffisant pour empêcher le mouvement des plantes ; car M. Bonnet
a soin de remarquer, que quoiqu'on ne laisse point d'air au
haut de la cloche, les tiges ne laissent pas de se recourber pour
gagner leur perpendicularité.

　　On a vu au commencement de cet Article, que les tiges qui
sortent de la semence s'élevent perpendiculairement, quoique
privées de toute lumiere, puisque cette perpendicularité s'est
manifestée sous des cloches couvertes de fumier dans des tuyaux
de grais, & même au milieu d'épaisses couches de terre. Voici
encore une expérience de M. Bonnet qui prouvera ce fait.

　　Il mit plusieurs branches en expérience, mais suivant différentes dispositions, dans une grotte dans laquelle étoit un réservoir d'eau courante, où l'air étoit fort humide, & où un
Thermometre plongé dans l'eau, & un autre mis à l'air mar-
quoit pareillement douze degrés au dessus de zéro ; cette grotte
étoit encore d'une obscurité parfaite lorsque la porte étoit fermée. Malgré cela le renversement & les autres signes de nutation eurent lieu, de la même maniere que dans les appartements.

　　Si l'on réfléchit sur toutes les observations que nous venons
de rapporter, je crois qu'on inclinera à penser que la direction
des vapeurs, tant celles qui sont contenues dans les vaisseaux
des plantes, que celles qui sont répandues dans le milieu où
elles sont placées, contribuent plus que toute autre chose aux
phénomenes qui nous occupent ; & si la chaleur & la lumiere
ont paru y influer pour quelque chose, c'est peut-être parce
qu'elles occasionnent des vapeurs, ou qu'elles en déterminent
le cours : quoi qu'il en soit de cette conjecture, elle m'a fait

Pl. XVI.

Fig. 167.

naître l'idée de placer des femences dans un endroit où je pourrois changer la direction des vapeurs. Dans cette vue, je fis conf-
truire la machine, *fig.* 167 : *a* eſt une caffetiere remplie d'eau &
placée ſur un réchaud où je n'avois mis qu'une lampe très-fine
allumée, pour exciter un peu de vapeurs : *b* eſt un tuyau ſoudé
au couvercle de cette caffetiere : *c* un tuyau de verre rempli de
terre, dans laquelle j'avois mis un gland, le petit bout tourné
vers le haut ; & *d* un long tuyau de fer blanc, par lequel devoient ſortir les vapeurs.

J'eſpérois que la route des vapeurs s'établiroit ſuivant la direction *a b c d*, ou ſuivant celle de fleches marquées dans la *fig.*
& que ce gland qui ſe trouveroit dans un courant de vapeurs renverſé pouſſeroit ſa radicule & ſa plume dans une ſituation contraire à l'ordre ordinaire ; c'eſt-à-dire, ſa radicule vers le haut &
ſa plume vers le bas : des accidents qu'il eſt inutile de rapporter,
ont dérangé cette expérience ; & je n'en parle ici que parce
que je deſirerois qu'on imaginât quelque moyen encore plus
efficace que celui-ci pour donner un certain courant aux vapeurs, afin de s'aſſurer de ce qui en réſulteroit ſur la direction
des tiges & des racines.

Au reſte, cet effet des vapeurs ne s'écarte pas beaucoup de
ce que Parent a dit dans les Mémoires de l'Académie, années
1703 & 1710. Il aſſocie à la légéreté des ſucs qui s'élevent
dans les tiges, un certain effet de la matiere magnétique, auquel on pourroit maintenant ſubſtituer celui de la matiere élec-
trique : mais tout cela me paroît trop ſyſtématique.

J'ai dit un mot, en paſſant, des plantes *étiolées* : les expériences que M. Bonnet a faites à cette occaſion ont trop de
rapport au ſujet qui nous occupe ici pour en remettre le détail
en un autre endroit.

ᴀʀᴛ. II. *Des Plantes étiolées.*

Tᴏᴜᴛᴇs les plantes qu'on éleve dans de très-petits jardins
entourés de bâtiments élevés pouſſent, comme nous l'avons
dit, beaucoup en hauteur, peu en groſſeur, & ordinairement
elles périſſent avant d'avoir produit leur fruit.

J'ai élevé des plantes entre les doubles châſſis d'un appartement; elles se font beaucoup plus élevées que celles plantées à la campagne : en un mot, elles étoient *étiolées.*

Les plantes qu'on seme trop dru ont aussi ce défaut. On remarque cela principalement dans les pépinieres où l'on a planté les arbres trop près à près.

Dans le mois de Mai, M. Bonnet sema trois pois, l'un à l'ordinaire, un autre fut couvert d'un tuyau de verre fermé par le haut, le troisieme le fut d'un tuyau de bois fermé aussi par en haut : ce Physicien eut l'attention de s'assurer par un Thermometre que l'air qui environnoit ces trois plantes étoit d'une égale température.

La plante élevée sous le tuyau de verre différoit peu de celle qui étoit à l'air libre; mais celle qui étoit renfermée dans le tuyau de bois étoit fort élevée, maigre & étiolée.

L'expérience a offert les mêmes résultats quand elle a été répétée sur des haricots. Lorsque les tuyaux de verre étoient exactement fermés par le haut, les plantes étoient plus petites qu'en plein air; mais elles n'étoient point étiolées : au contraire celles des tuyaux de bois, quelque minces qu'ils fussent, étoient fort étiolées.

Les plantes élevées dans un tuyau, dont trois côtés étoient de bois, & celui qui regardoit le nord, de verre, n'étoient point étiolées.

Un bouton de vigne renfermé dans un tuyau de fer blanc, ouvert par le bout & enveloppé de mousse pour empêcher que la chaleur du fer blanc n'endommageât le bourgeon, est devenu fort blanc & étiolé.

Des plantes élevées sous des tuyaux de bois auxquels on avoit pratiqué des trous fermés avec du verre étoient étiolées; mais les tiges montroient un peu de verdeur aux endroits qui étoient vis-à-vis ces trous. M. Bonnet remarque que ce n'est pas la chaleur qui a empêché les plantes contenues dans les tuyaux de verre de s'étioler, puisqu'il s'est assuré, par des Thermometres, que cette chaleur étoit au même degré que sous les tuyaux de bois. Il pense que l'étiolement des plantes est principalement produit par la privation de la lumiere. Ne pourroit-on pas ajouter que les expériences rapportées à l'occasion de la transpiration des feuilles, prouvent que les plantes renfermées dans les tuyaux de bois transpirent beaucoup moins que celles qui sont dans les tuyaux de verre ? Ce défaut de transpiration les doit entretenir plus tendres, plus herbacées, plus ductiles ; ce qui fait que se prêtant davantage au mouvement de la seve, elles s'étendent beaucoup en longueur, & ne prennent point de grosseur. Mais cette idée auroit besoin d'être appuyée de preuves.

Comme j'ai eu occasion de traiter de quelques mouvements spontanés des plantes, je crois qu'il n'est pas hors de propos de placer ici d'autres observations qui ont rapport à ce même objet.

Art. III. *De quelques mouvements des Plantes qui approchent en quelque façon des mouvements spontanés des animaux.*

On sait que la plûpart des feuilles *empannées* se plient tous les soirs ; c'est-à-dire que leurs folioles se rapprochent les unes des autres. M. Bonnet a observé plus attentivement que personne ce phénomene, & il a remarqué :

1°, Que pendant le jour, si le Ciel est couvert & l'air frais, les folioles se tiennent dans un même plan que le filet du milieu, comme dans la *fig.* 176. (Pl. XVII.)

2°, Dès que le Soleil donne sur quelque partie de l'arbre, les folioles se rapprochent par leur face supérieure, & la nervure se trouve en dessous, quand la chaleur devient forte ; ce renversement va jusqu'à se toucher, & la foliole unique du bout, jusqu'à toucher le tranchant des deux folioles voisines : *Voyez* *fig.* 177.

3°, A mesure que la chaleur diminue, les folioles se redressent, & elles font un même plan avec la nervure du milieu. *fig.* 178.

4°, Lorsque le Soleil est couché, sur-tout quand il fait de la rosée, les folioles se rapprochent par leur face inférieure au dessous de la nervure, de sorte que souvent les faces inférieures se touchent, & la foliole unique se rabaisse jusqu'à toucher le tranchant des folioles inférieures, *fig.* 177.

5°, A mesure que les folioles se rapprochent par la chaleur,

Pl. XVI.
Fig. 176.

Fig. 177.

Fig. 178.

chacune fe ploye en gouttiere. M. Bonnet ayant préfenté la flamme d'une bougie, ou un fer chaud, fous des feuilles d'Acacia, fermées par la rofée, elles fe font ouvertes & pliées en fens contraire; comme elles font par l'action du Soleil; mais les feuilles en ont beaucoup fouffert, & elles font tombées peu de temps après.

6°, Le même ayant éprouvé ce que pouvoit faire la chaleur, fe propofa de connoître quel feroit l'effet de l'humidité : il coupa des feuilles d'Acacia, lorfque les folioles étoient dans un même plan, avec le filet du milieu; il fit tremper le bout de ce filet dans l'eau, & leur ayant donné une pofition à peu près horizontale, il fufpendit au deffus une groffe éponge remplie d'eau, & qu'il tint éloignée des feuilles, depuis un pouce jufqu'à fix; ces feuilles fe replierent comme quand elles font frappées par la rofée.

7°, Enfin M. Bonnet a encore remarqué que la furface des feuilles de plufieurs arbres étant expofée au Soleil devenoit concave; & cela doit être fi, comme nous l'avons dit dans le IIe Livre, les feuilles empannées peuvent être regardées comme des feuilles fimples qui feroient découpées jufqu'à la nervure du milieu.

Ces mouvements communs à prefque toutes les feuilles empannées font fur-tout très-fenfibles fur les feuilles de la plante que l'on nomme la Senfitive épineufe. Ce qui a donné lieu à M. de Mairan de remarquer, (*Hiftoire de l'Académie*, 1729.) que quoique cette plante fût dépofée dans un lieu fort obfcur & d'une température affez uniforme, elle ne laiffoit pas de fe fermer tous les foirs & de s'ouvrir tous les matins, comme fi elle eût été expofée au jour. Cette obfervation m'a fait naître l'envie de connoître ce qui arriveroit à cette plante en la plaçant dans une obfcurité encore plus parfaite.

Un matin dans le mois d'Août, ayant tranfporté un pied de fenfitive dans un caveau qui n'avoit point de foupirail, & qui étoit précédé d'une autre cave; les fecouffes du tranfport firent fermer les feuilles de cette fenfitive : le lendemain à dix heures du matin elles étoient ouvertes, mais non pas autant qu'elles l'auroient été en plein air : elles refterent toujours ainfi ouvertes pendant plufieurs jours; néanmoins elles fe fermoient quand

on touchoit leurs branches, mais peu de temps après elles s'ouvroient : je tirai cette plante de la cave à dix heures du soir, &
je pris bien garde de ne la pas secouer ; les feuilles resterent
ouvertes pendant la nuit, & la journée suivante ; mais le soir
elles se refermerent.

Comme le résultat de cette expérience diffère de celui de
M. de Mairan, je me proposai de m'assurer si cette différence
venoit de ce que l'obscurité étoit plus parfaite dans cette cave
qu'elle ne l'avoit été dans le cabinet où M. de Mairan avoit fait
son expérience ; & pour cela j'enfermai un pot de sensitive
dans une grande malle de cuir qui étoit dans un cabinet bien
fermé, & je recouvris cette malle avec des couvertures de laine
fort épaisses. Quoique par ce moyen je fusse parvenu à tenir
cette plante dans une obscurité parfaite, cependant elle s'ouvroit
le matin, & elle se fermoit le soir, ainsi que dans l'expérience
de M. de Mairan : assurément ce fait ne tient pas absolument
à la lumiere ; car dans les serres chaudes on voit que cette plante
se ferme l'été sur les sept heures du soir, lorsqu'il fait encore grand
jour, & que la chaleur est encore très-forte dans ces sortes de
serres : bien plus, j'ai vu des pieds de sensitive déposés dans
des serres chaudes, se fermer tous les soirs, quoiqu'on eût soin
d'augmenter la chaleur des poëles.

On peut conclure de ces expériences que les mouvements de
la sensitive ne dépendent point essentiellement ni de la lumiere,
ni de la chaleur.

J'ai expérimenté que la lumiere artificielle d'un flambeau ne
produit aucun effet sur la sensitive.

Néanmoins dans les jours chauds, cette plante est plus sensible, elle s'ouvre plus le jour & elle se ferme plus exactement
pendant la nuit ; j'entends un jour chaud, & non pas un Soleil
vif ; car il n'est point rare de voir les sensitives exposées au Soleil
se fermer à midi.

Un pied de sensitive bien ouvert sous une cloche, se ferme
en peu de temps si l'on ôte la cloche, quoiqu'on aye soin de
ne point ébranler la plante.

Une branche de sensitive séparée de son pied, s'ouvre le matin, se ferme le soir, & est sensible au toucher : cette propriété
subsiste même plusieurs jours, si l'extrémité de la branche trempe
dans l'eau.

Pl. XVII.
Fig. 179.

Ayant lié & fortement ferré avec un fil ciré une branche de
fenfitive entre *g* & *f*, *fig.* 179, ou un pédicule vers *d*, le mouvement des feuilles, ni leur fenfibilité, n'en fut point altérée.
Comme il eft bon, pour l'intelligence de ce que j'aurai à dire
dans la fuite, de fe rappeller l'idée d'une branche de fenfitive,
je crois qu'il convient que j'en donne ici une courte defcription.

a b, *fig.* 179, eft une des principales branches d'où partent
des rameaux femblables à *f g*, & les feuilles font formées d'un
pédicule commun *c d*, à l'extrêmité *d* duquel aboutiffent quatre
feuilles conjuguées, *d s*, *d m*, *d n*, *d o*, chacune defquelles a un
filet chargé d'un certain nombre de folioles : cette courte defcription fuffira, je crois, pour comprendre ce qui fuit.

Dans les mouvements de la fenfitive, le rameau *f g* fe meut
fur la branche *a b* par un mouvement de charniere placé à l'aif-
felle *f*.

Le pédicule commun *c d* fe meut par un pareil mouvement
autour d'un centre placé vers *c*; de forte que la partie *d* fe porte
au point *h*.

Chaque côte-feuillée, ou chaque feuille conjuguée fe meut
dans le point *d* pour fe rapprocher les unes des autres, comme
celle marquée *l*.

Enfin chaque foliole fe meut fur fon pédicule propre, pour
s'appliquer chacune contre fon oppofée, ainfi qu'on le voit en
d n, *m p*, *h p*, en forte que chacune de ces folioles décrit un
angle de 90 degrés.

Voilà donc différentes parties qui fe meuvent fuivant des
directions différentes, & encore par des mouvements indépen-
dants les uns des autres; car fi l'on touche très-délicatement
une de ces folioles, elle feule fe plie; mais fi l'irritation a été
affez forte pour en faire mouvoir deux à la fois, c'eft l'oppofée
à celle qui a été touchée qui fe replie & fe colle contre la premiere. Ce qui peut arriver fans que ni la côte-feuillée, ni le
pédicule commun faffent aucun mouvement : on peut auffi
faire mouvoir ces parties fans que les feuilles fe replient : très-
fouvent la fecouffe d'une partie agit fur les autres; mais je me
fuis bien affuré qu'en prenant toutes les précautions convenables, on réuffit quelquefois à occafionner ces mouvements indépendamment les uns des autres,

Dans

Dans la nuit, lorsque les folioles sont rapprochées les unes des autres, une légere secousse fait encore plier les côtes-feuillées & les pédicules communs.

Ayant observé exactement le mouvement naturel d'un rameau de sensitive, vers la mi-Septembre, je remarquai qu'à neuf heures du matin il faisoit avec la grosse branche un angle de 100 degrés, à midi de 112, à trois heures après midi de 100; ayant touché ce rameau, il a fait un angle de 90 degrés; trois quarts-d'heures après de 112, & à huit heures du soir de 90.

Le lendemain qu'il faisoit un plus beau temps, vers les neuf heures du matin, il faisoit un angle de 135 degrés; après l'avoir touché, de 80; une heure après de 135; l'ayant touché de rechef sur les dix heures, une heure après ou vers midi, il faisoit un angle de 145; l'ayant encore touché, de 135. Ainsi le rameau ne se rapprocha de la plante que de dix degrés; il n'y eut que les feuilles qui s'ouvrirent; & le rameau resta à 135. L'ayant ensuite touché à cinq heures du soir, il se rapprocha de la branche de 25 degrés; ainsi il étoit à 110. Comme il arrive qu'une secousse plus forte fait plus ployer les branches qu'une plus foible, il ne faut point regarder comme une regle constante ce que je viens de rapporter, il suffit d'en conclure: 1°, Que quand la plante est dans sa plus grande action, les branches s'ouvrent ou se contractent davantage, que quand la plante est moins sensible: 2°, Que quand le Soleil est pur & net pendant toute la journée, toutes les plantes sont plus sensibles au matin que dans l'après-midi: 3°, Que dans les circonstances où les plantes sont moins sensibles, les feuilles continuent à se plier lorsque les pédicules sont sans mouvement; & c'est peut-être pour cette raison que plusieurs plantes qui portent des feuilles empannées, donnent quelques marques de sensibilité, mais par leurs folioles seulement.

Il n'importe avec quel corps on touche ces feuilles pour les faire mouvoir; mais il faut produire une secousse: car on peut presser quelques feuilles avec les doigts sans qu'elles se plient, pourvû qu'on ne fasse aucune secousse, & qu'on évite de gêner assez les feuilles pour occasionner le moindre mouvement dans l'articulation du pédicule; car dans ce cas, elles se ferment aussi-tôt; ce qui prouve déja que c'est dans l'articulation que

Partie II.   X

réside principalement la sensibilité de la plante : il semble même qu'il y a dans cette articulation des endroits plus sensibles les uns que les autres ; car si l'on grate légérement avec la pointe d'une aiguille un petit point blanchâtre qui est à l'articulation d'une foliole sur la côte-feuillée, elle se plie sur le champ, ce qui n'arrive pas si promptement, ni si facilement, si l'on cause une pareille irritation à toute autre partie des folioles.

Le vent & la pluie font fermer la sensitive ; mais ce n'est que par l'agitation que l'un & l'autre causent à la plante ; car si l'on pose légérement une goutte d'eau à quelque endroit que ce soit de la plante, il n'en résulte aucun mouvement : c'est par la même raison, qu'une pluie douce & très-fine ne fait quelquefois pas fermer les sensitives qui y sont exposées. Les feuilles de cette plante entiérement fannées & jaunes, ou plutôt blanches & prêtes à mourir, conservent encore leur sensibilité ; cela confirme que cette sensibilité réside plus particuliérement dans les articulations, lesquelles conservent plus long-temps leur verdeur que les feuilles.

Le temps qui est nécessaire à une branche qui a été touchée pour se rétablir, varie suivant la vigueur de la plante, l'heure du jour, la saison, & d'autres circonstances de l'atmosphere.

L'ordre dans lequel les différentes parties se rétablissent, varie pareillement ; car tantôt c'est le pédicule commun ; d'autres fois c'est la côte-feuillée ; ou bien les folioles commencent à s'écarter les unes des autres, avant que les autres parties ayent fait aucun mouvement pour se rétablir.

Si l'on coupe très-adroitement avec des ciseaux, & sans causer de secousses, la moitié d'une foliole de la derniere ou de l'avant-derniere paire, comme seroit *p*, on voit presque dans le même instant la feuille opposée à celle qu'on a coupée se plier, ainsi que celle qu'on a mutilée ; l'instant d'après les deux feuilles voisines se replient ; & cela continue paire par paire, jusqu'à ce que les folioles d'une côte soient pliées. Souvent après douze ou quinze secondes, le pédicule & les côtes-feuillées entrent en mouvement, & les feuilles des autres côtes se ferment, avec cette différence, qu'au lieu que d'abord c'étoient les folioles de la pointe qui avoient commencé à se fermer, ce sont dans le second cas les folioles voisines de l'articulation

qui commencent à se fermer. Je comprends dans ce détail plu-
sieurs observations qui sont rapportées dans la *Micrographie de
Hook;* mais il n'y en a aucune que nous n'ayons exécutées feu
M. Dufay & moi.

Ayant coupé par la moitié toutes les folioles d'un côté, les
autres antagonistes s'ouvrirent; & ayant coupé une de ces
folioles, tout se passa comme dans les précédentes.

Ainsi on n'apperçoit pas qu'il y ait une communication plus
intime entre les feuilles antagonistes qu'entre toutes les autres
parties de la même plante.

Si l'on coupe une des folioles qui sont près de l'articulation,
il arrive la même chose que quand on a coupé celles de la pointe;
c'est-à-dire, que les folioles commencent à se ployer par l'anta-
goniste de la feuille coupée: ainsi les folioles commencent par
se plier par celles de l'extrêmité de la côte-feuillée où l'on a
fait la section.

Si l'on pose tout doucement une goutte d'eau forte sur une
feuille, tout reste sans mouvement jusqu'à ce que l'eau forte
commence à détruire la foliole; alors toutes se ferment dans
l'ordre que nous avons dit en parlant des sections.

La vapeur du souffre brûlant fait fermer la sensitive, quoique
la plante n'en reçoive aucun dommage.

La vapeur de l'esprit volatil de sel ammoniac a produit le
même effet: une goutte de cet esprit posé sur une foliole a fait
fermer toutes celles d'une côte; mais la foliole a péri.

Ayant coupé avec un canif environ les trois quarts du diametre d'un pédicule, toutes les parties dépendantes se plierent;
mais ensuite elles se redresserent, & les folioles ne parurent
point en souffrir.

Il est possible, avec un peu d'adresse & de précaution, de
couper un rameau sans que les feuilles se plient.

Si l'on parvient à couper, même jusqu'à la moitié de son
diametre, une des principales branches sans causer d'ébranle-
ment, les rameaux compris depuis la section jusqu'à la racine
se plieront; mais les folioles resteront ouvertes, & tous les rameaux compris depuis l'incision jusqu'au bout resteront ouverts:
si alors on coupe une foliole de l'extrêmité de la branche, tout
se fermera dans l'ordre que nous avons exposé plus haut.

Les folioles frottées d'efprit-de-vin ont paru n'en recevoir aucune altération, & elles ont continué à avoir la liberté de leur jeu comme les autres.

L'huile d'amandes douces n'a pas produit plus d'effet, quoiqu'il y ait plufieurs plantes que l'on peut faire périr en les frottant d'huile.

Ayant affujetti au fond de l'eau un rameau de fenfitive, fes folioles fe fermerent dans le premier inftant de l'immerfion; peu après quelques feuilles qui étoient prefqu'à la furface de l'eau, en fortirent & s'ouvrirent, pendant que les oppofées qui étoient encore fous l'eau reftoient fermées; le lendemain toutes les feuilles étoient forties de l'eau; les côtes & les rameaux s'étoient contournées d'une façon finguliere: ayant enfuite verfé de l'eau dans le vafe, de façon que la plante en étoit recouverte de plus d'un pouce, toutes les feuilles paroiffoient tendre à fortir de l'eau, en fe contournant contre leur ordre naturel; il n'y en eut qu'une feule qui pût fortir hors de l'eau, & encore quelques folioles; elles s'ouvrirent de même que toutes les folioles qui appartenoient à cette côte-feuillée, & même celles qui étoient fous l'eau: ayant tiré de l'eau cette branche, toutes les folioles fe fermerent, & s'ouvrirent enfuite en fort peu de temps.

Un pot de fenfitive ayant été mis au fond d'un feau d'eau expofé au Soleil, prefque toutes fes folioles fe fermerent en entrant dans l'eau; fur les dix heures du matin prefque toutes les folioles étoient ouvertes; elles fe fermerent le foir; une partie s'ouvrit le lendemain: on tira la plante de l'eau, & alors toutes les feuilles s'ouvrirent en peu de temps, mais la plante étoit fort pareffeufe; vingt-quatre heures après la plante étoit entiérement rétablie.

Si l'on brûle légérement, avec un miroir ardent, une foliole, tout fe paffe comme quand on l'a coupée avec des cifeaux: fi la brûlure eft plus forte, les feuilles voifines fe ferment.

Ayant coupé un rameau avec des cifeaux, & laiffé les folioles s'ouvrir, on brûla fortement le bout coupé; toutes les feuilles fe plierent de même que les folioles: la même chofe eft arrivée quand, au lieu d'un miroir ardent, on s'eft fervi d'une bougie allumée ou d'un fer chaud.

Il paroît que cette plante a une senſibilité réelle ; & que toutes les fois que l'irritation eſt plus forte, les effets en ſont plus conſidérables : les expériences ſuivantes ſemblent conduire à cette conſéquence.

Si l'on pince légérement entre les doigts une foliole, rien ne ſe ferme : ſi dans cet attouchement il ne s'eſt fait qu'une ſecouſſe fort légere, les folioles qui appartiennent à une même côte-feuillée ſe ferment ; ſi la ſecouſſe eſt plus forte, les côtes-feuillées voiſines ſe ferment ; & une ſecouſſe encore plus forte influe ſur toute une branche.

J'ai déja rapporté pluſieurs expériences qui prouvent que la ſection d'un rameau ne produit pas autant d'effet qu'une ſe-couſſe ; je me ſuis encore plus aſſuré de ce fait par l'expérience ſuivante.

Si l'on coupe avec beaucoup de dextérité & de délicateſſe, une côte-feuillée près de ſon inſertion ſur le pédicule commun, il n'arrive rien aux autres ; & ſi l'on a ſoin de prévenir la chûte de cette feuille, ſur les côtes voiſines, en la ſoutenant avant de la couper, quelquefois les folioles qui appartiennent à la feuille coupée ne ſe ferment point : de même, il ne ſe fait aucun mouvement ſi l'on perce une branche avec une aiguille, & ſi l'on prend les précautions néceſſaires pour ne lui cauſer aucune agitation.

La vapeur de l'eau bouillante dirigée ſous une feuille fait le même effet que le fer chaud, à moins que la chaleur ne ſe ſoit communiquée aux branches voiſines, en ce cas toutes celles qui ſe ſont fermées, ont paru plus pareſſeuſes qu'auparavant.

Ayant introduit une branche de ſenſitive dans un globe de verre fort mince, & ayant fermé l'ouverture de ce globe avec de la cire ; lorſque les folioles ſe furent ouvertes, ſi l'on échauf-foit peu à peu le globe avec une bougie, les folioles ſe fermoient ; elles s'ouvroient peu à peu après que l'on avoit retiré la bougie : ſi dans la nuit, quand les folioles étoient fermées, on approchoit la bougie de ce globe, elles ſe refermoient encore plus étroite-ment.

Une autre branche fut pareillement miſe dans un globe de verre qu'on plongea dans un vaſe où l'on avoit mis de la glace pilée avec du ſel ; d'abord la ſenſitive parut s'ouvrir plus qu'elle ne l'étoit, les folioles se renverserent au dessous de la nervure ou de la côte-feuillée ; peu après les côtes-feuillées qui étoient vers les endroits les plus exposés au froid se fermerent ; ensuite, mais avant que toute la glace fût fondue, elles s'épanouirent : les autres feuilles ne firent paroître aucun mouvement.

Ayant coupé cette branche, & rempli d'eau le globe, les feuilles continuerent à s'ouvrir & à se fermer comme celles qui étoient en plein air, & attachées à la plante.

Une branche placée entre deux morceaux de glace, mais de façon qu'elles ne la touchoient pas, ou entre deux jattes de verre mince remplies de glace & de sel, s'ouvrirent comme celle qu'on avoit mis dans le globe, d'abord plus qu'elles ne l'étoient auparavant, & elles se refermerent ensuite comme si on les eût touchées.

Ces expériences confirment ce que j'ai observé plus haut ; qu'un prompt changement dans la température de l'air fait presque toujours fermer la sensitive ; un froid continu la rend paresseuse, & ensuite la fait périr.

Une branche mise sous le récipient de la machine pneumatique, assez vuide d'air pour que le Barometre fût trois lignes au dessus du niveau, s'ouvrit le jour de l'expérience, se ferma la nuit ; s'ouvrit le lendemain matin : alors ayant laissé rentrer l'air, il n'arriva aucun mouvement : les feuilles étoient fort vertes, mais paresseuses ; & bien-tôt elles se desséchèrent ; mais ce rameau ne s'ouvroit & ne se fermoit jamais autant qu'un pareil qui restoit à l'air libre.

Ayant mis deux rameaux pareils, l'un à l'air, & l'autre sous un récipient plein d'air ; celui-ci s'ouvrit de meilleure heure le matin, & se ferma le soir plus tard que l'autre. Un pied de sensitive planté dans un pot ayant été mis sous un grand récipient vuidé d'air, les feuilles s'ouvrirent & se fermerent ; mais non aux mêmes heures que celles de pareils pieds qui étoient à l'air, & en secouant la machine on reconnut que la plante étoit paresseuse : elle finit par rester ouverte ; ayant laissé rentrer l'air, elle parut reprendre un peu de sensibilité ; mais elle resta languissante, & elle périt. On voit que le vuide ne diminue la sensibilité de cette plante que parce qu'elle y dépérit.

Je n'ai garde de prétendre former aucun fyftême fur les expériences & les obfervations que je viens de rapporter, je me
contenterai de faire remarquer quelques conféquences qu'on en
peut tirer.

1°, Une fecouffe, une irritation produit plus d'effet qu'une
incifion, ou même qu'une fection entiere.

2°, Une légere irritation n'agit que fur les parties voifines;
l'effet d'une irritation plus confidérable s'étend plus loin, &
d'autant plus que l'irritation eft plus grande.

3°, L'irritation portée fur certaines parties produit plus d'effets qu'étant portée fur d'autres.

4°, Tout ce qui peut produire quelque effet fur les organes
des animaux, agit fur la fenfitive : une fecouffe, une égratignure,
la chaleur, le grand froid, l'odeur forte des liqueurs volatiles,
toutes ces chofes agiffent fur la fenfitive.

5°, La fubmerfion de cette plante ainfi que le vuide, ne femblent agir qu'en altérant la vigueur de la plante : il faut remarquer que quand cette plante fe replie, ce n'eft pas par une
efpece de défaillance, au contraire elle eft dans une contraction
fort fenfible; & elle fe roidit de façon que qui voudroit la remettre dans fon premier état, la romproit. Il y a d'autres végétaux qui donnent des marques de fenfibilité : je vais en dire
quelque chofe.

Si l'on touche les étamines de l'*Oponcia*, elles fe rapprochent
du piftile : de même, fi avec la pointe d'une aiguille on caufe
une légere irritation à la bafe des étamines de l'Épine-vinette,
on les voit fe contracter & fe rapprocher du piftile : une fecouffe
affez vive donnée à l'*Heliotropium*, fes étamines deviennent très-
fenfibles : un foufle, ou une très-légere irritation leur caufe
des mouvements convulfifs, ou de trépidation, très-finguliers.

Ce font-là, ce me femble, des mouvements bien analogues
à ceux de la fenfitive; & cela me détermine à dire avec M. Bonnet, que plufieurs animaux, tels que certains Polypes, les
Galles-infectes, & les Huitres, n'ont pas des mouvements
beaucoup plus variés que certaines plantes.

Comme les fleurs en offrent encore d'un autre genre qui
ne font pas plus faciles à expliquer, je ne puis me difpenfer
d'en dire ici quelque chofe.

ART. IV. *Des heures où les fleurs des diffé-rentes plantes s'épanouissent, & de quelques mouvements qui font particuliers à quelques parties de certains fruits.*

Quantité de fleurs, comme celles des *Convulvulus*, s'ou-vrent le matin & fe referment le foir : cela ne paroît pas de prime-abord fi furprenant; il femble que le Soleil qui com-mence à échauffer l'air produife la raréfaction des liqueurs con-tenues dans les vaiffeaux des fleurs, qui fe trouvant alors plus remplies, font effort pour fe redreffer, d'où peut réfulter l'épa-nouiffement de ces fleurs.

Si d'autres plantes, telles que quelques efpeces de *Malvacées*, n'ouvrent leurs fleurs que vers les onze heures du matin ou vers le midi, on imagine aifément que les liqueurs de cette plante étant plus difficiles à fe raréfier que celles des autres fleurs qui s'ouvrent dès le matin, le même effet exige une plus grande chaleur ; mais ce fyftême fe trouve déconcerté par l'obfervation de plufieurs plantes qui n'ouvrent leurs fleurs que quand la fraîcheur du foir commence à fe faire fentir : la Belle-de-nuit, le Cierge rampant, le *Geranium-trifte*, font de ce genre.

M. Linnæus a fait une Differtation fur ce phénomene végé-tal, & en conféquence il a conftruit une efpece d'horloge à l'ufage des Botaniftes. Il faut avouer que cette horloge eft fu-jette à bien des dérangements, fuivant les différents états de l'atmofphere ; mais auffi l'on voit quelque régularité dans fa marche.

Pour terminer ce que j'avois à dire fur les mouvements fpon-tanés des plantes, il me refte à parler d'une efpece de mou-vement mufculaire que l'on remarque principalement dans quelques fruits.

Les tiges de prefque toutes les plantes ont une force de ref-fort, qui fait que quand on ploye une fleur, ou une feuille, elle fe remet dans fon premier état. Néanmoins il y a une plante que l'on nomme pour cette raifon la *Cataleptique*, qui a le fupport de fes fleurs tellement articulé fur la tige, que ces fleurs

reftent

reſtent dans les mêmes poſitions qu'on lui a fait prendre. Il me
reſte à faire voir que les fruits ſont également doués de quelques mouvements qui leur ſont propres.

Nous avons traité des vaiſſeaux des plantes comme organes
deſtinés à porter le ſuc nourricier ; nous avons encore fait voir
que dans certaines circonſtances ils s'endurciſſent, & qu'ils ſont
alors en état de donner de la ſolidité aux plantes.

Nous allons maintenant les conſidérer avec Tournefort ſous
un autre point de vue. Quand les parties auxquelles ils ſont
attachés ont pris leur entier accroiſſement, & qu'elles n'ont
plus beſoin de nourriture, les vaiſſeaux ou les fibres deviennent
alors capables de tenſion, ils changent d'uſage, ainſi que pluſieurs parties des animaux, ils font en quelque ſorte l'office des
fibres muſculaires des animaux ; alors pluſieurs fibres qui ont
des directions pareilles, concourent à écarter certaines parties,
& à faire prendre à d'autres des contours particuliers ; comme
on peut le remarquer aux fruits des Tulipes, des Impériales, de
pluſieurs gouſſes de légumes, aux capſules de l'Ellébore noir,
de l'Aconit, de l'Ancholie, du pied d'Alouette, &c.

Les fibres muſculaires végétales dont je vais parler, ſont
très-différentes des fibres muſculaires des animaux, non-ſeulement en ce qu'au lieu de former de groſſes maſſes de fibres
toutes accumulées les unes contre les autres, elles ſont raſſem-
blées par petits faiſceaux qui s'écartent les uns des autres, &
entre leſquels ſe trouvent de groſſes maſſes de tiſſu cellulaire ;
mais une différence qui eſt encore plus grande, c'eſt que la
contraction des fibres muſculaires des animaux paroît dépendre
d'un ſuc qui les remplit (je dis qu'il paroît dépendre, car ce
point de l'économie animale eſt encore peu connu) , au lieu
que les fibres des végétaux ſe contractent par un deſſéchement
qui diminue leur volume en tout ſens : les fibres qui n'étoient
point apparentes dans les fruits verds, le deviennent dans les
fruits qui ſe deſſechent, parce que le tiſſu cellulaire plus ſuc-
culent ſe contracte beaucoup plus que les principales fibres :
donnons quelques exemples :

Les capſules de l'Ellébore noir commun, & de l'Ellébore
ſauvage, ſont compoſées de trois ou quatre cornets membraneux, attachés par le bas à un même point ; chaque cornet

Partie II.   Y

Pl. XVII.
Fig. 182. 183.
peut être confidéré comme un mufcle creux qui a deux ventres *a b*, (*fig.* 182, 183,) & un tendon commun *d*; de ce tendon
partent des fibres annulaires qui vont rendre aux autres tendons *c*, fournis par deux levres tendineufes qui font feulement
collées l'une contre l'autre; ainfi le point fixe étant dans le
tendon commun *d*, les deux levres tendineufes doivent s'écarter l'une de l'autre quand les fibres annulaires fe raccourciffent;
& l'ouverture doit commencer par le haut, non-feulement
parce que cette partie fe deffeche la premiere, mais encore
parce que les tendons eux-mêmes, en fe raccourciffant, tirent
la pointe vers le bas, & l'obligent de s'ouvrir, comme on le peut
Fig. 181. voit dans la *fig.* 181.

Fig. 180. Les capfules de plufieurs efpeces d'Aconit, (*fig.* 180,) reffemblent affez à celles que je viens de décrire, fi ce n'eft que
les fibres mufculaires forment une efpece de réfeau, & non
des anneaux femblables à ceux des *fig.* 182 & 183, & que le
tendon commun eft fur le dos de cette efpece de mufcle.

Quand les fruits de la Couronne-impériale font encore verds,
ils paroiffent être compofés d'une feule piece; & ils reffemblent en quelque façon au tronçon d'une colonne cannelée à
vive-arrête; mais quand les femences approchent de leur maturité, les fruits s'ouvrent en trois quartiers, de la pointe vers
la bafe, comme dans la *fig.* 184, & chacun de ces quartiers
eft compofé de deux mufcles qui ont chacun deux ventres: la
Fig. 185. *fig.* 185 en repréfente la face extérieure; on voit que le tendon
a a s'avance jufqu'au centre des capfules; que les tendons communs de chaque mufcle *b c* font fort élevés en dehors, & qu'ils
forment un tranchant; le tendon mitoyen *a a* doit être regardé
comme le point fixe vers lequel les tendons de chaque ventre
font tirés: alors les quartiers fe féparent les uns des autres, les
fibres des mufcles ne font pas annulaires, elles vont un peu
obliquement de bas en haut; ce qui fait qu'en agiffant de concert, les fruits capfulaires s'ouvrent par le haut de leur capfule.

On fait que les gouffes des légumes & des plantes légumineufes font compofées de deux coffes, ou battants, ou panneaux,
qui font des lames membraneufes convexes en dehors, & concaves en dedans: dans la plûpart des efpeces, ces coffes font
appliquées & comme collées l'une contre l'autre par des fila-

Pl. XVII.
Fig. 186.

ments déliés, (*fig.* 186.) Elles font attachées plus fortement fur le dos de la gouffe ou fur le côté où font attachées les femences, que fur le tranchant; on voit fenfiblement que les vaiffeaux qui portent la nourriture aux femences & à la gouffe, partent principalement de la partie que nous avons appellée *le dos.*

Chaque coffe eft compofée de deux plans de fibres : les extérieurs forment une efpece de réfeau, dont les fibres partent du dos de la gouffe, s'étendent obliquement fur fa partie convexe, & vont fe rendre au tranchant : les mailles de ce réfeau font remplies d'un tiffu cellulaire.

L'intérieur, ou la partie concave de ces gouffes, eft formée de fibres très-fines & droites, qui vont obliquement fe rendre du gros faifceau du dos de la gouffe, au petit faifceau du tranchant, croifant les fibres réticulaires du plan extérieur. Ces fibres qui forment ce qu'on appelle communément *le parchemin*, font plus fortes que les fibres extérieures. Les fibres extérieures qui doivent fe deffécher, & par conféquent fe contracter les premieres, tirent en dehors le tranchant, & féparent les coffes; l'air defféchant enfuite les fibres du parchemin, elles entrent en contraction.

Si elles étoient perpendiculaires aux faifceaux des bords, les coffes fe romproient, & les bords fe rapprocheroient l'un de l'autre en fe roulant; mais comme dans le grand *Latirus*, qui nous fert d'exemple, elles font obliques, les coffes fe roulent en forme de fpirale, (*fig.* 187.) nous ne fuivrons pas plus loin l'examen détaillé des organes qui produifent la contraction de différents fruits; ce que nous venons de dire fuffira pour guider ceux qui voudront examiner de même les fruits du Pavot épineux, de la Fraxinelle, de la Balfamine, du Concombre fauvage, &c. qui fe contractent avec tant de force qu'ils jettent fort loin leurs femences : il eft vrai que la direction de leurs fibres n'eft pas toujours auffi fenfible que dans les exemples que je viens d'expofer; & que la contraction de leur tiffu cellulaire pourroit feule fuffire toutes les fois qu'il ne s'agit que d'un rétréciffement en tout fens, comme on le remarque dans certains fruits : au refte les exemples que j'ai rapportés fuffifent pour prouver:

1°, Qu'à certaines parties des plantes, plufieurs vaiffeaux ou fibres ont une direction qui leur eft particuliere.

Fig. 187.

2º, Qu'en se desséchant, ces fibres se raccourcissent, & qu'alors elles agissent toutes de concert pour produire un même effet.

3º, Que ce sont ces considérations qui ont engagé Tournefort à comparer l'assemblage de ces fibres aux muscles des animaux; car on peut entendre par muscle un tissu de fibres dont l'arrangement est tel, que par leur contraction elles font agir une partie d'une maniere déterminée : en un mot, ce sont les muscles des végétaux; mais il faut convenir aussi qu'ils different beaucoup des muscles des animaux.

Je vais terminer ce Livre par quelques remarques sur la couleur des feuilles, des fleurs, & des fruits ; & j'y ajouterai quelques réflexions sur la fécondité des plantes.

Art. V. *De la couleur des fleurs, des feuilles, & des fruits.*

Les feuilles de presque toutes les plantes sont vertes : il en faut néanmoins excepter celles qui sont panachées, telles que les Amaranthes-Tricolors, &c, qui ont leurs feuilles panachées de verd, de jaune & de rouge ; les Sauges dont une espece a ses feuilles jaunes & vertes, & une autre espece qui les a vertes, jaunes & rouges. On peut se procurer des pieds de Houx, de *Phyllirea* ou *Filaria*, d'Erables, d'Amandiers, &c, qui auront leurs feuilles panachées de blanc ou de jaune : plusieurs Physiciens regardent la panachure des feuilles comme une maladie réelle, & cette idée est justifiée par plusieurs observations.

1º, Un arbre planté dans une bonne terre, & qui pousse avec beaucoup de vigueur, perd la panachure de ses feuilles, pendant qu'un autre qui languit la conserve.

2º, Si l'on n'a pas l'attention de retrancher les branches qui perdent leur panachure, bien-tôt tout l'arbre ne sera plus panaché.

3º, Comment se procurer tant d'arbres panachés ? Le voici : le hazard ayant fait qu'une petite branche d'un arbre quelquefois abandonné à lui-même dans les bois se montre panachée, cette branche, ou périra, ou perdra sa panachure, si on la laisse sur l'arbre qui l'a produit ; mais si on la coupe pour la greffer sur un sujet de même genre, & qu'on ait soin de ne laisser subsister que les branches qui panachent, on se procurera des arbres qui auront cette singularité.

4°, On remarque que les arbres dont les feuilles font pana-chées, pouffent communément moins vigoureufement que les autres.

5°, Les plus petites feuilles qui fortent des boutons fe mon-trent ordinairement panachées, quoique les couleurs ayent moins d'intenfité que quand les feuilles font bien formées.

6°, Il y a des arbres auxquels la panachure des feuilles paroît plus naturelle qu'à d'autres ; ceux-là montrent plus de vigueur : ainfi l'on peut dire en général, que fi la panachure des feuilles eft une maladie, cette maladie n'affecte pas affez effentiellement les plantes pour les faire périr.

Affez fouvent les fruits des plantes à feuilles panachées le font auffi : ceux, par exemple, des Houx panachés font quelque-fois en partie rouges, & en partie jaunes, ou même quelquefois tout-à-fait jaunes.

7°, La panachure fe fait auffi appercevoir quelquefois fur l'écorce des jeunes branches.

Quoi qu'il en foit, la couleur verte peut être regardée com-me celle qui appartient le plus naturellement aux feuilles ; mais auffi cette couleur eft fort différente fuivant les différentes efpe-ces d'arbres : les uns ont leurs feuilles d'un verd brun & terne ; d'autres d'un verd éclatant ; d'autres d'un verd tirant fur le bleu ou fur le jaune, ou argentin : j'en ai parlé plus haut.

Quand les feuilles font nouvellement épanouies, elles font ordinairement d'un verd tendre ; cette couleur prend de la force à mefure que les feuilles croiffent ; en automne, quand elles font fur le point de tomber, les unes deviennent d'un fort beau rouge, d'autres jauniffent, & prennent la couleur que l'on nomme *feuille-morte.*

Les plantes qu'on éleve dans les caves ou fous des vafes opa-ques, ont leurs tiges & leurs feuilles blanches ; & fuivant que le vafe qui recouvre les plantes a différents degrés d'opacité, les productions de ces plantes font ou plus blanches, ou tirant fur le jaune, ou elles prennent une légere teinte verte qui augmente d'intenfité proportionnellement à la diaphanéité des vafes dont elles font recouvertes : de forte qu'un vafe de cryftal très-tranf-parent ne diminue point la vivacité de la couleur des feuilles : de l'eau bien tranfparente ne l'altere point non plus, puifque nous voyons des plantes aquatiques, & entiérement fubmer-

gées, qui font d'un verd très-foncé : bien plus, fi l'on a élevé
une plante dans un tuyau opaque, qui ait, fi l'on veut, un pied &
demi de hauteur, & que cette plante qui fera devenue blanche,
foit enfuite recouverte d'un autre tuyau, au milieu duquel on
ait adapté un tuyau de cryftal de trois à quatre pouces de hauteur, on remarquera que la partie de la plante qui fera vis-à-vis
le tuyau de cryftal, ou plutôt la partie qui pourra être frappée
par la lumiere prendra en peu de jours une teinte verte : les
chicorées & les cardons que l'on prive de l'effet de la lumiere
en les liant, deviennent blanches, ainfi que les feuilles de l'intérieur des Pommes de chou & de laitue, parce qu'elles font
tenues à couvert de la lumiere par les feuilles extérieures. On
ne peut pas attribuer la couleur des feuilles à la chaleur,
puifque celles de l'intérieur des laitues ne font pas plus expofées à la chaleur que celles qui les recouvrent ; d'ailleurs, comme nous l'avons dit, les feuilles des plantes deviennent vertes
fous des cloches de verre, & fur des couches dans une ath-
mofphere très-chaude & très-remplie de vapeurs ; on ne peut
donc s'empêcher de convenir avec Ray, que la lumiere ne
foit la vraie caufe de la verdeur des feuilles.

M. Renéaume a dit dans les Mémoires de l'Acad. de 1707,
que les murs d'un jardin ayant été couverts de tapifferie pendant près de trois femaines, un cep de Mufcat, un pied de
Vigne-vierge, & un Marronnier d'Inde qui s'étoient trouvés
fous cette tapifferie, avoient leurs pouffes toutes blanches
quand on les découvrit ; mais qu'en peu de jours ils reprirent
leur couleur naturelle, excepté la Vigne-vierge dont les feuilles
devinrent rouges, comme elles le font en automne.

Cependant Grew remarque que dans les tiges d'*Althæa*, les
vaiffeaux qui ne font point expofés à la lumiere font fort verds
pendant que le tiffu cellulaire eft blanc ; ce qu'il attribue au
voifinage des trachées qui font remplies d'air ; mais ces trachées
exiftent dans les branches qui croiffent à l'ombre, & qui font
blanches ; d'ailleurs il eft bien prouvé que le contact de l'air
ne fuffit pas pour rendre les feuilles vertes, puifque celles qui
croiffent dans les caves, & fous des vafes de terre, reftent blanches, quoiqu'elles foient touchées par l'air. Un argument plus
fort contre l'effet de la lumiere, eft que les plantes qui croiffent
à l'ombre dans les forêts ont quelquefois leurs feuilles plus ver-

tès que celles qui font expofées au Soleil : mais cela dépend de
ce qu'un Soleil trop fort deffeche les feuilles, & les met au
milieu de l'été dans l'état où elles font ordinairement en automne.

La lumiere du Soleil agit auſſi fur la couleur des fruits ; car
M. Bonnet ayant renfermé dans un vafe de fer blanc des raifins
d'efpece à devenir noirs, il affure qu'ils n'y purent prendre leur
couleur naturelle. On fait que les poires de bon-chrétien qui
ont crû à l'ombre font vertes ; au lieu que celles qui ont été
frappées du Soleil ont un très-beau coloris : ce fait eſt fur-tout
frappant à l'égard des pêches, & des pommes d'Api : la partie
qui eſt expofée au Soleil devient d'un fort beau rouge, pendant
que celle qui n'eſt couverte feulement que d'une feuille, reſte
blanche.

Il ne faut cependant pas regarder ceci comme une regle générale ; car les raifins deviennent très-violets au centre des fouches, quoiqu'ils foient garantis du Soleil par les feuilles ; on en
peut dire autant des prunes, des cerifes, & de pluſieurs autres
fruits.

La remarque que je viens de faire à l'égard des pommes d'Api,
me rappelle une circonſtance où la lumiere du Soleil eſt abfolument néceſſaire. On retire une liqueur d'un coquillage que
l'on nomme *pourpre :* ſi on en imbibe un linge, & qu'on l'expofe au Soleil, elle devient d'une belle couleur pourpre, qui
ne peut être emportée par aucun débouilli ; ce qui n'arrive pas,
quand on veut fubſtituer à l'action du Soleil une chaleur ou une
lumiere artificielle.

Il y a des arbres dont les feuilles ne font point panachées, qui
donnent des fruits panachés : j'ai une efpece particuliere de
Vigne, qui donne fur un même farment des grappes noires &
des grappes blanches, fur la même grappe des raifins blancs &
d'autres noirs ; & même des grains, dont la moitié eſt blanche
& l'autre noire ; ou par quartiers, noirs & blancs. Je n'ai point
apperçu que leurs feuilles fuſſent panachées. L'efpece de Co-
loquinte qui a fes fruits ſi bien variés de verd & de blanc, n'a
point fes feuilles panachées : il femble que la panachure des
feuilles influe plus fur les fruits que celle des fruits fur les feuilles.

Les différentes parties des fleurs font ordinairement colorées
dans l'intérieur des boutons ; il faut donc que la lumiere ne

leur foit pas auffi néceffaire qu'aux feuilles : néanmoins certai-nes fleurs qui s'épanouiffent à l'ombre font plus pâles que celles qui jouiffent du Soleil.

On fait que les fleurs des Tulipes qu'on nomme *Baguettes*, & qui font d'une feule couleur, deviennent panachées, pen-dant que d'autres qui étoient panachées perdent leur panachure & deviennent d'une couleur uniforme. Ces circonftances of-frent des phénomenes finguliers, bien dignes de l'attention des Phyficiens ; mais il ne m'a pas été poffible de les fuivre avec l'exactitude qu'ils méritent.

CHAPITRE VII.

SUR L'ADMIRABLE FÉCONDITÉ DES VÉGÉTAUX.

QUAND on obferve avec attention les animaux & les végé-taux, on ne peut s'empêcher de reconnoître qu'une des prin-cipales vues de l'Auteur de la Nature eft de multiplier les efpe-ces. Combien d'infectes femblent ne vivre que pour reproduire leurs femblables ; puifqu'après leur ponte finie on les voit périr ; comme fi après avoir rempli les vues du Créateur, il ne leur reftoit plus qu'à rentrer dans le néant ? La même chofe arrive aux plantes annuelles : fi-tôt qu'elles ont produit des femences capables de germer, elles fe deffechent, pourriffent, & rede-viennent femblables à la terre dont elles ont tiré leur accroif-fement. Mais auffi, de même que quantité d'efpeces d'animaux furvivent à plufieurs générations ; de même voit-on beaucoup de plantes très-vivaces fubfifter après une nombreufe repro-duction de leurs efpeces. Dans le regne animal, ainfi que dans le regne végétal, on voit des individus placés dans une claffe mitoyenne, entre ceux qui font très-vivaces & ceux qui ne jouiffent que d'une vie très-courte : beaucoup de plantes font, ou *bifannuelles* ou *trifannuelles ;* il y en a qui perdent chaque année tout ce qu'elles ont produit hors de terre ; en forte qu'elles ne font plus vivaces que par leurs racines : cette forte de mue les prive de la plus grande partie de leur être. Mais dans tous les

cas

cas dont nous venons de parler, l'Auteur de la Nature a pourvu
très-abondamment à la confervation de l'efpece ; l'infecte Ephé-
mere, dont la vie eft fi courte, a mérité fes foins comme le
Cerf qui paffe pour vivre très-long-temps : & dans les végétaux
le petit *Alyffum* qui ne fubfifte que quelques mois, comme le
Chêne qui vit plufieurs fiecles.

Pour peu qu'on fixe fon attention fur la multitude de femences
que produifent la plûpart des plantes ; par exemple, fur l'immenfe quantité de glands qui tombent d'un grand Chêne, fur
le nombre immenfe de femences prefque imperceptibles que
produit la Campanelle dont on mange les racines en falade, on
eft néceffairement émerveillé d'une fi prodigieufe fécondité : &
quoique Théophrafte, Pline, Jean Bauhin, Ray, &c, en ayent
été frappés, ce que ces Auteurs en ont dit n'approche pas des
réflexions du célebre Dodart, que l'on peut voir dans les Mémoires de l'Académie des Sciences, année 1700 : je crois devoir avertir que j'en profiterai dans la difcuffion où je vais entrer
d'un objet par lequel j'ai cru devoir terminer ce quatrieme
Livre, où j'ai expofé tous les moyens qui peuvent être employés pour multiplier les végétaux.

Pour prendre une idée un peu jufte de la grande fécondité
des plantes, il ne fuffit pas de s'en tenir aux généralités dont je
viens de dire un mot ; il faut fuivre par le calcul ce qu'une femence peut produire après un nombre d'années. Je commence
par deux obfervations que j'ai déja rapportées dans le fecond
Volume du Traité de la culture des terres. (*Pag.* 22.)

On y voit qu'un feul grain d'orge a produit en 1720, 154
épis, qui contenoient enfemble 3300 grains, lefquels, après
avoir été femés, produifirent en 1721 un peu plus d'un boiffeau,
& que ce boiffeau ayant été femé, donna en 1722, 45 autres
boiffeaux & un quart. Voilà certainement une prodigieufe multiplication ; cependant elle n'égale pas à beaucoup près celle
que je vais rapporter.

Un feul grain d'orge ayant produit 200 épis, ou environ
4800 grains, fi ces grains mis en terre euffent autant produit
l'année fuivante, la feconde récolte auroit été de 23040000
grains, & la troifieme de 110592000000, & ainfi de fuite
d'année en année.

Partie II.   Z

Pour donner une idée de la fécondité des grands arbres, je me bornerai à rapporter en peu de mots ce que M. Dodart a obfervé fur la fécondité de l'Orme.

On fait qu'au printemps tous les rameaux des Ormes font chargés de bouquets de graines extrêmement preffés les uns contre les autres. M. Dodart ayant pris au hazard pour le fujet de fes obfervations un Orme de douze à quinze ans, dont le tronc avoit fix pouces de diametre, environ vingt pieds de hauteur jufqu'à la naiffance des branches, & dont les rameaux étoient très-chargés de graine, il fit abbatre un de ces rameaux qui avoit 8 pieds de longueur, fur lequel il compta 16450 graines.

Cet arbre portoit plus de dix branches femblables; mais M. Dodart n'en fuppofant que dix, il en réfulte toujours qu'elles étoient chargées de plus de 164500 graines.

Toutes les branches qui n'avoient pas huit pieds de longueur faifoient enfemble une fomme beaucoup plus confidérable que celle des dix branches principales; mais le même Phyficien voulant fur-tout éviter toute efpece d'exagération fe contenta de les eftimer égales entr'elles : fur ce pied, qu'on peut regarder comme fôible, la tête de cet arbre devoit porter 329000 graines.

Un Orme vit beaucoup plus de cent ans; & l'âge où il eft parvenu à fa fécondité moyenne n'eft affurément pas celui de douze à quinze ans. On peut donc, pour diminuer les produits & compenfer abondamment le temps où cet arbre trop jeune ne portoit point encore, compter pour une année de fécondité moyenne au moins 329000 graines, lefquelles, étant multipliées par 100, qui eft le nombre d'années que nous fuppofons qu'il doit vivre, on aura 32900000 graines qu'un Orme aura produites pendant toute fa vie, & qui ne doivent leur origine qu'à une feule graine.

Ce nombre eft déja bien confidérable; mais que fera-ce fi on fuppofe que toutes ces graines mifes en terre euffent produit chacune un arbre auffi fécond que celui de la précédente expérience, & ainfi fucceffivement de génération en génération ? En confidérant le produit de chacun de ces arbres pendant cent ans, on aura une progreffion géométrique croiffante, dont le premier terme fera un; le fecond, trente-trois millions; le troifieme, le quarré de cette fomme; le quatrieme, fon cube; & ainfi de fuite à l'infini. Voilà une fécondité effrayante qui pourroit faire conclure qu'une feule de ces femences pourroit, après la révolution de plufieurs fiecles, fournir de quoi couvrir la terre des feuls arbres de fon efpece : mais un nombre prefque infini d'accidents s'y oppofent, & font que de prefque toutes les femences abandonnées à elles-mêmes, il en périt une grande quantité contre un très-petit nombre qui profperent : néanmoins, felon l'ordre établi dans la nature, il s'en faut bien que cette grande fécondité foit inutile, puifque quantité d'animaux fe nourtiffent des femences des végétaux, & qu'ils en font une confommation énorme.

Il en eft à cet égard comme des poiffons & de beaucoup d'infectes qui pullulent prodigieufement fans que les efpeces fe multiplient trop. Quelle prodigieufe quantité d'œufs contient une carpe ! Si tous profpéroient, les lacs & les rivieres n'auroient pas affez d'eau pour les contenir : mais auffi combien n'y a-t-il pas d'animaux qui engloutiffent leur fray, ou qui fe nourriffent des jeunes carpes ? On voit dans les Mémoires que M. Bon a publiés, combien les araignées font de petites ; mais les obfervations de ce Phyficien font voir auffi, que comme les groffes araignées ne trouvent point de mets plus friands que leurs petites, elles en confomment une prodigieufe quantité.

Je n'ai jufqu'à préfent examiné la fécondité des plantes que felon l'ordre naturel des femences, qui peut être comparé à celui de la multiplication des animaux ; quelque immenfe que foit cette fécondité, elle n'eft pas la feule voie par laquelle elles peuvent fe multiplier : les végétaux ont des reffources dont prefque tous les animaux font privés ; je vais effayer de les faire connoître.

Si l'on excepte quelques arbres, tels que le Gainier qui porte des fleurs fur fon tronc & fur fes groffes branches, la plûpart des autres arbres portent leurs fleurs fur leurs rameaux, foit une à une aux aiffelles des menues branches, ou par bouquets, ou fur des pédicules particuliers, qui tantôt terminent les branches, & qui d'autres fois partent de leurs aiffelles ; il eft clair que dans tous ces cas l'on n'obtiendroit ni fleurs, ni fruits d'un arbre qu'on auroit étêté ou émondé de tous fes rameaux, fi l'Auteur de la Nature n'avoit pas mis en réferve des reffources au moyen defquelles les arbres en peuvent produire de nouveaux. Quelques arbres, tels que les Pins & les Sapins, font privés de

cette reſſource, lorſqu’on les étête ils ne pouſſent point, à
moins qu’ils ne ſoient fort jeunes, ce qui fait qu’ils meurent
ſans faire aucune production; mais la plus grande partie des autres végétaux contiennent dans toutes les parties de leurs branches, de leur tronc, & même de leurs racines, des germes qui
ne ſe développent que quand ils deviennent abſolument néceſſaires lorſqu’on a fait le retranchement de leurs rameaux :
rendons ceci plus ſenſible par quelques exemples.

Si l’on émonde un Orme, & qu’on lui retranche tous ſes rameaux, au printemps ſuivant on en verra reparoître une multitude dans toute l’étendue de ſon tronc & de ſes branches ; ces
nouvelles productions n’auroient jamais paru ſi l’on n’avoit
pas retranché les premiers rameaux : c’eſt donc à l’occaſion
de ce retranchement que ces nouvelles productions ſe ſont
montrées ? Que l’on étête cet arbre, on verra paroître auprès
de la coupe un grand nombre de nouveaux jets : M. Dodart en
a compté quatre-vingt-ſeize à l’extrêmité d’un Marronnier d’Inde,
de deux pouces de diametre, qui avoit été étêté l’année précédente. Or, à quelque endroit, à quelque hauteur qu’on étête un
arbre, ce nombre de rejets ſe montrera : l’arbre entier, à compter depuis la terre juſqu’à l’extrêmité de ſes branches, eſt donc
rempli de germes ou d’embryons de branches, qui, à la vérité, ne
peuvent jamais paroître tous à la fois, faute probablement d’une
quantité ſuffiſante de ſeve pour procurer leur développement,
mais qui ſont tout prêts à paroître, & qui paroîtront réellement
dès que par le retranchement des rameaux, ou des branches, ou
d’une partie du tronc, la ſeve pourra agir ſur ces germes, leſquelles, ſans cette circonſtance, ſeroient reſtés inutiles. Mais
tous ces germes inviſibles & cachés, n’exiſtent pas moins que
ceux qui ſe développent; & s’ils ſe manifeſtoient, ils ſe charge-
roient bien-tôt d’une même quantité de fleurs & de ſemences
que les rameaux qu’on a retranchés. Quelle reſſource pour les
arbres ! quelle fécondité ! On étête un arbre, on lui retranche
toutes ſes branches, on retranche même la totalité de ſon tronc ;
& par les germes cachés, il répare la perte qu’il a faite, il ſe re-
garnit de nouvelles branches, leſquelles, ſe trouvant dans la
ſuite pourvues de rameaux, feront en état de produire une prodigieuſe quantité de ſemences.

La diſſection m’a bien fait appercevoir dans les boutons les

rudiments des branches & des fleurs ; mais aucun moyen n'a pu
me mettre à portée de découvrir les germes qui restent imperceptibles, jusqu'à ce qu'ils soient devenus sensibles par un certain point d'accroissement : ce sont dans les arbres des infinis
d'infiniment petits, dans lesquels tout Physicien se perd.

Les racines sont pareillement pourvues de ces germes de
branches ; en effet, si l'on met à l'air une racine d'Orme, on
en verra sortir de jeunes branches. J'ai quelquefois employé ce
moyen pour multiplier certains arbres ; par exemple, j'ai fait
arracher des racines de l'*Evonymoïdes*, je les ai fait planter comme j'aurois planté un jeune arbre ; le gros bout qui sortoit de
terre produisit des branches. C'est ainsi, à peu près, que se forment les drageons enracinés : une racine qui rampe près de la
surface de la terre produit quelques jeunes branches, lesquelles
forment bien-tôt un arbre qui végete à part, & indépendamment de celui qui l'a produit, & qui s'approprie les sucs qui sont
tirés par la racine qui lui a donné naissance. Ainsi l'on ne peut
s'empêcher de convenir qu'il n'y a peut-être aucun point de la
surface, soit des branches, soit des tiges, soit des racines, qui ne
contienne un germe ou embryon, tout prêt à se développer
lorsqu'il se présentera des circonstances où ce développement
pourra être utile à l'arbre. Cette fécondité, pour ainsi dire,
subsidiaire, est bien étendue & bien singuliere : ce n'est pas là
néanmoins où se réduit celle des plantes ; car on peut ajouter
qu'il n'y a peut-être aucun point sur les branches, sur les tiges
& sur les racines où il n'y ait des germes de racine qui sont
toujours prêts à se développer quand il se présentera des circonstances qui l'exigeront. On en a vu des preuves dans l'Article où j'ai traité des boutures & des marcottes ; puisque j'y ai
démontré qu'une racine coupée, occasionne le développement
de plusieurs autres, & qu'il n'y a presque aucune branche où
l'on ne puisse procurer le développement de plusieurs racines
par certaines industries dont j'ai donné le détail. On en peut
voir une preuve bien complette dans une perche de Saule,
puisqu'en quelque endroit qu'on la coupe elle fournira des
racines si on la met en terre : grand nombre de plantes rampantes, telles que les Ronces, les *Solanum-Dulcamara*, & les
Fraisiers, se garnissent de racines quand leurs branches reposent sur le terrein.

Cette fécondité fe manifefte tellement dans certaines plantes, que fi l'on coupe par tronçons une de leurs racines, par exemple, de la Campanelle-piramidale, & qu'on mette ces tronçons en terre, on fe procurera autant de pieds qu'on aura planté de ces tronçons; chacun d'eux produira des racines & des tiges; enfin, les feuilles de certaines plantes font capables de produire des plantes entieres.

Ce que je viens de dire fait connoître que les végétaux font doués d'une énorme fécondité par le moyen de leurs femences, & qu'ils ont encore des reffources infinies dans la multitude de germes imperceptibles, foit de branches, foit de racines dont ils font pourvus; mais on pourroit demander d'où proviennent ces germes? car il ne paroît pas probable qu'ils émanent des fibres longitudinales du tronc ou des branches, qu'on peut regarder comme un amas de tuyaux privés d'action. Le tiffu cellulaire, ou véficulaire, fuivant les idées que les obfervations microfcopiques nous en donnent, ne paroît guere plus propre à une telle production. Enfin la feve peut bien, ainfi que le fang des animaux, contenir les parties nourricieres, mais non pas former ni produire ces branches & ces racines nouvelles : dira t-on qu'elles exiftoient en petit & d'une façon invifible avant l'étêtement de l'arbre? c'eft une pure conjecture; quoiqu'il foit vrai que fi l'arbre n'avoit point été étêté la feve auroit continué fon cours dans les branches déja formées, & n'auroit point cherché à aller développer les germes invifibles dont nous parlons : l'obfervation qui nous prouve inconteftablement ce fait, ne nous conduit pas jufqu'à la découverte de fa caufe : gardons-nous d'aller plus loin que le terme où ce guide nous conduit : évitons de nous abandonner à notre imagination. Il me fuffit d'avoir fait appercevoir l'immenfe fertilité des végétaux, en premier lieu par des femences que l'on peut comparer aux œufs des animaux, en fecond lieu par cette reffource des germes invifibles dont on ne voit qu'un petit nombre d'exemples dans la quantité d'efpeces d'animaux qui nous font connus. On fent bien que j'entends parler de la reproduction des pattes des Ecreviffes, & d'une partie confidérable du corps des Etoiles de mer, de plufieurs efpeces de Scolopendres, des Vers, des Polypes, &c.

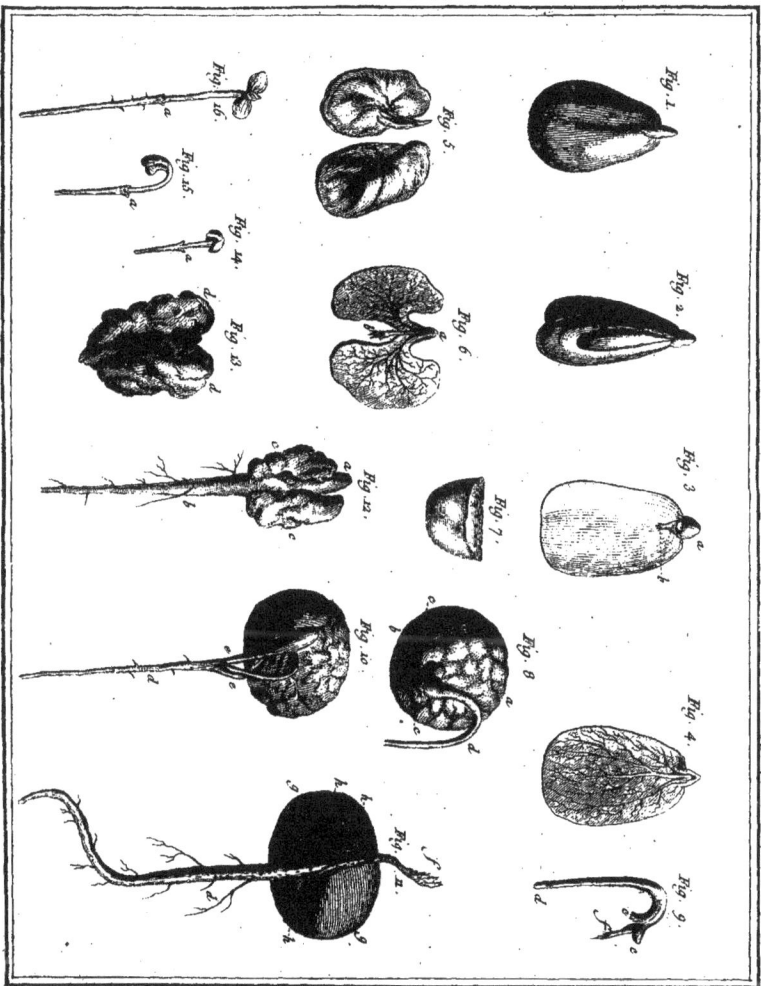

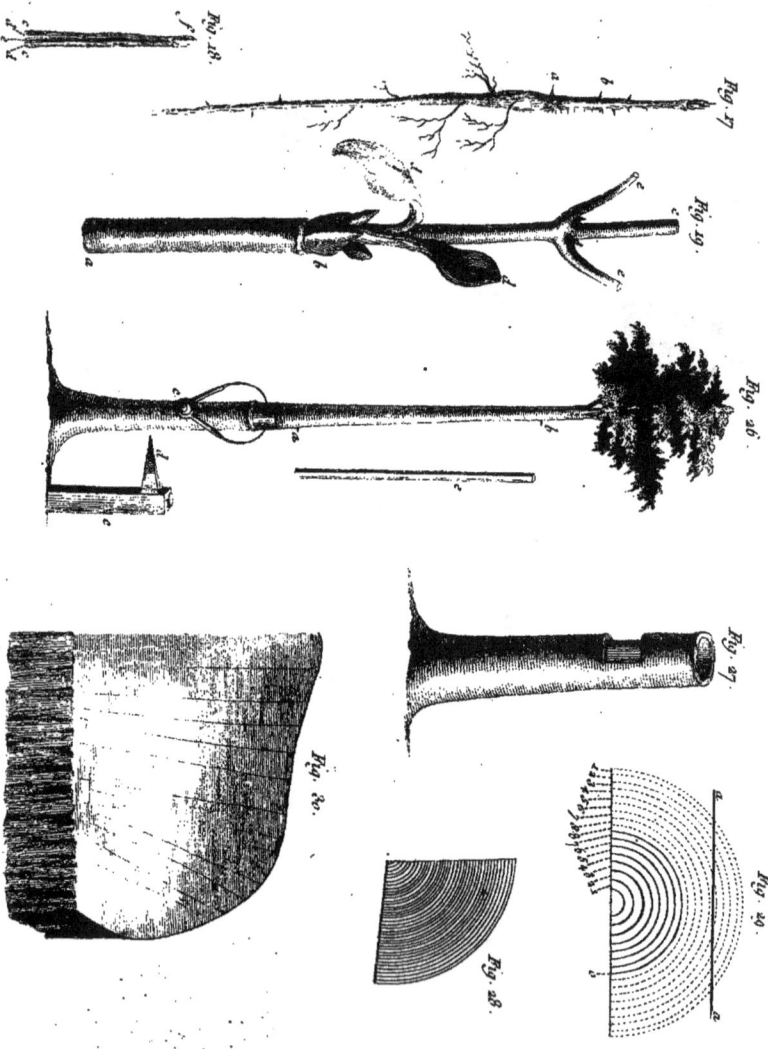

Fig. 17.

Fig. 18.

Fig. 19.

Fig. 26.

Fig. 27.

Fig. 30.

Fig. 28.

Fig. 29.

Physique des Arbres, Livre IV. Pl. 2.

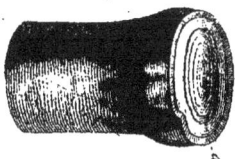

Fig. 36.

Fig. 35.

Fig. 20.

Fig. 21.

Fig. 33.

Fig. 25.

Fig. 22.

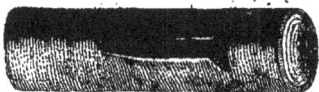

Fig. 31.

Fig. 23.

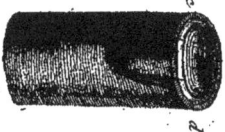

Fig. 34.

Fig. 32.

Fig. 24.

Fig. 41.

Fig. 37.

Fig. 42.

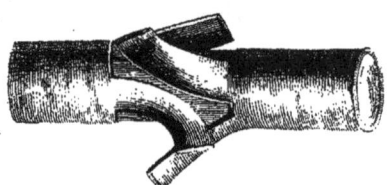

Fig. 38.

Fig. 43.

Fig. 39.

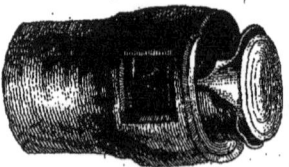

Fig. 44.

Fig. 40.

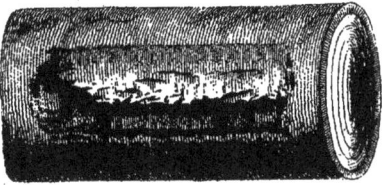

Fig. 47.

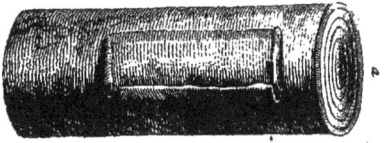

Fig. 45.

Fig. 45.

Fig. 48.

Fig. 49.

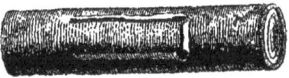

Fig. 50.

Fig. 52.

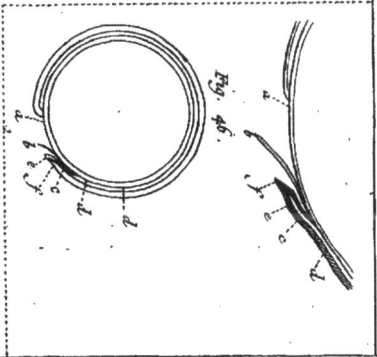

Fig. 46.

Fig. 52.

Fig. 53.

Fig. 55.

Fig. 54.

Fig. 57.

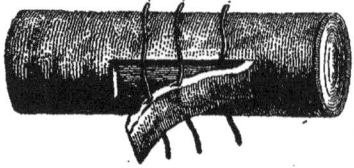

Fig. 56.

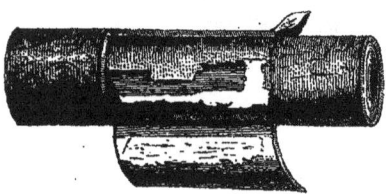

Fig. 58.

Fig. 59.

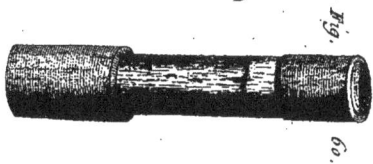

Fig. 60.

Fig. 61.

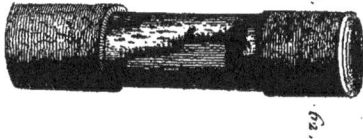

Fig. 62.

Fig. 63.

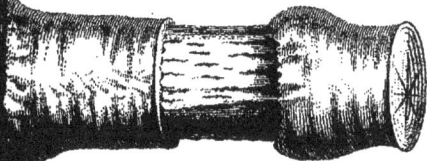

Fig. 64.

Fig. 65.

Fig. 66.

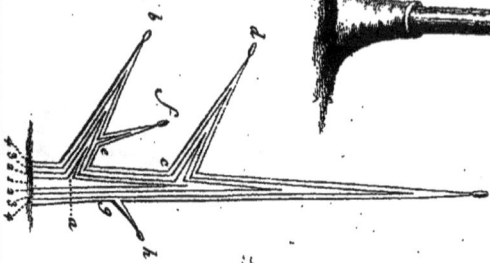

Fig. 71.

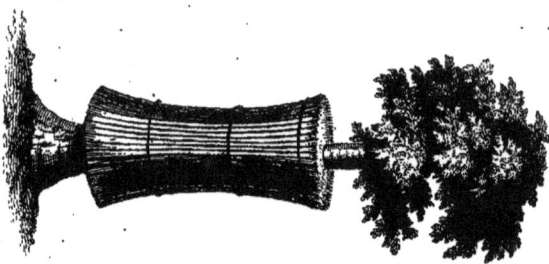

Fig. 67.

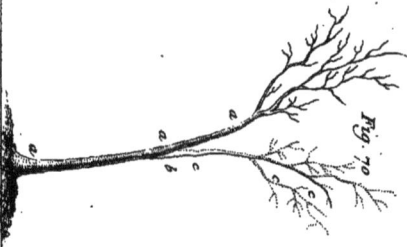

Fig. 70.

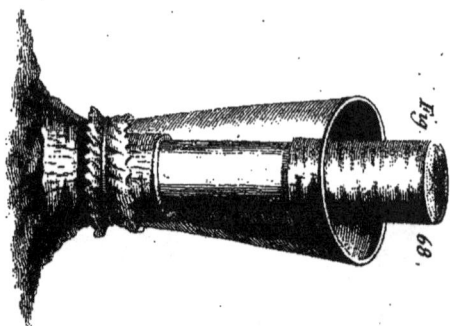

Fig. 68.

Fig. 69.

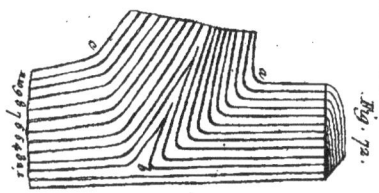

Fig. 72.

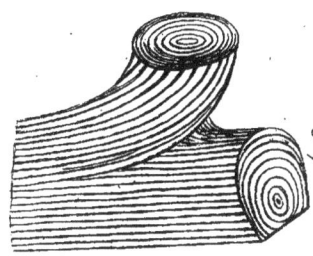

Fig. 73.

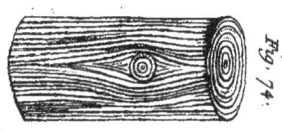

Fig. 74.

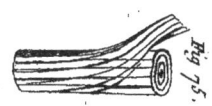

Fig. 75.

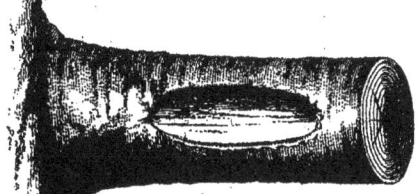

Fig. 76.

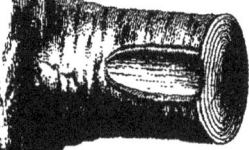

Fig. 77.

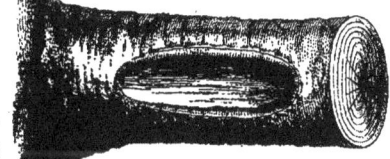

Fig. 78.

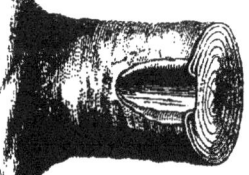

Fig. 79.

Physique des Arbres Livre IV. Pl. 9.

Fig. 80.

Fig. 81.

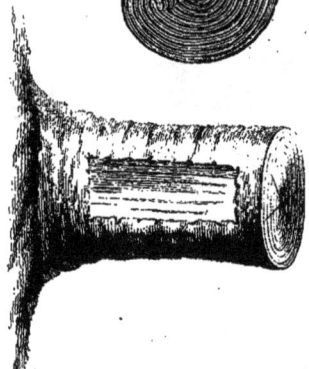

Fig. 82.

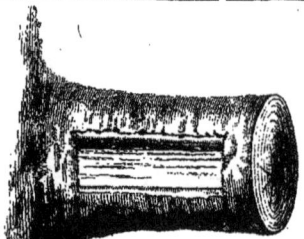

Fig. 83.

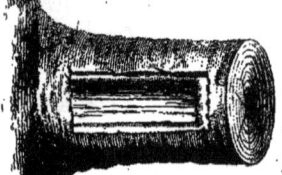

Fig. 84.

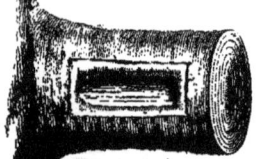

Fig. 85.

Fig. 86.

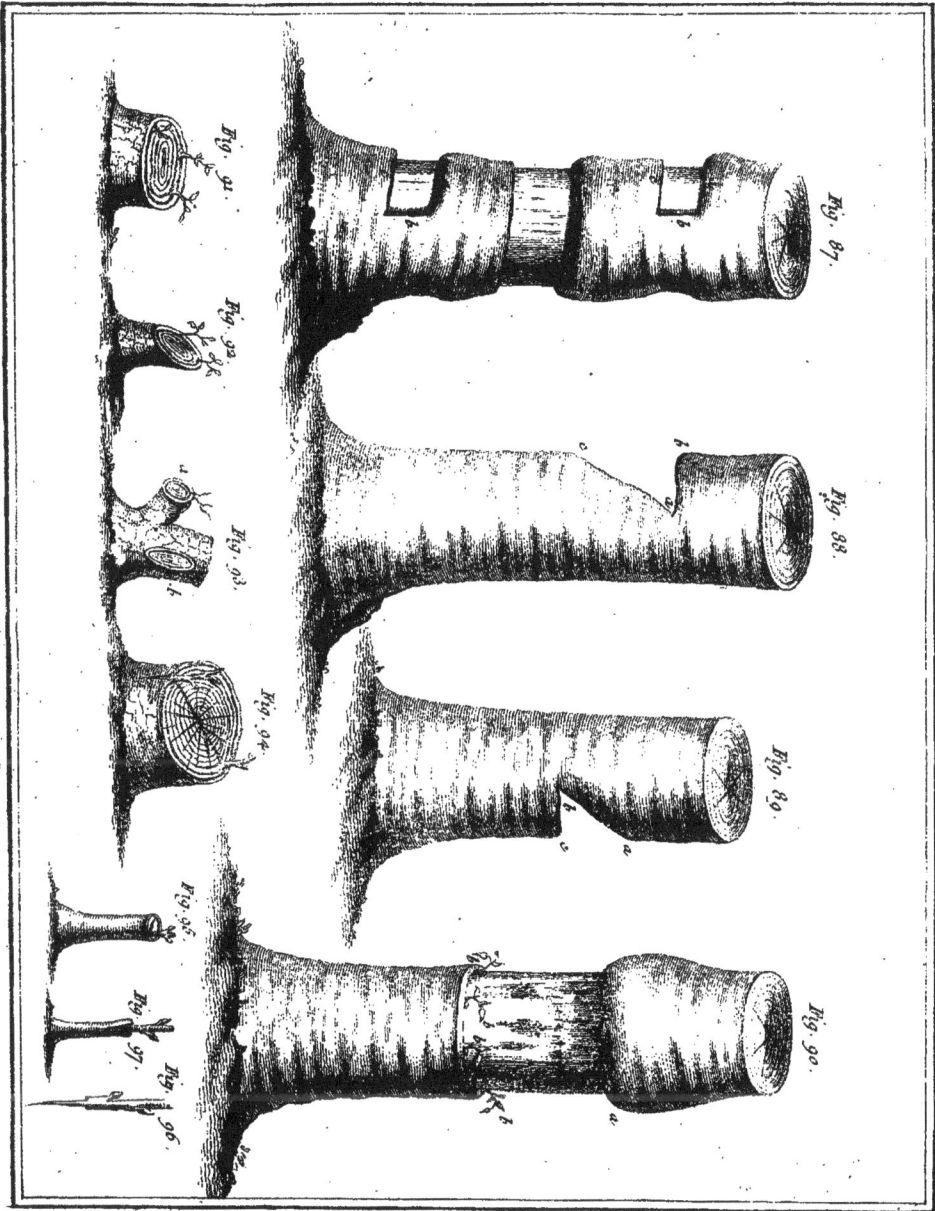

Fig. 87.

Fig. 88.

Fig. 89.

Fig. 90.

Fig. 91.

Fig. 92.

Fig. 93.

Fig. 94.

Fig. 95.

Fig. 96.

Fig. 97.

Fig. 105.
Fig. 108.
Fig. 111.
Fig. 109.
Fig. 110.
Fig. 99.
Fig. 98.
Fig. 101.
Fig. 112.
Fig. 100.
Coupe par le zig-zag. bois.
Fig. 103.
Fig. 113.
Fig. 102.
Fig. 114.
Fig. 104.
Fig. 106. Fig. 107.
Fig. 115.
Fig. 105.

Fig. 116.

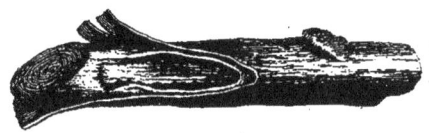

Fig. 117.

Fig. 123.

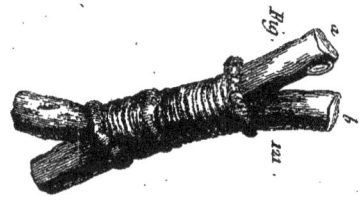

Fig. 121.

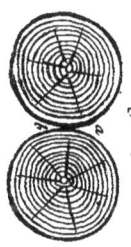

Fig. 118.

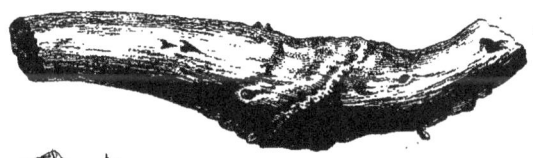

Fig. 119.

Fig. 124.

Fig. 122.

Fig. 120.

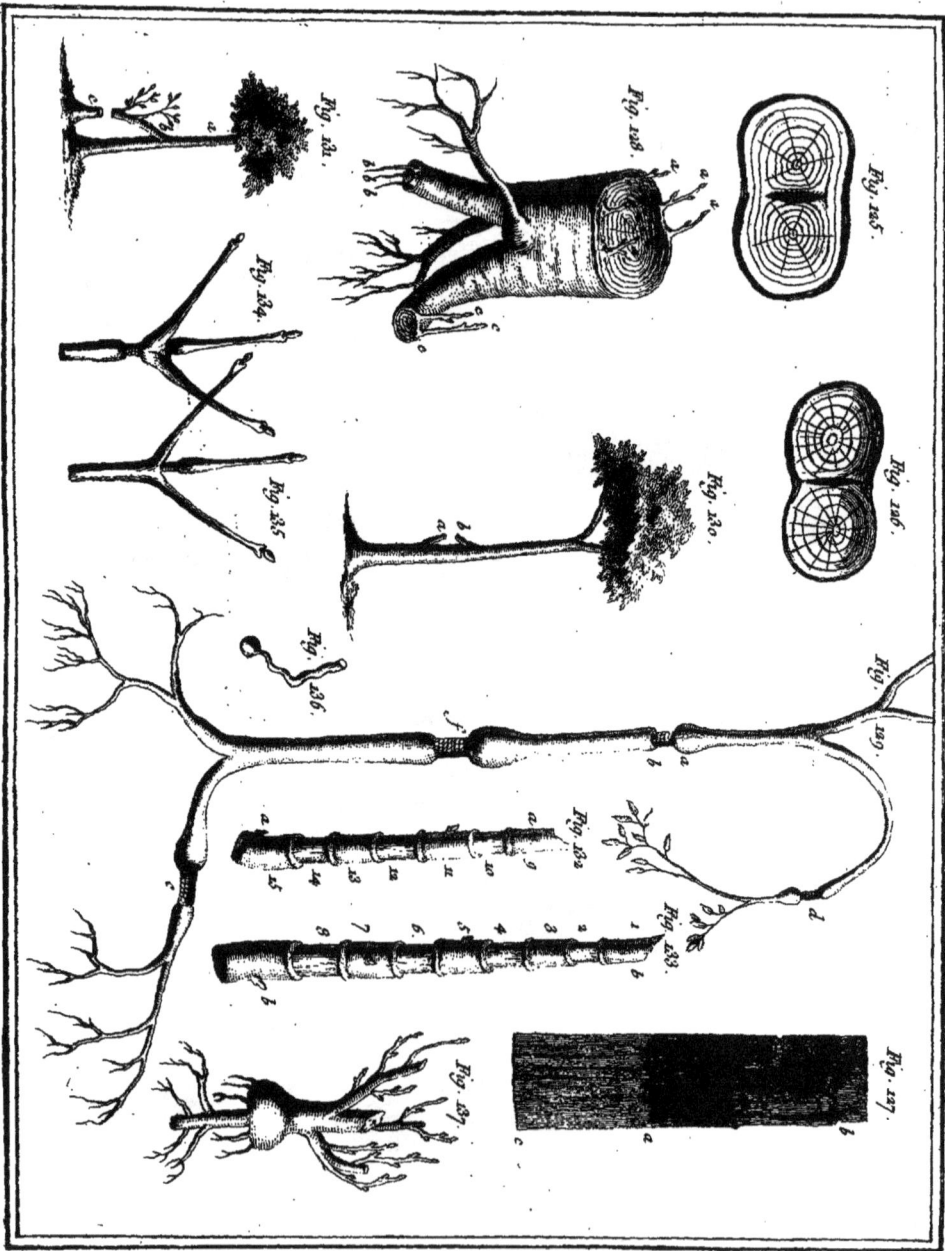

Fig. 121.

Fig. 122.

Fig. 123.

Fig. 125.

Fig. 124.

Fig. 135.

Fig. 130.

Fig. 126.

Fig. 136.

Fig. 129.

Fig. 132.

Fig. 133.

Fig. 131.

Fig. 127.

Physique des Arbres, Liure IV. Pl. 14.

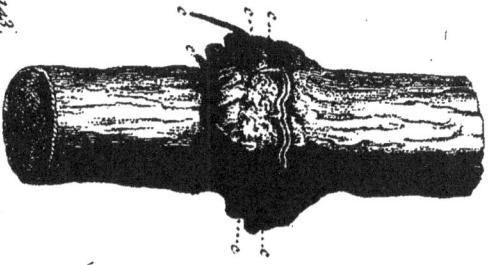

Fig. 138.

Fig. 139.

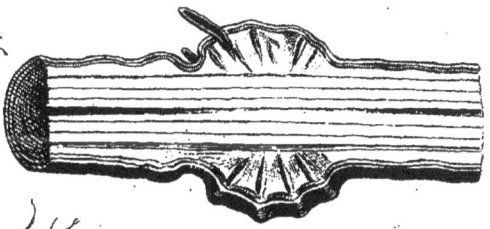

Fig. 140.

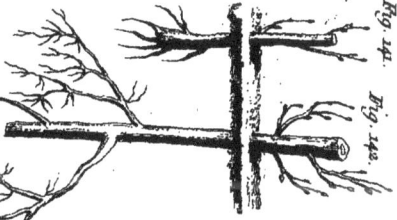

Fig. 141.

Fig. 142.

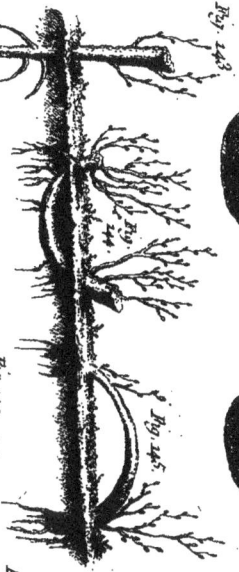

Fig. 143.

Fig. 144.

Fig. 149.

Fig. 145.

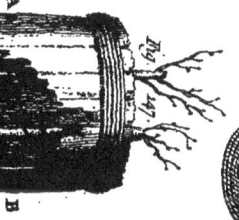

Fig. 147.

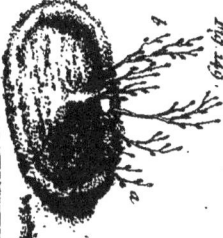

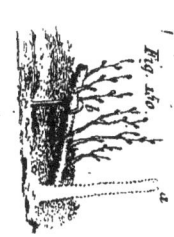

Fig. 150.

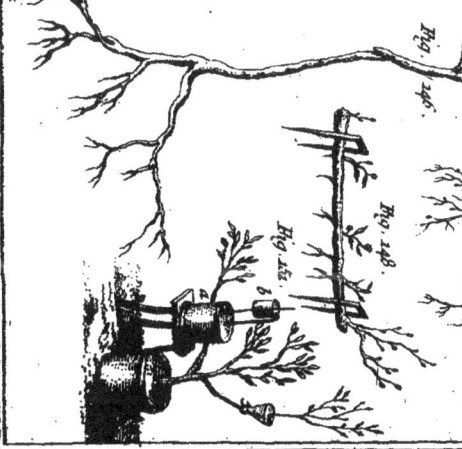

Fig. 146.

Fig. 148.

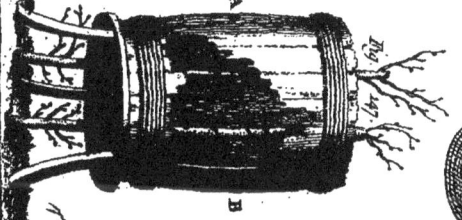

Fig. 152.

Fig. 157.

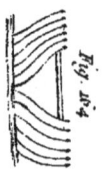

Fig. 154.

Fig. 169.

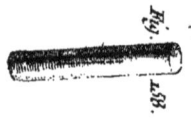

Fig. 158.

Fig. 155.

Fig. 170.

Fig. 153.

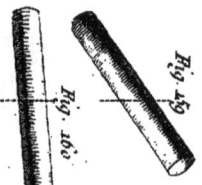

Fig. 159.

Fig. 160.

Fig. 172.

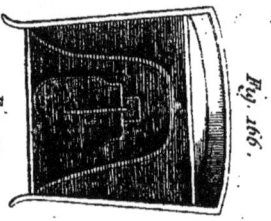

Fig. 166.

Fig. 171.

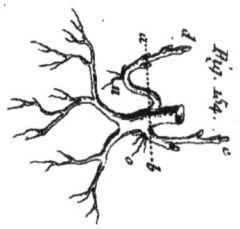

Fig. 164.

Fig. 161.

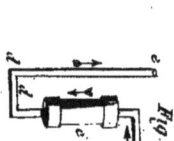

Fig. 167.

Fig. 174.

Fig. 163.

Fig. 165.

Fig. 162.

Fig. 168.

Fig. 166.

Fig. 173.

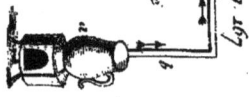

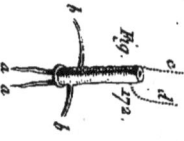

Fig. 175.

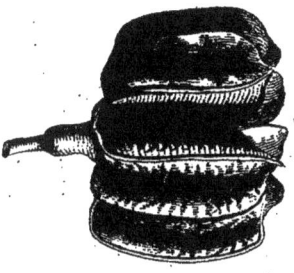

Fig. 184.

Fig. 177.

Fig. 178.

Fig. 176.

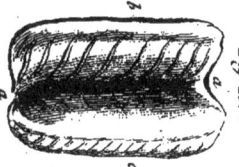

Fig. 185.

Fig. 186.

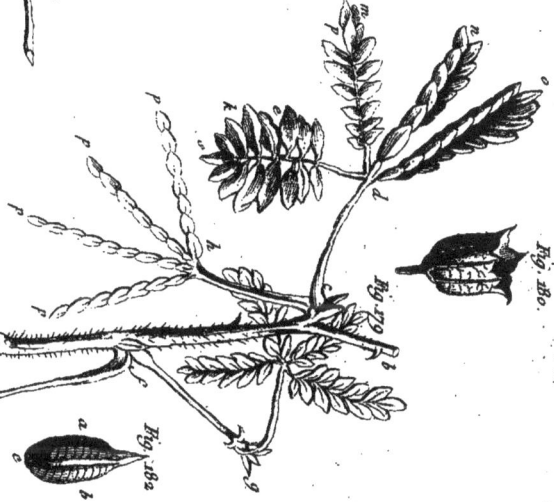

Fig. 179.

Fig. 180.

Fig. 182.

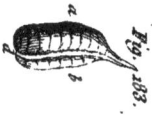

Fig. 183.

Fig. 181.

Fig. 187.

LIVRE CINQUIEME.

DE L'ÉCONOMIE DES VÉGÉTAUX : DES DIVERS mouvements de la Seve : des maladies des Arbres, & des remedes que l'on peut y apporter.

INTRODUCTION.

LES PLANTES tirent leur origine des femences, comme les animaux la tirent des œufs. Au fortir de la graine, les plantes font foibles, tendres & délicates : c'eft leur enfance. Peu à peu elles croiffent, elles fe fortifient, & parviennent plutôt ou plus tard, fuivant leur efpece, à cet état de perfection où elles peuvent produire leur femblable. Je dis plutôt ou plus tard, parce que certaines plantes donnent des femences parfaites fix femaines ou deux mois après qu'elles font forties de terre, pendant que d'autres ne font en état de produire des femences qu'après un certain nombre d'années, & en cela les végétaux ne s'éloignent pas de ce qui s'obferve à l'égard des animaux. A peine un Puceron eft-il né, qu'il produit des petits ; pendant que d'autres animaux ne font en état d'engendrer qu'à l'âge de quinze à dix-huit ans.

On pourra demander, quelle eft la caufe qui donne à chaque plante cette forme qui fait que l'on diftingue un Chêne d'avec un Chou, un Pin d'avec un Liferon : quelques Phyficiens ont appellé cette vertu, forme fubftantielle ; mais ce mot n'explique rien.

D'autres ont prétendu, qu'il fuffifoit qu'il y eût dans chaque femence, une certaine configuration de petites parties, & quelque difpofition particuliere de fibres & de pores par où la feve fe pût filtrer différemment pour produire toutes les diverfités que nous remarquons dans les végétaux : effectivement, nous voyons que la feve d'un Prunier qui paffe dans un écuffon de Pêcher, nourrit cette nouvelle branche comme celles qui lui étoient propres ; qu'une Orange greffée fur un Citronier groffit fans perdre de fa qualité ; que la feve nourrit ici une amande, là une fubftance charnue & fucculente, ailleurs le bois d'un noyau, ou des fibres ligneufes, ou un parenchyme plus ou moins fucculent, ou une infinité d'autres fubftances que la diffection nous fait appercevoir ; de même que dans les animaux, le fang ou une partie du fang nourrit également les chairs, les os, les membranes, les tendons. Mais comme nous ne pouvons nous former aucune idée jufte, & de ces pores, & des effets qui s'en doivent fuivre, la queftion n'eft point éclaircie.

Plufieurs Phyficiens ont foutenu que chaque femence d'une plante a déja en elle, & en petit, toutes les parties qu'elle doit produire, & qu'elles ne font que fe développer & s'étendre à mefure que les plantes pouffent : bien plus, ils foutenoient que non-feulement la femence contenoit toutes les parties que l'arbre doit produire, mais encore toutes celles qui pourroient être produites pendant toute la durée du monde. J'ai donné à la fin du IVᵉ Livre une légere idée de l'immenfité de cette fuite de productions.

Mais quand bien même on parviendroit à fe former une groffiere idée de la divifibilité de la matiere à l'infini, pourroit-on croire qu'un gland, par exemple, ait dans fon petit germe, non-feulement toutes les parties d'un grand Chêne, les feuilles & les glands qu'il produit tous les ans, mais encore celles de tous les arbres qui naîtront de ces glands jufqu'à l'infini ? le premier germe échappe à nos fens par fa petiteffe, & cette fuite de productions échappe à notre imagination par fon immenfité.

Au refte, on pourra confulter, dans la vie de Malpighi, une difpute qui s'excita entre cet Auteur & Triumphetti : Malpighi foutenoit que les plantes de toutes les fucceffions font réellement renfermées dans les premieres femences.

Lewenoeck, après avoir rapporté fes obfervations fur un pepin d'Orange qu'il avoit fait germer dans fa poche, dit que la partie qui en croiffant forme la plante & qui la contient toute
entiere,

entiere, corps & racine, n'eft pas plus groffe qu'un grain de fable : combien d'organes doivent être contenus dans ce petit corps !

Mariotte penfe que les graines contiennent feulement les parties principales des plantes, & que les autres parties fe forment fucceffivement par les difpofitions que les premieres donnent à la feve : » On peut bien voir, dit-il, dans les oignons de » Tulipe, dès le mois de Juin, quelques marques de la fleur ; » on peut appercevoir dans le mois de Janvier le piftile, les » étamines, les pétales ; mais les meilleurs microfcopes ne » peuvent nous faire appercevoir dans les femences les pro- » duétions de l'année fuivante. »

Ainfi, pour fuivre l'idée de Mariotte, il faut imaginer que la plantule contenue dans le germe, eft pourvue de tous les organes effentiels aux plantes, & qu'au moyen de ces organes, la feve convenablement préparée forme' toutes les parties des plantes naiffantes, de la même maniere que les feuilles, les fleurs & les rameaux, &c. fe forment tous les ans. J'avoue que cette explication laiffe bien des chofes à defirer ; mais comme les plus célebres Phyficiens n'ont encore rien donné, même de probable, fur la caufe de la forme qui eft propre aux animaux, je crois ne devoir pas m'arrêter plus long-temps fur cette grande queftion qui me tireroit de mon objet en m'emportant à des confidérations métaphyfiques, plus capables d'éblouir que d'inftruire ?

Les plantes, ainfi que les animaux, font expofées à des maladies, à la dégradation de la vieilleffe, & à la mort : ce font donc des êtres vivants ?

On a vu que le corps des végétaux eft compofé de membranes, de vaiffeaux de différentes efpeces, d'un tiffu cellulaire, ou fibreux, ou véficulaire, ou parenchimateux ; d'efpeces de glandes ; de liqueurs de différentes natures : mais qu'avons-nous pu voir en comparaifon de ce qui a échappé à nos recherches ? Quoique nos connoiffances foient encore bien bornées fur l'organifation des végétaux, il faut convenir cependant que la diffeétion n'a pas laiffé de nous faire entrevoir un grand appareil d'organes, deftinés à produire des fonétions qui n'appartiennent qu'à des êtres vivants.

Partie II.   A a

Ces réflexions & bien d'autres qui se font fans doute préfen- tées à l'efprit de ceux qui ont fait une étude de l'économie vé- gétale, ont engagé les Philofophes à accorder aux plantes une efpece d'ame qu'ils ont nommée végétative : peut-être cette ame ne réfide-t-elle que dans une difpofition réguliere des vaiffeaux, dans une qualité louable des liqueurs, dans une har- monie entre les parties folides & les fluides ; mais fans prétendre approfondir cette grande queftion, qui eft peut-être au deffus des forces de l'efprit humain, il eft certain qu'il y a dans les végétaux un principe de vie, un je ne fai quoi qu'il eft difficile d'expliquer par une pure méchanique, ou qui tient à une mécha- nique fi fine, qu'il ne nous eft pas poffible d'en faifir une idée claire. Je n'ai garde cependant d'affigner des bornes trop étroites à la fagacité des Phyficiens ; je m'abftiendrai de prononcer qu'on ne percera jamais le nuage qui nous offufque jufqu'à préfent ; j'éviterai de vouloir paroître plus habile que je ne le fuis ; & au lieu d'employer ces grands mots de qualité occulte, vertu fpécifique, affimilation de parties, &c. qui en impofent fans inftruire ni fatisfaire, je me bornerai à mettre fous les yeux de mes Lecteurs les connoiffances pofitives que l'on a pu acquérir jufqu'à pré- fent, les faits bien obfervés. C'eft-là, je crois, le moyen d'ex- citer l'émulation des Phyficiens : ils doivent être déja encouragés par le fuccès qu'ont eu les Malpighi, les Grew, les Mariotte, les Hales, &c. Ainfi, pour ne point m'écarter de la méthode que j'ai fuivie dans les Livres précédents, je vais difcuter dans différents Articles des propofitions détachées, lefquelles étant éclaircies pourront jetter quelque jour fur l'économie végétale : & pour prendre la chofe dès fon principe, je vais examiner la premiere préparation de la feve.

CHAPITRE I.

DE L'ÉCONOMIE DES VÉGÉTAUX.

ART. I. *De la premiere préparation du suc nourricier des Plantes.*

IL EST ÉVIDENT que comme les plantes font fans cesse de nouvelles productions, & une continuelle déperdition de fubftance par les transpirations fenfibles & infenfibles, elles ont befoin pour leur entretien & leur accroiffement de recevoir des aliments ; de même que les animaux ont un befoin abfolu de prendre de temps en temps de la nourriture. Mais la premiere préparation de cette nourriture s'opere bien différemment dans les végétaux que dans les animaux. Comme mon deffein eft de faire remarquer cette différence, je vais expofer le plus fuccinctement qu'il me fera poffible, comment fe fait cette opération dans les animaux : les idées les plus générales me fuffifent pour cela.

Les uns, tels que les quadrupedes, étant pourvus de dents, broyent leurs aliments par la maftication ; & déja ils fe trouvent mêlés avec la falive qu'on peut regarder comme un diffolvant. Pendant le féjour que les aliments font dans l'eftomac, ils reçoivent une préparation qu'on nomme la digeftion : elle eft telle, qu'au fortir de ce vifcere les différents aliments ont tellement changés d'odeur & de faveur, qu'ils ne font plus reconnoiffables. Quand l'eftomac fe décharge par le vomiffement, on peut reconnoître encore la nature des aliments que l'animal avoit pris ; mais ils deviennent tout-à-fait méconnoiffables dans le canal inteftinal. Je parle ici de l'état de fanté ; car je fai que dans certaines maladies, les aliments paffent tout entiers par les déjections ; j'entends auffi parler des fubftances qui peuvent fournir de la nourriture ; car les pepins de raifins, les noyaux des fruits, & autres chofes femblables, fuivent tous le canal inteftinal fans avoir fouffert aucune altération.

La digeſtion commencée dans l'eſtomac ſe perfectionne dans les premiers inteſtins par le mélange des ſucs pancréatiques, ſpléniques, & de la bile ; alors le chyle qui doit réparer le ſang, eſt pompé par les veines lactées, & porté dans les vaiſſeaux ſanguins, pendant que la portion des aliments qui n'eſt pas propre à la nutrition, ſuit la route des inteſtins, & eſt jettée dehors.

Il ſeroit ſuperflu, pour l'objet que je me propoſe, de faire remarquer que les animaux qui ſe nourriſſent d'aliments aiſés à digérer, ont un eſtomac fort mince ; que ceux qui vivent de graines l'ont plus épais ; que les Caſtors qui vivent d'écorce d'arbres ont un eſtomac double & très-fort ; enfin que les animaux qui avalent goulument le foin ſans le mâcher, ont quatre eſtomacs, & qu'ils ruminent : je n'inſiſterai point ſur toutes ces ſingularités : je remets auſſi à une autre occaſion de parler d'une quantité prodigieuſe de préparations & de ſécrétions que le ſang éprouve dans la route de ſa circulation ; car ce n'eſt point ici le lieu de préſenter un tableau de l'économie animale ; je m'en tiens donc à des généralités, & je me hâte de dire un mot de la digeſtion des oiſeaux pour revenir tout de ſuite à ce qui regarde les végétaux.

Les oiſeaux dépourvus de dents avalent leurs aliments ſans les mâcher. Entre ceux qui vivent de graines, les uns les avalent toutes entieres, & les autres les mondent de leur écorce ; mais tous les avalent ſans les avoir broyées par la maſtication ; à moins qu'on ne voulût excepter le Perroquet, & quelques autres oiſeaux du même genre, auxquels on peut accorder une eſpece de maſtication.

Les aliments ſéjournent dans le jabot où ils s'attendriſſent ſans y éprouver une vraie digeſtion : de-là ils paſſent dans un eſtomac muſculeux qu'on nomme le géſier, où ils ſubiſſent une trituration plus ou moins forte ſuivant les différentes eſpeces d'oiſeaux : en effet, les oiſeaux carnaſſiers ont le géſier bien moins fort que ceux qui vivent de graines ; & entre ceux-ci, les géſiers des oiſeaux qui avalent les graines toutes entieres, ſont plus forts que ceux des oiſeaux qui n'avalent que les amandes. Après cette trituration qui s'opere dans le géſier, les aliments paſſent dans les inteſtins où ils éprouvent les mêmes ſécrétions dont nous avons donné l'idée en parlant des quadrupedes : je reviens aux végétaux.

Plufieurs Phyficiens ont cru que les organes qui operent la premiere préparation de la feve réfidoient dans les plantes mêmes ; & ils ont penfé, pour me fervir de leur expreffion, que l'eftomac des plantes étoit fitué entre les racines & la tige. Je n'ai rien pu découvrir dans cet endroit indiqué qui fût confidérablement différent de ce qu'on apperçoit dans toutes les autres parties des arbres ; d'ailleurs, la feve reçoit les mêmes préparations dans les boutures que dans les plantes élevées de femence. J'ai rapporté des expériences qui prouvent, que les racines produifent des rameaux, de même que les branches produifent des racines : toutes ces expériences ne quadrent guere avec le prétendu eftomac qu'on a foupçonné être placé entre les racines & la tige.

Il me paroît plus naturel de croire, avec d'autres Phyficiens, que la premiere préparation de la feve fe fait dans la terre même, où l'eau diffoud les parties de la terre & des fumiers qui peuvent fervir à la nourriture des végétaux. L'eftomac des végétaux eft donc dans la terre, les racines font par leur épanouiffement l'office des veines laftées ; elles féparent les parties qui font propres à la nourriture des plantes, & elles fucent dans la terre un chyle végétal débarraffé de ce marc inutile qui forme les gros excréments.

Les liqueurs que les animaux boivent, fervent beaucoup à la digeftion de leurs aliments ; & il fe peut faire qu'il fe paffe dans la terre une forte de fermentation qui aide à la diffolution des parties intégrantes de la feve : quantité de fubftances fe pourriffent dans la terre ; & on fait que la putréfaction eft le terme extrême de la fermentation ; peut-être qu'un des principaux avantages des engrais, confifte à exciter cette fermentation : nous en parlerons dans la fuite.

Si l'on demandoit par quelle méchanique les jeunes racines font cette fécrétion & cette fuccion ; je pourrois répondre, que cette queftion eft encore à décider à l'égard des animaux : on ne connoît pas encore bien la caufe qui détermine le chyle à paffer feul par les veines laftées ; mais comme l'introduction du fuc nourricier dans les plantes, paroît dépendre de la même caufe qui fait monter la feve, je remets à traiter ailleurs cette grande queftion, & je crois devoir donner ici quelque détail fur le méchanifme de la digeftion végétale dont je viens de donner une légere idée. Les terreaux, les fumiers, & généralement toutes les terres fertiles, contiennent probablement des fubftances propres à la végétation : l'expérience journaliere qui nous le perfuade, prouve encore que ces particules nourricieres, de quelque nature qu'elles foient, deviennent inutiles aux plantes, fi elles ne font pas diffoutes par l'eau : il faut donc concevoir, que les particules de ce fluide qui s'infinuent avec beaucoup de force dans les corps fpongieux, faifant l'office d'une multitude de petits coins, font effort pour divifer les parties des corps qu'elles pénetrent ; mais lorfqu'un vent de fud, ou la chaleur immédiate du Soleil raréfient & augmentent le mouvement & le volume de ces liqueurs, leur action fur les corps folides qu'elles ont pénétré augmente auffi, & commence la divifion des corps folides.

Faifons fuccéder la fraîcheur de la nuit à la chaleur du Soleil, un vent de nord à celui de fud, une pluie froide à la férénité du jour précédent ; les liqueurs condenfées occupant moins d'efpace dans les pores des corps fpongieux, permettent à d'autres liqueurs de s'y introduire ; ainfi, fans que je fois obligé de fuivre plus loin cette action des fluides fur les corps folides, on concevra aifément que les alternatives de chaud & de froid, de féchereffe & d'humidité, doivent produire dans les parties des corps fpongieux, un mouvement de contraction & de raréfaction, ou des fecouffes qui doivent néceffairement en divifer les parties ou les diffoudre.

Voilà une manœuvre bien fimple, & fi elle étoit jugée fuffifante pour expliquer la premiere préparation de la feve, elle tiendroit lieu, à l'égard des végétaux, de ce grand appareil d'organes deftinés à la chylification, & qui font une partie confidérable de l'anatomie des animaux. Il fe peut bien faire encore que la fermentation fe mêle à cette efpece de diffolution ; car la chaleur de la terre au printemps, & encore plus celle des couches, femblent l'annoncer ; d'ailleurs, cette fermentation fembleroit propre à donner à la feve un degré de raréfaction qui paroît lui être néceffaire pour paffer dans les plantes. Grew penfoit que la feve ne pouvoit être admife comme nourriture, avant d'être extrêmement raréfiée & réduite en une fubftance fi mince & fi tenue qu'elle reffemble mieux à un fouffle, à une vapeur, à une fumée, qu'à une humeur, à un fuc, ou à une liqueur. Ce fentiment fe juftifie par l'obfervation de la grande quantité d'exhalaifons qui s'échappent des côteaux fertiles expofés au levant, des couches chaudes, & de toutes les terres, dans les circonftances très-favorables à la végétation. Au refte, je ne donne ceci que comme une hypothefe qui n'eft cependant pas dénuée de toute vraifemblance, puifque je me propofe de traiter ailleurs de l'introduction de la feve dans les racines ; je vais maintenant examiner plus particuliérement ce qui peut fournir aux plantes leur nourriture.

ART. II. *Des fubftances qui peuvent fervir à la formation de la Seve.*

COMME on retire par des opérations chymiques différentes fubftances des végétaux, on en a conclu qu'elles fervoient à leur nourriture ; en conféquence on a penfé que l'air, le feu, l'eau, la terre, l'huile, différents fels, entroient dans la compofition de la feve ; de forte que l'analyfe chymique pourroit conduire à penfer que la terre eft leur aliment principal, parce que les végétaux fe réduifent en terre par la pourriture ; que les fels pourroient atténuer cette terre, l'eau en étendre les parties, cette eau avec le fecours du feu lui donner un mouvement ou une activité convenable, &c. mais fuivant cette hypothefe il faut que ces diverfes fubftances ne foient mêlées avec la terre que felon certaines dofes, car on n'ignore pas qu'une trop grande abondance de fels rend les terres ftériles, l'eau de la mer toute pure produit cet effet, au lieu que cette eau mêlée à certaine dofe avec l'eau douce donne lieu à une grande fertilité : de même la vafe de la mer mêlée en petite quantité avec la terre, produit de grands effets ; quoique par elle-même elle foit infertile.

On fait que trop d'eau noye la plûpart des plantes, & les fait tomber en pourriture, quoique ce fluide foit peut-être de toutes les fubftances que je viens de nommer, la plus néceffaire à la végétation, puifque, lorfqu'elle manque, les plantes fe deffechent, & je ferai voir que l'eau feule eft capable de les faire fubfifter & croître.

Quand je dis l'eau feule, j'entends parler de celle que nous buvons, & non pas d'un fluide élémentaire. Car outre que l'eau commune eft peut-être beaucoup moins fimple que nous ne le croyons, il eft néceffaire qu'elle ait acquife fa fluidité de l'élément du feu, & de celui de l'air, fans quoi étant réduite en glace elle feroit plus nuifible qu'utile aux végétaux : lorfque j'ai fait végéter des plantes dans l'eau, j'ai même remarqué qu'elle les faifoit tomber en pourriture quand elle étoit devenue trop froide ; & fans porter les chofes à l'extrême, on fait que quantité de plantes fe pourriffent dans les années froides & humides : d'un autre côté, un Soleil trop ardent, un vent trop haleux, deffeche les plantes ; ainfi des éléments auffi effentiels deviennent nuifibles par leur trop grande abondance : ces idées prifes en gros offrent quelque chofe de fatisfaifant ; mais ces généralités fouffrent de grandes difficultés quand on examine de près cet objet, & qu'on veut entrer dans les détails.

1°, Pour faire comprendre le peu de lumiere qu'on peut attendre de l'analyfe chymique, faifons attention au peu de connoiffance qu'on acquerera fur la nourriture des animaux en analyfant leur chair & leur fang.

2°, La fagacité des plus habiles Chymiftes ne peut pas leur faire extraire de la terre la plus fertile, les mêmes fubftances qu'ils tirent des végétaux.

3°, On voit bien qu'une petite dofe de fel, même fixe, rend les terres fertiles ; mais en s'attachant aux idées de Grew, on ne conçoit pas comment ils agiffent : car, fuivant cet Auteur, la feve paffe dans les plantes, prefque réduite en vapeur ; & l'on fait que les fels fixes ne s'élevent point avec les vapeurs.

4°, L'utilité des fumiers eft trop reconnue pour qu'on puiffe la révoquer en doute ; mais on ne fait s'ils agiffent en retenant l'humidité qui eft abfolument néceffaire pour la végétation, ou en excitant dans l'intérieur de la terre une forte de fermentation qui aide à cette efpece de digeftion dont j'ai parlé dans l'Article premier.

5°, Les fumiers ne font pas les feuls engrais qu'on puiffe employer utilement : on n'aura pas de peine à concevoir que des plantes pourries fertilifent les terres, puifque les débris d'un végétal peuvent fervir de nourriture à un autre ; mais on

comprendra

comprendra avec peine comment une terre infertile en peut rendre une autre féconde : la glaise pure & la marne font néanmoins de ce genre. Bien plus, la pierre de taille la plus dure peut être donnée pour exemple : des provinces entieres fertilisent leurs terres avec de la pierre calcinée & réduite en chaux ; dans ce cas, la calcination sert peut-être principalement à diviser cette pierre en parcelles très-fines. Voici une observation qui paroît le prouver. Nous faisions tailler sur un gazon des pierres très-dures qui prennent le poli du marbre, & qui sont remplies de cristaux ; quand l'ouvrage fut fini, on emporta tous les éclats de pierre, & jusqu'aux plus petits, de sorte qu'il ne restoit sur ce gazon qu'une poussiere très-fine de cette pierre dure ; néanmoins les années suivantes on remarqua que l'herbe étoit plus verte & plus haute aux endroits où l'on avoit taillé les pierres que par-tout ailleurs. Il est vrai que l'on trouve dans ces pierres quelques coquilles, & que lorsqu'elles y sont très-abondantes, elles répandent une odeur de volatil urineux quand on les polit ; mais outre que la plupart de ces pierres contiennent peu de coquilles, cet atôme de volatil urineux ne faisant qu'imprégner une substance pierreuse très-dure, il est fort singulier qu'il en résulte un engrais. La marne, comme nous l'avons dit, doit être rangée au nombre de ces engrais ; il y en a qui se trouve alliée avec différentes especes de graviers ; mais la meilleure marne qui se tire de la terre par morceaux, tels que les moilons des carrieres, fuse à l'air comme la chaux ; elle se réduit en poussiere fine, & produit une fertilité permanente qui se fait encore appercevoir au bout de 25 à 30 ans. Cette terre étant insipide, on seroit moins disposé à la regarder comme un engrais que des coquilles fossiles qu'on tire dans certaines Provinces, & que l'on répand sur les terres : on a encore d'autres preuves que dans certaines circonstances, des substances reconnues pour infertiles, font cependant propres à rendre d'autres terres bien disposées pour la végétation. Je m'explique : les terres trop maigres peuvent être améliorées avec de la glaise pure, laquelle par elle-même seroit infertile : quand cette glaise, après avoir resté un nombre d'années à l'air, a été réduite en molécules assez petites pour pouvoir se mêler intimement avec une terre trop maigre, cette terre maigre devient propre à faire de belles productions ; & de même, on peut améliorer une terre trop argilleufe, en y mêlant du fable ou une terre fort légere. Il eft probable que dans le premier cas, la terre légere fe defféchoit trop aifément ; & que dans le fecond, la terre compacte, ou retenoit trop l'humidité, ou ne fe laiffoit pas affez pénétrer par le Soleil ; peut-être auffi cette terre fort dure ne permettoit-elle pas aux racines de s'étendre. Réfumons ce que nous venons de dire, & faifons voir que les différents engrais agiffent probablement très-différemment pour produire un même effet, qui eft celui de favorifer la végétation.

La vafe de la mer, les coquillages frais qu'on enleve des Ports de mer, l'eau faumâtre qui inonde les prairies dans les grandes marées, les cendres qu'on répand fur les prés, femblent n'agir que par une petite quantité de fels fixes ou volatils, fans que nous prétendions exclure d'autres caufes qui nous font inconnues ; car le limon que les rivieres dont l'eau n'eft point faumâtre, portent fur les terres lorfqu'elles débordent, occafionnent auffi de grandes fertilités.

La marne, la chaux vive, les coquillages foffiles, la craffe des forges, même les terres neuves ou repofées depuis long-temps, le fable répandu fur les terres trop fortes, l'argile qui a mûri pendant plufieurs années répandue fur les terres trop légeres, les démolitions des vieux bâtiments, les terres brûlées, les plâtras, font auffi de bons engrais qui femblent agir, tantôt en donnant du corps aux terres trop légeres, & tantôt en rendant légeres celles qui font trop fortes ; plufieurs de ces fubftances peuvent encore contenir des fels très-utiles.

Les excréments des animaux, les fumiers de bœuf, de vache ; de cheval, de cochon, de brebis, de pigeon, de poule, même la poudrette, excitent prodigieufement la végétation, ainfi que les plantes pourries, vertes ou feches. Eft-ce en excitant une fermentation ? eft-ce en retenant l'humidité des pluies & des rofées ? eft-ce en fourniffant de la nourriture aux plantes ? Peut-être plufieurs de ces caufes fe combinent-elles d'une façon d'autant plus utile qu'elle eft plus imperceptible. S'il eft au-deffus de nos forces de le décider, effayons au moins de répandre quelque lumiere fur cette queftion ; & pour cela tâchons de découvrir fi quelques-unes des fubftances que nous venons de nommer, donne quelque marque fenfible de fa préfence dans l'intérieur des plantes.

Art. III. *Si l'on peut trouver dans les Végétaux des indices certains que quelque portion de la terre, ou des engrais, paſſe dans le corps des Plantes.*

Tout le monde ſait que les vignes trop fumées donnent de mauvais vins : je ne dis pas que les fumiers ne puiſſent pas produire cet effet, comme partie intégrante, mais je crois apcercevoir que la qualité du vin peut être altérée par une autre cauſe.

On ſait en effet qu'indépendamment des fumiers, les jeunes vignes ne donnent pas d'auſſi bon vin que les vieilles vignes : pourquoi cela ? Je veux bien que la ſeve ne ſe perfectionne pas dans les jeunes ceps comme dans les vieux ; mais c'eſt que les jeunes vignes produiſent trop de fruits, & qu'elles pouſſent trop en bois : l'abondance des fruits, les grappes fournies de trop de grains, ne mûriſſent point parfaitement ; d'ailleurs on ſait, que tant que la vigne pouſſe, le raiſin n'acquiert pas ſa parfaite maturité : ainſi, dans les jeunes vignes, le raiſin n'acquiert point la qualité qui lui eſt néceſſaire pour faire d'excellent vin ; principalement, parce que la ſeve s'y entretient plus abondante que dans les vieilles. Il me paroît que ce raiſonnement peut s'appliquer auſſi aux vignes trop fumées, leſquelles, par ce moyen, pouſſant avec beaucoup de force, ſoit en bois, ſoit en fruits, ſont dans le même cas que les jeunes vignes trop vigoureuſes.

Ce que je viens de dire de la vigne a ſon application à preſque toutes les plantes. Le froment & d'autres grains, ſemés dans une terre maigre, mûriſſent plutôt que ceux qui ſont dans un bon fonds de terre : les grains que l'on cultive ſüivant les principes de la nouvelle culture, * mûriſſent plus tard que les autres. Un arbre vieux ou languiſſant mûrit plutôt ſon fruit qu'un arbre jeune & vigoureux : quand on a déchauſſé un arbre, & qu'on a laiſſé quelque temps ſes racines à l'air, ſes fruits mûriſſent plus promptement : de gros Chênes que j'ai écorcés dans toute la longueur de leur tronc, ſe ſont plus promptement garnis de

* Voyez le Traité de la culture des terres.

feuilles au printemps fuivant, que les autres : dans les étés fecs où la feve eft peu abondante, les boutons fe préparent à donner pour l'année fuivante quantité de fruits, & au contraire, les arbres qui pouffent beaucoup en bois en donnent peu : enfin, on obferve affez généralement, qu'aux vieux arbres, les fruits de la cime mûriffent plutôt que ceux du bas de l'arbre , & que le contraire arrive quand les arbres font jeunes & vigoureux.

M. Hales attribue avec affez de vraifemblance la plupart de ces faits à la moindre quantité de feve crûe qui s'éleve dans les arbres moins vigoureux ; car la tranfpiration de toutes les branches, (toute autre circonftance fuppofée pareille) étant à peu près égale, elle s'épaiffira plus promptement, & fe convertira plutôt en cette fubftance gélatineufe qui forme le fuc nourricier, dans les arbres où la feve n'eft point abondante, que dans ceux où il y en a beaucoup. Je reviens à l'objet que je me fuis principalement propofé d'examiner dans cet Article.

Je conviens donc que les différents crûs produifent des vins, de qualité très-différente ; mais comme la bonne ou la mauvaife qualité des vins peut bien dépendre auffi de la fituation de la vigne, de fon expofition, de l'air, qui en un pays eft fec, & en un autre chargé de brouillards, & encore du climat qui peut être froid, ou chaud, ou tempéré ; enfin de la nature du terrein, qui peut fournir plus ou moins de nourriture, l'obfervation peut dépendre de tant de caufes différentes, qu'elle ne doit pas être employée pour prouver, que quelque partie du terrein paffe dans le fruit, & contribue à la bonne ou mauvaife qualité du vin.

Les goûts de terroir, qui font quelquefois fenfiblement différents dans des vignes affez voifines, femblent plus propres à prouver que quelque partie du terrein paffe dans les fruits.

On pourroit encore apporter pour preuve du même fait, que les chevaux délicats refufent l'avoine qu'on a recueillie dans une terre fumée avec de la poudrette, ou d'autres engrais très-puants, comme font les cures des boucheries ; mais comme les grains prennent aifément l'odeur qui les environne, on pourroit douter fi celle qui répugne aux chevaux, auroit été mêlée avec la feve, ou fi elle n'a affecté les fruits que par l'extérieur.

Les légumes trop fumées n'ont pas une faveur auffi agréable

que celles qui croiſſent dans une terre franche : ſi l'on n'avoit à leur reprocher que de n'avoir point de ſaveur, on pourroit s'en prendre à la vigueur des plantes ; mais avec de l'attention on trouve à ces plantes, qu'on mange ſouvent telles que la nature les forme, ſans qu'elles ayent éprouvé aucune fermentation, & ſans être cuites, des goûts déſagréables, qu'on juge aſſez ſemblables à ceux des fumiers qu'on a mêlés avec la terre : il paroît encore que les plantes qui croiſſent ſur les maſures, & ſur les vieilles murailles, abondent en ſel de nitre ; que celles qui croiſſent au bord de la mer contiennent quantité de ſel marin, & que celles qui croiſſent dans les terres rouges & férrugineuſes abondent en ſel vitriolique ; ce qui ſembleroit indiquer que les parties diſſolubles à l'eau, qui ſe rencontrent dans le terrein, paſſent dans ces plantes. Malheureuſement ces obſervations n'ont pas été repétées ſur les mêmes plantes élevées dans différents terreins ; & il s'en préſente d'autres qui ſemblent détruire les foibles preuves que fourniſſent celles que nous venons d'ex-poſer.

Je dis donc, que quoique les plantes ſe plaiſent dans certains terreins qui ſont doués d'une fertilité particuliere, il y a tout lieu de douter qu'elles doivent leur accroiſſement à la terre même. Boyle ayant fait ſécher au four une certaine quantité de terre, il la peſa, & ſema dedans de la graine de Courge ; quoique cette terre n'eût été arroſée que d'eau de pluie, ou de ſource, elle produiſit dans ſa premiere expérience une plante qui peſoit près de trois livres ; & dans la ſeconde, elle en pro-duiſit une autre qui peſoit plus de quatorze livres : cependant dans l'une & l'autre expérience, la terre deſſéchée & peſée de nouveau, n'avoit pas perdu ſenſiblement de ſon premier poids.

Vanhelmont rapporte auſſi qu'après avoir peſé cent livres de terre, il y avoit planté un Saule peſant cinquante livres, qu'il avoit arroſé cette terre avec de l'eau diſtillée, ou de l'eau de pluie, & qu'il l'avoit couverte d'un couvercle d'étain percé de pluſieurs trous, pour empêcher qu'aucune autre terre ne s'y pût mêler. Cinq ans après, ayant tiré cet arbre de la terre pour le peſer avec toutes ſes feuilles, il ſe trouva peſer cent ſoixante & neuf livres trois onces, quoique la terre n'eût perdu que deux onces de ſon premier poids.

Je fai qu'il n'y a prefque pas d'eau qui ne dépofe à la longue une fubftance terreufe ; ce qui pourroit avoir augmenté le poids de la terre des expériences de Boyle & de Vanhelmont ; mais il y a une fi grande difproportion entre deux onces que cette terre a perdues, & les cent dix-neuf livres d'augmentation de poids du Saule, qu'on ne peut douter que l'eau des arrofements n'ait fourni pour la plus grande partie à l'accroiffement de cet arbre. Les expériences que je vais rapporter me paroiffent encore plus décifives.

Il ne s'agit point ici de plantes qui de leur nature doivent végéter dans l'eau fans aucune communication avec la terre, telles que font la Lentille d'eau, la Châtaigne d'eau, le *Lentibularia* ; ces plantes font en quelque façon les poiffons du regne végétal ; & quoiqu'il foit vrai de dire que toutes leurs productions viennent de l'eau, cette fingularité eft moins frappante, puifqu'on n'offriroit rien de particulier fi l'on difoit, qu'on a vu un poiffon fubfifter long-temps, & même croître dans l'eau pure.

Je ne me propofe pas même de parler des plantes aquatiques, qui jettant leurs racines dans la terre, & élevant leurs tiges dans l'eau, peuvent être regardées comme des efpeces d'amphibies. Mes expériences ont été faites fur les plantes terreftres qui répandent leurs racines dans la terre pour en tirer leur nourriture, & qui élevent leurs tiges dans l'air ; & mon but étoit d'examiner s'il étoit poffible de les faire fubfifter, en les réduifant pour toute nourriture à de l'eau bien pure.

Les expériences que je viens de rapporter d'après Boyle & Vanhelmont, prouvent déja que les grandes productions des végétaux ne confomment qu'une très-petite portion de la maffe de terre qui les nourrit.

Mais on voit dans les Mémoires de l'Académie de Berlin, qu'on a élevé plufieurs plantes fans terre, en les femant dans de la mouffe qu'on arrofoit au befoin.

Il y a long-temps que j'ai exécuté des expériences femblables, & que j'ai eu dans de la mouffe, ou dans des éponges humectées, des plantes capillaires auffi belles que celles que l'on trouve dans leur fol naturel, des oignons de différentes fleurs, qui en produifoient d'auffi belles que dans la terre de jardin la mieux préparée; enfin, j'ai eu des feves & des pois qui ont fleuri, & même qui ont donné quelques fruits.

M. Bonnet de Geneve, frappé de la singularité des expériences de Berlin, les a répétées, & a fait part à l'Académie Royale des Sciences, dont il est correspondant, de plusieurs expériences très-curieuses, par lesquelles il a fait la comparaison de la végétation des plantes d'un même genre, élevées les unes dans de la terre, & les autres dans de la mousse: elles établissent, qu'à certains égards, & dans certaines circonstances, la mousse est plus avantageuse pour la végétation que la terre. Ces expériences méritent assurément que je les présente ici, au moins en abrégé; mais auparavant je veux faire remarquer que, pour réussir dans ces expériences, il ne faut employer que des substances telles que la mousse ou les éponges, parce qu'elles retiennent l'eau, & qu'elles ne se pourrissent pas: c'est pour cette raison que le cotton & la filasse que j'ai voulu employer ne m'ont pas réussi; la laine a très-mal réussi à M. Bonnet, ainsi que la sciure du bois de sapin, & le tan.

Pour juger du succès de la végétation dans la mousse, M. Bonnet sema en même-temps un égal nombre de semences dans des pots de semblable grandeur: les uns étoient remplis de terre, & les autres de mousse pressée avec la main.

Les haricots, les pois, l'avoine, fructifierent, & donnerent de beaucoup plus belles plantes dans la mousse que dans la terre.

Un grain d'orge, dans la terre, donna trente-deux grains; & un autre grain d'orge, dans la mousse, quatre-vingt-treize grains.

Toutes les graines semées dans la mousse, ont mûri plus tard que celles qui avoient été semées dans la terre: cela devoit être, puisque les plantes étoient plus vigoureuses.

M. Bonnet a semé & élevé dans de la mousse, des œillets dont les fleurs étoient très-odorantes; il a étendu ces expériences sur les plantes bulbeuses, telles que des Tubéreuses, des Jacinthes, des Renoncules, des Anémones, & toutes ces plantes se sont montrées plus vigoureuses qu'en terre. Le même Observateur ayant répété les expériences que je viens de rapporter, avec un succès à peu près pareil, se proposa de comparer des boutures de vigne élevées dans de la mousse, & dans de la terre;

& le fuccès fut, à très peu de chofe près, le même.; s'il s'eft trouvé quelque différence, elle a été en faveur des boutures plantées dans la mouffe.

Il a eu le plaifir de cueillir d'excellents fruits fur des arbres qu'il avoit élevés dans de la mouffe, entr'autres du raifin blanc, & des prunes de reine-claude, dont les fruits étoient auffi beaux, & d'auffi bon goût, que ceux que produifoient les arbres plantés dans la meilleure terre.

La mouffe fe décompofe peu à peu, & au bout de deux ou trois ans elle fe réduit en terreau; fi dans cet intervalle on négligeoit de fouler de temps en temps la mouffe avec la main, les plantes périroient; il faut donc preffer trois ou quatre fois l'année cette mouffe, pour qu'elle puiffe toujours exactement toucher les racines.

M. Bonnet ayant remarqué que le terreau produit par la mouffe, n'étoit pas auffi favorable à la végétation que la mouffe fraîche, il s'eft bien trouvé d'en retirer de temps en temps les arbres de fes expériences, pour fubftituer de nouvelle mouffe au terreau qu'il ôtoit.

Des Orangers qui languiffoient fe font rétablis après avoir été plantés dans de la mouffe.

Enfin, M. Bonnet confeille à ceux qui feront à portée de fe procurer beaucoup de mouffe, d'en faire ufage, foit feule, foit mêlée avec différentes efpeces de terre. Pour en être pleinement convaincu, il fuffit, dit-il, dans une Lettre que j'ai reçue de lui, de favoir qu'un cep de vigne a fait, dans l'efpace de quelques mois, des jets de plus de dix pieds de longueur, chargés de fept à huit groffes grappes d'un excellent goût, quoique les caiffes n'euffent pas plus de quinze pouces en quarré. *

On peut joindre à ces expériences des faits connus de tout le monde. Qu'eft-ce, en effet, qui n'a pas vu des Jacinthes, des Narciffes, des Crocus, &c, fleurir fans terre, étant réduites à tirer leur fubfiftance de l'eau feule.

On trouve du plaifir à répéter ces expériences, puifque rien n'eft fi agréable que de jouir, pendant les plus fortes gelées de

---

* On trouvera le détail des expériences de M. Bonnet, dans les Mémoires de Mathématiques & de Phyfique, préfentés à l'Académie Royale des Sciences par divers Savans étrangers.

l'hiver,

l'hiver, de fleurs qui par leur beauté & leur bonne odeur le dif-
putent à celles du printemps.

Néanmoins, accoutumé que l'on eſt à penſer que les ſubſtances ſolides, ſont les ſeules propres à former des corps doués de
cette propriété, on regarde l'eau comme un diſſolvant qui après
avoir dépoſé dans les plantes les parties ſolides qu'il contient,
s'échappe avec la tranſpiration qui eſt très-abondante dans les
végétaux.

On s'affermit de plus en plus dans ces idées, lorſqu'on remarque que dans une plaine qui ne paroît pas plus humide dans
un endroit que dans un autre, il y a néanmoins des veines de terre
qui ſe diſtinguent par leur grande fertilité ; d'ailleurs, comme on
eſt frappé des bons effets des différents engrais dont nous avons
parlé plus haut, on croit reconnoître la néceſſité des ſels, & des
autres parties diſſolubles par l'eau, pour la nourriture des plantes.

Rempli de ces idées, on ſe propoſe de les faire quadrer avec
les faits que nous venons de rapporter ; & en conſéquence on
dit que la terre deſſéchée de Vanhelmont, & la mouſſe, ne ſont
point abſolument dépourvues de parties propres à la végétation ; &, à l'égard des oignons, on imagine qu'ils contiennent
un amas de ſubſtances, leſquelles étant diſſoutes par l'eau que
pompent les racines, paſſent dans les plantes, & ſuffiſent pour leurs
productions. Les feuilles & les tiges que produiſent les oignons
ſe réduiſent à ſi peu de choſe quand elles ſont deſſéchées, qu'on
imagine aiſément que l'oignon, qui, à la vérité, s'épuiſe, a pu
fournir la petite quantité de parties ſolides qui reſtent après
l'exſiccation ; d'ailleurs, on ſait que tous les oignons produiſent
d'eux-mêmes de belles & grandes feuilles, & outre cela, à l'égard
des ſafrans, de belles fleurs, ſans le ſecours de la terre ni de l'eau ;
preuve évidente que les oignons contiennent une ſuffiſante
quantité d'aliments pour toutes ces productions. Enfin, on a
quantité de preuves qu'une partie d'une plante peut s'épuiſer pour
en produire d'autres, puiſqu'une Joubarde ſéparée de ſa plante,
& miſe à l'écart dans un endroit frais, ne manque pas de faire
de nouvelles productions, ſans terre ni eau.

Ce reflux de ſubſtance de la partie d'une plante pour la production d'autres parties, ſe montre en plus d'une occaſion :
quand une Joubarde hors de terre fait des productions, pluſieurs

Partie II. C c

feuilles du vieux pied fe deffechent ; il en eft de même des feuilles de Chou qui périffent quand la plante monte en graine ; c'eft à l'égard des végétaux ce que fait la graiffe dans les animaux, qui fupplée en quelque façon au défaut de nourriture. *

Ces réflexions m'ont engagé à faire de nouvelles expériences pour reconnoître encore mieux fi l'eau pure peut fuffire à la nourriture des végétaux.

Je fis germer de groffes feves entre des éponges humides : quand la jeune racine fe fut allongée d'un bon pouce, j'affujettis les feves fur le gouleau d'une caraffe, de façon qu'il n'y eut que les racines qui trempaffent dans l'eau ; elles produifirent des tiges qui s'éleverent à près de trois pieds de hauteur, garnies de belles feuilles & de fleurs ; quelques-unes même nouerent & donnerent quelques petits fruits.

J'exécutai cette même expérience fur des arbres ; & ayant fait germer dans des éponges humides des noix, des amandes, des marrons, je les difpofai de façon qu'il n'y avoit que la racine qui trempât dans l'eau : cette circonftance eft importante ; car fi la femence trempoit entiérement dans l'eau, elle feroit bien-tôt pourrie.

Les vafes dont je me fervois étoient de différente forme ; & cette circonftance eft de quelque conféquence.

Quelques-uns étoient des tubes femblables à ceux qu'on employe pour l'Electricité ; d'autres étoient de ces bouteilles applaties fur les côtés, dans lefquelles on confervoit autrefois des vins précieux. Les arbres réuffirent mieux dans ces fortes de vafes, que dans de grands cylindres de verre de quatre à cinq pouces de diametre, fur près de deux pieds de hauteur : apparemment que la maffe d'eau qui y étoit contenue, étant plus difficile à s'échauffer, en étoit moins propre à la végétation.

Quoi qu'il en foit, mes Marroniers d'Inde pousserent comme s'ils euffent été en pleine terre ; & la troifieme année je les plantai dans un jardin où ils reprirent tous très-bien : un Amandier fubfifta quatre ans dans l'eau, & il ne périt que parce qu'on le laiffa manquer d'eau : un Chêne fubfifta pendant huit ans, & il ne périt que faute d'eau, pendant une abfence affez longue qui me tint éloigné de chez moi.

* On fera bien de confulter ce que nous avons dit à ce fujet, Livre II, page 167.

Mais je dois avertir qu'il n'y a pas d'apparence que ces arbres euſſent pu faire dans la ſuite de grands progrès : ils avoient pouſſé plus fortement les deux premieres années que s'ils avoient été dans une bonne terre ; les productions de la troiſieme & de la quatrieme année étoient encore aſſez belles ; mais depuis ce temps, les pouſſes diminuoient tous les ans, & n'étoient preſque plus ſenſibles, quoique les arbres continuaſſent à ſe garnir de belles feuilles. Je crois cependant que leur dépériſſement ne provenoit pas tant du défaut de nourriture que du mauvais état des racines ; ces racines étoient ſemblables à celles que j'ai ap- pellé queues de renard ; & je ne crois pas qu'en cet état elles puiſſent être propres à fournir de la nourriture à un grand arbre. De plus, j'appercevois çà & là, ſur les racines de ces arbres de petites éminences qui ſembloient être une dilatation du tiſſu cellulaire, & qui formoient de petits ulceres.

Malgré le mauvais état des racines, qui cauſoient certaine- ment le dépériſſement de mes arbres, mon Chêne avoit quatre à cinq branches qui partoient d'une tige de dix-neuf à vingt lignes de circonférence, & plus de dix-huit pouces de hauteur ; le bois & l'écorce étoient formés, & il produiſoit chaque année de belles feuilles qui ne pouvoient être formées que de la ſub- ſtance de l'eau la plus claire & la plus pure ; car je n'avois em- ployé que de l'eau de la Seine qui avoit été filtrée dans une fontaine ſablée, & conſervée des mois entiers dans des cruches de grais, en ſorte qu'elle étoit auſſi lympide qu'il eſt poſſible d'en avoir.

Ces expériences prouvent qu'une eau très-épurée ſuffit ſeule pour la germination des ſemences, & pour l'accroiſſement des végétaux ; les doutes qu'auroient pu faire naître la terre & la mouſſe, n'ont point lieu dans mes expériences, non plus que la proviſion d'aliments qu'on pût ſoupçonner être dans les oignons.

Ce n'eſt cependant pas tout : mes petits arbres, ainſi élevés dans l'eau, ont donné par diſtillation à la cornue, les mênes principes que d'autres petits arbres de même âge, & de même eſpece, qui avoient été élevés en pleine terre.

Je conviens que l'eau clarifiée n'eſt point un phlegme pur, ni une eau élémentaire ; je ne crois pas qu'il m'eût été poſſible de m'en procurer ; je conviendrai, ſi l'on veut, que les parties salines & huileufes de l'eau que j'employois fe fixoient dans les plantes, & que le phlegme pur s'échappoit par la tranfpiration; mais comme je ne connois aucun procédé de Chymie par lequel on puiffe retirer de l'huile ou du fel d'une eau auffi pure que celle que j'ai employée, il réfulte au moins de mes expériences, que la nature fait dans cette occafion une analyfe de l'eau qui eft bien au deffus des forces de l'art. Néanmoins fi M. Hales a prouvé que l'air entre dans la compofition du calcul humain, & de plufieurs autres fubftances, de façon qu'il contribue à leur dureté & à leur poids, feroit-il plus extraordinaire de croire que l'eau que nos plantes afpirent, & l'air dont elles font environnées, que ces deux fluides, dis-je, fe puiffent fixer dans leurs organes, & y faire partie de leur fubftance ? J'ai prouvé dans un Mémoire que j'ai donné fur la chaux, qu'il reftoit toujours dans les mortiers où elle étoit employée, une portion de l'eau qu'on y avoit jettée pour éteindre la chaux, ou pour faire les mortiers; que la chaleur du Soleil le plus ardent, même celle des étuves les plus échauffées ne pouvoient diffiper toute cette eau; qu'il falloit employer un feu de calcination très-vif pour réduire ces mortiers au poids du fable très-fec, & à celui de la chaux fortant du four. Je ne rapporte cette expérience que pour faire voir, qu'en certain cas, l'eau entre dans la compofition des corps folides, & qu'elle contribue même à leur dureté; car après cette calcination, le mortier n'avoit plus aucune confiftance.

Au refte, je ne me fuis propofé que de prouver, que l'eau la plus pure & la plus fimple qui puiffe fe trouver, peut fournir aux plantes la nourriture qui leur eft néceffaire, fans m'embarraffer d'expliquer comment les parties de ce fluide deviennent folides.

Prévenu d'un fyftême contraire, quelques-uns ont penfé qu'il feroit avantageux de diffoudre des fels, ou de mettre des teintures de fumier dans l'eau dont on remplit les caraffes fur lefquelles on éleve des oignons de Jacinthe, de Narciffe, &c. Perfuadé moi-même que ces diffolutions pourroient être avantageufes à la végétation, j'ai tenté d'élever des Jacinthes fur des caraffes que j'avois remplies, les unes d'une diffolution de Nitre, les autres de Sel marin, d'autres d'une leffive de cendres ordinaires,

ou d'une bonne terre de jardin, ou de fumier de cheval filtrée :
lorfque l'eau de mes caraffes étoit fortement chargée de fel, ou
de fumier, mes oignons réuffiffoient mal; lorfque les folutions
étoient légeres, je ne remarquois nulle différence dans ces
plantes. M. Bonnet ayant effayé d'élever des boutures dans de
l'eau qu'il avoit, pour ainfi dire, imprégné de terre, le fuccès
ne fut pas pour cette eau ainfi impregnée : je ne prononcerai
cependant pas fur l'inutilité de ces diffolutions, parce que leur
fuccès pourroit dépendre d'une certaine proportion dans les
mélanges qui auroit pû m'échapper : l'impatience de celui qui
fe livre à des recherches phyfiques, ne quadre pas toujours avec
la marche lente & compaffée de la nature.

On fait que les racines, & particuliérement celles des oignons,
ont une difpofition naturelle à s'enfoncer perpendiculairement
dans la terre : j'ai voulu m'affurer fi en préfentant à ces fortes
de racines une maffe de terre humeétée dans laquelle elles pourroient trouver leur nourriture, elles la traverferoient pour s'étendre enfuite dans l'eau qui feroit au deffous ; & pour cela j'ai planté
un oignon dans de la terre qui étoit contenue dans un entonnoir
que je pofai fur un vafe rempli d'eau; j'avois adapté un morceau
d'éponge qui communiquoit depuis la terre jufqu'à l'eau pour
entretenir cette terre humide : les racines traverferent la terre,
& s'étendirent dans l'eau comme fi l'oignon avoit été comme à
l'ordinaire, pofé immédiatement fur le gouleau du vafe : cet
oignon fleurit très-bien ; je ne crois cependant pas qu'il tirât
aucune nourriture de la terre; car ayant difpofé un autre oignon
de façon qu'il n'y avoit que le bout de fes racines qui trempaffent
dans l'eau, il devint auffi vigoureux que les autres : ce qui ajoute
aux raifons que j'ai rapportées plus haut*, pour me faire penfer *Liv. 1. p. 89.
que la feve eft prefque entiérement pompée par l'extrêmité des
racines. Si cela eft, ainfi que je le crois, l'oignon planté dans
l'entonnoir rempli de terre, ne devoit tirer fa nourriture que de
l'eau où plongeoit le bout de fes racines ; & la terre contenue
dans l'entonnoir lui étoit à peu près inutile.

Je dois néanmoins avertir qu'ayant difpofé des oignons de
façon que, faifant faire une anfe aux racines, leur bout étoit à
l'air ; ces racines fe conferverent en affez bon état ; ce qui me
fait croire que dans cette fituation forcée, elles afpiroient de
l'eau par leur partie moyenne.

Avant de paffer à d'autres confidérations je ferai remarquer que, pour que les plantes ou les oignons réuffiffent bien dans l'eau, il ne faut pas que l'eau où s'étendent les racines foit trop froide ; les oignons réuffiffent beaucoup mieux fur la tablette d'une cheminée, où l'on fait fréquemment du feu que dans tout autre endroit où il n'y en a point : les arbres que j'ai élevés entre deux croifées, pouffoient bien plus vigoureufement dans des vafes qui avoient beaucoup de furface relativement à la maffe d'eau, que dans d'autres vafes plus grands, mais plus hauts, qui co ntenoient une plus grande quantité.

Encore une condition importante pour que les plantes réuffiffent étant mifes dans l'eau; c'eft que cette eau ne fe putréfie pas; car, quoique les plantes qu'on éleve en terre réuffiffent très-bien lorfqu'on employe pour engrais des fumiers très-puants, j'ai appris, par quantité d'expériences, que les plantes périffent dans les vafes où l'eau fe corrompt ; & je crois avoir remarqué que, dans certaines circonftances, la terre contractoit une certaine corruption très-préjudiciable aux plantes.

Je reviens à mon objet : j'ai fait remarquer en premier lieu combien les fumiers & les engrais étoient favorables à la végétation ; j'ai fait l'aveu qu'il me paroiffoit difficile de comprendre comment ils agiffent : certaines obfervations femblent à la vérité prouver qu'une portion de la terre paffe dans les plantes ; mais auffi l'on vient de voir que de l'eau très-claire & très-limpide fuffit feule pour qu'elles faffent des productions affez confidérables. Comment fe fait la transformation de l'eau en bois, en feuilles, en écorce, en huile, en fel, en gomme, &c ? Voilà un champ bien vafte pour exercer la fagacité des Phyficiens.

S'il étoit bien prouvé que l'eau pure fût la feule nourriture des plantes, on en pourroit conclure que toutes les plantes fe nourriffent d'un même fuc; mais comme la premiere propofition n'eft pas démontrée, il eft à propos de difcuter la feconde; elle fera le fujet de l'Article fuivant.

Art. IV. *Si toutes les Plantes de différentes especes se nourrissent d'un même suc tiré de la terre.*

On est tellement disposé à croire que chaque plante tire de la terre un suc particulier qui convient à sa nourriture, & qui ne seroit pas propre à en alimenter une autre, qu'on sera surpris de me voir mettre en question : Si toutes les plantes de différentes especes se nourrissent d'un même suc. J'espere néanmoins que la discussion où je vais entrer, fera naître des idées bien différentes ; & si l'on n'embrasse pas un sentiment contraire à l'hétérogénéité des sucs nourriciers, il restera au moins des doutes qui obligeront les Physiciens de bonne foi, à ne se décider qu'après un nouvel examen bien réfléchi. Je vais exposer en premier lieu les preuves qu'on avance pour établir l'hétérogénéité de la nourriture des plantes de différentes especes ; & je les discuterai : cela me fournira l'occasion de rapporter celles qu'on peut leur opposer.

1°, A considérer la chose en général, il ne paroît pas vraisemblable qu'une même matiere puisse fournir la nourriture à un si grand nombre de plantes qui different les unes des autres par leur port extérieur, par leur forme, leur odeur, leur saveur, & même leurs propriétés ; car il n'est pas douteux que les parties intégrantes des plantes ne different beaucoup les unes des autres : la douceur de la Figue, l'aromate de la Pêche & de l'Orange, l'âcreté du Gland & de la Neffle, l'amertume du Marron d'Inde, & tant d'autres exemples pareils établissent ces différences. Mais il ne s'ensuit point que les sucs nourriciers soient différents dans la terre, & avant de s'être modifiés dans les plantes ; on est même engagé à admettre une homogénéité dans les sucs nourriciers, quand on fait attention que les plantes se dérobent l'une à l'autre la nourriture par les racines qu'elles étendent dans la terre. En effet, si la laitue, par exemple, tiroit de la terre une autre substance que celle qui convient à la chicorée, cette laitue plantée entre des chicorées viendroit mieux qu'étant plantée entre d'autres laitues ; ce qui est contraire à l'expérience. Il est donc certain que les plantes de différente espece se dérobent réciproquement leur nourriture; & pour prouver que les mêmes fucs prennent dans les vifceres des plantes différentes qualités, il me fuffira de rappeller une expérience que j'ai rapportée plus haut; favoir, qu'un jeune citron, gros comme un pois, ayant été greffé par la queue fur une branche d'Oranger, il y groffit, il y mûrit, & il conferva fa qualité de citron, fans participer en rien de l'orange : preuve inconteftable qu'il eft néceffaire que les fucs de l'Oranger fe foient modifiés différemment en paffant dans les organes du Citronnier. Toutes les greffes & les plantes parafites, lefquelles, comme le Guy, fe nourriffent de la fubftance des plantes auxquelles elles s'attachent, prouvent la même chofe.

Ce fentiment n'offre rien de plus fingulier que ce qui s'obferve à l'égard des animaux, entre lefquels on en voit de très-différents par leur forme, & dont la chair a des faveurs très-différentes, quoique les uns & les autres fe nourriffent des mêmes fubftances. L'homme, le cheval, le pigeon, la fouris, peuvent vivre de grains : le bœuf, le lapin, la perdrix, peuvent fe nourrir d'herbes : le loup, le chat, l'épervier, tous animaux carnaciers, fe nourriffent de chair. Je m'attends bien, que comme les animaux fe déchargent par les gros excréments des fubftances qui ne font plus propres à leur nourriture, on pourra dire que les vifceres de chaque animal tirent d'une même nourriture des fubftances différentes, analogues à leur tempérament, & que le refte eft rejetté par les déjections; mais par malheur cette idée, qui porte une apparence de réalité, n'eft point foutenue par des preuves fuffifantes : fi néanmoins on en vouloit faire l'application aux plantes, on pourroit dire, que le chyle végétal qui eft pompé par les racines, étant fuppofé le même pour différentes plantes, fouffriroit dans chaque plante des fecrétions différentes; que chaque plante ne s'approprieroit que les parties qui lui conviendroient, & que les autres, ou refteroient dans la terre, ou feroient évacuées par la tranfpiration fenfible ou infenfible; mais comme tout cela fe conçoit poffible, fans pouvoir être prouvé, tenons-nous-en aux idées générales, & paffons à l'examen des autres preuves qu'on allegue pour prouver l'hétérogénéité du fuc nourricier des plantes.

2°, On veut que, non-feulement il y ait des fucs différents

pour

pour la nourriture de chaque plante ; mais on a prétendu encore qu'il y en avoit de particuliers pour former chaque partie d'une même plante ou d'un même fruit : quelle différence entre la chair d'une pêche, le bois de son noyau, la subſtance de ſon amande, &c. On a donc cru qu'il étoit néceſſaire qu'il y eût autant de ſucs particuliers pour nourrir chacune de ces parties.

Il eſt probable que ce ſont les viſceres des plantes qui donnent à la ſeve les modifications qui font les différentes ſaveurs des fruits & des différentes parties d'un même fruit ; car, on a beau y prêter attention, on ne trouve nul veſtige, ni de la ſaveur, ni de l'odeur d'une racine dans la terre qui l'environne : la régliſſe, le faux Acacia, qui ont des ſaveurs douces & ſucrées ; les racines du Cran & de la Pyrethre, qui ſont très-piquantes, croiſſent enſemble dans un même terrein, où l'on n'y apperçoit pas la moindre trace de ces ſaveurs différentes : il en eſt de même des feuilles & des branches de Pêcher, ou de Poirier de beuré ; on a beau les mâcher, on n'y apperçoit rien d'analogue à la ſaveur & à l'odeur de ces excellents fruits.

Si on me demande comment une même ſeve peut ſervir à la formation du bois du noyau, de l'écorce, de l'amande, & de la chair d'une Pêche, je demanderai au plus célebre Anatomiſte, comment le chyle, qui eſt la ſeve des animaux, peut former la ſubſtance du cerveau, les nerfs, les membranes, les chairs, les os, les ongles, &c. Ces opérations dépendent d'une méchanique ſi fine & ſi délicate, qu'elle a échappé aux recherches des plus célebres Phyſiciens.

Mariotte penſoit que dans les plantes la préparation de ces différents ſucs ſe faiſoit dans la racine ; mais il eſt très-bien prouvé par l'exemple des greffes & par quantité d'autres obſervations, que les organes capables de donner la préparation à la ſeve, réſident dans toutes les parties des plantes ; & ſi l'on trouve des Pêches mal conſtituées qui conſervent la ſaveur des feuilles de l'arbre qui les porte, il eſt tout naturel d'en attribuer la cauſe à la dépravation des organes qui étoient deſtinés à donner une nouvelle préparation à la ſeve qui devoit paſſer dans les fruits ; & l'on peut comparer cet accident à celui d'une bile répandue dans les vaiſſeaux ſanguins & lymphatiques des animaux.

Partie II. D d

Il est vrai qu'on remarque dans les fruits des saveurs particulieres qui paroissent venir de la terre dans laquelle ils sont plantés, & que l'on nomme par cette raison, *goûts de terroir ;* mais ces saveurs propres à certains terreins, s'observent également dans tous les fruits d'especes fort différentes qui y croissent : ces sucs, dont la saveur paroît inaltérable par les organes des végétaux, sont donc indifféremment aspirés par différentes plantes, & ils se distribuent avec le suc nourricier, en conservant néanmoins quelque chose de leur caractere primitif : comme j'en ai déja parlé plus haut, je me contenterai de faire remarquer ici qu'on observe quelque chose de semblable dans le regne animal. Je ne rapporterai point les fables qu'on lit dans quantité d'Auteurs ; par exemple, que l'on peut élever des volailles, propres à guérir différentes maladies, en les nourrissant avec des drogues purgatives, béchiques, céphaliques, diurétiques, narcotiques ; en un mot, avec les mêmes médicaments que l'on employe pour la cure de différentes maladies : on assure que quelques personnes ont été empoisonnées pour avoir mangé des poissons qui, à ce qu'on prétend, s'étoient nourris de fruits du Manchenillier : ce fait peut être douteux ; mais j'ai mangé chez M. de Réaumur des poulets dont la chair & les os sentoient l'ail, parce qu'on avoit mêlé de cette plante avec leur nourriture : un lapin qui n'avoit été nourri que de sauge, étoit tellement parfumé de l'odeur de cette plante, que quelques-uns trouvoient sa chair d'un goût désagréable, & que d'autres en mangeoient avec plaisir.

Il y a donc certaines substances qui se mêlent avec le suc nourricier, & qui conservent sans altération leur saveur primitive, quoiqu'elles passent dans tous les visceres qui servent à la préparation de ce suc ? Donnons-en un exemple bien frappant : on n'apperçoit pas que les différentes couleurs des aliments influent sur celles de nos os ; néanmoins il est très-bien prouvé que la Garence mêlée avec les aliments, rend les os qui se forment pendant l'usage de cette nourriture d'un très-beau rouge : c'est donc ici la couleur de la Garence qui se conserve ? & dans les exemples que j'ai rapportés plus haut, c'est l'odeur de l'ail, la saveur de la sauge, ou la qualité venimeuse de la pomme de Manchenillier. Mais le goût de terroir qui fe remarque dans les fruits, l'odeur d'ail qui fe fait fentir dans la chair des animaux, la couleur rouge qui fe montre fur les os, font des exceptions de la regle générale. Ainfi l'on peut dire, que tous les aliments changent de nature dans les vifceres des animaux ou des végétaux, pour former dans ceux-ci le bois, l'écorce, la fubftance des fruits, &c ; & dans les animaux, les chairs, les nerfs, les tendons, les os, &c.

Il eft vrai qu'il n'y a aucune partie des végétaux que nous puiffions nous vanter de connoître parfaitement ; mais Grew, Malpighi, moi-même, & j'ofe dire tous les Phyficiens, n'ont apperçu à la fuperficie des racines autre chofe qu'un corps fpongieux, qui paroît admettre indifféremment tous les fucs qui fe préfentent : fi cela eft, il faut donc que ces fucs fe modifient dans les vifceres des plantes ; & ce qui donne bien de la vraifemblance à ce fentiment, c'eft l'obfervation que j'ai rapportée plus haut, lorfque j'ai dit que j'avois élevé dans de l'eau très-claire & très-fimple, des Feves, du Baume, des Chênes, des Marronniers d'Inde, des Amandiers, des plantes capillaires, &c; & que ces différentes plantes avoient trouvé dans cette eau très-pure, de quoi fournir l'odeur pénétrante du baume ; la faveur fucrée de la feve, l'âcreté du Chêne, l'amertume de l'Amandier, la vifcofité des boutons du Marronnier d'Inde.

J'ai fait l'aveu que les connoiffances que nous avons jufqu'à préfent fur les fuçoirs des racines font très-bornées ; je pourrois néanmoins prouver que ces mêmes racines admettent indifféremment toutes fortes de fucs. 1°, Un Auteur de réputation dit, que fi l'on met une branche de Menthe dans de l'eau, elle y produira des racines, & qu'elle pouffera très-bien : ce fait eft notoire ; mais il ajoute, que fi l'on tire de ce vafe quelques racines de cette Menthe, pour les faire tremper dans de l'eau falée, toute la Menthe périt, & que les feuilles ont une faveur faumâtre.

On ne peut pas dire que la Menthe périffe par le dommage que le fel caufe à la racine qui trempe dans l'eau falée, puifque fi l'on avoit coupé ces racines, la plante n'en auroit pas fouffert ; & en admettant ce fait que je n'ai point vérifié, il eft certain que la plante a pompé le fel qui lui eft pernicieux, puifque les feuilles mortes avoient une faveur qui indiquoit la préfence du fel.

2°, On verra dans la fuite de cet Ouvrage, qu'ayant mis tremper des plantes dans des liqueurs colorées, avec les précautions dont je ferai le détail, la trace de ces liqueurs s'eft manifeftée dans le corps de ces plantes : il en eft de cela comme de l'expérience de M. Hales, lequel ayant fait fucer à une branche de l'efprit-de-vin camphré, & d'autres infufions odoriférantes, l'odeur fe manifeftoit dans les feuilles, mais nullement dans les fruits : M. Bonnet a parfumé par ce même moyen, non-feulement des feuilles d'Abricotier, mais même des fleurs d'*Antirrhinum*, & de Haricots.

3°, J'ai dit, mais d'une façon trop générale, que prefque tout ce qui peut être diffous par l'eau, entroit indifféremment dans les plantes, & que chaque plante s'approprioit les parties qui étoient propres à fa nourriture, pendant que les autres fe diffipoient par la tranfpiration. Quand même cette idée pourroit s'appliquer aux animaux qui fe déchargent des gros excréments, elle ne conviendroit point aux plantes, puifque j'ai fait voir que leur tranfpiration n'eft prefque autre chofe qu'un phlegme pur: d'ailleurs, en accordant que les plantes ne s'approprient que ce qui leur convient, il s'enfuivroit toujours que la terre feroit épuifée de nourriture pour toutes les plantes ; car on fait que la tranfpiration flotte dans l'air, dont l'agitation la porte çà & là, de forte qu'on ne peut pas conclure qu'elle retombe fur la terre qui l'a fournie.

4°, On remarque néanmoins que certaines terres femblent être plus propres que d'autres à la nourriture de certaines plantes, & l'on en conclud que c'eft parce que les fucs nourriciers de ces plantes s'y trouvent plus abondamment qu'ailleurs : on remarque que fi un arbre meurt de vieilleffe, un autre arbre de même efpece que l'on y replantera réuffira rarement à la même place, qu'il eft plus à propos d'y planter un arbre d'efpece différente ; & l'on en apporte pour raifon, que la terre eft épuifée des fucs qui convenoient à cette efpece d'arbre, mais qu'elle en contient encore d'autres qui font propres à nourrir des arbres d'efpeces différentes.

De plus, tous les Cultivateurs s'accordent à penfer qu'il y a de l'avantage à femer fucceffivement dans une même terre différentes productions, telles que le froment, l'orge, l'avoine, les pois, la vesce, le millet, la navette, &c : on parvient par ces changements à tirer d'une même terre différentes récoltes successives , ce qui ne se pourroit pas faire , si l'on y cultivoit constamment le même grain.

Enfin, une observation qui paroît prouver encore que les plantes de différentes especes ne tirent pas toutes le même suc de la terre, c'est qu'une terre maigre qu'on laisse en friche , & qui se couvre d'herbes, est au bout de quelques années en état de fournir des récoltes assez bonnes ; de même, un sainfoin, ou une luzerne défrichées, donnent sans engrais de bonnes récoltes de grains : ces terres, au lieu de s'*éfruiter* par le foin qu'elles produisent, se reposent, dit-on, & deviennent assez semblables aux terres neuves. Discutons l'une après l'autre, ces observations, pour voir ce qu'on en peut légitimement conclure, relativement à la question dont il s'agit.

Je conviens que certaines plantes viennent bien dans des terres où d'autres semblent ne croître qu'à regret : mais ceci tient-il essentiellement à la nature des sucs que contiennent ces terres, ou peut-on le faire dépendre d'autres causes ? D'abord, pour opposer observations à observations, je ferai remarquer qu'il paroît qu'une même terre peut nourrir indifféremment toutes sortes de plantes : on pourra élever un pied de thym, qui se plaît ordinairement dans les terres seches, si on le plante dans une terre de marais transportée sur une montagne ; & de même, on pourra élever une touffe de jonc dans de la terre prise sur une montagne, pourvu qu'on la transporte dans un marais : ce n'est donc point la nature de la terre qui fait que le thym croît naturellement sur la montagne, & le jonc dans le marais, mais c'est que le jonc exige plus d'eau que le thym, qui pourriroit dans une terre trop humide.

Bien plus, les Botanistes savent que toutes les plantes, non-seulement de notre zone tempérée, mais encore celles des zones glaciales & torrides, subsistent dans la terre de notre climat, pourvu qu'on les tienne dans des positions où elles ayent un degré convenable de chaleur ou d'humidité : ainsi, avec ces conditions, la bonne terre paroît convenable à tous les végétaux ; & en effet, les plantes qui subsistent dans de mauvais terreins croissent avec une vigueur extraordinaire lorsqu'elles se trouvent dans un meilleur fol. De tous les arbres que je connois, il n'y en a aucun qui fupporte un mauvais terrein comme le Génévrier ; mais cela n'empêche pas que cet arbre ne vienne beaucoup mieux dans les bonnes terres, & qu'au bout de dix ans il ne foit plus grand & plus gros que ceux qui font plantés dans les mauvaifes terres ne le font au bout de trente ans : d'ailleurs, je prie de faire attention, qu'une bonne terre qui ne s'étend qu'à fix pouces de profondeur, fuffit pour nourrir les plantes annuelles, & celles dont les racines ne pénetrent pas bien avant en terre ; mais que cette épaiffeur de terre ne fera pas fuffifante pour la luzerne, & encore moins pour les arbres : cette circonftance, & quantité d'autres femblables, peuvent donc produire l'effet remarqué ; favoir, que certaines plantes s'accommodent mieux d'un certain terrein que d'autres, fans que la qualité des fucs contenus dans la terre y influe, du moins effentiellement.

Je conviens que l'on voit fréquemment qu'un arbre réuffit mal lorfqu'on le plante à la même place où un autre de même efpece eft mort de vieilleffe, & j'avoue que la différence des fucs nourriciers fournit une explication très-naturelle de cette obfervation ; néanmoins elle pourroit dépendre de plufieurs autres caufes. Peut-être cet arbre n'étoit-il point mort de vieilleffe, mais d'un vice particulier à ce terrein, de la piquure d'une efpece d'infecte, par exemple, ou de l'épuifement où l'avoit réduit une plante parafite qui fe feroit multipliée fecrettement ; (lorfque je parlerai de ces fortes de plantes, je ferai voir qu'elles peuvent être la vraie caufe de quelques effets très-furprenants ;) enfin les racines de ce vieil arbre qui fe feroient pourries, ou encore des fecrétions dont la terre auroit été imbue : peut-être ces différentes caufes auront rendu le terrein pernicieux pour une efpece d'arbre feulement.

Je conviens qu'il eft à propos de femer fucceffivement dans les mêmes terres différentes efpeces de grains ; mais il eft bon de remarquer, que fi l'orge ne venoit bien après le froment, que parce que la terre auroit confervé l'efpece de fuc qui convient pour la nourriture de l'orge, il s'enfuivroit qu'on pourroit efpérer une bonne récolte du froment qui auroit été femé fur un chaume d'orge, par la raifon que l'orge n'auroit pas confommé les fucs qui conviennent au froment ; cependant on pourroit être certain que la récolte de froment feroit très-mauvaife : pourquoi cela ? C'eft parce que le froment ne réuffit point, à moins que la terre n'ait été préparée par trois ou quatre bons labours ; au lieu que l'orge réuffit paffablement dans un champ qui n'a eu que deux labours : mais ce même grain feroit des productions admirables, fi on le femoit dans une terre préparée comme pour du froment : on en a vu une preuve bien convaincante en 1709.

J'ajoute que fi chaque plante ne tiroit d'un champ que les fucs qui font propres à fon efpece, on pourroit fupprimer l'année de jacheres, & femer dans la premiere année du froment, dans la feconde de l'orge, dans la troifieme de l'avoine, dans la quatriéme du farrazin ; puis des pois, du mays, du millet, &c. On conviendra que par cette méthode on n'obtiendra alors que de foibles récoltes, l'année de jacheres étant néceffaire pour donner à la terre les labours qui font fi néceffaires pour la divifer & pour faire périr les mauvaifes herbes. Enfin, fi chaque plante ne tiroit de la terre que le fuc particulier qui lui eft propre, le ponceau, les chardons, les bluets, qui font périr le froment, ne devroient point lui nuire ; & il devroit croître auffi bien au milieu d'un gazon que dans une terre bien labourée. Qu'on ne dife pas que ce font les tiges des mauvaifes herbes qui étouffent le froment ; car fi l'on plante dans un champ affez de branches feches pour faire plus d'ombre que les mauvaifes herbes, le froment n'en fouffrira aucun dommage : mais j'avoue qu'on n'en peut rien conclure pour la queftion dont il s'agit ici ; car, comme tout le monde convient que la fubftance nourriciere des plantes doit être diffoute dans une fuffifante quantité d'eau, pour qu'elle puiffe paffer dans les plantes, il faut convenir que les mauvaifes herbes pourront dérober aux plantes utiles cette humidité qui leur eft principalement néceffaire.

Si l'on voit que les grains réuffiffent à merveille dans les prés défrichés, il eft probable que c'eft par la raifon que les herbes des prés qui ne fe font nourries que de la fuperficie de la terre, confervent au deffous d'elles une terre neuve, qui reçoit encore un amendement confidérable des feuilles & des racines qui y pourriffent. Le fainfoin & la luzerne doivent être exceptés de cette regle, puifque ces plantes étendent beaucoup leurs racines en terre ; il fe peut bien faire que comme elles cherchent leur nourriture très-avant dans la terre, elles n'épuifent point la fuperficie de la terre, dont les plantes annuelles tirent leur nourriture : cependant on ne peut conclure autre chofe de ces exemples, finon que les plantes n'éfruitent point la terre, & qu'elles ne nuifent aux autres que pendant qu'elles végetent, peut-être en fuçant toute l'humidité qui fait la principale nourriture des plantes ; c'eft pour cela que le plus sûr moyen de faire périr un arbre eft d'enfemencer en fainfoin le terrein qui l'environne.

On peut donc dire avec Mariotte, que les principes dont chaque plante eft compofée font les mêmes, du moins les principes les plus groffiers & les plus fenfibles. Si elles en ont quelques autres particuliers, on ne peut parvenir à les féparer & les démontrer à part. Pour prouver cette propofition par une expérience : » Prenez un pot, dit cet Auteur, où il y ait fept à » huit livres pefant de terre, & femez-y une plante telle que » vous voudrez ; elle trouve dans cette terre & dans l'eau de » pluie avec laquelle on l'arrofe tous les principes dont elle » fera compofée, étant arrivée à fa perfection : or, comme on » y peut femer trois ou quatre mille plantes différentes ; fi leurs » fels, leurs huiles, leur terre, &c, étoient différentes les unes » des autres, il faudroit que ces principes fuffent dans ce peu de » terre & dans l'eau de pluie avec laquelle on les a arrofées, ce qui » eft impoffible ; car chacune de ces plantes venues en maturité, » donneroit au moins un gros de fel fixe, deux gros de terre, &c ; » & tous ces principes enfemble, mêlés avec leurs eaux diftillées, » peferoient au moins deux ou trois onces, qui multipliées par le » nombre des plantes qu'on fuppofe être de quatre mille, feroient » un poids de cinq cents livres ; au lieu que toute la terre du pot » & toute l'eau des arrofages pendant quatre mois, ne peferoient » pas vingt livres. »

Mais M. Mariotte après avoir rapporté des expériences qui prouvent qu'il fe diffipe beaucoup d'eau par la tranfpiration, ajoute que la feve, qui eft attirée par les racines, contient beaucoup d'eau, & une petite quantité de principes actifs qui fuffifent pour faire la dureté & la folidité des branches ; & que l'eau s'échappant s'échappant par la tranfpiration, les principes plus fixes reftent engagés dans les pores & dans les fibres des plantes, & qu'ils s'y uniffent diverfement felon la difpofition particuliere des vifceres de chaque plante.

Je n'ai garde, après les expériences & les obfervations que je viens de rapporter, de rien conclure de pofitif fur la nature du fuc nourricier des plantes ; & malgré le fuccès de mes expérien-ces fur la végétation des plantes dans l'eau pure, je foupçonne, ainfi que M. Mariotte, que les liqueurs que fucent les plantes ne font pas une eau aufli fimple que celle que j'ai employée : il en eft peut-être comme de certains poiffons qui fubfiftent long-temps dans l'eau la plus fimple, mais qui y maigriffent, & qui périroient à la fin, fi on ne leur donnoit pas d'autres ali-ments : il fuffit que nos expériences puiffent détromper ceux qui croyent que cette vertu végétative dépend d'un prétendu nitre, dont quantité d'Auteurs ont parlé à tout propos.

A l'égard des préparations que les liqueurs reçoivent dans les vifceres des plantes, ce font des faits certains, mais qui dépen-dent d'une méchanique fi fine, qu'elle a jufqu'à préfent échappé à nos recherches ; & nous n'en fommes pas furpris, puifque la même queftion, par rapport aux animaux, refte encore cou-verte de nuages épais, malgré les recherches conftantes des plus célebres Anatomiftes.

On fait qu'il y a des plantes que l'on nomme parafites, parce qu'elles fe nourriffent des fucs des autres plantes: cette maniere de fe nourrir eft affez finguliere pour être traitée en particulier ; & comme elle a rapport à ce qui regarde le fuc nourricier des plantes, j'en ferai le fujet de l'Article fuivant.

ART. V. *Des Plantes parafites.*

LES PLANTES, ainfi que la plupart des animaux, femblent tirer leur nourriture du regne animal & du regne végétal, puif-que les excréments des animaux, les chairs & les plantes con-fommées par la pourriture, fourniffent à la terre de bons engrais: cette comparaifon peut s'étendre encore plus loin ; car, de même que plufieurs infectes fe nourriffent du fang des animaux vivants, plufieurs plantes aufli fe nourriffent de la feve d'autres plantes actuellement vivantes : ce fait ne peut être révoqué en doute, puisque la mort des plantes nourricieres est bien-tôt suivie de celle de leurs parasites : je dis de leurs parasites, parce que je ne prétends point parler des fausses plantes parasites.

En me voyant comparer des insectes qui sucent le sang des animaux vivants avec des plantes qui sucent la seve d'autres plantes, il se présentera à l'esprit de la plupart des Lecteurs, que j'entends parler de ces mousses, de ces lichênes, de ces champignons, & de ces agarics, qu'on apperçoit sur l'écorce des arbres : ce n'est pas là mon but. En effet, ces plantes que M. Guetard a appellé *fausses parasites*, ne se nourrissent pas de la seve des arbres ; on les trouve assez souvent sur des morceaux de bois pourri, ce qui pourroit faire penser qu'elles ne se nourrissent que de l'humidité dont les écorces mortes des gros arbres & les bois pourris se chargent ; mais comme on trouve aussi des lichênes & des mousses sur des rochers très-durs, & qui ne paroissent pas devoir leur fournir aucune nourriture, on est engagé à croire que ces plantes se nourrissent principalement, & peut-être totalement, par leurs branches qui imbibent l'humidité de l'air & des rosées.

Il est vrai qu'il paroît que ces fausses parasites fatiguent les arbres auxquels elles s'attachent ; mais outre qu'on peut mettre en question, si elles ne s'attachent point par préférence aux vieux arbres malades qui ont leur écorce morte & galeuse, on conçoit qu'elles peuvent incommoder beaucoup les arbres qui en sont chargés, soit en fournissant des retraites à des insectes, soit en retenant l'humidité ; mais comme il est bien prouvé que ces fausses parasites ne sucent point la seve des arbres, elles ne doivent point nous occuper ici quant à présent.

Ainsi pour fixer les idées sur les plantes parasites, je rapellerai en peu de mots les observations que j'ai déja faites sur celle qui occasionne la maladie singuliere du safran, que l'on nomme *la mort.*

La mort du safran a tous les caracteres d'une peste ou d'une maladie contagieuse épidémique : un oignon infecté de cette mort, est le foyer ou le centre d'une contagion qui s'étend de tous côtés, de sorte que tout un champ seroit détruit, si l'on n'y remédioit promptement, en faisant une tranchée plus profonde

que le lit où font plantés les oignons. En interceptant la communication par cette tranchée on arrête les progrès du mal, pourvu que, par quelque caufe que ce puiffe être, un oignon malade,
ou même la terre qui l'environnoit, ne foit point tranfportée fur
une terre faine, car alors la contagion s'établiroit en cet endroit,
& y feroit des défordres femblables aux premiers. Voilà des
fymptômes d'une maladie bien finguliere, d'une vraie pefte végétale : quelle en peut être la caufe ? Rien de plus fimple, quand
elle eft découverte : c'eft une efpece de petite truffe (Pl.I.*fig.*1.)
qui fe multiplie par l'allongement d'un grand nombre de racines
qu'elle pouffe, lefquelles pénétrent à travers les enveloppes des
oignons qu'elles attaquent, en fucent la chair, & la fubftance des
bulbes tombe en pourriture. Comme cette truffe ne fait aucune
production hors de terre, elle ne fe montre point au dehors ; mais
fi tôt qu'elle eft reconnue pour être la caufe de la maladie, les
fymptômes n'ont plus rien de furprenant : elle s'étend de proche
en proche, parce que fes racines s'allongent de tous côtés : on
en arrête le progrès en faifant une profonde tranchée, que les
racines de cette truffe ne peuvent traverfer. Un oignon malade,
& même la terre qui le touchoit & qui l'environnoit, porte avec
elle la contagion, parce que les tubercules de cette plante, quelquefois très-petites, font tranfportées avec la terre que l'on remue : voilà les cruels effets d'une plante vraiment parafite, puifqu'elle détruit entiérement celles auxquelles elle s'attache. Les
oignons du fafran ne font pas les feuls qui en foient attaqués,
elle fait encore périr les afperges, les hiebles, &c.

Pl. I.
Fig. 1.

Toutes les plantes vraiment parafites ne font cependant pas
auffi meurtrieres que celle-ci à l'égard de leurs plantes nourricieres ; mais elles préfentent des phénomenes curieux que j'aurois tort de ne pas faire remarquer.

Le Gui eft une plante que l'on doit ranger parmi celles qui
ont les deux fexes fur différents individus : certains pieds portent
la poufliere fécondante, & d'autres fourniffent les fruits : au refte,
ce n'eft pas là une fingularité particuliere à cette plante, ou du
moins ce n'eft pas cette circonftance qui doit nous occuper
préfentement. Cette plante qui eft très-commune ne fe trouve
jamais attachée à la terre ; on ne l'apperçoit que fur les branches des arbres, tels que fur le Pommier, fur l'Epine-blanche,

Pl. I. &c; & fi l'on s'en tenoit à la fimple infpection, on croiroit qu'elle y eft greffée : mais un examen plus attentif fait recon- noître qu'elle fe nourrit par des racines qu'elle jette dans l'écorce & dans le bois même de l'arbre auquel elle eft attachée, & dont elle s'approprie la fubftance. Comme j'ai fuivi la végéta- tion de cette plante parafite avec toute l'attention dont je fuis capable, je vais rapporter en peu de mots mes obfervations fur les femences de cette plante & fur leur germination; je parlerai enfuite de la formation des premieres racines & de leurs progrès dans l'intérieur des arbres; enfin, je rapporterai les obfervations que j'ai faites fur le développement fucceffif de fon tronc, de fes branches & de fes feuilles : je ne dirai rien ni des fleurs, ni de la diftinction de cette plante en mâle & en femelle; ces confi- dérations font étrangeres à l'objet qui m'occupe préfentement.

Le fruit du Gui confifte en une baye molle, ovale, prefque ronde, un peu plus groffe qu'un pois : cette baye eft attachée par un court pédicule au fond d'un calice charnu : quand elle eft mûre, la peau qui la recouvre eft ferme, luifante, demi tranf- Fig. 2. parente; (*fig.* 2.) fous cette peau l'on trouve une fubftance Fig. 3. vifqueufe dans laquelle fe voit un corps verdâtre applati, (*fig.*3.) Fig. 4. c'eft la femence : il y en a d'ovales, (*fig.* 4.) de triangulaires, Fig. 5. (*fig.* 5.) & encore d'autres formes; car cela dépend de circonf- tances particulieres dont je parlerai dans la fuite.

J'ai écrafé de ces fruits fur du bois mort, fur des teffons de pot, fur des branches d'arbres de différentes efpeces; je n'ai pas été furpris de les voir germer fur tous ces corps, parce que je fai que l'humidité des pluies & des rofées fuffit pour la germina- tion de toutes les femences.

Si les femences font ovales, comme dans la *fig.* 4, on voit fortir d'un de leurs bouts un petit corps rond; fi elles font triangulaires, comme dans la *fig.* 5, il en fort à deux des angles de ces femences; quelquefois il en fort à la pointe des trois angles, & même quatre quand la figure de ces femences eft ir- réguliere.

Chacun de ces petits corps ronds, dont je viens de parler, tient à la fubftance charnue de l'amande par un pédicule, com- me dans la *fig.* 5; & à fon infertion dans cette fubftance char- nue, on apperçoit une petite rainure qui femble montrer que le pédicule fort de deffous une enveloppe.

Pl. I.

Cette germination eſt particuliere au Gui ; car je ne connois encore que cette ſemence qui produiſe pluſieurs radicules ; cette ſemence du Gui ne paroît être qu'une ſeule amande, dans l'intérieur de laquelle on remarque des veines blanches qui ſe dirigent vers les endroits d'où les radicules doivent ſortir.

Cette multiplicité des radicules deviendra encore plus digne de remarque, quand on ſaura que les radicules d'une même ſemence ne ſe montrent pas toujours dans le même temps ; elles ſemblent végéter à part ; car telle radicule n'aura quelquefois qu'une demie-ligne de longueur, pendant qu'une autre en aura plus d'une ligne & demie ; au reſte, cette différente longueur des radicules dépend quelquefois de la poſition des ſemences ſur les branches.

J'ai dit, en parlant de la germination des ſemences, que dans quelque ſituation que le hazard les ait placées, les radicules ſe recourbent pour deſcendre perpendiculairement, & s'enfoncer dans le terrein : quand les radicules du Gui ſe ſont allongées de deux ou deux lignes & demie, elles ſe recourbent, & elles continuent de s'allonger, juſqu'à ce qu'elles ayent atteint les corps ſur leſquels la ſemence eſt dépoſée, comme en *a, fig. 6.* Si-tôt qu'elles y ſont parvenues, elles ceſſent de s'allonger ; voilà ce qui fait que, ſuivant la poſition des ſemences, certaines radicules doivent s'allonger plus que d'autres ; mais ce qui eſt fort ſingulier, c'eſt que ces mêmes radicules s'allongent & ſe recourbent, tantôt en montant, tantôt en deſcendant, & elles paroiſſent prendre le chemin le plus court pour arriver à une branche, & y poſer leur extrêmité qui eſt figurée en trompe. Frappé de cette ſingularité, je renverſai des ſemences dont les radicules étoient déja recourbées du côté d'une branche ; par ce renverſement, je les éloignai du point où elles tendoient ; elles firent alors une nouvelle inflexion pour porter leur extrêmité vers cette branche ; elles s'allongerent beaucoup, & apparemment plus qu'il ne convenoit, puiſque la plupart périrent avant d'avoir pu contracter aucune union avec la branche vers laquelle elles tendoient.

Fig. 6.

Les radicules du Gui, que je nommerai dorénavant des trompes, ſont formées, comme je l'ai dit, d'une petite boule ſoutenue d'un pédicule qui part de la ſemence : quand cette petite boule s'eſt poſée ſur l'écorce, ſon extrêmité s'ouvre comme un

Pl. I. fphincter, elle change de figure, & prend celle de l'extrêmité d'un cor-de-chaffe : c'eft en cet état qu'elle s'applique fortement fur l'écorce des arbres, & qu'elle y refte attachée par un fuc vifqueux.

La partie de ces trompes qui pofe fur les branches paroît formée de deux fubftances grenues, renfermées dans l'écorce ; celle qui occupe le centre eft plus fucculente que celle qui l'environne ; ces fubftances s'engagent par la fuite dans l'écorce des branches, & ce font elles qui fourniffent les racines, pendant que l'écorce du Gui femble s'épanouir fur l'écorce des arbres, de la même maniere que les pieds des Litophites s'étendent fur les corps auxquels ils s'appliquent. Je crois avoir fuffifamment expliqué la germination des femences du Gui ; je vais maintenant prouver que cette plante tire fa nourriture des arbres auxquels elle s'attache, & qu'elle la tire, comme les plantes ordinaires, par les racines qu'elle jette dans leurs fubftances : il me fuffit pour prouver la premiere propofition, de remarquer que le Gui languit fur une branche malade, & qu'il ne furvit pas à cette branche : quant au moyen qu'il employe pour tirer fa nourriture, Scaliger, & après lui plufieurs Auteurs, ont penfé que le Gui n'avoit point de racines, & qu'il fe nourriffoit fur les arbres de la même façon que les greffes : Malpighi, Tournefort, & d'autres, ont reconnu que le Gui avoit des racines, & ils ont penfé qu'elles avoient affez de force pour s'infinuer dans le bois. Je crois qu'ils fe font trompés à cet égard. Ces racines recouvertes de leur écorce, & de celle de la branche où Fig. 7. elles s'attachent, (*fig.* 7.) exigent, pour être apperçues, qu'on leve bien adroitement ces écorces ; & pour le faire avec plus de facilité, il faut les attendrir par une ébullition, & fuivre ces racines par le moyen de la diffection, avant que le morceau de bois foit refroidi ; par cette méthode on emporte affez aifément l'écorce du Gui, & celle de la branche ; la partie ligneufe des racines du Gui qui étoient fimplement engagées dans l'écorce Fig. 8. de cette branche, refte ifolée, (*fig.* 8.) & on voit comment le refte s'eft infinué dans le bois : c'eft ainfi qu'avec un peu d'adreffe on peut prendre une jufte idée de l'implantation du Gui fur les arbres. Comme j'ai examiné cette plante dans fes différents états, je vais reprendre le détail des femences germées, au point où je les ai laiffées plus haut.

J'ai dit que les trompes du Gui s'appliquoient exactement
sur l'écorce des arbres, & qu'il m'avoit paru que les vraies racines partoient de la subftance fucculente & grenue de ces trompes : nous fuivrons dans un inftant la route de ces racines dans
l'écorce des arbres; mais je ne puis maintenant me difpenser de
faire remarquer que les trompes du Gui, femblent faire fur l'é-
corce des arbres une impreffion femblable à celle des piquures
des infectes, & qu'elles donnent lieu à la formation d'une efpece
de galle. En effet, quand le Gui a appliqué fa trompe fur l'é-
corce d'un arbre, les racines qui partent de cette trompe s'introduifent dans l'écorce de cet arbre; une portion de la feve
s'extravafe ou dilate le tiffu cellulaire, & il fe forme à cet endroit
une groffeur, une tumeur, ou, fi l'on veut, une efpece de galle
qui augmente de volume à mefure que les racines du Gui font
des progrès : je crois qu'il eft important de détailler cette manœuvre.

Entre les premieres racines du Gui, il y en a quelques-unes qui
rampent dans les couches de l'écorce, & d'autres qui en traverfent les différents plans jufqu'au bois, où alors elles fe diftribuent
de côté & d'autre, avec d'autant plus de facilité, que l'écorce
n'eft pas trop adhérente au bois dans le temps de la feve, qui eft
celui où le Gui végete avec plus de force.

Des racines principales, & même de la fouche du Gui, qui
fouvent forme en cet endroit une groffeur qu'on voit enchâffée
en partie dans le bois de la branche, il part d'autres racines qui
s'entrelacent dans les couches corticales de la branche: je fuis
convaincu que les racines du Gui ne pénetrent jamais ni l'aubier,
ni le bois formé, quoiqu'il foit bien avéré que l'on voit des racines de cette plante engagées d'un travers de doigt, & plus,
dans la fubftance endurcie du bois, comme on le peut voir dans
la *fig. 9*; & même, fi l'on enleve avec précaution l'écorce d'un Fig. 9.
jeune pied de Gui, & qu'on détruife pareillement l'écorce de
la branche qui lui fournit de la nourriture, on voit fouvent que
ce pied de Gui refte foutenu fur fes racines qui font engagées
dans le bois par leur extrêmité, comme dans la *fig. 8*; mais fi Fig. 8.
l'on fait une pareille diffection fur de vieux pieds de Gui, on
les trouvera fouvent entiérement enfoncés dans le bois, & l'on
verra autour de ces points d'infertion une efpece de cal ou de

Pl. I.

Pl. I.
bourrelet affez confidérable. Ces obfervations paroiffent prouver
le fentiment de Malpighi, qui croyoit que les racines du Gui
pénétroient dans la fubftance du bois malgré fa dureté ; mais
quant à moi, je perfifte à croire que les racines du Gui ne s'épanouiffent qu'entre le bois & l'écorce, ou même dans l'écorce
des arbres où elles rencontrent un tiffu cellulaire rempli de fucs
qui peuvent leur fournir de la nourriture, & qui ne s'oppofent
point à leur extenfion : lorfque ces racines rencontrent le bois,
elles changent de direction, comme il arrive aux racines des
autres plantes toutes les fois qu'une pierre s'oppofe à leur paffage ; & par différentes inflexions pareilles, elles forment les entrelacements dont j'ai parlé ; mais comme elles s'étendent entre
le bois & l'écorce, & que c'eft en cet endroit que fe forment les
couches ligneufes qui font l'augmentation des arbres en groffeur,
ces couches s'endurciffent par la fuite, & les racines du Gui fe
trouvent engagées d'autant plus avant dans le bois, qu'il s'eft pu
former un plus grand nombre de couches ligneufes ; en forte
qu'après un certain nombre d'années, on voit ces racines entiérement recouvertes de bois, fans avoir pour cela pénétré cette
fubftance dure ; & comme à l'infertion du Gui fur les branches,
il fe fait une dilatation du tiffu cellulaire qui forme une loupe,
les racines en font plus promptement recouvertes par le bois:
Fig. 9.
en effet, fi on examine attentivement ces fortes de loupes, (*fig.*9.)
on reconnoîtra qu'elles ne font pas uniquement formées des
couches ligneufes qui augmentent la groffeur de l'arbre dans
toutes fes parties, & de l'addition des racines du Gui, mais par
une plus confidérable épaiffeur des couches ligneufes qui fe font
formées depuis la germination du Gui, épaiffeur qui ne fe remarque que du côté de l'infertion du Gui, de forte que les couches qui ont été formées avant la germination du Gui, confervent l'ordre régulier qu'elles avoient naturellement, pendant que
dans les couches plus nouvellement formées, on apperçoit beaucoup d'irrégularité dans leur épaiffeur & dans la direction de
leurs fibres. Comme il arrive quelquefois que toutes les racines
du Gui font recouvertes de bois, il eft probable que, malgré la
dureté de cette fubftance, elles en peuvent tirer quelque nourriture ; mais dans ce cas j'ai quelquefois obfervé de gros & vigoureux pieds de Gui, qui avoient contracté avec les arbres une
union

union encore plus intime, & qui s'y étoient greffés, comme dans la *fig.* 10. Pl. I.
Fig. 10.

Après ce que je viens de dire, on peut sentir combien le Gui fait tort aux arbres dont il tire sa nourriture; ce mal va au point de faire périr les branches qui sont d'une médiocre grosseur.

Les racines de cette plante font un grand progrès avant que ses tiges commencent à pousser; la partie de la semence d'où part une radicule se redresse; je dis la partie, parce que le corps de la semence se sépare en autant de portions qu'il y avoit de radicules, comme on le voit, *fig.* 6. Dans la circonstance de ce redressement, il y a beaucoup de pieds qui périssent; la semence collée à la branche se refuse aux efforts que la jeune plante fait pour se redresser, ou pour séparer la semence en plusieurs portions. J'ai sauvé quelques-uns de ces jeunes pieds en coupant la radicule tout près du corps de la semence; car quoiqu'elle se trouvât privée de ses lobes, la racine a cependant produit des branches.

Quand la jeune tige est redressée, on la voit terminée par un bouton ou par une espece de petite houpe qui semble être la naissance de quelques feuilles : elle en reste là pour la premiere & quelquefois pour la seconde année. Au printemps des années suivantes, il sort de ce bouton deux feuilles, & dans leur aisselle il se forme deux boutons, desquels sortent dans la suite deux branches terminées par deux ou trois feuilles : c'est ainsi que le Gui devient un arbuste très-branchu, qu'il forme une boule assez réguliere, laquelle peut avoir un pied & demi ou deux pieds de diametre.

J'omets ici plusieurs observations curieuses que cette plante m'a fournies, parce qu'elles n'ont aucun rapport avec l'objet de cet Article; on les peut voir dans le Volume des Mémoires de l'Académie, de l'année 1740. Il me suffit d'avoir prouvé que le Gui se multiplie comme toutes les autres plantes par des semences; qu'il tire sa nourriture par le moyen de ses racines; en un mot, qu'il végéte comme toutes les autres plantes; qu'il est lui-même une véritable plante; mais que cette plante est une parasite, puisqu'elle tire sa nourriture des arbres qui la portent : j'ajoute que j'ai plusieurs fois inutilement tenté de l'élever en pleine terre.

Partie II. F f

Le Gui, comme on vient de le voir, eft une plante parafite qui s'attache aux branches : la truffe qui fait périr le fafran fe nourrit de fa bulbe, fans qu'elle fe manifefte jamais hors de terre.

Je crois devoir donner encore quelques autres exemples de plantes parafites : les unes, après avoir germé dans la terre, de même que les plantes ordinaires, vont enfuite chercher leur nourriture fur les tiges & fur les branches qu'elles rencontrent dans leur voifinage : la Cufcute eft de ce genre. D'autres, comme l'Orobanche, germent dans la terre; mais elles s'attachent aux racines d'autres plantes, & en tirent leur nourriture.

Les femences de la Cufcute ne font point vifqueufes comme celles du Gui ; elles tombent à terre, elles y germent, & pouffent dans la terre un filet, & hors de terre une tige, qui porte la femence à fon extrêmité. Cette tige s'entortille autour de celles de toutes les plantes qu'elle rencontre, elle fe répand fur leurs feuilles, & elle tire fa nourriture de toutes les parties qu'elle touche; car auffi-tôt qu'elle s'eft attachée à d'autres plantes, fa racine qui étoit en terre, périt, & elle ne peut fubfifter alors que par les mamelons qui l'attachent aux plantes qui la fupportent. Ces mamelons qui font la plus finguliere partie de cette plante, ont été foigneufement décrits par M. Guettard, dans le Volume des Mémoires de l'Académie, année 1744; je vais faire ufage d'une partie des Obfervations de cet habile Naturalifte. Ceux qui feront curieux des obfervations purement botaniques, pourront confulter le Mémoire même que je viens de citer.

De la furface des rameaux de la Cufcute qui touche aux plantes auxquelles elle s'attache, fortent des mamelons coniques qui s'ouvrent par leurs pointes, & qui s'évafent à peu près comme la trompe du Gui. Ces mamelons renferment dans leur intérieur un organe qui mérite d'être connu, puifque c'eft lui qui tire de la plante nourriciere l'aliment néceffaire à la fubfiftance de la plante parafite. Voici, à peu près, de quelle maniere M. Guettard explique le développement de ces mamelons qui ne fe montrent qu'aux endroits où la Cufcute touche quelques parties de fa plante nourriciere.

La tige de la Cufcute contient des vaiffeaux longitudinaux,

& une fubftance parenchimateufe ou véficulaire : lorfque cette Pl. I. plante enveloppe un corps étranger, tout fe trouve en dilatation dans la partie extérieure de la courbure qu'elle forme, & par ce moyen les vaiffeaux & les véficules ne fe trouvent point gênés ; mais dans la concavité de cette courbure, les mêmes parties étant en contraction, bien-tôt les véficules font des ouvertures à l'écorce, & forment les mamelons qui s'attachent à l'écorce de la plante nourriciere ; peu après des vaiffeaux longitudinaux qui apparemment ont fuivi les véficules, fortent de l'extrêmité des mamelons, ils s'infinuent entre les fibres longitudinales de la plante nourriciere, & pénetrent quelquefois au delà de l'écorce : ce ne font cependant pas là de vraies racines, comme au Gui ; mais ce font des fuçoirs qui en font l'office, & qui fuffifent pour nourrir la Cufcute.

Les obfervations que j'ai faites fur les Orobanches, qui fe nourriffent, les unes fur les racines du Chanvre, & d'autres fur celles de la Benoîte, (*fig.* 11.) pourroient fuffire pour remplir Fig. 11. mon objet, qui a été de finir cet Article par un exemple de plantes parafites, dont les femences germent en terre, & qui vont enfuite chercher une racine, & s'y attachent pour en tirer leur nourriture. Mais comme M. Guettard a rapporté dans le Volume des Mémoires de l'Académie, année 1746, plufieurs obfervations qu'il a faites, non-feulement fur l'Orobanche, mais encore fur l'Orobancoïde, fur l'Hypofifte, & fur la Clandeftine ; je croirois manquer à mes Lecteurs, fi je ne faifois ufage du travail de ce Phyficien, principalement à l'égard des plantes que je n'ai point été à portée d'examiner.

J'ai obfervé, comme M. Guettard l'a fait, que la tige de l'Orobanche fe renfle beaucoup par le bas, & qu'elle forme en cet endroit une efpece de bulbe écailleufe : la partie inférieure des autres plantes qui ont fixé l'attention de M. Guettard, telles que l'Hypofifte, l'Orobancoïde & la Clandeftine, font écailleufes par le bas ; mais la tige n'eft prefque pas plus groffe en cet endroit qu'ailleurs.

Outre l'adhérence que ces plantes ont toujours par le bas de leurs tiges avec les racines des plantes qui leur fourniffent de la nourriture, elles ont plus ou moins de racines fibreufes qu'elles répandent dans la terre. Comme il eft certain que ces plantes ne peuvent fubfifter fans être adhérentes à la racine d'une plante nourriciere, on peut conjecturer que leurs racines fibreufes font deftinées à pomper dans la terre un fuc particulier qui fe combine avec celui qui eft tiré de la plante. Mais M. Guettard eft d'une opinion différente, & qui paroît plus vraifemblable ; car, comme il a remarqué que l'Orobanche rameufe, outre l'adhérence qu'elle contracte avec une racine nourriciere, par la bulbe qui termine fa tige, s'en forme encore d'autres par les mamelons qui fortent de fes racines fibreufes : il foupçonne que ces racines font deftinées à chercher dans la terre des racines nourricieres qu'elles fucent quand elles les ont rencontrées : ce fentiment eft juftifié par l'obfervation ; car on a trouvé quelquefois les racines de l'Orobanche attachées aux racines des plantes qui fe rencontrent à leur portée ; & dans ce cas on voit fortir des racines de l'Orobanche rameufe, par exemple, des fuçoirs affez femblables à ceux de la Cufcute, car ils paroiffent fous la forme des mamelons qui s'ouvrent comme un fphincter : l'écorce de ce mamelon s'épanouit fur la racine nourriciere, pendant que des fibres longitudinales pénetrent cette même racine qui fe tuméfie en cet endroit.

M. Guettard en examinant avec attention les racines de l'Orobanche rameufe, a vu que plufieurs racines d'un pied d'Orobanche, font quelquefois attachées à des racines d'une autre Orobanche ; ce fecond à un troifieme, & celui-ci quelquefois à un quatrieme, qui tient à la plante nourriciere ; en forte que toutes ces plantes fe fourniffent l'une à l'autre la nourriture, & qu'elles fubfiftent toutes aux dépens de la racine nourriciere qu'elles attaquent. Cette reffource n'eft pas donnée à toutes les plantes parafites du genre dont nous parlons ; car plufieurs efpeces d'Orobanche & d'Hypofifte font fimplement adhérentes à la plante nourriciere par le bas de leur tige, au lieu que d'autres, telles que l'Orobanche rameufe, & la Clandeftine, tirent outre cela de la nourriture par les fuçoirs dont j'ai déja parlé.

La truffe du fafran fournit un exemple d'une plante parafite qui ne fe montre point hors de terre ; mais qui fuce tellement les racines auxquelles elle s'attache, que les plantes en périffent ; comme cette truffe fe multiplie beaucoup par l'allongement de fes racines, la multitude de ces parafites caufe fans doute un dommage qu'un plus petit nombre ne produiroit pas.

L'Hypofifte & l'Orobancoïde s'établiffent fur une racine nourriciere par le bas de leur tige, & ordinairement cela leur fuffit pour leur nourriture.

L'Orobanche rameufe, & la Clandeftine, fe procurent d'autres fuçoirs, par l'allongement de leurs racines chevelues, & ces plantes toutes formées en terre, femblent n'en fortir que pour fleurir & porter leur graine, laquelle, auffi-tôt qu'elle eft germée, enfonce en terre une radicule, qui va chercher à s'établir fur la racine qui la doit nourrir.

Le Gui germe fur les branches des arbres; il jette des racines, mais principalement entre l'écorce & le bois, & fes tiges perpétuellement à l'air fe nourriffent fans avoir jamais tiré aucun fecours de la terre. Enfin la Cufcute tient un milieu entre les parafites que je viens de nommer: fa graine germe en terre; elle y produit des racines & une tige qui ne s'éleve que pour s'attacher aux branches & aux feuilles dont elle tire fa nourriture; fi-tôt qu'elle eft en état de fubfifter, tout ce qui tient à la terre périt, & elle ne vit plus que par le moyen de ces fuçoirs.

Comme on peut voir dans mon Mémoire, & dans ceux de M. Guettard, ci-devant cités, d'autres détails que je fuis obligé de fupprimer, auffi-bien que l'indication des Auteurs qui ont parlé de ces fortes de plantes parafites, je me hâte de paffer à d'autres confidérations.

Soit que les plantes tirent leur nourriture de la terre, ou qu'elles la tirent des autres plantes, il faut qu'il y ait une puiffance qui détermine la feve à monter dans les plantes; c'eft ce point de l'économie végétale qui va fixer notre attention dans l'Article fuivant.

CHAPITRE II.

DES DIVERS MOUVEMENTS DE LA SEVE.

ART. I. *Recherches sur la cause qui détermine la Seve à monter dans les Plantes.*

Comme il y a apparence que la premiere préparation de la seve s'opere dans la terre, où il se fait une sorte de digestion que l'on peut comparer à celle de l'estomac des animaux, il s'ensuit que les racines des plantes peuvent être comparées aux veines lactées, dont la fonction est de pomper & de séparer le chyle de la masse des aliments digérés : ainsi les racines des plantes sucent dans la terre la seve qui doit les nourrir : voilà le fait ; mais comment s'opere-t-il ? c'est ce qui ne me semble pas trop aisé à expliquer.

Grew a prétendu que la seve devoit être très-raréfiée, & en quelque sorte réduite en vapeurs, avant de pouvoir passer dans les plantes : mais conçoit-on aisément que cette liqueur, quelque raréfiée qu'elle soit, puisse, par sa seule légéreté, s'élever jusqu'au haut d'un grand arbre, & le faire avec l'effort nécessaire pour l'épanouissement des feuilles & des fleurs, pour la formation des fruits, enfin pour l'accroissement général de l'arbre ? Ce sentiment ne paroît pas probable : car, quand même on accorderoit à cet Auteur, qu'il est nécessaire que la seve soit raréfiée, au point qu'il l'entend ; que les racines sont couvertes d'une écorce spongieuse, qui se charge & s'imbibe de ces exhalaisons ; quand on conviendroit avec ce Physicien, que la partie la plus tenue & la plus subtile de ce suc nourricier, traverse cette écorce sans s'y arrêter, & que semblable à cette rosée qui s'échappe des visceres des animaux, elle iroit humecter & donner de la souplesse aux visceres des végétaux, sans suivre la route des vaisseaux ; il n'en seroit pas moins constant qu'une partie de la seve passe sous la forme de liqueur dans les vaisseaux des plan-

tes. L'élévation feule des vapeurs n'eft donc pas une caufe fuffifante ? Pour fuivre avec ordre les recherches qu'on a faites à ce
fujet, je vais commencer par examiner comment fe fait la premiere introduction du chyle végétal dans les racines.

Il n'eft pas douteux que le chyle des animaux fuivroit naturellement la même route que prennent les excréments, fi une
caufe particuliere ne le déterminoit à paffer dans les veines
lactées, qui rampent entre la tunique des inteftins : je fai qu'on
a attribué cet effet fingulier au mouvement vermiculaire des
inteftins ; mais ce mouvement ne me paroît pas fuffifant pour
déterminer ce fuc à quitter fa route naturelle, & à s'introduire
dans des canaux fort étroits : d'ailleurs, les racines des plantes
font privées de ce mouvement vermiculaire : il faut donc qu'une
caufe expreffe détermine la feve à enfiler leurs vaiffeaux, en l'em-
pêchant de s'échapper à travers les pores de la terre, où fa pente
devroit naturellement la porter. Comme les effets font à peu
près les mêmes tant à l'égard des végétaux que dans les animaux,
la queftion fe réduit à connoître quelle peut être la caufe qui
détermine une liqueur qui pourroit, qui devroit même fuivre fa
premiere route, à s'infinuer dans des canaux étroits, où elle
doit éprouver plus de réfiftance que dans la premiere route
qu'elle a quittée.

M. Senac, dans les Mémoires de l'Académie Royale des
Sciences, année 1724, penfe, à l'égard des animaux, que lorfque le diaphragme s'applatit, il preffe les veines lactées, & que
par ce mouvement, le chyle eft pouffé vers fon réfervoir. On
pourroit dire de même, que quand l'air renfermé dans les trachées des racines, vient à fe raréfier, il preffe les vaiffeaux remplis de feve ; que cette feve eft chaffée par ce mouvement de
preffion vers la partie fupérieure. M. Senac, en pourfuivant cette
matiere, dit encore : » Lorfque le diaphragme remonte, & que
» les inteftins fe foulevent, il fe fait un vuide à l'ouverture des
» veines lactées, & la preffion de l'air y fait entrer le chyle, par
» la même raifon que l'eau monte dans une feringue dont on a
» tiré le pifton. »

Ne peut-on pas dire auffi : Lorfque l'air des trachées diminue
de volume par la condenfation, les vaiffeaux de la feve repre-
nant leur ton, il fe fait un vuide qui doit produire une fuccion ?

Pl. I. Mais pour que ce jeu de la seve se puisse exécuter ainsi, il est nécessaire qu'elle ne puisse revenir sur ses pas, & on n'apperçoit pas ce qui peut s'y opposer ; c'est pour cela que l'on a coutume de comparer (ainsi que l'a fait Mariotte) la premiere introduction de la seve dans les racines, à celle des liqueurs dans les corps spongieux. On sait que l'eau s'éleve d'elle-même dans les tuyaux capillaires ; & comme les vaisseaux ligneux sont beaucoup plus fins que ceux que peuvent exécuter nos plus habiles émailleurs, les liqueurs doivent s'y introduire avec beaucoup plus de force. Plusieurs expériences le prouvent : on sait qu'un coin de bois bien sec que l'on enfonce à force entre des corps très-durs, est capable, quand il a été humecté, d'un gonflement qui produit un prodigieux degré de force : le même effet se manifeste dans une corde seche & tendue qui aura été ensuite mouillée ; & il existe avec assez de force dans les semences des végétaux, qui se renflent lorsqu'on les humecte, pour ouvrir des noyaux très-durs, tels que sont ceux des abricots & des pêches.

Fig. 12. M. Hales, s'étant proposé de mesurer le degré de cette force, se servit, pour son expérience, d'un pot de fer a, b, c, d, (fig. 12.) dont le diametre intérieur étoit de deux pouces trois quarts, & la profondeur de cinq : il versa du mercure dans ce vase jusqu'à un demi-pouce de hauteur, & il le remplit de pois : il y introduisit ensuite un tube de verre z, x, recouvert d'un tuyau de fer n, n : il mit un peu de miel coloré au bout inférieur z, du tube de verre, dont le bout supérieur x, étoit scellé hermétiquement : le tuyau de fer servoit à garantir ce tube de verre de l'effort du renflement des pois qui auroit pu le briser ; enfin après avoir achevé de remplir le pot de fer avec de l'eau, il y appliqua un couvercle de fer, & prit la précaution de mettre entre les bords du pot & le couvercle un collet de cuir qui en rendoit la jonction plus exacte : il fit poser cette machine sous un pressoir à cidre dont la vis assujettissoit avec force le couvercle sur les bords du pot.

Il fit l'ouverture de ce pot au bout de trois jours, & il trouva que l'eau avoit été entiérement aspirée par les pois, & que le miel coloré avoit été forcé de s'élever dans le tube de verre jusqu'à la hauteur de x : cette expérience fit connoître à M. Hales que les pois s'étoient dilatés avec un degré de force, égal à deux
fois

fois un quart de celui du poids de l'atmofphere ; & comme le diametre du pot étoit de deux pouces trois quarts, & l'aire de fon ouverture de fix pouces quarrés, il s'enfuit, dit cet ingénieux Obfervateur, que la force de dilatation dans l'intérieur du pot contre le couvercle, étoit égale à 189 livres. Cette force eft affurément bien confidérable ; & elle eft plus que fuffifante pour produire l'élévation de la feve ; mais auffi faut-il que cette force puiffe agir jufqu'à une certaine étendue, pour que la feve parvienne jufqu'au haut des plus grands arbres ; & comme on s'eft apperçu que les liqueurs ne s'élevoient dans les tuyaux capillaires qu'à une hauteur peu confidérable, on a cru pouvoir comparer l'afcenfion des liqueurs dans les végétaux à celle qu'on obferve dans un corps fpongieux, dont un des bouts tremperoit dans l'eau.

Avant les expériences de M. Hales, M. de la Hire, fachant qu'on attribuoit ordinairement l'élévation de la feve à la partie fpongieufe, parenchimateufe, ou cellulaire, qui enveloppe les fibres des végétaux, avoit tenté d'éclaircir cette importante queftion par les expériences que je vais rapporter.

Il fufpendit pour cet effet une bande de papier gris, d'environ un demi-pouce de largeur, de maniere que le bout d'en-bas trempoit dans un vafe rempli d'eau : cette eau s'y éleva jufqu'à la hauteur de fix pouces.

Pour pouvoir encore mieux imiter le méchanifme des vaiffeaux des plantes, dont on voit quelques-uns remplis d'une fubftance fpongieufe, il remplit un tube de verre de trois lignes de diametre avec de petits morceaux d'éponge médiocrement foulés : l'eau ne s'y éleva qu'à un pouce de hauteur.

Le papier gris lui paroiffant enfuite devoir être plus favorable à cette expérience, il introduifit dans un pareil tube une bande de papier gris tortillée & très-ferrée : les révolutions que produifoit le tortillement de ce papier, faifoient que toutes les parois intérieures du tuyau n'étoient point touchées par le papier ; en conféquence M. de la Hire eftimoit qu'il reftoit dans la capacité de ce tube une moitié de vuide : dans les douze premieres heures, l'eau s'éleva de 8 pouces 4 lignes ; dans les douze fecondes heures, elle s'éleva de 10 lignes ; & ainfi toujours en

Partie II.   G g

Pl. I. diminuant, jufqu'à ce qu'elle fût parvenue à 153 lignes, ou douze pouces 9 lignes, en trois fois 24 heures.

Ayant répété la même expérience avec le même papier, non tortillé, & qui rempliffoit prefqu'entiérement le tuyau, l'eau s'y éleva jufqu'à la hauteur de 18 pouces 9 lignes, en fept fois 24 heures : elle s'étoit élevée à 9 pouces 4 lignes dans les douze premieres heures, & de deux lignes feulement dans les douze dernieres heures.

M. de la Hire remarqua, qu'à mefure que l'eau s'élevoit dans le papier, la partie intérieure du tube de verre étoit couverte de groffes gouttes d'eau, lefquelles pouvoient contribuer à l'afcenfion du fluide dans le papier : en effet, cette eau devoit humecter le papier, & particuliérement celui qui rempliffoit plus parfaitement le tube; & c'eft probablement pour cette raifon qu'elle ne s'étoit pas élevée à une fi grande hauteur, dans l'expérience où le papier ne rempliffoit pas tant le tube.

Un rofeau de Provence de l'efpece dont on fait des cannes, & dont la fuperficie eft dure & fort unie, ayant été rempli de papier affez preffé, l'eau ne s'y éleva qu'à 14 pouces 3 lignes, en 84 heures.

Comme je favois que Borelli penfoit auffi que le tiffu fpongieux des plantes fervoit à l'afcenfion de la feve, & qu'il joignoit encore à cette caufe celle des variations de la chaleur & de la fraîcheur de l'atmofphere, j'ai voulu répéter les expériences de M. de la Hire, avec cette différence, que je tranfportois alternativement mes tubes dans un air chaud, & dans un air froid : mais cette circonftance ne produifit pas une grande différence dans l'élévation des liqueurs; je crois feulement avoir remarqué, que dans l'air chaud, les gouttes qui s'attachoient aux parois intérieures du tube étoient plus groffes.

Fig. 13. Dans la vue d'éprouver la force de la fuccion des cendres du bois, M. Hales remplit un tuyau de verre *c, r, i, (fig.* 13.) de 3 pieds de longueur, & de $\frac{7}{8}$ de pouces de diametre, avec des cendres de bois, bien fechées, paffées par un tamis fin, & preffées le plus qu'il étoit poffible. A l'extrêmité *i* du tuyau *c, i,* il lia un morceau de toile pour contenir les cendres; puis il adapta en *r* le tuyau *c,* rempli de cendres & bien cimenté, à la jauge droite *r, z,* qu'il remplit entiérement d'eau; il fit tremper l'extrêmité inférieure du tuyau z, dans du mercure contenu dans le vafe x : enfin, en i, au deſſus du tuyau c, il ajuſta avec de la veſſie, la jauge courbe a, b, dans laquelle il mit du mercure. L'eau monta dans les cendres, & le mercure contenu dans le vafe x, s'éleva en peu de temps à 3 ou 4 pouces de x en z : les trois jours fuivants, il ne monta que d'un pouce, puis d'un demi-pouce, puis d'un quart de pouce ; enfin, l'eau ayant ceſſé de s'élever au bout de cinq à ſix jours, fa plus grande élévation ſe trouva avoir été de 7 pouces ; ce qui eſt égal au poids d'une colonne d'eau de même bafe, & de huit pieds de hauteur. A l'égard de la jauge courbe a b, d'en-haut, le mercure s'éleva feulement d'un pouce dans la branche a, comme ſi les cendres euſſent pompé l'air contenu en a, & pour ſuppléer à quelques bulles qui s'en étoient échappées : mais lorſque M. Hales eut féparé le tuyau c i, de la jauge droite r z, & qu'il eut plongé l'extrêmité c dans l'eau, alors l'eau n'étant plus gênée, ni rete-nue par le poids du mercure de la jauge r z, elle s'éleva beau-coup plus vîte dans les cendres, & elle fit tellement baiſſer le mercure dans la branche a de la jauge courbe, qu'on le vit de 3 pouces plus bas que dans la branche b : cet effet étoit produit par la fortie de l'air, qui fut obligé de céder fa place à l'eau.

On fait que les fels alkalis, de la nature du fel de tartre, font très-avides d'humidité ; & comme ce fel fe trouve dans les cendres du bois, il pouvoit bien concourir à l'élévation du fluide : il étoit donc important de connoître quelle feroit la force de fuccion qu'auroit une matiere dépourvue de ce fel ; c'eſt apparemment cette raifon qui engagea M. Hales à répéter la même expérience avec du plomb rouge ou du *Minium :* il en remplit un tube de 8 pieds de longueur, & d'un demi-pouce de diametre ; auquel il ajuſta la jauge droite r z, & la jauge courbe a b : le mercure s'éleva peu à peu vers z, juſqu'à 8 pouces de hauteur : au bout de vingt jours, l'eau s'étoit élevée de 3 pieds 7 pouces dans le *Minium,* quoique le poids du mercure contenu dans la jauge droite z, fît un obſtacle à cette élévation.

Il n'eſt point inutile de faire remarquer que dans ces deux expériences l'extrêmité i du tuyau rempli de cendres ou de *Minium,* étoit couverte de quantité de bulles d'air, lefquelles ſe renouvelloient continuellement, à peu près comme on le remarque à la coupe tranfverfale des branches dont je parlerai dans la fuite de cet Ouvrage. A mefure que l'eau rempliffoit les vuides qui fe trouvoient entre les molécules terreufes, le nombre des bulles diminuoit ; & après que l'eau eut exactement rempli les efpaces qui étoient vers l'extrêmité *i*, on ne vit plus paroître de bulles.

On voit par les expériences que je viens de rapporter, que les corps poreux font doués d'une force de fuccion d'autant plus grande que ces pores fe trouvent plus petits : quoique cette force foit affurément plus que fuffifante pour opérer la premiere introduction de la feve dans les racines, on ne l'a cependant pas jugée encore affez puiffante pour pouvoir porter cette feve au haut des plus grands arbres, avec ce degré de force qui eft néceffaire pour opérer le développement des jeunes branches & des feuilles, & la formation des fruits : on s'eft donc étudié à chercher d'autres caufes, & d'abord quelques Naturaliftes ont cru pouvoir la reconnoître dans l'exemple des fiphons.

Pl. II.
Fig. 14.

On fait qu'un fiphon eft un tuyau recourbé, tel que *a, b, c*, (Pl. II. *fig.* 14.) & que l'eau qui entrera par l'ouverture *c*, montera en *b*, & fortira par *a*, pourvu que la branche *b a* du fiphon foit plus longue que celle *b c* : la raifon en eft bien fimple : la colonne d'eau *a b* étant plus longue & plus pefante que la colonne *c b*, l'eau doit s'écouler par *a* ; mais en s'écoulant, elle fait l'effet d'un pifton, lequel en foulageant la colonne *c b* du poids de l'atmofphere qui exerce fa puiffance fur l'eau contenue dans le vafe *c*, la fait monter en *b*, & la feroit même monter jufqu'à 30 pieds de hauteur, fi *b a* fe trouvoit plus long que *b c*.

Fig. 15.

Ce n'eft pas précifément l'effet de ce fiphon qu'on a voulu reconnoître dans les plantes ; c'eft plutôt celui qui eft produit par une lifiere d'étoffe *a b c*, (*fig.* 15.) dont le bout *c* tremperoit dans l'eau. Il eft d'expérience que cette eau montera en *b*, & qu'elle dégouttera par l'extrêmité *a*. Comme une lifiere ne forme point un tuyau, on ne peut pas dire que l'eau contenue depuis *a* jufqu'à *b* faffe l'office d'un pifton : mais cependant l'effet eft à peu près le même ; car, comme les parties de l'eau ont entre elles un certain degré d'adhérence, on conçoit que celle qui s'eft élevée en *b* par l'effet des corps fpongieux dont nous avons parlé plus haut, eft déterminée à couler vers *a* par le poids des gouttes d'eau qui font contenues dans la lifiere depuis *a* jufqu'à *b*, à caufe de l'adhérence que les gouttes d'eau ont les unes avec les autres. Pour pouvoir faire l'application de ce fait au mouvement de la feve, il faudroit fuppofer qu'elle circule dans les plantes ; mais l'on verra dans la fuite de cet Ouvrage, que cette circulation n'eft pas encore affez bien prouvée : de plus, on n'a encore rien découvert dans la diffeɛtion des végétaux, qui puiffe imiter affez parfaitement l'effet de cette lifiere, dont je viens de donner l'exemple ; les Phyficiens fe font donc trouvés obligés de chercher encore d'autres caufes de l'afcenfion de la feve.

Entre plufieurs opinions fur cette matiere, le fentiment qui a eu le plus grand nombre de feɛtateurs eft celui de M. de la Hire. Je vais l'expofer le plus fuccinɛtement qu'il me fera poffible ; mais pour préfenter plus clairement l'idée de cet Auteur, je me crois obligé de rappeller ici quelques circonftances générales de l'organifation des arbres.

Les tiges, les branches, & les racines des arbres font, comme je l'ai déja dit, compofés d'une infinité de fibres menues, que l'on appelle *fibres longitudinales*, parce que leur direɛtion générale fuit celle du tronc, des branches & des racines : M. de la Hire confidere ces fibres, comme autant de tuyaux qui peuvent fervir à porter la nourriture depuis les racines jufqu'aux feuilles, ainfi que les arteres & les veines diftribuent le fang dans toutes les parties du corps des animaux : cependant, continue le même Phyficien, ces fibres ne font pas des conduits féparés les uns des autres ; ils communiquent entre eux, & tous font liés & nourris par une efpece de fubftance charnue : (il entend fans doute le tiffu cellulaire ou véficulaire.)

M. de la Hire diftingue encore dans ces vaiffeaux, des tuyaux montants, & d'autres qui defcendent, lefquels, dit-il, ne different entre eux que par la difpofition des valvules qui font dans leur intérieur ; car dans les tuyaux montants, elles doivent s'oppofer à ce que les liqueurs ne defcendent ; & le contraire doit être dans les tuyaux defcendants.

En joignant à cette difpofition des valvules, la condenfation & la raréfaɛtion fucceffive de l'air & des liqueurs, qui a été admife par Borelli, on conçoit aifément comment on peut expliquer ; 1°, L'élévation du fuc nourricier jufqu'à la cime des plus grands arbres : car les valvules s'oppofant au retour de la feve, elle doit s'élever quand elle fe raréfie, & les vaiffeaux doivent fe remplir de cette liqueur quand elle fe condenfe : 2°, on conçoit pourquoi la plus grande force de la végétation arrive au printemps & en automne ; ces faifons étant celles où il y a une alternative plus fréquente de condenfation & de raréfaction : fi le mouvement de la feve eft foible en été, c'eft qu'a- lors elle eft toujours dans un état de raréfaction ; & elle eft prefque nulle en hiver, par la raifon que la feve refte toujours trop condenfée : 3°, on peut encore, au moyen de cette fuppo- fition, concevoir comment fe fait la végétation des boutures qu'on met en terre dans une fituation renverfée.

Mais par malheur, ces valvules fi commodes pour toutes ces explications, font une pure fuppofition : je les ai cherchées dans quelques plantes *arundinacées*, j'ai defiré avec ardeur de les y trouver ; cependant je dirai tout naturellement à quoi fe borne ce que j'en ai pu découvrir.

Après être parvenu à faire paffer des liqueurs colorées dans les vaiffeaux longitudinaux de quelques plantes *arundinacées*, j'ai cru appercevoir dans l'axe de ces vaiffeaux un filet dur qui s'étendoit dans toute leur longueur, & qui étoit hériffé d'un duvet très-fin : cette ftructure que l'on peut voir dans le pre- mier Livre de cet Ouvrage, (Pl. II. *fig.* 22.) approche fort de celle que M. Mariotte a obfervée à l'égard des vaiffeaux propres des plantes.

On fuppofera, fi l'on veut, que ce duvet étant incliné dans un même fens peut tenir lieu de valvules ; mais après tout, ce ne fera là qu'une fuppofition à laquelle on pourroit accorder quelque vraifemblance : j'aurai occafion dans la fuite de revenir fur cette matiere ; mais je crois, pour ne me point trop aban- donner aux conjectures, qu'il eft plus à propos de conftater ici certains faits, qui pourront jetter quelque jour fur la queftion dont il s'agit. Je vais commencer par prouver que les racines pompent la feve avec beaucoup de force,

Art. II. *Que les racines des Arbres pompent la Seve avec beaucoup de force.*

Pl. II.

J'ai dit dans le premier Livre, qu'il paroiſſoit que les ſuçoirs réſidoient en plus grande quantité dans les petites racines nouvellement formées, que dans les groſſes; & je crois l'avoir ſuffiſamment prouvé par une obſervation, qui eſt, que le long des avenues, les grains ſont beaucoup plus foibles aux endroits où ſe terminent les racines, près des arbres, s'ils ſont jeunes; loin d'eux, s'ils ſont vieux. M. de la Baiſſe * prouve la même choſe par l'expérience ſuivante.

Il ajuſta diverſes plantes dans des entonnoirs, de maniere que toutes les racines filamenteuſes, & les extrêmités des autres, ſortoient hors de ces entonnoirs; les groſſes racines étoient, ou dans le tuyau de l'entonnoir, ou dans ſon évaſement; le bout de ces entonnoirs ayant été fermé avec de la cire, il y verſa de l'eau juſqu'à la naiſſance des tiges; ces plantes conſerverent leur verdeur plus long-temps que celles qui étoient privées d'eau, mais moins que celles qui ne trempoient dans l'eau que par l'extrêmité de leurs racines; & celles-ci moins encore que celles dont toutes les racines trempoient entiérement dans l'eau. Cette expérience prouve, que quoiqu'il entre de la ſeve par le corps des groſſes racines, il y en entre cependant moins que par l'extrêmité des petites. Le même Obſervateur ajoute, que quand on a coupé les jeunes racines, l'eau paſſe très-facilement dans les plantes par ces cicatrices. Je vais rapporter une expérience de M. Hales, qui prouve, que les racines coupées ont une force conſidérable de ſuccion.

Dans le mois d'Août, d'une année fort ſeche, M. Hales fit fouiller le pied d'un poirier (*voyez figure 16,*) & fit découvrir une de ſes racines *n*, qui avoit un demi-pouce de diametre: il en coupa le bout en *i*, & il en fit entrer l'extrêmité dans un tuyau *d r*, qui avoit un pouce de diametre & huit pouces de longueur: il fit à ſon extrêmité ſupérieure un nœud de ciment;

Fig. 16.

* C'eſt lui qui a remporté le prix de l'Académie de Bordeaux, ſur la circulation de la ſeve.

en *d*, & ajufta auffi avec du ciment à fon extrêmité inférieure *r*, un autre tuyau *z*, de dix-huit pouces de longueur, & feulement d'un quart de pouce de diametre. Ayant tourné en enhaut le bout inférieur du tuyau *r z*, il le remplit d'eau ; puis y appliquant le doigt pour l'empêcher de fe répandre, il remit l'extrêmité de ce tuyau dans fa premiere fituation, faifant tremper le bout d'en-bas dans du mercure, contenu dans le vafe *x* : la racine, en cet état, tira l'eau avec tant de force, qu'en fix minutes de temps le mercure s'éleva de huit pouces dans le tuyau *z*.

A mefure que cette racine pompoit l'eau, il fortoit du bout coupé une infinité de bulles d'air qui montoient en *d*, & qui rempliffoient le haut du tuyau fupérieur *i:* ce qui fit que le lendemain matin le mercure fe trouva baiffé de deux pouces, quoique le bout de la racine trempât encore dans l'eau. Il eft bon de remarquer, que l'air qui s'amaffoit en *r*, devoit empêcher le mercure de s'élever ; car fi la maffe de cet air avoit été auffi grande que celle de l'eau afpirée, le mercure n'auroit pu monter dans le tuyau *z*. Cette remarque doit avoir lieu dans tous les cas où nous ferons ufage de la jauge droite, dont nous venons de parler. Il eft, ce me femble, bien prouvé que les racines des arbres pompent avec beaucoup de force l'humidité qui eft à leur portée ; & c'eft ce qu'on s'étoit propofé de rendre fenfible. Mais les racines ne font pas les feules parties des plantes qui foient douées de cette propriété ; car je vais prouver que les branches détachées de leurs racines, ont auffi une grande force de fuccion,

ART. III. *Que les branches détachées de leurs racines confervent une grande force de fuccion.*

COMME, dans l'état naturel d'une plante qui végete, toute la feve paffe par fes racines, on pourroit croire que cette partie feroit la feule qui fût douée de cette propriété, de quelque caufe qu'elle pût dépendre : je vais rapporter des expériences qui prouvent que cette propriété réfide également dans toutes les parties des arbres.

Avant d'entrer dans le détail de ces expériences, on doit

fe

Pl. II.

fe rappeller que dans le premier Livre de cet ouvrage, page 75, j'ai démontré qu'une branche ayant été coupée, & ajustée à une jauge (comme on le peut voir dans la Pl. II, *figure 25* du même Livre,) pareille à celle qu'on voit ajustée à la racine de l'expérience précédente, avec cette différence, qu'on n'avoit point mis d'eau dans les tuyaux *i* & *z*, le mercure s'éleva dans le tuyau *z*; ce qui prouve que la branche attiroit l'air contenu dans les tuyaux. Auroit-elle attiré de même l'eau, si l'on en avoit rempli la jauge comme dans l'expérience de la racine ? On peut d'avance répondre affirmativement; car puisqu'une branche féparée de l'arbre, & qu'on trempe dans l'eau, conferve fa verdeur pendant un temps affez confidérable, on a droit d'en conclure, qu'elle fe charge de l'eau dans laquelle le bout coupé a été plongé.

Il a été prouvé dans le même Livre, page 55, (Pl. II. *fig.* 20 & 21, & page 58 *fig.* 22.) que les vaiffeaux des plantes font perméables aux liqueurs; & à cette occafion j'ai dit quelques mots fur la propriété qu'elles ont de s'en charger : maintenant c'eft ici le lieu d'établir cette propriété d'une façon inconteftable.

M. Hales joignit avec du maftic une branche de baume à un des bouts d'un fiphon *a b*, (*fig.* 17.) qu'il remplit d'eau : dans l'efpace d'un jour la liqueur baiffa d'un demi-pouce dans la branche *a*; dans l'efpace d'une nuit, elle baiffa d'un quart de pouce; & la fraîcheur de l'air ayant fait defcendre la liqueur du thermometre au terme de la glace, cette branche ceffa de pomper l'eau. On voit par cette expérience, 1°. que cette branche de baume avoit une force de fuccion affez forte; 2°. que cette force augmentoit dans les circonftances qui étoient favorables à la tranfpiration, & qu'elle ceffoit lorfque la tranfpiration étoit nulle : il fera bon de confulter ce que j'ai déja dit dans le fecond Livre à l'Article de la tranfpiration des plantes.

Un jour du mois d'Août, avant midi, M. Hales cimenta à un tuyau *a b*, de neuf pieds de longueur & d'un demi-pouce de diametre, (*fig.* 18.) une branche de Pommier *d*, de 5 pieds de longueur : ayant rempli d'eau ce tuyau par le bout *a*, cette branche s'en imbiba de façon que l'eau baiffa dans le tuyau *a b*

Fig. 17.

Fig. 18.

H h

Pl. II.
Fig. 18.
de trois pieds par heure : deux heures après, M. Hales coupa la
branche en *c*, (*fig.* 18.) c'eft-à-dire, quinze pouces au deffous
du tuyau *b*, & il plaça l'extrêmité inférieure du bâton fur une
cuvette, qu'il couvrit avec de la veffie, afin de prévenir l'é-
vaporation de l'eau qui dégouttoit ; en même temps il mit l'au-
Fig. 19.
tre partie *d r* de cette même branche dans le vafe *x*, (*fig.* 19.)
qui contenoit une certaine quantité d'eau connue. Cette branche tira dix-huit onces d'eau en dix-huit heures de jour & en
douze heures de nuit : il ne paffa que fix onces d'eau au travers du bâton *c b*, quoiqu'elle fût toujours preffée par une colonne d'eau de fept pieds de hauteur. Pourquoi donc le bâton
fans branches a-t-il beaucoup moins tiré d'eau que quand il étoit
accompagné de fes branches ? Il eft évident que c'eft parce
qu'il fe trouvoit alors dénué des organes de la tranfpiration ; &
il eft bien fingulier de voir ces branches féparées du bâton,
élever beaucoup plus d'eau que le bâton n'en pouvoit laiffer
paffer, quoique cette eau, comme je l'ai déja dit, fût preffée
par une colonne de fept pieds de hauteur.

Mais rien n'eft plus propre à faire connoître la relation qu'il
y a entre la tranfpiration & la fuccion des plantes, que d'e-
xaminer fi la fuccion feroit beaucoup diminuée en mettant une
plante dans le cas de ne point tranfpirer : c'eft ce qu'a exécuté
M. Hales ; & pour cet effet ayant ajufté une branche garnie de
fes feuilles au bout d'un tuyau de fept pieds de longueur, comme
dans l'expérience précédente, (*fig.* 18.) l'imbibition fut telle,
que l'eau baiffa dans le tuyau à raifon de trois pieds par heure :
pour arrêter la tranfpiration de cette branche, il plongea tous
Fig. 20.
les rameaux dans de l'eau ; (*fig.* 20.) alors l'eau ne baiffa plus
dans le tuyau que de quelques pouces, & toujours en diminuant, à mefure que les vaiffeaux ligneux fe rempliffoient ; mais
M. Hales ayant retiré cette branche de l'eau pour la fufpendre
dans la même fituation, & de façon qu'elle fût expofée au
grand air, alors l'eau defcendit dans le tuyau de vingt-fept
pouces & demi en douze heures de temps : preuve évidente que
la tranfpiration avoit plus de force pour déterminer l'eau à traverfer la branche, que n'en avoit une colonne de ce fluide de fept
pieds de hauteur : après avoir répété cette expérience fur des
branches de différents arbres, M. Hales a conftament remarqué

que l'imbibition étoit toujours très-grande toutes les fois que la disposition de l'air étoit favorable à la transpiration ; & que dans les cas contraires, cette imbibition étoit peu considérable.

C'est par cette raison que pendant la nuit ; le mercure de l'expérience rapportée ci-devant, (Livre I. Pl. II. *fig.* 25.) descendoit, & qu'il montoit considérablement, quand le Soleil donnoit sur la branche, pourvu qu'on eût la précaution de tenir les tuyaux toujours remplis d'eau ; car sans cette attention, l'air contenu au dessus de *b*, venant à se raréfier, faisoit assez baisser l'eau pour qu'elle ne touchât plus à la branche. Si lorsque le tuyau étoit plein d'eau, on suçoit l'extrêmité de cette branche, alors on vuidoit ses vaisseaux d'air, & l'eau entroit dans la plante en abondance.

Toutes les branches n'élevoient pas également le mercure ; les arbres qui ne quittent point leurs feuilles & qui transpirent peu, ne l'élevoient pas sensiblement : de ce nombre sont le Laurier, le Thym, le Romarin, le *Phylliræa*, le Genêt, la Rue, le Jasmin, l'Orme, le Chêne, le Noisettier, le Figuier, le Mûrier, le Saule, le Frêne, le Tilleul, le Groseillier à grapes ; toutes ces plantes n'éleverent le mercure qu'à un pouce : le Cerisier, le Noyer, le Pêcher, l'Abricotier, le Prunier, le Prunellier, l'Aubépine, l'Erable-Sycomore, le Groseillier-épineux, tiroient beaucoup d'eau, & élevoient le mercure à trois & six pouces : le Châtaignier n'éleva le mercure qu'à un pouce, quoiqu'il tirât l'eau avec force ; parce que l'air passoit rapidement des vaisseaux séveux au haut de la jauge au dessus de *b*.

M. Halęs prit encore des branches de Poirier, de Pommier, de Coignassier, &c. d'un pouce de diametre, dont les unes avoient six pieds de longueur & les autres seulement trois : il conserva les feuilles aux unes ; il en effeuilla d'autres : toutes ces branches furent pesées, & on les mit tremper par leur gros bout dans un vase où il y avoit une quantité d'eau connue. Les branches garnies de leurs feuilles, tirerent depuis quinze onces d'eau jusqu'à trente, dans l'espace de douze heures de jour, & suivant qu'elles avoient plus ou moins de feuilles ; mais ce qu'il y a de singulier, c'est que malgré cette grande

afpiration, les branches garnies de feuilles fe trouverent le
foir plus légeres qu'elles n'étoient le matin, tant la tranfpiration avoit été forte : il n'en fut pas de même des branches effeuil-
lées ; elles ne tirerent qu'une once d'eau, & néanmoins elles
fe trouverent plus pefantes le foir qu'elles n'avoient été le matin. Voilà qui prouve inconteftablement qu'il y a un rapport
réel entre la tranfpiration & l'élevation de la feve.

Je trouve encore dans l'ouvrage de M. Hales d'autres ex-
periences qui viennent à l'appui de celles que je viens de rapporter. Une petite branche qui portoit une groffe pomme &
douze feuilles, tira en trois jours $\frac{3}{4}$ d'once d'eau : une pareille
branche chargée de douze feuilles, mais qui ne portoit point
de pomme, tira dans le même temps $\frac{1}{4}$ d'once d'eau ; pendant que deux groffes pommes, fans feuilles, tirerent un
quart d'once en deux jours : d'où il faut conclure qu'une
pomme tire à-peu-près autant que deux feuilles, ce qui eft
relatif aux furfaces. On peut fe rappeller que j'ai déja prouvé
dans le fecond Livre, que la tranfpiration étoit proportionnelle aux furfaces : une telle conformité dans les effets, en
annonce dans les caufes.

M. Bonnet a fait de fon côté des expériences qui prouvent
admirablement bien que les feuilles ont une grande force pour
attirer la feve : ayant mis des feuilles d'Abricotier, détachées
de l'arbre, tremper par leur pédicule, les unes dans de l'eau
commune, d'autres dans du vin rouge, ou dans de l'eau-de-vie,
ces feuilles attirerent ces différentes liqueurs dans les proportions que je vais rapporter, diftraction faite de l'évaporation
de chacune de ces liqueurs, & dans un même efpace de
temps : l'eau commune, 10 parties $\frac{1}{2}$; le vin rouge une demi-
partie ; l'efprit-de-vin, 6 $\frac{1}{2}$ parties.

Cette même vérité fe démontre avec une entiere évidence
par des expériences qu'on peut regarder comme inverfes des
précédentes ; puifque pour diminuer le plus qu'il feroit poffible, la tranfpiration des arbres, on en a retranché les branches & les fruits ; & que l'on a plongé dans des vafes où il y
avoit une quantité d'eau connue, des bâtons nouvellement
coupés fur différents arbres : l'extrêmité fupérieure de ces bâtons
fe montra toujours humide pendant dix jours, néanmoins l'eau

Pl. II.

du vafe ne diminua que d'une once ; ce qui eſt bien peu de
choſe en comparaiſon des branches garnies de feuilles, qui
avoient attiré juſqu'à 70 onces en douze heures de temps ; mais
comme l'extrêmité de ces bâtons étoit toujours humide, M. Hales ſe propoſa de connoître ſi en retenant cette humidité, elle
pourroit ſe ramaſſer dans un tube qui feroit ajuſté au bout ſupérieur d'un de ces bâtons : dans cette vue il ſouda au bout
ſupérieur *s* d'un pareil bâton (*fig.* 21.) un tuyau *t*. Quoique le
bout de ce bâton parût toujours humide, & que l'on apperçût
quelques vapeurs dans l'intérieur du tuyau, il ne s'y amaſſa cependant point d'eau : il remplit d'eau ce même tuyau : elle tra-
verſa le bâton *s*, & on la voyoit paſſer par gouttes dans le
vafe *x*.

Fig. 21.

Ayant ajuſté un pareil tuyau à la tige d'un Ceriſier étêté, on
ne vit paroître dans l'intérieur de ce tuyau que quelques vapeurs : il en fut de même, quand après avoir arraché cet arbre, on eut mis ſes racines tremper dans de l'eau.

Ces expériences prouvent que les fibres ligneuſes, ou les
vaiſſeaux des plantes, dénués des organes de la tranſpiration,
attirent l'eau, ainſi que les corps poreux, aſſez pour s'en remplir, mais ſans pouvoir la forcer de monter plus haut.

Il eſt bien vrai, qu'au moyen de la preſſion d'une colonne
d'eau d'une hauteur ſuffiſante, on peut forcer l'eau de traverſer
les vaiſſeaux ligneux ; & que ſi l'on augmentoit beaucoup cette
puiſſance, on pourroit encore la forcer à ſe diſſiper par les
feuilles comme par une eſpece de tranſpiration, de même que
par les injections anatomiques on voit une portion de l'injection décolorée ſe diſſiper en forme de ſueur par les pores de
la peau ; mais ces moyens forcés, dont on a vu dans le premier Livre, que j'avois fait uſage, lorſque j'ai parlé des vaiſſeaux des plantes, deviennent inutiles ici, où il s'agit principalement de rechercher la cauſe naturelle qui fait que la ſeve
s'éleve dans les plantes. Comme je ne me propoſe pas de rapporter toutes les expériences que M. Hales a faites pour établir
inconteſtablement que les plantes ont d'autant plus de force
pour attirer la ſeve qu'elles tranſpirent plus abondamment, je
n'en rapporterai plus qu'une qui me paroît trop concluante
pour la paſſer ſous ſilence.

Dans le mois de Juillet, M. Hales prit quatre pieds vigoureux de Houblon, qui étoient placés dans un lieu ombragé.
Il en dépouilla deux de leurs feuilles ; les deux autres en
resterent garnis : deux de ces pieds, l'un effeuillé, l'autre garni
de feuilles, resterent plantés à l'ombre ; l'extrêmité de leur tige
fut plongée également dans une fiole remplie d'eau : en douze
heures de jour, celui qui avoit ses feuilles, tira quatre onces
d'eau ; & celui qui en étoit dépouillé, ne tira que trois quarts
d'once : on voit déja sensiblement que la succion a été très-
foible dans le pied où l'on avoit retranché les organes de la
transpiration. Les deux autres pieds furent transplantés en
motte, & avec leur perche, dans un lieu plus découvert ; leur
extrêmité fut plongée dans une phiole remplie d'eau : celui
qui avoit ses feuilles, tira plus d'eau que l'autre, & dans la
même proportion que ceux qui étoient restés à l'ombre, mais
au double.

On voit par toutes ces expériences, que les feuilles, le
grand air, le vent, le soleil ; en un mot, que tout ce que nous
avons déja prouvé dans le second Livre de cet ouvrage,
comme devant être favorable à la transpiration, augmente considérablement la force de succion, & favorise la végétation ;
d'où l'on peut conclure :

1°. Que les rameaux & les feuilles sont avantageux pour l'accroissement des arbres qui sont plantés dans un terrein où la
seve ne leur manque pas :

2°. Que dans les années chaudes & seches, les arbres doivent mieux réussir dans les terreins frais & ombragés, que dans
les endroits exposés au vent & au Soleil ; parce que, quoique
la force de la succion soit augmentée, le terrein se trouvant
trop aride pour subvenir à la trop forte transpiration des plantes, elles doivent se dessécher & périr d'inanition :

3°. Qu'au contraire, dans les années froides & humides,
les plantes doivent bien mieux réussir aux endroits où elles sont
exposées au vent & au Soleil ; parce que si dans ce cas elles
tirent beaucoup de seve, il s'en dissipe aussi beaucoup par la
transpiration, ce qui empêche qu'elle ne se corrompe :

4°. Que comme il a été suffisamment prouvé que les feuilles,
comme organes de la transpiration, excitent beaucoup le mou-

vement de la feve, on doit concevoir combien il eft avantageux aux fruits d'être accompagnés de quantité de feuilles, &
par quelle raifon les feuilles qui font portées par les branches à
fruit, fe développent avant les autres ; enfin, pourquoi une
pêche qui a noué fur une branche, au bout de laquelle il ne fe
trouve point de branche à bois, tombe prefque toujours
avant fa maturité. Il eft affez vraifemblable que, dans ces différents cas, les feuilles déterminent la feve à fe porter vers les
fruits qui ont befoin de quantité de nourriture : M. Bonnet a
prouvé qu'une feuille détachée d'un arbre, tire beaucoup d'eau ;
on doit donc admettre dans les feuilles une force de fuccion qui
détermine la feve à monter jufqu'auprès des fruits ; & comme les
fruits eux-mêmes font doués de cette propriété, proportionnellement à leur furface, la feve qui a reçu une certaine détermination par le miniftere des feuilles, eft enfuite attirée par les
fruits qui s'en approprient ce qui leur eft néceffaire :

5°. Qu'en retranchant beaucoup de feuilles à un arbre, on
diminue proportionnellement le cours de la feve ; & que l'on
pourroit employer ce moyen pour dompter les branches gourmandes, & pour mettre à fruit des arbres, dont les fleurs cou-
lent par une trop grande abondance de feve.

6°. Ces expériences font appercevoir que les Jardiniers pourroient avancer la parfaite maturité des fruits en retranchant une
partie des feuilles lorfque les fruits ont atteint leur groffeur : je
paffe à d'autres confidérations qui ont rapport au même objet.

On a vu dans le troifieme Livre de cet ouvrage, où il eft
parlé des boutures, que les branches mifes en terre dans une
fituation renverfée produifent des racines : il étoit donc à propos
de découvrir fi la force de fuccion fubfifte dans des branches
dont on mettroit le petit bout en en-bas : pour s'en affurer, M.
Hales mit une branche femblable à *b p* (Pl. III. *fig.* 22.) tremper
par fon petit bout *r* dans un vafe *x*, qui contenoit une quantité
d'eau connue. Cette branche qui étoit affez grande tira en trois
jours plus de quatre livres d'eau ; mais pour connoître encore
mieux cette force de fuccion, il ajufta à une pareille branche,
mais moins groffe, une jauge droite *r i z*, au bout d'une branche
qui avoit d'autres branches latérales garnies de feuilles. Cette
branche éleva le mercure à onze pouces & demie, & en trois
heures l'eau fut totalement afpirée : comme il fortoit beaucoup

Pl. III.
Fig. 22.

Pl. III.
d'air des vaisseaux ligneux, le mercure ne tarda pas à descendrè. M. Hales ayant remis de l'eau dans les tuyaux, la branche continua à la pomper, de sorte qu'en trois heures de temps le mercure s'éleva encore de douze pouces ; alors le Soleil étant près de se coucher la transpiration cessa, & le mercure commença à descendre.

Puisqu'une branche garnie de rameaux & de feuilles, quoique dans une situation renversée, a tant de force pour pomper l'eau, on pouvoit conclure qu'une branche attachée à un arbre auroit aussi cette même propriété : néanmoins il étoit nécessaire de s'assurer de ce fait par l'expérience ; car il auroit pu arriver qu'un arbre attaché à la terre par ses racines auroit comprimé le mercu dans le vase au lieu de l'aspirer ; & en effet, puisque

Fig. 23.
les feuilles dont sont chargés les rameaux c de la *fig.* 23 , déterminent la seve à monter suivant la direction a c, ne peut-on pas penser que le reste de la seve suivra pareillement la route a b : néanmoins M. Hales ayant ajusté une jauge droite à la branche b, le mercure s'éleva de huit pouces dans le tuyau z, quand le temps fut favorable à la transpiration. *

Il ne faut pas croire que l'eau s'élevoit dans la branche b, par la raison qu'étant courbée, son extrêmité approchoit de la direction a b, & que dans ce cas elle pouvoit être regardée comme une espece de racine ; car M. Hales ayant soudé à une bran-

Fig. 24.
che a d'un arbre planté en espalier, (*fig.* 24.) un gros tuyau l b, pour éviter d'avoir une colonne trop haute de liquide, cette branche s'élevoit presque verticalement du tronc w, à peu près comme la branche c de la *fig.* 23 : il remplit d'eau le gros tuyau l b, & ajusta en m une jauge courbe ou siphon, dans lequel il y avoit du mercure : la branche l attiroit l'eau à raison de deux ou trois pintes par jour : & M. Hales ayant sucé l'air à l'ouverture b, & ajusté sur le champ en m la jauge courbe, le mercure s'éleva de douze pouces en r plus que dans l'autre branche.

* On courroit risque de manquer les expériences de M. Hales, si l'on n'étoit pas prévenu : 1°, qu'il faut éviter de se servir d'un mastic trop sec : celui qu'il employoit pour adapter ses jauges, étoit composé de térébenthine, de cire & de craie : 2°, les plaies qui se trouvent le long des branches, & qui sont occasionnées par les petites branches qui ont été coupées, & même par des feuilles arrachées, fournissent beaucoup d'air & diminuent la succion. On remédie en partie à cet inconvénient en couvrant les plaies avec du mastic & de la vessie mouillée ; mais le mieux est qu'il n'y ait point de pareils défauts dans les branches que l'on met en expérience.

RECAPITULATION.

RECAPITULATION.

Les expériences que je viens de rapporter prouvent incontestablement.

1°. Que les racines d'un arbre qui végete ont une grande force de succion.

2°. Que les branches des arbres ont cette même propriété.

3°. Que cette propriété se conserve dans une branche séparée de son arbre.

4°. Que le petit bout d'une branche aspire la seve avec presque autant de force que le gros bout.

5°. Que cette force est bien peu de chose dans une branche effeuillée, & qu'elle se trouve d'autant plus grande, que l'arbre est plus garni de feuilles.

6°. Que tout ce qui fait obstacle à la transpiration diminue la force de succion ; & au contraire, que toutes les circonstances qui sont favorables à la transpiration augmentent la succion.

Voilà de bien belles conséquences qui suivent tout naturellement des expériences de M. Hales ; mais oseroit-on en conclure que le mouvement de la seve est uniquement produit par la transpiration ? J'ose dire qu'un pareil jugement seroit trop précipité : car, 1°, les deux effets pourroient être augmentés ou diminués dans les mêmes circonstances, sans qu'ils dépendissent d'une même cause : 2°, il paroîtroit aussi naturel de croire que la transpiration est une suite du mouvement de la seve, que de penser que ce mouvement est produit par la transpiration. Car si, par quelque cause que ce puisse être, le mouvement de la seve est augmenté, il s'en doit suivre une plus grande transpiration, comme dans bien des cas, ce qui augmente la circulation du sang des animaux, augmente aussi cette secrétion ; & si dans quelques cas on voit le mouvement de la seve diminuer proportionnellement à la transpiration, on pourroit s'en prendre à un dérangement dans l'économie végétale, qui résulteroit de l'interruption d'une secrétion nécessaire. Outre ces raisons de douter, on conviendra encore qu'il ne faut point se presser d'admettre la transpiration des plantes comme la seule cause du mouvement de la seve ; car je ferai remarquer que, dans certaines circonstances, la seve est dans de grands mouvements, pendant que la transpiration est presque nulle : c'est ce que je me propose d'établir dans l'Article suivant.

ART. IV. *Où l'on examine si la Seve est quelquefois dans de grands mouvements, pendant que la transpiration est presque nulle; & où, par occasion, on traite des pleurs de la Vigne & de plusieurs Arbres.*

ON SAIT qu'un arbre vigoureux, dont on retranche les branches, ou qu'on étête, en lui laissant une tige de quinze à vingt pieds de hauteur; que cet arbre repousse de nouvelles branches qui sont ordinairement très-vigoureuses. Pour faire ces productions, il faut que la seve soit en action; cependant par le retranchement des branches, des feuilles & des fruits de cet arbre, on a détruit tous les organes de la transpiration; car il est prouvé qu'il ne se fait nulle transpiration à travers les grosses écorces : le mouvement de la seve est donc, dans certaines circonstances, indépendant de la transpiration. On ne pourra pas dire que la seve se porte dans toute la longueur du tronc par la même force qui fait élever les liqueurs dans les corps spongieux, puisque les expériences que j'ai ci-devant rapportées ont fait voir que cette cause n'étoit pas suffisante pour l'élever à une aussi grande hauteur. On sait qu'au printemps, avant que les boutons se soient ouverts, & que les feuilles ayent commencé à se développer, la plus grande partie des organes de la transpiration n'existe pas encore; il faut bien cependant que la seve se porte avec assez de vigueur vers tous les boutons pour pouvoir produire leur développement.

Perrault qui avoit examiné avec beaucoup d'attention les pleurs des arbres, dit que si l'on fait au printemps une entaille à un bouleau, & que cette entaille pénetre dans le bois, on en verra suinter beaucoup de lymphe : cette liqueur est, dit-il, une seve crue, qui descend vers les racines; & la raison qu'il en donne, c'est qu'elle s'écoule en descendant. On ne peut pas dire la même chose de la Vigne.

Le même Physicien ajoute : que si l'on n'entame que l'écorce de cet arbre, il en sortira peu de liqueur, & encore d'une saveur toute différente; & cette liqueur, suivant lui, est le suc nourricier.

Il dit enfin qu'il fort beaucoup de lymphe d'entre le bois &
l'écorce. J'ai peine à convenir de tout cela ; car dans le temps
des pleurs, l'écorce eft fort adhérente au bois ; & dans la faifon
où il fe fait des écoulements entre le bois & l'écorce, ce qui en
fort eft plutôt un fuc propre que de la lymphe : je ne puis encore lui accorder ; que fi l'on fait deux incifions à un arbre, l'une
au haut de la tige, & l'autre au bas, celle-ci fournira moins de
lymphe que la fupérieure. (*Voyez Perrault, Effais de Phyfique*,
Livre I. pag. 65 & fuiv.)

Plufieurs arbres, tels que différentes efpeces d'Erable, le
Bouleau, le Noyer, le Charme, le Saule, & particuliérement
la Vigne, fourniffent au printemps, & avant d'avoir ouvert leurs
boutons, une grande quantité de lymphe par les plaies qu'on
leur fait, ou par le retranchement de quelques-unes de leurs
branches, ou en faifant des entailles qui pénetrent dans le
bois. Mais une circonftance que j'ai intérêt préfentement de
faire remarquer, c'eft que cet écoulement ne fubfifte que jufqu'au développement des organes de la tranfpiration ; car auffi-
tôt que la tranfpiration s'opere, l'écoulement dont il s'agit, &
que l'on nomme *pleurs*, ceffe entiérement : preuve affez manifefte que ce mouvement de la feve eft indépendant de la tranfpiration. Cependant, M. Hales a fait de très-belles expériences
qui démontrent que ces pleurs font pouffées vers le haut avec
une très-grande force. Je vais rapporter ici un abrégé de fes expériences, qui furprendront ceux qui, comme nous, voudront fe
donner la peine de les exécuter de nouveau.

On fera bien, avant de lire le détail de ces procédés, de confulter ce que j'ai rapporté dans le Livre I. Ch. IV. Art. III. de
cet Ouvrage, en parlant de la lymphe, & encore ce que j'ai
déja dit dans mon Traité des Arbres & Arbuftes, à l'occafion
de l'Erable au mot *Acer*.

J'ai dit à l'endroit cité du Livre I. que je m'étois propofé de
tirer le plus qu'il feroit poffible de pleurs de quelques ceps de
Vigne, pendant que j'en laifferois d'autres ne repandre que ce
qu'elles fourniffent naturellement, & je me propofai encore d'arrêter totalement les pleurs de quelques autres ceps, en garniffant
le bout de leur farment coupé avec du maftic, recouvert d'une
peau de veffie mouillée : mais j'avoue que cette derniere tenta-

Pl. III.
tive a été vaine ; & que les pleurs fe firent jour malgré tous ces obftacles.

Le 30 de Mars à trois heures après midi, M. Hales coupa, à fept pouces de la terre, un cep de Vigne qui étoit expofé au couchant ; il ne reftoit fimplement de ce cep que le chicot *c*, Fig. 25. (*fig.* 25.) qui avoit trois quarts de pouces de diametre, & qui dans fa longueur n'avoit ni rameaux, ni plaies ; il adapta avec du maftic, à l'extrêmité de ce chicot, un tuyau de verre de fept pieds de longueur, & d'un quart de pouce de diametre, & y employa encore des collets de cuivre femblables à *g f* ; il ajufta au deffus de ce premier tuyau trois autres tuyaux qui faifoient enfemble vingt-cinq pieds de longueur perpendiculaire.

Comme ce cep ne pleuroit pas encore, il introduifit environ deux pieds de hauteur d'eau dans le tuyau *b f* : cette eau paffa prefque toute entiere dans la plante avant la nuit, pendant laquelle il plut un peu ; de forte qu'il n'en reftoit plus dans le tuyau d'en-bas que trois pouces de hauteur.

Le 31 Mars, pendant la journée, l'eau s'éleva dans le tuyau de fept pouces un quart ; elle continua à s'élever les jours fuivants jufqu'à vingt-un pieds ; & elle fe feroit élevée beaucoup plus haut, s'il ne s'en étoit pas échappé quantité par la jointure *b*. Si cette eau baiffoit quelquefois de deux ou trois pouces, c'étoit toujours immédiatement après le coucher du Soleil. Cette expérience fournit à M. Hales l'occafion de faire les obfervations fuivantes.

1°. Dans le temps des pleurs, la feve s'éleve nuit & jour ; mais plus pendant le jour que pendant la nuit, & d'autant plus, que les jours font plus chauds. La grande élévation des pleurs fe fait donc dans les mêmes circonftances qui font favorables à la tranfpiration ; mais cette fecrétion n'influe pas fur l'élévation des pleurs, puifqu'alors elle eft nulle : on verra même dans la fuite que la tranfpiration nuit à l'écoulement des pleurs.

2°. S'il fait fort chaud, la liqueur s'éleve abondamment dans les tuyaux, & alors il fort avec elle beaucoup de bulles d'air qui forment de la mouffe au deffus de la liqueur.

3°. On fait que l'écoulement de la liqueur de l'Erable, de même que les pleurs de la Vigne, ceffe entiérement fi-tôt que les feuilles fe font développées ; & il eft affez naturel d'en donner pour raifon, que la liqueur des pleurs trouvant à s'échapper par la tranfpiration, elle ne peut s'amaffer en quantité dans les tuyaux ; ainfi, en fuivant ce raifonnement, on diroit : il eft vrai que le premier mouvement de la feve d'où proviennent les pleurs, n'eft point produit par la tranfpiration, puifque le cep dont il s'agit ne tranfpiroit pas ; mais fi-tôt que les feuilles font développées, & que la tranfpiration eft établie, ce mouvement détermine la feve à fe porter dans les organes de la tranfpiration ; & comme le fluide fuperflu fe diffipe par cette voie, il ne s'en éleve plus dans le tuyau : ce raifonnement paroît une conféquence bien naturelle des faits que nous venons de rapporter ; mais voyons s'il pourra quadrer avec l'expérience fuivante.

Le 4 Juillet, faifon où les feuilles font développées, & où il n'y a plus de pleurs, M. Hales adapta un tuyau de fept pouces de longueur à un cep expofé au midi, & qu'il avoit coupé à trois pouces de la fuperficie du terrein : quoique dans cette faifon la Vigne pouffe avec beaucoup de force, quoiqu'on eût retranché tous les organes de la tranfpiration, il ne s'amaffa cependant point de pleurs dans le tuyau ; bien plus, l'ayant rempli d'eau, cette eau paffa dans le cep, à raifon d'un pied dans la premiere heure : il en paffa encore un peu la feconde ; mais à midi le cep n'afpiroit plus.

Il eft vrai que fi l'on eût appliqué le tuyau à un farment garni de fes feuilles, il auroit afpiré beaucoup plus d'eau ; ce qui indique qu'il s'en feroit diffipé par la tranfpiration ; mais pourquoi, dans la faifon où la Vigne pouffe avec le plus de force, un cep dépourvu des organes de la tranfpiration ne fournit-il pas des pleurs comme au printemps ? Il eft bien difficile de donner une raifon fatisfaifante de ce fait.

Si M. Hales n'avoit pas trouvé beaucoup de difficulté à ajufter plufieurs tuyaux les uns au deffus des autres, il auroit été difpenfé d'avoir recours à d'autres moyens que ceux qu'il avoit déja employés ; car, pour connoître toute l'étendue de la force des pleurs, il auroit fuffi d'ajouter toujours en augmentant un nombre fuffifant de tuyaux ; mais les tuyaux ainfi ajuftés bout à bout, rompent trop aifément, & une colonne d'eau de vingt-cinq à trente pieds de hauteur fe fait jour à travers les moindres ouvertures ; M. Hales fe trouva donc obligé d'avoir recours à

Pl. III.
d'autres induftries : il fubftitua à fon tuyau droit la jauge recourbée, dont j'ai déja parlé plufieurs fois : on fe rappellera
que cette jauge eft faite d'un fiphon de verre à double courbure, ainfi que le repréfente la *fig. 26*, en *a c x y z*. On adapte
avec du maftic le bout *a* de cette jauge à une branche telle
que feroit *b*, & tenant le bout *z* dans une fituation perpendiculaire, on verfe du mercure dans le fiphon jufqu'à ce qu'il fe foit
élevé dans la branche *c* au point *x*, tout près de la courbure,
fans qu'il en tombe en *a*. Il eft évident que, quand la liqueur
des pleurs fe fera élevée dans la courbure *a*, elle preffera fur la
furface du mercure, qui fera forcée de baiffer dans la branche *x*, & de s'élever dans la branche *y* : fi l'on fuppofe que le
mercure fe foit élevé vers *z*, de vingt-fept pouces plus haut
que dans la branche *x*, on en pourra conclure que la force qui
aura contraint le mercure à s'élever ainfi, fera égale au poids
d'une colonne d'eau de trente-deux pieds de hauteur : ceci bien
entendu, je vais détailler les expériences de M. Hales.

Le 5 Avril il ajufta la jauge courbe au cep de Vigne *b*, qu'il
avoit coupé à deux pieds neuf pouces de la fuperficie de la terre,
& qui avoit $\frac{7}{8}$ de pouces de groffeur : il avoit plu la veille.

Le 6, à onze heures du matin, le mercure s'étoit élevé dans
la branche *y z* de treize pouces plus haut que dans la branche *x*.
A quatre heures après midi le mercure étoit baiffé de quatre
pouces.

Le 7, il fit du brouillard ; & à huit heures le mercure avoit
très-peu monté ; à onze heures, le brouillard s'étant diffipé, le
mercure s'étoit élevé vers *z* de dix-fept pouces.

Le 10, à fept heures du matin, le mercure étoit à dix-huit
pouces : alors M. Hales ajouta affez de mercure pour qu'il fût
de vingt-trois pouces plus élevé dans la branche *z* que dans la
branche *x*.

Le 11, à fept heures du matin, par un beau Soleil, le mercure
s'étoit élevé à vingt-quatre pouces trois quarts ; & à fept heures
du foir il étoit defcendu de dix-huit pouces.

Le 14, à fept heures du matin, le mercure étoit à vingt pouces un quart ; à neuf heures, beau Soleil, vingt-deux pouces
& demi ; à onze heures il baiffa jufqu'à feize pouces & demie.

Le 16, à fix heures du matin, il plut : le mercure étoit à dix-

neuf pouces & demi; & à quatre heures après midi il defcendit à treize.

Le 17, à onze heures du matin, pluie & chaleur, le mercure
étoit à vingt - quatre pouces & demi; à fept heures du foir,
pluie douce & l'air affez chaud, vingt-neuf pouces & demi:
cette grande élévation proviendroit-elle de ce que la pluie empêchoit qu'il ne fe fît aucune tranfpiration par la tige?

Le 18, à fept heures du matin, le mercure étoit à trente-
deux pouces & demi, il fe feroit même élevé plus haut, s'il y
en avoit eu une plus grande quantité dans la jauge: depuis ce
jour jufqu'au 5 Mai, la force des pleurs diminua par degrés. On
voit donc que la plus grande force des pleurs a élevé le mercure
à trente-deux pouces & demi; ce qui équivaut à une colonne
d'eau qui auroit trente-fix pieds cinq pouces & demi de hauteur.

Une pareille jauge ayant été adaptée à un cep qui portoit
une branche de vingt-fept pieds de longueur, le mercure s'é-
leva à trente-huit pouces: ce qui revient à une colonne d'eau
de quarante-trois pieds trois pouces & demi de hauteur.

Le 4 Avril, M. Hales choifit dans une treille qui étoit attachée à un efpalier expofé au midi, un farment qui avoit depuis
le pied *i*, (Pl. IV. *fig.* 27.) jufqu'à fon extrêmité *u*, cinquante
pieds de longueur; le tronc *i k* avoit huit pieds de longueur;
de *k* jufqu'à *e* un pied dix pouces; de *e* jufqu'à la jauge *a*, fept
pieds; de *e* à *o*, cinq pieds & demie; de *o* à *b*, vingt-deux pieds
neuf pouces; enfin de *o* à *u*, trente-deux pieds neuf pouces.

Pl. IV.
Fig. 27.

Trois jauges *a b c*, furent ajuftées à trois branches différentes;
la jauge *c* étoit beaucoup plus éloignée de la fouche, que la
jauge *b*; & celle-ci plus que la jauge *a*. Il faut obferver, que les
branches qui répondoient aux jauges *a* & *c*, étoient beaucoup
plus jeunes que celle qui répondoit à la jauge *b*.

D'abord le mercure defcendit d'environ neuf pouces dans les
trois jauges; le jour fuivant, le mercure étoit élevé dans la jauge
a de quatorze pouces; dans la jauge *b* de douze pouces; & dans
la jauge *c* de treize.

Pour abréger, je me contenterai de dire que la plus grande
élévation fut, pour la jauge *a*, de vingt-un pouces; & pour les
jauges *b* & *c*, de vingt-fix. Ceux qui voudront voir plufieurs

autres expériences, combinées de différentes façons, pourront consulter la *Statique des Végétaux* ; ainsi nous terminerons cet Article en mettant sous les yeux du Lecteur, les principales observations que fourniffent celles que nous venons de rapporter.

1°. Le mercure baiffoit toujours dans le chaud du jour, à moins qu'il ne tombât de l'eau, ou que l'air ne fût frais ; il s'élevoit le foir, & encore plus le matin, jufqu'à neuf heures : ce n'eft pas là tout-à-fait la marche de la tranfpiration.

2°. Les mouvements étoient plus fenfibles dans la branche *b*, qui étoit la plus vieille, que dans les deux autres ; de forte que vers le 20 Avril, le mercure baiffa de cinq à fix pouces, dans la branche *b* feulement ; & au contraire, le 24, il s'éleva, par un vent pluvieux, de quatre pouces plus haut dans cette branche, que dans les autres ; ce qui prouve que la force qui éleve les pleurs, ne réfide pas exclufivement dans les racines.

3°. Le 29 Avril, le mercure commença à defcendre dans la jauge *a* ; neuf jours après, il defcendit dans la branche *b* ; & quatre jours après dans la branche *c*.

4°. Le 5 Mai, le mercure defcendit d'abord dans la jauge *a*, puis dans la jauge *c* ; enfuite il continua à defcendre dans toutes les trois.

5°. On voit par cette expérience que la force des pleurs fe fait fentir à quarante-quatre pieds trois pouces d'éloignement des racines.

6°. Depuis que ces branches ont été garnies de feuilles, & pendant tout l'été, ces trois branches, bien loin de repouffer le mercure, continuerent à le pomper.

7°. Quand on a dit que le mercure baiffoit fur les dix heures du matin, c'eft lorfqu'il faifoit un beau temps, & que le Soleil étoit chaud ; car s'il faifoit du brouillard, ou s'il pleuvoit, le mercure baiffoit peu à midi, & vers les quatre ou cinq heures, quand le Soleil ne donnoit plus fur la treille, le mercure remontoit.

8°. Dans le temps de la grande force des pleurs, elles s'élevoient nuit & jour, mais toujours plus pendant le jour que pendant la nuit ; & quand l'air étoit chaud, plus que quand il étoit frais, fur-tout à l'égard des farments qui n'avoient pas beaucoup

de

de longueur : cependant la grande chaleur du Soleil fait defcendre les pleurs, fur-tout quand cette émanation n'eft plus dans fa grande force ; car dans le temps de la force des pleurs, fi le mercure baiffoit, ce n'étoit que d'une petite quantité, & toujours vers le coucher du Soleil.

9°. Comme les pleurs defcendoient beaucoup plus dans les tuyaux qui étoient adaptés à de longs farments, que dans ceux qui tenoient à des farments courts, qu'on avoit coupés près de terre, il eft probable qu'il fe faifoit une déperdition de fubftance, ou une tranfpiration à travers l'écorce de ce farment.

C'eft par cette raifon que la liqueur ne s'élevoit jamais plus, que lorfqu'une chaleur modérée étoit accompagnée d'humidité ; circonftance qui n'eft pas favorable à la tranfpiration.

10°. Lorfque les tuyaux étoient ajuftés à un long farment, on obfervoit que, fi par un vent frais, le Soleil fe montroit entre des nuages, la liqueur montoit ; & qu'elle baiffoit lorfque le Soleil étoit caché.

11°. Ces balancements femblent démontrer, que la feve en éprouve à peu près de pareils dans l'intérieur des plantes.

12°. Ayant ajufté des tuyaux à différentes branches d'un cep, qui étoit placé à l'angle faillant d'un mur formé par deux murailles, dont l'une regardoit le fud, & l'autre l'oueft, les balancements fe faifoient à différentes heures dans les branches différemment expofées. En général il fuit des expériences de M. Hales, que les pleurs montoient d'abord le matin dans les ceps expofés à l'eft ; puis dans ceux qui étoient expofés au midi ; enfin, dans ceux du couchant ; & lorfque la liqueur defcendoit, c'étoit dans le même ordre renverfé ; mais ce qu'il y a de fingulier, c'eft que la même chofe arrivoit à differentes branches d'un même cep pofées à différentes expofitions.

13°. Dans le commencement de la faifon des pleurs, la liqueur s'élevoit fi fubitement d'un farment de deux ans coupé à deux pieds de terre, qu'au bout de deux heures, elle fe répandoit par l'extrêmité d'un tuyau qui avoit vingt-cinq pieds de hauteur.

14°. Si, lorfque la feve s'étoit élevée dans un tuyau, on coupoit une autre branche, les pleurs en découloient, & la liqueur baiffoit beaucoup dans le tuyau : ayant ajufté un tuyau à cette branche coupée, il s'y éleva des pleurs ; mais les liqueurs ne

Partie II.   K k

furent jamais à la même élévation dans les deux tuyaux.

15°. Ayant pompé, avec une petite machine pneumatique, l'air d'un tuyau, on vit fortir beaucoup de bulles, & la liqueur baiſſa un peu.

16°. Suivant que l'air eſt froid ou chaud, fec ou humide, les pleurs paroiſſent plutôt ou plus tard ; mais ordinairement elles ſe montrent vers le commencement de Mars.

17°. On renouvelle l'écoulement des pleurs en rafraîchiſſant les plaies.

18°. Un cep auquel on n'a fait aucune plaie, ne pleure point.

Je terminerai ce qui regarde les pleurs de la vigne par une expérience de M. Hales qui y a quelque rapport.

Dans la vue de connoître ſi les ſarments augmentent de groſſeur dans le temps des pleurs, M. Hales ajuſta à un ſarment une eſpece de Micrometre, qui faiſoit appercevoir ſenſiblement des changements qui n'auroïent été que d'un centieme de pouce : il ne remarqua de changements que dans les temps fecs, ou humides ; mais il ne lui en parut aucun, qui pût avoir rapport à l'abondance de la ſeve. Il y a déja long-temps que j'ai fait de pareilles expériences ſur des Noyers : elles m'ont fait connoître que, pendant tout l'hiver, ces arbres augmentent de groſſeur, quand il fait humide ; & que leur diametre diminue, quand cette ſaiſon eſt ſeche. M. Hales conclud de ſes expériences, que la ſeve eſt contenue dans des vaiſſeaux, & que l'humidité de la pluie s'inſinue par tous les pores.

Après avoir rapporté les obſervations qu'on a faites ſur les pleurs de la Vigne, il ne ſera pas inutile de dire quelque choſe de celles qui ont été faites ſur les pleurs de l'Erable.

1°. Ces écoulements font conſidérables par les degels qui ſuivent de grandes gelées.

2°. Lorſque, par un temps de gelée, un arbre étoit vivement frappé par le Soleil, la lymphe couloit du côté du midi, & on ne voyoit rien ſortir du côté du nord : le Soleil étant couché, l'écoulement ceſſoit.

3°. Quand cette liqueur coule, l'écorce eſt adhérente au bois, comme en hiver ; quand cette adhérence ceſſe, l'arbre alors a fait quelques productions, & l'écoulement ceſſe.

4°. Quand les circonſtances font favorables à l'écoulement,

& que l'arbre est vigoureux, la liqueur coule de la grosseur d'un tuyau de plume, & elle remplit une pinte, mesure de Paris, dans l'espace d'un quart-d'heure.

5°. Si l'on fait deux incisions à un arbre, l'une au haut, & l'autre au bas; celle-ci donne plus de liqueur que l'autre : cette observation ne s'accorde pas avec celle de M. Perrault.

6°. On n'a point encore remarqué que l'extraction de cette liqueur puisse fatiguer les arbres.

Ces observations quadrent fort bien avec celles qui ont été faites sur la Vigne, & qui sont rapportées ci-dessus dans le Livre premier.

Par ce qui vient d'être dit, on voit que la seve s'éleve avec beaucoup de force, & qu'elle s'éleve dans les circonstances où la transpiration ne peut point avoir lieu, non-seulement à cause que les arbres sont alors dépourvus de leurs feuilles, qui sont les organes de cette transpiration, mais encore, parce que les circonstances qui sont les plus favorables à la transpiration, ne le sont pas toujours à l'élévation des pleurs : bien plus, on voit que quand la transpiration s'opere sur les tiges, les pleurs s'élevent en moindre quantité, & avec moins de force; de sorte que quand les plantes sont garnies de leurs feuilles, les pleurs cessent entiérement. Je veux bien accorder que l'évacuation de la transpiration diminuant le volume de la seve, elle empêche l'évacuation qui se fait par les pleurs; mais aussi, on sera obligé de convenir, que le grand mouvement de la seve qui occasionne les pleurs, n'est point produit par la transpiration.

J'ai peine à convenir avec Perrault & M. Gautier, que les pleurs viennent toutes du haut de l'arbre. On a dû voir dans le premier Livre de cet Ouvrage, des expériences qui prouvent que les racines en fournissent une partie; mais j'exhorte encore les Physiciens à faire de nouveaux efforts pour parvenir à connoître si les pleurs qui montent, & celles qui descendent, sont contenues dans différents vaisseaux, & si ces deux liqueurs sont de même nature, ou si elles different en quelque chose. Ces connoissances pourront jetter de grandes lumieres sur le mouvement de la seve; mais en attendant les éclaircissements qu'on a lieu d'espérer des recherches continuelles des Physiciens, nous allons examiner le mouvement de la seve dans les différentes saisons de l'année.

ART. V. *Du mouvement de la Seve, confidéré relativement aux différentes faifons de l'année.*

ON VIENT de voir dans l'Article précédent que la feve fe met dans un grand mouvement immédiatement après que les gelées de l'hiver font paffées, & avant que les arbres ayent commencé à pouffer. Qui pourroit imaginer, fi cela n'étoit prouvé par un nombre infini d'expériences, qu'en Canada où les gelées font bien plus fortes qu'en France, la feve eft tellement animée par les premiers dégels, que quoiqu'il ne dégele que durant une partie de la journée, cependant la liqueur de l'Erable coule, & que quand le dégel eft confidérable, elle découle alors en fi grande abondance, qu'elle file gros comme un tuyau de plume? la gelée qui furvient arrête cet écoulement ; mais il recommence auffi tôt que l'air s'adoucit : une circonftance encore bien finguliere, c'eft qu'un côté de cet arbre, celui qui eft expofé au Soleil, fournit de la liqueur, pendant que l'autre qui regarde le nord, n'en donne pas une goutte.

Dans notre climat, qui eft plus tempéré, la Vigne offre des obfervations auffi fingulieres. Peut-on ne pas être furpris de voir les pleurs de la Vigne s'élever à plus de quarante pieds de hauteur dans un tuyau de verre pofé verticalement, & cela dans une faifon où la Vigne n'a encore fait aucunes productions ; c'eft-à-dire, immédiatement à la fortie de l'hiver? Quoique ces obfervations offrent aux Phyficiens un vafte champ de réflexions, nous nous bornerons dans cet Article à en conclure, que la feve entre en mouvement dès le commencement du printemps ; que bien-tôt enfuite le développement des feuilles, des fleurs, & des bourgeons, prouve que la feve eft en action ; & qu'enfin les obfervations qu'on peut faire fur la tranfpiration des plantes, rendent ce mouvement très-fenfible.

Les grandes chaleurs de l'été font moins favorables à leur végétation, peut-être parce que la trop grande tranfpiration les épuife, peut-être auffi parce que la terre defféchée fournit trop peu de fubftance aux végétaux qui font dans cet état d'épuifement ; & quelle qu'en foit la caufe, il eft certain que les arbres font ordinairement peu de nouvelles productions depuis la mi-

Juin jufqu'à la moitié du mois d'Août ; mais ce temps venu, il
femble que le mouvement de la feve fe ranime : on voit l'écorce
qui, pendant les mois précédents, avoit été adhérente au bois,
s'en féparer auffi aifément qu'au printemps ; les bourgeons qui
avoient ceffé de s'étendre, faire des productions ; plufieurs arbuftes qui avoient produit des fleurs au printemps, en fournir à
cette feconde feve ; en un mot, il femble que la végétation qui
avoit été languiffante pendant les chaleurs de l'été, prenne aux
approches de l'automne une vigueur prefque femblable à celle
du printemps.

Les fraîcheurs & les gelées de l'automne paroiffent arrêter le
mouvement de la feve ; les arbres non-feulement ne font plus
aucunes productions, mais encore ils perdent leurs feuilles, &
femblent être dans un état de mort pendant la faifon de l'hiver :
je ne tarderai cependant pas à prouver que le mouvement de la
feve fubfifte dans cette même faifon ; mais je crois devoir avant
cela rapporter une obfervation dont on peut faire quelques applications utiles.

Voyant en automne que des Noyers ne pouffoient plus, & que
leurs jeunes branches étoient terminées par des boutons bien
formés, je mefurai la circonférence de leur tronc avec un fil de
laiton menu, & bien recuit : après avoir préfenté en plufieurs
temps différents cette mefure au même point des tiges de ces arbres, je trouvai qu'ils avoient augmenté en groffeur. Comme j'é-
tois prévenu que les métaux s'allongent par la chaleur, & qu'ils
fe raccourciffent par le froid, j'avois eu la précaution de marquer fur une planche la longueur précife de mes fils de laiton, &
ces marques me fervoient d'un étalon fur lequel je préfentois
mes fils toutes les fois que j'en faifois ufage pour mefurer les
Noyers, dont j'ai parlé : il me parut que ces arbres continuoient
à augmenter de groffeur quelque temps après qu'ils avoient
ceffé de s'étendre en longueur. Si je ne me fuis point trompé
dans cette expérience, elle ferviroit d'explication au fait fuivant, qui eft connu de tous les Jardiniers.

Quand la feve de l'automne dure long-temps, & qu'il furvient
des gelées qui l'arrêtent fubitement ; les Jardiniers difent que
les bourgeons ne font point *aoûtés*, * ils entendent par-là que

* Je crois que le terme *aoûté*, veut dire : perfectionné par la feve d'Août.

leur bois n'étant pas affez mûr, il eft expofé à être endomagé par les gelées. Or fi ces bourgeons augmentent de groffeur, comme mon expérience donne lieu de le penfer, il faut qu'il fe forme alors des couches ligneufes qui augmentent l'épaiffeur du corps ligneux, & qu'en même temps les anciennes couches ligneufes deviennent plus folides, ce qui fera que les rameaux feront plus en état de fupporter les rigueurs de l'hiver.

Cette digreffion m'a écarté de mon fujet ; j'y reviens, & je vais prouver que le mouvement de la feve, quoique beaucoup diminué pendant l'hiver, n'eft cependant point interrompu.

J'en tire la preuve des obfervations que j'ai rapportées fur les boutons : on y a vu que les fleurs fe forment peu à peu dans leur intérieur, & qu'elles fe difpofent pendant l'hiver à paroître au printemps : donc la végétation continue, malgré la rigueur de la faifon.

M. Hales, après avoir coupé des branches de Noifettier, de Vigne, de Jafmin, de Filaria, de Laurier-cerife, celles-ci char-gées de leurs feuilles, recouvrit auffi-tôt la coupe de l'extrêmité de ces branches avec du maftic, & il pefa enfuite avec exacti-tude chacune de ces branches.

En quatre jours de temps humide, & en quatre jours de temps chaud, les branches de Noifettier perdirent un onzieme de leur poids les ; branches de Vigne un vingt-quatrieme ; celles de Jafmin un fixieme ; celles de Filaria, & celles de Laurier-cerife perdirent un quart en cinq jours : voici ce que l'on peut conclure de ces faits.

1°. Que cette diffipation de feve auroit été réparée, fi ces branches n'euffent point été féparées de leur tronc.

2°. Que les branches de Filaria, & celles du Laurier-cerife, dont on avoit confervé les feuilles, ont plus perdu que les bran-ches qui en avoient été dépouillées.

3°. Qu'il eft démontré qu'il monte beaucoup moins de feve en hiver que dans les autres faifons ; & que c'eft probablement pour cela qu'une branche de Chêne-verd greffée fur le Chêne commun, conferve fes feuilles pendant l'hiver, ainfi que le Lau-rier-cerife greffé fur le Merifier ; il faut cependant avouer que ces greffes n'ont pas fubfifté long-temps, & peut-être leur durée feroit-elle plus longue dans certains terreins ; mais il fuffit qu'elles ayent subsisté pendant un hiver, pour prouver qu'il faut nécessairement qu'il monte un peu de seve dans le Chêne & dans le Merisier pour faire subsister leurs branches qui ne quittent point leurs feuilles : il est vrai que ces arbres toujours verds transpirent fort peu, sur-tout en hiver; mais enfin, il est prouvé qu'ils transpirent, & par conséquent ils ont besoin de recevoir de la nourriture pour se soutenir & se réparer. *

4°. On doit enfin conclure de ce que nous venons de dire, qu'il faut tenir dans de la mousse fraîche les arbres qu'on arrache dans l'hiver, & de même, les greffes, lorsqu'on est obligé de les transporter un peu loin, afin d'empêcher la dissipation de la seve, dont nous venons, ce me semble, d'établir assez bien la réalité.

5°. Comme il y a des Jardiniers qui pensent que l'automne est la véritable saison de planter les arbres, & que d'autres préferent de les planter au printemps, je me suis proposé de connoître, si les arbres plantés en automne faisoient quelques productions en terre pendant l'hiver.

Dans cette vue je plantai en automne une douzaine de jeunes arbres, auxquels je n'avois conservé que les grosses racines; & pour voir s'il s'en étoit pu former de nouvelles, j'en arrachois un tous les quinze jours, avec les précautions nécessaires pour ne point rompre les racines nouvellement formées : je reconnus que tant qu'il ne geloit pas, il se développoit de nouvelles racines : cela prouve encore que le mouvement de la seve n'est point entièrement interrompu pendant cette saison, & qu'il y a un grand avantage à planter les arbres en automne, sur-tout quand les hivers sont doux, & que ce ne sont point des arbres tendres à la gelée; car je ferai voir dans la suite de cet Ouvrage qu'on s'exposeroit à perdre ceux de cette espece.

Résumons de tout ceci, que la seve est en mouvement dans toutes les saisons, excepté probablement pendant les gelées; mais qu'il y a des saisons où ce mouvement est bien plus grand que dans d'autres; & encore, que dans les saisons mêmes de la plus grande végétation, il se rencontre des circonstances qui lui deviennent singulièrement favorables, d'autres qui lui sont contraires, & que selon ces différentes circonstances, le mou-

* On peut sur tout cela consulter les expériences de M. Fairchild, dans le Dictionnaire de M. Miller.

vement de la feve fe ralentit ou fe ranime : c'eſt ce qu'on va voir dans l'Article ſuivant.

ART. VI. *Des cauſes phyſiques qui influent ſur la végétation.*

ON CONNOIT dans les animaux le principe du mouvement de leur ſang : on ſait que le cœur eſt un muſcle très-puiſſant, qui faiſant l'effet d'une pompe, chaſſe le ſang vers les extrêmités; cependant la cauſe du mouvement muſculaire n'eſt pas encore bien connue: & c'eſt malheureuſement le ſort de ceux qui ſe livrent aux recherches phyſiques de s'engager dans un laby-rinthe dont, à force de travaux, ils parviennent à découvrir quelques routes , mais dont la plupart des détours leur reſtent inconnus.

La cauſe du mouvement de la feve eſt encore moins connue que celle du ſang : nous avons prouvé par des faits, que les liqueurs ſont fortement attirées par les racines & par les bran-ches; que la feve eſt portée à la cime des arbres par une force ex-preſſe qui conſtitue leur vie; qu'une partie de cette feve ſe diſſipe par la tranſpiration; mais tout ce que nous avons dit ſur ce prin-cipe de vie , ſur la cauſe qui détermine la feve à s'élever , ne doit être regardé que comme de ſimples conjectures. Dans les animaux, nous avons au moins la connoiſſance d'un premier moteur : dans les végétaux, nous n'appercevons rien qui en tienne lieu. Le deſir de parvenir à cette découverte a depuis long-temps excité les Phyſiciens à chercher s'il pouvoit y avoir quelque cauſe extérieure du mouvement de la feve. J'ai déja dit que quelques Auteurs s'étoient flattés de l'avoir trou-vée dans les différentes altérations de l'air ; mais je crois qu'il eſt prudent de ne ſe pas livrer avec trop de confiance à de pa-reilles conjectures; & ſi je me détermine à préſenter ici à mes Lecteurs le détail de ces opinions, j'aurai ſoin en même-temps d'avertir du degré de confiance qu'elles méritent : c'eſt avec cette réſerve que je vais déduire les cauſes qui ſemblent influer ſur la végétation.

Il n'eſt pas douteux que la chaleur de l'air ne ſoit très-propre à exciter le mouvement de la feve ; & qu'au contraire le froid

de

de l'hiver ne rallentiſſe ſi fort la végétation, que le mouvement des liqueurs paroît être alors tellement ſuſpendu qu'il faut
toute l'induſtrie des Phyſiciens pour faire appercevoir les productions que les plantes font en cette ſaiſon, où les arbres ſemblent morts à ceux qui ne les examinent pas avec aſſez d'attention. Pour prouver que cette langueur des végétaux dépend
principalement de la privation de la chaleur, il ſuffit de faire attention que dans cette ſaiſon ſi contraire à la végétation, on force
cependant les arbres à faire des productions pareilles à celles du
printemps, en procurant par art une chaleur ſuffiſante à l'air qui
environne leurs tiges & leurs racines : c'eſt ainſi que les couches
de tan & de fumier excitent très-puiſſamment la végétation : les
fourneaux & les poëles avec leſquels on entretient dans les ſerres
chaudes, 18, 20, 25 degrés de chaleur, font pouſſer la Vigne,
les Pêchers, les Pruniers & les Ceriſiers; de ſorte qu'au milieu
de l'hiver on voit d'abord ces arbres garnis d'une belle verdure,
puis chargés de fleurs, & enfin de jeunes fruits qui ſont déja parvenus à leur maturité, dans le temps que ceux qui ſont en plein
air ne ſont encore que paroître. Ces merveilles, ſe voyent
tous les ans à Trianon; chez M. le Maréchal de Belleiſle;
dans les beaux Jardins de MM. du Vernai & de Montmar-
tel, & dans pluſieurs autres Jardins d'une moindre étendue.

Ceux qui pour leur plaiſir élevent, pendant l'hiver, des Jacinthes & des Narciſſes, dans des caraffes remplies d'eau, peuvent
avoir remarqué que les fleurs ſe montrent bien plutôt dans les
chambres toujours habitées, & où le feu n'éteint point, ou dans
les cabinets échauffés par un poële, que dans les chambres où
l'on ne fait du feu que de fois à autres.

J'avoue néanmoins qu'il ne ſuffit pas de tenir les plantes
dans un air ſuffiſamment échauffé pour qu'elles végetent parfaitement; elles ont encore beſoin de l'action immédiate du
Soleil. Semez ſur une couche du pourpier, ou de la laitue;
couvrez ces plantes d'une cloche de verre; il eſt prouvé qu'elles
y réuſſiront très-bien; mais ſi au lieu d'une cloche de verre, on
les couvre avec un pot de terre, ces mêmes plantes, quoiqu'elles ſoient auſſi échauffées par leurs racines & par leurs tiges
que ſous une cloche, ne s'éleveront alors qu'en filaments déliés, terminés par de petites feuilles, & elles ne pourront ſub-

Partie II. L l

fister long-temps. M. Bonnet a fait quantité d'expériences qui prouvent admirablement bien le falutaire effet de la chaleur & de la lumiere du Soleil fur les plantes.*

Ce Phyficien fit à un des côtés d'une caiffe quarrée une ouverture fermée d'une vitre. Soit qu'on tournât cette vitre du côté du midi, ou du côté du nord, les tiges des plantes qui étoient recouvertes de cette caiffe, s'inclinoient conftamment du côté de la vitre, ou, ce qui revient au même, du côté de la lumiere : preuve bien évidente de la force de fon action.

D'autres fois, ayant fait faire des caiffes dont trois des côtés étoient clos avec du bois de deux pouces d'épaiffeur, & le quatrieme étoit fermé avec des panneaux qui n'avoient que trois à quatre lignes d'épaiffeur, toutes les tiges qui y étoient renfermées, fe tournoient vers le côté le plus mince, parce qu'il étoit plus aifément traverfé par la chaleur du Soleil : cette expérience prouve l'action du Soleil fur les plantes indépendamment de fa lumiere ; mais ce qui paroît bien plus fingulier, c'est que M. Bonnet ayant mis dans des poudriers remplis d'eau, des pieds de Mercurielle, dans une fituation renverfée, & ayant plongé ces poudriers dans l'eau d'une fontaine, & immédiatement fous le bouillon de l'eau de la fource, les branches de cette plante fe recourberent du côté où le Soleil frappoit fur le baffin : ce fait eft d'autant plus fingulier, que l'eau qui couloit continuellement fe trouvant jointe à la fubmerfion totale de ces plantes fembloit devoir beaucoup affoiblir, ou plutôt anéantir totalement la chaleur du Soleil : donc, dans ce cas, il ne pouvoit agir que par fa feule lumiere.

On peut joindre à ces expériences celles qui font déja rapportées dans l'Article des plantes étiolées ; mais il eft conftant, qu'un certain degré de chaleur eft abfolument néceffaire à la végétation ; & que la lumiere du Soleil y eft auffi très-favorable.

Si l'on fe donne la peine de confulter les Obfervations Botanico-Météorologiques, que nous faifons imprimer tous les ans dans les Mémoires de l'Académie des Sciences, on verra que, fuivant la difpofition de la température de l'air, les productions de la terre font ou avancées ou beaucoup retardées : donnons-en

* Voyez l'abregé que nous en avons donné dans le Livre IV, page 156.

quelques exemples ; & pour cela arrêtons-nous d'abord à examiner quelqu'une des fleurs les plus printanieres ; par exemple, le petit Ellébore noir à feuilles de Renoncule, dont la racine forme un tubercule.

En 1741, cette fleur parut le 13 Février ; en 1742, le 12 Février ; en 1744, le 11 Mars ; en 1745, le 10 Février ; en 1747, à la fin de Janvier ; en 1748, les premiers jours de Février ; en 1749, le 17 Janvier ; en 1750, le 4 Février ; en 1751, le 14 Mars. Voilà sur cette même plante très-printaniere une différence de près de deux mois.

Pour donner un autre exemple, je choisis les fleurs de l'Abricotier. En 1741, elles s'ouvrirent le 20 Mars ; en 1742, le 10 Avril ; en 1744, le 18 Avril ; en 1745, le 20 Mars ; en 1746, le 28 Mars ; en 1747, dès le 20 Février ; en 1748, les premiers jours d'Avril ; en 1749, le 15 Mars ; en 1750, au commencement de Mars ; en 1751, au commencement d'Avril. La plus grande différence se trouve être encore de près de deux mois.

Pour voir si la même différence se trouve dans la maturité des fruits, je choisis la fraise.

En 1744, on servit des fraises venues en pleine terre, le 8 Juin ; en 1745, les premiers jours de Juin ; en 1746, le premier Juin ; en 1748, le 17 Juin ; en 1749, le 19 Mai ; en 1750, le 23 Mai ; en 1751, les premiers jours de Juin. La plus grande différence est d'environ quatre semaines. Il se trouve quelquefois six semaines de différence entre les vendanges les plus hâtives, & celles qui sont les plus tardives.

Si l'on se donne la peine de comparer avec attention sur les mêmes Journaux, la température de l'air de ces différentes années, on reconnoîtra que rien n'est plus favorable à la végétation, que la chaleur accompagnée d'humidité : je me contenterai d'en présenter un exemple.

En 1751, l'air étoit si tempéré dans le mois de Janvier, que depuis le quatorze jusqu'à la fin, le Thermometre fut presque toujours le matin à cinq degrés au dessus de zéro : en Février, depuis le premier jusqu'au 10, il fut presque tous les matins à 8 degrés au dessus de 0 ; le vent constamment au sud ; le ciel presque toujours couvert, & il plut assez abondamment le 5 & le 7 : depuis le 11 jusqu'au 27, le Thermometre ne descendit pas au-delà de 5 degrés au deſſus de o, & il étoit quelquefois à 10 degrés au deſſus, de ſorte qu'à midi il faiſoit chaud: pendant ce temps-là, le vent varioit du ſud à l'oueſt, & il tomboit de l'eau preſque tous les jours : quelques chutes de neige rafraîchirent un peu l'air ; néanmoins le Thermometre fut toujours au deſſus de o : ce mois étoit fort humide, parce que les petites pluies étoient très-fréquentes ; la température de l'air étoit bien chaude, puiſque par un temps couvert, on vit l'après-midi le Thermometre à 15 degrés au deſſus de o.

Cette chaleur jointe à l'humidité excita la végétation d'une façon ſurprenante, puiſque le 4, les boutons de l'Épine-blanche commençoient à s'ouvrir ; le 12, on trouvoit des fleurs de violette ; le 14, les Groſeillers-épineux étoient tous verds ; le 15, il y avoit des fleurs d'Epine-blanche d'épanouïes ; & le 20, quelques fleurs d'Abricotiers s'ouvrirent ; le 26, on appercevoit quelques fleurs de Pêchers ; en voyant toutes ces productions on ſe croyoit au commencement d'Avril. Suivons notre obſervation, & voyons ce qui arriva pendant le mois de Mars : le vent ſe porta au nord, l'air ſe refroidit, le Thermometre deſcendit quelquefois à 3 degrés au deſſous de o ; il tomboit fréquemment un peu de neige, mais non en aſſez grande quantité pour pouvoir humeĉter la terre, dont la ſuperficie étoit alors en pouſſiere. La végétation fut tellement arrêtée, que toutes les productions de la terre reſterent dans le même état qu'au commencement du mois ; & quoique dans le mois d'Avril, le temps ſe fût un peu adouci, & qu'il plût de temps en temps, les Ceriſiers & les Pruniers ne furent en pleine fleur que le 14 ; & cependant, comme nous l'avons dit, les boutons de ces arbres étoient déja à la fin de Février fort gros, & prêts à s'épanouir. Le mois de Mai ayant encore été frais, & aſſez ſec, la végétation fût tellement ſuſpendue, que les productions de la terre qui étoient extrêmement avancées à la fin de Février, étoient à la fin de Mai plus tardives que dans les années communes : il ſemble que quand la végétation a été une fois ſuſpendue par quelque circonſtance qui en dérange le cours, il lui faille un certain eſpace de temps pour ſe ranimer. Quoi qu'il en ſoit, les obſervations que je viens de rapporter prouvent très-bien, que la chaleur & l'humidité ſont très-favorables à la

végétation , & que la fraîcheur & la fécherefſe y ſont très-con-
traires : je dis la fraîcheur, parce qu'il n'y avoit point eu réellement de fortes gelées pendant les mois de Mars & d'Avril de
cette année.

En parcourant nos Journaux Météorologiques, on verra encore que la végétation languit dans les temps d'humidité : ſi
alors la chaleur manque, tout pourrit ; comme tout ſe deffeche, lorſque des chaleurs trop vives ſe joignent à une grande
fécherefſe. J'ai encore remarqué que les plantes ſupportent
aſſez long-temps la fécherefſe, quand le vent eſt au nord &
frais ; & qu'elles ſouffrent beaucoup, ſi la terre étant ſeche, le
vent tourne à l'eſt : c'eſt que les racines ne pouvant alors ſuffire
à la grande déperdition qui ſe fait par la tranſpiration, les plantes
ſe fanent & ſe deffechent.

Il eſt certain que quand les plantes pouſſent avec force, leur
tranſpiration eſt d'autant plus grande ; mais il n'en faut pas conclure que toutes les fois que les circonſtances ſont très-favorables à la tranſpiration, elles le ſoient également à la végétation :
on vient de voir le contraire ; & c'eſt ce qui fait que dans les
années ſeches & chaudes, les arbres plantés à l'expoſition du
nord ſe portent mieux que ceux qui ſont plantés au midi : j'avoue
qu'indépendamment de la tranſpiration, la roſée ſubſiſtant plus
long-temps au nord qu'au midi, les plantes altérées en peuvent
recevoir quelque ſecours par l'imbibition de leurs feuilles.

Mais les circonſtances qui me paroiſſent les plus favorables à
la végétation, ſont quand, après une pluie aſſez abondante, il
ſurvient un temps couvert accompagné d'un air chaud & diſpoſé à l'orage ; en un mot, de cette diſpoſition de l'air qu'on
appelle communément lourd, peſant, parce qu'alors on a peine
à ſupporter le travail.

Dans une pareille circonſtance où les vapeurs s'élevoient en
ſi grande abondance, que la terre paroiſſoit fumer, je m'aviſai
de meſurer un brin de froment épié, & je trouvai qu'en trois
fois vingt-quatre heures il s'étoit allongé de plus de 3 pouces :
dans le même-temps, un brin de ſeigle s'allongea de 6 pouces,
& un ſarment de Vigne de près de deux pieds. Dans cette circonſtance, toute la terre pouvoit être comparée aux couches
chaudes, dont il s'échappe pareillement beaucoup de vapeurs.

J'ai rapporté, en parlant des plantes qui végetent dans l'eau, un fait qui paroît dépendre de ces mêmes principes : j'ai dit que, quand les plantes étoient posées sur des vases applatis, & qui présentoient beaucoup de surface à l'air, elles y végétoient sensiblement mieux, que quand la masse d'eau étoit fort grande : il est naturel d'en attribuer la cause à ce que l'eau s'échauffoit plus dans des vases qui avoient beaucoup de surface, que dans les autres.

Toutes les observations que je viens de rapporter prouvent, ce me semble, très-bien que la chaleur jointe à l'humidité est très-favorable à la végétation ; néanmoins la réunion de ces deux principes ne suffit pas encore ; car lorsque dans les étés chauds & secs, on arrose les plantes des potagers, on empêche à la vérité qu'elles ne meurent, on les met même en état de faire quelques progrès ; mais elles ne végétent jamais avec autant de force que quand elles reçoivent l'humidité des pluies : bien plus, j'ai apperçu très-sensiblement, que les arrosements étoient bien plus avantageux aux plantes quand on les faisoit lorsque le temps étoit disposé à l'orage, que quand il étoit beau & serain : ainsi l'on peut dire, que les grandes chaleurs & les longues sécheresses sont préjudiciables à la plupart des plantes, & qu'elles profitent plus en huit jours de temps couvert, & accompagné de pluies douces, que pendant un mois de sécheresse, & nonobstant le soin que l'on a de les arroser.

Quand on connoît la prodigieuse transpiration des plantes, on conçoit qu'il est nécessaire qu'un nouvel aliment soit continuellement aspiré par les racines, & que ce secours passe dans les vaisseaux des plantes pour remplacer ce qui se dissipe par cette évacuation, & entretenir l'équilibre, ou plutôt l'action réciproque des fluides contre les solides, & des solides contre les fluides.

De quelque nature que soit la seve, je crois avoir assez amplement prouvé que l'eau en fait au moins la plus considérable partie ; il n'en faut pas davantage pour établir la nécessité des pluies & des rosées. En effet, à peine ce secours leur est-il retranché qu'elles se fanent ; c'est-à-dire, que leurs vaisseaux restant vuides, & n'étant plus soutenus par les liqueurs, s'affaissent sur eux-mêmes, & se collent les uns contre les autres ; enfin ils se dessechent, & la plante périt. Rien ne semble plus naturel que cette explication ; aussi je ne prétends pas, quoique je la regarde comme insuffisante, contester la nécessité des fluides pour la végétation ; mais je veux faire voir que le défaut d'un fluide quelconque, ne doit point être regardé comme la seule cause de l'oisiveté de la végétation, lorsque le temps est au beau ; & que ce n'est point à ce fluide seul qu'on doit attribuer la force avec laquelle les plantes poussent plus vigoureusement dans les jours où le ciel est couvert, l'air changeant & orageux, que dans ceux où les jours sont secs & sereins ; c'est ce que je vais établir par une observation singuliere que j'ai faite sur les plantes aquatiques.

J'ai plusieurs fois remarqué, & avec étonnement, que les changements de temps produisent des effets sensibles sur le Nénuphar, le Volant d'eau, le Cresson de fontaine, &c. qui ont leurs racines, & presque toutes leurs tiges plongées dans l'eau, de sorte que lorsqu'on a fauché une marre, un étang, une riviere, s'il faut quinze jours aux plantes qui y renaissent pour gagner la superficie de l'eau par un temps pluvieux, il leur faudra plus d'un mois lorsque le temps est à la sécheresse : comment arrive-t-il que les pluies leur soient presque aussi utiles qu'aux plantes terrestres ?

L'eau si nécessaire à tous les végétaux ne manque point aux plantes aquatiques, puisqu'elles en sont quelquefois recouvertes de deux à trois pieds. On peut joindre à cela l'observation que nous avons rapportée plus haut, savoir, que par un beau temps, les arrosements, quelque abondants qu'ils soient, & quelque eau qu'on y employe, ne produisent pas à beaucoup près d'aussi bons effets qu'une pluie douce, ou une simple rosée.

J'ai dit ci-dessus qu'il est indifférent de quelle eau l'on se serve pour les arrosements, cependant il est prouvé que l'eau de mare produit de bien meilleurs effets, que celle qui est tirée nouvel-lement d'un puits. J'ai apperçu que mes Orangers dépérissoient, sans que l'on pût en attribuer d'autre cause qu'à l'eau dont on les arrosoit, & qui étoit toujours nouvellement tirée d'un puits très-profond : ils ne tarderent pas à se rétablir dès qu'on eut pris le parti de ne les arroser de cette même eau qu'après l'avoir laissé séjourner plusieurs jours dans un réservoir exposé à l'air : l'eau de mare auroit encore été préférable à celle-là.

J'ai ajouté que les plantes, quoique suffisamment arrosées, faisoient cependant peu de progrès, tant que le temps étoit beau & fixe, par la raison que ces arrosements font des effets merveilleux, lorsque la disposition de l'air semble annoncer de la pluie, & sur-tout de l'orage : ce n'est pas assurément la disette du fluide qui fait que les plantes tirent moins de secours des arrosements que des pluies, puisqu'un arrosement, quelque médiocre qu'il soit, fournit plus d'eau à leurs racines, qu'une pluie un peu considérable : on ne peut pas non plus attribuer cette différence à une vertu particuliere de l'eau de pluie, puisqu'on peut faire les arrosements avec de l'eau de mare ou d'étang, laquelle le plus souvent n'est que de l'eau de pluie ; mais c'est plutôt, comme je viens de le faire remarquer, qu'une même eau produit des effets très-différents, selon qu'elle est employée dans un temps serein ou couvert. Je reviens aux plantes aquatiques.

Si l'on prétend attribuer le prompt accroissement des plantes dans les temps pluvieux, à la souplesse & à la flexibilité que l'humidité donne aux fibres des plantes terrestres, cette souplesse doit assurément être bien plus considérable dans les plantes aquatiques qui sont continuellement humectées.

Si d'un autre côté on veut que l'eau qui tombe sur les feuilles des plantes terrestres diminue leur transpiration, & qu'ainsi cette portion de la seve qui se seroit échappée, se tourne au profit de la plante humectée à l'extérieur, parce que dans ce cas, au lieu de perdre de sa substance par la transpiration, elle peut se nourrir par imbibition, certainement les plantes aquatiques sont bien à portée de profiter de ces avantages sans le secours des pluies ; & c'est peut-être pour ces raisons que les plantes aquatiques croissent plus promptement que les plantes terrestres, les premieres n'étant pas dans le cas de trop transpirer, & nageant dans un fluide qui doit entretenir leurs fibres dans une souplesse qui ne peut qu'être avantageuse à leur accroissement, & qui contribue dans plusieurs circonstances à la vigueur de celles qui sont à l'exposition du nord. D'ailleurs, s'il n'étoit question que d'expliquer pourquoi les plantes aquatiques croissent plus vîte que les plantes terrestres, je ferois remarquer que les plantes

aquatiques

aquatiques étant plus légeres que l'eau dans laquelle elles nagent, elles sont dans le cas de recevoir l'effet d'une force qui agit continuellement pour favoriser leur accroissement, pendant que les plantes terrestres en ont une toute opposée à vaincre, qui est leur pesanteur; mais il restera toujours à savoir, pourquoi les plantes aquatiques profitent plus promptement dans les temps de pluie & d'orages, que dans ceux de sécheresse.

En cherchant l'explication de ce fait singulier, il me vint dans la pensée que le changement du niveau des eaux pouvoit en produire sur l'accroissement des plantes, & que quelque cause physique pourroit faire qu'une plante qui seroit recouverte de trois à quatre pieds d'eau, seroit dans le cas de croître plus vîte qu'une qui ne le seroit que d'un pied, ou de dix-huit pouces : & si cela étoit, l'élévation du niveau des eaux, étant plus grande dans les temps de pluie que dans ceux de sécheresse, il s'en devoit suivre l'explication du fait dont il s'agit : mais d'abord on remarque, dans les grandes rivieres, qu'elles sont assez nettes d'herbes quand les eaux sont grosses : apparemment que la rapidité du courant est plus contraire qu'utile à la végétation des plantes aquatiques, & mon observation ayant été principalement faite dans un bras de riviere où les eaux sont toujours au même niveau, & la rapidité du courant à peu près la même dans les plus grandes sécheresses, comme lorsque les pluies sont abondantes, il s'ensuit qu'il faut avoir recours à une autre cause.

En faisant ces observations je remarquai, comme je l'ai déja dit, cette différence entre les plantes terrestres & les plantes aquatiques, que celles-ci demeurent à la vérité pendant les sécheresses dans une espece d'engourdissement, mais qu'elles ne se fanent & ne périssent pas comme les terrestres. Cette réflexion me donna lieu de soupçonner qu'il pouvoit y avoir cette différence entre ces deux sortes de plantes, que les plantes terrestres avoient à portée de leurs racines une abondance de toutes les parties intégrantes de la seve, mais qu'elles manquoient d'eau pour les dissoudre, pendant que les autres pourvues de quantité d'eau manquoient à leur tour des parties nourricieres; d'où l'on pouvoit conclure que l'eau des pluies secouroit d'une maniere différente ces deux sortes de plantes; les terrestres, en

Partie II. Mm

mettant en diffolution les fucs qu'elles avoient à portée de leurs
racines ; & les aquatiques en leur amenant les fucs nourriciers
qu'elles avoient diffous dans les plaines. Quoiqu'il foit probable que ces caufes influent en quelque forte fur le fait qu'il eft
queftion d'expliquer, on ne peut cependant pas les regarder
comme caufes abfolument principales ; car, en premier lieu, la
petite quantité d'eau qui coule de la campagne dans le lit de la
riviere que j'obfervois, eft bien peu de chofe comparée à l'eau
de fource qui coule perpétuellement dans cette même riviere ;
elle ne mérite donc d'attention qu'à l'égard des mares & des
étangs, où en général les plantes font ordinairement plus vigoureufes que dans les eaux courantes : fecondement on a vu
que les plantes végetent très-bien dans de la mouffe humide,
& même dans de l'eau pure ; enfin, on remarque que ce ne font
pas tant les grandes pluies qui font beaucoup croître les plantes, que les rofées, les petites pluies chaudes, les temps couverts
& difpofés à l'orage. Puifque ces différentes obfervations ne
portent point un jour fuffifant fur le fait dont il s'agit, qu'il me
foit permis de faire une petite digreffion pour préfenter en
abrégé quelques idées fur la formation & le mouvement de la
feve ; mouvement que je confidere comme la caufe d'où dépend
principalement le prompt accroiffement des plantes.

On a vu que la condenfation & la raréfaction fucceffive de
l'air & des liqueurs peuvent, avec vraifemblance, être regardées
comme une des principales caufes de la première préparation
de la fève dans la terre, de fon atténuation avant qu'elle puiffe
paffer dans les racines, & que cette préparation influe probablement fur fon mouvement & fon élévation : ainfi plus cette raréfaction fera forte, & fréquemment interrompue par la condenfation, plus la végétation fera de progrès.

C'eft ce qui arrive dans les temps pluvieux, changeants, orageux, du printemps & de l'été, dans lefquels on voit affez fouvent fuccéder à un rayon de Soleil chaud & piquant, quelques
ondées froides ; aux vents étouffants du levant & du midi, un
vent de nord frais : quelquefois l'air eft tellement raréfié, ou il a
tellement perdu fon élafticité, que les hommes & les animaux
ne peuvent fupporter le travail, que les poiffons fouffrent dans
l'eau, que les rivieres bouillonnent, que les mares & les étangs

fe troublent, que les fumiers répandent une mauvaife odeur : peut-être l'électricité influe-t-elle fur ces événements ; mais fouvent quelques coups de tonnerre & un orage changent tout-à-coup la température de l'air & fes effets fur les corps qui font expofés à fon action : il femble que ces obfervations nous découvrent la caufe du prompt accroiffement des plantes : dans les temps de pluie, tout y contribue ; des caufes particulieres à chaque endroit, & dans tous, des caufes générales.

Quelques ondées qui tombent çà & là fecourent les plantes qui périffent d'inanition dans les fables & fur les montagnes ; les nuées qui couvrent le Soleil diminuent la tranfpiration, qui étant trop abondante faifoit faner les plantes dans les plaines, pendant que les vapeurs jointes à l'humidité de l'air donnent de la foupleffe à leurs fibres : une pluie abondante peut encore être quelquefois utile aux plantes des vallées, par les ravines & les écoulements d'eau qui entraînent avec elle une provifion d'aliments qu'elle a diffoute dans la plaine ; enfin, la grande chaleur de l'air qui précede ordinairement les orages, peut ranimer le mouvement de la feve dans les terreins frais & ombragés, où fon action eft fi lente qu'elle eft toujours prête à fe corrompre.

Toutes ces caufes font particulieres à différents endroits ; mais la caufe générale paroît provenir des changements de l'atmofphere, de la condenfation & de la raréfaction fucceffive de l'air : cette caufe agit fur toutes les plantes ; c'eft probablement elle qui rend les arrofements plus utiles dans certains temps que dans d'autres.

Ces effets s'apperçoivent jufqu'au plus profond de l'eau ; & c'en eft un des plus remarquables, que le fenfible & prompt accroiffement des plantes aquatiques.

C'eft dans certaines faifons de l'année où cette caufe a principalement lieu, favoir, au printemps, au commencement de l'été, & au commencement de l'automne, que les plantes végetent avec plus de force ; & au contraire, dans le fort de l'été, quand la chaleur de la nuit eft prefque auffi forte que celle du jour, les plantes expofées alors à une tranfpiration continuelle languiffent, parce que l'air éprouve peu de condenfation ; & comme pendant l'hiver la feve n'eft pas affez raréfiée, elle ne coule dans les vaiffeaux, qu'autant qu'il eft néceffaire pour empêcher qu'elle ne fe corrompe. Enfin, ne peut-on pas attribuer les bons effets des couches chaudes, à la raréfaction que produit la chaleur des fumiers, qui eft de fois à autre interrompue par la fraîcheur de l'air que l'on eft obligé d'introduire de temps en temps dans l'intérieur des cloches qui les recouvrent, fans quoi les plantes périroient bien-tôt.

Si l'on a reconnu qu'il étoit convenable d'arrofer le foir pendant les grandes chaleurs de l'été, on a du conjecturer que pendant la condenfation occafionnée par la fraîcheur de la nuit, la feve s'infinuoit dans l'écorce fpongieufe des racines, & qu'elle paffoit dans les vaiffeaux des plantes : on peut juger combien une plante qui a fes vaiffeaux ainfi remplis doit faire de progrès, quand, au lever du Soleil, l'air & les liqueurs viennent à fe raréfier.

Si l'on a auffi remarqué qu'en automne les arrofements du matin étoient préférables aux autres, on a dû juger que dans cette faifon où tout eft favorable à la condenfation, il étoit inutile de dépofer auprès des racines une liqueur qui par fa fraîcheur pourroit les endommager, puifqu'en cet état elle eft trop condenfée pour pouvoir s'introduire dans les vaiffeaux des plantes. Quoique ces raifonnements quadrent affez bien avec les obfervations, je me garderai cependant bien de les propofer autrement que comme des conjectures ; car je n'ai garde de prétendre que le jeu de la feve dépend uniquement de la condenfation & de la raréfactoin de l'air & des liqueurs : on apperçoit dans la nature d'autres agents très-puiffants qui peuvent occafionner cet effet : la vertu magnétique & celle de l'électricité peuvent être apportées pour exemple : qui fait s'il n'y en a pas encore une infinité d'autres qui nous font inconnus, & qui peuvent coopérer au mouvement de la feve ? M. l'Abbé Nollet, M. le Mofnier le Médecin, & plufieurs autres Phyficiens, nous ont déja fait entrevoir que l'Électricité peut influer fur la végétation ; mais fans exclure toute autre caufe, je crois que l'on peut dire que la chaleur & l'action directe du Soleil, excitent puiffamment la végétation : c'eft ce que je vais faire connoître par quelques obfervations qui termineront cet Article.

J'ai déja prouvé les effets de la chaleur, en faifant obferver que le premier mouvement de la feve au printemps dépend du degré de chaleur de l'air en cette faifon : j'ai fait remarquer que les plantes végétoient avec force dans les ferres échauffées par des fourneaux, dans les faifons où les plantes qui étoient à l'air reftoient dans l'inaction ; & fi l'on fe rappelle ce que j'ai dit ci-deffus dans le IVᵉ Livre, fur les plantes étiolées, on en pourra conclure qu'elles ont un befoin abfolu de l'action directe du Soleil. L'influence de cet aftre fe fait appercevoir d'une façon infenfible à nos fens dans des endroits où l'on jugeroit qu'il ne pourroit avoir aucune action : on en a vu des preuves dans l'une des expériences que j'ai rapportées fur la fenfitive, où ayant mis de ces plantes dans des caves ordinaires & fort fombres, elles y ont cependant fait quelques productions, qui avoient à la vérité le caractere de l'étiolement, mais leurs feuilles s'y font ouvertes le matin, & s'y font refermées le foir; de pareilles plantes ayant été placées dans des caves très-profondes, où la liqueur du Thermometre refte au même degré en hiver & en été, elles y font reftées fans faire aucunes productions & fans mouvement.

Il me refte maintenant à rapporter quelques obfervations que je me reproche de n'avoir pas fuivies avec autant d'exactitude qu'elles devoient l'être.

M. Hales, dans fa Statique des végétaux, dit, *pag.* 123, que fi de bonne heure, au printemps, lorfque la feve commence à fe mouvoir, & qu'on peut aifément féparer l'écorce des arbres, on les examinoit près du fommet & du pied : *Je crois*, ce font fes propres paroles, *qu'on trouveroit l'écorce du pied humectée avant celle des branches.... Je me fuis prefque affuré fur la Vigne, que l'écorce du pied eft humectée la premiere.* J'ai examiné ce point plus attentivement que M. Hales, & j'ai remarqué, ce qui eft fort fingulier, qu'au printemps un arbre entre en feve d'un côté, pendant qu'il refte de l'autre côté comme en hiver; on pourra appercevoir que fi, au printemps, lorfque l'air eft frais & le Soleil fort chaud, on entame l'écorce en différents endroits, elle fe détachera aifément de fon bois du côté du Soleil, pendant qu'elle y fera fort adhérente du côté du nord.

Bien plus; fi dans les mêmes circonftances, on examine un arbre planté le long d'une muraille à l'expofition du nord, & dont la partie de la tige excédant la muraille fe préfente au Soleil, cette portion de l'arbre fera en feve pendant que le bas aura encore fon écorce très-adhérente au bois : j'ai rendu cette fingularité bien plus frappante par l'expérience que je vais rapporter.

1°. Si l'on plante un cep de Vigne dans une caiffe, & qu'on le tranfporte dans une ferre échauffée par des poëles ; ce cep pouffera & fe garnira de feuilles avant ceux qui feront reftés en plein air : ceci n'offre rien de fort fingulier.

2°. Si, après avoir placé cette caiffe dans la ferre, on fait fortir au dehors l'extrêmité du farment du cep qui y eft contenu, on remarquera que les boutons qui feront dans la ferre s'ouvriront, & produiront des fleurs & des fruits, pendant que ceux qui feront au dehors, refteront fermés jufqu'au temps où la Vigne pouffe naturellement.

3°. Si l'on met la caiffe en dehors, & fi l'on fait entrer le farment dans la ferre, les boutons de l'extrêmité de ce farment qui feront dans cette ferre s'ouvriront & produiront des grappes & des feuilles, pendant que ceux qui feront en dehors de la ferre, quoique plus voifins des racines que les autres, refteront fermés.

4°. Si la caiffe reftant dehors, on fait entrer le farment dans la ferre, & qu'enfuite on en faffe reffortir l'extrêmité au dehors; alors les boutons de cette partie, de même que ceux d'auprès des racines refteront fermés, & ceux du milieu du farment qui feront dans la ferre feront des productions.

Ces expériences femblent prouver, 1°, que la feve exifte dans le bois dans un état convenable à la végétation, & qu'il ne lui manque qu'une caufe qui la détermine à agir : 2°, que cette caufe eft la chaleur ; 3°, qu'elle refide dans les boutons qui y font expofés. J'aurois bien defiré pouvoir fuivre ces expériences, pour examiner, par exemple, fi de fortes gelées qui auroient agi fur la portion du farment qui étoit en dehors, auroient pu faire périr les branches qui s'étoient développées dans la ferre; fi, au printemps, les bouts des ceps qui étoient en dehors, ne fe feroient pas ouverts avant ceux des autres vignes; ce que produiroit la chaleur portée feulement fur les racines, ou feulement fur les branches, ou encore fur toutes les parties à la fois : ces recherches feroient fans doute inftructives, & pourroient devenir utiles; mais il ne m'a pas été poffible de les fuivre.

Quant à la chaleur qui agit fur les tiges, on voit l'effet qu'elle a produit fur le farment qui avoit fes racines hors de la ferre ; & l'on apperçoit dans les temps de neige, l'effet de la chaleur qui agit fur les racines ; car, lorfque la chûte de la neige n'eft pas précédée par la gelée, il eft d'expérience que quantité de plantes pouffent fous la neige : les petits Ellébores noirs, les *Ornitogulum*, les Pervanches, les Epatiques, les Paquettes fe difpofent à fleurir fous la neige ; or, dans ce cas, leurs tiges font dans un air qui eft précifément au terme de la congélation ; & il faut alors que les productions de ces plantes foient occa-fionnées par la chaleur de la terre qui agit fur leurs racines, & qu'elle fe manifefte fenfiblement, puifqu'elle fait fondre la neige par deffous : mais, encore une fois, comme je n'ai pu fuivre avec affez d'exactitude ces obfervations, quoiqu'elles méritaffent de l'être, je me trouve réduit à inviter les Phyficiens qui ont des ferres chaudes, à fuppléer à mes omiffions.

En attendant que nous ayons pu fuivre ces différentes vues avec l'attention qu'elles méritent, voici quelques faits qui four-niront au moins des à-peu-près.

1°. Une trop grande chaleur fatigue les plantes : elles fe fanent d'abord, enfuite elles fe deffechent.

2°. Le froid fufpend la végétation, s'il eft modéré ; mais s'il eft de trop longue durée, les plantes pourriffent ; s'il eft trop fort, il les fait périr fur le champ.

3°. Les Jardiniers favent que les plantes périffent fur des couches trop chaudes : toutes les plantes ne fupportent pas le même degré de chaleur ; celui qui convient à l'*Ananas* feroit périr les melons : j'eftime que pour cette plante il faut que la chaleur de la couche foit de 30 à 33 degrés du Thermometre de M. de Réaumur, c'eft-à-dire à la température qui convient pour faire éclore les œufs.

4°. Une couche étant fuppofée avoir ce degré de chaleur, il m'a paru que la chaleur de deffous la cloche eft environ les trois cinquiémes de celle de la couche ; & dans le temps de l'expérience, la chaleur de l'air étoit à peu près la moitié de celle qui régnoit fous la cloche.

5°. On fait que pour peu que l'air foit chaud les plantes dépé-riffent fous les cloches, fi l'on n'a pas foin de leur donner de

temps en temps de l'air en foulevant les cloches ; le bon effet
qui en réfulte dépend - il du rafraîchiffement que reçoit la
plante, ou bien de ce que l'humidité de la tranfpiration fe diffipe, ou de ce que l'air extérieur excite la tranfpiration qui étoit
arrêtée par l'atmofphere humide qui régnoit fous la cloche ?
Ce font-là autant de points qui méritent d'être éclaircis ; mais
il ne faut pas fe borner à ce qu'on peut faire par art pour exciter
la végétation ; il convient d'étudier ce qui fe paffe à l'égard des
plantes en plein air : c'eft ce qu'a fait M. Hales en plaçant à
l'air libre & en terre, à différentes profondeurs, des Thermometres de différentes longueurs, mais gradués proportionnellement à leur longueur.

Le 30 Juillet, un Thermometre placé à l'air libre à l'expofition du midi, 48 degrés au deffus de 0 : un autre, la boulle
étant à deux pouces de profondeur en terre, 45 degrés : un
autre, quatre pouces en terre, 39 degrés : un autre, huit pouces en terre, 36 degrés : un autre, à feize pouces en terre, 33
degrés : un autre, à vingt-quatre pouces en terre, 31 degrés.

Le 30 Octobre, un Thermometre à l'air libre étoit à 3 degrés
au deffus de 0 : à 16 pouces en terre, il étoit à 14 degrés au
deffus de 0.

Comme M. Hales ne cherchoit à connoître que la température de l'intérieur de la terre, il avoit fix tubes de la même
longueur & du même diametre que ceux de chaque Thermometre ; ces tubes contenoient la même liqueur, & ils fervoient
à déduire des degrés de chaque Thermometre, ce que la dilatation & la condenfation avoient pu opérer fur la quantité de
liqueur contenue dans les tuyaux de chaque Thermometre : au
refte, cette expérience fe faifoit au milieu d'un Jardin, & l'on
avoit pris les précautions néceffaires pour garantir les Thermometres des accidents qui auroient pu les endommager.

On voit par cette expérience que la chaleur du Soleil pénetre
affez avant en terre pour réduire en vapeurs l'humidité qu'elle
contient ; & que par ce moyen cette humidité doit fe porter à
la fuperficie, & fe rendre plus à portée des racines des plantes.

Vers la fin d'Octobre, la chaleur étant trop foible pour réduire l'humidité de la terre en vapeurs, les feuilles tombent,
peut-être faute de nourriture.

Enfin

Enfin par une gelée d'hiver qui avoit formée de la glace d'un pouce d'épaisseur fur une eau dormante, un Thermometre qui n'étoit enfoncé qu'à deux pouces en terre, ne s'eft trouvé qu'à 4 dégrés au deffous de o ; & un autre qui étoit enfoncé de vingt-quatre pouces en terre, s'eft trouvé à 10 degrés au deffus du terme de la congellation.

Je terminerai cet Article par des obfervations qui s'offrent à tout le monde, mais auxquelles on ne prête peut-être pas affez d'attention.

Il me paroît fingulier que le *Mezereum* fe garniffe de fleurs, & que le Grofeiller-épineux fe garniffe de feuilles dès le mois de Mars, tandis que d'autres arbriffeaux, tels que la Vigne,&c. n'ont point encore ouvert leurs boutons. Je fai qu'on pourra dire que le *Mezereum* & le Grofeiller-épineux contiennent apparamment plus d'air que les farments de la Vigne, ou que leur feve étant plus fufceptible de condenfation & de raréfaction, elle fe trouve plutôt en état de faire fon effet au printemps que dans tout autre arbufte ; mais ce ne font-là malheureufement que des fuppofi-tions : il y a plus ; c'eft que cette obfervation fe fait fur des arbres d'une même efpece. J'ai obfervé pendant plufieurs années deux Marronniers d'Inde plantés au milieu d'une allée de mêmes arbres, lefquels étoient tous les ans prefque verds, avant que les autres euffent commencé à ouvrir leurs boutons. Cette même obfervation fe peut faire fur prefque toutes les autres efpeces d'arbres, mais elle eft fur-tout finguliere dans les Noyers ; car il y en a une efpece qu'on nomme à cette occafion, Noyers de la Saint-Jean, qui ne commencent tous les ans à ouvrir leurs boutons que quand les feuilles des autres font parvenues à leur grandeur naturelle.

Voici encore une obfervation finguliere ; c'eft qu'il arrive très-fréquemment que l'automne reffemble beaucoup au prin-temps, en ce que les nuits font fraîches, que quelques gelées blanches paroiffent les matins, qu'il tombe des pluies affez fréquentes, que l'on voit quelquefois des journées fort chaudes : malgré ces points de reffemblance qu'on remarque entre ces deux faifons, les arbres cependant ne pouffent qu'au printemps, & ils fe dépouillent en automne : il eft vrai que, quelle qu'en foit la caufe, les vapeurs font plus abondantes au printems qu'en

Partie II.   N n

automne, puifque dans cette faifon les corps humides fe deffechent plus promptement : fi l'on m'objecte cependant que l'on
voit quelquefois en automne certains arbres fleurir, nouer leurs
fruits, & produire quelques bourgeons, je répondrai que cela
arrive rarement, & qu'on n'apperçoit cela que dans des circonftances extraordinaires ; comme quand des féchereffes long-
temps continuées ayant fait tomber les feuilles, il arrive à la fin
de Septembre & au commencement d'Octobre que l'air devient
doux & humide, quelques arbres font alors des productions ;
& j'ai vu même des Pommiers qui nouoient de nouveaux fruits.
Je déclare que je n'entreprendrai pas de rendre raifon de ces
faits ; mais je crois qu'il eft bon de les faire connoître, parce
qu'il peut arriver que dans la fuite ils pourront être de quelque fecours aux Phyficiens qui s'occuperont du même objet que
nous traitons ici.

D'autres plantes, telles que le Saffran cultivé, reftent en terre
pendant le printemps & pendant l'été fans rien produire au
dehors ; & en automne, dans le temps que les autres plantes
perdent leurs feuilles, cette plante fleurit & pouffe fa fanne :
il y a plus ; les nouveaux oignons de cette plante fe forment
pendant l'hiver.

On peut dire en général que la chaleur eft une condition abfolument néceffaire pour la végétation des plantes, puifque l'on
voit fenfiblement que cette végétation eft interrompue, toutes
les fois que l'air eft au terme de la congellation ; mais je crois
avoir fait fuffifamment connoître qu'elles n'ont pas toutes befoin d'un égal degré de chaleur pour végéter.

Je vais effayer dans l'Article fuivant de faire voir quelle peut
être la route que la feve fuit dans les plantes.

ART. VII. *Tentatives faites pour découvrir, au moyen de quelques injections, la route que tient la Seve dans les Plantes.*

LES ANATOMISTES font parvenus à acquérir de grandes
connoiffances fur la diftribution des vaiffeaux, en introduifant
dans les veines & dans les arteres des animaux, des cires & des

liqueurs colorées. Avec le fecours de ces injeétions, ils ont reconnu que des parties qu'on ne foupçonnoit pas d'être vafcu- leufes, n'étoient cependant autre chofe qu'un tiffu de vaiffeaux. Cette induftrie, fi utile aux Anatomiftes, ne peut malheureufement pas être employée avec le même fuccès fur les végétaux. Quand un Anatomifte veut injeéter une partie animale, il adapte & lie un tuyau plus ou moins délié, à l'extrêmité d'une artere ou d'une veine ; & au moyen d'une feringue remplie d'une liqueur colorée, ou d'une cire fondue & chargée de couleur, il remplit les vaiffeaux dont la route, les divifions & les diftributions de- viennent alors plus fenfibles : mais il n'eft pas poffible d'ajufter ainfi des tuyaux à l'extrêmité des vaiffeaux des plantes : les in- jeétions que l'on peut employer pour les animaux, étant impra- ticables pour les végétaux, il étoit donc néceffaire d'avoir re- cours à d'autres moyens.

M'étant reffouvenu que j'étois parvenu à injeéter les os de quelques animaux en colorant leur fuc nourricier avec de la ra- cine de Garence, je conçus l'efpérance d'injeéter par le même moyen le corps de quelques arbres. En conféquence, comme j'avois mêlé de cette racine en poudre dans les aliments des ani- maux de mes premieres expériences, je m'avifai de remplir de terre une caiffe après avoir mêlé dans cette terre une grande quantité de Garence en poudre, & enfuite j'y plantai un Pommier de paradis. Mais foit que cette fubftance végétale fe fût décom- pofée par la pourriture, foit que fes particules colorantes ne fuffent pas de nature à fe mêler intimement avec la feve, je n'apperçus aucune trace fenfible de fa couleur dans le bois ni dans l'écorce de ce Pommier : il fe peut bien faire au refte que je me fois rebuté trop tôt ; mais je renonçai à faire aucun autre mêlange avec la terre, & je me bornai à mettre, ainfi que MM. de la Baiffe & Bonnet l'ont pratiqué, de jeunes arbres, ou feulement des branches d'arbres tremper par leur extrêmité infé- rieure dans des liqueurs colorées. Je vais donner le détail de ces expériences.

Dans le mois de Février ayant mis tremper pendant quelques jours dans de l'encre, des branches de fureau & de figuier, je coupai le bout de ces branches qui avoit trempé dans l'encre, & qui me devenoit inutile, parce que cette liqueur s'étoit entiérement introduite dans toutes fes parties, comme elle auroit fait dans un morceau de drap qui y auroit été plongé : ayant examiné la portion de ces branches qui étoit reftée au deffus de la liqueur, je remarquai, 1°, qu'on n'appercevoit aucun trait noir dans l'écorce ; 2°, que le bois en étoit tellement rempli vers le bas, qu'il y avoit contracté une teinte de noir girafol ; l'encre s'étoit élevée dans cette branche jufqu'à la hauteur d'un pied ; mais le nombre des filets colorés diminuoit à mefure qu'on approchoit du bout fupérieur de ces branches, & au deffus d'un pied, on n'appercevoit plus aucun de ces filets : la couleur fembloit s'être raffemblée vers les nœuds en plus grande quantité qu'ailleurs : 3°, que la moëlle ne paroiffoit point avoir été traverfée par l'encre : elle étoit à l'extérieur très-blanche ; néanmoins quand on en enlevoit des portions, on appercevoit auprès du bois des filets noirs très-déliés , & entiérement compris dans la moëlle : 4°, après avoir fendu en deux quelques boutons, je n'apperçus aucun trait noir dans la portion herbacée qui devoit fe développer au printemps.

Dans une branche de Marceau, la liqueur noire ne s'étoit élevée que dans la partie ligneufe ; encore ne paroiffoit-elle teinte que dans les couches extérieures, les intérieures étoient reftées blanches, ainfi que la moëlle.

La liqueur noire s'étoit élevée moins haut dans une branche d'Amandier ; mais l'expérience que j'ai faite fur des branches de cet arbre m'a donné occafion de remarquer, que la couleur noire étoit plus fenfible du côté d'où il fortoit une branche que du côté oppofé.

Des branches de Chevre-feuille m'ont offert cette fingularité, que la plus grande intenfité de la couleur n'étoit pas auprès de l'écorce, comme cela arrive fouvent aux autres bois, mais environ à la moitié de l'épaiffeur du bois ; de forte qu'après avoir emporté l'écorce, on n'appercevoit aucune trace de cette couleur ; il falloit, pour la découvrir, entamer un peu la fubftance du bois.

Dans une branche de Coudrier, on appercevoit un cercle noir qui environnoit la moëlle ; mais rien dans la moëlle, ni dans l'écorce, ni dans les boutons.

Dans toutes ces expériences le fuc s'élevoit jufqu'aux branches fans y être déterminé par aucune caufe étrangere : je crus

qu'en y joignant le fecours d'une force extérieure, je l'engagerois à fe porter plus abondamment vers le haut. Pour cet effet,
je fis courber par le bas des tuyaux de verre à peu près femblables à *r z a l*, (*fig. 30.*) qui avoient un quart de pouce de diametre. J'adaptai en *r* avec de la cire, recouverte d'une peau
de veffie, des branches de différents arbres, & auffi un jeune
Marronnier garni de fes racines : je remplis enfuite le tuyau
l a r avec de l'encre. Cette liqueur devoit s'élever non-feulement par la force de fuccion des branches, mais encore par la
preffion de la colonne *l a*, qui avoit trois pieds de hauteur.
L'événement ne répondit point à mon efpérance, car la liqueur
colorée ne s'éleva pas beaucoup plus haut dans ces branches
que dans celles que je m'étois contenté de faire tremper par le
bout d'en-bas, quoique j'euffe fait cette expérience dans une
ferre chaude, & quoique j'euffe enfoui les tuyaux dans une couche de tan jufqu'à la ligne *a r*, ce qui avoit caufé fuffifamment
de chaleur pour faire ouvrir les boutons.

Dans le mois d'Avril je mis tremper dans de l'encre de groffes
branches de Sureau & de Marronnier d'Inde, la liqueur ne s'é-
leva que dans les vaiffeaux longitudinaux qui fe trouvoient dans
la moëlle auprès du bois ; mais je jugeai que l'encre dont je m'é-
tois fervi étoit trop épaiffe.

On voit dans l'Hiftoire de l'Académie des Sciences, année
1709, que Magnol ayant fait tremper l'extrêmité d'une tige de
Tubéreufe dans du fuc de Phitolacca, cette liqueur s'éleva &
donna à la fleur une teinte couleur de rofe : M. de la Baiffe en
travaillant à une Differtation fur le mouvement de la feve, qui
a remporté le prix de l'Académie de Bordeaux, s'eft fervi de la
même teinture ; mais comme il a beaucoup varié fes expériences, elles lui ont fait appercevoir plufieurs fingularités que nous
ne devons pas paffer fous filence.

1°. Les menues racines étoient très-colorées, & à peu près
comme le feroit un morceau d'étoffe qu'on auroit plongé dans
cette teinture.

2°. Les groffes racines l'étoient moins ; mais l'intenfité de la
couleur augmentoit vers le centre de ces racines.

3°. La portion des tiges qui trempoit dans la liqueur ayant
été bien lavée, on remarqua que la couleur ne paroiffoit qu'aux
endroits de l'écorce où l'épiderme manquoit.

Pl. IV.

Fig. 30.

4°. Ayant mis tremper dans cette teinture des branches de Figuier, de Pêcher, & d'Orme ; il n'apperçut les traces de cette teinture que dans le bois, point dans l'écorce, ni dans la moëlle, ni même entre le bois & l'écorce ; d'où M. de la Baiffe conclut que la feve ne s'éleve que par le corps ligneux : il ne fera pas hors de propos de rapporter fes expériences encore plus en détail.

5°. Le bout d'une branche de Figuier ayant trempé pendant vingt-quatre heures dans la liqueur colorée, M. de la Baiffe n'apperçut rien dans l'écorce : il vit une teinte rouge fort légere à la fuperficie du bois, principalement à la naiffance des feuilles ; mais il apperçut dans la fubftance du bois des filets ou des amas de filets rouges, qui prenoient leur origine du centre du nœud le plus bas, & qui s'élevoient jufqu'à trois pouces au deffus du niveau de la liqueur : à la naiffance des branches & des feuilles, il apperçut des taches rouges, toujours dans le bois ; néanmoins quelques filets colorés tapiffoient intérieurement le tuyau ligneux qui contient la moëlle ; mais la moëlle n'étoit en aucune façon colorée.

6°. De même, dans des rameaux de Pêcher, de Tilleul, d'Orme & de Marronnier d'Inde qui avoient trempé deux ou trois jours dans le fuc de Phitolacca, il apperçut des filaments rouges dans la fubftance ligneufe ; mais ils étoient plus ramaffés & d'une couleur plus foncée, fur-tout vers la naiffance des feuilles & des branches ; & dans celles de ces branches qui étoient reftées plus long-temps en expérience, le fuc colorant s'étoit élevé fans interruption jufqu'à huit pouces au deffus de la furface de la liqueur ; l'écorce paroiffoit avoir pris une légere teinte, fur-tout vers le bas ; mais on n'y appercevoit aucun filet coloré ; la partie de la moëlle qui trempoit dans la liqueur en étoit pénétrée jufqu'au premier nœud ; mais au deffus elle étoit blanche.

7°. M. de la Baiffe ayant mis tremper pendant vingt-quatre heures dans la liqueur colorée, un très-petit Orme & un petit Pêcher qu'il avoit arrachés avec foin pour conferver toutes leurs racines ; ces racines qui trempoient dans la teinture en paroiffoient imbues à l'extérieur ; mais en les fendant on voyoit qu'il partoit de toutes les petites racines, des veines rouges qui entroient dans le bois des groffes racines, où elles s'étendoient en remontant jufqu'à la naiffance de la tige ; là, elles paroiffoient faire un pli, puis elles s'élevoient dans la partie ligneufe de la tige.

8°. Ces mêmes obfervations ont été bien plus fenfibles au printemps , puifqu'alors les filets colorés fe font fait appercevoir jufqu'à l'extrêmité des branches, qui avoient trois à quatre pieds de longueur ; & dans une longue branche de Tilleul où le fuc s'étoit élevé à une grande hauteur, on appercevoit, en faifant des coupes tranfverfales ou obliques, des zones alternativement rouges & blanches ; mais on ne voyoit rien ni dans l'écorce, ni dans la moëlle.

9°. Les plantes herbacées, telles que la Catapuffe, la Chélidoine, la Laitue fauvage, lui offrirent les mêmes obfervations : la teinture fe montroit dans les fibres ligneufes ; mais point dans l'écorce, ni dans la moëlle.

10°. Des tiges de Mercurialles, de Tubéreufes, de Mufle-de-veau, avoient des filets rouges très-fenfibles entre l'écorce & la moëlle. Dans la Tubéreufe, la couleur s'élevoit diftinctement de fix à huit pouces au deffus du niveau de la liqueur ; le fommet de la tige étoit imprégné d'une demie-teinte rouge dans toute fa fubftance. Dans le Mufle-de-veau, l'écorce étoit devenue d'un verd foncé, fans qu'on pût appercevoir aucuns filets rouges ; la moëlle étoit blanche, & les calyces étoient d'un rouge foncé, fur-tout vers les bouts.

11°. Voilà l'effentiel des obfervations que M. de la Baiffe a faites fur les tiges. Quant à celles qui concernent les feuilles , nous dirons d'abord que, dans l'examen des tiges des Tubéreufes, fur-tout de celles qui avoient peu de longueur, il remarqua que la teinture s'étoit élevée dans les feuilles, & qu'elle fe manifeftoit dans deux fortes de vaiffeaux ; les uns larges & droits qui s'étendoient felon la longueur de la feuille, les autres ondoyants & repliés les uns fur les autres : les premiers s'appercevoient principalement fur le deffous des feuilles, & les autres fur le deffus.

12°. Aux branches de Mufle-de-veau, qu'on avoit laiffé tremper pendant vingt-quatre heures, on appercevoit des veines rouges le long des nervures des feuilles les plus baffes, tant à celles qui appartenoient à la principale tige, qu'à celles des rameaux latéraux.

Au bout de quarante-huit heures, la teinture se manifestoit dans les feuilles les plus élevées.

13°. Le même Physicien a observé sur des pieds de Tithimale, & sur des branches de Figuier, des filets intérieurs qui s'élevoient le long des nervures des feuilles, soit de celles qui étoient attachées à la branche principale, soit aux branches collatérales.

14°. Des feuilles de Tubéreuse, détachées de la tige, ayant été trempées par la pointe dans la teinture de Phitolacca, le suc s'est élevé principalement par les veines ondoyantes, mais moins haut que quand les feuilles étoient dans leur situation naturelle : cette derniere circonstance a été observée sur plusieurs différentes especes de feuilles. Enfin, les feuilles de Vigne, de Chicorée, de Jusquiame, & de Marronnier d'Inde, détachées de leurs plantes, & qu'on avoit mis tremper par leur pédicule dans la liqueur colorée, avoient des veines rouges qui suivoient les nervures.

15°. Je terminerai les observations de M. de la Baisse par celles qu'il a faites sur l'introduction du suc coloré dans les fleurs. J'ai déja dit que Magnol avoit remarqué que ce suc s'introduisoit dans les fleurs de la Tubéreuse, & en assez grande quantité pour leur donner une teinte, couleur de rose ; M. de la Baisse, ayant examiné plusieurs tiges de Tubéreuse qu'il avoit mis tremper dès la veille dans l'eau colorée de Phitolacca, il apperçut sur la plûpart de leurs fleurs des veines d'un rouge vineux très-sensible, lesquelles se prolongeoient suivant la longueur du tuyau que formoit le pétale, & qui se répandoient sur les découpures, à l'extrêmité desquelles elles alloient se terminer, en formant des rameaux qui s'entrelaçoient les uns dans les autres ; on appercevoit aussi quelques rameaux qui s'étendant sur le côté, sembloient former des communications entre les uns & les autres.

16°. Quelques branches de Mufle-de-veau, à fleurs blanches, qui trempoient depuis vingt-quatre heures dans la liqueur colorée, faisoient voir sur toutes les parties des fleurs un entrelacement de veines colorées ; & les étamines, ainsi que les filets qui tapissent l'intérieur de la levre inférieure, paroissoient d'un jaune plus foncé que dans leur état naturel.

II

Il ne faut pas croire que les obſervations de M. de la Baiſſe, ni celles que j'ai faites, ayent épuiſé la matiere. M. Bonnet s'en eſt également occupé, & il a fait un grand nombre d'expérien-ces, dont les unes confirment celles que nous venons de rap-porter, & d'autres ſont tout-à-fait neuves : les bornes que je me ſuis preſcrites dans cet Ouvrage ne me permettent que d'en tracer une légere idée.

1°. M. Bonnet s'eſt ſervi pour liqueur colorée, d'encre & de teinture de Garence.

2°. Ayant mis tremper quelques feves dans l'encre pure par une portion de leurs lobes, il apperçut la coupe de la racine ſéminale imbue de noir, ce qui en rendoit les rameaux plus ſenſibles.

3°. Il poſa des feves & des haricots ſur une éponge qui trem-poit dans l'encre ; ces ſemences germerent ; mais on n'apper-cevoit aucune trace d'encre dans ces jeunes plantes.

4°. Ayant coupé en travers, & un peu au deſſus du niveau de la liqueur, des branches d'Abricotier qui y avoient trempé pendant quelques jours, on appercevoit trois zones ; l'une compoſée de l'écorce que la liqueur n'avoit point pénétré, l'autre du corps ligneux qui étoit imbu de noir, & l'intenſité de cette couleur diminuoit en approchant de la moëlle, dont la couleur n'étoit nullement altérée.

Ayant fait une de ces coupes tranſverſales, auprès d'un bou-ton, il apperçut trois points noirs, qui étoient ſans doute la coupe des faiſceaux ligneux qui ſe diſtribuent aux feuilles & aux boutons.

5°. M. Bonnet enleva à quelques branches, & de diſtance en diſtance, des anneaux d'écorce ; malgré cela, la couleur noire s'éleva dans le bois auſſi haut & auſſi abondamment, que ſi ces branches avoient été entiérement garnies de leur écorce.

6°. Il apperçut des traits noirs à d'autres branches qui trem-poient dans l'encre par leur petit bout ; mais ces traits étoient plus déliés, & en moindre quantité, qu'on ne les voyoit aux branches qui avoient trempé dans cette liqueur par leur gros bout.

7°. Ayant lavé des branches qui avoient trempé dans l'en-cre, il en coupa un petit bout, & les remit enſuite tremper

Partie II. O o

pendant trois femaines dans de l'eau claire. Les traits noirs ne s'affoiblirent point ; mais ayant fendu ces branches, & les ayant laissées à l'air, la couleur noire diminua beaucoup, & en fort peu de temps elle disparut presque entiérement.

8°. Des racines de Vigne qui avoient trempé dans l'encre, ayant été bien lavées, l'écorce ne parut point imbue de noir ; mais le centre se colora, & la coupe transversale de la racine représentoit une étoile formée de huit à dix rayons très-bien tracés : M. Bonnet remarqua encore que la liqueur colorée s'élevoit plus facilement & plus promptement dans les racines que dans la tige.

9°. Le même se proposa d'injecter des tiges étiolées de haricots ; on sait que ces tiges sont blanches, & presque transparentes, ce qui faisoit présumer que les traits noirs y seroient plus apparents ; il apperçut que la teinture s'étoit élevée dans ces tiges, uniquement par les filets ligneux : les traits noirs étoient distincts sans aucune ramification.

Les filets noirs qui étoient au centre des racines latérales, s'unissoient à ceux du centre de la principale racine ; la trace de ces traits fait appercevoir, au moins à l'égard des plantes herbacées, qu'il y a une structure différente dans les racines & les tiges ; car les vaisseaux qui portent la feve, sont au centre des racines ; & dans les tiges, ces vaisseaux se trouvent à la circonférence : lorsque les pieds de haricot ont trempé peu de temps dans l'encre, on ne voit qu'un très-petit nombre de vaisseaux teints, & ils ne se montrent que comme des traits fort déliés ; mais quand ils ont resté plus long-temps dans la liqueur colorée, on les voit en plus grand nombre, & ils forment une espece de cercle noir ; mais, comme l'a observé M. Bonnet avec une loupe, cette zone est formée d'une multitude de vaisseaux séparés les uns des autres, & qui se sont remplis d'encre.

10°. Le même Physicien n'a apperçu aucun vestige de teinture, ni dans les feuilles qui tenoient aux branches, ni dans les fleurs ; mais ayant examiné avec attention les traits noirs auprès du pédicule des feuilles, il en compta huit disposés par paires ; & chacunes de ces paires étoient plus éloignées les unes des autres que les deux faisceaux qui formoient chaque paire. En coupant transversalement la tige, il apperçut aussi huit points noirs, & par une coupe longitudinale qui s'étendoit jufqu'aux racines, il vit au centre de la racine principale un filet noir qui fe divifoit, pour s'inférer dans les racines latérales, au centre defquelles ce même filet noir fe faifoit appercevoir : le gros faifceau de la racine principale fe divifoit encore vers le collet en plufieurs faifceaux qui fe prolongeoient entre la moëlle & l'écorce, laquelle n'étoit garnie d'aucuns filets colorés.

11°. On pourroit croire que l'encre ne s'éleve dans ces branches d'arbres que de la même maniere qu'elle monte dans les corps fpongieux ; mais cette idée eft détruite par une expérience de M. Bonnet, lequel ayant mis tremper dans l'encre des morceaux de bois mort, la couleur ne s'y éleva pas : elle s'étoit donc élevée dans les branches par une caufe qui tient à celle de leur vie. Il faut convenir auffi que par ces différentes immerfions les plantes boivent leur poifon ; car nous n'avons pu trouver ni les uns ni les autres des liqueurs colorées, qui ne fuffent pas nuifibles aux plantes. L'infufion de Garence relâche leurs vaiffeaux, & les fait tomber en pourriture ; l'encre les refferre & les crifpe ; la diffolution de Gomme-gutte que j'ai employée ne produit pas un changement de couleur affez fenfible ; enfin toutes ces infufions doivent obftruer les vaiffeaux des plantes.

12°. Quelques Phyficiens ont encore tenté d'autres moyens. Ils ont fait pomper aux plantes des liqueurs fpiritueufes ou aromatiques, & ils ont cherché à connoître les parties dans lefquelles ces liqueurs s'étoient élevées, foit par l'altération qu'elles y avoient pu caufer, foit par l'odeur qu'elles y avoient porté : je dirai encore un mot de cette autre efpece d'injection.

Après avoir mis tremper dans l'Efprit-de-vin des feuilles d'Abricotier par leur pédicule, on a apperçu le long des principales nervures des traits bruns qui ne fe manifeftoient point ailleurs, d'où l'on a conclu que c'étoit-là la route qu'avoit tenue cette liqueur en pénétrant dans ces feuilles.

13°. M. Bonnet ayant mis tremper de très-petites branches d'Abricotier dans de l'eau de Mélisse magiftrale, qu'on nomme l'Eau des Carmes, il remarqua que l'odeur avoit paffé non-feulement dans les feuilles, mais même dans les fleurs, qui, comme l'on fait, ont naturellement très-peu d'odeur : mais ces fleurs périrent en peu de temps.

14°. M. Hales s'y est pris différemment : car ayant coupé une branche à un Poirier chargé de fruit, il souda à l'ergot, un tuyau de verre dans lequel il versa de l'Esprit-de-vin camphré. La branche, après en avoir imbibé une pinte, mourut ; mais l'odeur du Camphre étoit très-sensible dans les branches & dans les feuilles. On n'appercevoit aucun vestige de cette odeur dans les fruits.

Ayant fait la même expérience sur un cep de Vigne, avec de l'eau de fleurs d'Orange, l'odeur ne se remarqua pas dans les racines ; mais elle étoit très-forte dans les pédicules des feuilles, & dans le bois.

La décoction des fleurs de Sureau, & celle de Sassafras, n'ont pu donner aucun parfum à des poires.

Ces expériences prouvent qu'il y a, aux approches des fruits, des vaisseaux, ou d'autres organes particuliers, si fins qu'ils ne permettent point aux odeurs d'y pénétrer.

Je crois qu'après les observations de M. Bonnet, celles de M. de la Baisse, & les miennes, il paroîtra évident que la seve ne s'éleve dans les plantes que par les fibres ligneuses, & qu'elle ne s'éleve dans les Arbres & dans les Arbustes que par le corps ligneux : ces canaux renfermés entre la moëlle & l'écorce, s'étendent en montant dans toutes les productions des plantes; dans les feuilles, les fruits, &c. & si M. de la Baisse est le seul qui ait pu appercevoir le suc coloré dans les feuilles & dans les fleurs, c'est apparemment parce que de notre part nous avons omis quelques circonstances qui n'étoient pas aussi indifférentes que nous le croyions. Mais M. de la Baisse qui prétend encore avoir vu au haut des plantes, dans l'écorce & dans la moëlle, des impressions du suc coloré, en conclut que le retour du suc nourricier se fait vers les racines. Cette conséquence qui est peut-être un peu hazardée, fait au moins sentir combien il seroit important de vérifier ces observations, & sur-tout celles qui ont échappé à M. Bonnet & à moi.

On ne peut donc trop exhorter les Physiciens à s'exercer sur ces sortes d'injections, & il est très-probable qu'elles pourront procurer de grandes lumieres sur la route que suit la seve dans les végétaux : il sera nécessaire de les faire dans toutes les saisons, d'essayer différentes liqueurs, & si l'on est assez heureux pour en

découvrir qui ne puissent causer un tort considérable aux végétaux, lorsqu'on est obligé de les tenir long-temps en expérience,
les routes de la seve en deviendroient plus sensibles. Certains
arbres pourroient aussi être plus propres que d'autres à ces sortes
d'expériences : mais que n'a-t-on pas lieu d'attendre du zele &
de la sagacité des observateurs exacts ?

Quoique les injections nous ayent démontré sensiblement
que la seve s'éleve dans les arbres par des filets qui se prolon-
gent suivant une direction verticale, il est cependant probable
que la seve quitte cette route directe, pour fournir de la nourriture aux parties latérales ; c'est ce qui sera prouvé dans
l'Article suivant.

Art. VIII. *Sur la communication latérale de la Seve.*

La seule inspection d'un arbre qui végete prouve suffisamment que la seve s'éleve jusqu'à l'extrêmité de toutes ses
branches.

Mais chaque portion de la seve se porte-t-elle à certaines
parties des arbres par des vaisseaux qui soient destinés à les
nourrir, ainsi qu'on observe dans les animaux, qu'une artere est
destinée à porter le sang à chaque extrêmité supérieure, d'autres
arteres, aux extrémités inférieures, & même à chaque viscere en
particulier ; ou bien, les vaisseaux qui contiennent la seve ont-ils
entre eux une telle communication, que les différentes portions
de cette seve se puissent porter à toutes les parties de l'arbre ?
Cette question mérite d'autant plus d'être éclaircie qu'elle a
long-temps partagé les Physiciens, & qu'il y a des observations
qui paroissent favoriser l'un & l'autre sentiment. Grew sembloit
penser que les vaisseaux des plantes étoient autant de cylindres
creux qui se prolongeoient sans s'aboucher avec aucun de ceux
auxquels ils touchoient : Malpighi au contraire, croyoit que ces
vaisseaux s'anastomosoient, & qu'ils s'abouchoient les uns avec
les autres. Puisque ces célebres Observateurs n'ont pu s'assurer
par la dissection s'il y avoit quelque communication entre ces
vaisseaux, soit par anastomose, soit au moyen du tissu cellulaire,
il faut donc avoir recours aux expériences. Je vais commencer

par rapporter celles qui femblent prouver qu'il y a dans les arbres des vaiffeaux deftinés à porter la nourriture à certaines parties.

J'ai fouvent remarqué qu'un Poirier planté entre un gazon & une terre labourée, pouffoit avec beaucoup plus de vigueur du côté de la terre labourée que du côté du gazon : pourquoi cela ? C'eft probablement parce que les racines de cet arbre qui s'éten- dent dans la terre labourée en tirent plus de feve que celles qui font fous le gazon ; d'où il réfulte, que les branches qui font nourries par les racines qui fe répandent dans la terre labourée pouffent avec plus de force que celles qui font alimentées par les racines qui s'étendent fous le gazon : on en peut donc con- clure qu'il y a dans les arbres des vaiffeaux qui font deftinés à nourrir particuliérement certaines branches ? Quoique cette conféquence me paroiffe affez jufte, je ferai néanmoins remar- quer en paffant que, comme les feuilles font des organes defti- nés à la tranfpiration, laquelle peut auffi influer fur le mouve- ment de la feve, fi-tôt qu'une branche vigoureufe s'eft déve- loppée d'un côté il y exifte alors une caufe qui doit déterminer la feve à fe porter plutôt de ce côté-là que de tout autre, & qui doit en même-temps contribuer à faire développer de ce même côté un plus grand nombre de racines ; parce qu'il eft bien prouvé, qu'il y a une dépendance réciproque entre le dévelop- pement des racines & celui des branches ; & cette dépendance eft une nouvelle preuve qu'il y a une relation directe entre les vaiffeaux des racines & ceux des branches d'un même côté : voici un fait qui le prouve encore.

Suppofons qu'il y ait dans un potager un Poirier en buiffon pourvu de trois groffes racines, & d'un pareil nombre de branches; fi l'on coupe tout près du tronc une des groffes racines, on verra qu'une des trois branches fera plus fatiguée que les autres ; & il eft probable que ce fera celle à laquelle la racine retranchée portoit particuliérement la feve : néanmoins cette branche ne meurt ordinairement pas ; preuve certaine, qu'elle reçoit de la feve par les autres racines ; ce qui ne peut fe faire fans que la feve fe communique d'une partie de l'arbre à l'autre par des routes latérales. Je vais encore prouver cela d'une façon plus décifive, en rapportant une des expériences que j'ai exécutées & que je vois avoir été faite auffi par M. Hales.

Je fis à la tige d'un jeune Orme deux entailles *a b*, (*fig.* 32.) qui étoient diamétralement oppofées, & qui pénétroient jufqu'à l'axe de l'arbre : au moyen de ces entailles le cours direct de la feve devoit être interrompu ; néanmoins ayant couvert ces plaies avec de la térébenthine & de la cire que je recouvris d'un morceau de toile pour prévenir le defféchement, l'arbre ne mourut pas ; ce qui prouve inconteftablement que la feve avoit paffé, par une direction latérale, d'un vaiffeau dans un autre pour aller fe porter au haut de l'arbre, malgré l'obftacle que les entailles formoient à fon mouvement direct & perpendiculaire.

Pl. IV.
Fig. 32.

M. Hales ayant choifi deux branches égales, il fit à l'une deux entailles femblables à *a b*, (*fig.* 32.) & il mit le bout des deux branches dans des cuvettes remplies d'eau ; elles la tirerent, & elles tranfpirerent l'une autant que l'autre : il fit plus ; car à d'autres branches il fit quatre entailles qui répondoient aux points cardinaux ; & malgré cette opération elles tranfpirerent, & tirerent autant que celles auxquelles on n'avoit fait aucune entaille.

Ces expériences prouvent fuffifamment, que dans l'ordre naturel, la feve pompée par une racine, fe porte principalement vers un des côtés, ou vers une des branches de l'arbre ; mais que cette feve peut dans certains cas quitter cette route directe, & dévier pour fe porter d'un côté ou d'un autre, fuivant les befoins de l'arbre : il en eft de cela comme de l'opération de l'aneuvrifme, où, quoique l'artere ait été liée, le fang fe fraie néanmoins de nouvelles routes en dilatant les vaiffeaux capillaires. Cette déviation de la feve fera encore établie par les expériences que nous allons rapporter dans l'Article X. où nous examinerons fi la feve s'éleve vers les branches, & fi elle defcend des branches vers les racines ; mais il eft néceffaire de difputer d'abord fi la feve monte par les fibres ligneufes ou par les fibres corticales ; ou fi fon afcenfion fe fait entre le bois & l'écorce.

ART. IX. *Si la Seve qui monte dans les Arbres s'éleve entre le bois & l'écorce, ou au travers du bois, ou au travers de l'écorce.*

LES SENTIMENTS font très-partagés fur ce point de Phyfique, & il n'en faut pas être furpris, puifque, quelque opinion qu'on veuille embraffer, on trouve affez de raifons pour l'appuyer. On a vu dans le premier Livre de cet Ouvrage, qu'en maftiquant un long tuyau à l'extrêmité d'un bâton pour forcer un fluide par le poids d'une colonne de neuf à dix pieds de hauteur, à traverfer les vaiffeaux ligneux, l'eau paffoit également par l'é- corçe & par le bois ; d'où l'on peut au moins conclure qu'il fe trouve dans l'écorce des routes ouvertes pour recevoir la feve. D'ailleurs, on apperçoit que l'écorce eft beaucoup plus remplie de liqueurs que le bois ; & c'eft de-là que quelques Auteurs ont conclu que la feve s'élevoit, au moins pour la plus grande partie, par l'écorce jufqu'à la plus grande hauteur des arbres.

Il eft affez commun de trouver de vieux Saules & de vieux Ormes creux, & dont tout le bois de la tige eft pourri : comme ces arbres ne laiffent pas de produire des rameaux affez vigou- reux, on en a conclu, & en particulier le docteur Rénéaulme, que la feve s'élevoit prefque totalement par l'écorce. Il eft vrai, qu'en examinant avec attention les arbres qui font en cet état, on trouve entre le bois pourri de leur tronc & l'écorce, plufieurs couches ligneufes par lefquelles la feve peut être portée aux rameaux qui fe développent : enfin, quand on entame l'écorce d'un arbre qui eft en pleine feve, on en voit couler le fuc propre; & quand on preffe cette écorce un peu fortement, il en fuinte de la lymphe, ce qui annonce que les vaiffeaux féveux exiftent dans cette partie auffi-bien que dans les autres.

Si l'on examine un arbre dans le temps de la feve, on trouve tant d'humidité entre l'écorce & le bois, que cela a fait croire à plufieurs Phyficiens que c'étoit par cet endroit que la feve s'élevoit avec le plus d'abondance : d'ailleurs, on fait à n'en pouvoir douter, que c'eft en cet endroit que fe forment chaque année les couches corticales & les couches ligneufes : on fait
encore

encore que c'eſt en cet endroit que ſe fait la réunion des greffes & des écuſſons : on ſait enfin qu'il découle d'entre le bois & l'écorce une grande quantité de ſuc propre, ſi lorſqu'après avoir enlevé un morceau d'écorce, on prend des précautions néceſſaires pour empêcher que la plaie ne ſe referme, & pour garantir les vaiſſeaux de ſe cautériſer par le deſſéchement; mais indépendamment de toutes ces précautions, on a pu voir dans mon Traité des Arbres & des Arbuſtes, & dans le premier Livre de cet Ouvrage, *page* 71, qu'il ſort quantité de réſine d'entre le bois & l'écorce des Pins & des Picéas, auxquels on a fait des entailles : toutes ces obſervations paroiſſent favorables au ſentiment de ceux qui croyent que la ſeve s'éleve particuliérement entre le bois & l'écorce.

Je ne ſai ſur quelle obſervation Mariotte fondoit ſon ſentiment; mais il prétendoit que certaines plantes ont une double écorce, dont l'une ſert à porter le ſuc aſcendant, & l'autre celui qui deſcend; que dans d'autres plantes qui n'ont qu'une écorce, cette écorce donne paſſage à l'un de ces ſucs, & que l'autre ſuc s'introduit ſoit entre le bois & l'écorce, ſoit par les pores qui ſont dans le bois; que les ſucs les plus épurés montent par les cercles ligneux qui ſont les plus denſes, & les ſucs indigeſtes, par les cercles les moins durs à pénétrer. Comme ces aſſertions ne ſont accompagnées d'aucunes preuves ſuffiſantes, je ne les rapporte que pour ne point paſſer ſous ſilence le ſentiment d'un célebre Phyſicien qui s'eſt ſinguliérement occupé de l'économie végétale.

Les expériences que nous avons faites, M. de la Baiſſe, M. Bonnet, & moi, ſur les injeƈtions, prouvent inconteſtablement que la ſeve monte par le bois dans les arbres, & par les fibres ligneuſes dans les plantes : elles ſemblent encore établir que la ſeve ne monte pas par l'écorce, & qu'il en monte fort peu entre le bois & l'écorce.

D'ailleurs, on doit ſe rappeller ce que nous avons dit ci-devant, Livre IV. Chapitre III. que de gros Chênes que nous avions totalement écorcés, avoient néanmoins ſubſiſté pendant pluſieurs années; & que ceux qui étoient ainſi écorcés, & que nous avons tenus à couvert de l'ardeur des rayons du Soleil & du choc du vent, ont reproduit une nouvelle écorce : ces obſer-

vations peuvent, me femble, fervir à prouver qu'il monte beaucoup de feve par le bois : je dis *beaucoup* ; car, puifque les Chênes
que nous avions écorcés produifoient d'auffi grandes & d'auffi
belles feuilles que ceux qui avoient confervé leur écorce, ils devoient par conféquent tranfpirer autant que ces derniers ; & fi
l'on veut fe donner la peine de calculer d'après les expériences
de MM. Hales & Guettard, quelle prodigieufe quantité de feve
il s'échappe d'un grand arbre qui végete, on connoîtra la quantité
immenfe de feve qui doit néceffairement s'élever pour effeduer
le développement des feuilles & des bourgeons, pour fournir de
la nourriture aux glands, & l'énorme tranfpiration d'un grand
Chêne : néanmoins dans les arbres que j'avois écorcés, il falloit
que toute cette feve paffât par le bois ; je dis plus, il falloit qu'elle
paffât par le bois formé, car l'aubier de ces arbres étoit mort &
defféché.

Joignons à toutes ces obfervations une expérience de M. de
la Baiffe qui eft prefque l'inverfe des nôtres : car nous avions
dépouillé le tronc de nos arbres, & laiffé les racines garnies de
leur écorce ; & lui au contraire ayant choifi pour fes expériences des pieds de Laitron, de Tabouret, & de Poirée, il dépouilla de leur écorce les racines de quelques-unes de ces
plantes, & en ayant laiffé d'autres garnies de leur écorce, il
plongea les unes & les autres dans de l'eau ; enfin, d'autres
non-écorcées refterent à l'air : celles-ci fe deffécherent très-
promptement ; les plantes qui avoient leurs racines écorcées
fubfifterent affez long-temps, mais moins long-temps que celles
auxquelles on avoit confervé leur écorce : d'où l'on peut conclure que l'écorce eft très-utile aux plantes, & qu'il eft certain
qu'il monte une grande quantité de feve par la voie des fibres
ligneufes.

M. Hales prouve encore par la belle expérience qui fuit, que
la partie ligneufe des arbres eft douée d'une très-grande puiffance pour attirer la feve. Il dépouilla de fon écorce l'extrêmité
b d'une branche *a*, (*Voyez Liv. I. Pl. II. fig. 25.*) il ajufta ce
bout écorcé à une jauge droite ou gros tuyau *b*, auquel il maf-
tica un tuyau plus menu *d* ; enfuite ayant rempli d'eau ces
tuyaux, il plongea le plus petit dans du mercure qui étoit contenu dans une cuvette *e*. Le mercure s'éleva dans le tuyau *d c*,

comme si on avoit conservé l'écorce à la branche *a b*. La même
chose arrivera si l'on ajuste une pareille jauge à l'extrémité d'une
branche que l'on aura dépouillée de son écorce. Il est vrai que
le mercure s'élevera moins promptement, & à une moindre
hauteur, à moins que cette branche ne se trouve chargée d'un
plus grand nombre de rameaux & de feuilles.

Joignons à toutes ces preuves celles qui résultent de la dissection; elles nous feront appercevoir des faisceaux ligneux qui se
détachent du bois & qui vont s'épanouir dans les feuilles & dans
les fruits : ces faisceaux ligneux sont destinés sans doute à porter
la seve & la nourriture à ces parties qui en consomment beaucoup.

Enfin on a vu ci-devant que les pleurs transsudent des fibres
ligneuses, ce qui est sur-tout sensible dans les Erables de Canada : on peut encore consulter ce que nous en avons rapporté
dans le premier Livre de cet Ouvrage, *pag. 63*, & ce que nous
en avons dit dans le Traité des Arbres & des Arbustes. On voit
encore dans ce même Traité, qu'il suinte beaucoup de résine
des Mélezes que l'on perce pour faire l'extraction de ce suc.

Ces dernieres observations prouvent très-bien que la seve
monte avec abondance dans le corps ligneux; mais elles n'établissent pas qu'elle ne s'éleve que par le bois, exclusivement à
l'écorce & à la partie qui est entre le bois & l'écorce; & il
n'y a jusqu'à présent que les sucs colorés introduits dans les
vaisseaux des plantes, qui paroissent prouver que la seve ne
s'éleve que par la partie ligneuse du bois; mais nous avons
quelques autres expériences qui prouveroient ce fait incontestablement, si elles avoient été repétées assez souvent pour
qu'on pût être certain qu'elles réussiroient toujours de la même
maniere : je les rapporterai ici, ne fût-ce que pour engager les
Physiciens à les recommencer avec de nouvelles précautions;
& je me propose, au cas que je puisse me trouver à la campagne
dans le temps de la seve, de ne pas manquer de les répéter.

Pour donner une idée de ces expériences, il faut se rappeller
celle que j'ai décrite dans le IVe Livre de cet Ouvrage, où j'ai
dit, que j'avois levé un anneau d'écorce à un arbre, & qu'après
avoir recouvert le bois écorcé avec une lame d'étain battu,
j'avois remis l'écorce à la même place par-dessus cette lame; que

cette écorce s'y étoit greffée promptement, & qu'elle avoit donné naissance à des couches ligneuses qui avoient recouvert en entier les lames d'étain. Il est certain que ces couches ligneuses émanoient de l'écorce, & non pas du bois, puisque la lame d'étain étoit un obstacle aux productions qu'il auroit pu faire : qui pourra douter après cela que la seve ne traverse l'écorce ? autrement, pourroit-elle faire les productions dont je viens de parler ? On pourroit cependant objecter que la seve s'éleve par le bois, & qu'elle redescend par l'écorce.

Comme toutes les expériences que j'avois faites précédemment pour occasionner la formation des bourrelets s'accordoient assez bien avec l'opinion dont je viens de parler, à laquelle néanmoins je n'avois pas une entiere confiance, je me proposai d'interrompre le passage de la seve par le bois : pour cet effet, &
Fig. 41. après avoir enlevé à l'arbre *c* (Pl. IV. *fig.* 41.) le lambeau d'écorce *a*, je sciai le cylindre ligneux *b*, & sur le champ je remis l'écorce *a* à sa place, & je l'y assujettis avec des éclisses & des bandelettes chargées de cire & de térébenthine. Quoique j'aye répété cette même expérience sur sept à huit arbres différents, ces écorces ne se sont cependant point greffées : au reste, je n'oserois encore en attribuer la cause à ce que le cours de la seve pouvoit être intercepté par la section du bois en *b* ; car il est d'expérience qu'une greffe en sifflet posée à l'extrêmité d'un arbre, reprend. Pourquoi dans l'occasion présente nos écorces ne se font-elles pas greffées, au moins à leur partie inférieure ? La différence consisteroit-elle en ce que les greffes en sifflet portent un bouton, au lieu que mes lambeaux d'écorce n'en avoient point ? C'est ce qu'il sera bon d'éprouver ; car alors on auroit une forte preuve que la seve ne monte que par le bois, s'il peut être bien démontré que les écorces, qui se réunissent très-aisément quand le cylindre ligneux reste continu, se refuseront à toute réunion lorsqu'on aura interrompu la communication par la section *b*. Ce qu'il y a de certain, c'est que tous les arbres de mon expérience sont morts depuis le point *b* jusqu'à l'extrêmité *c*. Mais en attendant que de nouvelles expériences jettent quelque jour sur une question aussi intéressante de l'économie végétale, essayons de découvrir si une partie de la seve s'éleve des racines vers les branches, pen-

dant qu'une autre partie de cette feve defcend des branches Pl. IV.
vers les racines.

Art. X. *Si, dans les Arbres, une partie de la Seve s'éleve vers la cime, & fi l'autre defcend vers les racines.*

Personne ne peut révoquer en doute qu'il n'y ait une grande partie de la feve qui s'éleve jufqu'à la cime des plus grands arbres : le développement des rameaux, les obfervations que nous avons rapportées pour faire connoître la force de fuccion dont les racines & les branches font douées pour attirer la feve ; celles qui ont démontré la force avec laquelle les pleurs de la Vigne s'élevent quand elles font retenues dans des tuyaux que l'on adapte aux ceps ; les expériences que nous avons détaillées dans le fecond Livre de cet Ouvrage fur la tranfpiration des plantes ; enfin, les injections dont nous avons auffi parlé plus haut ; tous ces faits prouveroient inconteftablement que la feve s'éleve, fi ce point de l'économie vegétale fouffroit quelque difficulté. Mais la feve n'a-t-elle que ce feul mouvement d'afcenfion ? doit-on penfer qu'elle ne puiffe que s'élever, & qu'à l'exception des parties vraiment nourricieres de cette feve, qui fe fixent dans la plante, toutes fes autres parties font inutiles, & qu'elles fe diffipent par la tranfpiration ? Ce qui pourroit le faire croire, c'eft que les feuilles que l'on eft fondé à regarder comme les organes qui contribuent à l'élévation de la feve, font placées le long des menues branches, & que les plus grandes productions de la feve fe font prefque toujours à l'extrêmité de ces mêmes branches. En effet, fi un rameau, par exemple, tel que celui de la *fig.* 28, Pl. IV, marqué *a b*, fe Fig. 28.
trouve chargé de quatre boutons *b c d e*, ce fera prefque toujours le bouton le plus élevé *b* qui fournira le plus gros bourgeon, & le bouton *e* le plus foible ; mais fi l'on coupoit ce rameau vers *f*, ce feroit alors le bouton *d* qui feroit les plus belles productions. Il ne faut pas croire que ces productions dépendroient de ce que les boutons les plus élevés feroient mieux organifés que les autres : on démontre le contraire ; 1°, parce qu'on voit qu'en rabattant la branche en *f*, les boutons inférieurs *d e*, qui fans

Pl. IV.

cette opération, n'auroient fait que de foibles productions, en feront néceſſairement de vigoureuſes ; 2°, parce que, ſans rien couper, ſi l'on ſe contente de courber cette même branche *a b*,

Fig. 29. comme on le voit dans la *fig.* 29, en *h i*, ce ne ſera pas alors le bouton *b* qui pouſſera le plus vigoureuſement, mais le bouton *d* qui, dans cette circonſtance, ſe trouvera le plus élevé.

Cette expérience qui prouve que la ſeve ſe porte avec plus d'abondance vers la partie ſupérieure des arbres, en s'élevant juſqu'à leur extrêmité, fait voir auſſi qu'elle prend quelquefois une direction contraire, pour fournir dans une branche recourbée, telle que celle dont nous venons de donner l'exemple, de la nourriture aux boutons *c b* qui ne mourroient pas ſans cela, mais qui pouſſeroient moins vigoureuſement que le bouton *d*. Je rapporterai des expériences qui prouveront encore mieux que la ſeve peut ſe porter vers le bas pour nourrir des branches ; mais je veux auparavant parler de celles que M. Hales a faites pour prouver le contraire.

Fig. 30. Dans le mois d'Août, il ſouda à la courte branche d'un ſiphon *r z a*, (Pl. IV. *fig.* 30.) une branche *y b*, de neuf pieds de longueur, & d'un pouce trois quarts de diametre, chargée de ſes rameaux & de ſes feuilles : il eut la précaution d'enlever au bout *r* l'écorce & la couche ligneuſe de l'année précédente, afin que l'eau ne pût paſſer que par la partie du bois entiérement formé ; de plus, il fit en *y*, au deſſus de *r*, une entaille de trois pouces de hauteur, au moyen de laquelle il enleva l'écorce & la couche de bois formé de l'année précédente ; enſuite il remplit d'eau le ſiphon *r z a*, dont la grande branche *a l*, avoit douze pieds de longueur : à trois pieds au deſſus de l'entaille *y*, il en fit encore une pareille au point *q* : l'eau fut fortement attirée par la branche ; & une demie-heure après il vit diſtinctement que le bas de l'entaille *y* devenoit humide, tandis que la partie ſupérieure de cette entaille reſtoit blanche & ſeche : dans cette poſition il étoit de toute néceſſité que l'eau ſe fût élevée à travers le bois de l'intérieur de la branche, puiſque le bois de l'extérieur avoit été emporté de la longueur de trois pouces tout autour de la tige ; ce qui s'accorde à merveille avec ce que prouvent les injections dont nous avons déja parlé : mais M. Hales remarque encore que, ſi la ſeve avoit deſcendu, ſoit par l'écorce, ſoit par le bois

nouvellement formé, soit entre le bois & l'écorce, on auroit dû
appercevoir le haut de l'entaille *y* humide, ce qui n'est point
arrivé dans l'expérience.

A l'égard de l'entaille *q*, elle resta toujours seche, quoiqu'il
passât sûrement beaucoup d'eau dans les rameaux de cette branche. M. Hales en donne une très-bonne raison : il est, dit-il,
prouvé par d'autres expériences, que la partie de la branche qui
est au dessus de l'entaille tire & transpire trois ou quatre fois plus
d'eau que la pression d'une colonne d'eau de sept pieds de hauteur, ne peut en pousser du bas de la tige jusqu'à *q*, qui en est
éloigné de trois pieds : donc, conclut-il, l'entaille doit rester
seche, malgré la quantité d'eau qui passe par la tige. Cette
raison est très-bonne, mais elle ne sert de rien pour expliquer
ce qui est arrivé à l'entaille inférieure. La forte pression d'une
colonne d'eau de douze pieds pouvoit bien forcer le fluide à
passer par les vaisseaux séveux, & mouiller le bas de l'entaille *y* ;
mais pour que l'humidité se fût manifestée au haut de cette
entaille, il auroit fallu qu'une partie de la seve, eût pu redes-
cendre, & cela ne se pouvoit à cause que la grande transpiration consommoit tout ce qui s'en étoit élevé : si donc la force
de succion des feuilles est plus grande que la quantité d'eau qui
passe dans la tige, cette force s'exercera sur la partie supérieure
de l'entaille *y* qui restera toujours desséchée ; & pour que la seve
descendante (supposé qu'elle existe) eût pu paroître à la partie
supérieure de cette entaille, il auroit fallu qu'il fût monté jusqu'au plus haut de la branche plus de liquide qu'il ne s'en pouvoit dissiper par la transpiration ; car alors la partie surabondante
seroit descendue vers les racines, ce qui ne pouvoit être dans
l'expérience rapportée ; & si l'on a apperçu de l'humidité à la
partie inférieure de l'entaille *y*, je crois que cette humidité avoit
été produite par la pression de cette colonne d'eau de douze
pieds qui étoit contenue dans la longue branche *l a* du siphon.
Au reste, M. Hales a rempli son objet. Comme quelques Physiciens ont cru que la seve ne s'élevoit que par l'écorce & le bois
nouvellement formé, son expérience prouve très-bien qu'elle
peut s'élever aussi par le bois du cœur des arbres.

Dans le même-temps, M. Hales répéta la même expérience
sur des branches de différentes especes d'arbres, & elles eurent

Pl. IV.
Fig. 30.
un pareil fuccès ; mais outre cela, il ajufta au fiphon *r z a l*,
(*fig.* 30.) d'autres branches, du bout defquelles il n'avoit enlevé
ni l'écorce, ni le bois nouvellement formé ; il s'étoit feulement
contenté d'enlever l'écorce à l'endroit de l'entaille *y*, trois pouces au deffus du point *r* : le bas de la plaie fe trouva également
humide, & la partie fupérieure refta feche : il eft donc probable,
dit M. Hales, que la feve monte entre l'écorce & le bois auffi
bien que dans les autres parties : & en effet, puifqu'il a été prouvé
par quantité d'expériences, que la plus grande partie de la feve
eft élevée par l'action de la chaleur du Soleil fur les feuilles, il
eft très-probable auffi que la feve doit monter par l'écorce qui
eft la partie du tronc la plus expofée au Soleil. De plus, fi on fait
attention que la feve doit être prefque réduite en vapeurs pour
être en état de traverfer les vaiffeaux les plus fins des arbres, on
conçoit que la chaleur du Soleil fur l'écorce doit plutôt difpofer
cette liqueur extrêmement raréfiée, à monter qu'à defcendre.

Quoique ce raifonnement de M. Hales me paroiffe très-probable, je perfifte cependant à attribuer en partie l'humidité qui
s'eft fait appercevoir à la partie inférieure de la plaie *y*, à l'effet
de la preffion de l'eau contenue dans le tuyau *l a* ; & la féchereffe du haut de la plaie, à la grande tranfpiration. Au refte, il
ne s'agit pas ici d'examiner fi la feve monte, ou par le bois, ou
par l'écorce, ou à travers le bois & l'écorce ; mais il eft important de connoître, fi dans l'ordre naturel, & indépendamment
de toute preffion, il y a une partie de la feve qui foit afcendante
& une autre qui foit defcendante : les obfervations fuivantes
pourront éclaircir cette queftion.

J'ai déja dit, (*Livre IV.*) en parlant des Greffes, que j'avois
greffé un jeune Orme fur le milieu de la tige d'un autre plus gros
Pl. V.
Fig. 39.
qui étoit près de lui ; (*Voyez* Pl. V. *fig*, 39.) quand l'union fut
bien formée, je coupai le plus petit de ces deux Ormes en *a*,
tout auprès de terre : loin de périr, il continua pendant plufieurs
années à pouffer des feuilles fur les rameaux *b*. Il eft vrai que le
chicot *a d* ne groffiffoit pas proportionnellement à l'arbre *c* ;
mais on fent bien que ce chicot ne pouvoit fubfifter que par la
feve qui defcendoit de l'Orme *c*.

M. Perrault rapporte une expérience à peu près femblable :
Dans une paliffade de Charmes fort élevée, dit-il, où plufieurs
arbres

Pl. V.

arbres s'étoient greffés les uns sur les autres, on scia la tige d'un d'entre eux, qui étoit gros comme le bras, à un pied & demi au dessous de la greffe, & l'on interposa une pierre plate entre les deux bouts coupés : cette opération fut faite dans le mois de Février : au printemps suivant, les branches qui étoient au dessous de la greffe pousserent de petits jets garnis de feuilles aussi vigoureuses que celles qui étoient au dessus de cette greffe, & il se trouva entre autres une branche de la grosseur du pouce placée à un pied au dessous de l'insertion, laquelle poussa des feuilles dans la premiere & la seconde année.

C'est pour cette même raison qu'une branche *a*, divisée en deux rameaux *b c*, (*fig.* 33.) dont on aura plongé le rameau *c* dans l'eau contenue dans un vase *d*, entretiendra long-temps la verdeur de l'autre rameau *b* qui sera resté à l'air libre : on voit donc par cet exemple qu'il est nécessaire que pour cet effet la seve monte de *c* vers *a*, puisqu'elle redescend de *a* en *b*.

Fig. 33.

M. Hales rapporte, dans sa *Statique des végétaux*, une expérience qui prouve encore bien mieux que la seve a la propriété de se communiquer en tout sens aux branches qui ont besoin de nourriture. Si on greffe, dit-il, l'arbre *b* (Pl. V. *fig.* 34.) à l'arbre *a* & à l'arbre *c*, comme on le voit aux points *x* & *z*; lorsque l'union sera bien formée, on pourra arracher ou couper l'arbre *b* sans craindre qu'il meure, parce qu'il sera nourri par les deux arbres *a* & *c*. Voilà des effets bien marqués de la déviation de la seve. J'en vais encore rapporter d'autres qui, pour être plus communs, n'en sont pas moins propres à démontrer cette vérité.

Fig. 34.

Si l'on dispose une plante de maniere que ses plus longues racines trempent dans l'eau, (*fig.* 35.) les autres racines restées à l'air croîtront, sur-tout si l'on a l'attention de les tenir à couvert du Soleil : cela ne réussit cependant pas à toutes sortes d'arbres ; car on peut se rappeller que nous avons dit dans le Livre IV, que les racines contenoient des germes de branches qui se développoient quand elles se trouvoient à l'air : & en effet, si l'on fait un fossé auprès d'un Orme, tel que *a*, (*fig.* 36.) en tirant hors de terre une de ses racines *b*, cette racine produira presque toujours des rameaux. Si la seve suivoit toujours constamment la même route, elle devroit s'élever dans la tige *a*,

Fig. 35.

Fig. 36.

Pl. V. au lieu de se porter en partie vers *b* pour la formation du petit arbre *c* : cet effet de la déviation de la seve est cependant encore moins surprenant que les précédents, puisque, comme le dit M. Hales, aussi-tôt qu'il s'est développé un petit bourgeon sur la racine *b*, ce bourgeon se trouve pourvu d'une force de succion qui détermine la seve à lui porter de la nourriture ; & cela s'opere de la même maniere que l'eau s'échappe par un petit tuyau qu'on auroit soudé sur un gros. Il y a encore quantité d'expériences qui prouvent que la seve peut prendre une route entiérement opposée à celle qu'elle suivoit dans son état naturel : M. Hales nous en fournit une preuve que nous ne devons pas passer sous silence.

Fig. 37. Vers la mi-Août, à midi, M. Hales prit une grosse branche de Pommier, (*fig.* 37.) dont il garnit la coupe *a* avec du mastic recouvert de peau de vessie mouillée ; ensuite il coupa le principal rameau en *b*, où il avoit six huitiémes de pouces de diametre. Il fit tremper cette extrêmité *b* dans une bouteille remplie d'eau ; la branche ainsi posée se trouvoit renversée & avoit son gros bout en en-haut : en trois jours & deux nuits elle tira & transpira quatre livres deux onces & demie d'eau, & les feuilles dont les rameaux latéraux étoient garnis, conserverent leur verdeur pendant que celles d'un autre rameau séparé qui ne trempoit point dans l'eau, se fanerent quarante heures avant celles-ci : il est donc évident que l'eau s'élevoit en sens contraire de sa route naturelle ; après avoir suivi la direction *b c d a*, elle descendoit ensuite dans les branches par les directions *e f g h*.

On peut joindre à cette preuve de la facilité dont la seve est douée pour se distribuer, en suivant dans les arbres une route contraire à celle qu'elle suit naturellement, les expériences que nous avons rapportées dans le Livre IVe : 1°, celle d'un Pommier sur Paradis qui avoit été élevé dans une caisse à travers du fond de laquelle sa tige passoit, & qui a subsisté assez long-temps en cet état ; 2°, celle d'un Orme greffé par approche sur un autre Orme, & qui après avoir été arraché pour être replanté, ses racines en en-haut, a produit des rameaux sur ces mêmes racines ainsi exposées à l'air ; 3°, celle des boutures de plusieurs arbres, & particuliérement de Saule, qui ont repris, quoique plantées dans une situation renversée ; à quoi nous ajoutons ici

celles de la Ronce, (*fig.* 42.) qui après avoir produit des racines
en *a*, fournit de la nourriture aux deux extrêmités oppofées *b* &
c ; 4º, celle de la teinture d'encre qui eft entrée dans des branches qu'on y avoit plongées par le petit bout. Néanmoins ces
mêmes expériences prouvent que la feve a beaucoup moins de
difpofition à fe porter du petit bout vers le gros, que du gros
bout vers le petit ; car M. Bonnet a fait voir que dans le premier
cas, les branches qu'il plongeoit dans l'encre par leur petit bout,
ne laiffoient voir que des traits bien foibles de cette couleur : les
boutures de mes expériences plantées par ce petit bout ont pouffé
avec moins de force, & les groffes boutures de Saule ont formé
à l'extérieur de groffes côtes ou nervures très-faillantes qui n'é-
toient point dans l'ordre naturel ; cependant tous ces dérangements fe réparent peu à peu, & par la fuite les boutures renverfées deviennent pareilles à celles qu'on plante par le gros
bout ; c'eft apparemment par la raifon que les vaiffeaux qui
viennent à fe développer dans cette fituation forcée font différemment organifés que ceux qui étoient formés dans l'ordre
naturel.

Ajoutons à cela les expériences que j'ai rapportées ci-deffus
dans le quatrieme Livre, fur le fuc coloré de l'Eclaire ; & une
autre de M. Perrault, qui fait voir que fi l'on coupe une tête
de pavot avant fa maturité, on apperçoit un fuc blanc qui fort
de la partie d'en-bas, & qui fe portoit vers le haut ; & que l'on
voit découler de la partie d'en-haut un fuc jaune dont le cours
tendoit en en-bas. Il ajoute encore, qu'ayant ajufté un petit rameau d'Orme à un entonnoir, & qu'ayant placé alternativement
le petit & le gros bout en en-haut, l'eau qui étoit contenue
dans l'entonnoir traverfoit ce rameau quand le gros bout étoit
en en-haut, & qu'elle ne paffoit point lorfqu'il plaçoit le petit
bout dans la même pofition ; mais que le contraire arrivoit
quand, en place de l'eau, il rempliffoit l'entonnoir d'Efprit-de-
vin ; qu'alors cette liqueur fpiritueufe paffoit plus aifément du
petit bout vers le gros, que de ce gros bout vers le petit. Je
n'ai point répété ces expériences ; mais celles que j'ai citées en
premier lieu femblent prouver qu'il y a dans les arbres un nombre de gros vaiffeaux organifés de façon à permettre à la feve de
monter, & qu'il s'y trouve moins de vaiffeaux propres à per-

Pl. V. mettre à cette même feve de fuivre une route oppofée.

Les obfervations que M. Gautier a faites en Canada fur l'écoulement des pleurs de l'Erable, prouvent, ce me femble, que cette liqueur lymphatique découle de la partie fupérieure des entailles, & par conféquent du haut de l'arbre vers le bas : on peut confulter ce que nous en avons dit dans le Traité des Arbres & des Arbuftes, au mot *Acer*, & encore ici plus haut à l'Article des pleurs. Les expériences que j'ai faites en France fur des Erables, m'ont fait voir que cette liqueur fuinte & des branches & des racines : en effet, fi dans la faifon des pleurs on coupe la racine d'un Erable, comme dans la *fig.* 38, on remarquera qu'il fuinte plus de fuc du bout *b* qui répond au tronc que du bout *a* qui répond aux racines chevelues : le mouvement de la feve de bas en haut, & du haut en bas, ne doit donc pas être regardé comme une fuppofition abfurde, ou dénuée de toute preuve.

Fig. 38.

A l'égard de cette portion de feve qui defcend dans le chicot *a* de l'arbre de la *fig.* 39, dans toutes les parties des arbres, comme en *a* & en *c*, (*fig.* 34.) & dans les branches *e f g h* de la *fig.* 37. Tout cela n'offre rien de furprenant ; car, quand on prétendroit, ce qui n'eft pas hors de vraifemblance, que la feve s'éleve par le même méchanifme qui fait élever les vapeurs, on ne pourroit pas nier que les feuilles qui font les organes de la tranfpiration ne puffent déterminer la feve à fe porter de leur côté. Or, par exemple, comme les branches *e f g h* de la *fig.* 37, font garnies de feuilles, elles doivent déterminer la feve à quitter fa route naturelle, pourvu qu'on fuppofe que cette caufe du mouvement de la feve eft plus puiffante que celle qui détermine les vapeurs à s'élever : mais en fuppofant ainfi deux caufes différentes qui agiront féparément fur la feve, il eft clair qu'elles agiront de concert dans les branches, lorfque, fuivant l'ordre naturel, cette feve s'éleve verticalement, au lieu qu'elles fe contrarieront dans des branches dont l'extrêmité feroit tournée vers la terre, & c'eft ce qui fait que dans ce dernier cas, les productions font bien plus foibles que quand tout fe paffe dans l'ordre ordinaire de la nature. Je n'infifterai pas davantage fur ces conjectures ; mais je crois devoir rapporter ici le fentiment de M. Hales fur le mouvement rétrograde de la feve.

Fig. 39.

On a, dit-il, plufieurs preuves évidentes, dans la Vigne, &

dans d'autres arbres qui pleurent, de l'alternative des mouvements, tantôt progreſſifs, & tantôt rétrogrades de la ſeve, ſelon
la différente température du jour & de la nuit : il eſt donc fort
croyable que la ſeve de tous les arbres ſouffre les mêmes alternatives de mouvement par la ſucceſſion des jours, des nuits, du
chaud, du froid, de l'humidité, de la ſéchereſſe : dans tous les
arbres, la ſeve doit probablement ſe retirer, en partie, du ſommet des branches lorſque le Soleil les abandonne ; car la raréfaction ceſſant avec la chaleur, la ſeve raréfiée qui contenoit
beaucoup d'air ſe condenſera, & occupant moins d'eſpace,
l'humidité des pluies & des roſées ſera attirée par les feuilles,
qui pendant la chaleur laiſſeront échapper la tranſpiration. On
voit par-là que M. Hales admet un balancement alternatif
cauſé par la chaleur & par le froid, & qu'il l'emploie pour expliquer les obſervations qui ſemblent établir qu'une portion de la
ſeve ſuit quelquefois un mouvement rétrograde pour ſe porter
vers les racines.

Quoique ce raiſonnement de M. Hales paroiſſe très-ingé-
nieux, & bien vraiſemblable, je ne puis cependant le concilier
avec une obſervation de M. Gautier qui aſſure avoir bien remarqué que la liqueur qui découle de l'Erable au printemps, ſuinte
de la partie ſupérieure des plaies, & ſeulement quand l'air eſt
chaud : je joins à cette obſervation qui a été faite en Amérique,
une expérience que j'ai executée en France, & qui m'a fait voir,
qu'au printemps, avant que les boutons ſe fuſſent épanouis, &
quand il faiſoit chaud, la lymphe d'un Sycomore que j'avois
ſéparé de ſa ſouche, & que je tenois ſuſpendu dans ſa direction
naturelle, ſuintoit & rendoit des pleurs.

On me reprochera peut-être d'avoir cherché à augmenter la
difficulté de cette préſente queſtion, en oppoſant ainſi obſervation à obſervation : mais on éprouve tous les jours en Phyſique
que ce n'eſt qu'en raſſemblant beaucoup de faits qu'on apperçoit combien les cauſes ſont cachées : néanmoins comme l'examen des faits nous garantit de donner dans l'illuſion, nous devons le regarder comme un guide qui, s'il ne nous conduit pas
au but où nous tendons, nous empêche du moins de nous éga-
rer ; ainſi je ne crains point d'être blâmé ſi j'inſiſte plus ſur les
faits que ſur les cauſes.

On lit dans les Mémoires de l'Académie Royale des Sciences, l'expérience suivante de M. Mariotte : il dit, que si l'on plonge dans l'eau une plante d'Eclaire coupée près de terre, enforte que l'extrêmité qui porte les feuilles soit entiérement submergée, & si l'on met une semblable plante seulement tremper par le bout de sa tige coupée, on verra au bout de cinq ou six jours, & après avoir coupé la tige de ces plantes près des feuilles, qu'il sortira de la plante, dont les feuilles étoient plongées dans l'eau, beaucoup de suc jaune, mais peu coloré ; au lieu que l'autre plante en fournira en moindre quantité, mais plus coloré. Ce Physicien prétend prouver par-là le retour de la seve vers les racines ; mais cette expérience n'a pas grande force : car, si les feuilles ont sucé une partie de l'eau dans laquelle elles nageoient, ce suc jaune aura été nécessairement délayé, & c'est ce qui l'aura rendu plus abondant, plus coulant, & moins coloré : mais on peut se rappeller, qu'en parlant du suc propre dans le premier Livre de cet Ouvrage, nous avons rapporté des expériences faites sur des plantes qui ont leur suc coloré ; & ces expériences prouvent assez bien que ce suc coule en plus grande abondance des branches vers les racines, que des racines vers les branches. On se rappellera encore que, dans ce même Article, nous avons dit, qu'après avoir enlevé sur un Cerisier une partie d'écorce de la largeur d'un pied, & recouvert la plaie d'une couche de peinture en détrempe, pour empêcher la plaie de se fermer, & ensuite d'une enveloppe de paille, afin de prévenir le desséchement, il découla, mais du haut de cette plaie seulement, une prodigieuse quantité de gomme, & qu'il n'en sortit en aucune façon de la partie inférieure. J'avois déja dit dans mon Traité des Arbres & Arbustes, que dans plusieurs arbres le suc résineux paroissoit ne suinter que vers le haut des plaies. Toutes ces observations semblent prouver assez clairement le retour du suc propre des branches vers les racines : on en trouvera encore ici de fortes preuves dans le quatrieme Livre aux Articles où nous traitons des plaies des arbres, des boutures & des greffes. Et en effet, puisqu'on voit toujours qu'il se forme au bas des boutures, aux points d'où doivent naître des racines, un bourrelet ligneux & cortical ; puisqu'au bas d'une greffe en feute qu'on applique sur un gros arbre, on apperçoit toujours

Pl. V.

un épanchement ligneux qui en recouvre la coupe ; puifque les bourrelets qui forment les cicatrices font toujours formés par une émanation qui fort du haut de la plaie, & jamais du bas ; puifque fi on ferre fortement avec un lien le corps d'un arbre, il fe forme toujours un bourrelet au deffus de ce lien, & prefque point au deffous, ne doit-on pas conclure de tous ces faits que ces productions font formées par une feve qui defcend ? A toutes ces expériences rapportées ci-devant dans le quatrieme Livre, & qu'on fera bien de confulter, nous en ajouterons une autre dont nous n'avons point encore parlé : elle m'a paru très-propre à démontrer qu'une partie du fuc nourricier defcend vers les racines.

Dans des vues particulieres, dont nous aurons occafion de parler ailleurs, je fis dans le temps de la feve écorcer une foixantaine de gros arbres, comme on en peut voir un, (Pl. V. *fig.* 40.) depuis les racines *a* jufqu'en *b*, tout près des branches : les plus gros de ces arbres ne moururent ni dans la premiere, ni dans la feconde année, quelques-uns même fubfifterent jufqu'à la quatrieme : la plupart de ces arbres n'avoient fait aucune production en *a*, mais l'écorce s'étoit un peu gonflée vers *b* ; & à cette partie on voyoit fortir d'entre le bois & l'écorce des productions corticales & ligneufes, qui étoient adhérentes à l'ancien bois, & qui s'étendoient quelquefois en defcendant jufqu'à la longueur d'un pied. Il me paroît qu'une pareille obfervation faite fur une telle quantité d'arbres, prouve, ainfi que celles que nous avons rapportées dans le quatrieme Livre, qu'une portion du fuc nourricier defcend vers le bas ; il femble même qu'il eft indifpenfable que cela foit ainfi pour la production des racines.

Fig. 40.

Ce retour néceffaire de la feve pour la formation des racines, eft encore prouvé par une obfervation rapportée dans le Livre déja cité, où l'on a vu que les lobes des graines, qu'on peut regarder comme les mamelles des plantes, fourniffent en premier lieu de la nourriture à la jeune racine, laquelle prend de l'accroiffement avant que la tige fe manifefte.

Je prie qu'on faffe attention qu'il ne s'agit point ici d'établir une circulation réelle, je ne me propofe, comme je l'ai déja dit, que d'examiner par la voie des expériences & des obfervations, fi la feve fe divife en deux portions, dont l'une foit afcendante, & l'autre foit defcendante : ce reflux de la feve vers les racines s'accorde à merveille avec la dépendance réciproque des branches & des racines : tout arbre qui aura de belles & grandes branches, aura certainement de belles racines ; & tout arbre qui fera pourvu de belles racines aura par conféquent de belles & vigoureufes branches : cela a été prouvé par quantité d'obfervations. Mais, dira-t-on, fi les racines font formées par le fuc nourricier qui vient de l'arbre, comment pourront fub-fifter les racines d'un grand arbre qu'on abattroit à fleur de terre ? Cette objeftion m'a engagé à faire abattre rez-terre un gros Noyer ; & l'été fuivant j'en fis arracher la fouche & chercher fes racines en terre, voulant examiner en quel état je les trouverois. J'en vis plufieurs groffes qui étoient mortes ; ce qui m'a fait penfer que le foupçon que j'avois conçu fur le reflux de la feve, & fon effet fur les racines, étoit affez pro-bable.

Dans la plupart des expériences, foit dans celles qui font rapportées au quatrieme Livre de cet Ouvrage, foit dans celles dont je viens de parler préfentement, il femble que le retour de la feve fe faffe entre le bois & l'écorce : on a vu dans un des Articles précédents, les expériences qui ont été exécutées pour éclaircir cette queftion ; nous examinerons dans l'Article fuivant ce que les obfervations nous ont appris fur la circu-lation de la feve.

ART. XI. *Difcuffion fur la circulation de la Seve.*

LES ANATOMISTES ont penfé pendant bien long-temps que le fang pouffé par le cœur étoit diftribué dans toutes les parties du corps des animaux, fans pouvoir imaginer que fon retour pût fe faire vers ce vifcere : mais enfin, le retour du fang par les veines ayant été par la fuite bien clairement prouvé, & la circulation du fang bien établie, tous les Phyficiens furent étonnés de ce qu'une découverte auffi importante, & en appa-rence auffi aifée à faire, eût pu refter fi long-temps cachée à ceux même qui s'étoient le plus particuliérement occupés de l'économie animale. En effet, fans le retour de cette liqueur, que pouvoit devenir toute cette maffe de fang qui étoit porté par

les

les arteres vers les extrêmités ? Quelle étoit la fource qui pouvoit fournir ainfi fans cefse au cœur la quantité de fang qu'il chaffe à chaque pulfation vers les extrêmités ? On s'appercevoit bien dans l'opération de la faignée, que le fang des veines arrêté par une ligature, s'accumuloit dans les vaiffeaux au deffous des bandelettes ; & cependant un fait fi généralement connu ne jettoit encore aucun jour fur la circulation du fang. Cette belle découverte étoit réfervée au grand Harvey ; mais bien-tôt elle fut adoptée par tous les Anatomiftes ; & dès ce moment les Phyficiens crurent être autorifés à voir la circulation des liqueurs dans toutes les productions de la nature, & particulié-rement dans les plantes : néanmoins cette circulation dans les végétaux n'eft point encore tellement établie, qu'elle n'éprou-ve aucunes contradictions.

Les Phyficiens regardent avec raifon les végétaux comme des êtres vivants : les uns engagés par l'analogie que les plantes ont avec les animaux, admettent la circulation de la feve : Malpighi, Major Médecin de Hambourg*, Parent, Mariotte, De la Hire, font de ce nombre : d'autres Phyficiens, craignant qu'on ne s'égare en accordant trop à l'analogie, ont nié qu'il y eût dans les plantes une vraie circulation ; de ce nombre font, entr'autres, Dodart, Duclos, Magnol, MM. Hales & Bonnet : je me propofe de difcuter ici les preuves qu'ils ont alléguées de part & d'autre pour foutenir leurs fentiments ; mais aupara-vant il eft néceffaire de bien établir ce qu'on entend par la cir-culation des liqueurs ; car ceux qui la nient relativement à la feve, ne laiffent pas d'admettre que les liqueurs des végétaux ont divers mouvements, felon différentes directions, & il eft important de ne pas confondre ce mouvement avec celui d'une véritable circulation.

Le fang eft chaffé par le cœur, & porté par les arteres dans tout le corps de l'animal ; ce même fang, après en avoir abreuvé toutes les parties, & après avoir fubi dans fa route des fécrétions qui tendent, foit à des dépurations, telles que l'urine, la fueur, &c. foit à l'extraction des liqueurs deftinées à des ufages impor-tants, telles, par exemple, que la falive, la bile, le fuc pancréa-tique, &c. qui doivent fervir à la chylification ; après qu'il a

* Differtation particuliere qui a pour titre ; *De Plantâ monftruosâ Gottorpienfi.*

Partie II.   R r pourvu à la nourriture des différentes parties qu'il arrose, ce fang eſt reporté au cœur par les veines ; enfin, ſa maſſe augmentée par l'addition d'un nouveau chyle, & perfectionnée dans les poumons par une préparation importante, eſt de nouveau chaſſée par le cœur dans toutes les parties de l'animal. Voilà une idée ſuccincte de la circulation du fang dans le corps des animaux : il s'agit maintenant de ſavoir ſi une pareille circulation peut avoir lieu dans l'économie végétale.

J'ai cru devoir commencer par établir ce qu'on doit entendre par la vraie circulation dans les corps organiſés, pour la diſtinguer d'une autre eſpece de circulation qu'on apperçoit dans toute la nature : car c'eſt de cette circulation que Mariotte entend parler quand il dit, qu'il s'établit par les labours une ſorte de circulation ; puiſqu'en les faiſant on ſubſtitue auprès des racines une terre fertile à la place de celle qui étoit épuiſée par la ſuccion des racines ; ou encore quand il remarque, qu'il y a une circulation perpétuelle dans les eaux de notre globe ; que ces eaux ſont d'abord élevées en vapeurs, & qu'enſuite après avoir été condenſées, elles retombent en forme de pluie, pénetrent la terre, & forment les ſources dont l'eau eſt de rechef enlevée en vapeurs. Cette eſpece de circulation n'eſt point celle dont il s'agit relativement aux corps organiſés : ſi cela étoit, Dodart & M. Hales qui nient la circulation de la ſeve, ne pourroient ſe refuſer de l'admettre, puiſque ces Phyſiciens conviennent que la ſeve eſt tantôt aſcendante, & tantôt deſcendante ; mais avec cette différence de la part de Dodart, qu'il penſoit que ces deux ſeves n'étoient pas de ſemblable nature, & qu'elles étoient chacunes contenues dans des vaiſſeaux qui leur étoient propres ; au lieu que M. Hales n'admet qu'une même eſpece de ſeve, qu'il dit être contenue dans des vaiſſeaux qui n'ont aucune différence dans leur organiſation, & il prétend qu'elle s'éleve ou qu'elle redeſcend ſuivant des circonſtances particulieres ; qu'elle eſt aſcendante pendant la chaleur du jour, & rétrograde lorſque l'air s'eſt refroidi ; mais ni l'un ni l'autre n'admet une vraie circulation, & telle que l'admettoient Parent & Mariotte, dont voici ſur cela quelles étoient les idées.

L'humidité dont les plantes ſont nourries monte au ſortir des racines dans la tige, dans les branches, dans les feuilles, dans les fruits, &c. pourvue de qualités convenables à chacune de

ces parties; & après y avoir déposé ce qu'elle a de propre pour
leur nourriture & pour leur accroissement, le reste qui leur
devient inutile descend dans les racines pour y recevoir une
nouvelle coction & une nouvelle préparation; ensuite ce fluide
après s'être uni aux nouveaux sucs que les racines tirent de la
terre, remonte dans les parties supérieures des plantes : on voit
que tout cela suppose une circulation semblable à celle du sang
des animaux, conformément à l'idée que nous en avons donnée plus haut. Après avoir rapporté en gros le sentiment de ceux
qui se sont déclarés pour la circulation, venons aux preuves
dont ils ont étayé ce système.

Toutes les parties des plantes qui croissent ou qui se perfec-
tionnent, telles que sont les bourgeons, les feuilles & les fruits,
exigent continuellement la présence d'un suc nourricier qui
doit être cuit, préparé, en un mot altéré & approprié à la nourriture de chaque partie : or, de quelque façon que se puisse opérer cette préparation, il paroît difficile d'imaginer qu'une opération aussi importante & aussi compliquée se fasse en un moment,
& par le seul trajet d'une liqueur qui entre par les racines pour
s'élever tout de suite & assez rapidement jusqu'au sommet de la
plante; au lieu qu'il est, ce me semble, plus naturel de penser que
ces opérations s'exécutent à différentes reprises, ainsi que la séparation des parties utiles & nourricieres d'avec celles des parties
inutiles ou superflues, lesquelles pourront changer de nature par
la circulation & l'élaboration qui s'opèrent à plusieurs reprises
dans les visceres des plantes; & que les parties nuisibles & excré-
menteuses seront expulsées par la voie des transpirations sensibles
& insensibles. Il faut convenir que ces réflexions entraînent à
croire que la circulation des liqueurs est aussi nécessaire pour
la préparation du suc nourricier des végétaux, que pour celui
des animaux : malheureusement ce ne sont là que des raisons de
convenance, qui n'emportent point avec elles une conviction
parfaite; mais les preuves plus directes ne nous manquent peut-
être, que parce que nos connoissances sont extrêmement bornées sur le méchanisme qui peut opérer les préparations du suc
nourricier. Concevons-nous, par exemple, comment, dans un
Pêcher greffé sur Prunier, la même seve qui nourrissoit le Prunier, va nourrir plus haut le bois du Pêcher ? comment une

Orange greffée fur un Citronier peut conferver fa nature d'orange fans participer en rien de celle du Citron? Au refte il n'y a pas lieu d'être étonné de cette incertitude, puifque les Anatomiftes qui peuvent fuivre par les injections la route entiere de la circulation du fang, n'ont pu encore acquérir d'idées claires & diftinctes fur le développement & la nutrition des parties des animaux : nous fommes donc réduits à attendre que la fagacité & l'induftrie des Phyficiens ait pu porter de nouvelles lumieres fur cette nutrition, foit à l'égard des animaux, foit à l'égard des végétaux ; mais il faut, quant à préfent, convenir qu'on a peine à concevoir qu'une feve, pour ainfi dire, crue & indigefte, & telle que les racines la tirent de la terre, puiffe, avant d'avoir reçu aucunes préparations dans l'intérieur de la plante, fervir en cet état, & prefque dans le moment, à la nourriture des racines mêmes qui la pompent : Magnol foutient cependant que cela eft ainfi ; & voici comme il prétend le prouver.

Il eft certain, dit-il, que quand on abat un arbre à fleur de terre, les racines ne meurent pas ; cependant elles devroient périr, ajoute-t-il, fi elles n'étoient nourries que des fucs qui proviennent du tronc & des branches. Comme cette objection a quelque chofe de fpécieux, je me fuis propofé de connoître ce qui arrivoit aux racines d'un arbre ainfi abattu ; & pour cet effet, je fis couper à fleur de terre, comme je l'ai dit dans l'Article précédent, la tige d'un gros Noyer, & un an après je fis découvrir, le plus exactement qu'il fut poffible, toutes les racines de cette fouche, & j'en trouvai quantité qui étoient mortes : l'expérience de Magnol, fuivie avec foin, pourroit donc être plus favorable que contraire à la circulation : je n'ai, à la vérité, exécuté cette expérience qu'une feule fois, & fur un gros arbre ; mais il eft très-certain que les arbres ne pouffent en racines que proportionnellement à leurs productions en branches : un arbre qu'on affujettit par le moyen de la taille à refter nain, ne produit jamais autant de racines que celui qu'on laiffe venir en pleine liberté : un Tilleul, un Orme même, qui fera tondu en boule d'Oranger, n'aura point d'auffi groffes racines que ceux qu'on laiffe croître en liberté. Si ces obfervations n'établiffent pas une vraie circulation dans la feve, au moins elles prouvent

affez bien, ce me femble, le retour qui fe fait d'une portion de
la feve pour fervir au développement & à la nourriture des racines.

Avant de terminer ce qui concerne les racines, je dois faire
remarquer que, fi l'on rompt l'extrêmité des racines d'un pied
d'Eclaire, ou de Thytimale, (ou de toute autre plante dont le
fuc propre foit naturellement coloré,) on appercevra fuinter
le fuc jaune de l'Eclaire, & le fuc blanc du Thytimale : eft-il
probable que ces fucs ayent acquis leur couleur & leur vertu
cauftique, fans que la feve n'ait reçu aucune préparation dans
la plante ? Je ne prétends point décider par-là qu'il y ait dans les
plantes une véritable circulation ; mais j'avoue que j'incline
beaucoup à croire, qu'il y a une portion de la feve qui s'éleve
pour le développement des rameaux, & qu'une autre portion
redefcend pour opérer le développement des racines : cela
fuppofé, un fectateur de la circulation aura peine à comprendre
comment il fe peut faire qu'il ne s'éleve, ou qu'il ne defcende,
que la quantité de feve qui eft néceffaire pour l'une ou pour
l'autre de ces productions ; & il lui paroîtra plus naturel de
penfer qu'une partie de la feve qui fe fera portée vers les racines,
fe mêle & s'unit avec un nouveau fuc pour s'élever enfuite dans
le corps de l'arbre. Ce ne feroit pas pour un femblable fectateur
une objection folide de dire, qu'on n'apperçoit point dans les
végétaux deux efpeces différentes de vaiffeaux bien diftinctes
par leur conftruction, & dont on puiffe comparer les uns aux
veines, & les autres aux arteres ; car il fe pourroit bien faire que
ces vaiffeaux exiftaffent, quoique nous ne fuffions pas encore en
état d'en faire la diftinction. Il eft vrai que dans beaucoup d'arbres & de plantes, il eft aifé de diftinguer les vaiffeaux propres
d'avec les vaiffeaux lymphatiques ; mais j'avoue que je ne ferois
pas affez hardi pour affurer que les uns font l'office de veines,
& que les autres tiennent lieu d'arteres : mettons donc à part
cette diftinction de vaiffeaux propres, ou lymphatiques, & con-
tentons-nous de faire la remarque fuivante. On ne peut parvenir
par la diffection à diftinguer dans l'aîle d'un papillon les vaiffeaux
artériels d'avec les vaiffeaux veineux qui y exiftent ; cependant
avec le fecours d'un microfcope on y peut voir la circulation
des liqueurs, auffi fenfiblement que dans le corps d'un plus

Pl. V.

gros animal ; de plus, il eft certain que les vaiffeaux des plantes
font beaucoup plus fins que ceux des aîles des papillons. Cette
objection ne feroit donc pas fuffifante pour empêcher de foutenir
que la circulation eft commune à tous les êtres vivants, végétaux
ou animaux? Suivons préfentement les preuves qu'on a données
de la circulation, & voyons fi elles font affez fortes pour déterminer le parti que l'on doit prendre fur cette importante
queftion.

Si l'on tire hors de terre une racine d'Orme, elle produira
bien-tôt des bourgeons ; fi fur cette même racine on applique
une greffe, elle pouffera : il n'eft pas rare de voir les ronces
produire des racines en divers points de leurs branches qui
rampent à terre : fi l'on coupe une de ces branches rampantes

Fig. 42.

& enracinées, (Pl. V. *fig.* 42.) de maniere qu'on laiffe des
branches affez longues aux deux côtés de la racine, & fi on la
replante de façon que les deux bouts de la tige, celui *c* qui répondoit aux racines, & celui *b* qui étoit vers l'extrêmité de cette
branche, reftent hors de terre, alors cette branche pouffera par
fes deux bouts. Nous avons donné ci-devant plufieurs exemples
de boutures qui ont réuffi, quoiqu'elles euffent été mifes en
terre dans une fituation renverfée ; nous avons préfenté des
exemples d'arbres dont les racines mifes à l'air ont fait quelques
productions; nous avons même cité un autre exemple d'arbres
entiers greffés avec d'autres arbres, dont ils ont tiré toute leur
nourriture: nous avons dit encore que Perrault & M. Hales étoient
parvenus à faire paffer des liqueurs à travers des bâtons pris fur
des arbres de différente efpece, foit qu'on mît leur petit bout
ou leur gros bout en en-haut : on a vu que des liqueurs colorées
fe font élevées dans des branches, foit qu'elles euffent le petit
ou le gros bout en en-bas : enfin, nous avons fait ufage de ces
expériences pour prouver que la feve peut prendre, & qu'elle
prend en effet, des routes oppofées, & fuivant différentes circonftances ; foit que ces deux mouvements contraires s'operent
dans les mêmes vaiffeaux, comme le croit M. Hales, foit que
cette opération fe faffe par des vaiffeaux différents les uns des
autres, comme le penfoit Dodart ; & il paroît que la feve eft
déterminée à monter, ou à defcendre, par une caufe qui eft
indépendante de la forme des vaiffeaux qui la contiennent,

puifque les branches fe font toujours développées hors de terre, & au haut des arbres, dans le même temps que les racines fe font développées dans la terre & vers le bas des arbres : mais il faut remarquer que dans tous ces cas, les liqueurs ont paffé plus aifément du gros bout vers le petit, que du petit vers le gros bout ; que les boutures renverfées ont fait des productions moins vigoureufes que celles qui étoient plantées dans leur fituation naturelle ; & qu'il s'eft formé fur leur tronc des bourfoufflements qui indiquoient qu'il fe paffoit de grandes révolutions dans l'intérieur de ces boutures. Enfin, toutes ces expériences & quantité d'autres que nous avons rapportées, & qu'il feroit fuperflu de rappeller ici, prouvent, les unes, le reflux de la feve vers les racines, & les autres, que cette liqueur peut, fuivant différentes circonftances, changer de direction ; mais elles n'établiffent point qu'il y ait dans les plantes une véritable circulation ; je penfe la même chofe de toutes les opérations au moyen defquelles nous avons occafionné des bourrelets, foit en faifant des entailles à l'écorce, foit par des ligatures : paffons maintenant à d'autres preuves.

Le dépôt qui fe fait d'une humeur maligne fur une partie du corps d'un animal, reflue quelquefois dans la maffe du fang, & cette humeur en fe portant dans toute l'habitude du corps par la voie de la circulation, y occafionne une dépravation générale. Le même accident, difent les fectateurs de la circulation, arrive aux plantes : on a remarqué, difent-ils, que le vice de quelque partie d'une plante fe communique aux autres parties. J'obferverai d'abord avec M. Hales, qu'indépendamment de la circulation de la feve, & en n'admettant feulement que fon mouvement rétrograde, une pareille dépravation locale pourroit fe communiquer à toutes les parties d'une plante ; mais réfléchiffons un peu fur les exemples qui ont été rapporté par différents Auteurs.

Un arbre brouté par le bétail, ou dont les rameaux ont été détruits, foit par la gelée ou par la grêle, ne peut faire que de foibles productions jufqu'à ce qu'on l'ait récepé. Ce mal ne me paroît pas auffi confidérable que le repréfentent les partifans de la circulation ; car, quand tous les Chênes d'une forêt, ou tous les Ceps d'un vignoble font gelés, ce qui arrive fréquemment, les fouches ne laiffent pas de faire de nouvelles productions, quoiqu'on ne prenne pas le foin de couper les rameaux gelés : la grêle fait plus de tort aux plantes que la gelée, parce qu'elle meurtrit les jeunes branches en même temps qu'elle en détruit les bourgeons : le bétail leur eft encore plus funefte, parce qu'en broutant les jeunes pouffes à mefure qu'elles fe montrent, il fe forme en ces endroits quantité de nœuds, & il s'y développe une multitude de branches chiffonnes, qui confomment toute la feve fans qu'il s'y puiffe faire aucune belle production ; joignons à cela que comme le retranchement des nouvelles pouffes dans le temps de la feve, interrompt la tranfpiration, cela doit beaucoup fatiguer ces arbres : ainfi, indépendamment de toute circulation, on apperçoit un grand nombre de caufes qui peuvent influer fur la vigueur des plantes broutées, gelées, ou rompues par la grêle ; & pour détruire toute idée d'humeur maligne qui puiffe infecter les racines, il fuffit de remarquer que quand on abat à fleur de terre les arbres mutilés par le bétail, leurs racines re-produifent de très-beaux jets ; ce qui n'arriveroit pas fi elles étoient infectées d'un fuc corrompu qui leur proviendroit des anciennes branches, comme l'ont imaginé les fectateurs de la circulation.

On ne doit pas faire plus de cas de ce que ces Auteurs difent du Gui, auquel ils attribuent une qualité pernicieufe, capable de faire périr les arbres fur lefquels cette plante s'attache : nous convenons bien que le Gui fatigue les arbres qui en font chargés ; mais comme on fait que cette plante parafite s'approprie les fucs deftinés à nourrir l'arbre qui la porte, & qu'elle occafionne à l'endroit où elle s'attache une efpece d'exoftofe qui dérange le cours des liqueurs ; c'eft, ce me femble, affez y reconnoître une caufe très-naturelle du tort que le Gui fait aux arbres, & cette caufe eft abfolument indépendante de tout fyftême de circulation.

On peut, à plus forte raifon, en dire autant des *Lychen,* & des Mouffes, qui fans faire un tort bien confidérable aux arbres, fe rencontrent plutôt fur ceux qui font languiffants, & dont l'é-corce galeufe eft peut-être favorable à leur végétation, que fur ceux dont l'écorce trop liffe & trop unie ne peut retenir les femences de ces fauffes parafites.

Les partifans de la circulation ont encore cru trouver une
preuve

preuve bien propre à appuyer leur fentiment, dans l'effet qui réfulte du retranchement des feuilles. On fait, difent-ils, qu'on fatigue beaucoup les arbres lorfqu'on les effeuille, & qu'une Vigne chargée de verjus, mûrit mal fon fruit fi on lui retranche fes feuilles ; ils difent encore, (& nous ne le contèftons pas) que la feve reçoit des préparations importantes dans les feuilles ; mais ils ajoutent, que les plantes font fatiguées par la feve crue qui retourne aux racines par la voie de la circulation. Ne feroit-il pas auffi raifonnable de dire qu'on fatigue les arbres par le retranchement des organes de la tranfpiration & de l'imbibition ; organes qui donnent peut-être encore d'autres préparations importantes à la feve : or dès qu'un même effet peut être attribué à différentes caufes, il n'eft plus poffible de diftinguer préfément quelle eft celle qui le produit. C'eft ce qu'on peut encore objeéter à la preuve qu'on a voulu tirer des greffes : il y a, dit-on, des greffes qui épuifent leurs fujets, & qui les font périr ; parce que ces greffes abforbent trop de feve, & qu'il n'en retourne pas une fuffifante quantité vers les racines. Je crois qu'il y a effeétivement des greffes qui épuifent leurs fujets ; mais ce fait peut être indépendant de la circulation : une greffe peut pouffer de trop bonne heure au printemps ; elle peut pouffer avec trop de force ; elle peut tranfpirer beaucoup ; enfin, on peut auffi légitimement attribuer le dépériffement des fujets à une infinité d'autres caufes qu'à la circulation de la feve. Nous avons dit, dans le troifieme Livre de cet Ouvrage, que les lobes des femences commençoient par fournir de la nourriture aux jeunes racines ; & que ces racines en fourniffoient à leur tour, quelque temps après, aux lobes ; principalement quand ces lobes s'épanouiffent en feuilles : ainfi ces lobes doivent d'abord être regardés comme des mammelles qui, après s'être chargées de l'humidité de la terre, fourniffent de la nourriture à la jeune plante ; enfuite devenus des feuilles féminales, ils reçoivent la nourriture de la plantule, & ils font alors des organes de tranfpiration & d'imbibition : ces variations dans l'ufage de ces parties font bien fingulieres, elles ne peuvent exifter fans que la feve change de route ; mais, ces faits bien obfervés ne fourniffent pas encore une preuve fatisfaifante de la circulation de la feve. Je n'en dirois pas autant de l'expérience suivante, si elle étoit bien conftatée; mais j'avoue que je n'y aurai confiance qu'après que j'aurai pu l'exécuter moi-même avec beaucoup d'attention.

Si l'on choifit deux plantes femblables, que l'on en arrache une avec fes racines, que l'on coupe l'autre à fleur de terre, & qu'on en recouvre la coupe avec de la cire, alors il arrivera que celle-ci fera plutôt defféchée que celle dont on n'aura pas coupé les racines; & il ne faut pas croire, dit-on, que la plus grande durée de la vigueur de cette plante dépende de l'humidité, qui étant contenue dans la racine paffe dans le corps de la plante; car on a remarqué que les racines ne fe defféchoient pas plus promptement que le tronc & les branches; d'où l'on conclut que la durée de la plante garnie de racines, dépend de ce que la circulation y fubfifte; au lieu qu'elle eft, ou interrompue, ou beaucoup diminuée dans la plante privée de fes racines. Il faut avouer qu'il n'eft pas aifé d'exécuter cette expérience avec l'exactitude qu'elle exige; il faudroit pour cela que les deux plantes euffent une même maffe; car fi celle qui a des racines a plus de maffe que l'autre, elle fubfiftera plus long temps: il faut encore que les feuilles de l'une & l'autre plante aient des furfaces égales, fans quoi celle dont les feuilles auroient plus de furface, tranfpireroit davantage, & fe defféroit plus promptement.

Enfin, on a prétendu que l'on devoit être au moins déterminé par analogie, pour admettre la circulation de la feve comme une chofe probable. Les Anatomiftes penfent affez généralement que le fang formé eft néceffaire pour changer le chyle en fang; & de-là on conclut, que les nouveaux fucs que les racines tirent de la terre ont befoin d'être mêlés avec l'ancienne feve pour pouvoir acquérir la qualité d'une vraie feve, capable de fubvenir à la nourriture de toutes les parties des plantes. Il faut avouer que ce n'eft là qu'une raifon de convenance; mais en la joignant aux obfervations du même genre, qui ont été rapportées au commencement de cet Article, elles peuvent donner un degré de force à ce fentiment.

Les antagoniftes de la circulation ne fe font pas bornés à infirmer, autant qu'ils ont pu, les expériences & les raifonnements que nous venons de rapporter pour la défenfe de cette hypo-

thefe ; ils ont de plus entrepris de prouver par d'autres expériences, que la circulation n'avoit point lieu dans les végétaux :
je vais rapporter ces arguments contradictoires.

Magnol a foutenu que les préparations qu'on prétend que la
feve doit éprouver dans les plantes font une fuppofition tout-à-
fait gratuite ; & pour le prouver, il dit avoir mis une branche de
Tubéreufe tremper dans du fuc de *Phytolacca*, & que ce fuc s'é-
leva jufqu'à la hauteur des fleurs, fans avoir perdu de fa couleur ;
mais que les fleurs en prirent une teinture de couleur de rofe :
c'eft comme fi on difoit que le chyle n'a fouffert aucune altération dans le corps des animaux, puifque la teinture de la Garence qu'on leur auroit fait avaler parvient jufqu'à leurs os. D'ailleurs, qu'on fe rappelle ce que j'ai dit ci-devant, qu'un arbre
qu'on n'avoit nourri qu'avec de l'eau pure, a cependant produit
du bois, des feuilles, de l'écorce ; & que toutes ces parties ont
fourni, par une analyfe chymique, du fel, de l'huile, &c ; car il
me femble que toutes ces métamorphofes exigent que les parties
de l'eau aient éprouvé dans les plantes de grandes altérations ;
& il me paroît auffi néceffaire que le fuc, que les racines pompent de la terre, éprouve ces préparations pour qu'il puiffe être
en état de former le bois, l'écorce, la chair des fruits, la fubftance des amandes, &c. qu'il eft important que le chyle éprouve
de pareilles préparations pour pouvoir former les chairs, les
tendons, les cartilages, les os, la fubftance du cerveau, &c. Je
conviens cependant avec M. Hales, que le méchanifme de la
nutrition des plantes paroît être fort différent de celui qui opere
la nutrition des animaux : les plantes tirent & tranfpirent en
temps égaux, plus que les grands animaux : la plante de Soleil
que l'on nomme *Corona Solis* tranfpire dix-fept fois plus que le
corps de l'homme : les racines fucent pendant tout le cours du
jour ; les feuilles dans toute la durée de la nuit ; & les animaux
ne prennent leur nourriture que de temps en temps. Je n'ai
garde de prétendre, comme je l'ai déja dit, que la nutrition fe
faffe dans les végétaux de la même maniere que dans les animaux ; mais il faut remarquer que la digeftion des animaux fe
fait dans leur eftomac, au lieu que cette premiere préparation
de la feve s'opere probablement dans la terre, & peut-être la
fuccion des veines lactées eft-elle auffi permanente que celle
des racines.   Sf ij

M. Hales dit qu'un Chêne verd greffé fur un Chêne commun conferve fes feuilles pendant l'hiver, au lieu que le Chêne commun qui a fervi de fujet à cette greffe, les quitte ; & il ajoute, que ce phénomene ne peut convenir avec la circulation de la feve. Cependant le même M. Hales convient que dans certaines circonftances la feve a un mouvement rétrograde : donc la feve de la greffe doit quelquefois defcendre dans le fujet, pendant que d'autres fois la feve du fujet doit s'élever dans la greffe. Ainfi, fuivant ce célebre Phyficien, la circonftance de quitter ou de conferver fes feuilles, ne dépend point de la préparation de la feve ; donc elle tient à la difpofition des parties folides ; & fi cela eft ainfi, fon obfervation ne contrarie point la circulation de la feve.

Nous avons dit qu'un farment de Vigne que l'on avoit introduit dans une ferre chaude y avoit pouffé des feuilles, pendant que la partie de ce même farment qui étoit reftée au dehors de cette ferre demeuroit dans l'inaction. M. Hales a trouvé, au moyen de trois jauges remplies de mercure & maftiquées à différentes branches d'un même cep, que les unes pompoient la feve pendant que d'autres la repouffoient : je ne vois pas que ces expériences, qui font d'ailleurs très-fingulieres, puiffent fournir de fortes objections contre la circulation. Elles prouvent feulement que le mouvement de la feve fe trouve en différents états dans différentes branches d'un même cep, ou dans différentes parties d'un même farment ; cela eft en effet fort fingulier en foi, mais cela eft indépendant de la circulation : l'argument fuivant me paroît plus fort.

On a vu dans les belles expériences de M. Hales, rapportées à l'occafion de la tranfpiration des plantes, qu'en ne confidérant que la quantité des liqueurs qui s'échappent par cette voie, (dans un Chou, par exemple,) il faut que la feve paffe dans la tige de ce Chou avec une très-grande rapidité : or M. Hales remarque très-judicieufement, que fi on fuppofe la circulation de la feve, cette rapidité fera encore beaucoup augmentée : quoique ce ne foit là qu'une raifon de convenance, elle ne laiffe pas cependant d'avoir affez de force.

Le retour de la feve pourroit s'appuyer de quantité de preuves tirées, foit de ce que j'ai dit fur ce point dans un Article particulier, foit des obfervations que j'ai rapportées fur l'écoulement du fuc propre dans les plantes & dans certains arbres; mais M. de la Baiffe prouve qu'il y a une communication entre le fuc montant & le fuc defcendant, en affurant qu'il a vu le fuc propre prendre une couleur violette dans des Thytimales qui avoient pompé la teinture du *Phytolacca :* M. Bonnet dit avoir entrevu la même chofe dans des feves qui avoient pompé pendant quelques jours la teinture de Garence; ces feves avoient contracté extérieurement une couleur de Lilas qui paroiffoit plus foncée vers le fommet de leur tige que vers le bas.

Nous avons déja dit que Dodart & M. Hales, qui nient la circulation de la feve, conviennent néanmoins qu'elle eft tantôt afcendante, & tantôt rétrograde; & nous avons fait connoître que ces deux célebres Phyficiens ne font point de même fentiment fur les mouvements oppofés de la feve. Dodart penfoit que la feve afcendante étoit différente de celle qui retournoit vers les racines, & que ces deux efpeces de feve étoient contenues dans des vaiffeaux de différente ftructure; ainfi il ne lui manquoit plus, pour admettre la circulation de la feve, que de convenir qu'il y avoit quelque communication entre ces deux fortes de vaiffeaux. M. Hales eft encore bien plus éloigné d'admettre cette circulation, puifqu'il croit que la feve n'a qu'un mouvement de balancement; & bien loin de penfer comme MM. de la Baiffe & Bonnet, il prétend prouver par plufieurs expériences, que la feve ne defcend point par l'écorce.

J'ai rapporté dans l'Article où il s'agit du retour de la feve, l'exemple de diverfes entailles qu'il a faites à des branches, & où l'on a vu que ces entailles reftoient feches vers le haut, & étoient humides par en-bas; mais je crois avoir fait voir, qu'il s'en faut beaucoup que cette expérience foit décifive. Je n'infifterai donc pas ici fur ce point; car je penfe, comme M. Bonnet, que cette expérience ne peut infirmer toutes les preuves du retour de la feve, que j'ai rapportées dans le cours de cet Ouvrage, principalement dans l'Article où je traite expreffément de ce retour, & dans celui-ci : preuves tirées 1°, de l'écoulement du fuc propre de l'Eclaire, du Thytimale, & d'autres plantes herbacées; 2°, de l'écoulement des réfines de plufieurs arbres; 3°, de la formation des bourrelets; 4°, des injections qui nous ont fait voir de la façon la plus fenfible que la feve s'éleve jufqu'au plus haut des arbres par les fibres ligneufes. MM. de la Baiffe & Bonnet n'ont jamais vu l'écorce fe colorer en même-temps que le bois ; mais ils ont vu feulement que la coloration du bois commençoit par en-bas, & que celle de l'écorce commençoit à fe manifefter par le haut. Je cite ici expreffément MM. de la Baiffe & Bonnet, parce que quand j'ai voulu faire les mêmes expériences, il ne m'a pas été poffible de les fuivre auffi long-temps, ni avec autant d'attention qu'eux : je n'ai rien apperçu dans les écorces : mais il ne faut pas être furpris de ce qu'on ne peut appercevoir la communication des vaiffeaux ligneux avec les vaiffeaux corticaux, puifque malgré les injections, on n'a pas encore pu voir bien clairement dans les animaux l'abouchement des vaiffeaux artériels avec les veineux.

Je crois donc le retour des liqueurs vers les racines bien prouvé ; mais je n'ai garde d'en conclure affirmativement la circulation de la feve. Il me paroît que toutes les preuves qu'on a apportées pour établir cette circulation font infuffifantes ; je ne vois pas que les raifons qu'on allegue pour prouver qu'elle n'exifte point foient affez fortes ; ainfi je conclurai qu'il ne faut pas encore regarder cette queftion comme décidée, mais qu'il faut faire de nouveaux efforts pour pouvoir parvenir à l'éclaircir d'une maniere bien évidente.

ART. XII. *Comment la terre peut fuffire à la confommation d'humidité que font les Plantes.*

ON A VU dans le Livre fecond, lorfque nous avons traité de la tranfpiration des plantes, qu'elles diffipent beaucoup d'humidité par cette voie. Quoiqu'on convienne que les plantes peuvent recevoir une partie de leur nourriture par les feuilles, il eft certain cependant que la plus grande partie de la feve eft pompée de la terre par les racines ; & comme il a été prouvé que la tranfpiration de la feve eft proportionnelle aux furfaces des parties tranfpirantes, fi l'on veut comparer les furfaces de toutes les feuilles d'un grand Chêne avec celles des feuilles du *Corona Solis*, dont nous avons parlé principalement

dans le fecond Livre de cet Ouvrage, & dont M. Hales a fait le
fujet d'une de fes plus curieufes obfervations, on trouvera que
fi les feuilles d'un grand Chêne ont au-delà de cent fois plus de
furface qu'une de ces plantes, laquelle avoit tiré dans l'efpace
de vingt-un jours vingt-neuf livres pefant d'eau pour fubvenir
à fa tranfpiration, le Chêne, par comparaifon, devroit dans
un même efpace de temps tirer deux mille neuf cent livres pefant
d'eau, c'eft-à dire, quatorze cent cinquante pintes, mefure de
Paris. Or, puifqu'il eft démontré que les plantes tranfpirent d'u-
ne façon fi prodigieufe, comment fe peut-il faire que la terre
puiffe fuffire à cette quantité d'humidité qu'elles confomment?
Comme cette queftion tient en quelque forte à celle de l'origine
des fources, nous croyons devoir expofer les fentiments qui
ont partagé les Phyficiens fur ce point, avant de rapporter les
expériences qui ont un rapport plus direct aux végétaux.

Mariotte, Perrault, & quantité d'autres Phyficiens, ont prétendu que l'eau des pluies, des neiges, & des rofées, pénetrent
dans la terre jufqu'à ce qu'elle rencontre un lit de pierre, de
tuf, de glaife, ou d'autre nature qui ne foit point perméable à
l'eau; cette eau, ainfi arrêtée, s'écoule fur ces fonds vers le
côté où la pente naturelle la détermine; elle s'amaffe enfuite
& forme des lacs fouterreins, d'où s'échappant peu à peu elle
forme dans les parties les plus baffes des fources qui ne tariront
point, fi l'amas d'eau a été affez confidérable pour ne fe jamais
épuifer dans des temps de féchereffe; mais qui tariront lorfque
le réfervoir aura rendu tout ce qu'il contenoit; & comme il
furvient de temps en temps des pluies qui font long-temps à
pénétrer jufqu'aux bancs de glaife, &c. les réfervoirs fouterreins fe rempliffent peu à peu, & fe trouvent encore plus en
état de fubvenir à l'écoulement continuel des fources.

Dans la circonftance du débordement des rivieres, il fe fait
dans les terres des dépôts d'eau qui ne peuvent en regagner le
lit que par des routes qu'elles fe forment, & en occafionnant de
nouvelles fources. Suivant ce fentiment, la plupart des fources
fe doivent trouver au pied des montagnes, puifque l'eau y eft
portée par fa pente naturelle; & fi l'on voit quelquefois des
fources dans des endroits élevés, même fur le fommet des
montagnes, cette eau doit venir de quelque autre montagne

encore plus élevée, dans le fein de laquelle il fe fera formé un réfervoir fouterrein : pour que cette eau puiffe parvenir à former une fource, il faut qu'il fe foit formé dans le tuf, glaife, ou roc, des canaux femblables aux tuyaux des fontaines, & que dans ces canaux il fe faffe un refoulement affez fort pour forcer l'eau qui aura defcendu de la montagne la plus élevée, & traverfé une vallée, à s'élever fur l'autre montagne moins haute.

Ce raifonnement, ou fi l'on veut, ce fyftême, peut être appuyé de plufieurs obfervations : car, on remarque, 1°, que quand les eaux font très-baffes, & que les fources élevées font taries, ces fources ne recommencent point à fournir de l'eau, dès le moment qu'il a plu ; il faut pour cela que l'eau ait eu le temps de s'infiltrer dans les terres, de s'y raffembler, & de couler depuis les réfervoirs fouterreins jufques dans les baffins des fources : 2°, que ce ne font pas les pluies d'été qui augmentent les fources, parce que la terre étant alors defféchée, elle en abforbe l'eau, les plantes la confomment, & le Soleil en évapore une partie : 3°, quoique les pluies d'automne contribuent davantage aux fources que les pluies d'été, les neiges les augmentent plus que ne peuvent faire les pluies, parce que celles-ci s'écoulent en partie fur la fuperficie des terres, au lieu que les neiges qui ne fe fondent que peu à peu les pénetrent plus facilement : 4°, en calculant la quantité de pluie ou de neige qui tombe dans le cours d'une année, fur toute la furface d'un terrein capable de fournir de l'eau à une grande riviere, telle que la Seine, on trouve qu'une pareille riviere n'en reçoit que la fixieme partie.

Quelque vraifemblable que paroiffe ce fyftême, De la Hire a voulu examiner, fi l'eau des pluies & des neiges pouvoit pénétrer jufqu'aux bancs de glaife, comme le prétendoient Mariotte & Perrault. D'abord, il pofe pour principe, d'après les obfervations Météorologiques, qu'on a toujours faites à l'Obfervatoire, qu'il tombe en ce lieu, année commune, dix-neuf à vingt pouces d'eau ; puis pour s'affurer fi cette caufe peut raffembler fous terre une certaine quantité d'eau, il choifit un endroit de la terraffe baffe de l'Obfervatoire, & il y fit placer à huit pieds de profondeur, en terre, un baffin quarré de plomb, de quatre pieds de fuperficie, dont les bords étoient de fix

pouces

pouces de hauteur. Le fond étoit en pente vers un des angles
où l'on avoit foudé un tuyau qui répondoit dans une cave ; on
avoit eu la précaution de mettre un petit tas de cailloux à l'ori-
fice du tuyau pour empêcher qu'il ne s'engorgeât : la qualité de
la terre qui recouvroit le baffin de plomb étoit moyenne entre
le fable & la terre franche ; ainfi cette terre étoit perméable à
l'eau : néanmoins il ne coula jamais d'eau par le tuyau qui répondoit dans la cave, quoiqu'on eût bien foin d'arracher les
herbes qui croiffoient fur le petit efpace de terre qui recouvroit
la cuvette de plomb.

Le même Phyficien mit encore, mais feulement à huit pouces
en terre, une autre petite cuvette qui avoit 84 pouces de
fuperficie & huit pouces de profondeur ; on l'avoit placée à
l'abri du vent & du Soleil pour prévenir la grande évaporation,
cependant depuis le 12 Juin jufqu'au 19 Février fuivant, il ne
coula point d'eau par le tuyau de décharge ; alors il furvint
beaucoup de neiges, lefquelles, en fe fondant, firent couler la
petite fource ; mais elle tarit bien-tôt, & quoique la terre reftât
fort humide, le tuyau ne rendoit de l'eau que pendant quelques
heures & après des pluies un peu confidérables qui furvenoient,
& par conféquent la terre reftoit toujours chargée de beaucoup
d'eau : ayant mis la cuvette à feize pouces de profondeur en
terre, les écoulements furent à peu près les mêmes.

Dans les expériences précédentes, on avoit eu foin de tenir
la terre qui recouvroit les cuvettes, nette d'herbes, & cette
circonftance étoit importante ; car l'ayant laiffée fe couvrir de
plantes, non-feulement on ne vit plus couler d'eau après les
pluies, mais les plantes mêmes fe deffécherent, & elles feroient
mortes, fi on ne les eût pas arrofées.

Cette obfervation fit naître, à cet habile Phyficien, la penfée
d'en faire avec plus de précifion une autre, fur la quantité d'eau
que les plantes peuvent confommer ; & pour cet effet, il mit au
mois de Juin, dans une fiole, laquelle contenoit une livre
d'eau exactement pefée, deux feuilles de figuier de médiocre
grandeur, qui pefoient enfemble cinq gros quarante-huit grains ;
la queue de ces feuilles trempoit dans l'eau, & le cou de la fiole
étoit bouché avec de la cire : il expofa le tout au Soleil & au
vent, & en cinq heures un quart, l'eau de la fiole étoit dimi-

Partie II.   T t

nuée de deux gros ; c'eft-à-dire, que les feuilles avoient tiré
une foixante-quatrieme partie de la livre d'eau, & que cette
quantité avoit été emportée par le Soleil & par le vent.

Comme la fraîcheur des feuilles ne s'entretient, du moins
pendant le jour, & lorfque l'air eft chaud, & qu'il fait du vent,
que par la feve qui monte des racines, & qui fe diffipe en grande
partie par la tranfpiration, il eft évident que fi ces deux feuilles
fuffent reftées attachées à leur arbre, elles auroient tiré la valeur
de deux gros pefant de ce liquide en cinq heures & demie de
temps, ou bien elles fe feroient fanées : on peut juger par-là
combien tout le Figuier en auroit tiré en un jour, & par conféquent combien il fe dépenfe d'eau pour la nourriture des plantes :
heureufement les rofées de la nuit remplacent en partie l'épuifement que les grandes chaleurs occafionnent, puifque les
plantes que l'on voit fanées le foir, reprennent le matin toute
leur verdeur.

Si l'on joint à cette belle expérience toutes celles qui ont été
exécutées depuis, & que nous avons rapportées à l'occafion de
la tranfpiration, & de la force de fuccion des racines & des
branches, on aura peine à concevoir que l'eau des pluies & des
neiges puiffe fuffire à la confommation des plantes : il eft certain,
1°, que les plantes ne confomment que très-peu d'eau pendant
l'hiver, & que la quantité qui en tombe dans cette faifon peut
remplir les réfervoirs fouterreins ; 2°, que l'expérience de de la
Hire, dont nous venons de parler, avoit été faite trop en petit,
& qu'un auffi petit réfervoir que celui qu'il avoit employé devoit
être bien-tôt épuifé.

Plufieurs Phyficiens confidérant que la quantité de l'eau des
pluies & des neiges devoit diminuer ; 1°, par ce qui s'en écoule
fans pénétrer dans la terre ; 2°, par ce que le vent & le Soleil en
enlevent une partie ; 3°, par ce qui en eft confommé par les plantes ; & jugeant bien que ce qui pouvoit refter en terre n'étoit pas
fuffifant pour produire les fources, ils ont imaginé qu'il y avoit
des rochers fouterreins & concaves, lefquels en faifant l'office
d'autant d'alambics, recevoient les vapeurs intérieures de la
terre, les condenfoient & les réduifoient en eau par leur fraîcheur, & que c'étoit de cette maniere qu'ils fourniffoient l'eau
des fources : ce fentiment qui paroît avoir été imaginé dans un

Laboratoire de Chymie, ne peut pas fatisfaire aux cas particuliers qui font rapportés par le même de la Hire.

Cet habile Académicien, en rejettant l'expédient de pareils
alambics, n'exclut pas les vapeurs fouterreines. Si on prétend
qu'elles font produites par un feu central, on auroit peut-être
peine à en prouver l'exiftence ; mais fans s'embarraffer de la
caufe qui les produit, il eft plus court de s'en tenir au fait qui
peut être prouvé; 1°, par les vapeurs qui s'échappent continuellement des lieux fouterreins, & qui font fur-tout bien fenfibles
quand la fraîcheur de l'air les condenfe ; 2°, par la grande humidité qui regne dans les caves; 3°, par les fels alkalis & les
acides minéraux concentrés, qui fe chargent dans les fouterreins
d'une quantité d'eau confidérable. Comment les vapeurs fe
condenferont-elles, comment fe raffembleront-elles pour couler
par certains endroits ? Ces difficultés ne regardent que la formation des fources; & comme nous n'en avons feulement voulu
parler que pour faire connoître ce qu'on a penfé fur les caufes
qui déterminent l'eau à fe porter vers la fuperficie de la terre
pour la nourriture des plantes, nous abandonnons cette difcuffion
de l'origine des fources, parce qu'il nous fuffit ici de favoir, en
général, qu'il s'élève des vapeurs du centre de la terre vers fa
fuperficie ; & ce fait ifolé & féparé de la caufe qui le produit,
peut fuppléer aux autres fecours qui viendroient à manquer aux
végétaux, lorfque le Ciel eft long-temps fans fournir l'eau qui
leur eft néceffaire. En effet, je connois un terrein fort élevé où
les végétaux font toujours dans un état de vigueur, qu'on ne
remarque point dans un autre terrein plus bas qui l'avoifine ;
& je n'ai pu découvrir d'autre caufe de cette différence, finon
que le terrein élevé, qui eft d'un fable gras, s'étend fans changer
de nature jufqu'à l'eau qui fe trouve fur un lit de glaife à trois
toifes de profondeur; les vapeurs qui s'élevent de cette nappe
d'eau fouterreine, fe portent dans cette terre homogene &
perméable à l'eau, jufqu'aux racines, & fubvient ainfi aux befoins
des plantes.

Au contraire, dans l'autre terrein qui eft plus bas, & où les
plantes périffent dans les années de fécherefle, on rencontre à
deux ou trois pieds de profondeur, un banc de tuf ou de pierre,
lequel intercepte les exhalaifons fouterreines, & les empêche de

parvenir jufqu'aux racines : il eft vrai que dans le premier terrein,
les racines peuvent pénétrer beaucoup plus avant que dans celui
où la bonne terre s'étend à une moindre profondeur : mais pour
ne pas faire trop valoir l'avantage de ces exhalaifons fouterreines, je vais, avec M. Hales, confidérer la chofe fous un autre
point de vue.

Le dernier jour de Juillet, M. Hales fit enlever fucceffivement
& perpendiculairement trois pieds cubes de terre, qu'il mefura
dans un vafe dont la tare lui étoit connue : * il eft bon de remarquer pour l'exactitude de cette expérience ; 1°, que la faifon étoit
feche ; 2°, que néanmoins il tomboit de temps en temps des
averfes d'eau fuffifantes pour entretenir la verdeur de l'herbe des
gazons ; 3°, qu'au deffous de ces trois pieds de terre qui étoit
de bonne qualité, & un peu argilleufe, il y avoit un lit de gravier ;
4°, qu'au deffous de ce gravier on trouvoit l'eau à cinq pieds de
profondeur. Le premier pied cube, qui étoit le plus près de la
fuperficie, pefoit cent quatre livres quatre onces un tiers ; le
fecond pefoit cent fix livres fix onces un tiers ; le troifieme,
environ cent onze livres un tiers.

Il les fit fécher féparément, & jufqu'à ce que la terre fût réduite en pouffiere, & au point de ne pouvoir plus fervir à la végétation. En cet état, le premier pied cube de terre fe trouva
diminué de fix livres onze onces ; ainfi l'évaporation de l'humidité étoit équivalente à un huitieme de fon volume, ce qui fait à
peu près cent quatre-vint quatorze pouces cubes d'eau : le fecond
pied cube, qui paroiffoit plus deffeché que les deux autres, avoit
perdu dix livres de fon premier poids : enfin, le troifieme pied
cube fe trouva avoir perdu huit livres huit onces, c'eft-à-dire, un
feptieme de fa pefanteur, ce qui équivaut à peu près à deux cent
quarante-fept pouces cubes d'eau.

Dans l'application que M. Hales fait de cette expérience au
cas préfent, il obferve que les racines d'une plante de Soleil
(*Corona Solis*,) dont nous avons déja parlé plufieurs fois, s'étendoient de tous côtés à quinze pouces de la tige, & qu'elles occupoient à peu près la quantité de quatre pieds cubes de la terre
dont elles tiroient leur nourriture ; or, fuivant cette expérience,
chaque pied cube de terre pouvoit fournir environ fept livres

* Le pied cube d'eau douce, mefure d'Angleterre, pefe environ foixante-deux livres.

pefant d'eau, avant de fe trouver épuifée au point de ne pouvoir plus rien fournir à la végétation : par conféquent les quatre pieds cubes de terre que les racines occupoient, pouvoient fournir vingt-huit livres pefant d'eau pour la végétation de cette plante : on a vu plus haut que cette même plante afpiroit vingt-deux onces d'humidité en vingt-quatre heures de temps ; ainfi la maffe de terre que fes racines occupoient, contenoit affez d'humidité pour la fuftenter pendant dix-huit ou dix-neuf jours, indépendamment des fecours accidentels qu'elle pouvoit recevoir des pluies, des rofées, & des exhalaifons de l'intérieur de la terre.

Il feroit à defirer que l'on voulût répéter de pareilles expériences dans différents terreins, & dans différentes faifons ; car il m'a paru que dans les lieux où l'eau fe trouve à dix ou douze pieds au deffous de la furface de la terre, il doit s'échapper quantité de vapeurs, lorfque la nature du terrein ne s'oppofe pas à leur paffage ; & l'on remarque tous les jours, que dans de petits emplacements, comme feroit celui d'un fimple bâtiment, il fe rencontre des parties de terrein fort feches, & d'autres où l'humidité eft très-confidérable : je me reffouviens même d'avoir vu une maifon, fituée dans un lieu élevé, & affife fur un fable fec & aride, dont le rez de chauffée, quoiqu'élevé de trois ou quatre pieds au deffus du terrein de la cour, étoit néanmoins tellement humide que tout y pourriffoit. De pareilles vapeurs, plus ou moins abondantes, doivent néceffairement influer fur l'expérience de M. Hales : c'eft par cette raifon que je m'étois propofé de la répéter dans différentes circonftances ; comme, par exemple, après des temps humides ; après de grandes féchereffes ; dans des terreins de différente nature, affis les uns fur du fable, d'autres fur de la pierre, ou du tuf, ou de la glaife ; & de fuivre en même-temps le progrès de la végétation de plufieurs plantes : mais pour faire de pareilles expériences il faut avoir du loifir, être à la campagne ; & je me trouve rarement dans le cas d'y faire un féjour d'affez longue durée.

Nous venons de voir que les plantes épuifent l'humidité de la terre par la fuccion de leurs racines ; mais il eft jufte de joindre encore à cette caufe d'épuifement, la diffipation d'humidité qui procede de la tranfpiration même de la terre, ou, fi l'on veut, de l'évaporation de l'humidité du fol. M. Hales s'étant propofé de calculer à quelle quantité cette évaporation peut monter, a fait, pour y parvenir, les expériences fuivantes.

Il remplit de terre plufieurs terrines verniffées, qui avoient trois pouces de profondeur, fur un pied de diametre : il les pofa enfuite fur d'autres terrines plus larges que les premieres, & qui étoient pareillement remplies de terre un peu humectée, afin d'empêcher l'humidité de la terre de s'attacher au fond des premieres terrines : la rofée de la nuit augmenta le poids de chacune de ces terrines de cent quatre-vingt grains ; & l'évaporation qui fe fit pendant la durée d'un jour du mois d'Août, les fit diminuer d'une once deux cent quatre-vingt-deux grains, quantité qu'il faut fouftraire de l'humidité de la maffe de terre qui nourriffoit dans chacune de ces terrines une plante de Soleil, pareille à celle dont nous avons rapporté l'obfervation. On voit déja que les rofées feules ne peuvent fubvenir à ces différentes caufes de confommation d'humidité, & qu'il eft à propos de connoître à combien, à peu près, elles peuvent être évaluées.

M. Hales, après avoir fuivi avec une plus grande exactitude ces expériences, en conclut ; 1°, que plus la terre des terrines étoit humide, plus le poids en étoit augmenté par les rofées ; 2°, qu'il tombe plus du double de rofée fur une furface d'eau, que fur une égale furface de terre, même humectée ; 3°, qu'une des terrines de fon expérience du 15 Août avoit augmenté de poids par la rofée de la nuit, de cent quatre-vingt grains ; 4°, que l'évaporation de cette même terrine, dans l'efpace d'un jour, fe trouva être d'une once deux cent quatre-vingt-deux grains ; & après avoir fait toutes les réductions, M. Hales en conclut, qu'en vingt-un jours d'un temps femblable à celui pendant lequel il faifoit fon expérience, il fe doit évaporer dix livres deux onces d'eau de plus que les rofées n'en fourniffent, d'une hémifphere de terre de trente pouces de diametre, qui eft à peu près la maffe qu'occupent les racines de la plante de Soleil qu'il met en expérience.

Ces dix livres deux onces d'évaporation étant jointes à vingt-neuf livres que cette plante avoit tiré d'humidité pendant vingt-un jours, la confommation de cette humidité devoit être de trente-neuf livres deux onces, ce qui fait neuf livres trois quarts pour chaque pied cube de terre, parce que la masse de terre dans laquelle s'étendoient les racines de cette plante, étoit de quatre pieds cubes.

Mais l'évaporation de l'humidité de la terre doit diminuer à proportion que la terre se desseche, & une plante doit moins tirer d'une terre plus seche que d'une plus humectée ; ce qui fait que comme les plantes pousseront avec moins de vigueur, elles subsisteront plus long-temps sans périr ; d'ailleurs, la terre n'éprouve jamais à quinze pouces de profondeur autant d'évaporation que celle de l'expérience dont nous venons de parler ; & il n'est pas possible qu'elle parvienne naturellement au même degré de dessèchement : car 1°, dans cette expérience la terre n'ayant que trois pouces d'épaisseur, l'évaporation devoit être plus considérable que si la couche en avoit été plus épaisse : 2°, la terre qui est au dessous étant plus humide, doit fournir de son humidité à celle de dessus qui est plus exposée à la transpiration, par la raison que tout corps humide communique toujours son humidité à un corps sec qui le touche : 3°, parce que, comme nous l'avons déja dit, les terres perméables laissent transpirer quantité d'exhalaisons quand les eaux souterreines ne se trouvent pas à une trop grande profondeur : 4°, l'eau qui tombe en pluie répare abondamment l'humidité nécessaire pour la végétation. En effet, M. Hales, en partant des expériences de M. Cruquius * sur l'évaporation, assure qu'elle est en un an de vingt-huit pouces, ce qui fait un quinzieme de pouce par jour, l'un portant l'autre ; & comme il s'évapore de la surface de la terre un quarantieme de pouce dans l'espace d'un jour d'été, l'évaporation de l'eau pure doit être à l'évaporation de l'eau qui sert à humecter la terre, en raison de dix à trois.

M. Hales pense encore que la quantité d'eau qui tombe dans un an est à peu près de vingt-deux pouces ; que celle de l'évaporation de la terre, dans le même-temps, est au moins de neuf pouces & demi, dont il faut défalquer trois pouces $\frac{39}{100}$ pour la quantité que les rosées fournissent, reste six pouces $\frac{1}{10}$, lesquels étant déduits des vingt-deux pouces, qui font la quantité de pluie qui tombe dans une année, il reste au moins seize pouces

* Transactions Philosophiques, N° 382.

pour fournir à la végétation, aux fources & aux rivieres.

Concluons de ce qui vient d'être dit, que l'Auteur de la Nature a pourvu à la nourriture des végétaux par plufieurs moyens:
les obfervations de Perrault, de Mariotte, & celles de M. Hales
prouvent que les pluies, les neiges, & les rofées portent à la
furface de la terre une fuffifante quantité d'humidité; celles de
la Hire & de M. Hales établiffent des reffources qui proviennent des entrailles de la terre : nous avons rapporté plufieurs
obfervations qui nous déterminent à admettre la réalité de ces
reffources; néanmoins il paroît que le fecours des pluies eft
abfolument néceffaire dans notre climat, puifque la plupart des
plantes périffent quand elles font privées pendant un temps
trop confidérable de ce fecours; & ce funefte effet fe remarque
principalement fur les plantes, dont les racines font prefque à
la fuperficie de la terre : certaines plantes, celles mêmes qui
paroiffent très-fucculentes, fupportent des féchereffes qui en
font périr d'autres; la Vigne, le Figuier, le Genevrier, font de
ce genre : d'autres circonftances mettent encore les plantes en
état de fupporter les féchereffes; celles qui fe trouvent à l'ombre, tranfpirant moins, font moins promptement épuifées; &
celles qui couvrent entiérement la terre, empêchent l'humidité
qu'elle contient de fe diffiper trop promptement : mais ce qui
eft bien fingulier, c'eft que les fréquents labours qui paroîtroient
devoir épuifer la terre en facilitant l'évaporation de l'humidité
qu'elle contient, font néanmoins un bien infini aux plantes,
même dans les temps de féchereffe. Après ce que nous avons
dit des rofées, on ne peut guere leur attribuer ce bon effet;
mais il eft certain que la portion de ces rofées qui tombe fur les
feuilles eft d'un grand fecours aux plantes, fur-tout fous la zone
torride, & dans les faifons où il fe paffe plufieurs mois fans qu'il
tombe une feule goutte d'eau.

CHAPITRE III.

CHAPITRE III.

DES MALADIES DES ARBRES,
ET DES REMEDES QU'ON Y PEUT APPLIQUER.

LES ARBRES font des êtres vivants : leur vie dépend d'un mé-chanifme dont tous les détails ont échappé jufqu'ici à la fagacité des Phyficiens : c'eft le fort de l'humanité d'entrevoir à la fois une multitude d'objets, mais d'en voir très-peu affez diftinctement, & fans erreur : le petit nombre d'organes que des recherches affi-dues ont fait découvrir aux Obfervateurs, ne nous permettent pas de douter de l'exiftence de beaucoup d'autres : & quoique nous n'héfitions point d'avouer que nos connoiffances fur l'économie végétale font encore très-bornées, on fera cependant obligé de convenir que les recherches des Phyficiens n'ont point été tout-à-fait inutiles, puifqu'elles ont contribué à nous faire connoître que les végétaux font organifés d'une maniere très-compliquée ; d'où il fuit néceffairement qu'ils doivent être fu-jets à quantité de maladies ; car dans une méchanique auffi fi-ne, & auffi compofée, les moindres dérangements doivent fe rendre fenfibles par des fymptômes qui annoncent que les plantes qui les éprouvent font dans un état de fouffrance.

ART. I. *Des maladies qui proviennent de la féchereffe, ou de l'humidité, ou de la qualité du terrein.*

LES PLANTES ont continuellement befoin de nourriture ; fi ce fecours vient à leur manquer, elles deviennent malades d'inanition ; leurs feuilles fe fanent, fe deffechent, & tombent : ces accidents annoncent ordinairement qu'elles manquent d'eau, ou qu'elles éprouvent une trop grande tranfpiration. Mais fi la terre dans laquelle s'étendent leurs racines, eft fuffi-famment humectée, & que leurs pouffes reftent foibles ; fi leurs feuilles tombent prématurément en automne ; si leurs fruits se détachent avant d'être parvenus à leur grosseur, alors on a lieu de soupçonner que cela provient de quelque vice du terrein. Si ce terrein est maigre on peut y remédier par des engrais qu'il est nécessaire d'approprier à la nature de la terre ; par exemple, mêler des terres fortes, & même argilleuses, dans les terreins trop légers, afin de retenir l'eau qui s'échappe trop promptement des terres maigres ; transporter du sable dans les terres trop fortes, afin que la chaleur du Soleil, en les pénétrant plus profondément, puisse produire la dissolution des parties intégrantes de la seve, & en ranimer le mouvement.

Si d'un côté le défaut d'eau occasionne l'inanition des plantes, d'autre part, la trop grande abondance de ce fluide produit d'autres désordres : les feuilles, quoique vertes & épaisses, se détachent des arbres ; les fruits sans goût se pourrissent avant de parvenir à leur maturité, & les symptômes de cette espece de pléthore augmentent toutes les fois que la transpiration est trop diminuée ; les pousses restent herbacées, & périssent pendant l'hiver, ou bien le mouvement de la seve se trouvant trop lent, les liqueurs se corrompent, & les plantes pourrissent. On peut remédier à ces inconvénients par des tranchées qui puissent procurer un écoulement à l'eau, & user des moyens que nous venons de conseiller pour donner de la légéreté aux terres trop fortes.

On voit cependant quantité d'arbres réussir très-bien dans les terres marécageuses, pourvu que l'eau n'y soit pas corrompue : car, quoique les Tilleuls s'accommodent très-bien des terreins fort humectés, j'en ai vu périr plusieurs dans un pareil terrein, parce qu'il étoit trop fumé ; mais après les avoir fait arracher, je m'apperçus que la terre avoit une très-mauvaise odeur, & j'ai trouvé leurs racines en mauvais état. C'est, je crois, pour cette raison que les Jardiniers qui cultivent aux environs de Paris des légumes, dans des champs ordinairement assez humides & très-fumés, qu'on nomme *Marais*, remarquent que de temps en temps il faut mettre ces terres en sainfoin, ou en luzerne, afin, disent-ils, de les dégraisser. Il m'a paru que les fumiers trop abondants & trop voisins de l'eau, se corrompoient, devenoient infects, & que cette corruption & cette infection se communiquant au terrein, altéroit senfiblement les racines des plantes un peu délicates.

J'ai eu lieu d'obferver une maladie pléthorique d'un autre genre : nous avions fait planter une grande quantité d'Ormes à larges feuilles & greffés, dans un terrein de fable gras parfaitement convenable à prefque toutes fortes d'arbres. Ces Ormes reprirent à merveille ; ils poufferent avec une vigueur peu commune ; mais au bout de 5 ou 6 ans nous vîmes avec furprife, que ces arbres fi vigoureux, garnis de fi belles feuilles, grandes, épaiffes, & d'un verd foncé, mouroient fubitement, & que les feuilles jaunes & defféchées reftoient attachées aux arbres. En cherchant la caufe de cet accident, je m'apperçus que l'écorce s'étoit détachée du bois, dont les dernieres couches, d'épaiffeur inégale, étoient fort épaiffes en quelques endroits ; & que dans ceux qui étoient récemment morts, on trouvoit une eau rouffe affez abondante entre le bois & l'écorce. J'attribue la perte de ces arbres à la feve, laquelle s'étant portée en trop grande abondance entre le bois & l'écorce, à l'endroit où fe doivent former les couches corticales & les couches ligneufes, cette abondance de feve avoit rompu le tiffu cellulaire, & s'étoit extravafée entre le bois & l'écorce, où, par un trop long féjour, elle s'étoit corrompue, & avoit fait périr les arbres. J'ai depuis remarqué que cette même maladie attaquoit des arbres plantés dans des terreins gras ; mais j'ai cru reconnoître que les Ormes à petites feuilles étoient moins expofés à cet accident, que ceux à larges feuilles, qui croiffent plus promptement que les premiers. Je n'ai point remarqué que les Chênes, les Frênes, les Hêtres, &c. fuffent expofés à un pareil danger.

Cette maladie peut être regardée comme un ulcere général, auquel il paroît qu'on pourroit remédier en trouvant le moyen de diminuer la trop grande abondance de la feve ; & c'eft dans cette vue que j'ai fait à plufieurs Ormes de cette efpece des incifions longitudinales qui pénétroient jufqu'au bois ; mais le peu de féjour que j'ai fait dans le pays où ces arbres étoient plantés, ne m'a pas permis d'étudier cette maladie avec autant d'attention qu'elle le mérite.

Les arbres font quelquefois attaqués d'ulceres, qui font plus aifés à guérir lorfqu'ils ont peu d'étendue : alors l'écorce fe

V u ij

détache du bois dans quelques parties du tronc, & l'on voit suinter d'entre le bois & l'écorce une sanie corrosive qui endommage les parties voisines, & fait que le mal se communique de proche en proche : l'on appelle *chancres* ces especes d'ulceres corrosifs. Je suis parvenu à en guérir quelques-uns en faisant une incision jusqu'au vif tout autour de la plaie, & en la recouvrant avec de la fiente de vache, assujettie avec de la paille, ou quelques haillons retenus par des liens d'ozier.

Les vieux Ormes, les Noyers, & quelques autres arbres font encore sujets à des maladies qui proviennent de l'extravasation de la seve. On voit des Ormes perdre leur seve, & on la voit suinter du fond de toutes les rimes de leur écorce ; cette seve qui a ordinairement une saveur mielleuse, attire les fourmis & les abeilles ; & cette maladie qui dure communément trois ou quatre ans, est presque toujours mortelle à l'arbre qui en est attaqué.

Il y a des extravasations du suc propre des arbres, qu'on peut regarder comme des especes d'hémorragies ; mais cet accident leur est souvent plus utile que nuisible : on le remarque particuliérement sur les arbres dont le suc propre est résineux ou gommeux. Souvent il sort des Cerisiers, des Amandiers, des Pruniers, & des Pêchers, une grande quantité de gomme, sans que ces arbres paroissent en recevoir aucun dommage : de même, il suinte naturellement de la résine liquide, ou seche, des Pins, des Sapins, des Térébinthes, &c. & l'on est tellement persuadé que ces écoulements ne leur sont point nuisibles, que bien des gens prétendent que les incisions qu'on fait pour retirer la résine de ces arbres leur sont très-avantageuses : cela peut bien être ainsi ; & il se pourroit bien faire aussi qu'en procurant de pareilles évacuations, on préviendroit les especes d'inflammations végétales dont nous allons parler.

On convient que les inflammations qui arrivent dans le corps des animaux procedent de l'éruption du sang dans les vaisseaux lymphatiques : or, on remarque, sur-tout sur les arbres gommeux & résineux, que le suc propre s'introduit quelquefois dans les vaisseaux lymphatiques, & qu'il y occasionne des obstructions qui font périr toute la partie des branches ou des arbres qui est au dessus de ce dépôt de gomme ou de résine :

le remede eft facile quand le mal n'a pas fait de grands progrès ;
il ne faut pour cela qu'emporter avec la ferpette tout ce qui eft
affecté de cette maladie, & ordinairement cela fuffit pour en
arrêter le progrès. Telles font à peu près les maladies que j'ai
reconnu dépendre du vice des liqueurs : il y en a d'autres qui
affectent le corps ligneux ; & la carie de cette partie peut encore dépendre du vice des liqueurs : quelquefois cette carie
produit une exfoliation ; mais jamais la plaie ne fe peut guérir
tant qu'il en fuinte une humeur fanieufe ; mais fi cet écoulement
peut ceffer, la cicatrice ne tarde pas à fe former.

Le bois du corps des arbres, ainfi que les os des animaux ;
eft fujet à des excroiffances locales, qu'on peut regarder comme
des exoftofes. Quelquefois on apperçoit fur de grands arbres de
groffes tumeurs qui font recouvertes d'écorce comme le refte
de l'arbre ; mais quand on en examine l'intérieur, on voit
qu'elles font formées d'un bois très-dur dont les fibres ont des
directions très-bizarres : ces excroiffances ligneufes changent
la direction réguliere des rimes de l'écorce qui les recouvre,
& elles ne paroiffent provenir que d'un développement de la
partie ligneufe qui s'eft fait avec plus d'abondance dans ces endroits qu'ailleurs : nous n'avons pu découvrir quelle peut être
la caufe de cet accident, quoique nous ayons inutilement tenté
divers moyens d'occafionner artificiellement de pareilles tumeurs. Au refte, cet accident ne porte aucun dommage à l'arbre :
le bois qui fe trouve fur ces efpeces d'exoftofes eft ordinairement
de bonne qualité.

On apperçoit encore plus fréquemment des exoftofes d'une
autre efpece : ces accidents, au lieu de former une groffeur qu'on
pourroit comparer à une loupe, occafionnent des éminences qui
fuivent la direction du tronc dans toute fa longueur, & qui défigurent fa forme : j'ai vu quelquefois que la plus grande partie
des arbres d'une avenue étoit affectée de ce défaut ; & comme
le renflement qui fe remarquoit, fe trouvoit être placé fur un
même côté de tous les arbres de cette avenue, il y a lieu de
préfumer qu'il avoit été produit par une caufe commune à tous
ces arbres : ce fera peut-être l'effet d'un coup de Soleil vif, ou
d'une forte gelée, qui aura altéré les couches ligneufes nouvellement formées, & l'effort que l'arbre aura fait pour réparer

cette altération, aura occafionné le bourfoufflement local dont il s'agit. J'ai examiné l'intérieur de quelques-uns de ces arbres, & j'ai trouvé dans les couches ligneufes des défauts qui m'ont fait foupçonner les caufes que je viens d'indiquer. J'ai occa-fionné des exoftofes affez femblables, en faifant avec la pointe d'une ferpe des incifions longitudinales qui traverfoient toute l'épaiffeur de l'écorce, & qui pénétroient un peu dans le bois.

J'ai remarqué que les Frênes étoient quelquefois attaqués d'une maladie finguliere : les jeunes branches de l'année n'of-frent rien d'extraordinaire ; mais celles qui font plus âgées, ainfi que le tronc, ont quelquefois l'écorce très-galeufe, & fi l'on enleve cette écorce, le bois qu'elle recouvre paroît chargé de rugofités, femblables à celles que l'on voit fur les os de ceux qui font affectés d'un virus malin : ces arbres ainfi attaqués, croiffent plus lentement que les autres, & ils deviennent ordi-nairement très-tortus : je n'ai point obfervé fi cette maladie changeoit la couleur du bois, & fi elle y occafionnoit quelques veines de couleurs variées & fingulieres qui pourroient lui donner un mérite particulier.

On voit affez fréquemment des arbres mutilés, ou arrachés, ou tués fubitement (fi je puis me fervir de ce terme) foit par le ton-nerre, foit par le vent : ceux-ci font perdus fans reffource ; mais il faut couper à fleur du tronc les branches rompues, fans quoi l'eau qui s'introduiroit dans le chicot, qui meurt infailliblement, porte-roit dans l'intérieur du bois une voie de pourriture qui rendroit l'arbre prefque inutile pour toute efpece de fervice. Les fortes grêles, fur-tout quand elles font occafionnées par un vent de nord très-violent, font des contufions à l'écorce & aux nouvelles cou-ches-ligneufes, & ces contufions occafionnent fur les branches, encore tendres, des mortifications qui dégénerent en une efpece de gangrene, & fur les plus groffes branches, des meurtriffures qui font fuivies d'exfoliations, ou de defféchement, qui font toujours beaucoup de tort aux arbres. Le feul moyen de diminuer ce mal, confifte à retrancher les jeunes branches trop endommagées, & à élaguer avec intelligence les grands arbres, en retrancher les branches les plus endommagées, & par-là procurer aux autres affez de vigueur pour que la force de la feve puiffe produire promptement de nouvelles couches : quant aux arbres fruitiers, on fera bien de retrancher toutes leurs jeunes branches, & de les tailler fur le vieux bois.

Art. II. *Des maladies produites par les gelées.*

Comme la gelée fait un tort confidérable aux végétaux, je me propofe d'en parler dans cet Article, où j'examinerai les caufes extérieures ou intérieures qui influent fur leur vie & fur leur fanté. En ne confidérant même que très-fuperficiellement les effets de la gelée fur les plantes, on apperçoit que les défordres qui font produits par les gelées d'hiver font fort différents de ceux qu'occafionnent les gelées du printemps : la plupart des arbres étant pendant l'hiver dénués de feuilles, de fleurs & de fruits, ont ordinairement leurs jeunes branches fuffifamment *aoûtées*, c'eft-à-dire, affez endurcies pour fupporter des gelées affez fortes. Je dis *ordinairement* ; car après un été frais & humide, les jeunes branches dont le bois n'a pas pu parvenir à fon degré de maturité, ne peuvent réfifter à des gelées, même affez médiocres.

Mais quand les gelées font extrêmement fortes, & qu'elles font accompagnées d'autres circonftances fâcheufes, dont je parlerai dans la fuite, les arbres périffent entiérement, ou du moins ils reftent affectés de défauts qui ne fe réparent jamais. Ces défauts font des *gerfes* qui fuivent la direction des fibres, & que les gens de forêts appellent des *gelivures*; ou bien l'on trouve une portion de bois mort renfermée dans l'intérieur du bon bois, & que quelques foreftiers nomment *gelivure entrelardée*; enfin c'eft un double aubier que ces gelées occafionnent: ce double aubier confifte en une couronne entiere ou partielle de bois imparfait, remplie & recouverte par de bon bois : je vais entrer dans le détail de ces défauts, & indiquer d'où ils peuvent procéder : je commence par le double aubier.

L'aubier ordinaire eft, comme je l'ai déja dit, une couronne plus ou moins épaiffe de bois blanc & imparfait qui, dans prefque tous les arbres, fe diftingue aifément d'avec le bois formé qu'on appelle *le cœur* ; la différence de dureté & de couleur de ces deux bois ne permet pas de les confondre. L'aubier fe trouve fous l'écorce, & il enveloppe le bois formé qui, dans les arbres fains, est à peu près d'une même couleur depuis la circonférence jusqu'au centre. Mais dans ceux dans lesquels on trouve un double aubier, le bois parfait se trouve féparé par une feconde couronne de bois blanchâtre & tendre, de forte que fur la coupe horizontale du tronc d'un de ces arbres, on voit alternativement une couronne d'aubier, puis une de bois parfait, enfuite une feconde couronne d'aubier, & enfin un cylindre de bon bois. Ce défaut affecte plus communément les arbres qui font plantés dans des terres maigres & légeres, que ceux qui croiffent dans les terres fortes ; & ceux qui fe trouven. dans les clairieres & ifolés, que ceux qui ont crû dans les maffifs bien garnis.

Le bois de ces couronnes de faux aubier ayant été examiné avec attention fur de vieux arbres, il s'eft trouvé plus léger, plus tendre & plus foible que le véritable aubier ; & en comptant fur plufieurs de ces arbres le nombre des couches ligneufes de la couronne de bon bois qui étoit interpofée entre le vrai & le faux aubier, nous avons eu lieu de vérifier que cet accident avoit été formé par l'effet du grand hiver de 1709 : ces arbres ne moururent pas alors, puifque depuis ce temps ils s'étoient trouvés en état de fournir de la feve aux couches ligneufes qui fe font formées par deffus ce faux aubier ; d'ailleurs, fi l'aubier & l'écorce qui les recouvroit euffent péri alors, il n'eft pas douteux que l'arbre auroit auffi péri entiérement, comme cela eft arrivé en 1710 à plufieurs dont l'écorce s'étoit détachée, & qui cependant avoient fait quelques productions par un refte de feve qui fe trouvoit encore dans le bois ; mais ces arbres font enfin morts d'épuifement, faute de pouvoir recevoir affez de nourriture. Ainfi ces arbres qui avoient perdu leur écorce & leur aubier, étoient dans le même état que d'autres arbres que nous avons écorcés exprès, & dont nous avons parlé ci-devant.

Nous avons trouvé de ces faux aubiers qui étoient plus épais d'un côté que d'un autre ; ce qui s'accorde avec l'état le plus ordinaire du véritable aubier, ainfi que nous l'avons dit plus haut : nous en avons trouvé d'autres dont l'épaiffeur étoit fort mince ; c'eft qu'apparemment il n'y avoit feulement eu que quelques couches de cet aubier endommagées. Entre ces faux aubiers,

ij

il s'en trouve de nature très-différente, & dont quelques-uns ne
font pas d'auſſi mauvaiſe qualité que les autres ; ce qui ſemble
prouver que l'altération primitive a dû être plus conſidérable
dans les uns que dans les autres. Enfin, ayant trouvé des arbres
où le faux aubier étoit épais, & de mauvaiſe qualité, nous avons
voulu connoître ſi le même défaut ſe trouveroit dans les racines ;
mais nous les avons toujours trouvé ſaines & en bon état : il eſt
donc probable que ce double aubier avoit été occaſionné par
la gelée, & que les racines en avoient été préſervées par la terre
qui les recouvroit.

Voilà un accident bien fâcheux que cauſent les grandes gelées d'hiver, & dont l'effet, quoique renfermé dans l'intérieur
des arbres, n'en eſt pas moins préjudiciale à la qualité du bois,
puiſqu'il rend les arbres qui en ont été attaqués, preſque entiérement inutiles pour tous les ouvrages de conſéquence ; je
vais maintenant dire quelque choſe de cet autre défaut, que
l'on appelle la *gelivure entrelardée.*

En ſciant horizontalement d'autres pieds d'arbres déja vieux,
on y apperçoit quelquefois un morceau d'aubier mort, & en
même temps une portion d'écorce deſſéchée, qui ſont entiérement recouverts de bois vif : cet aubier mort occupe quelquefois le quart de la circonférence de l'arbre, à l'endroit du
tronc où il ſe trouve : il eſt quelquefois blanchâtre, & d'autres
fois plus brun que le bon bois : enfin, par la profondeur où
cet aubier ſe trouve dans le tronc, il paroît qu'il a péri dans
beaucoup d'arbres par la rigueur de l'hiver de 1709 ; & nous
croyons que dans les autres arbres cet accident eſt une ſuite des
grandes gelées d'hiver, qui ont fait entiérement périr une portion d'aubier & d'écorce, & que ces parties ont enſuite été recouvertes par de nouveau bois qui les a renfermées dans l'intérieur de l'arbre, comme tout autre corps étranger. Cet aubier
mort ſe trouve preſque toujours dans les arbres plantés depuis
l'expoſition de l'eſt juſqu'à celle du midi, & ſur les côteaux qui
regardent ces expoſitions : la raiſon en eſt naturelle ; car, lorſque
le Soleil vient à fondre la glace du côté de l'arbre qu'il échauffe
de ſes rayons, l'humidité qui a pénetré l'écorce ne tarde pas à
ſe convertir en glace auſſi-tôt que le Soleil diſparoît ; & il ſe
forme un verglas qui cauſe, comme l'on ſait, un préjudice

confidérable aux arbres. Cette maladie de l'aubier n'occupe pas
toute la longueur du tronc d'un arbre ; car on voit des pieces
de bois équarries , qui font en apparence très-faines , &
que l'on ne peut reconnoître attaquées de gelivure , que
quand elles ont été refendues pour être débitées en planches, ou
en membrures : fi l'on eût employé ces pieces dans tout leur
volume, on les eût cru exemptes de tous défauts ; mais le vice
intérieur dont elles font affectées auroit précipité leur dépériffement, ou au moins diminué confidérablement leur force.

Les grandes gelées d'hiver font quelquefois fendre les arbres,
fuivant la direction de leurs fibres, & même avec bruit : les
arbres auxquels cet accident eft arrivé, font ordinairement marqués d'une arrête, ou d'une efpece d'exoftofe qui s'eft formée
par une cicatrice qui a recouvert ces fentes, lefquelles reftent
renfermées dans l'intérieur des arbres, fans s'être réunies : nous
avons prouvé que lorfque le bois eft une fois endurci, il ne fe
peut jamais réunir, fur-tout quand les fibres ont été défunies
ou rompues : quoique les ouvriers appellent toutes les fentes
intérieures des *gelivures*, nous croyons qu'elles ne font pas toutes occafionnées par la gelée, & même que cet accident provient fouvent d'une trop grande abondance de feve.

On trouve des arbres attaqués de gelivure dans différents
terreins, & à différentes expofitions ; mais plus fréquemment
qu'ailleurs dans les terreins humides, & aux expofitions du levant
& du nord ; fans doute parce que le froid eft plus vif au nord, &
que le levant eft plus expofé au verglas : à l'égard des arbres qui
font dans des terreins humides, comme le tiffu de leurs fibres
ligneufes y eft plus foible & plus rare, il eft moins en état de
réfifter à l'effort que produit la feve lorfqu'elle fe gele ; d'autant
que dans ces fortes de terreins cette feve eft plus abondante &
plus phlegmatique que par-tout ailleurs : on fait que la raréfaction des liqueurs phlegmatiques, occafionnée par la gelée, a
affez de force pour rompre un canon de fufil. Nous avons fait
fcier plufieurs arbres attaqués de cette gelivure, & nous avons
prefque toujours trouvé fous la cicatrice faillante de leur écorce,
un dépôt de feve, ou du bois pourri qu'on ne peut diftinguer de
ce qu'on appelle des *abreuvoirs* ou *gouttieres*, que parce que ces
défauts, qui procedent d'une altération intérieure des fibres

ligneufes, n'ont point occafionné de cicatrices femblables à celles qui changent la forme extérieure des arbres.

Les fortes gelées d'hiver produifent, fans doute, beaucoup d'autres dommages aux arbres, indépendamment de ceux qu'elle fait entiérement périr : car il arrive quelquefois qu'elle n'endommage que leurs branches, & en ce cas le tronc refte affez fain ; d'autres fois, quoique le tronc périffe, les racines reftent faines, & en état de faire de nouvelles productions. En 1709, quantité de Noyers ont totalement péri ; d'autres n'avoient perdu que leurs branches ; mais prefque tous les Oliviers qu'on a été obligé d'abattre à fleur de terre, ont repouffé par la fuite. On voit déja que les fortes gelées d'hiver caufent divers dommages aux arbres, fuivant les différentes expofitions où ils fe trouvent plantés. Cet objet eft trop intéreffant à l'agriculture pour ne pas effayer de l'éclaircir ; d'autant que fur ce point, les Auteurs font de fentiments très-oppofés : les uns prétendent que la gelée fe fait fentir plus vivement à l'expofition du nord ; d'autres affurent que celle qui provient du midi ou du couchant caufe plus de ravages. Nous fentons bien ce qui a pu occafionner ce partage d'opinions ; mais avant de rapporter nos propres obfervations fur cette matiere, il eft bon de donner une idée plus précife de la queftion.

Il n'eft pas douteux qu'à l'expofition du nord où les végétaux font privés du Soleil, & expofés au vent le plus froid, la gelée y exerce fa rigueur plus fortement qu'à toutes les autres expofitions : le Thermometre nous démontre ce fait de maniere à n'en pas douter. C'eft pour cette raifon que dans des pays, d'ailleurs tempérés, la neige fubfifte pendant prefque tout l'été fur le revers des hautes montagnes : en faut-il davantage pour en conclure que la gelée doit caufer plus de défordre à cette expofition qu'à celle du midi : ce fentiment eft encore confirmé par les obfervations que l'on a faites fur la gelivure fimple, laquelle fe rencontre plus fréquemment dans les arbres plantés à l'expofition du nord, que dans les autres : il eft donc inconteftable que tous les accidents qui dépendent de la grande force de la gelée, tels que celui dont nous venons de parler, fe trouveront plus fréquemment à l'expofition du nord qu'à toute autre expofition : mais eft-ce toujours la grande force de la gelée qui en dommage les arbres, & n'y a-t-il pas quelques autres accidents particuliers qui occasionnent qu'une gelée médiocre leur fait beaucoup plus de préjudice que ne le pourroient faire des gelées même plus violentes qui arriveroient dans des circonstances moins fâcheuses ?

Nous en avons déja donné un exemple, en parlant de la gelivure entrelardée qui se rencontre plus fréquemment à l'exposition du midi, qu'à celle du nord ; & on peut se ressouvenir que l'on a attribué les désordres de l'hiver de 1709, à un faux dégel qui fut suivi immédiatement d'une gelée encore plus forte que celle qui l'avoit précédée. Nous avons vu des arbres qui, par cette même raison, ont supporté de fortes gelées à l'exposition du nord, tandis que d'autres arbres de même espece avoient péri à celles du levant & du midi. Le double aubier est probablement un accident produit par de faux dégels. Il y a quelques années que plusieurs de nos arbres qui avoient résisté à un rude hiver, se trouverent très-endommagés, & que plusieurs périrent aux approches du printemps par les circonstances que je vais rapporter. Il geloit encore assez fort, & les arbres étoient chargés de givre, lorsque l'air s'échauffa subitement, & que pendant toute la journée il fit un si beau temps, que le Thermometre monta à midi presque jusqu'à douze degrés au dessus de zéro : mais vers le soir, le vent se porta au nord, & il devint si froid, qu'à huit heures le Thermometre étoit descendu à six degrés au dessous de zero : alors toutes les branches se trouverent chargées de glace, & ce fut ce verglas qui fit tant de tort à nos arbres. Il est évident que les arbres qui sont exposés au Soleil sont plus sujets aux accidents qui proviennent du verglas, que les autres. Quoiqu'il soit toujours vrai de dire qu'à cet aspect ils sont moins exposés au grand froid que ceux qui sont au nord, cependant les observations que nous avons faites sur les effets des gelées du printemps nous ont mis en état de démontrer incontestablement, que ce n'est pas aux expositions où il gele le plus fort, que les végétaux souffrent le plus.

Si dans une piece de bois taillis qu'on abat, on en réserve çà & là des bouquets, on remarquera, en examinant au printemps le bourgeon que produit le taillis abattu aux environs des bouquets réservés ; 1°, que les parties qui se trouvent à l'abri du vent de nord, & à l'expofition du Soleil, pouffent plus vigoureufement que celles qui font à une expofition contraire ; 2°, que fi, comme cela arrive fréquemment vers la fin d'Avril, il furvient une gelée un peu forte, par un vent de nord, le ciel étant fe-rein & l'air fec depuis quelques jours, on trouvera alors tous les bourgeons gâtés à l'expofition du midi, quoiqu'ils foient à l'abri du vent de nord, & qu'au contraire ceux qui feront expofés au vent de nord feront peu endommagés*. Ce fait eft affez oppofé au préjugé ordinaire ; mais il n'en eft pas moins réel, & il n'eft pas même difficile à expliquer ; il fuffit pour cela de faire attention que l'humidité eft la principale caufe des fâcheux acci-dents de la gelée ; enforte que tout ce qui pourra occafionner cette humidité, rendra certainement l'impreffion de la gelée dangereufe pour les végétaux : & que tout ce qui pourra ocafion-ner la diffipation de cette humidité, indépendamment du grand froid qu'il pourroit faire, empêchera le mauvais effet de ces for-tes gelées : ces faits vont être confirmés par plufieurs obferva-tions.

La gelée fe fait fentir plus vivement & plus fréquemment qu'ailleurs dans les lieux où les brouillards féjournent. On re-marque dans tous les vignobles, que les vignes gelent plus fré-quemment dans les fonds que fur les hauteurs où le vent diffipe les brouillards. De même on voit dans les forêts, que les jeu-nes bourgeons font plus ordinairement endommagés par les gelées du printemps dans les vallées, que fur les hauteurs. Les plantes délicates gelent dans les potagers bas, voifins des rivie-res, pendant que ces mêmes plantes ne font point endomma-gées dans les plaines élevées. C'eft encore pour cette même raifon que les vignes & les jeunes bourgeons gelent plus ordi-nairement aux environs des grands bois, ou lorfque le courant du vent eft arrêté par de grands arbres, que quand ils font à dé-couvert.

On remarque qu'un fillon de vigne qui touche à une piece de fainfoin ou de luzerne, gele, pendant que le refte de cette vigne eft exempt de cet accident ; ce qu'on ne peut attribuer qu'à la

---

* Cette obfervation eft de M. de Buffon : on la peut voir plus détaillée dans le volu-me des Mémoires de l'Académie Royale des Sciences, année 1737, où l'on trouvera auffi un Mémoire que j'ai donné conjointement avec lui fur cette matiere.

tranfpiration du fainfoin qui porte de l'humidité fur la vigne.
Si dans les temps où l'on peut craindre la gelée on laboure une
vigne , elle fera endommagée plutôt que toute autre vigne
qui n'aura point été labourée ; & cela fans doute par la raifon
que le labour excite la tranfpiration de la terre. Les vignes & les
bois gelent plus aifément dans les terreins légers & fablonneux
ou nouvellement fumés , que dans les terres fortes & non fumées ; non-feulement par la raifon que leurs productions font
plus printanieres, mais encore parce qu'il s'échappe plus d'exhalaifons des terres légeres & des terres fumées que des autres.
Dans les vignes & dans les bois on remarque que les pouffes
qui font plus près de la terre font plus endommagées que celles
qui font plus élevées fur la tige , fur-tout quand celles-ci peuvent être agitées par le vent ; & il faut qu'il arrive une gelée
bien forte pour endommager les pouffes qui font éloignées de
la terre de plus de quatre pieds.

Toutes ces obfervations prouvent que fouvent ce n'eft pas
la force du froid qui endommage les plantes , mais bien celui
qui eft accompagné d'humidité ; tout ce qui deffeche , le vent
du nord même , diminue le danger de la gelée ; auffi les végétaux réfiftent-ils à des froids très-cuifants quand il ne tombe
point d'eau & qu'il regne du vent, qui comme on fait , deffé-
che beaucoup. On voit par tous ces faits pourquoi les gelées du
printemps font quelquefois plus de ravage à l'expofition du midi,
qu'à celle du nord, quoique le froid y foit plus confidérable :
c'eft pour la même raifon que le froid caufe plus de dommage à
l'expofition du couchant qu'à toutes les autres , quand après
une pluie du vent d'oueft, le vent tourne au nord vers le foir,
comme cela arrive affez fouvent. On voit quelquefois, mais cela
eft cependant rare, qu'il s'éleve par un vent d'eft un brouillard
froid, avant le lever du Soleil ; alors les végétaux qui font à cette
expofition fouffrent plus qu'à toute autre expofition.

Plufieurs circonftances dérangent les principes que nous venons d'établir ; par exemple, quand il furvient de fortes gelées
par un vent de nord, après plufieurs jours de féchereffe, les plantes expofées au nord & à l'eft fouffrent fouvent plus que celles qui
font expofées au midi ; celles qui font au nord, parce qu'elles
éprouvent un plus grand froid ; & celles expofées à l'eft , parce
que le matin elles font plutôt frappées par le Soleil.

On peut regarder comme un principe auſſi certain que celui que nous venons d'établir, que la gelée ne cauſe jamais tant de dommage que quand elle eſt ſuivie d'un dégel trop précipité : je m'explique. Si dans la zone froide un homme a un pied ou une main gelée, le membre tombera en pourriture ſi on l'expoſe à une chaleur un peu vive ; les habitants de cette zone inſtruits de ce fait par leur propre d'expérience, viennent à bout de faire dégeler les membres glacés, en les frottant avec de la neige, juſqu'à ce que les chairs ayent repris leur reſſort : alors on en eſt quitte ſeulement pour un engourdiſſement dans la partie, qui dure pendant quelque temps. La viande gelée perd beaucoup de ſon goût quand on l'expoſe ſubitement au feu ; mais elle eſt fort bonne à manger, ſi avant de la faire cuire on a la précaution de la plonger dans l'eau froide pour l'y faire dégeler. J'ai vû des pommes, à la vérité de ces eſpeces qui mûriſſent fort tard, & qui conſervent toujours de l'âcreté, leſquelles, après avoir été gelées pendant l'hiver, ſe conſerverent juſqu'au printemps, parce qu'on les avoit fait dégeler très-lentement : je reviens aux plantes.

Une gelée aſſez vive ne leur cauſe aucun préjudice, quand la glace ſe fond & qu'elle ſe réduit en eau avant que le Soleil les ait frappées. Qu'il gele pendant la nuit, même aſſez fort, ſi le matin le temps eſt couvert, s'il ſurvient une petite pluie, en un mot, ſi par quelque cauſe que ce puiſſe être la glace fond doucement & indépendamment de l'action du Soleil, cette gelée n'endommage ordinairement pas les plantes. Nous en avons ſauvé d'aſſez délicates qui avoient été ſurpriſes par de fortes gelées, & même par le verglas, en les mettant à couvert dans un bâtiment où il ne faiſoit cependant point chaud : mais ſi le Soleil donne ſur des plantes frappées par la gelée, les nouvelles pouſſes deviennent ſur le champ noires, & en moins de deux heures elles ſont entiérement deſſéchées.

Pour expliquer comment le Soleil peut produire ces déſordres ſur les plantes gelées, quelques Phyſiciens avoient penſé que la glace en fondant ſe réduiſoit en petites gouttes d'eau ſphériques, qui par leur figure faiſoient autant de petits miroirs ardents ; que le Soleil venant à donner ſur ces plantes, la réflexion de cet aſtre brûloit les plantes. Mais cette eſpece de loupe, quelque court qu'en foit le foyer, ne peut produire de chaleur qu'à une certaine diftance; ainfi elle ne pourra pas endommager les corps qu'elle touchera immédiatement: d'ailleurs ces gouttes d'eau font applaties par la partie qui touche à la plante, ce qui éloigne leur foyer; enfin fi ces gouttes d'eau réfultantes de la gelée produifoient un pareil dommage, pourquoi celles de la rofée qui font tout également fphériques n'occafionneroient-elles pas le même effet?

Peut-être pourroit-on imaginer que les parties les plus fpiritueufes & les plus volatiles de la feve, en fondant les premieres, feroient évaporées avant que les autres fuffent en état de fe mouvoir dans les vaiffeaux des plantes, & qu'il en réfulteroit une décompofition de cette feve qui feroit nuifible aux végétaux. Mais on peut répondre en général que la gelée augmente le volume des liqueurs, & que par conféquent elle met les vaiffeaux des plantes dans un état de tenfion. Par le dégel, les parties de la feve entrent en mouvement; fi ce changement d'état fe fait avec lenteur, les parties folides peuvent s'y prêter; mais fi le dégel arrive fubitement, fi le mouvement ne fe rétablit que par une efpece de fecouffe, il fe fait alors dans les vaiffeaux des plantes une efpece de débacle, dont leurs vaiffeaux ne pouvant fupporter l'effort, fe rompent; la feve eft promptement évaporée, & les pouffes qui étoient vertes & fucculentes avant la gelée, deviennent en très-peu de temps meurtries, noires & defféchées.

Quoi qu'on puiffe conclure de ces conjectures, dont je ne fuis cependant pas à beaucoup près fatisfait, il refte pour conftant : 1°, que le froid extrême de l'hiver fait quelquefois fendre les arbres & périr totalement quantité de végétaux; & ces accidents arrivent principalement aux endroits expofés au vent du nord : 2°, que ces cas font cependant fort rares, & qu'il eft plus ordinaire de voir les arbres endommagés par le verglas; qu'alors ce font les arbres ou les parties des arbres qui font expofées au Soleil qui fouffrent le plus, le verglas leur caufant des gelivures de toute efpece : 3°, les gelées du printemps font quelquefois fi fortes, que quoique l'air foit fec, & que les végétaux ne foient point frappés du Soleil, les pouffes périffent par la force de cette même gelée: dans ce cas c'eft l'expofition

du

du nord qui est la plus défavorable : 4°, souvent les désordres d'une forte gelée sont occasionnés par l'humidité ; alors tout ce qui la peut produire, la transpiration des plantes, celle de la terre, la vapeur des fumiers, &c. augmentent le dommage, de même que tout ce qui peut empêcher l'humidité de se dissiper, savoir le voisinage des haies élevées, des grands arbres peu éloignés les uns des autres, des édifices, &c : 5°, au contraire tout ce qui peut dissiper l'humidité, fût-ce même en augmentant le dégré du froid, comme seroit le vent de nord, diminue les ravages de la gelée. 6°, Comme il a été prouvé qu'un dégel trop précipité détruit tout ce qui aura été frappé par la gelée, on doit sentir combien l'exposition du levant doit être dangereuse dans certaines circonstances. 7°, Nous avons encore remarqué que les arbres desquels on a retranché de grosses branches, sont plus sensibles que les autres à la gelée ; il ne faut donc pas élaguer les arbres tendres à la gelée, avant l'hiver : 8°, il est encore d'expérience que les arbres nouvellement plantés gelent plus aisément que ceux qui sont depuis plusieurs années en terre ; il convient donc de remettre à planter au printemps tous les arbres délicats : 9°, il est singulier que certaines especes d'arbres, telles que le Sapin, supportent les plus fortes gelées, sans en être endommagés, pendant que d'autres ne peuvent supporter des gelées assez médiocres : cette observation se fait aussi sur des arbres d'un même genre ; car ayant semé des Pins dont les graines m'avoient été envoyées, les unes de Saint-Domingue, & les autres du nord, ceux-ci n'ont jamais été endommagés par les plus grands hivers, tandis que les autres, quoique déja gros comme le corps, ont tous péri dans un hiver assez rude.

Monsieur Hales, ce savant Observateur, qui a fait de si belles découvertes sur la végétation, dit dans son Livre *De la Statique des Végétaux*, que les plantes qui transpirent le moins, sont celles qui résistent le mieux au froid des hivers, parce qu'elles n'ont besoin, pour se conserver en bon état, que d'une très-petite quantité de nourriture. Il prouve dans le même Ouvrage, que les plantes qui conservent leurs feuilles pendant l'hiver, sont celles qui transpirent le moins. L'expérience des Pins que je viens de rapporter ne s'accorde cependant pas avec ce principe ; & de plus on fait que l'Oranger, le Myrthe, & encore plus le Jasmin d'Arabie sont très-sensibles à la gelée, quoique ces arbres conservent leurs feuilles pendant l'hiver & qu'ils transpirent peu : il faut donc avoir recours à une autre cause, pour expliquer comment il se peut faire que certains arbres qui ne se dépouillent point de leurs feuilles en hiver, supportent si bien les plus fortes gelées. Je sais qu'on a prétendu que la qualité résineuse de la seve de ces arbres les en garantissoit ; mais outre que je pourrois citer pour exemples contraires certains arbres très-durs à la gelée, qui ne fournissent point de résine ; & d'autres arbres, tels que le Lentisque qui, quoique résineux, gelent aisément : l'exemple des Pins du nord & de Saint-Domingue dont j'ai parlé plus haut suffit pour détruire cette idée.

Je pourrois tirer plusieurs conséquences utiles à l'agriculture, de ce que je viens de dire sur l'effet de la gelée ; mais je réserve ce détail pour un Traité particulier de la culture des arbres ; ainsi je passe à l'examen des autres maladies qui affectent les arbres.

ART. III. *Des maladies causées par les insectes.*

JE NE DIRAI rien des plaies qui sont la suite de quelque accident, non plus que des différentes causes qui produisent l'*étiolement* & la *champlure* : je passe aussi sous silence ces monstruosités qui sont occasionnées par l'union de différentes parties, feuilles, fruits ou bourgeons qui se greffent les uns sur les autres, ainsi que par le trop grand ou le trop foible accroissement de quelque partie que ce soit, ou par ces tumeurs difformes si bizarres que l'on nomme des *Galles*, & qui sont occasionnées par la piquure de quelques insectes, parce que j'ai déja parlé de ces accidents ainsi que des plantes parasites qui s'établissent sur les feuilles, sur les branches ou sur les racines des arbres.

Mais les insectes qui rongent les feuilles & les fruits des arbres, leur causent de véritables maladies dans les années où ils sont abondants. Ces insectes sont, 1°, quantité d'espèces de Scarabées, & particuliérement les Hannetons : 2°, les Cantharides : 3°, les Pucerons : 4°, les Chenilles.

Les Hannetons s'attachent particuliérement à différentes es-peces d'Erable, au Marronnier-d'Inde, à la Charmille; & quand ces arbres leur manquent, ils se jettent indifféremment sur les autres, & même sur la vigne. Les Hannetons les plus communs font ordinairement précédés par de plus petits Hannetons rouges : quantité d'autres petits Scarabées verds, bleus, rouges, bruns, &c. mangent les feuilles & coupent les jeunes poussses. Les Cantharides qui font aussi précédées par de petits insectes de même genre & de couleur rouge n'attaquent, de tous les arbres que nous cultivons, que les Lilas, les Chevre-feuilles, les Fagara & les Frênes, dont il n'y a que celui à fleurs qui en soit excepté, parce que les feuilles de cette espece de Frêne font trop dures pour ces insectes, qui ne peuvent attaquer que les jeunes poussses; encore ne font-elles endommagées que ra-rement. Les Pucerons désolent les Pêchers & les Chevre-feuil-les : je ne sais que l'infusion de tabac qui les fasse périr ; mais ce moyen ne peut être employé que sur un petit nombre d'arbres que l'on veut particuliérement conserver, parce qu'il faudroit employer trop de temps pour passer avec un pinceau ou avec une éponge cette infusion sur toutes les feuilles d'un espalier.

Quant aux Chenilles, il y en a de différentes sortes, qui s'attachent chacune à une espece particuliere d'arbre : le Noyer, le Fusain, le Thytimale ont leurs chenilles. Dans les années où les Chenilles font très-abondantes, celles qu'on nomme *Livrées*, & les *Communes* qui s'accommodent de presque toutes les especes d'arbres, commencent par dévorer toutes les feuilles & les jeunes poussses, puis elles attaquent les fruits & les bou-tons ; ce qui fait que dans l'année suivante les arbres donnent peu de fruits ; & lorsque les chenilles dévorent les feuilles pendant les deux seves, comme cela arrive quelquefois, les arbres perdent beaucoup de leurs menues branches. Quand un jardin n'est rempli que d'arbres fruitiers, on peut en détruire promptement une assez grande quantité, en se promenant dans le verger au lever du Soleil, tenant à la main une torche de paille allumée ; comme les Chenilles *Livrées* & les *Communes* sont à cette heure-là rassemblées par gros paquets sur les arbres, un coup de flamme suffit pour les griller toutes. Les gens atten-tifs se donnent aussi la peine de les chercher une à une, & de les écraser entre deux petites palettes de bois. S'il ne s'agiſſoit que d'en garantir un arbre iſolé, on pourroit entourer le tronc avec une corde de crin; les Chenilles craignent les piquures de ce poil, & les évitent.

On trouve dans les forêts, au pied des vieux arbres, des nids de groſſes Fourmis, qui ſe font des logements artiſtement conſtruits avec le bois qu'elles rongent: ces inſectes font plus de tort aux fruits tendres & ſucrés qu'aux arbres qui les portent. On en peut prendre une grande quantité, en ſuſpendant aux branches des fioles dans leſquelles on met de l'eau miellée: il ne faut cependant pas eſpérer que par ce moyen l'on puiſſe en tarir la ſource.

Les Guêpes font encore, dans certaines années, beaucoup de tort aux muſcats, aux pêches & aux fruits fondants: il faut, pour en diminuer le nombre, verſer pendant la nuit de l'eau bouillante dans les nids qu'on pourra découvrir. On peut auſſi mettre auprès des arbres un pot frotté de miel; elles s'y portent avec avidité, & elles y font arrêtées comme les oiſeaux le font par la glu.

On trouve dans la terre de gros vers blancs, qui deviennent dans la ſuite des Hannetons ou d'autres eſpeces de Scarabées; ces vers rongent l'écorce des racines, & font périr les jeunes arbres: je ne ſais aucun moyen efficace de s'en garantir. Quelques-uns, pour en détruire une partie, font labourer la terre profondément, & ils font conduire ſur le guéret des dindons, qui étant très-friands de ces vers, les dévorent, & épargnent ainſi la peine de les ramaſſer: ce moyen ne peut cependant pas les détruire tous, & il eſt très-diſpendieux. Ces inſectes ont fait de grands ravages dans un beau verger, de grande étendue, que nous avions fait planter d'arbres fruitiers; heureuſement ces vers ne font pas abondants toutes les années; & comme ils ne font périr que les jeunes arbres, nous avons eu le ſoin, pendant pluſieurs années, de remplacer ceux qu'ils nous avoient fait mourir, & enfin notre verger s'eſt trouvé bien garni, & les arbres qui ont maintenant acquis une force ſuffiſante, n'y périſſent plus. Il eſt bon de ſavoir que les fumiers plaiſent beaucoup à ces vers; & que ſi l'on vouloit fumer de jeunes arbres, plantés dans un terrein qui en eſt infecté, ces arbres feroient plus exposés à en être attaqués, & dans ce cas le fumier seroit plus nuisible qu'utile.

Il y a encore un ver rouge qui perce le bois, au point que j'ai vu mourir quantité d'Ormes & d'Aulnes de leur piquure. Lorsqu'on apperçoit de petits trous à l'écorce, alors avec une broche à tricoter on peut les percer; mais quand ils se font multipliés au point de se faire plusieurs loges, il faut les chercher avec la pointe d'une serpette, les écraser, & avoir l'attention de ménager le plus d'écorce qu'il est possible. Cette pratique est longue & pénible: nous avons sauvé quelques arbres par ce moyen; mais nous en avons eu d'autres qui étoient tellement remplis de ces vers, que le moindre coup de vent les rompoit. On trouve encore dans les forêts de beaucoup plus gros vers qui se métamorphosent en Scarabées: ils font dans le bois des trous à y mettre le doigt.

Outre ces insectes, différents animaux font quelquefois beaucoup de dommage aux arbres: les Lapins fouillent la terre auprès des racines; ils mangent l'écorce du pied des arbres, lorsque dans les temps de neige ils ont peine à trouver ailleurs d'autre nourriture. Les Lievres, dans les mêmes circonstances, font au moins autant de désordre que les Lapins: les bêtes fauves & le bétail broutent les jeunes pousses, & rendent les arbres rabougris.

Les Loirs, les Raveaux, les Rats de jardins mangent les fruits, & quelquefois les jeunes branches: les Mulots qui dévorent les bulbes & les racines tendres, font peu de tort aux arbres: on peut tendre à ceux-ci des pieges, ou leur présenter des appâts empoisonnés; mais en ce cas il faut prendre de grandes précautions, pour éviter d'empoisonner le gibier, la volaille, & même les enfants. Dans ces circonstances je fais faire un trou en terre, au fond duquel je mets sur une tuile l'appât empoisonné, savoir, des pommes cuites, des fruits, des graines chargées d'arsenic; je couvre cette tuile avec un pot de terre renversé, dont les bords portent sur trois petits supports de pierre, afin que ces animaux nuisibles puissent avoir un passage: je charge le pot d'une grosse pierre, pour qu'il ne puisse être renversé, & je mets un peu de menue paille dans le trou: les Mulots attirés par cette paille entrent sous le pot,

où trouvant un appât qui les tente, ils le mangent & s'empoi-
fonnent.

Les Corneilles fe raffemblent quelquefois en fi prodigieufe
quantité fur les grands bois, qu'elles en font périr plufieurs
branches par la pefanteur de leur poids, & encore plus, à ce
qu'on prétend, par la pernicieufe qualité de leurs excréments.
L'oifeau nommé *Pic-verd* fait avec fon bec des trous profonds
dans le corps des arbres; mais je crois qu'il attaque plutôt les
arbres creux où il efpere trouver des vers, que les arbres fains.

On peut détruire une partie de ces oifeaux, en plantant à une
petite diftance des bois, des poteaux élevés fur lefquels on met
des pieges & des appâts: mais le mieux eft de leur faire la guerre
à coups de fufil; par ce moyen on en tue plufieurs, & l'on effa-
rouche le refte. On fera très-bien auffi de détruire tous les nids
de ces oifeaux malfaifants.

Nous pourrions dire encore quantité de chofes fur les maladies des arbres; mais je réferve mes obfervations à cet égard
pour le Traité *de la Culture des Arbres*, dans lequel je parlerai
plus au long de ceux qui font finguliérement expofés à ces maladies particulieres *.

* On peut, en attendant que je publie ce Traité, confulter fur cette matiere les
Mémoires de l'Académie des Sciences, année 1705.

F I N.

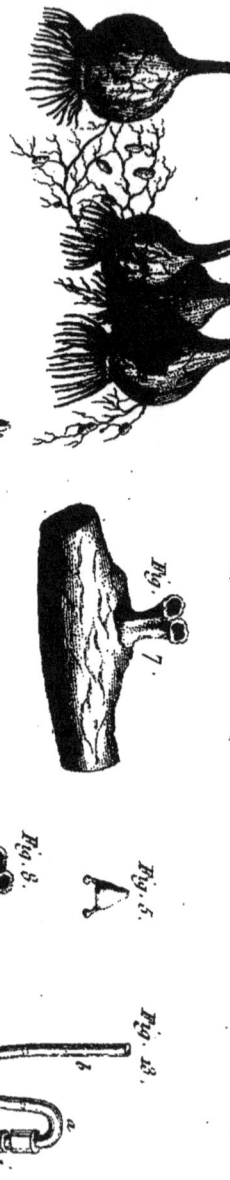

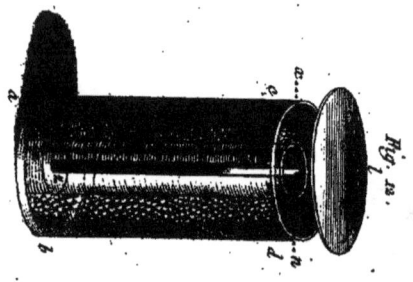

Fig. 10.

Fig. 9.

Fig. 1.

Fig. 2.

Fig. 2.

Fig. 2.

Fig. 3.

Fig. 7.

Fig. 4.

Fig. 1.

Fig. 8.

Fig. 5.

Fig. 6.

Fig. 13.

Physique des Arbres, Livre V. Pl. 1.

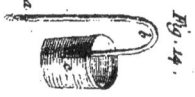

Fig. 14.

Fig. 18.

Fig. 15.

Fig. 16.

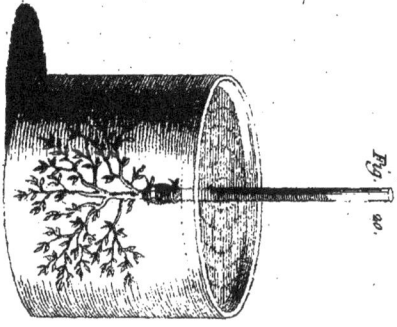

Fig. 20.

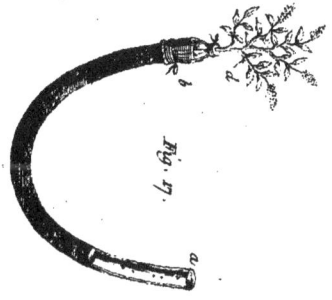

Fig. 17.

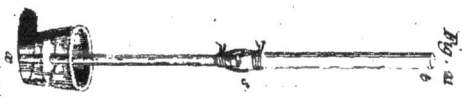

Fig. 21.

Fig. 19.

Fig. 23.

Fig. 22.

Fig. 25.

Fig. 24.

Fig. 26.

Fig. 2.

Fig. 4.

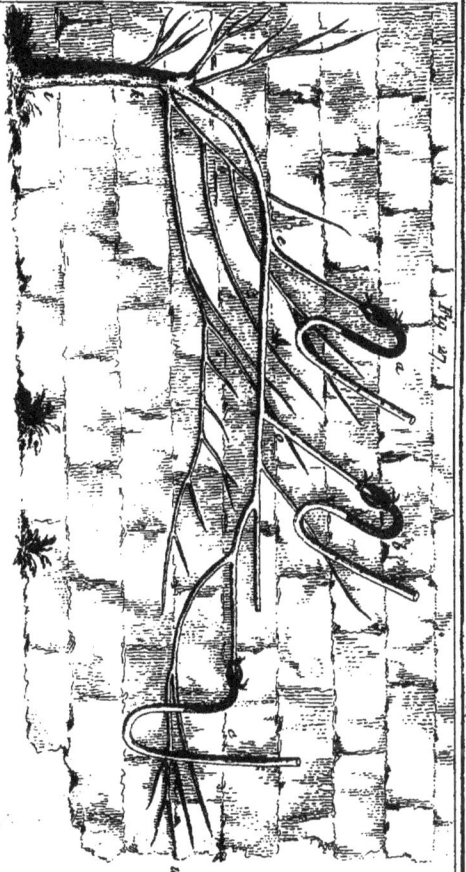

Fig. 27.

Fig. 28.

Fig. 29.

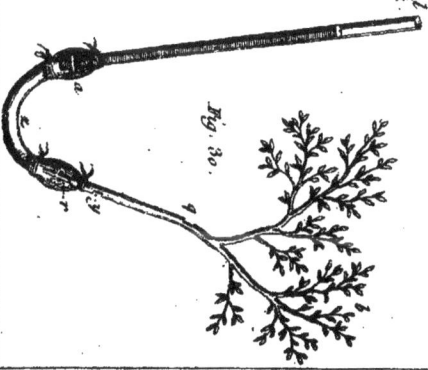

Fig. 30.

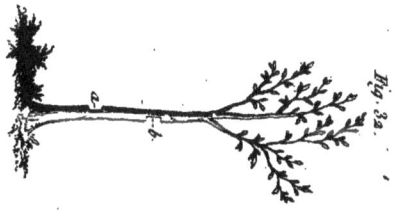

Fig. 32.

Physique des Arbres. Livre V. Pl. 4.

EXPLICATION

De plusieurs termes de BOTANIQUE &
*d'*AGRICULTURE*, particuliérement de ceux
qui font en ufage pour l'exploitation des Bois.
& des Forêts.*

Les lettres A *,* B, F, J *, font pour diftinguer les termes d'Agriculture*,
de Botanique , de Forêts & de Jardinage.

A

ABATTÉES (F), fignifioit autrefois une Forêt ; il n'eft plus d'ufage.

ABATTEUR (F), ouvrier qu'on emploie à abattre les bois.

ABATTIS (F), arbres abattus. On dit : Le vent a fait de grands abattis de bois.

ABATTRE du bois (F), couper des arbres à fleur de terre.

ABORNER (F), marquer les limites d'un domaine, en pofant des bornes: cette opéra-tion d'arpentage s'appelle *Abornement*.

Abortiens flos (B), fleur qui avorte. Quel-ques Auteurs ont ainfi nommé les fleurs mâ-les.

ABOUGRI ou *Rabougri* (F), fignifie un arbre de mauvaife venue, dont le tronc eft court, raboteux, plein de nœuds & de mau-vaifes branches. On dit : Ce bois eft rabougri ; il faut le réceper.

ABREUVOIR, terme de Bucheron : voyez GOUTTIERE.

ABRI (J), lieu à couvert, foit du foleil, foit du vent, & fur-tout du froid. On dit : *Abrier* ou *abriter*, pour dire, mettre à l'abri, ou couvrir pour former un abri.

ABROUTI (F), qui a été brouté par le bé-tail. On dit : Il faut réceper ce bourgeon, parce qu'il a été abrouti.

Abruptè-pinnatum (B), fe dit, fuivant M. Linnæus, d'une feuille empannée, qui n'eft

terminée ni par une foliole impaire, ni par un filet.

Acalyces flos (B), fleurs qui n'ont point de calyce.

Acaulis ou *Acaulos* (B), fe dit des plantes qui n'ont point de tiges, & dont les feuilles & les fleurs partent immédiatement du collet des racines : ce terme ne convient ni aux arbres, ni aux arbuftes : voyez TIGE.

ACCOLLER (A), attacher quelque chofe avec de la paille, de l'ofier, ou du jonc, à quelque corps folide. Il faut accoller les bran-ches des plantes farmenteufes, parce qu'elles font trop foibles pour fe foutenir d'elles-mêmes. On accolle la Vigne.

ACCRUE (F) d'un bois : c'eft une augmen-tation de l'étendue d'un bois, qui fe fait na-turellement, fans être planté ni femé.

ACIDE, *acidus*, qui a une faveur aigre.

Acinaciformis (B), en forme de fabre. On emploie ce mot pour décrire quelques feuilles & certains fruits.

Acinus ou *Acini* (B), grains raffem-blés les uns près des autres, comme dans la Grenade, la Mûre, le Raifin, le Sureau : ces fruits different peu des Baies.

Acotyledones (B), qui n'ont point de co-tyledones : voyez COTYLEDONES.

ÂCRE, *acer, acerbus*, goût acerbe, comme celui des fruits fauvages.

Acre (A), mesure superficielle d'un terrein : elle est en usage dans quelques provinces. L'Acre de Normandie contient 160 perches quarrées.

Aculeatus (B), piquant, dont la surface est hérissée de pointes cartilagineuses, piquantes, & faciles à arracher : voyez l'article suivant.

Aculeus (B), aiguillon ; c'est, suivant M. Linnæus, une pointe fragile, qui est si peu adhérente à la plante, qu'on peut la détacher aisément, sans rien déchirer : cette circonstance la distingue de l'épine ; mais communément ce mot se dit des pointes qu'on trouve autour des feuilles, ou sur les feuilles, comme sont celles des feuilles de Houx.

Acumen ou Acus (B) : voyez Aiguille.

Acuminatus (B) : voyez Feuilles.

Acutus (B), qui se termine par un angle aigu ou une pointe : voyez Feuilles.

Adjudication (F), délivrance qu'on fait en justice, à un dernier enchérisseur. Les adjudications des bois se font à l'extinction de la bougie ; c'est-à-dire, qu'on peut couvrir les encheres jusqu'à ce que la bougie soit éteinte.

Adnascentia ou Adnata (B) : v. Cayeux.

Ados (J), est un terrein qui est, naturellement ou par art, incliné du côté du midi. Les plantes délicates s'élevent sur des ados.

Affouage (F) ; c'est le droit de couper du bois dans les forêts.

Agatis (F), dommage causé par les bêtes, principalement dans les forêts.

Ager (B), champ ou piece de terre ; d'où l'on a fait plantæ agrestes. les plantes qui croissent naturellement dans les champs.

Aggregatus (B), rassemblé plusieurs ensemble : il se dit des fleurs, des fruits & des feuilles. Les fleurs du Statice sont dites aggregatæ.

Agriculture, l'art de cultiver les terres, & de faire valoir les biens de la campagne.

Aigrette, pappus ou pappi (B), espece de brosse ou de pinceau de poils déliés, qui se trouve au bout supérieur des semences de plusieurs plantes, tels que le Chardon, le Pissenlit. Ces sortes de semences ressemblent à un volant ; les poils forment les plumes, & la semence le culot. Le vent les emporte au loin ; & la semence qui est plus pesante que les poils, se présente la premiere à terre lorsqu'elles tombent ; c'est ainsi que ces graines se sement d'elles-mêmes. On dit : Une semence aigrettée, semen pappis instructum. Si les poils aboutissent à un pédicule com-

mun, on dit : Stipiti insidens : s'il n'y a point de pédicule, sessilis : chacune de ces aigrettes se divise encore en branches & simples, suivant que les poils sont simples ou barbelés, c'est-à-dire, chargés de barbes latérales, ainsi que celles des plumes.

Aiguille, acus (B). On se sert de ce terme pour donner l'idée, soit d'un pistil, soit d'une semence, soit de toute autre partie des plantes, longue, menue, & qui se termine en pointe. On dit d'une semence en aiguille, semen acuminatum ; ou rostratum, en bec d'oiseau, si elle est un peu recourbée.

Aiguillon : voyez Aculeus.

Ailes, alæ (B), se dit 1°. des deux pétales latérales des fleurs légumineuses, situées entre le pavillon & la nacelle : v. Pétale. 2°. De l'expansion membraneuse qui accompagne certaines semences : le Bignonia, l'Erable, &c. ont leurs semences ailées, semina alata. 3°. De ces feuillets membraneux qui accompagnent les tiges suivant leur longueur ; alors on dit que les tiges sont ailées, caulis alatus.

Ais, planche (F) : ces deux mots sont synonymes.

Aisselle (B), Axilla, ou Ala. Cette derniere expression latine renferme, en Botanique, plusieurs significations différentes ; mais, en François, on entend par aisselle, l'angle ou le sinus qui se forme par la réunion de deux branches, ou du pédicule d'une feuille avec la tige ; ainsi on dit : Les boutons se forment dans les aisselles des feuilles : foliorum alæ ou axillæ : certaines fleurs qu'on nomme axillares, naissent dans les aisselles des feuilles, &c.

Ala : voyez Ailes & Aisselle.

Albicans, qui est blanchâtre ; il vient d'albus, qui signifie de couleur blanche.

Alburnum (F), voyez Aubier.

Allée (J), espace de terrein dressée & alignée pour la promenade : Il y a des allées couvertes ; des allées de Charmille, de Tilleuls, de Gazon ; des allées sablées, en terrasse, &c.

Alluchon (F), dents d'un rouet ou d'une roue en hérisson : on les fait de Cormier, de Merisier, ou d'autres bois durs ; ainsi que les fuseaux des lanternes.

Alfage ou Alpen (A), terre en friche : ces termes ne sont d'usage que dans quelques provinces.

Altéré (J). On dit qu'une terre est altérée quand elle est fort seche ; & qu'un arbre est eft altéré quand fes feuilles fe fanent.

ALTERNE & ALTERNATIVEMENT (B). On dit que des branches ou des feuilles font alternes ou pofées alternativement, *foliis alternis, alternatim fitis*, lorfque les menues branches à l'égard des plus groffes, ou les feuilles à l'égard des menues branches, font placées l'une au deffus de l'autre, des deux côtés d'une branche ; de forte qu'il ne fe trouve qu'une branche ou une feuille à une même hauteur. Ce mot *alterne* convient aux fleurs, aux fruits, aux boutons, aux branches.

AMANDE (B), la partie intérieure des noyaux. On dit : une amande d'Abricot, de Cerife, de Pêche, &c. Quelquefois on appelle amandes les lobes des femences : v. LOBES.

AMENDEMENT (A) : voyez ENGRAIS.

Amentum ou *Julus* (B), Chaton : *Amentaceus flos*. Fleur à chatons : voyez CHATON, FLEUR & CALYCE.

Amplexicaule (B), qui embraffe les tiges. Cela fe dit lorfque la bafe des feuilles qui n'ont point de queues, entoure la circonférence de la tige.

Anceps (B), qui a deux angles, ou comme deux tranchants. Ce mot s'applique aux tiges, aux pédicules des feuilles, & aux autres parties des plantes.

ANDROGYNE (B), eft la même chofe que *hermaphrodite, hermaphroditus*, qui a les deux fexes. Beaucoup de plantes font dans ce cas. Mais il y a des plantes hermaphrodites de deux fortes ; car les unes ont les deux fexes dans la même fleur, & Vaillant les a nommées *androgynes* ; les autres portent les fleurs mâles féparées des fleurs femelles, quoique ces deux fleurs fe trouvent fur les mêmes pieds ; ce font les *monœcia* de M. Linnæus. Vaillant les a nommées *hermaphrodites*. Il feroit bon de convenir de cette diftinction établie par Vaillant, pour éviter des périphrafes dans la langue Françoife.

Angulus (B), eft l'angle faillant d'une feuille confidérée comme entiere ; le finus eft l'angle rentrant : voyez FEUILLE.

Angyofpermia (B), comprend les plantes dont les femences font renfermées dans un péricarpe. Ainfi c'eft une divifion des *Didynamies* de M. Linn. Elle comprend les fauffes labiées, ou les perfonnées de Tournefort.

ANNUEL, *annuus* (B), qui ne fubfifte qu'un an. Toutes les plantes qui, après avoir produit des femences, périffent dans l'année où elles font levées, font des plantes annuelles ; ainfi on dit que les plantes annuelles ne peu-

Partie II.

vent fe multiplier que par les femences. On dit auffi *caulis annuus* : voyez TIGE.

ANOMALE (B), *anomalus*, fleur anomale. *Anomalo flore*, qui a la fleur d'une forme bizarre ; il y en a de monopétales, & de polypétales : voyez FLEUR.

Anthera (B), voyez SOMMET.

AOUTÉ (J). Les Jardiniers difent qu'une branche eft aoûtée, quand elle a acquis, dans l'automne, affez de confiftance pour fupporter les gelées d'hiver : voyez L. I V. pag. 57.

Apetalos (B), qui n'a point de pétale : voyez PÉTALE, & L. I I I. pag. 207.

Apex (B), voyez SOMMET.

APPROCHE (J), forte de greffe : voyez L. I V. pag. 78.

AQUATIQUE ou AQUATILE (B), qui naît & fe nourrit dans l'eau ; les plantes aquatiques font en affez grand nombre. On étend ce terme aux plantes qui fe plaifent dans les terres fort abreuvées.

ARAIRE (A), c'eft ainfi qu'on nomme les charrues dans plufieurs provinces. Ce mot vient d'*arare*, qui fignifie labourer ; il a produit celui d'*arure*, qui eft une mefure de terre, en ufage dans quelques provinces.

ARBRE, *arbor* (B). Les arbres font des plantes vivaces, d'une grandeur confidérable, dont l'intérieur du tronc, des branches & des racines eft ligneux. Ils ont ordinairement un tronc principal ou tige qui fe divife par le haut en plufieurs branches, & par le bas en racines.

Les *arbres de haute futaie* ou *de haut-vent* (F), font les Ormes, les Chênes, les Châtaigniers, les Pins, & autres grands arbres qu'on laiffe parvenir à toute leur hauteur, fans les abattre. Il n'y a que les arbres de haute futaie qui foient propres à faire de belles avenues : voyez FUTAIE.

Les *arbres de plein-vent* (J), font ceux qu'on laiffe s'élever de toute leur hauteur, & qui font éloignés les uns des autres dans les champs, les vignes ou les vergers. Cette dénomination convient particuliérement aux arbres fruitiers.

Les *arbres de demi-vent* ou *de demi-tige*, font ceux dont on borne la hauteur de la tige à trois ou quatre pieds.

Un *arbre Nain* proprement dit, eft celui qui eft de petite taille. Le Pommier de paradis eft naturellement un Pommier nain ; mais on donne auffi ce nom aux arbres dont on reftraint la tige par la taille, à 15 ou 20 pouces de hauteur. Si cet arbre eft taillé dans la forme d'un verre à boire , on le nomme *en buisson* ; s'il est taillé à plat , on le dit *en éventail* ; & de ceux-ci les uns sont appuyés contre des murailles , & sont dits *en espalier* ; d'autres qui sont attachés à des treillages isolés , sont dits *en contre-espalier.*

Les *arbres de haute tige* sont ceux auxquels on forme une tige de 5 , 6 ou 7 pieds de hauteur ; & entre ceux-là , il y en a *de plein vent* & *en espalier.*

On distingue les arbres en *arbres sauvages*, qui viennent naturellement dans les bois , les haies , &c. & *arbres cultivés* ou *domestiques* ; & encore en *arbres forestiers* & *arbres fruitiers* , suivant qu'ils sont d'espece à faire la masse des Forêts , ou à fournir des fruits bons à manger.

Les *arbres de lisiere* (F) , sont ceux qu'on laisse dans les ventes ou coupes de bois , entre deux pieds corniers , pour servir de borne & d'alignement à la coupe permise. On a étendu ce terme ; car on dit , *faire des réserves en lisiere*, pour dire , qu'on réserve une étendue de bois qui a beaucoup de longueur & peu de largeur.

Arbre, en terme de Charpenterie & d'Architecture , est une grosse piece de bois qui fait la principale partie d'une machine : c'est dans ce sens qu'on dit *l'arbre d'un pressoir*, *l'arbre tournant d'un moulin.*

Les *Baliveaux* sont des arbres qu'on réserve en abattant les taillis pour avoir du bois de charpente. On le nomme aussi *Réserve ,* *Lais & Etalons* : voyez BALIVEAU.

Il faut consulter ce qui est dit Liv. I, pag. 3.

ARBRISSEAU , *frutex* (B) , est une plante ligneuse , vivace , moins grande que l'arbre ; ordinairement il s'éleve plusieurs tiges des racines. Les jeunes branches sont chargées de boutons , comme aux arbres ; ainsi ce sont des arbres de petite taille , tels que le Lilas , le Sureau, le Rosier.

ARBUSTE ou SOUS-ARBRISSEAU , *suffrutex* (B) , ce sont des plantes ligneuses , dont les branches sont vivaces , & qui forment des buissons plus petits que les arbrisseaux : leurs jeunes branches ne sont point garnies de boutons. On peut donner pour exemple le Thym , le Romarin, le Ciste.

ARDILLEUX (A). Une terre ardilleuse est seche & brulante.

Argentatus ou *argenteus* , argenté (B). On appelle ainsi des veines blanches, comme quand on dit : *Aquifolium, foliis per limbum argenteis.*

ARGILE (A) , terre grasse ou glaise dont on

fait les pots, les tuiles , &c. Les *terres argilleuses* sont celles où l'argile est mêlé , en plus ou moins grande quantité , avec une autre espece de terre , même avec le sable : en ce cas on les nomme *sable gras* , ou *terres fortes.*

On nomme aussi *argile* une terre roussâtre qui se paîtrit & se durcit au feu ; c'est ce que l'on nomme à Paris *terre à four.*

ARGOT ou ERGOT (J) , chicot de bois mort. *Argoter* est retrancher le bois mort jusqu'au vif.

Arillus (B) , est l'enveloppe extérieure des semences , qui s'enleve aisément quand elles sont vertes : voyez *Calyptra.*

Arista (B) , voyez BARBE.

AROMATIQUE (B) , qui a de l'odeur ; le Genévrier , le Liquidambar , sont des arbres aromatiques.

ARPENT (A) , mesure de la surface d'un terrein , dont l'étendue varie suivant les Coutumes. En beaucoup d'endroits l'arpent contient 100 perches quarrées ; & la perche a tantôt 18 , tantôt 20 , & tantôt 22 pieds de longueur.

ARPENTEUR (F) , homme qui étant instruit de la partie de la Géométrie qui enseigne à mesurer les surfaces , fixe l'étendue des terres en arpent. Il y a des Jurés Arpenteurs ; & chaque Maîtrise des Eaux & Forêts , a des Arpenteurs qui font l'*arpentage* des bois.

ARRACHER (J) , c'est tirer une plante de terre avec ses racines. On arrache quelquefois un bois pour employer le terrein à d'autres productions ; en ce cas on ne ménage point les racines : mais quand on arrache un arbre pour le replanter ailleurs , on doit ménager soigneusement toutes les racines.

Arrecta folia (B) , des feuilles qui se tiennent fermes & droites.

ARRÊTE (B) , saillie tranchante , comme quand on dit que le dessous des feuilles est garni de nervures *à vive arrête*, ou que les angles d'une tige sont *à vive arrête*. Ce terme est tiré de l'art de la Menuiserie.

ARRÊTER (J) , couper l'extrémité d'une tige ou d'une branche , pour empêcher qu'elle ne s'étende trop. Il est bon d'arrêter les brins gourmands , les sarments de la Vigne , &c.

ARROSER (J) ; on fait que c'est répandre de l'eau au pied d'une plante qui en manque. Dans les pays de montagnes on arrose par immersion , en conduisant de l'eau par des rigolles qui la répandent dans toute l'étendue du terrein.

ARSINS (F). On appelle *bois arsins* ceux

qu'on abat dans les forêts brulées : voyez Bois.

Articulation, *articulatio* (B), terme emprunté de l'Anatomie, pour exprimer l'union de plusieurs pieces mises bout à bout : par exemple, avant que les nœuds de la Vigne & du Gui soient endurcis, on voit qu'ils sont formés par une sorte d'articulation. Les articulations sont sensibles dans la Sensitive, dans les gousses du Coronilla, &c.

Articulatus (B), articulé : voyez Feuilles, Racine & Tige.

Articulus culmi (B), voyez *Internodium.*

Arundinacea plantæ (B), ce sont toutes les plantes de la famille des Roseaux, qu'on nomme *plantes arondinacées.*

Arure, mesure de terre, en usage dans quelques provinces ; ce qu'une charrue peut labourer en un jour.

Arvum (B), terre labourée où il n'y a rien de semé ; d'où l'on a fait *plantæ arvenses*, plantes des guérets.

Ascendens (B), qui monte. Cela se dit des tiges qui s'élevent sans fournir des branches sur les côtés : on le dit aussi des branches qui prennent une direction perpendiculaire, par opposition à celles qui s'écartent. Mais quelques Botanistes ont distingué les tiges en deux classes : *descendens*, qui s'enfonce en terre ; c'est la racine en pivot : *ascendens*, qui s'éleve ; ce sont les tiges proprement dites.

Aspect (J), est l'exposition d'une muraille ou d'une côte, relativement au soleil.

Asperi-folia (B), on comprend dans cette famille toutes les plantes qui ont des feuilles rudes au toucher.

Assiette (F). On dit, faire l'assiette des ventes ; quand les Officiers vont marquer aux marchands les Bois dont on leur a vendu la coupe.

Assurgenti-folia ou *Arcuatim erecta* (B), sont les feuilles qui d'abord panchent, & ensuite se relevent par la pointe.

Atro colore (B), qui approche de la couleur noire, comme un violet très-foncé.

Avancer ou *Retarder les plantes* (J), c'est précipiter ou retarder leur végétation. On dit que la saison est avancée quand les plantes poussent de bonne heure, ou quand la maturation des fruits est hâtive.

Aubage (F) planches refendues assez minces ; on en fait les grands panneaux des lambris, les enfonçures des charrettes, &c.

Aubessin (F), vieux mot qui signifioit arbrisseau.

Aubier ou Aubour, *alburnum* (F), cou-

ches de bois imparfait qui se trouvent entre le bois formé & l'écorce. Peu à peu l'aubier devient bois : voyez L. I. pag. 44.

Aubiner (J), couvrir de terre les racines d'un arbre, pour empêcher qu'elles ne s'alterent, en attendant qu'on puisse le planter au lieu qu'on lui destine.

Avenia folia (B), les feuilles qui n'ont point les veines ou nervures dont plusieurs sont pourvues ; ainsi c'est par opposition à *venosa folia*.

Avenues (J), allées qui conduisent à un château. On dit : Ce château est précédé de belles avenues.

Aunaie (F), champ planté en Aunes.

Avortés (F). Les arbres avortés sont ceux qui ne sont point de belle venue, par quelque cause qu'ils aient été endommagés. L'Ordonnance veut qu'ils soient récepés.

Aureus, doré (B) : on entend par ce mot des veines jaunes, de couleur d'or ; c'est dans ce sens qu'on dit *Aquifolium, foliis per limbum aureis*. Il y a aussi certaines fleurs, comme le Lis du Pérou, qui semblent couvertes de paillettes d'or.

Auritus, (B), qui a des oreilles ou orillons ; voyez Oreille & Feuille.

Automnal (B) qui est propre à l'automne. On appelle *fleurs automnales* celles qui paroissent en cette saison, comme le *Crocus sativus*.

Axe, *axis* (B). Ce mot ne se prend point dans l'exactitude géométrique : on l'emploie pour marquer dans un corps une partie, autour de laquelle les autres sont assez régulierement placées ; c'est ainsi qu'on dit que la moëlle se trouve dans l'axe des branches ou du corps ligneux ; qu'un filet ligneux se prolonge dans l'axe des cônes du Sapin.

Axillaris (B), se dit de tout ce qui naît dans les aisselles des feuilles ou des branches, fleurs, fruit, &c.

B

Bacca (B), baie : voyez Fruit.

Baculonerie (F), action de mesurer avec un bâton. Quelquefois on mesure ainsi la hauteur des arbres, quand on veut l'avoir précisément : on employe pour cela des bâtons qui se montent à vis les uns au bout des autres.

Bale, *gluma* (B) : voyez Calyce.

Baliveau ou Bailliveau (F), jeune arbre au-dessous de quarante ans, qu'on est obligé de réserver dans les coupes. L'Ordonnance en fixe seize par arpent outre les anciens. Les Particuliers peuvent les abattre au-dessous de quarante ans. Ils doivent être de belle venue, & de Chêne, de Hêtre ou de Châtaignier.

Ceux de deux coupes s'appellent *pérots*, & ceux de trois coupes *tayons*. On les nomme *modernes* jusqu'à l'âge de soixante ou quatre-vingts ans ; ensuite ce sont *des arbres de haut vent*, ou *futaie*.

Les Officiers des Eaux & Forêts doivent marquer les baliveaux, & cette opération se nomme *Balivage*.

On appelle *baliveau sur souche* un beau brin qu'on ménage sur une souche qu'on abat. Ils ne valent pas ceux de semence. On les nomme aussi *Lais*, *Etalons*, & *Bois de réserve*.

Barba (B), la levre inférieure des fleurs labiées : voyez GUEULE & LABIÉE.

BARBE, *arista* (B : ce terme est consacré aux barbes du Froment, de l'Orge, du Seigle, &c.

BARBELÉS (B), poils chargés d'autres poils comme une plume : voyez *Aigrette*.

BARRE (A). Planter à la barre : voyez FICHE.

BASE, *basis* (B), soutien : se dit quelquefois du bas des feuilles & des tiges ; car on dit les feuilles entourent les tiges par leur base ; mais on employe plus ordinairement le terme de *naissance*, & l'on dit : Les feuilles sont arrondies à leur naissance.

BASSIN (B). Les fleurs en bassin sont celles qui par un seul pétale, forment comme un vase assez large par rapport à sa profondeur, & dont les bords sont assez étroits. Les Jardiniers donnent particuliérement le nom de *bassin* ou de *bassinet* aux fleurs de plusieurs espéces de Renoncules des prés, quoiqu'elles soient polypétales : voy. FLEURS & PÉTALES.

BASSINER (J) ; c'est arroser légérement.

BASTARD (J) se dit souvent comme sauvage, par opposition à *franc*. On appelle encor *bâtard* tout ce qui n'est pas parfait dans son espéce, comme quand on dit de la Reinette bâtarde, pour dire, que c'est une mauvaise espece.

BASTARDIERE (J), terrein où l'on plante les arbres plus éloignés les uns des autres que dans la pépiniere, pour leur faire prendre, avec la serpette, le croissant ou le ciseau, la forme qu'ils doivent avoir dans les Vergers, les Boulingrins ou les Bosquets.

BATTANTS (B). On appelle quelquefois ainsi les deux valves ou panneaux qui forment les siliques : voyez PANNEAUX.

BAYE, *Bacca* (B), voyez FRUIT.

BECHE (J), pêle de fer tranchante, avec laquelle on laboure la terre. La terre qui a été bechée ou labourée avec la bêche est toujours bien façonnée. *Béchoter* est labourer légérement la terre avec la beche.

BELVEDER (J), lieu élevé où l'on jouit d'un bon air & d'une belle vue : les belveders se décorent de différents arbres & arbrisseaux.

BÉQUILLER (J), donner un petit labour léger : voyez BINER.

BÉQUILLONS (J), feuilles étroites qui remplissent le disque, & forment la peluche des anemones.

BERCEAU (J), c'est une espece de galerie couverte, formée de treillage, & assez souvent garnie de Vigne ou d'autres plantes sarmenteuses. On dit aussi qu'une allée couverte forme un berceau.

BERGE (A, petite élévation de terre escarpée. On dit *la Berge d'un fossé*, pour signifier l'ados que forme la terre qu'on a tirée du fossé.

BESOCHE (J) : voyez HOUE.

BÉTAIL (A), Bêtes à quatre pieds & domestiques. On appelle *gros bétail* les Bœufs, les Vaches, les Chevaux ; & *menu bétail*, les Chevres & les Moutons.

Le menu Bétail se nomme aussi *bétail blanc*, ou *bêtes à laine* ; & les Bœufs & Vaches *bêtes à corne*. Les *bêtes fauves* sont celles qui sont sauvages dans les forêts.

BICAPSULAIRE (B) : voyez CAPSULE.

Biferæ plantæ (B), sont celles qui fleurissent ou fructifient deux fois chaque année.

Bifidus (B), coupé en deux : voyez FEUILLE.

BIFURCATION (B), l'endroit où une branche se divise en deux : il vient de *bifurcatus*, fendu en deux. On dit en Anatomie *la bifurcation des vaisseaux*.

Bigeminatum folium (B), est quand un pétiole divisé en deux soutient par son extrémité quatre foliolles.

BILLON (A, ou une terre billonnée ; c'est celle qu'on laboure en faisant de profonds sillons & des éminences qu'on nomme *des billons* ; ainsi ce mot d'agriculture n'a aucune relation avec ce qu'on appelle communément *billon*, qui veut dire quelque chose de mauvais aloi.

En Bourgogne on appelle *billon* un sarment taillé court, qu'on nomme ailleurs *courgeon*.

Bilobum (B), qui a deux lobes : voyez *Lobatum folium* & FEUILLE.

Bilocularis (B), qui a deux cellules, ce qui convient principalement aux fruits : voyez CELLULE.

Bina folia : voyez *Situs.*

Binatus (B), composé de deux : il se dit, suivant M. Linnæus, d'une feuille qui est composée de deux digitations.

BINER (A), c'est donner un second labour à une terre qui a déja été labourée : *rebiner*, c'est donner un troisieme labour. Comme ces labours sont plus superficiels que ceux qu'on donne pour la premiere fois, on dit : *Donner un binage*, pour signifier un labour léger ; & dans les potagers ce labour se donne quelquefois avec un petit instrument qu'on nomme une *binette*. On appelle aussi ce petit labour superficiel *serfouir* ; & l'instrument *serfouette*. Comme on employe encore pour ces petits labours un instrument qu'on nomme *béquille* : on dit quelquefois *béquiller.*

Bipinnatum folium (B) : voyez *Pinnatum.*

BIS-ANNUELLE (B). Une plante bis-annuelle est celle qui périt après avoir subsisté deux ans. Ces plantes donnent leur semence la seconde année, & elles meurent ensuite.

BISEAU (B) : voyez CHAMFREIN.

Biternatus (B) : voyez FEUILLES.

BIVALVE, *bivalvis* (B), à deux battants. Un fruit bivalve se sépare en deux comme les deux battants d'une porte, ou comme les deux panneaux d'une coquille bivalve, telle qu'une moule. Ce terme convient sur-tout aux siliques.

Bivascularis fructus (B) : voyez *Vasculum.*

BLAIRIE (F) : voyez PARNAGE.

BLANC (J), c'est une maladie qu'on peut comparer à la rouille des Bleds : elle attaque les feuilles & ensuite les tiges des œillets & de quelques plantes cucurbitacées. On appelle *blanc de Champignon* des filets blancs qu'on trouve dans le fumier, & qui produisent des Champignons.

BOCAGE (F) petit bois touffu & agréable pour la promenade. On appelle *Pays de bocages* celui qui est coupé de haies, de boqueteaux & même de landes.

BOIS. *Lignum* & *sylva* (F). Ce terme se prend en deux sens dans la langue Françoise : quelquefois il signifie la partie ligneuse des arbres, *lignum*, ou la substance dure qui forme le corps des arbres. Dans ce sens on peut considérer le bois comme un corps organisé,

& sur ce point on peut consulter ce que nous en avons dit, Livre I. pag. 30, 32, 34, 41, 43, 49, &c.

On peut encore regarder le bois comme matiere ; & sous ce point de vûe on le distingue relativement à ses usages en *bois médicinaux*, tels que le Sassafras, le Pareira brava, le bois Néphrétique ; ou en *bois de Senteur*, celui de Cedre, de Genievre, de Rose, &c; ou en *bois de Couleur* qu'employent les Ebénistes, le Palissandre, l'Ebene, le bois Violet, &c. ; ou en *bois de Teinture*, le Brésil, le Campêche ; ou en *bois de Chauffage* ; ou en *bois de Construction*, *de Charpente & de Charronnage*, entre lesquels est le bois quarré, le bois de sciage, le bois de fente. On appelle *bois durs* ceux qui viennent des Isles, ainsi qu'en France, le Buis, le Cormier, le Chêne-verd, &c. On distingue encore les bois en *bois de service* qu'on peut employer aux charpentes & aux constructions ; & *bois blancs*, tels que le Saule, le Peuplier, le Tilleul, qu'on employe à des ouvrages de moindre conséquence.

L'autre point de vue sous lequel on peut considérer les bois, est dans leur état de vie & d'accroissement ; ce qu'on nomme en terme d'Eaux & Forêts *bois en essant*, comme qui diroit *bois sur pied*. En ce cas *bois vif* est celui qui est en état de vigueur & d'accroissemen : *bois d'entrée* ou *en retour* est celui qui commence à se couronner, ou à avoir des branches mortes à la tête ; *bois mort*, est celui qui est desseché sur pied, ce qui differe de *mort-bois*, terme qui désigne des arbrisseaux de peu de valeur, tels que le Marsaut, l'Epine blanche & noire, le Sureau, le Genêt, le Genevrier, le Houx, les Ronces, &c.

Bois chablis ou *versés* sont des bois rompus ou abattus par les vents, ainsi que ceux qui sont déracinés ; *bois encroué* est un arbre sur lequel un autre arbre qu'on abat, est tombé, & a fortement engagé ses branches. Cet arbre, endommagé ou non, ne doit point être abattu ; *bois de délit*, sont ceux qui ont été coupés frauduleusement & contre l'Ordonnance ; *bois charmés*, sont ceux qu'on a fait mourir par malice ; *bois gisants*, sont ceux qui étant abattus restent couchés par terre.

Bois en grume est celui qui est encore dans son écorce ; *bois roulé* ou *roulis* est celui dans l'intérieur duquel on trouve des fentes circulaires qui marquent que les couches ligneuses ne se sont pas unies les unes aux autres : ce défaut est considérable ; *bois cadranés au cœur*, font ceux qui ont au cœur des fentes qui font comme les lignes horaires d'un cadran : c'est un figne de la mauvaife qualité du bois du cœur ; *bois gelif* ou *gelis*, font ceux qui ont intérieurement des fentes qu'on attribue à la gelée ; *bois tranché* eft celui dont les fibres ne fuivent pas une ligne droite, mais font des inflexions dans l'arbre : ces bois font rebours, ruftiques, noueux, difficiles à travailler, & ils ne valent rien pour la fente ; *bois à double aubier*, font ceux qui par maladie, & ordinairement par l'effet de la gelée, ont une portion de bois tendre comme l'Aubier, qui eft enveloppée par une couche de bon bois & par l'Aubier ordinaire.

Bois moulinés ou *vermoulus*, font des bois percés par les vers ; *bois cariés*, font ceux qui tombent en pourriture ; *bois arfins*, font ceux qui reftent dans les forêts incendiées.

Bois d'équarriffage ou *bois quarré*, eft tout le bois qu'on équarrit pour les ouvrages de Charpenterie : il doit avoir au-deffus de fix pouces d'équarriffage ; au-deffous c'eft du *chevron*. Les bois quarrés prennent différents noms, fuivant les ufages auxquels on les juge propres comme des faîtes, des foliveaux, des filieres, des jambes de force, des poutres, poutrelles, &c, & en général *bois de charpente*. On les dit *flâcheux* quand ils ne font pas équarris à vive arrête, & qu'il refte aux angles ce qu'on nomme des *défournis*.

Les bois de charpente & de conftruction fe vendent à la Marine au pied cube, & à Paris à la piece qui a douze pieds de longueur fur fix pouces d'équarriffage ou 3 pieds cubes.

Bois de conftruction font ceux qu'on fournit à la Marine pour la conftruction des vaiffeaux. On les diftingue en général en *bois droits* & *bois courbes* ou *tors* ; & en particulier fuivant les ufages auxquels on les deftine, tels que Varangues, Allonges, Baux, Illoires, &c.

Bois de Charronnage, font ceux qu'on débite pour les Charrons, & qui fervent à faire les roues, les voitures & les inftruments du labourage, l'Orme, le Frêne & le Chêne, font particuliérement deftinés à cet ufage.

Bois de Menuiferie, font ceux qui font employés par les Menuifiers à faire des lambris, des croifées, des portes, des meubles. Ils font prefque tous de fciage ; & on nomme *bois refait* du bois dreffé & corroyé à la varlope. Les *bois de fciage* font ceux qu'on refend avec la fcie-de-long, pour en faire du chevron, des membrures, des planches, de l'obage, de la volige, &c.

Le *Bois d'ouvrage* eft celui qu'on travaille dans les forêts, pour en faire différents ouvrages, tels que fabots, febilles, faunieres, arçons de felle & de bât, attelles de collier, &c.

Le *Bois de fente* dont on fait du merrain ou enfonçure, & du traverfin ou douvain pour les tonneaux & barils ; des panneaux pour les foufflets ; des pêles, du cerceau, des écliffes pour les fromages, des ferches pour les feaux & les cribles, de la latte, des échalas, &c, peuvent être regardés comme des bois d'ouvrage.

Le plus vil ufage, quoiqu'à plufieurs égards le plus néceffaire, & dans certaines circonftances le plus lucratif emploi qu'on puiffe faire du bois, eft de le brûler : le bois que l'on y deftine s'appelle *bois de chauffage* ou *à brûler* ; & on le divife en plufieurs efpeces, favoir : le *bois flotté*, qui eft celui qu'on fait flotter fur les rivieres, pour diminuer les frais de tranfport. Si, comme cela fe pratique fur les rivieres non navigables, on jette les buches dans l'eau qui les entraîne par fon courant, on le dit *flotté à bois perdu*. Quand ces bois font de bonne qualité, ou quand ils font pénétrés d'eau, ils vont au fond, & alors on les dit *bois canards* ou *fondriers*. Sur les grandes rivieres on forme de grands trains de bois de charpente ou à brûler, que l'on conduit à leur deftination en defcendant les rivieres ; c'eft le bois flotté. On appelle *bois volans* ou *de gravier* les bois à demi flottés, ou qui font venus en train de la forêt fans être fortis de l'eau ; & on nomme *bois échappés* ceux qui par les débordements ont été tranfportés dans les terres.

Le *bois neuf* eft celui qui eft voituré par terre ou dans des batteaux, fans avoir été flotté. On nomme *bois pelard* du bois menu & rond dont on a levé l'écorce pour en faire du tan. Le *bois de moule* eft formé de bûches fendues, qui doivent avoir 18 pouces de groffeur ; on les mefure avec une chaîne de cette longueur. Le *bois de compte* eft celui dont 62 bûches forment, au moins, la voie de Paris, & chaque bûche doit avoir 18 pouces de groffeur.

A Orléans, on appelle *bois de coches* des buches qu'on marque de plus ou moins de coches, fuivant leur groffeur ; & on les vend au cent de coches.

A Paris, le *bois de corde* eft formé avec des bûches qui ont depuis 6 jufqu'à 17 pouces de groffeur. Tout le bois à brûler doit avoir trois pieds & demi de longueur ; & l'on mefure le bois de corde en l'arrangeant dans une membrure ou affemblage de folives, qui a 4 pieds de largeur fur la même hauteur. Cette mefure fait la voie qui forme une demie corde ; & l'Officier de Ville qui préfide à cette mefure fe nomme *Mouleur de bois.*

On vend encore plus en détail le bois de corde, lorfqu'on en fait des bottes retenues avec de l'ofier ou des harts ; c'eft ce qu'on appelle à Paris *des falourdes*, & à Orléans *des cotrets.* Les *cotrets* de Paris font de petites bottes de la moitié de la longueur du bois de corde, & qui font formées de bûches de Hêtre, refendues à la groffeur de 3 à 4 pouces. Les *fagots* font des bottes de menues branches qui renferment entr'elles des brindilles qu'on nomme l'*ame du fagot* : le pourtour eft le parement ; & les gros brins fe nomment des *triques de fagot.* Les *bourrées* font des fagots faits avec des branches ou rames encore plus menues & plus courtes.

Le terme de *Bois* fe prend encore pour l'affemblage de plufieurs arbres, *filva* ; c'eft dans ce fens qu'on dit : Cette terre eft bien boifée ; voilà un bois de belle étendue, ou de belle venue, ou bien fitué, &c. C'eft dans ce fens qu'on appelle *bois de haute futaie* un bois qui eft parvenu à toute fa grandeur ; *une demi-futaie* ou bois de haut revenu, un bois âgé de 50 à 60 ans ; *futaie fur taillis*, quand elle eft formée par des brins qui font des reproduits d'anciennes fouches.

Le *bois taillis* eft celui qu'on met en coupes réglées de 10 jufqu'à 40 ans. On nomme *bois fauchillons*, un petit taillis fait d'arbriffeaux, comme fi l'on pouvoit l'abattre avec une faux.

Bois en pueil, eft un taillis qui eft à fon fecond ou troifieme bourgeon.

Bois en défend ou *en réferve*, eft celui qui étant dans un bon fond & de belle venue, eft réfervé pour former une futaie.

Houffiere : voyez BROUSSAILLES.

Bois en breuil, eft un taillis enclos de murs ou de haies, dans lequel on met paître le bétail.

On appelle *bois marmanteaux* ou *de touche*, ceux qui fervent à la décoration des châteaux.

Enfin on emploie différents termes pour défigner les bois felon leur étendue, tels que *forêt*, *bouquet de bois*, *boquetteau*, *garenne*, *remife*, *haie*, *hallier*, &c. En terme de forêts on appelle *clariere* ou *vague* un endroit où il n'y a point d'arbres.

BOISSEAU (A), mefure pour les grains ; le boiffeau de Paris contient, à peu près, un tiers de pied cube.

BOÎTE A SAVONETTE (B). Il y a plufieurs fruits qui en ont la forme, & qui s'ouvrent de même. M. Tournefort fait ufage de cette comparaifon.

BOMBER une plate-bande (J), eft la charger de terre, afin que le milieu étant plus élevé que les bords, elle forme le dos d'âne ou le dos de bahu.

BOQUETEAU (F), petit bois.

BORD ou BORDURE, *margo* (B). On dit : Cette feuille eft dentée par les bords ; ce pétale a les bords échancrés.

BORDÉ, *marginatus. Semina marginata* (B). Semences bordées d'une membrane, ou dont les bords font garnis d'une membrane.

BORDER (J), relever un peu la terre au bord d'une planche.

On borde les allées & les plates-bandes avec du Buis, ou des plantes telles que les Fraifiers, le Thym, la Sauge, &c, ce qui forme des *bordures.*

BORNAGE (A), opération juridique par laquelle on marque les limites d'un terrein par de groffes pierres qu'on nomme des *bornes.*

BORNOYER (J), eft voir à l'œil fi une allée ou une file d'arbres eft d'alignement & bien droite.

BOSQUET (J), petit bois coupé d'allées diverfement combinées ; c'eft une des belles décorations des parcs.

BOSSELURE (B). Les feuilles boffelées font celles dont le parenchyme fait entre les nervures des éminences en deffus, & des cavités en deffous.

BOSSETTES (B). Il y a certains fruits dont quelques parties reffemblent aux boffettes qu'on met au bout d'un mors de bride. Tournefort a employé cette comparaifon.

BOTANIQUE, *botanica*, *botanices*, eft la fcience qui traite de la connoiffance des plantes. On appelle Botanifte, *Botanicus*, celui qui poffede cette fcience.

BOTTE (B), eft un amas de fleurs ou de fruits naturellement difpofés en gros paquets ; ainfi on dit quelquefois : Les fleurs du millet naiffent en botte. Il vaut mieux dire en panicule, *panicula.* Le mot de panicule ne convient point aux racines, comme celles de l'Afperge, qui étant raffemblées plufieurs enfemble, font dites racines en botte, *fafciculatus.*

BOUCLIER (B). On se sert de ce terme dans la description de certains fruits qui ressemblent à cette arme défensive.

BOUE (A), immondices détrempées avec de l'eau. La boue des villes & des grands chemins fait un bon engrais.

BOULER (A), est une maladie de plusieurs plantes. On dit que les grains boulent, quand, étant encore fort jeunes, il se forme comme un oignon à leurs racines. L'oignon ordinaire est aussi exposé à bouler : les plantes boulées ne profitent point.

BOULINGRIN (J), est un endroit d'un parc, formé de tapis de gazon, & bordé de plate-bandes qu'on décore d'arbustes.

BOULLERAIE (F) ou BOULAIE, champ planté en Bouleaux.

BOUQUET (B), est proprement l'assemblage de plusieurs fleurs ; on dit encore que les fleurs de telle plante sont rassemblées par bouquets ; mais on se sert aussi de ce terme à l'égard des feuilles, & l'on dit qu'elles naissent par bouquets.

BOUQUET DE BOIS (F), se dit d'un bois de peu d'étendue.

BOURGEON (B), *surculus*, jeune pousse des arbres qui se développe actuellement. Les bourgeons se nomment aussi *turiones*. On dit : Les gelées du printemps ne sont à craindre que quand les bourgeons, *turiones*, ont commencé à se développer. *Ebourgeonner*, est retrancher les bourgeons superflus. Néanmoins on étend ce terme aux nouvelles pousses ; car pour ménager les bourgeons, on interdit l'entrée du bétail dans les nouvelles coupes. On dit que les arbres commencent à *bourgeonner* lorsqu'ils commencent à pousser. On dit aussi : Voilà un beau bourgeon, pour dire un taillis qui repousse bien. Voyez Liv. I. pag. 1 & 4.

BOURRE (B), amas de poils qui sont rassemblés en pelotons. On dit que la Vigne est en bourre, quand ses boutons commencent à s'ouvrir, parce qu'il se montre d'abord un tas de filaments qu'on nomme *bourre*.

BOURRÉE (F), petit fagot : voyez BOIS.

BOURRELET (J), saillie arrondie en boudin qui se forme au bas des greffes, au bas des boutures, & au bord des plaies des arbres.

BOURSE, *volva* (B), enveloppe des Champignons ; sorte de calyce, suivant M. Linnæus : voyez CALYCE.

On a aussi quelquefois appellé les boutons *bourses*, parce que les fleurs & les feuilles y sont renfermées : voyez BOUTONS.

BOUSE (A), fiente du bœuf & de la vache ; c'est un bon engrais.

BOUT A BOUT (B. On dit que deux pieces sont assemblées bout à bout, lorsqu'elles se tiennent seulement par leur extrémité. On les dit *articulées*, quand il y a un peu de mouvement dans leur jonction. Ceci est nécessaire pour l'intelligence des descriptions.

BOUTIS (F), fouille que les sangliers font dans les bois avec leur museau ou boutoir. Ce n'est que boutis dans ce jeune gland ; il est perdu par les sangliers.

BOUTON, bourse, œil, *oculus*, *gemma* (B), bourses écailleuses qui se forment pendant la seve, dans les aisselles des feuilles, ou à l'extrémité des jeunes branches, qui contiennent les rudiments d'une branche ou des fleurs ; c'est pourquoi on dit : *boutons à feuilles*, *boutons à fleur* ou *à fruit* : voyez L. II. pag. 99. L. III. pag. 198.

BOUTURE, *talea* (J), branche dépourvue de racines qu'on met en terre avec certaines précautions, afin qu'elle produise des racines. L. IV. pag. 100 & 125.

Brachia, bras (B), ce sont les grosses branches qui partent du tronc. On dit *caulis* & *radix. Brachiatus*, tige ou racine branchue : v. TIGE & RACINES, & Liv. I. pag. 1, 92, 95.

Brachialis mensura (B), est la longueur entiere du bras ou une demi-brasse.

Bractea (B), feuille singuliere qui accompagne certaines fleurs, & qu'on nomme *feuille florale*, comme au Tilleul.

BRAI, ou BRAY, ou BRÉ ; c'est de la résine séche qu'on fait fondre dans du goudron. On distingue *le bray gras* & *le bray sec*. On peut consulter ce que nous en avons dit dans le Traité des arbres, aux mots *Pinus*, *Abies*, *Larix*.

BRANCHES (B), Les tiges se divisent, par le haut, en plusieurs grosses branches, *brachia* : [voyez L. I. pl. 7. fig. 1 & 9.] qui se subdivisent en plus petits rameaux, *rami*, & bourgeons, *surculi* : [voy. L. I. pl. 7. fig. 6.] Les jeunes branches sont, ou opposées, *oppositi*, [voy. L. I. pl. 7. fig. 7.] ou alternes, *conjugati*, [v. L. I. pl. 7. fig. 8.] rassemblées, *compressi*, ou qui s'évasent, *patentes*. Celles qui sont garnies de feuilles sont *foliati* ; celles qui en sont dégarnies, *nudi*. Enfin il y en a de garnies de supports, & d'autres qu'on nomme *proliferes*. On dit *branchage*, *branchu*,

thu, rameux : voyez RAMEAUX, TIGE, & L.
I. pag. 192 & 95.

BRANDONS (A), bouchons de paille qu'on
met au bout d'un bâton. *Brandonner* un champ
eſt piquer de ces brandons aux extrémités.
Un bois brandonné eſt un bois qu'on ne doit
point abattre, & dans lequel on ne doit point
mener paître le bétail.

BRAS (B) : voyez *Brachia.* Les Jardiniers
appliquent principalement ce nom aux branches des cucurbitacées, Melons, Citrouilles, &c.

Breuil (F), ſorte de bois marmenteau :
voyez BOIS.

BRIN (F) : *bois de brin* en terme de Charpenterie, eſt celui qui n'a pas été refendu à la
ſcie. On dit un beau brin d'arbre, pour ſignifier un arbre de belle venue.

BRINDILLES (F , ſont de petites branches chiffonnes; cet arbre languit; il ne produit que de la brindille.

BRISE-VENT (J) : on appelle ainſi un
rempart de paille ou de Roſeaux, qu'on fait
pour mettre quelque plante à l'abri du vent.

BROU (B) : chair ordinairement aſſez ſè-
che, qui entoure certains fruits. On dit le
brou de la Noix, de l'Amande, &c. Voyez
FRUIT.

BROUIR (J), ſe dit d'une maladie qui attaque les bourgeons & les nouvelles feuilles
des arbres. On dit: Les Pêchers auront peu de
fruit: ils ſont tout brouis ; la *brouiſſure* a fait
bien du tort aux végétaux.

BROUSSAILLES ou BROSSAILLES, houſſie-
re (F), mauvais bois formé par des arbriſſeaux. On dit : Ce n'eſt pas un bois; ce ne
ſont que des brouſſailles: ou bien, Le gibier
évite le Chaſſeur en ſe cachant dans les brouſſailles.

BROUSSIN (F), ſont de menues branches chiffonnes qui pouſſent toutes en un tas.
On dit *le brouſſin d'Érable,* parce que cet arbre eſt ſujet à cet inconvénient.

BROUT (F), les jeunes branches que les
animaux broutent,

BROUTÉ (F). Bois broutés, ſont ceux
que le bétail ou le fauve ont attaqués. L'Ordonnance veut qu'ils ſoient récepés.

BRUINE (A), petite pluie qui ſurvient
après un brouillard : on la regarde peut-être
ſans fondement comme la cauſe de bien des
accidents qui arrivent aux végétaux.

BRÛLER. On entend aſſez ce qu'on veut
dire par *bois à brûler :* néanmoins voyez
CHAUFFAGE.

Brumales plantæ (B), plantes hyvernales
ou d'Hyver.

BUCHE, gros bois à brûler. Il y a des Provinces où l'on vend le bois à la bûche : deux
ou trois menus brins font une bûche ; & un
gros tronçon vaut deux bûches.

BUCHERON ou BOQUILLON (F), Ouvrier
qui travaille à la coupe des bois.

BUISSON (F): voyez ARBRE *en buiſſon.*
On employe auſſi ce terme pour ſignifier un amas de brouſſailles & d'arbres qui ne
s'élèvent point. C'eſt dans ce ſens qu'on dit
qu'il faut battre les buiſſons pour trouver le
gibier.

Bulboſis affines (B). On a appellé ainſi les
plantes qui reſſemblent aux plantes bulbeuſes.

Bulbus (B), Bulbe, Oignon, *Radix bul-
boſa :* voyez RACINE, & Liv. I. page 79.

Bullata folia B), ſont des feuilles qui ſont
creuſées en deſſus de ſillons profonds, entre
leſquels il y a des parties ſaillantes qui ſont
creuſes au deſſous de la feuille. On peut donner pour exemple pluſieurs eſpeces de Sauge.

BUTTER (J) un arbre, c'eſt raſſembler de la
terre en forme de butte, pour le rendre plus
ferme ; on butte les arbres de haute tige, pour
empêcher qu'ils ne ſoient renverſés par le
vent.

C

CABINET *de verdure* (J) : voyez TON-
NELLE. C'eſt auſſi un très-petit boſquet.

CADRANÉS (F). Les bois cadranés ſe re-
connoiſſent en ce que , quand ils ſont deſſéchés , ils ont au cœur des fentes qui repréſen-
tent les heures d'un cadran. C'eſt un ſigne que
le bois du cœur de l'arbre eſt de mauvaiſe qualité. Voyez BOIS.

Caducus calyx B), eſt un calyce qui tombe avant les pétales; au lieu que *calyx deciduus,* eſt celui qui tombe avec les pétales.

Cæruleus (B), de couleur bleue ; & *cæru-
leo-purpureus,* qui eſt bleu, tirant ſur le violet.

Calamariæ plantæ (B), ſont les plantes
arondinacées comme le Roſeau, le Souchet,
le Jonc , &c.

Calamus (B), chalumeau, tiges creuſes du
Froment, des Roſeaux, &c. Ce mot convient aux plantes graminées. Voyez TIGE.

Calcar corollæ (B), ſuivant M. Linnæus,
eſt un *nectarium* qui s'étend en forme de
cône derriere le pétale : voyez EPERON.

CALYCE, *Calyx* (B). On peut regarder le calyce des fleurs comme un évasement de l'extrêmité des branches ou des queues qui portent les fleurs. Quelquefois le calyce enveloppe les fleurs; d'autres fois il les soutient, & d'autres fois encore il fait cet deux fonctions. Il y a des calyces qui sont d'une seule piece, & d'autres sont composés de plusieurs; ce qui les fait distinguer en *Monophyllus*, *Diphyllus*, *Triphyllus*, *Tetraphyllus*, &c. *Polyphyllus*. Les uns tombent quand la fleur est passée, *calyx deciduus*, L. III. Pl. 1. F. 27. d'autres subsistent jusqu'à la maturité du fruit, *persistens*, L. III. Pl. 1. Fig. 26. Entre ceux-là on en voit qui enveloppent les semences isolées au fond du Calyce (L. III. Pl. 1. Fig. 19.) pendant que d'autres deviennent le fruit, *abit in fructum* (L. III. Pl. 1. Fig. 205), dit Tournefort. La plupart des calyces sont de couleur verte; mais il s'en trouve qui sont blancs ou jaunes, ou d'autres couleurs: en ce cas on les dit colorés, *Calyx coloratus*. La forme des calyces varie beaucoup: les uns sont orbiculaires, *orbiculares*; d'autres cylindriques, *cylindracei*; & pour en donner une idée par une expression abrégée, on les compare à une calotte, à une cloche, à un godet, à une soucoupe, &c. Il y en a de lisses, de velus, de raboteux, d'écailleux, dont les échancrures sont ou crénelées, ou dentelées, ou laciniées, ce qu'on exprime par les termes, *orbiculatus*, *globosus*, *cylindricus*, *squammosus*, *striatus*, *fimbriatus*, *crenatus*, *dentatus*, *laciniatus*, & par d'autres expressions que nous avons rapportées dans la Préface & encore aux articles qui concernent les Feuilles, les Pétales, &c. Il faut de plus consulter ce que nous avons dit (L. III. p. 204.); mais il est à propos de faire remarquer que M. Linnæus en a distingué sept especes: savoir,

1°. *Perianthium*, le calyce, proprement dit, ou l'espece la plus commune de calyce: il est souvent composé de plusieurs pieces: ou s'il est d'une seule piece, il se divise en plusieurs découpures, & il n'enveloppe pas toujours la fleur toute entiere.

2°. *Involucrum*, l'enveloppe qui est un calyce commun à plusieurs fleurs, lesquelles quelquefois ont de plus leur calyce ou *perianthium* particulier. Cette enveloppe est composée de plusieurs pieces disposées en rayon & quelquefois colorées. Ceci convient aux fleurs à fleurons, demi-fleurons & radiées: M. Linn. en distingue de deux sortes; savoir,

involucrum universale, c'est le calyce commun qui se trouve à la base des premiers rayons des Ombelliferes; & *involucrum partiale* qui se trouve au bas des Ombels particuliers.

3°. *Spatha*, le voile: il enveloppe une ou plusieurs fleurs qui sont ordinairement dépourvues de calyce ou *perianthium* propre. Le voile qui s'observe principalement sur plusieurs Liliacées, consiste en une ou deux membranes attachées à la tige: il y en a de différente figure & consistance.

4°. *Gluma*, la balle. Ce terme est consacré à la famille des Graminées, & cette espece de calyce est composée de deux ou trois écailles qui sont creusées en cuilleron, & membraneuses, de sorte qu'elles sont transparentes, sur-tout à leurs bords.

5°. *Amentum* ou *Julus*, le chaton, qui est ordinairement formé d'écailles attachées à un filet commun; & ces écailles servent de calyce à des fleurs mâles & à des fleurs femelles.

6°. *Calyptra*, la coëffe: c'est une enveloppe mince, membraneuse, souvent conique, qui couvre les parties de la fructification. Elle se trouve ordinairement aux sommités de plusieurs Mousses. Tournefort employe ce terme dans une signification plus étendue que M. Linnæus.

7°. *Volva*, la bourse: c'est une enveloppe épaisse, qui d'abord renferme certaines plantes de la famille des Champignons. Elle s'ouvre ensuite par le haut pour laisser sortir le corps de la plante.

Les Jardiniers appliquent quelquefois aux Pétales le nom de calyce, comme quand ils disent qu'une Tulipe a un beau calyce, c'est-à-dire, que ses pétales forment comme la coupe d'un calyce.

M. Linn. nomme *calyx auctus* celui que Vaillant a nommé *calyculatus*, c'est-à-dire, celui où la partie extérieure du calice est entourée de feuilles courtes comme au *bidens*.

Calyptra (B), coëffe, une sorte de calyce: voyez l'article précédent.

CAMBRE (B), cambré. Terme emprunté des Arts, pour donner l'idée de certains contours que prennent quelques parties des plantes.

Campana (B), *Campaniformis* ou *Campanaceus*. Cloche, fleur en forme de cloche: voyez PÉTALE & CLOCHE.

CAMPANE (B), festons dont on décore le bord de plusieurs ouvrages d'étoffe, comme les pentes des lits, des dais, &c. On se sert de ce terme pour décrire certaines découpures des feuilles & des fleurs qui ressemblent à cet ornement.

Campanula (B), campanelle, petite cloche : d'où l'on dit *Campanulata corolla*, un pétale qui approche de la forme d'une cloche : voyez CLOCHE & PÉTALE.

Campestris planta (B), une plante des champs.

Canaliculatus (B), creusé en goutiere : voyez GOUTIERE & FEUILLES.

CANELURE (B), sorte de sillons parallèles dont on décore le fût des colonnes. On se sert de ce terme dans la description des tiges & des fruits ; & suivant la forme des canelures, on les dit *à vive-arrête* ou *arrondies*.

CANTHARIDE, Mouche-Cantharide, insecte du genre des Scarabées, qui dévore les feuilles du Frêne, du Lilas, du Chevre-feuille, &c.

Capillacei flores (B), fleurs en chaton : voyez FLEUR & CHATON.

CAPILLAIRE (B), *Capillaris*. On a fait un ordre particulier des plantes capillaires, *plantæ capillares* : on dit aussi *capillaris pappus*, des aigrettes capillaires. Mais outre cela on appelle *racines capillaires* celles qui sont longues & déliées : voyez CHEVELU & RACINE. On dit aussi que les plantes sont fournies de *vaisseaux capillaires*, c'est-à-dire, de vaisseaux très-fins, *tubi capillares* : voyez L. I.

Capillamentum (B) : voyez FILET.

Capitulum (B), tête : *Capitatum*, qui a une tête : voyez TETE.

Capreolus (B) : voyez MAINS.

CAPSULE (B), *Capsula* ou *capsa*, sorte de boîte qui renferme les semences : voyez FRUIT.

CAPUCHON (B), *Cucullus*, certaines productions creuses, coniques & plus ou moins longues, qui se trouvent à la partie postérieure de plusieurs fleurs : la Capucine est dite *flore cucullato*. On appelle aussi cette production l'*Eperon*. Voyez PÉTALE, & Liv. III. page 211.

CARACTERE d'une plante (B), est ce qui la distingue si bien des autres plantes, qu'on ne sauroit la confondre quand on fait attention aux marques caractéristiques & essentielles. On appelle *un caractere générique* celui qui convient à tout un genre, & *caractere spécifique* celui qui ne convient qu'à une espece : M. Linn. distingue quatre especes de caracteres : savoir, 1° *caracter essentialis*, 2° *factitius*, 3° *habitualis*, 4° *naturalis* : voyez la Préface.

CARIÉ (B), un bois carié est celui qui est attaqué de la pourriture. On a appellé une maladie du froment *la carie* : voyez BOIS.

Carina (B), nacelle, pétale inférieur des fleurs papilionacées : voyez PÉTALE. *Carinatus* se dit de certaines feuilles qui sont creusées dans leur milieu & relevées par leur bout : voyez FEUILLE.

Cariophyllæo flore (B). *Flos cariophyllæus*, fleur en œillet : voyez ŒILLET & PÉTALE.

CARNER (J), devenir de couleur de chair. Les Fleuristes nomment *carnées* les fleurs qui ont cette couleur.

Carnosus (B) : voyez CHARNU.

CARRÉ (J), espace de terre qui a ordinairement cette figure. Un Jardinier dit : Je réserve ce carré pour les *Choux-fleurs*.

CARREAU (J), planche large d'un potager : mais les Jardiniers disent qu'ils mettent à l'entrée de l'Hyver leurs légumes au carreau, lorsqu'ils les plantent tout près les unes des autres dans un coin de leur potager.

Cartilagineus (B), cartilagineux, d'une substance seche & demi-transparente : voyez FEUILLE.

CARTOUCHE (B), en terme d'Architecture, signifie un espace convexe renfermé dans une bordure à contour. On employe quelquefois ce terme pour abréger les descriptions.

CASQUE (B), armure de tête. Tournefort a appellé *fleurs en casque* celles qui par leur forme ressemblent à cette armure, telle est la fleur de l'Aconit.

CASSAILLE (A). On employe ce terme dans quelques Provinces au lieu de *défrichement*.

CASSANT (J), qui est aisé à rompre ; mais on dit une *poire cassante* par opposition aux *poires fondantes*.

Catharticus (B), purgatif : c'est pour cela qu'on dit *rhamnus catharticus*, le Nerprun purgatif.

CATTEROLE (A) : voyez CLAPIER.

Caudex (B), tige des arbres : voyez TIGE.

Caulinus pedunculus (B). Un péduncule est dit *Caulinus* quand il part immédiatement de la tige : voyez *Pedunculus*.

Caulis (B) : voyez TIGE. *Caulescens* qui forme une tige qui se leve comme un arbrisseau. *Caulinus*, qui part de la tige. Voyez FEUILLE & FLEUR.

CAUTERISER (B), fermer les embouchures des vaisseaux. On employe ce terme de Chirurgie dans ce sens : Les pleurs de la Vigne ceſſent de couler quand les vaiſſeaux ſe ſont cautériſés.

CAYEUX (B), *Adnata* ou *adnaſcentia*, ce ſont les petits Oignons qui naiſſent aux côtés des vieux. Ils ſont comme les boutons des plantes bulbeuſes. La gouſſe d'Ail eſt un cayeu de cette plante. Voyez RACINES.

CELLULE (B), *Cellula* ou *loculamentum*. On appelle cellules de petites chambres ſéparées entre elles par des cloiſons. Ainſi ce mot eſt pris en Botanique pour les loges ou cavités des fruits ſéparées entr'elles par des cloiſons : voyez FRUIT & CAPSULE.

CENDRE (F), ſubſtance terreſtre & ſaline, qui reſte après que les bois ſont brûlés. Pour éviter les incendies & la grande conſommation du bois, il a été défendu de faire des cendres dans les forêts du Roi & des Eccléſiaſtiques ſans une permiſſion expreſſe ; & en ce cas les Officiers des Maîtriſes marquent les endroits où l'on brûlera le bois. On fait des cendres pour les leſſives : les cendres fertiliſent beaucoup les prés.

CEP (A, pied de Vigne.

CERCLIER (F), Ouvrier qui fait les cercles ou cerceaux pour les futailles.

Cerealia ſemina (B), ſont les grains qu'on employe à faire du pain ou de la bierre.

CERFOUIR (A) ou *ſerfouir* : voyez BINER.

CERISAIE (J), champ planté en Ceriſiers.

Cernuus pedunculus (B), eſt le péduncule qui, en ſe recourbant, fait incliner la fleur, ou lui fait préſenter ſon diſque verticalement : voyez PÉDUNCULE.

CERQUEMANEUR (F), eſt un Expert ou Maître-Juré Arpenteur, qu'on appelle pour planter des bornes d'héritage, ou pour les raſſeoir, & qui a quelque juriſdiction. Ces Officiers ne ſont connus que dans quelques provinces.

Ceſpitoſa planta aut multicaulis (B), eſt celle qui produit pluſieurs tiges d'une même racine.

CHABLIS (F). On nomme *bois chablis* les arbres déracinés ou rompus par le vent. Les Officiers des Eaux & Forêts doivent en faire un procès verbal pour en former une adjudication.

CHAGRIN (B), ſorte de cuir dont la ſurface eſt relevée de petits points ſaillants. On appelle un *fruit chagriné*, une *feuille chagrinée*, lorſque leurs ſurfaces ſont couvertes de pareilles petites éminences.

CHAIR (B), la chair des fruits eſt leur par-

tie ſucculente. On dit la *partie charnue* d'une Poire, d'une Orange ; la *chair* de ce fruit eſt beurrée, caſſante ou fondante. On dit encore une *racine charnue*.

CHALUMEAU (B), *Calamus*, tige courte des plantes graminées : voyez TIGE.

CHAMFREIN ou *biſeau* (B), eſt une ſurface qui ſe termine par un tranchant. Ce terme emprunté des Arts ſert dans la deſcription de quelques fruits.

CHAMP (A), étendue de terre propre à être cultivée : Ce champ eſt fertil ; je vais ſemer mon champ.

CHANCRE (J), ſorte d'ulcere qui attaque les végétaux.

CHANLATTES (F), ce ſont des pieces de bois ſciées en coûteau, qu'on cloue ſur le bout des chevrons pour ſoutenir les premiers rangs de tuile, & former l'égoût.

CHAPITEAU (B), ſorte de couvercle qui recouvre & termine quelque choſe par en haut. Ainſi on dit le chapiteau d'une colonne, d'une lanterne, d'un moulin, d'un alambic. Ce terme eſt commode pour exprimer certaines parties des fleurs & des fruits.

CHARBON (F), bois à demi brûlé : on employe du bois menu pour faire le charbon. Il y a des Réglements pour les fourneaux à charbon ou charbonnière. Afin d'éviter les incendies, les places ſont marquées par les Officiers de la Maîtriſe : les Ouvriers qui le font ſe nomment *Charbonniers*. On nomme *Saequeriers* ceux qui voiturent & vendent le charbon dans des ſacs.

Le *Bled charbonné* eſt celui qui eſt attaqué par une maladie qui rend la farine noire & de mauvaiſe odeur.

CHARMÉ (F) : *bois charmé*, terme qui indique les arbres qu'on a fait mourir par malice : voyez BOIS.

CHARMILLES (J), jeune plant de Charme ; ce ſont auſſi des paliſſades faites avec des Charmes : voyez PALISSADES.

CHARMOIE (F), eſt un champ planté en Charme.

CHARNIER (F), la même choſe qu'échalas : d'où vient *encharneler* une vigne, la garnir de charniers : voyez ÉCHALAS.

CHARNU, *carnoſus* (B), qui a de la chair. On dit un fruit charnu, une feuille charnue, *carnoſum folium*, celle qui eſt formée d'une pulpe ſucculente, & qu'on appelle ordinairement graſſe.

CHARRÉE (A), cendre qui a ſervi aux leſſives : ces cendres fertiliſent les terres fortes.

CHARRON (A), Ouvrier qui fait les roues, les voitures, charrettes, charriots, tombereaux, &c. & les inftruments que les Laboureurs employent pour la culture des terres, charrues, herfes, rouleaux, &c. Les bois qu'ils employent font dits *bois de charronage* : voyez BOIS.

CHARRUE (A), inftrument dont les Laboureurs fe fervent pour cultiver les terres avec le fecours des chevaux ou des bœufs.

CHASSIS (J). Les chaffis des Jardiniers, font des croifées garnies de carreaux de verre, qu'on place au lieu de cloches fur les couches où l'on éleve des plantes délicates, ou qu'on veut beaucoup avancer.

CHATAIGNERAIE (F), champ rempli de Châtaigniers.

CHATON (B), *Julus, Nucamentum, Flos amentaceus*. On appelle ainfi certaines fleurs attachées plufieurs enfemble le long d'un filet commun. Souvent ces chatons ne contenant que des fleurs mâles, ne donnent point de fruit. Les Payfans les nomment des *Roupies*. Tout le monde connoît les chatons du Noyer, du Noifettier, &c : il y a aufli des chatons qui portent des fleurs femelles.

CHATRER (J), fe dit de la taille des Melons & Concombres. *Châtrer* fignifie aufli lever du plan enraciné autour d'une plante : en ce cas il eft fynonyme avec *œilletonner*.

CHAUFFAGE (F). Le bois de chauffage, ou deftiné à chauffer les appartements, ou à brûler dans les cuifines, les forges, les fours, les verreries, &c. comprend le bois de moule ou de compte, ou de corde, ou les falourdes, les cotrets, les fagots, les bourrées, &c. Les droits de chauffage arbitraire & en nature ont été fupprimés par l'Ordonnance de 1669. Voyez BOIS.

CHAUME (A) : c'eft la partie baffe des tiges des plantes graminées. On couvre les maifons avec le chaume du Froment. Voyez TIGE.

CHAUX (A), pierre calcinée : elle fournit un très-bon engrais.

CHENILLE, infecte qui fe nourrit des feuilles des arbres.

CHESNAIE (F), champ rempli de Chênes.

CHEVELÉES (A), fe dit des boutures ou marcottes garnies de racines.

CHEVELU (B), *capillaceus*, fe dit des petites racines déliées qui partent d'autres plus groffes. On dit quand on plante un arbre : Il faut retrancher *le chevelu*, au lieu de dire fes racines chevelues. *Radices capillares* : voyez CAPILLAIRES & RACINES.

CHEVILLES, en fait de Tonnellerie, font des billes de bois blanc, refendues à la groffeur d'environ trois quarts de pouces en quarré. On en fait une grande confommation dans les Pays de Vignobles, pour retenir les barres du fond des futailles.

CHEVRON (F), bois équarri qui a moins de fix pouces d'équarriffage. Il y a du *chevron de fciage* & du *chevron de brin* : v. BOIS.

CHICOT (J), fe dit d'un morceau de bois mort, qui eft fur une branche ou fur une fouche ; c'eft à peu près la même chofe qu'*Ergot*. On dit : Il a été bleffé au pied par un chicot d'épine.

CICATRISER (B), c'eft conduire une plaie à parfaite guérifon. Les plaies qu'on couvre de térébenthine fe cicatrifent plus promptement que celles qui reftent à l'air : il refte deffus une marque qu'on nomme *la cicatrice*.

Cicoraceus flos (B), les fleurs chicoracées, ou de la famille des chicorées, n'ont que des demi-fleurons.

Ciliatus (B), bordé de poils : voyez FEUILLE, FRUITS, &c.

CIME (B), le haut de la tige des arbres & des herbes.

Cinereus color (B), de couleur de cendre.

Circinnatus (B), arrondi : v. FEUILLE.

Circumfcriptio (B), la circonférence d'une feuille.

Cirrus ou *Cirrhus* (B). *Radices cirratæ* ou *cirrhofæ*, racines menues & en vrille, qui font fi fines & fi déliées, qu'elles reffemblent à des cheveux ; mais il faut qu'elles foient roulées en fpirale. M. Linnæus nomme ainfi les filets qui terminent les feuilles conjuguées, de même que les mains ou vrilles qui fervent à foutenir les plantes farmenteufes. *Folium cirrhofum*, eft une feuille terminée par une vrille : voyez *Claviculus* ou *Capreolus*, MAINS ou VRILLES, RACINES & FEUILLE.

CLAIE (J), clôtures que l'on fait avec des branches entrelacées. Les Vanniers font des *claies* avec des branches de Saule ou de Coudrier, qui font efpacées de maniere, qu'elles fervent à tamifer groffiérement la terre. On dit : Pour tirer parti de cette terre, il faut la paffer à la claie.

CLAIR (F), fignifie quelquefois ce qui n'eft pas épais ou ferré ; c'eft dans ce fens qu'on dit que les arbres font *clair-femés* dans un bois dégradé ; & les *clair-voies* dans les bois, font les endroits où il y a peu d'arbres. On nomme plus communément ces endroits des *clarieres* ou *clairieres*, ou des *vagues*.

CLAPIERS (A) ou Terriers, trous que les lapins fouillent en terre, & dans lesquels ils se retirent. On emploie encore le mot de *clapier* pour signifier un enclos où l'on nourrit des lapins.

CLASSES de Plantes (B), *classes plantarum*, c'est l'assemblage de plusieurs genres de plantes qui ont toutes certaines marques communes par lesquelles elles sont essentiellement distinguées de toutes les autres plantes : voy. dans la Préface ce que c'est que *classes naturelles & classes artificielles*.

Claviculus (B) : voyez MAINS.

CLOCHE (B), *campana*, *campanula*, *flos campaniformis*, fleur en cloche. On se sert du mot de *cloche*, pour exprimer la figure de plusieurs fleurs monopétales & de quelques fruits : ce fruit est en cloche : cette fleur est campaniforme. Campanelle, *campanula*, petite cloche, ou qui approche de la figure d'une cloche. La forme de ces fleurs varie suivant que le fonds, les parois ou la bouche sont plus ou moins renflés ou ouverts. Voy. PÉTALE, & L. III. pag. 210.

CLOCHES de verre (J), sont de grandes calottes de verre dont on couvre les plantes délicates.

CLOISON (B), *septum* ou *dissepimentum*. On se sert de ce terme pour exprimer les membranes qui divisent l'intérieur des fruits, & forment des loges ou des cellules : voyez FRUIT.

CLOÎTRE (J), sorte de bosquet qui est formé par un enclos de palissades, au-dedans duquel sont une ou deux rangées d'arbres de haute tige, qui forment comme les portiques d'un cloître de Religieux. Quelquefois on joint les tiges des arbres par des charmilles en banquette qu'on tond à 3 ou 4 pieds de hauteur.

CLOS (A), champ enfermé ou enclos de murs, de haies ou de fossés, ou de toute autre chose qui puisse former une clôture. *Closeau* ou *closerie*, est un petit jardin de Paysan entouré de hayes.

Coadunatus (B), se dit des feuilles, des fleurs, des fruits, &c, qui se réunissent par leur base.

Coccineus color (B), de couleur rouge, comme la fleur de la Grenade.

COCHE (F), entaille ou entaillure faite à un arbre.

COEFFE, *Calyptra* (B), sorte de calyce :

voyez CALYCE.

COIGNÉE (F), instrument de fer, garni d'un grand manche, & qui sert à abattre les bois, à en couper les grosses branches & à les équarrir.

COLLET (B), à l'égard des arbres, est la partie où se partage ce qu'on doit appeler *tige* d'avec ce qui doit être regardé comme *racines*. On s'en sert encore en d'autres occasions, par exemple, en parlant d'une partie qui se retrécit, ou quelquefois par comparaison au collet d'un manteau ; en ce sens on dit que le bas des feuilles embrasse les tiges, & forme autour d'elles un collet.

COLLIER (B). On employe quelquefois ce terme par comparaison avec les colliers que les femmes mettent à leur col. Mais les Fleuristes en parlant des Anémones doubles entendent par ce terme, un cordon d'étamines, qui se trouve à quelques-unes de ces fleurs, & en diminue le mérite.

COLOMBINE (A), fiente de Pigeon, qui fournit un très-bon engrais.

COLONNADE (J), c'est une suite de colonnes. Les colonnades de verdure sont un chef-d'œuvre de Jardinier, qui convient sur-tout dans les petits jardins de propreté : on les fait avec l'Orme à petite feuille.

Coloratus (B), se dit lorsque des parties d'un calyce ou des feuilles sont d'une autre couleur que le verd, qui est la couleur commune : voyez CALYCE.

Columella capsulæ (B), est une partie qui forme une communication des semences avec les cloisons intérieures : voy. POINÇON.

Coma (B) : voyez TESTE.

Commune receptaculum (B), est un calyce commun, tel que celui des fleurs à fleurons, demi-fleurons & radiées.

COMMUNES (A). On appelle ainsi des terreins qui appartiennent à une Ville, à un Bourg ou à un Village. Ils en jouissent en commun pour y couper du bois ou y faire paître leurs bestiaux. C'est ce qu'on appelle en Latin *Compascua*. On les nomme aussi *biens communaux* ou *communage*.

COMPLANT (J), est la même chose que *plant* : ainsi on dit indifféremment un plant ou un complant d'arbres.

Completus flos (B), une fleur complette est celle qui renferme toutes les parties de la fleur ; calyce, pétales, étamines & pistils.

Compositus (B), composé. Ce mot convient aux fleurs, aux feuilles, aux tiges, & aux racines. A l'égard des fleurs, suivant

Tournefort, les compofées font celles qui font formées de l'aggrégation de plufieurs fleurons ou demi-fleurons, ou des deux enfemble. Une feuille compofée eft formée par plufieurs folioles attachées à un filet commun. Les tiges & les racines compofées fe féparent en plufieurs branches ; c'eft pourquoi on dit *caulis* ou *radix brachiata* : voyez FLEURS, FEUILLES, TIGES & RACINES. *Compofita umbella* : voyez OMBEL.

Compreffus (B), comprimé, qui porte la même empreinte des deux côtés oppofés : voyez FEUILLE.

Conceptaculum (B), coque, forte de capfule où les femences ont pris naiffance : voyez COQUE & FRUIT.

Concifus (B), coupé, déchiré. Ce terme convient aux feuilles & aux pétales.

CONCRETION (B), *concretio*, affemblage de plufieurs chofes. On dit une concrétion ligneufe forme les louppes & les autres éminences ligneufes qu'on voit fur les arbres.

CONDUIRE un arbre (J), eft le tailler, l'émonder, fuivant fon efpece : il faut être bon Jardinier pour bien conduire les arbres.

CONDUISEUR (F), eft un Commis prépofé par le Marchand de bois, pour tenir un état des bois qu'on enleve des ventes. Le Regiftre du Conduifeur fait foi en Juftice.

Conduplicatum folium (B) : fe dit lorfqu'une feuille pliée en deux a fes côtés parallèles.

CÔNE (B), *conus*. On emprunte quelquefois ce terme de la Géométrie, pour définir les parties qui ont la figure d'un cône. Mais ce mot eft particuliérement confacré aux fruits des Pins, des Sapins, des Melefes, &c, & on les nomme *arbores coniferæ*, arbres coniferes. Le fruit fe nomme *Strobilus*. Voyez FRUIT.

Confertus (B), conglobé, entaffé ou raffemblé en pelotons très-ferrés : voyez FEUILLES, FLEURS, RACINES.

CONGENERE, terme de Botanique : les plantes congénères, font celles qui font d'un même genre.

Conglobatus (B), ramaffé en forme de tête.

Conglomerati flores (B), font celles dont les queues rameufes portent des fleurs ramaffées les unes près des autres, fans ordre & par pelotons.

Congregatus (B), fe dit des feuilles, des fleurs ou des fruits, qui font raffemblés plufieurs enfemble.

Coniferæ arbores (B), font les arbres qui portent des cônes, tels que le Pin, le Sapin.

Conjugatum folium (B), eft regardé par plufieurs Auteurs comme fynonyme de *pinnatum* ; mais M. Linnæus applique ce terme aux feuilles qui ne font compofées que de deux folioles : voyez FEUILLE.

Connatum (B), fe dit de deux productions, feuilles, fleurs ou fruits, qui naiffent unis enfemble par leur bafe.

CONSOLE (B), ornement de Sculpture qui fert à fupporter un bufte, un vafe, &c. On apperçoit à la naiffance des feuilles, des éminences en forme de confole : voyez *Fulcrum* & SUPPORT.

CONSTRUCTION (F); on fous-entend des *Vaiffeaux*, ainfi la fcience de la conftruction : eft celle qui enfeigne à faire de bons Vaiffeaux ou Navires, & on appelle *bois de conftruction* ceux qui font propres à cet ufage : voyez BOIS.

CONTRE-ALLÉES (J), font des allées qui font fur les côtés, & parallèles à une principale allée.

CONTRE-ESPALIER (J), arbres de haute tige, & pour l'ordinaire Nains, qu'on taille en éventail, & dont on lie les branches à des treillages ifolés & retenus par des pieux ; defforte que toutes les parties des arbres en contre-efpalier font frappées par l'air : voyez ARBRE.

CONTRE-LATTES (F), planches minces de quatre à cinq pouces de largeur qu'on met entre les chevrons, pour foutenir les lattes.

Convolutum (B), fe dit lorfque les deux bords d'une feuille s'enveloppant mutuellement, forment un cornet.

COQUE, COQUILLE, *conceptaculum* (B). En parlant des femences, on appelle *coque* les enveloppes qui font prefque ovales, légeres & déliées. On dit vulgairement *coquille* de Noix, de Noifette, d'Amande, pour fignifier la partie ligneufe du noyau, ce qui diffère beaucoup de la coque, *conceptaculum* ; & la coque diffère de la *capfule* uniloculaire, en ce que les panneaux en font mols & moins roides, comme à l'enveloppe des femences du Mouron : voyez FRUIT.

Corculum feminum (B), eft prefque la même chofe que ce qu'on appelle vulgairement *le germe* des femences.

Cordatum folium (B), feuille en cœur; *Obverfè cordatum*, en cœur renverfé : voy. FEUILLE.

CORDE, CORDÉ (J), rempli de filaments durs & ligneux : quand les Raves mon-

tent en graine ; elles ne manquent point d'ê-
tre cordées.

CORDEAU (J), est une menue corde aux
bouts de laquelle on met des chevilles, qu'on
enfonce en terre pour tracer des alignements.

CORDIFORME (B), *cordiformis*, qui représente la figure d'un cœur ; on dit aussi *figuré en cœur.*

CORNIER (F). On appelle *pieds corniers*,
de grands arbres marqués pour indiquer les
bornes d'une vente ou étendue de bois. Ils
font marqués par autorité de Justice.

Corolla (B), corolle, pétale ou *nectarium*, feuille des fleurs qui enveloppent immédiatement les organes de la fructification :
voyez PÉTALE & *Nectarium.*

On dit *Corolla æqualis*, lorsque les pétales
qui forment une fleur font égaux, & qu'ils ont
une même figure ; *Corolla inæqualis*, lorsque
les pétales font de même figure, mais de grandeur inégale ; *corolla regularis*, lorsque tous
les pétales se ressemblent ; & *irregularis*, lorsque les pétales du lymbe font différents en
grandeur, figure & proportions.

Corollula (B) de Linnæus, est la même chose que le fleuron & le demi-fleuron de Tournefort.

Corona (B) : voyez COURONNE.

Coronula (B), petite couronne en forme
de godet, qui s'observe au bout de quelques
semences : cette partie forme un calyce propre à chaque fleuron.

Cortex (B) : voyez ÉCORCE.

CORTICAL (B), qui appartient à l'écorce :
c'est dans ce sens qu'on dit *les couches corticales.* Livre I. page 17.

Corymbus (B). Les plantes corymbifères,
plantæ corymbosæ, font celles qui portent
quantité de fleurs ou de fruits rassemblés en
bouquets, comme la Mille-feuille, le *Spi-
ræa opuli folio*, &c : voyez FLEUR.

COSSE (B), *valva*, font les panneaux qui
forment les siliques ou les gousses des légumes. On les nomme aussi *battants.* Voyez
FRUIT.

COSSON (A), bouton de la Vigne. Comme il y en a toujours deux à la même hauteur,
le plus gros se nomme le *maître cosson*, & souvent il n'y a que lui qui se développe. Le petit
se nomme *contre-cosson*, en Latin *custos* ou
succursus, parce que, quand le premier a péri,
le second se développe.

CÔTE (B). On appelle ainsi les arrêtes relevées ou les nervures qui font sur le dos des
feuilles. Le même terme signifie aussi le filet

qui soutient les folioles des feuilles composées. On les a nommé *côtes-feuillées.* On dit
encore *côte de Melon* : ce fruit est relevé en
côte de Melon ; il est divisé par côtes.

COSTIÈRE (J), est la plate-bande de terre
labourée, qui est le long des espaliers.

COTRETS (F), faisceau de bois lié avec
des harts : on les fait à Orléans avec le bois de
corde ; & à Paris avec des bûches de Hêtre,
sciées en deux, & fendues à trois ou quatre
pouces d'équarrissage. Les petits cotrêts se
nomment à Orléans des *cotrillons.*

COTYLEDONES (B), *cotyledones*, feuilles
séminales qui font produites par les lobes des
semences, ou les lobes eux-mêmes : voyez
FEUILLE, & Livre IV. page 3. Il ne s'agit
point ici des plantes qu'on nomme *Cotyledon.*

COUCHE (B), se prend en plusieurs significations fort différentes. 1°. Les Jardiniers
appellent *couche* un lit de fumier couvert de
terreau ; ils font aussi des couches avec la
tannée qui fort des fosses des Tanneurs ; ils
appellent *couches sourdes* celles qui font placées dans une tranchée faite en terre. 2°. Dans
la description des fleurs, la couche qu'on a
aussi nommée *le support & le placenta*, est
l'endroit qui soutient les jeunes graines. 3°.
Enfin, ce terme se dit de plusieurs plans qui
se recouvrent. On dit dans ce sens : *les couches corticales* ; *les couches ligneuses* : voyez
Livre I. pages 17, 31 & 49.

COUDRAIE (F), champ planté en Cou-
driers ou Noisettiers.

COULER (J). On se sert de ce terme
pour dire que les fruits de quelque plante font
avortés, & qu'ils n'ont pas noué : c'est dans
ce sens qu'on dit que les pluies froides font
couler la Vigne ; que *la coulure* est aussi à
craindre que la gelée.

COUPE (F), signifie l'étendue d'un terrein
planté d'arbres qu'on se propose d'abattre. On
dit : une belle coupe de bois ; mettre un taillis en coupe réglée. La coupe des bois doit se
faire en certaines saisons.

COUPE-BOURGEON (J), insecte :
voyez LISETTE.

COURBES ou COURBANTS (F), font les
bois qui ont naturellement une courbure qui
les rend propres à faire les membres des Vaisseaux. On les nomme aussi *bois tors* : voyez
BOIS.

COURONNE (J), sorte de greffe : voyez
Livre IV. page 69. En parlant de fruits, *couronne simple* ou aigrette, se dit d'un ornement
formé

formé par une membrane, ou par des poils qui s'obſervent au bout de certaines ſemences.

COURONNÉ, (F). Un arbre couronné eſt celui dont les branches de la cime ſont mortes : c'eſt un commencement de dépériſſement, ou un ſigne de retour.

COURSON ou *ſcourſon* (A), ſe dit d'un ſarment qui a été taillé & raccourci à trois ou quatre yeux. On a quelquefois étendu ce terme aux arbres fruitiers, quand on taille une branche vigoureuſe un peu longue pour remplir un vuide.

COURTILLIERE (J) ou Grillon-taupe, *grillo-talpa*, inſecte qui ronge les racines des plantes.

COUSSON ou COSSON (A), bouton de la Vigne.

COUVERTURE (J), paillaſſon ou litiere dont on couvre les plantes délicates pour les préſerver de la gelée, & quelquefois de l'ardeur du Soleil.

CRAIE (A), *creta*, terre aſſez dure, ou pierre fort tendre & fort blanche, qui ſe trouve quelquefois aſſez près de la ſuperficie de la terre. Il y a peu d'arbres qui viennent dans la craie.

Craſſus (B). Voyez CHARNU.

Crenatus (B), crenelé, *acutè crenatus*, *obtuſè crenatus*, &c : voyez FEUILLE.

CRESTE (J), petite éminence de terre qu'on ménage le long d'une plate-bande. On dit auſſi *la crête d'un foſſé*. Voyez BERGE.

Criſpus (B), friſé. Voyez FEUILLE.

Croceus color (B), couleur jaune. Voyez SOMMET.

CROISSANCE (F), augmentation de la grandeur d'un arbre. Les arbres qui ſont ſur le retour ne ſont plus en croiſſance.

CROIX (B) : voy. *Cruciformis* & FLEUR.

CROSSETTE (J), *Malleolus*. C'eſt une branche de Vigne, qui à un des bouts du ſarment de l'année, conſerve un peu du bois de l'année précédente. En mettant en terre ce bout qui forme une petite croſſe, il pouſſe des racines. Le terme de *croſſette* ſe dit auſſi de quelques autres boutures & marcottes.

CROTTIN (J), excrément de cheval & de mouton, qui fournit un excellent engrais dans les terres froides.

CROULIERE (A), terrein de ſable mouvant qui s'écroule ſous les pieds.

Cruciformis flos (B), fleur en croix. Ces fleurs ont quatre feuilles diſpoſées comme les ailes d'un moulin-à-vent : le Calyce a auſſi quatre feuilles au milieu deſquelles eſt le piſtil qui devient un fruit le plus ſouvent en forme de ſilique. Voyez FLEUR & PÉTALE.

Cryptogamia (B), ſe dit des plantes qui ont des fleurs ſi petites qu'on ne peut les appercevoir, ou qui les ont renfermées dans le fruit : voyez la Préface.

Cubitus, coudée, eſt une meſure d'environ un pied & demi. C'eſt en ce ſens que l'on dit : *caulis cubitalis, bicubitalis, tres cubitos altus*, &c.

Cucullatus flos (B), fleur en capuchon : voyez CAPUCHON & EPERON.

CUCURBITACÉES (B), *plantæ cucurbitaceæ*; les plantes cucurbitacées, ſont celles de la famille des Courges, comme Melons, Concombres, Coloquintes, Citrouilles, &c.

CUILLERON (B). On ſe ſert de ce terme pour exprimer un pétale ou une autre partie qui a la forme d'une cuiller. Ainſi on dit : le pétale eſt creuſé en cuilleron, *cochlearis inſtar excavatum*.

Culmus (B), le chaume. Ce mot eſt propre aux Graminées, & déſigne leur tige.

CULTURE (A), toutes les attentions que l'on prend pour faire végéter les plantes. Pour faire réuſſir cette plante dans ce terrein, il faudra une bonne culture. *Cultiver*, eſt quelquefois ſynonyme de labourer.

Cuneiformis (B), en coin. Voy. FEUILLE.

CURER (F), ſe dit quelquefois d'un bois où l'on coupe toutes les mauvaiſes branches & tous les pieds mal-venants.

Cuſpidatus (B) : voyez *Acuminatus*.

Cyathiformis corolla (B), en godet; lorſque le pétale forme un cylindre qui s'évaſe à ſon extrémité.

Cyma (B), eſt une ſorte d'Ombelle rameuſe, dont les principales branches partent d'un centre commun, & les rameaux latéraux ſe diſperſent de côté & d'autre, comme à l'*Opulus*. On a fait une famille de ces ſortes de plantes, qu'on a nommées *Cymoſæ*. V. FLEUR.

Cynarocephalæ plantæ (B) : Plantes à tête d'Artichaut. On a fait une famille des Cynarocéphales, qui portent des fleurs compoſées, qu'on peut comparer à celles des Artichauts.

Cytinus (B), eſt la fleur du Grenadier; & par comparaiſon on a quelquefois dit *calyx cytini-formis* pour exprimer un calyce qui reſſemble à celui du Grenadier.

D

DARD. Les Jardiniers & les Fleuriſtes appellent ainſi ce que les Botaniſtes nomment le piftil des fleurs ; & de ce mot ils ont fait *dardiller* , qui fignifie pouffer le dard.

DEBILLARDER (F) , en terme de Buche-ron , eft dégroffir , emporter les plus gros copeaux.

DÉBITER un bois (F) , c'eft couper de longueur le bois abattu , pour en faire du bois d'ouvrage, de fente , de fciage, d'équar-riffage , ou de charronnage.

Decandria (B) : fleurs hermaphrodites qui ont dix étamines : voy. la Préface.

Decemloculare Pericarpium (B) , fruit di-vifé en dix loges.

DÉCHAUSSER un arbre (A) , c'eft ôter au-tour du tronc une certaine quantité de terre. On déchauffe , à l'entrée de l'hiver , les arbres qu'on veut fumer. Les ravines dé-chauffent les arbres qui font fur la pente des montagnes.

Deciduus (B) , qui tombe : voy. FEUILLE, CALICE & FLEUR.

DÉCLIN de la feve (A) , eft quand la feve ceffe d'être fort abondante. Certaines greffes ne réuffiffent que quand on les fait au déclin de la feve.

Declinatum folium (B) , feuille pliée en-deffous comme une nacelle : v. FEUILLE.

DÉCOLLER (A) , fe dit particuliérement des greffes qui fe féparent de leur fujet. Le vent a décollé toutes les greffes qui avoient pouffé avec force , ainfi que les bourgeons des arbres étêtés.

Decompofita folia (B) , les feuilles fur-compofées : voyez FEUILLE.

Decumbens (B) , qui fe couche par terre ; ce qui s'applique aux branches , aux fleurs & aux feuilles.

Decurfivus (B ; on dit, *foliis decurrentibus*, lorfque les feuilles ont leurs attaches aux bran-ches tout près les unes des autres ; d'où l'on a dit *folium decurfivè pinnatum*, lorfqu'à une feuille compofée les folioles font très-près les unes des autres & fans queues.

Decuffata folia (B , fe dit des feuilles qui font oppofées , & qui étant regardées du haut en bas forment une croix.

DÉFEND (F). Les bois en défend ou en réferve ne peuvent être abattus fans une perm ffion expreffe : voyez BOIS.

DÉFLEURIR (A) , perdre fes fleurs : il faut attendre que les arbres foient défleuris , pour juger fi les fruits font noués.

Defoliatio (B) : voyez EFFEUILLER.

DÉFRICHER (A) , généralement parlant, fignifie mettre en valeur une terre vague,

ou qui eft en friche. Mais il fignifie particu-liérement , arracher les bois (*deforeftare*), pour mettre la terre en une autre valeur , y femer du grain, y planter de la vigne , &c.

DÉGAST (A) , fe dit des dommages qui caufent de la perte : le bétail & le fauve font de grands dégâts dans les jeunes bour-geons : les fangliers font du dégât dans les femis : les picoreurs & les ufagers ont fait un grand dégât dans la forêt.

Dehifcentia pericarpii (B) , eft quand le fruit étant parvenu à fa maturité , s'ouvre , & le plus fouvent laiffe tomber les femen-ces.

DÉLIT (F). On appelle *arbres de délit*, ceux qui ont été coupés en fraude, clandefti-nement & contre les Ordonnances : ils font fujets à confifcation.

Deltoïdes B) , rhomboïde qui a quatre angles , dont deux oppofés font plus éloi-gnés du centre que les deux autres : voyez FEUILLE.

Demerfum folium (B) , eft une feuille fub-mergée , ou qui eft recouverte par l'eau.

DEMEURE A). Labourer *à demeure* eft donner le dernier labour avant de femer. Semer *à demeure* , c'eft répandre la femence à la place où elle doit refter.

DEMI-FLEURON , *femi-flofculus* (B). Les fleurs à demi-fleurons font des bouquets ap-plattis en-deffus , formés d'un nombre de demi-fleurons raffemblés dans un calyce com-mun : chaque demi-fleuron eft un tuyau qui fe termine par une grande levre. Ces pétales portent chacun fur un embryon de graines. Il y a auffi des demi-fleurons ftériles. Voyez PÉTALES, & Liv. III. pag. 212.

DEMI-TIGE (A) , voyez ARBRE.

DEMI-VENT (A) , voyez ARBRE.

Denominatio (B, , la Nomenclature : Voyz la Préface.

Dentatus , *denticulatus* (B) , denté ou dentelé. Voyez FEUILLE.

DENTÉ , *dentatus* (B) , un pétale , une feuille *dentée* ne different d'une *dentelée* qu'en ce que les découpures font plus fines & plus égales. Ainfi on dit que le calyce des fleurs de l'Olivier & du Styrax eft denté par les bords.

DENTELÉ , *denticulatus* (B). Ce terme fignifie découpé en pointes , moins égales & plus écartées que les dentures. La feuille de l'Orme eft dentelée.

Dependens (B) , qui pend vers la terre.

DÉPEUPLER (F) , eft retrancher une partîe du plant. C'est pourquoi l'on dit dépeupler une forêt, une pépiniere, quand on en tire beaucoup d'arbres ou de plant.

DÉPOUILLE (A), outre sa signification commune qui regarde les feuilles, se dit du revenu qu'on tire d'une terre. On dit la dépouille des bleds ou d'un arbre : la dépouille des arbres fruitiers a été bonne, ils avoient beaucoup de fruit.

DÉPOUILLÉ (F). On dit qu'un arbre se dépouille lorsqu'il perd ses feuilles l'automne. L'Orme, l'Erable, le Noyer se dépouillent. L'hiver acheve de dépouiller les arbres de leurs feuilles. Il y a des arbres qui ne se dépouillent point, & qui conservent leurs feuilles l'hiver ; le Pin, le Sapin, l'If sont de ce genre. Comme ces arbres produisent de nouvelles feuilles à mesure qu'ils perdent les anciennes, on les nomme *arbres toujours verds.* Il est défendu de dépouiller les arbres de leur écorce.

Depressus (B), déprimé. Voyez FEUILLE.

DÉRACINER (A), découvrir les racines de terre. Les écoulements d'eau & les ravines déracinent les arbres.

Descendens caudex (B), est la partie de la tige qui s'enfonce perpendiculairement, & produit des racines latérales ; ainsi c'est la racine pivotante.

Descriptio plantæ (B). La description d'une plante est une exposition détaillée de la forme de toutes ses parties, racines, tiges, feuilles, fleurs, &c.

DÉSERT (A), se dit d'une terre mal cultivée ou abandonnée sans culture ; une vigne en désert est celle qui n'est ni taillée, ni labourée ; une ferme en désert est celle qui est mal tenue & mal cultivée.

Determinatio (B), détermination vraie de l'espece de plante que l'on examine ; ce qui se fait par la distinction ou description de ses parties.

DÉTOUPILLONNER (J), retrancher des branches de faux bois, qui viennent par bouquets sur les arbres mal taillés.

Diadelphia (B), fleurs hermaphrodites dont les étamines sont réunies par leurs filets en deux faisceaux qui différent par la forme l'un de l'autre. Un de ces faisceaux forme une gaîne & entoure le pistil ; l'autre en est séparé. M. Linnæus les a divisées par le nombre de leurs étamines en *hexandria*, *octandria*, *decandria*, quand elles ont six, huit ou dix étamines. C'est dans cette derniere division, qu'entrent la plus grande partie des

plantes légumineuses de Tournefort, lesquelles, si leurs étamines sont partagées en deux corps différents, sont comprises dans cette classe, quand même il leur manqueroit quelques pétales, qui sont ordinairement propres aux fleurs légumineuses. Voyez la Préface.

Diandria (B), les fleurs hermaphrodites qui ont deux étamines. Voyez la Préface.

DIAPHRAGME, *diaphragma* (B), cloison transversale qui s'étend dans une silique ou un autre fruit capsulaire. Voyez *Valva.*

Dichotomus (B), fourchu. Voyez TIGE.

Dicotyledones (B), qui ont deux cotyledons. Voyez *Cotyledon.*

Didynamia (B), les fleurs hermaphrodites à quatre étamines, dont deux sont plus longues que les deux autres. Quand elles ont quatre semences nues dans le calyce, M. Linn. les appelle *gymnospermia*, & ce sont les labiées de Tournefort. Quand les semences sont enfermées dans un péricarpe, M. Linn. les appelle *angiospermia*, & ce sont les fausses labiées ou personnées de Tournefort. Voyez *Gymnospermia, Angiospermia*, & la Préface.

Difformia folia (B), sont les feuilles qui prennent différentes figures sur la même plante.

Diffusus (B), qui s'écarte. On le dit des tiges des arbrisseaux, qui quelquefois s'écartent les unes des autres, & aussi des branches ; ce qui fait une sorte d'opposition avec *convolutus.*

Digitatus (B), digité, coupé en forme de doigts, ou échancré par digitations. On dit *folia digitata, folia digitatim disposita* ; & suivant le nombre de digitations on dit, *binata, ternata*, &c. Voyez FEUILLE.

Digitus (B), un pouce, mesure : voyez *Uncia.*

Digynia (B), les fleurs qui ont deux pistils : voyez la Préface.

Diœcia (B). Cette dénomination convient aux plantes qui ont des fleurs mâles & des fleurs femelles sur des individus séparés. M. Linnæus les a distinguées en *monandria, decandria, monadelphia, polyadelphia*, suivant le nombre & la disposition des étamines, Voy. la Préface.

Dipsaceæ plantæ (B) est une famille de plantes, établie par Vaillant, qui les a nommées Dipsacées, de *dipsacus*, le Chardon à foulon.

DISQUE, *discus* (B) est la partie des fleurs radiées qui en occupe le centre. Le disque de ces fleurs est formé par un assemblage de fleurons. On prend aussi ce terme pour toute l'étendue des fleurs composées d'un nombre de pétales.

Dissectum folium (B), est synonyme de *laciniatum.*

Disseminatus (B), clair-semé, répandu çà & là. Ce terme convient aux fleurs & aux feuilles, &c.

Dissepimentum (B). Voyez Cloison.

Distichus (B), à plusieurs étages, par comparaison à *distichum*, qui est un Orge dont les grains viennent par étages. On emploie ce terme pour exprimer la division des branches : voyez Tige. On dit aussi, *Disticha folia*, quand toutes les feuilles sont rangées des deux côtés d'une branche, comme au Sapin ; & *disticha spica*, quand les fleurs sont de même rangées sur deux files opposées.

Divaricatus (B), qui s'écarte ; ce qui peut s'appliquer à toutes les parties des plantes.

Dodecandria (B), les fleurs hermaphrodites qui ont douze étamines. Voyez la Préface.

Dodrans (B), empan, mesure ancienne qui est d'environ huit pouces, ou les deux tiers d'un pied ; c'est l'espace compris depuis l'extrémité du pouce, jusqu'à l'extrémité du petit doigt. On dit *planta dodrantis* ou *dodrantem alta.*

Doler (F), dresser des douves avec un instrument tranchant qu'on nomme une *Doloire, dolabra*; d'où l'on a fait *dolabriforme*, pour exprimer la figure de certaines feuilles. La doloire n'a qu'un bizeau ; elle coupe le bois en travers, & non pas suivant la direction des fibres.

Dos-d'asne, Dos-de-bahu (A). Voyez Bombé.

Double (B), fleur double, *duplicatus flos.* Voyez Fleur.

Double-aubier (B). Aux arbres qui ont ce défaut, on trouve dans l'épaisseur du bois une zone de bois tendre que l'on compare à l'aubier : elle est recouverte par une zone de bon bois & par l'aubier ordinaire : Voy. Bois.

Doublement (F), est une derniere enchere qui est le double du tiercement. On détruit l'adjudication faite à l'extinction de la bougie, par le tiercement ; & le tiercement, par le doublement. L'une & l'autre enchere doivent être faites dans le tems fixé par l'Ordonnance. Voyez Tiercement.

Douelle, Douve, Douvain & Traver-

sin (F). Ces différents termes signifient les planches minces qu'on fend dans les forêts pour faire les futailles. Les ouvriers nomment quelquefois *douvain* les billes de bois qui sont coupées de longueur pour être refendues en douves.

Drageons ou *Petreaux, Stolones* (B) : ce sont de jeunes tiges qui s'élevent des racines rampantes. On dit : Les Chênes produisent rarement des drageons ; les Ormes & les Pruniers en produisent beaucoup : cet arbre se multiplie par les drageons. Comme on les confond quelquefois avec les boutures, j'ai presque toujours dit *drageons enracinés.*

Drageonner (A), lever des drageons.

Drapé, tomentosus (B). Les feuilles épaisses, velues, & d'un tissu serré, comme celles du Bouillon-blanc, sont dites drapées. Les fruits de la Pivoine sont drapés.

Droit, rectus (B). On appelle ainsi ce qui se tient perpendiculairement ; & dans ce sens, on dit, *Caulis rectus*, une tige droite, par opposition à oblique : mais on dit aussi qu'une fleur ou qu'un fruit se tiennent droit, quand ils ne s'inclinent ni d'un côté ni d'un autre.

Dru (A), épais, touffu. On dit : Les arbres sont bien drus dans cette forêt : les Bleds ont bien talé ; ils sont fort drus : bien des graines ne réussissent pas quand elles sont semées trop dru ou trop près-à-près.

Drupa (B), fruit à noyau, tel que la Pêche, la Prune, la Cerise, &c : Voyez Fruit.

Dumetum (B), hallier, buisson ; d'où l'on dit, *berberis dumetorum*, Epine-vinette qui vient dans les haies.

Dune (A), élévation de terrein au bord de la mer. Les dunes sont ordinairement formées par un sable aride. Quelques plantes s'accommodent de cette espece de terrein.

Duplicato-crenatum folium (B), est une feuille doublement crénelée, qui a deux especes de crénelures, les unes plus grandes que les autres : voyez *Crenatum.*

Duplicato-pinnatum folium ou *pinnato-pinnatum* (B), est une feuille surcomposée ou composée de feuilles déja composées en ailes : voyez *Pinnatum.*

Duplicato-serratum (B), est une feuille dont la bordure est garnie de deux sortes de dentelures les unes plus petites que les autres, & qui entament les unes sur les autres, comme des tuiles : voyez *Serratum.*

Duplicato-ternatum folium (B), est une

feuille compofée de feuilles compofées elles-mêmes, chacunes de trois folioles: voyez *Ternatum.*

Duplicatus (B), double. Ainfi des bulbes raffemblées deux à deux font dites *Duplicati.*

E

EAUX & FORÊTS (F), Jurifdiction (des) établie pour la confervation des bois.

EBARBER (J), retrancher de menues branches. Les Jardiniers ébarbent les haies avec le croiffant & le cifeau: les fagoteurs ébarbent les fagots avec le volin.

EBOURGEONNER (J), retrancher les bourgeons inutiles: voyez BOURGEONS.

EBOURGEONNEUX (A), infecte: voyez LISETTE.

EBRANCHER (J), retrancher des branches à un arbre. Ce tourbillon de vent a ébranché beaucoup de beaux arbres.

ECAILLES, *fquamæ* (B); ce font des productions que l'on compare aux écailles des poiffons: elles forment l'enveloppe des boutons. On en voit fur quelques calyces, aux chatons, aux bulbes, &c. *Squamofus,* écailleux. Les cônes font des fruits écailleux. Voyez FRUITS, CHATONS, RACINES.

ECHALAS (A), perches de bois de brin ou refendues, dont on fe fert pour foutenir les farments de la vigne, & pour faire les treillages des efpaliers & des contre-efpaliers. Les meilleurs échalas font ceux de cœur de chêne. On les nomme *charniers, paifceaux & œuvres* dans différents vignobles. On dit *échalaffer,* pour fignifier garnir d'échalas.

ECHALIER (A). En plufieurs provinces c'eft la même chofe que *haie.*

ECHANCRÉ, *emarginatus* (B). Une feuille échancrée eft une feuille dont les bords font entamés, comme fi on en avoit emporté une piece avec des cifeaux. Les *échancrures* des feuilles font en croiffant, en cœur, en pointe, &c. On dit auffi les échancrures du calyce.

ECHENILLER (J), ôter les chenilles qui dévorent les plantes, ou détruire les nids des chenilles. Quelque foin que l'on prenne d'écheniller les vergers, on ne peut garantir du dommage des infectes ceux qui avoifinent les forêts.

ECHIQUIER (J), voyez QUINCONCE.

Echinatus (B), fe dit de tout ce qui eft hériffé de pointes, comme le fruit du Châtaignier. *Fructu echinato,* un fruit hériffé de pointes, comme un hériffon; ou comme une échinite, qui eft l'hériffon de mer.

ECIMER (F), couper la tête ou la cime d'un arbre. Beaucoup de baliveaux ont été écimés par le vent.

ECLAIRCISSEMENT (F). On dit abattre des arbres par éclairciffement, lorfqu'on n'abat que les plus foibles ou les moins venants, afin que les autres puiffent mieux profiter. *Eclaircir,* c'eft arracher du plant dans un endroit où il y en a trop; ainfi on éclaircit un bois, une pépiniere, une planche de laitue, &c.

ECORCE, *cortex* (B), enveloppe extérieure des arbres. Il eft défendu d'*écorcer* les arbres, excepté les jeunes chênes qu'on écorce en Mai, pour en faire du Tan: mais on ne peut les écorcer fans une permiffion expreffe. On fait des cordes avec l'écorce du Tilleul, & avec celle des Mûriers. L'écorce des Bouleaux fert dans le Nord à couvrir les maifons; & l'on en fait des canots en Canada. L'écorce de l'Aune & celle du Noyer fervent aux teintures. L'*Ecorce* fe dit auffi quelquefois de l'enveloppe des fruits; c'eft dans ce fens qu'on dit que l'écorce de Grenade eft aftringente: voyez Liv. I, pag. 6, 17, & 19.

ECOT (F), eft un tronçon d'arbre, avec des bouts de branches qui ont été mal coupées.

ECUISSER (F), fe dit des arbres qu'on éclate en les abattant. L'Ordonnance veut qu'on abatte les bois à coups de coignée, à fleur de terre, fans les écuiffer ni les éclater.

ECUSSONNER, *inferere, inoculare* (J), opération par laquelle on fubftitue les branches d'un arbre, à celles qui font naturelles à un autre. L'*écuffon* eft la partie de l'arbre qu'on veut appliquer fur une autre. *Ecuffonnoir* ou *entoir,* eft un petit coûteau qui fert à écuffonner. Voyez Livre IV, page 71.

EFFANER (A), fynonyme d'*effeuiller,* eft retrancher les feuilles ou la fane. On effane les bleds quand ils font trop forts:

EFFEUILLER, *defoliare* (A), ôter les feuilles d'un arbre. On effeuille les Mûriers, pour nourrir les vers à foie. Les Payfans effeuillent les arbres en automne, pour nourrir leurs vaches pendant l'hiver: ils appellent cette opération *ébrouffer,* comme qui diroit ôter le brout, ou ce que les animaux pourroient brouter.

EFFLEURER, *efflorare* (A), ôter les fleurs; comme ce terme a d'autres fignifications très-différentes, on évite de s'en fervir dans le sens que nous venons d'expliquer ; mais on dit : La grêle a peu endommagé ce fruit, elle n'a fait que l'effleurer.

Efflorescentia (B) , est le temps où les fleurs s'épanouissent. On pourroit le nommer le temps de la *floraison* ou de la *florification*. Il y a des fleurs printanieres, estivales, automnales & hivernales.

EFFONDRER (A) ; est fouiller la terre à une certaine profondeur, afin que les racines des arbres & des grandes plantes y pénétrent plus aisément. On dit aussi *effoncer* & *défoncer* un terrein.

EFFRITER (A) , se dit d'une terre qui perd sa fertilité : il faut fumer ce terrein, sans quoi il sera bientôt effrité.

EGAYER un arbre (A) , est retrancher toutes les branches qui forment de la confusion.

EGRAVILLONER (A) , est emporter une partie de la terre usée, qui est engagée entre les racines d'un arbre qu'on leve en motte, pour y en substituer de nouvelle. Il ne faut pas manquer d'égravilloner les mottes des arbres, qu'on dépote ou qu'on décaisse.

EGRAINER (A) , est faire tomber les graines ou les grains. On égraine les épis en les froissant dans les mains ; & on égraine ou (plus communement) on égrappe les raisins, afin que le vin soit plus délicat.

EHERBER (A) : voyez SARCLER.

EHOUPER (F) , est synonyme avec *écimer* ; c'est couper la houpe ou la cime des arbres. On condamne à l'amende ceux qui ont éhoupé, écimé, ébranché & deshonoré les arbres.

ELAGUER (A) , est retrancher avec la serpe ou la coignée les grosses branches qui défigurent les grands arbres. On élague les arbres qui forment les avenues, & les arbres de plein-vent des vergers.

ÉLANCÉ (F) . Un arbre élancé est celui qui a beaucoup de hauteur, & peu de grosseur.

ELEVER (J) , est donner une culture convenable pour faire croître une plante. On dit : Cette plante ou cet arbre a été élevé de semence.

Ellipticum folium (B) , une feuille elliptique, est plus longue que large : les deux extrémités en sont de même largeur, & sont formées l'une & l'autre par les mêmes segments de cercle.

Emarginatus (B) : voyez ECHANCRÉ. Suivant M. Linnæus, *folium emarginatum* est une feuille un peu échancrée au sommet : *ob-*

tusè emarginatum, se dit quand les bords de l'échancrure sont obtus : *acutè emarginatum*, quand les bords de l'échancrure sont aigus. Voyez FEUILLE.

EMBRYON, *embryo* (B) , se dit des rudiments des jeunes plantes & des jeunes fruits qui existent d'une façon confuse dans les germes des semences & dans les boutons des arbres. On dit qu'on apperçoit l'embryon des fleurs dans les oignons, l'embryon des semences dans les jeunes fruits, l'embryon des branches ou des feuilles dans les boutons. On appelle aussi *embryon*, la partie des pistils qui doit devenir un fruit : voyez PISTIL.

EMONDER, *emundare* (A) , ôter les menues branches des arbres, comme lorsqu'on coupe les menues branches qui viennent le long de la tige des Ormes. Ainsi en émondant les Ormes, les avenues en sont plus belles, & l'on se procure des fagots.

EMMANEQUINER (J) , est planter un arbre précieux & délicat dans un mannequin, pour le transporter en motte & sans risque. On plante l'arbre avec le mannequin qui pourrit dans la terre.

EMOTTER (A) , est rompre les mottes d'un champ. On fait cette opération avec un *brise-motte*, qui est un maillet à long manche, ou avec la herse, ou avec le rouleau, ou avec une herse tournante, qui est un rouleau pésant garni de chevilles.

EMOUSSER (A) , est ôter la mousse de dessus le tronc & les branches des arbres : le temps propre pour émousser, est quand il a plu.

EMPAILLER (J) , est envelopper de paille. On empaille les Figuiers pour les préserver de la gelée, & les Groseilliers pour conserver leur fruit.

EMPAN : voyez *Dodrans*, mesure ancienne.

EMPANÉE (B) , *pinnatum*, ou *conjugatum folium*, se dit d'une feuille composée de plusieurs folioles rangées des deux côtés d'un pédicule commun.

EMPEAU (A) , ne se dit guere : il signifie greffer dans la peau ou dans l'écorce, comme la greffe en couronne & en écusson.

EMPLASTRATION (A) , est couvrir une plaie d'une emplâtre. Voyez Livre IV. page 54, des plaies des arbres.

EMPORTER (J) , se dit d'un arbre qui pousse plus fortement sur une branche que sur les autres. Cet arbre s'emporte toujours du côté de la terre labourée.

EMPOTER (J) , est planter dans un pot.

EMUNCTOIRE (B), partie deftinée à porter dehors quelque humeur qu'on regarde
comme inutile ou comme nuifible. Les plantes doivent avoir des organes émunctoires
pour la fécrétion de la tranfpiration fenfible
& infenfible, du Nectar, &c.

ENCAISSER (J), planter dans une caiffe :
rencaiffer, remettre dans une caiffe une plante
qu'on en a tirée. Il y a une faifon pour rencaiffer les Orangers.

ENCLOS (A), lieu entouré & fermé de
haies ou de murailles.

ENCROUÉ (F), fe dit d'un arbre qui en
s'abattant eft tombé fur un autre qu'il a endommagé, & dans lequel il a engagé fes branches. L'Ordonnance défend qu'on abatte l'arbre endommagé ou qui a été encroué.

Enervia folia (B), les feuilles qui n'ont
point de nervures.

ENFOUIR (A), enterrer, planter dans la
terre.

ENFOURCHEMENT (A), forte de greffe.
Voyez Livre IV. page 69.

ENGRAIS (A). Toutes les chofes qui fervent à fertilifer les terres; les fumiers, les
marnes, les boues, &c. *Engraiffer* une terre
eft la même chofe que la fumer, ou du moins
c'eft la rendre meilleure & plus féconde par
les engrais. Voyez Livre V. page 193.

Enneandria (B), fleurs hermaphrodites
qui ont neuf étamines. Voyez la Préface.

Enodis culmus ou *caulis* (B), une tige ou
un chaume qui n'a point de nœuds.

ENRACINÉ (A), garni de racines : on
peut lever cette bouture ; elle eft fûrement
bien enracinée. Un arbre bien enraciné fouf-
fre moins des grandes gelées d'hiver, que celui qui eft nouvellement planté.

Enfiformis (B), en forme d'épée. Voyez
FEUILLE.

ENTE, ENTURE, ENTOIR (A). Voyez
GREFFE & ECUSSONNER.

ENTER, *infertre* ou *inoculare* (A). Voyez
Livre IV, page 65, & ECUSSONNER.

ENTONNOIR, *infundibulum* (B). On fe
fert de ce terme pour défigner la figure de
certaines fleurs & de certains calyces. *Flos
infundibuliformis*, fleur en entonnoir, ou
qui a la forme d'un entonnoir, étant formée par un tuyau & un difque ou évafement.
Voyez PÉTALE, & Livre III, page 210.

ENTRÉE (F). On nomme *bois d'entrée*
ceux qui commencent à donner quelques marques de dépériffement. Voyez BOIS.

ENTRE-HIVERNER (A), eft donner un

labour pendant l'hiver. Comme on donne
ce labour entre les temps de gelée qui fe fuc-
cédent dans cette faifon, je crois qu'on dit
entre-hiverner, pour exprimer qu'on laboure entre les différents hivers qui fe fuccé-
dent dans cette faifon.

ENVELOPPE (B) : voyez *Involucrum* &
TUNIQUE.

ÉPAMPRER (A), couper les pampres d'u-
ne Vigne ou des farments garnis de feuilles.
Quand les Vignes pouffent beaucoup, on
les épampre pour nourrir les vaches.

ÉPANOUIR (B), fe dit des fleurs lorfque
les boutons s'ouvrent. Les boutons des Ro-
fiers font fort gros, les fleurs feront épanouies
dans quelques jours.

ÉPAULER (J), mettre un foutien ou
épaulement : ce berceau déverfera, à moins
qu'il ne foit foutenu par un mur qui lui four-
niffe un bon *épaulement*.

ÉPERON (B), c'eft une pointe qui eft derriere certaines fleurs : la fleur de la Linaire eft
éperonnée : voyez PÉTALE.

ÉPI, *fpica* (B), défigne proprement l'a-
mas de fleurs & de grains de bled. On dit :
Un épi de Froment, de Seigle, d'Orge, &c :
& par comparaifon, on dit que les fleurs de la
Lavande, de l'Amorpha, &c, font raffemblées en épi, parce qu'elles forment un cône
alongé qui termine les branches. V. FLEUR.

ÉPIDERME, *cuticula* (B), enveloppe
générale des plantes. Voyez L. I. page 6.

ÉPIERRER (A), eft ôter les pierres d'un
champ.

ÉPINE, *fpina* (B), eft une production
pointue & piquante qui eft tellement adhérente à différentes parties des plantes, qu'on
ne fauroit l'arracher fans faire une plaie. Le
mot *fpinofus*, épineux, s'applique aux tiges,
aux feuilles & aux fruits. Voyez Livre II,
page 187.

ÉPLUCHER (J), nettoyer. On dit : Cette
planche étoit remplie de mauvaifes herbes ;
mais le Jardinier l'a bien épluchée.

ÉQUARRISSAGE (F), opération par laquelle les bois en grume fe réduifent avec la
coignée en bois quarrés, qui doivent avoir au
moins fix pouces d'équarriffage. Le bois d'un
équarriffage inférieur, fe nomme *chevron*.

Equitantia folia (B), fe dit quand des feuilles pliées fe recouvrent les unes les autres.

Erectus (B), qui fe tient droit. Ce mot
s'applique à toutes les parties des plantes, aux
fommets, *anthera erecta*, aux feuilles, *erectum folium*.

ERGOT (A) : voyez ARGOT.

Erofus (B), rongé : voyez FEUILLE.

ESOUCHER un champ (A), est en arracher les souches : voyez SOUCHES.

ESPALIER (J), est une muraille couverte d'arbres : Pour faire un espalier, on palisse les branches des arbres, ou on les attache aux parois d'un mur au moyen d'un treillage ou autrement : à un bel espalier on ne doit point voir la muraille. Il y a des arbres délicats qu'on ne peut élever qu'en espalier.

ESPÈCE de plantes, *species* (B). On appelle ainsi les plantes qui, outre le caractere générique, ont quelque chose de singulier qui les distingue de toutes les autres plantes du même genre. Le Buisson-ardent est une espece du genre des Nessliers.

ESSARTER (F), est arracher tous les arbres, les arbrisseaux & les broussailles qui couvrent un terrein, tels que les Geneuriers, les Houx, les Genêts, les Joncs-marins, les Ronces, les Bruyeres, & emporter les souches & les racines. On fait quelquefois l'adjudication à charge d'arracher & d'essarter. Ce champ étant rempli de vieilles souches sera difficile à essarter. *Essarts*, en vieux François, signifioit des *broussailles*.

ESSENCE (F) se prend en différens sens. On dit : Ce bois est de bonne essence, pour dire de bonne nature, de bonne qualité. Un bois, essence de Chêne, est le plus estimé. On dit aussi *l'essence du bois* en parlant de son âge.

ESTANT (F). On appelle un bois *en estant* celui qui est sur pied, vivant & prenant son accroissement. Voyez BOIS.

ESTROPIÉ (J). On dit qu'un arbre a été estropié par un ignorant qui l'a mal taillé.

ETALONS (F), synonyme de *baliveaux*. Voyez BALIVEAUX.

ETAMINE, *stamen* ou *capillamentum* (B), (Livre III. pl. III. Fig. 80) les étamines sont les parties mâles des plantes : elles sont composées d'un filet, *filamentum*, & d'un sommet, *anthera*, (Livre III, planche III, Fig. 81.) Le filet sert à soutenir le sommet, faisant fonction d'un pédicule. Le sommet est une ou plusieurs bourses ou capsules remplies de poussiere. On nomme *fleurs à étamines* ou *mâles*, *flos stamineus*, (Livre III. planche V, Figure 137) celles qui n'ont point de pistil. M. Linnæus a désigné la différence de l'une & l'autre partie des étamines ayant égard à leur nombre, leur figure, leur position, comme quand il dit, *anthera erecta*, un sommet qui

se tient droit sur son filet, *anthera versatilis* ou *incumbens*, un sommet qui est attaché au filet par le côté ; mais nous nous contenterons de faire remarquer que, comme cet Auteur a tiré de cette partie la division de ses classes, il a fait plusieurs mots comme *Monandria*, *Diandria*, *&c* ; *Polyandria*, *Didynamia*, *Monadelphia*, *Syngenesia*, *Gynandria*, *Monœcia*, *Polygamia*, &c ; dont on trouve l'explication à l'endroit de la Préface où nous parlons de la méthode de ce Botaniste. Voyez de plus Livre III, page 216.

ETESTER un arbre (F). C'est couper toutes ses branches jusques sur le tronc. Les arbres ainsi étêtés forment des têtards.

ETIOLÉ (J). On dit que les plantes ou les branches sont étiolées, quand elles s'élevent beaucoup sans prendre de grosseur. Les feuilles des plantes fort étiolées n'ont point la couleur verte de celles qui se portent bien. Voyez Liv. IV. pag. 155.

ETOC (F), signifie une souche morte. Les Marchands sont tenus de faire couper & ravaler près de terre toutes les souches & vieux étocs.

ETOILE (J), signifie une Salle où aboutissent, comme à un centre, quantité d'allées.

ETRONÇONNER un arbre (F), est en couper toutes les branches & ne lui conserver que le tronc.

EVASÉ, *patens* (B), c'est se dilater vers son ouverture en maniere de vase. On employe ce terme dans la description des fleurs & des fruits. On dit aussi qu'un bon Jardinier doit évaser les arbres en buisson.

EVENTAIL (J). On dit que les branches d'un arbre en espalier doivent se distribuer en éventail ; & on apelle un arbre *taillé en éventail*, celui qu'on taille de façon que ses branches ressemblent à un éventail. Il y en a qui donnent la préférence aux arbres taillés en éventail sur ceux que l'on taille en buisson.

EVEUX (A). Un terrein éveux est celui qui retient l'eau, & qui devient comme de la boue quand il en est pénétré.

EXCRU (F). Un arbre excru est celui qui a pris sa croissance hors la forêt ou les bois, comme dans les haies.

EXFOLIATION (B), est la séparation d'une partie morte & desséchée d'avec celle qui est vive. Ce terme s'emploie pour les os des animaux, & nous l'avons employé pour le bois & l'écorce.

EXOTIQUE (B) : les Plantes exotiques,
Plante

de Botanique & d'Agriculture. 385

Plantæ exoticæ, font les plantes étrangeres au pays ; les naturelles font dites *Indigenes*.

EXPLOITER (A), fignifie *faire valoir*. Un Gentilhomme ne peut exploiter par fes mains que quatre charrues. Je ferai moi-même exploiter mon bois. Ce Marchand n'a que fix ans pour exploiter toute cette forêt, ou pour *l'exploitation* de cette forêt.

EXPOSITION (A), eft la fituation d'un lieu relativement au Soleil, à la pluie ou à d'autres météores. On dit : Ce côteau eft expofé à tel vent ou à la pluie. Cette terre eft bonne ; mais elle eft expofée à la grêle. Le plus communément on emploie ce terme relativement au Soleil. A l'expofition du Levant, le Soleil donne fur la muraille depuis fon lever jufqu'à midi : l'expofition du Midi eft frappée par le Soleil depuis neuf heures du matin jufqu'à trois heures après midi : l'expofition du Couchant reçoit le Soleil depuis Midi jufqu'au coucher ; & l'expofition du Nord ne reçoit le Soleil que dans l'été, quelques heures après le lever du Soleil, & quelques heures avant qu'il fe couche.

EXTIRPER (J), détruire. On dit : Il eft parvenu à *extirper* le Chiendent des planches de fon potager.

EXTRAVASÉ (B), fe dit du fang qui fort de fes vaiffeaux, ou pour remplir les vaiffeaux lymphatiques, ou pour fe répandre dans le tiffu cellulaire. C'eft dans ce fens que nous avons dit que le fuc propre étant extravafé caufoit des maladies. Mais ce fuc s'extravafe quelquefois de façon qu'il fort entièrement des Vaiffeaux, & fe montre au dehors fous la forme de réfine, au Pin & à l'Epicia ; fous celle de gomme, au Cerifier ; & aux Ormes, fous celle d'une feve épaiffie. Ce fuc extravafé qui fort ainfi des plaies de plufieurs arbres caufe moins de mal aux végétaux que le fuc propre qui fe répand dans les Vaiffeaux lymphatiques & dans le tiffu cellulaire. Voyez Liv. I, p. 70.

F

FACE (F). La face d'un baliveau ou d'un pied-cornier eft le côté où l'on a appliqué la marque du marteau. Quelques-uns appellent la plaie qu'on fait à l'écorce, pour recevoir l'empreinte, *le miroir*.

Facies plantæ exterior (B). Voyez PORT d'une plante.

FAÇON (A), eft fynonyme avec *labour*. C'eft dans ce fens qu'on dit cette terre a eu
Partie II.

toutes fes façons ; elle eft en état de recevoir la femence.

FAÇONNER une terre (A), c'eft la labourer. Cette terre doit produire de bon froment ; on l'a façonnée quatre fois.

FACTEUR de Marchand de bois (F), eft la même chofe que Conduifeur de vente ou Garde-vente. Voyez CONDUISEUR.

FAGOT (F), eft une botte de branches ou rames réunies par une hart ou lien de bois. On diftingue dans le fagot le parement & l'ame : *le parement* eft formé par des rames affez groffes, & l'*ame* par des brindilles. A Paris, les fagots doivent avoir 18 pouces de groffeur vers la hart & trois pieds & demi de longueur. Celui qui fait des fagots eft un *Fagoteur* : fon travail eft dit *fagotage*. Le fagotage de cette rame a coûté telle fomme. On dit quelquefois *fagotins*, pour fignifier de petits fagots ou des bourrées.

FALOURDE (F), affemblage de gros rondins liés enfemble par les deux bouts avec des ofiers. On les fait à Paris avec du bois de corde flotté. Les petites gens qui ne peuvent acquérir une voie de bois, fe chauffent avec des falourdes. A Orléans, prefque tout le bois de corde fe vend réuni en falourdes ; mais on les nomme *cotrets*.

FANAGE, **FENAISON** des plantes (A), c'eft l'action de les remuer pour que l'air ou le Soleil les deffeche. La fenaifon des foins eft une opération pénible. *Faneur* ouvrier qui fane.

FANE (J). Les Fleuriftes employoient ce mot pour fignifier l'herbe de leurs oignons. Il faut arracher les oignons de Jacinthe quand la fane commence à jaunir. On *effane* ou on arrache la fane du Safran quand l'hiver eft paffé.

Farctum (B) fe dit en quelque façon par oppofition à *tubulofum*, & fignifie une feuille tubulée remplie de tiffu cellulaire ou de moëlle.

FARINEUX (B). Les Semences font ou farineufes (le Froment), ou oléagineufes (le Lin). Il y a des racines farineufes dont on peut faire de l'Amydon. On dit qu'un fruit eft farineux ou pâteux, quand fa chair eft fans goût & point fondante.

Fafciata planta (B), fe dit des plantes dont les branches rapprochées les unes des autres font des faifceaux.

Fafciculatus (B), raffemblé en faifceau ou en botte, ou en paquets fortant d'un même point. Ce terme convient aux racines, aux feuilles, aux fleurs. Voyez BOTTE.

Faftigiati flores (B), font les fleurs qui étant

Ccq

rassemblées près à près, font toutes ensemble un plan horizontal, comme si elles avoient été tondues avec des ciseaux. Telles sont les fleurs de la Mille-feuille, & de plusieurs autres corymbiferes.

FAUCHER (A), est couper l'herbe des prés ou les grains avec un instrument qu'on nomme *faux*. L'ouvrier se nomme *faucheur*. La *fauchaison* des prés & des avoines se fait mal, quand il fait du vent.

FAUCHET (A), espece de rateau qui a des dents de bois des deux côtés, & qui sert à ramasser l'herbe ou les grains fauchés.

FAUCHILLONS (F): les bois fauchillons sont des broussailles. Voyez BOIS.

FAUCILLE (A), instrument qui a une lame courbe garnie de petites dents; on s'en sert pour couper ou scier le seigle & le froment.

FAULDES (F). Ce terme signifie la même chose que *fosses à Charbon*.

FAUSSES FLEURS. Voyez FLEUR.

FAUX BOIS (J). On appelle ainsi des branches menues, chifonnes & mal conditionnées, qui sont incapables de produire de belles branches. On peut dire aussi que les branches gourmandes sont de *faux bois*.

Faux Corolla (B), est l'évasement d'un pétale en tuyau.

FEMELLE (B), fleur femelle, *flos fœmineus*, ce sont les fleurs qui contiennent des pistils, qui sont suivies du fruit, mais qui n'ont point d'étamines. Voyez PISTIL.

FENIL (A), lieu où l'on serre les foins.

FENISON (A), est le tems où les prés sont défensibles, c'est-à-dire, où il est défendu d'y mener paître le bétail.

FENTE (A), sorte de greffe qu'on nomm e *en fente*. Voyez Liv. IV. Pag. 65.

FENTE (F). On appelle *bois de fente* celui qu'on débite en fendant le bois en plusieurs morceaux. C'est ainsi qu'on fait les Echalas, les Lattes, les Cercles, le Mairrain de toutes grandeurs, & le Douvain. Voyez BOIS. On nomme *Fendeur*, l'Ouvrier qui fend.

FERMER un lieu (F), est en défendre l'entrée par des clôtures : mais quand on dit que les forêts sont fermées la nuit, les jours de Fêtes, de Dimanche, d'Assise & d'Adjudication, on entend qu'il est défendu ces jours-là d'y travailler, ni d'en tirer le bois.

Ferrugineus color (B), qui a la couleur de la rouille de fer.

FERTIL (A), fécond. On *fertilise* les terres par les labours & les amendements.

FEU. Il est défendu d'en allumer dans les Bruyeres.

FEUILLE, *folium* (B). Les feuilles qui garnissent les tiges & les rameaux des plantes, sont trop connues pour qu'il soit nécessaire de les définir : mais les Auteurs ayant employé des termes particuliers pour les décrire en peu de mots, il convient de donner une explication succincte de ces termes.

On distingue en général les feuilles en simples, *folia simplicia* (Livre II, Pl. VIII & IX) & en composées, *folia composita*. (Livre II, Pl. X.). Les *feuilles simples* sont celles dont les queues sont terminées par un seul épanouissement, de sorte qu'il n'y a qu'une feuille au bout de chaque queue. Les *feuilles composées* sont celles où plusieurs feuilles sont attachées à une queue commune : ces feuilles qui, par leur réunion forment les feuilles composées, se nomment folioles, *foliolum*. Elles ne sont qu'une partie d'une feuille, puisque le filet commun qui soutient ces folioles, tombe l'automne avec elles.

De plus, on considere les feuilles par rapport, 1°, à leur circonférence ; 2°, à leurs angles ; 3°, à leur sinus ; 4°, à leur bordure ; 5°, à leur surface ; 6°, à leurs sommets ; 7°, à leurs côtés.

I. Quand on considere les feuilles relativement à la circonférence, *circumscriptio*, on regarde la feuille comme entiere & faisant abstraction des sinus & des angles: ainsi l'on doit comprendre sous ce titre toute figure qui se présente sous la forme d'un anneau diversement comprimé. Ceci bien entendu, il y en a de rondes, *orbiculata* ou *circinnata* (Livre II, Pl. IX, Fig. 42.); comme elles sont aussi larges que longues, leurs bords sont à une égale distance du centre : de sous-orbiculaires ou arrondies, *subrotunda*; elles doivent avoir plus de largeur que de longueur ; ou dans un sens plus étendu, ce sont toutes celles qui sont à peu près rondes: d'ovoïdes, *ovata* (Livre II, Pl. VIII, Fig. 37.); ce sont celles qui ont la forme d'un œuf: lorsque le grand segment de cercle est du côté de la queue nous les avons appellées *en feuille de Myrthe* : & ovoïdes renversées, *obversè ovata* (Livre II, Pl. VIII, Fig. 40.), ou comme nous l'ayons dit, en spatule, *spatulata*, lorsque le grand segment de cercle est du côté de l'extrémité de la feuille ; *peltata*, en rondache, quand la queue s'attache au disque même, & non pas à la base ou au bord de la feuille, ce qui forme une feuille umbiliquée: d'ovales ou elliptiques, *ovalia* ou *elliptica* (Livre II, Pl. VIII, Fig. 38.), celles qui font plus longues que larges, & dont les fegments de cercle du côté de la queue & vers l'autre extrémité, font égaux ; fi elles fe terminent par une longue pointe , on les dit *ovata in acumen definentia* (Livre II, Pl. VIII, Fig. 39.) : d'oblongues , *oblonga* ; celles dont la longueur contient plufieurs fois la largeur , & dont les deux extrémités fe terminent en pointe , *utrimque-acuta* (Livre II , Planche VIII , Fig. 36.) nous les nommons , *en Navette* ; à toutes ces feuilles , s'il y a des appendices ou des oreilles auprès de la queue , on les dit *aurita* : en forme de coin, *cuneiformia* (Livre II , Pl. IX , Fig. 47.) la bafe du coin eft du côté de la queue.

II. En confidérant les feuilles relativement à leurs angles, *anguli* ; lorfqu'on parle d'une feuille qui a des angles, *folium angulatum*, on ne confidere que l'angle faillant ; car on verra que l'angle rentrant ou l'échancrure eft le finus.

Il y en a qui étant étroites, & fe terminant en pointes par les deux bouts, font dites en fer de lance , *lanceolata* ; d'où l'on a fait les mots compofés , *lanceolato-cordatus , lanceolato-linearis* : on nomme *linearia* celles qui font étroites & d'une égale largeur dans toute leur étendue ; nous les nommons filiformes ou filamenteufes , qu'il ne faut pas confondre avec filandreufes, compofées de filaments , de filets , ou de filandres. On les dit auffi *longa & angufta* (Livre II , Pl. VIII, Fig. 34) : celles qui fe retréciffant depuis le milieu jufqu'au fommet , fe terminent en pointe comme une aléne , fe nomment *fubulata* : on nomme *acerofa* celles qui font longues, étroites, figurées en aléne & attachées à la branche, fans prefque aucun pédicule , comme au Pin, au Sapin, à l'If ; celles qui font compofées de trois côtés rectilignes font dites triangulaires , *triangularia*; deltoïdes , *deltoïdia* , celles qui forment un lofange ; pentangulaires, *quinquangularia* , & ainfi des autres, fuivant le nombre de leurs angles.

III. Les finus, comme nous l'avons dit, font des échancrures qui partagent le difque de la feuille en plufieurs parties formant des angles rentrans. Il s'en trouve à la bafe , à l'extrémité oppofée , aux côtés & autour des feuilles ; ce qui leur donne différentes formes.

Celles en forme de rein, *reniformia*, font des feuilles arrondies , qui ont une grande échancrure arrondie ou un finus du côté de la queue, qui s'attache au milieu de la partie concave : celles en forme de cœur, *cordata*, (Livre II , Pl. IX, Fig. 44.) font ovoïdes,

& ont une échancrure ou un finus qui forme un angle curviligne, à la pointe duquel eft attachée la queue : on les dit en cœur renverfé, *obverfè cordata*, quand le finus eft à la partie oppofée à la queue (Livre II , Pl. IX, Fig. 49.) On peut comprendre fans plus ample explication les termes compofés , tels que *cordato-ovatum , cordatum-ovale , cordato-oblongum , cordato-lanceolatum , cordato-fagittatum , cordato-haftatum.* Celles en croiffant, *lunata*, different de celles en forme de rein, parce que le finus eft plus grand & que les bords font plus pointus ; celles en fer de fleche, *fagittata*, ont un finus triangulaire à leur bafe, au milieu duquel eft attachée la queue. Lorfque les bords de cette feuille font convexes , on les nomme *cordato-fagittata* : fi les pointes des feuilles fagittées font du côté de la bafe un crochet , ou s'ils s'écartent beaucoup, formant comme deux oreilles , on les dit en fer de pique, *haftata*.

On appelle feuilles en violon, *pandura-formia* , quand leur forme approche de celle de cet inftrument, comme font celles d'une efpece de *lappatum.* On dit *lirata*, fi la forme d'une feuille approche de celle d'une lyre.

On conçoit que les termes de *bifidum , trifidum, quadrifidum , multifidum folium* indiquent le nombre des découpures des feuilles ; mais il faut que l'intérieur de la découpure foit coupé droit : car fi elles font arrondies & que chaque découpure repréfente comme la partie d'une feuille, ces parties fe nomment *lobes* ; & fuivant leur nombre , on les dit *bilobum, trilobum, quadrilobum , quinquelobum.* (Livre II , Pl. IX , Fig. 66)

Pinnatifidum, fuivant M. Linnæus , indique les feuilles qui font coupées comme les ailes d'un oifeau. Lorfque les découpures font femblables aux doigts d'une main ouverte, M. Linnæus employe le mot de *palmatum* (Livre II , Pl. IX, Fig. 70.) ; mais nous réfervons ce mot pour les feuilles compofées ; & dans l'occafion préfente , nous employons le terme de *digitatum*, qui , à la vérité , convient à toutes les découpures profondes qui laiffent entre elles des appendices longs, qu'on peut comparer à des doigts, & nommer des digitations; ce qui differe peu de *lacinatum* , (Livre II , Pl. IX, Fig. 65.) qui indique des finus, qui s'étendent jufqu'au milieu de la feuille ; mais ce qui caractérife les laciniées, c'eft que les lobes font encore découpés : car fi les lobes font peu découpés, on fe fert du mot *finuatum*, (Livre II , Pl. IX, Fig. 64.)

C c c ij

d'où dérive *finuato-dentatum*, quand les lobes de ce côté font étroits, ayant leur pointe tournée du côté du bout de la feuille oppofé à la queue : car fi cette pointe étoit tournée du côté de la queue, on nommeroit cette feuille *retrorfò-finuatum*.

Bipartitum, tripartitum, quinquepartitum, multipartitum. Ces mots indiquent que les découpures font plus grandes que *bifidum*, *trifidum*, &c, elles doivent s'étendre jufqu'à la bafe.

Quand une feuille a des finus à fa bordure, cela n'empêche pas qu'on ne la nomme entiere *integrum* ou *indivifum* ; mais fi on la dit *integerrimum* (Livre II, Pl. IX, Fig. 41.) il ne faut pas qu'il y ait de finus, même à fa bordure. Les feuilles finueufes dont nous venons de parler peuvent être dites *altè incifa*, découpées profondément. Nous allons parler de celles qui font, *leviter incifa*, découpées peu profondément. Il convient néanmoins de remarquer qu'une feuille entiere ne doit être ni incifée, ni découpée, ni laciniée; mais elle peut être dentée ou dentelée.

IV. Il faut maintenant examiner les diverfités qui fe rencontrent à la bordure ou au bord, *margina*, *margo*, pourvu qu'elles n'intéreffent point le difque. D'abord fans confidérer celles qui fe rencontrent à la bordure du fommet; fi les bords de la feuille font garnis de pointes horizontales, de même confiftance que la feuille, & féparées les unes des autres, on dit que les feuilles font dentelées, *dentata* (Livre II, Pl. IX, Fig. 52.). On emploie auffi le diminutif, *denticulata*; fi les dents reffemblent à celles d'une fcie, que leurs pointes regardent l'extrémité oppofée à la queue, & que les découpures fe recouvrent les unes les autres, on employe le mot *ferratum* (Liv. II, Pl. IX, Fig. 44.); & *retrorfò-ferratum*, fi la pointe des dents regarde la queue : fi les pointes font émouffées, on les dit *obfoletè-ferrata* (Livre II, Pl. IX, Fig. 46.), & *duplicatò-ferrata*, quand la bordure eft garnie de deux fortes de dents (Livre II, Pl. IX, Fig. 56.).

Affez fouvent la pointe des dents eft tournée en dehors fans s'incliner ni vers la queue, ni vers l'autre extrémité : on exprime cette dentelure par le mot *crenatum* (Livre II, Pl. IX, Fig. 48), crenelé ; d'où dérivent *acutè crenatum*, quand les pointes font aiguës ; *obtufè crenatum*, fi les pointes font obtufes ; *duplicatò crenatum*, lorfqu'il y a deux fortes de crénelures dont les unes font plus grandes que les autres.

Lorfque les bords d'une feuille font garnis d'éminences formées par des fegments de cercle, dont alternativement la convexité & la concavité font en dehors, on emploie le terme de *repandum* (Liv. II, Pl. IX, Fig. 55.); gaudronné ; ce qui diffère peu d'*undulatum*, ondé ; fi par les différentes inflexions des dents, les bords dentés, laciniés ou découpés, paroiffent frifés ou pliffés, on l'exprime par le mot *crifpum*, frifé; & *erofum*, fi avec des finus au difque, les bords ayant de petites échancrures obtufes, paroiffent rongés ; *lacerum*, fi les bords font légérement déchirés; *ciliatum*, fi la feuille eft bordée de poils; *cartilagineum*, fi la bordure paroît d'une autre fubftance que le refte de la feuille, moins fucculente & un peu tranfparente.

V. Quand on confidere les feuilles relativement à leur furface ou à leur fuperficie, *fuperficies*, qui comprend tant le deffus que le deffous ; les unes garnies d'un duvet court & ferré, font nommées cotonneufes ou drappées, *tomentofa*; lorfque leurs poils font plus apparents, on les nomme velues, *pilofa* ou *hirfuta* ou *villofa* ou *lanuginofa* ou *lanigera*. Ces différents noms qui font prefque fynonymes, s'emploient fuivant que la forme des poils paroît mieux convenir à la vraie fignification de chacune de ces expreffions ; mais quand leurs poils font rudes au toucher, on les dit hériffées, *hifpida*; fi leurs poils font piquants, *aculeata*; & fi au lieu de poils ce font des épines, *fpinofa*, épineufes. (Liv. II, Pl. IX, Fig. 60 & 61).

Mais quelquefois la fuperficie des feuilles, au lieu d'être velue ou épineufe, eft raboteufe, alors on les dit *fcabra*; ou *papillofa*, garnies de mammelons, qui font de petites véficules. Les feuilles dont la fuperficie n'ayant point de poils eft liffe, fe nomment *glabra*; *nitida*, fi elles font luifantes; *lucida*, brillantes; *vifcida*, gluantes.

Une feuille dont l'épanouiffement eft pliffé comme un éventail, fe dit *plicatum*; lorfque les bords fe levent & s'abaiffent par des courbes affez régulieres, elle fe nomme *undulatum*. Si la fuperficie eft creufée de fillons affez profonds, on le défigne par le mot *rugofum*; fi le deffous de la feuille eft relevé d'arrêtes faillantes, ou elles font branchues, *venofum* (Livre II, Pl. IX, Fig. 44.); ou elles font fimples fans ramifications, *nervofum* (Livre II, Pl. IX, Fig. 59.); & la feuille qui n'a ni ces nervures ni les fillons dont nous avons parlé, eft dite *nudum*.

VI. On peut auſſi examiner les diverſités qui ſe rencontrent au bout de la feuille ou à ſon extrémité oppoſée à la queue. M. Linn. a nommé cette partie *apex*, le ſommet.

Une feuille tronquée, *truncatum*, eſt quand le ſommet eſt terminé par une ligne tranſverſale ; émouſſée, *retuſum*, quand le ſommet eſt terminé par un ſinus obtus ; rongée, *premorſum*, quand le ſommet eſt tronqué & partagé par un ſinus qui d'abord eſt aigu & enſuite ouvert ; échancré, *emarginatum*, celle qui a une petite entaille au ſommet (Livre II, Pl. IX, Fig. 49.) ; ſi les bords de l'entaille ſont obtus, *obtuſè-emarginatum* ; & le contraire *acutè-emarginatum*.

Une feuille terminée par un ſegment de cercle eſt dite obtuſe, *obtuſum* (Liv. II, Pl. VIII, Fig. 40.) ; par un angle aigu, *acutum* (Livre II, Pl. VIII, Fig. 39.) ; ſi cet angle eſt ſurmonté d'une pointe, *acuminatum* ; ſi la pointe ſe trouve au bout d'une feuille obtuſe, *obtuſum cum acumine* ; terminée par une pointe, *mucronatum*.

VII. On doit encore examiner le port général des feuilles en les conſidérant de toutes parts dans une ſituation perpendiculaire, ce que M. Linnæus a nommé *latera*, les côtés.

Les unes ſont creuſes, *cava* ; ou fiſtuleuſes, *tubulata* ou *tubuloſa* ; d'autres ne ſont point creuſes, *ſolida* ; & elles ſont ou graſſes & ſucculentes, *craſſa*, ou charnues, *carnoſa* : à l'égard des minces, *tenuia* ou *membranacea*, nous en avons parlé ; nous ajouterons ſeulement, qu'entre les unes & les autres, il y en a de fort grandes, *ampliſſima* ; de grandeur médiocre, *mediocria* ; de petites, *parva* ; & de fort petites, *minima* : celles qui ſont dans une partie de leur longueur cylindriques, *cylindracea* ou *teretia* ; pliées en gouttiere, *canaliculata* ; déprimées, *depreſſa*, qui ont une empreinte comme ſi elles avoient été preſſées par la tige ; comprimées, *compreſſa*, comme ſi elles avoient été preſſées des deux côtés oppoſés, & qui ne regardent point la tige ; planes, *plana*, qui ſe préſentent ſur un même plan ; convexes, *convexa*, relevées dans leur milieu ; concaves, *concava*, creuſées dans leur milieu ; en forme d'épée, *enſiformia*, plates, relevées à leur milieu, tranchantes des deux côtés ; en forme de ſabre, *acinaciformia*, lorſque le côté convexe eſt tranchant, & que l'autre côté preſque droit ne l'eſt pas ; en forme de doloire, *dolabri-formia*, s'il y a un évaſement plus conſidérable d'un côté que de l'autre ; en forme

de langue, *lingui-formia*, celles-ci ſont étroites, obtuſes, charnues, déprimées, convexes en deſſous, & ordinairement cartilagineuſes par les bords. Outre cela il y a des feuilles à trois faces planes, *triquetra* ; à quatre, *quadriquetra*, &c ; ſi les faces ſont creuſées & relevées d'arrêtes tranchantes, on les dit *trigona*, *tetragona*, *polygona*, &c, ou anguleuſes irrégulieres, *angulata* ; d'autres à peu-près ſphériques, *globoſa* ; d'autres creuſes comme une nacelle, *carinata* ; ſi elles ſont ſimplement ſillonnées, *ſulcata* ; & canelées ou ſtriées, *ſtriata* : ſi elles ſont rudes au toucher, on les dit *ſtrigoſa*.

Les *feuilles compoſées* ſont, comme nous l'avons déja dit, formées d'un nombre de folioles attachées à une queue commune ; & avant de parler de leurs différentes eſpeces, il eſt bon d'être prévenu que preſque tout ce que nous avons dit des feuilles ſimples, a ſon application aux folioles qui forment par leur aggrégation les feuilles compoſées.

On diſtingue les feuilles compoſées en trois Claſſes générales, ſavoir :

I. Celles dont les folioles ſont toutes attachées à l'extrémité d'une queue commune, nous les nommons palmées, *palmata*. (Liv. II. Pl. X. Fig. 71. & 72.) M. Linnæus les a nommées *digitata*, & nous avons donné ce nom aux feuilles ſimples qui ſont échancrées profondément formant des digitations. Entre les feuilles de cette claſſe, ſi il y en a qui n'ont que deux folioles au bout de la queue, on les nomme *binata* ; celles qui étant compoſées de trois folioles forment un trefle, *trinata* ou *ternata* ; & ainſi de celles qui ont un plus grand nombre de folioles. Les termes de *diphyllum*, *triphyllum*, &c, ſont auſſi en uſage pour ſignifier qui a deux, trois ou un plus grand nombre de feuilles. Quelques feuilles palmées pouſſent de la queue commune pluſieurs petites queues branchues qui portent les folioles, on les nomme rameuſes, *ramoſa* ; ſi les folioles n'ont point de queues propres, on les dit *foliolis ſeſſilibus* ; ſi chaque foliole a une queue propre, on dit *foliolis petiolatis*.

II. Lorſque les folioles ſont rangées aux deux côtés d'un filet qui les ſupporte toutes, on les compare aux plumes des oiſeaux, & on les nomme empennées, *pinnata* (Liv. II. Pl. X. Fig. 73.)

Entre les feuilles empennées, les unes ont leurs folioles oppoſées deux à deux ſur le filet commun, *oppoſita* (Liv. II. Pl. X. Fig.

76.) d'autres les ont placées alternativement, *alternatim-sita* ou *alterna*, *alternatim-pin-nata*; d'autres sont terminées par une feuille unique, *cum impari* (Liv. II. Pl. 10. Fig. 74.) Si cette impaire manque à une feuille, & si elle n'est point remplacée par une vrille, on l'appelle *obtusum* : (Liv. II. Pl. X. Fig. 78.) Si à une autre, la feuille unique qui manque, est remplacée par une ou plusieurs vrilles ou par un filet, on la dit *cirrhosum* (L. II. Pl. X. Fig. 79.) & *interruptum*, si les folioles sont d'inégale grandeur.

On a encore joint d'autres particularités : ainsi l'on dit *decursiva* ou *foliolis decurren-tibus*, lorsque les folioles ou les feuilles sont jointes par une membrane ou de petites folioles, qui fait que les unes & les autres se touchent ; & *petiolis membranaceis*, lorsque les queues sont garnies d'ailes membraneuses; & *petiolis stipulatis*, lorsque les queues sont accompagnées de stipules. Le nom de feuilles conjuguées, *folia conjugata*, a souvent été regardé comme un synonyme de feuilles empennées ; mais M. Linnæus a reservé ce mot pour les feuilles composées d'une seule paire de folioles attachées à un pétiol commun.

III. Nous avons nommé feuilles sur-composées suivant M. Linnæus, *decomposita* (Liv. II. Pl. X. Fig. 77.) les feuilles qui sont composées d'un filet commun qui ne porte point les folioles, mais d'où il sort des filets latéraux chargés de folioles ; lorsque chacun de ces filets latéraux porte trois folioles, la feuille se nomme *duplicato-ternatum ;* si les rameaux latéraux sont chargés de folioles comme les feuilles simplement empennées, *bigeminatum* ou *duplicato-pinnatum*, ou *pin-nato-pinnatum* (L. II. Pl. X. Fig. 81.)

Il y a encore des feuilles plus composées: car les rameaux latéraux qui ne portant point de folioles, fournissent encore des filets qui sont chargés de folioles. M. Linnæus les nomme *suprà-decomposita*, trois fois composées ; & suivant que les folioles sont en treffle ou empennées, *triplicato-ternata* ou *ternato-ternata* & *triplicato-pinnata*, ou *tri-pinnata suprà-decomposita*. Les feuilles sur-composées sont celles dont le pétiol commun se divise plus de deux fois avant de se charger de folioles.

On a encore considéré les feuilles relativement à d'autres circonstances, telles que, 1°, leur direction, *directio*, 2°, l'endroit où elles s'attachent, *locus*. 3°, la maniere dont elles sont attachées à la plante, *insertio*.

I. Par rapport à la direction, les unes se retournent par la pointe vers la plante, *in-flexa* ou *incurva* d'autres approchent beaucoup de la perpendiculaire . *erecta* ; (Liv. II. Pl. XI. F. 107.) & *arrecta*, si elles sont fermes; celles qui s'écartent de cette perpendiculaire, *patentia*, lorsque les feuilles sont avec la tige un angle presque droit; celles qui prennent une direction horizontale, *patentissima*, ou *hori-zontalia* (Liv. II. Pl. XI. Fig. 108.) celles qui sont pendantes, de sorte que leurs bouts soient plus bas que leurs attaches, *reclinata* ou *reflexa* (Liv. II Pl. XI. Fig. 109.) celles qui se roulent en dessous, *revoluta* & *involuta*, si les bords se roulent en sens contraire, de sorte que les deux bords opposés forment deux volutes; celles qui produisent des racines de l'extrémité, *radicantia*; & si elles portent des nervures au dessus, *ra-dicata* ; celles des plantes aquatiques qui se soutiennent sur la surface de l'eau, *natantia*.

II. A l'égard de l'endroit où elles sont attachées, on distingue les cotylédones ou feuilles séminales, *seminalia*; celles qui partent des racines, *radicalia*; de la tige, *caulina* ; des branches, *ramosa*; des aisselles, *subalaria*; celles qui accompagnent la fleur & qui ne paroissent qu'avec elles, *floralia*.

III. Pour ce qui est de la maniere dont elles sont attachées à la plante, si la queue s'attache au disque de la feuille & non pas à la base, on les dit *peltata*; je crois que cela diffère peu d'*umbilicata*; (Liv. II. Pl. IX. Fig. 45.) quand la queue entre dans le bord de la base, *petiolata*; s'il n'y a point de queue, & que la feuille naisse immédiatement de la tige, *sessilia*; elles sont dites *amplexi-caulia*, si la base embrasse tout le tour de la tige; *semi-amplexicaulia*, si elle n'en embrasse que la moitié.

Les feuilles perfoliées, *perfoliata*, sont celles qui sont traversées dans leur disque par une branche ou un pédoncule, sans qu'elles soient attachées par leurs bords; ainsi elles sont enfilées: mais si ce sont des feuilles opposées qui s'unissent l'une à l'autre par leur base, on les dit *connata* (Liv. II. Pl. VIII. Fig. 23.) & *vaginantia*. (Liv. II. Pl. VIII. Fig. 35.). si la base de la feuille forme un tuyau qui soit enfilé par la tige.

IV. Il reste encore à considérer la position de chaque feuille par rapport aux autres : quand une feuille croit du sommet d'une au-tre, elles sont articulées, *articulata*; quand elles entourent une tige ou une branche, elles font verticillées, *verticillata* ; & fuivant leur nombre on les dit *terna*, *quaterna*, *quina* ; *fena* & *ftellata*, s'il y en a plus de fix ; elles font oppofées, *oppofita*, lorfque les pédicules fe trouvent à la même hauteur fur les branches & vis-à-vis les unes des autres ; alternes, *alterna*, lorfqu'une feuille fe trouve d'un côté de la tige ou de la branche pendant que la fupérieure & l'inférieure font de l'autre côté ; éparfes, *fparfa*, quand elles font difperfées fur les branches fans ordre ; entaffées, *conferta*, quand elles font raffemblées par bouquets ; *imbricata*, lorfqu'elles entament les unes fur les autres comme des écailles de poiffon ; en houpe, *fafciculata*, quand plufieurs fortent d'un même point ; & en général *frondes*, le feuillage, fignifie les feuilles confidérées en gros avec les branches, les fleurs, les fruits, &c. Il y a encore des feuilles pofées en hélice fimple & double, comme nous l'avons expliqué dans le Liv. II. pag. 99, où nous parlons des boutons, ce qui indique la pofition des feuilles. Voyez ce que nous avons dit des feuilles, pag. 105.

FEUILLETS, FEUILLETÉ (B). L'écorce des arbres eft feuilletée ou compofée de feuillets. Voyez COUCHE.

FIBREUX, *Fibrofus*, (B), qui eft compofé de fibres. C'eft dans ce fens qu'on dit un faifceau fibreux ou filandreux ; mais pour exprimer des racines menues, on dit auffi des racines fibreufes, *radix fibrofa*, ou *fibrata*, ou *filamentofa*, ou *capillacea*. Voyez CAPILLAIRE, CHEVELU, *cirrhus* & RACINES.

FICHE (A) : planter à la barre ou à la fiche, c'eft faire en terre un trou avec une cheville de fer pour y introduire une bouture. On plante ainfi les plantards de Saule, de Peuplier & de la Vigne : en quelques endroits cette barre tient lieu du plantoir ou de la cheville qu'on emploie pour les légumes.

FIENT, FIENTE, *fimus* (A), excrément des animaux qui forment le fumier, & fourniffent de bons engrais. On nomme *fimeta planta*, les plantes qui viennent naturellement fur les fumiers.

FILAMENTEUX, *filamentofus* (B), qui eft comme un fil. On dit auffi *filiformis*. Voyez FIBREUX & RACINE.

Filamentum. (B), partie des étamines. Voyez FILET.

FILANDREUX, *Filamentofus* (B). Voyez FIBREUX.

FILET, *capillamentum* (B), fe dit de tout corps menu & affez long. On dit un filet ligneux, un filet cortical, de même les folioles des feuilles conjuguées font portées par un filet commun ; mais ce mot eft particuliérement attribué au pédicule qui fupporte les fommets des étamines : il eft dit alors *filamentum*. On trouve auffi dans les fleurs des filets qui ne font point terminés par des fommets. Voyez FLEUR, ETAMINE, & Liv. III. pag. 217.

Filices (B), famille de plantes qui comprend celles qui font analogues aux fougeres.

Filiformis (B), qui eft comme un fil. Voyez FILAMENTEUX.

FIMBRIA, *fimbriatus* (B), frange, frangé. Il y a des pétales qui font frangés, ou dont les bords font découpés en forme de frange. Voyez FRANGE.

Fiffus, fendu (B) : *Fiffum folium* eft une feuille qui femble fendue d'un coup de cifeau.

Fiftulæ plantarum (B). Voyez TUYAUX & TUBES.

FISTULEUX, *fiftulofus* (B), qui forme un tuyau ou un canal creux. Voyez FEUILLE.

Flaccida planta (B), une plante fanée.

Flammeus color (B), de couleur de feu.

FLASCHEUX (F), épithete qu'on donne à un bois mal équarri, qui a des défournis aux arrêtes, ou qui n'eft pas à vive arrête.

Flavus color (B), de couleur jaune.

FLEUR, *flos*, (B). Les fleurs font des productions des végétaux qui contiennent les parties de la fructification. Celles qui font reconnues effentielles pour cette fonction, font les étamines & le piftil. Outre ces parties plufieurs fleurs ont de plus un calyce, un ou plufieurs pétales, quelquefois des *Nectar* ; quoique ces trois parties ne paroiffent pas effentielles à la fructification, puifqu'il y a des fleurs privées de calyce, ou de pétales, ou de *Nectar*, qui donnent cependant des fruits, on ne laiffe pas de regarder ces parties comme appartenantes aux fleurs, parce que la plupart en font pourvues : d'où il fuit même qu'on ne laiffe pas de donner le nom de *fleur* à certaines productions qui n'ont que ces parties auxiliaires, & qui manquant de celles que nous avons dit être effentielles font ftériles, *flos fterilis* ; on les nomme auffi fauffes fleurs, *flores eunuchi*, *feu neutri*. Quantité de fleurs doubles font de ce genre ; & c'eft mal à propos qu'on a donné ce nom de *fauffes fleurs* aux fleurs mâles des cucurbitacées & autres, qui font auffi effentielles à la fructification que les fleurs nouées ou femelles : ainfi il ne faut pas confondre ces fleurs ftériles qui font, pour ainfi dire, mutilées avec les fleurs à étamines, *flores amentacei* ou *ftaminei*, ou *capillacei*, (Liv. III. Pl. IV. Fig. 133.) qui étant des fleurs mâles ne font point fuivies de fruit ; elles font donc ftériles, mais non pas de fauffes fleurs.

On oppofe aux fleurs mâles & ftériles les fleurs fécondes, *flos fœcundus*, qu'on nomme auffi fleurs nouées qui font fuivies de fruit. Les unes font femelles, & les autres hermaphrodites. Les fleurs peuvent donc fe diftinguer en mâle, *mas* ; femelle, *fœmineus*, (Liv. III. Pl. I. Fig. 29.) & hermaphrodite, *hermaphroditus*. (Liv. III. Pl. II. Fig. 65.) Les fleurs mâles ne contiennent que les organes mâles ou les étamines. Les fleurs femelles ne contiennent que les organes femelles, favoir, un ou plufieurs piftils ; & les hermaphrodites contiennent les organes mâles & les organes femelles, étamines & piftils, raffemblées dans une même fleur.

On diftingue encore les fleurs en fimples, *fimplex*, & compofées, *compofitus*. Les Fleuriftes nomment fleurs fimples, celles qui n'ont qu'un rang de pétales ; ils nomment fleurs femi-doubles celles qui en ont plufieurs rangs, & fleurs doubles, *flos plenus*, celles dont le difque eft tout rempli de pétales. Mais les Botaniftes appellent *fleurs fimples*, (Liv. III. Pl. II. Fig. 67.) celles qui ne contiennent qu'une fleur ou un appareil d'organes feparés des autres, & *fleurs compofées* (Liv. III. Pl. II. Fig. 63. 64.) celles qui font formées d'un affemblage de fleurs mâles, femelles, hermaphrodites ou fauffes, réunies dans un calyce commun. De ce genre font les fleurs à fleurons, à demi-fleurons, & les radiées : nous en parlerons dans la fuite.

Pendant que nous confidérons les fleurs en général, nous devons faire remarquer qu'elles font quelquefois clair-femées fur les branches, *diffeminati* : d'autres fois elles font placées fans ordre dans les aiffelles des branches ou des feuilles, *fparfi* ; ou raffemblées par bouquets, *fafciculati* ; ou entaffées les unes fur les autres par pelotons, *conferti*. Si elles forment des anneaux qui entourent la tige ou les branches, elles font verticillées, *verticillati* ; ou elles font attachées à des queues rameufes comme les grains d'une grappe de raifin, alors elles font en grappe, *racemofi* : quelquefois elles terminent les branches par des bouquets coniques & affez

longs, & alors elles font en épi, *fpicati* : quelquefois ces épis font formés par un nombre de verticilles ou anneaux qui font affez près les uns des autres. Quelques fleurs en épi font contournées comme une croffe, *convoluti* : les branches fe voient auffi terminées par des fleurs uniques, *folitarii*, où raffemblées par bouquets ou en grappe qui fe foutiennent fermes ou qui font pendantes. On a confacré le terme de paquets, *locuftæ*, à ces petits tas de fleurs qui naiffent fur les épis des plantes graminées ; & celui de *corymbus*, aux têtes de certaines plantes qui portent quantité de fleurs ou de fruits raffemblées près à près ; la Tanéfie eft une plante corymbifere. Enfin les branches font encore terminées par des fleurs en ombelle ou en parafol, *flos umbellatus*. Pour faire un vrai ombelle, il fort du bouton, comme d'un centre commun, des branches nues & rayonnées qui s'évafent comme les bâtons d'un parafol, formant quelquefois un plan & d'autres fois un hémifphere. De l'extrémité de ces rayons principaux, il en part d'autres petits qui font difpofés de même, & ceux-là portent les petits fleurs. *Umbella partialis* eft, fuivant M. Linnæus, ce petit ombelle qui eft à l'extrémité des principaux rayons, qu'il nomme auffi *umbellula*. L'*umbella fimplex* n'a qu'un ordre de rayons, comme le panais. Il y a de faux ombelles, *cyma*, qui au lieu des rayons dont nous venons de parler, ont des grappes rameufes, qui fe diftribuant régulièrement en rond, ont affez la forme de parafols ; mais ils n'en ont point les caractères effentiels qui confiftent à avoir cinq étamines, un piftil fourchu, quatre ou cinq pétales difpofés en rofe, & qui repréfentent ordinairement une fleur-de-lys de l'écuffon de France : lorfque la fleur eft paffée, le calyce devient un fruit qui d'abord femble unique, mais qui fe divife en plufieurs graines qui font chacune foutenues par un pédicule.

Suivant qu'un pédoncule eft chargé d'une, deux ou trois fleurs, &c, on emploie les termes d'*uniflorus*, *biflorus*, *triflorus*, *multiflorus*.

Après avoir vu ici les termes qu'on employe pour caractérifer les fleurs en général & pour défigner leur pofition fur les branches, il faut confulter les articles particuliers qui fe trouvent fous les noms des différentes parties qui les compofent, favoir, 1°. le Calyce, *calyx*. 2°. les Pétales, *petala* ou *corolla.* 3°, les étamines, *stamina.* 4°, le piftil, *piftillum.* 5°, le nectar, *nectarium.* Voyez auffi Liv. III. pag. 103. Pour les fleurs incompletes, Liv. III. pag. 229.

FLEUR FLEURDELISÉE (B). On fe fert de ce terme pour décrire les fleurs de plufieurs plantes en parafol, qui font compofées de cinq pétales inégaux, difpofés à l'extrémité du calyce comme la fleur-de-lys d'un écuffon; ainfi il ne faut pas confondre ces fleurs avec celles qui font en lis ou liliacées. Voyez LILIACÉES & PÉTALES.

FLEURISTE (J): on nomme ainfi celui qui s'applique à la culture de certaines plantes, dont le principal mérite confifte dans la beauté de leurs fleurs. On dit: Jardin fleurifte, Jardinier fleurifte.

FLEURON, *flofculus* (B), petite fleur partielle. Voyez PÉTALE.

Flexuofus (B), qui fe plie. On entend par *caulis flexuofus*, une tige qui s'attache aux corps qui font à fa portée en faifant des inflexions comme la Clématite dans les haies. On dit auffi, *flexuofus pedunculus.*

Floralis (B). Voyez FEUILLE.

Flos fœmineus aut fœcundus (B), fleur femelle ou féconde. On appelle ainfi les fleurs qui nouent ou qui font fuivies d'un fruit. Ainfi les fleurs mâles ne font point fécondes; mais les fleurs femelles le font de même que les hermaphrodites. Voyez FLEUR.

Flofculus, flore flofculofo (B), fleuron & fleur à fleurons. Voyez FLEURON.

FLOTTAGE (F), tranfport de bois à flot. Dans les rivieres on flotte le bois, ou en train ou à bois perdu. Le bois ainfi tranfporté eft nommé *bois flotté.* Voyez BOIS.

FLUTE (A), forte de greffe qu'on nomme en flûte ou en fifflet. Voyez Liv. IV. pag. 71.

Fluviatiles plantæ (B), plantes fluviatiles. Voyez AQUATIQUE.

FOARRE ou *feurre* (A), fynonyme de paille. Le foarre de froment vaut mieux que celui du feigle.

Fœcundus flos (B), fleur féconde. Voyez FLEUR.

Foliatus (B), feuillé, garni de feuilles. On dit *caulis foliatus.* Voyez TIGE.

Foliolum (B), foliole, petite feuille dont l'affemblage forme les feuilles compofées. Voyez FEUILLE.

Folium (B). Voyez FEUILLE.

FOLLICULE, *folliculus* (B). Bourfe membraneufe qui enveloppe les femences. Telles font les véficules du Colutea & de l'Alkekengi. *Follicule* fignifie auffi des glandes creufes.

FONDS (A), eft fynonyme de *terrein*; on eft toujours dédommagé de fon travail quand on cultive un bon fonds.

FONDRE (A). On dit: les couches trop chaudes font fondre les plantes, c'eft-à-dire qu'elles y périffent.

FORCINE (F). Terme de bucheron, qui fignifie un renflement qu'on apperçoit à l'angle qui eft formé par la réunion d'une groffe branche avec le tronc d'un arbre.

FOREST (F), grande étendue de terrein couverte de bois. Les Jurifdictions établies pour la confervation des forêts font formées par les Grands-Maîtres, les Maîtres particuliers, les Procureurs du Roi, Gardes-Marteau, Arpenteurs, les Gruyers ou Sergents pour les bois, les Grands-Gardes, les Gardes-traverfiers, &c.

FORESTIERS, *foreftarii* (F), étoient anciennement les juges chargés des faits concernant les forêts: maintenant on étend ce terme à ceux qui travaillent ou habitent fréquemment dans les forêts. On appelle *bois foreftiers* ceux qui fe trouvent ou qui peuvent venir dans les forêts. Les *Ordonnances foreftieres* font celles qui concernent les forêts.

Fornicatus (B), voûté; on dit, *petala florum fornicata.*

FORTE (A): terre forte eft celle qui étant compacte & ferrée, tient de l'argille: fon défaut eft d'être difficile à labourer & de retenir l'eau. On l'améliore en y mêlant du fable ou des terres légeres.

Foffe à charbon (F): il n'eft permis d'en faire qu'aux endroits défignés par les Officiers des Eaux & Forêts; & les Marchands font tenus de les refemer.

FOSSÉ (F), tranchée qu'on fait en terre pour partager un héritage d'un autre, ou pour en défendre l'accès. Il eft ordonné aux Propriétaires riverains des bois du Roi, de faire des foffés entre leurs bois & ceux du Roi.

FOUIR (A), creufer la terre; d'où vient *enfouir,* enterrer, & *refouir.*

FOURCHE (A), inftrument de bois, ou de fer, emmanché de bois, qui fe divife par l'extrémité en plufieurs branches ou fourchons.

FOURCHET (J), la divifion d'une branche en deux; c'eft un défaut dans la taille, de

Partie II.   D d d

laisser des fourchets, ou des branches qui fourchent.

FOURMI (A), petit insecte très-connu qui mange les fruits succulents & sucrés.

FOURRAGE (A), tout ce qui peut affourrer & nourrir le bétail. La luzerne est un fourrage très-nourrissant.

Fragrans planta B), plante d'une agréable odeur.

FRANC (B), opposé à sauvageon.

FRANGE, *fimbria* (B). On se sert de ce terme pour donner l'idée de découpures fines & profondes ; *flore fimbriato*, à fleur frangée, fleurs qui sont bordées par une frange.

Frequens planta. Voyez *Vulgaris*.

FRETIN (A), se dit de tout ce qui est mal conditionné & presque inutile. Le fretin des fruits n'est bon qu'à nourrir les porcs. Il faut, à la taille des arbres, en ôter tout le fretin, toutes les branches chiffonnes dont on ne peut espérer ni fruit, ni belles branches.

FRICHE (A), champ inculte.

Frondes (B), le feuillage pris en général, ou des rameaux chargés de feuilles & de fruits.

Frons (B). Voy. FEUILLE. De ce mot *Frons* est venu *frondifer* & *frondatus*, qui porte des feuilles, & *frondator*, élagueur. *Frondescentia* est la saison où chaque espece de plante pousse ses feuilles.

Fructescentia (B), est le temps ou la saison dans laquelle les semences parviennent à leur maturité.

Fructifer ou *fructuarius* (B), qui porte du fruit. *Fructuosus*, qui est fertile.

Fructificatio (B), la fructification. On appelle organes de la fructification, ceux qui servent à la formation des fruits.

FRUCTIFIER (A), porter du fruit. La Vigne ne fructifie qu'au bout de 4 ou 5 ans.

FRUIT, *fructus* (B). Le fruit est proprement l'œuf de la plante, ou la partie qui sert pour la multiplication de son espece : ainsi on entend généralement par ce terme, les productions qui subsistent après que les fleurs sont passées, soit qu'elles contiennent les semences, soit qu'elles soient les semences même dépourvues d'enveloppes. Dans ce sens la pelure, la substance charnue & les pepins des poires, forment le fruit du Poirier. La peau, la chair & le noyau des prunes forment le fruit du Prunier. La noix & son brou forment le fruit du Noyer. Les graines du froment forment les fruits de cette plante. Néanmoins on a coutume d'appeller grain, graine ou semence, *semen*, celles qui croissent nues, ou qui sont dépouillées des enveloppes qu'elles avoient sur les plantes. C'est dans ce sens qu'on dit un grain de froment, ou d'orge, ou d'avoine, ou de millet ; une graine de laitue, la semence du carvi. Et on applique plus particuliérement le mot *fruit* à ceux qui sont charnus, tels que les poires, pommes, prunes, cerises ; ou qui sont assez gros, tels que les fruits du Marronnier d'Inde.

L'embryon forme en croissant & en s'étendant, ce qu'on nomme le fruit ; & comme il y a des embryons de forme très-différentes, les fruits ont aussi des figures très-variées. En général on peut distinguer les fruits en huit especes ; savoir, 1°, la Capsule ; 2°, la Coque ; 3°, la Silique ; 4°, la Gousse ; 5°, le Fruit à noyau ; 6°, le Fruit à pepin ; 7°, la Baie ; 8°, le Cône.

Avant de définir ces différents fruits, il est bon d'observer que M. Linnæus nomme Péricarpe, *Pericarpium*, la partie de l'embryon qui s'étend & renferme les semences ou les graines. Cette partie manque quelquefois ; alors les semences sont renfermées dans ce que le même Auteur appelle le receptacle, *receptaculum*, (Liv. III. Pl. VIII. Fig. 222.) qui est l'endroit sur lequel est portée la fleur ou le fruit, ou tous les deux ensemble. A l'égard du *Placenta* (Liv. III. Pl. IX. Fig. 266.), c'est l'endroit dans lequel s'insérent les vaisseaux umbilicaux : ainsi le receptacle est quelquefois le *placenta*, & souvent le *placenta* fait partie du péricarpe.

Camellus qui a voulu ranger méthodiquement les plantes suivant les cloisons des péricarpes, les a distinguées en *pericarpia afora*, *unifora*, *bifora*, *trifora*, &c.

La capsule, *capsula* ou *capsa*. (Liv. III. Pl. VII. Fig. 207.) Les fruits capsulaires sont ordinairement succulents & charnus, lorsqu'ils ne sont point parvenus à leur maturité ; mais à mesure qu'ils mûrissent, ils se dessechent plus ou moins, & deviennent quelquefois membraneux. Alors ces fruits sont composés de plusieurs panneaux, souvent secs & élastiques, qui s'écartent les uns des autres par leur sommet. On les dit à une loge, *uniloculares*, ou à plusieurs loges, *multiloculares* (Livre III, Pl. VII, Fig. 200 & 210.) suivant que l'intérieur est divisé ou non par les cloisons : quelquefois il semble que les fruits soient formés par plusieurs capsules qui se tien-

tent feulement par des parties de peu d'étendue ; alors on les dit *bicapfulaires, tricapfu-
laires, multicapfulaires* (Livre III, Pl. VII,
Fig. 206).

La coque, *conceptaculum* (Livre III, Pl.
VII, Fig. 193.), differe de la capfule, en ce
que les panneaux en font mous ou moins roides ; quelquefois on n'apperçoit point la diftinction des panneaux.

La filique, *filiqua* (Liv. III, Pl. VIII, Fig.
219), pour la forme extérieure, eft compofée
de deux panneaux qui s'ouvrent de la bafe vers
la pointe, étant féparés par un diaphragme
ou cloifon membraneufe, à laquelle les femences font attachées par le cordon umbilical, de forte que cette cloifon peut être regardée comme un placenta. Très-fouvent on
a confondu la filique avec la gouffe dont nous
allons parler.

Exactement parlant, on ne doit appeller
filique que les fruits en gaîne & à battants, qui
fuccedent aux fleurs qui ne font point légumineufes : ceux qui fuivent celles-ci font appellées *gouffes*. M. Marchand a le premier propofé cette diftinction, qui a été fuivie par MM.
Tournefort & Linnæus. *Plantæ filiquofæ*, fuivant M. Linnæus, font celles qui produifent
de longues filiques avec un ftile peu apparent ;
& *plantæ filiculofæ*, celles dont les filiques
font petites, fous-orbiculaires & garnies d'un
ftile de leur longueur.

La gouffe, *legumen* (Livre III, Pl. VIII,
F. 217.), eft, fuivant M. Linnæus, un péricarpe oblong, à deux coffes affemblées en deffus & en deffous, par une future longitudinale ; les femences font attachées alternativement au limbe fupérieur de chacune de ces
coffes. Voyez GOUSSE.

Le fruit à noyau, *drupa* (Livre III, Pl.
VI, Fig. 171 & 175.), que plufieurs Auteurs ont nommé *pruniferes*, eft compofé
d'une pulpe ou chair molle & fucculente, qui
renferme dans fon milieu un noyau, *nux, nucleus, officulus, femen offeum*, lequel eft formé d'une boîte ligneufe qui contient la femence proprement dite ou l'amande.

Le fruit à pepin, *pomum* (Livre III, Pl.
VI, Fig. 164.) : car les Pomiferes font pris
par les Botaniftes pour tous les arbres qui portent des fruits à pepin : ces fruits contiennent
des femences qui n'ont qu'une enveloppe coriacée, *fructu coriaceo* : ces femences dites
callofa, font ordinairement contenues dans
des loges membraneufes.

La baie, *Bacca* (Livre III, Pl. VII, Fig.

179.), eft un fruit mou, charnu, fucculent,
qui renferme des pepins ou des noyaux : il
faut encore qu'ils ne foient pas fort gros ; car
une pêche n'eft pas une baie : mais on appelle ainfi les fruits du Genevrier & de l'Olivier,
&c. Les baies different peu des grains, *acini* ; néanmoins on ne dit pas un grain, mais
une baie de Laurier. On ne dit pas non plus
une baie, mais un grain de Raifin. Quelques-uns, pour diftinguer la baie du grain,
difent que la baie doit être clair-femée, & le
grain raffemblé en grappe, en épi ou par bouquets : voyez *Acinus*.

Le cône, *ftrobilus, fructus fquammofus* (L.
III, Pl. V, Fig. 159.), eft compofé de plufieurs écailles ligneufes qui s'ouvrent par le
haut, & font attachées par le bas à un poinçon
ligneux qui eft dans l'axe du fruit. Les Pins &
les Sapins qui portent de ces fruits, font dits
Coniferes.

Comme les fruits font formés par les embryons, ils fe trouvent placés fur les plantes
aux mêmes endroits que les fleurs ; ainfi on
peut confulter ce que nous avons dit fur la pofition des fleurs.

On appelle *fruits fucculents* (L. III, Pl. VI,
169.) ceux dont les femences font enveloppées
d'une chair remplie de fuc, & *fruits fecs* (Liv.
III, Pl. VII, Fig. 208.), ceux qui étant
parvenus à leur maturité n'ont point de fuc ;
de ce genre font les membraneux. Il y a auffi
des fruits qu'on nomme *aîlés* (Livre III, Pl.
VII, Fig. 204.), lorfqu'ils font accompagnés d'un appendice membraneux. Les fruits
aigrettés (Livre III, Pl. II, Fig. 57.) font
garnis de poils. Affez fouvent pour décrire
les fruits en moins de mots, on les compare
à des chofes connues, comme à une caffolet-
te, à une boîte à favonnette, à un étui, &c.
On dit que les fruits font *noués*, quand la fleur
étant paffée, ils groffiffent ; & qu'ils font *cou-
lés*, quand ils avortent : voyez fur tout cela,
Liv. III, page 235.

FRUITIER, FRUITERIE (A), lieu où l'on
conferve les fruits.

Frumenta (B), les Bleds.

Frutex, au plurier *Frutices* (B), arbriffeau, petit arbre : voyez ARBRISSEAU. *Fru-
ticofus* fe dit d'une plante qui reffemble à un
arbriffeau.

Fulcrum (B), fupport : *caulis fulcratus,*
une tige chargée de fupports ; ce font de petites éminences en confoles qui fupportent les
feuilles, les fruits ou les femences. Voyez
SUPPORTS.

Fulvus color (B), de couleur fauve.

Fumier (A), végétaux imbus des excréments des animaux, & pourris : c'est un excellent engrais. Un fumier consommé, est celui qui est bien pourri.

Fungi (B), les Champignons.

Furca (B), une fourche ; d'où l'on a fait *furca*, pour signifier les arbrisseaux dont les branches se divisent en fourchettes.

Fuscus color (B), de couleur fauve rembrunie.

Fusiformis (B), en forme de fuseau.

Futailles (A), vaisseaux de bois destinés à contenir des liqueurs. On les nomme aussi tonneaux, ou barils, ou bariques, pipes, buses, tonnes, quartauts, tierçons, suivant leur grandeur & leur jauge.

Futaie (F), bois qu'on laisse parvenir à toute sa hauteur sans l'abattre. *Jeune futaie*, c'est un bois qu'on laisse s'élever en futaie. Quand ce bois est parvenu à la moitié de sa hauteur, on le nomme *demi-futaie* : lorsqu'il est à toute sa grandeur, c'est une *haute-futaie*. Un semis qui n'a jamais été abattu, forme une *futaie de brin* ; un taillis qu'on laisse croître sans l'abattre, forme une *futaie sur taillis*.

Fuseaux (F), morceaux de bois assez menus & longs, dont on garnit les lanternes des moulins, & des autres machines. On les fait de bois de Cormier, ou de quelque autre bois dur. Quand on dit qu'une semence ressemble à un fuseau, on la compare au fuseau des Fileuses, qui se termine en pointe par les deux bouts.

G

Gagnables (A), signifie des Marais desséchés & d'autres terres qu'on gagne à force de culture & de travail.

Gagnage (A), terre labourée où vont paître les bestiaux. C'est pourquoi on dit ce cerf a fait sa nuit au gagnage, pour dire qu'il a passé la nuit dans les grains. Quelquefois ce terme signifie les fruits qui proviennent de la terre.

Gaine, *vagina* (B). On se sert de ce terme pour exprimer certains fruits dont la figure approche de celle de la gaîne d'un couteau. On s'en sert aussi en parlant de certains pétales & de plusieurs nectars qui forment une gaîne dans laquelle passe le pistil, ainsi que des feuilles qui entourent les tiges dans une certaine longueur par leur base.

Gale (B). Maladie des végétaux : elle s'annonce par des rugosités qui s'élèvent sur l'écorce des fruits, des feuilles & des branches.

Galea (B), la levre supérieure des plantes labiées.

Galeatus flos (B), fleur en masque, dont la figure approche de celle d'un masque. Voyez Fleur.

Gardevente (F). Voyez Conduiseur.

Gardes (F), anciennement *Regardatores*, ont la charge de garder les bois. Il y a aussi dans les forêts des *Gardes-chasse* pour veiller à la conservation du gibier. Le *Garde-marteau* est un officier de la Maîtrise qui conserve le marteau avec lequel on marque les arbres de réserve. Les forêts sont aussi divisées par Gardes. Voyez Triage.

Garenne (F), bois taillis ou broussailles, où il y a beaucoup de lapins. De même qu'il y a des garennes où il n'y a presque point de bois, on donne quelquefois le nom de garenne à de petits bois où il n'y a point de lapins. Les garennes privées ou forcées sont encloses de murailles. *Garennier*, Fermier ou Garde d'une garenne.

Gastine ou Gastins (A), terre inculte. En Bretagne, on les nomme *landes*. Il n'y a guere de gâtines dont on ne pût faire un bois. *Pays de gâtine* est celui où il y a beaucoup de terre en friche.

Gaules (F), perches de bois, longues & menues.

Gaulis (F), menues branches d'arbre, que les chasseurs détournent, quand ils percent dans le fort. On emploie encore ce terme pour signifier un jeune bois.

Gautier (F) : on appelle quelquefois ainsi ceux qui habitent où fréquentent beaucoup les bois & les forêts. On les nomme plus communément *Forestiers*.

Gazon (J), herbe fine qui se trouve dans les champs. Les gazons à l'angloise semblent un tapis de velours. Les plus beaux gazons se trouvent aux endroits où l'on met paître les moutons. *Gazonner*, est garnir de gazons.

Gelis ou Gelif (F), ce sont des bois qui ont été fendus par les grandes gelées d'Hiver ; & ces fentes se manifestent dans leur intérieur. Les forestiers les nomment *geli-vure*, & quelques-uns *gelissure*.

Geminus (B), gemeau, deux choses rassemblées, qui dans l'ordre naturel devroient être séparées : lorsqu'une fructification en renferme deux rassemblées, on la dit *gemina*.

Gemma (B). Voyez BOUTON.

Gemmiparæ plantæ. Les plantes gemmipa-res , font celles qui portent des boutons , comme font prefque tous les arbres & les ar-briffeaux ; le Baobab fait néanmoins une ex-ception.

Geniculum, ou *articulatio* (B), articula-tion. On dit, *partes geniculatæ,* genouil-leufes ; ou *articulatæ,* articulées ; ou *nodofæ,* noueufes. Voyez ARTICULATION, TIGE & RACINES.

GENRE de Plantes, *genus plantarum* (B), eft l'affemblage de plufieurs plantes qui ont un caractere commun, établi fur la ftructure de certaines parties qui diftinguent effen-tiellement ces plantes de toutes les autres. Tournefort a fait des genres du premier or-dre, dans l'établiffement defquels il n'a eu égard qu'à la ftructure des fleurs & des fruits ; & des genres du fecond ordre, dans l'établiffe-ment defquels il fait entrer des parties qui font étrangeres à la fleur & au fruit. Voyez la Préface.

GERBÉE (A), paille longue, battue fur le poinçon. Cette paille fert aux Jardiniers pour lier leurs légumes, aux Vignerons pour accoler les vignes.

GERME, *germen* (B), eft proprement la même chofe qu'embryon. Néanmoins on appelle *le germe des femences,* une petite partie faillante qui contient l'embryon de la radicule & celui de la plume. On dit qu'une femence eft *germée,* quand la radicule com-mence à fe montrer.

GERMINATION, *germinatio* (B), eft le premier développement des parties qui font contenues dans le germe d'une femence. La chaleur & l'humidité précipitent la germi-nation des femences. Voyez Liv. IV. p. 8.

GERSURE (F), fe dit des petites fentes qui endommagent les arbres. Je foupçonne cet arbre d'être de mauvaife qualité ; fon écorce eft toute *gerfée.* Les bois de bonne qualité font fujets à fe *gerfer* & à fe fendre en fe deffechant.

Gilvus color (B), de couleur de gris-cendré.

GISANT (F). On appelle *bois gifant,* celui qui étant abattu & non débité, eft refté cou-ché par terre dans la forêt. Voyez BOIS.

GIVRE (A), brouillard qui fe géle fur les branches des arbres, en forte qu'elles femblent chargées de neige. Le givre n'étant qu'une glace fuperficielle, fait moins de tort que le verglas: le givre charge quelquefois les bran-ches au point de les faire rompre.

Glaber (B), qui eft liffe, qui n'a point de poils. Voyez LISSE. Ce terme convient également à toutes les parties des plantes.

GLAISE (A): *la terre glaife* eft graffe, tenace, & fert à faire des ouvrages de poterie: on la nomme auffi *Argille.* Elle eft difficile à labourer, & elle peut fervir à rendre les fa-bles fertiles. Voyez ARGILLE.

GLAND (F), fruit du Chêne. On dit que *la glandée* eft bonne, lorfqu'il y a beaucoup de glands & de faines. *Aller à la glandée,* c'eft aller ramaffer du gland, ou mener des porcs en panage dans le bois, pour fe nour-rir de ces fruits fauvages. Il eft défendu d'al-ler à la glandée fans permiffion ou titre qui emporte fervitude.

GLANDE (B), *glandula,* partie faillante & de forme variée, qu'on trouve fur différentes parties des plantes, & qu'on croit fervir à quelque fécrétion. Voyez Liv. II. pag. 182. Pour les glandes qui font dans l'intérieur des fruits, voyez Liv. III. pag. 245.

GLANER (A), eft ramaffer pour fon pro-fit ce que le propriétaire laiffe fur le champ après avoir fait fa récolte. Le *glaneur* s'ap-proprie fans fraude ce qu'il a ramaffé.

Globofus (B), fphérique. Ce terme convient aux fruits, aux feuilles, &c.

Gluma, bale (B), forte de calyce. Voyez CALYCE & BALE.

GOMME, GOMMEUX: *Gummi, Gummo-fus* (B). La gomme eft un amas du fuc pro-pre de certains arbres, qui s'épaiffit à l'air. Elle differe des réfines, parce qu'elle fe dif-fout dans l'eau, au lieu que les réfines ne fe diffolvent que dans l'efprit-de-vin.

GOURMANDES (J). Les branches gour-mandes pouffent avec une vigueur extrême, & elles épuifent les branches voifines. Il n'eft pas aifé d'expliquer la formation des branches gourmandes.

GOUSSE, *Legumen* (B), eft un fruit cap-fulaire qui a la forme d'une filique, mais qui en differe en ce qu'il n'eft pas divifé fuivant fa longueur par une cloifon, & qu'il eft pro-duit par une fleur légumineufe, comme celle du Pois, du Genêt, &c. Voyez FRUIT. On dit fort improprement *une gouffe d'Ail,* pour fignifier les cayeux de cette plante. Voyez RACINE, SILIQUE, LEGUME, & Liv. I.

GOUTTIERE (B), demi-canal ou tuyau coupé fuivant fa longueur par fon axe, & qui fert à conduire de l'eau. On dit: la plû-part des pédicules des feuilles font creufés en gouttiere. *Caulis canaliculatus,* tige creufée en gouttiere, ou *imbricatus*. Voyez Tige. Les bûcherons appellent auffi *gouttieres*, des trous qui pénetrent dans le bois, & dans lefquels l'eau de pluie s'amaffe. Ce mot eft fynonyme avec Abreuvoir.

Grain, fruit, *acinus* (B), comme quand on dit un grain de raifin, de genievre, &c. Le même mot fe prend auffi au fens de *femen*, femence, comme quand on dit un grain de froment, d'orge, ou d'avoine. Voyez *Acinus*, *Semen*, Semence, Fruit & l'article fuivant.

Graine, *femen* (B), femence. En ce fens on dit: la faifon eft favorable aux graines. Voyez l'article précédent.

Grairie (F). Voyez Grurie & Se-grairie.

Grange (A), bâtiment où l'on conferve les récoltes de grains.

Grappe, *racemus* (B), fe dit proprement de la difpofition des fleurs ou des fruits de la vigne fur des queues rameufes. On dit *une grappe de raifin*; mais on fe fert auffi de ce terme pour exprimer la difpofition de plufieurs autres fleurs & fruits, lorfqu'elle reffemble à celle des raifins fur leur grappe. C'eft dans ce fens qu'on dit: Le fureau dont les fleurs font en grappes, *flore racemofo*. Le Cytife a fes fleurs en grappe pendante, *flore racemofo pendulo*. Voyez Fleur, Fruit.

Gras (A), en parlant de terre, eft fynonyme de *fertile*. On dit un pâturage gras, un terrein gras. Les terres fort graffes font un peu argilleufes.

Gravier (A): un terrein de gravier eft formé par de gros fable. *Le graveleux* eft mêlé de gravier. On appelle *grouetteux*, ou pierroteux, celui qui eft mêlé de petites pierres calcaires. Ainfi il differe du *graveleux* par la nature des pierres.

Greffer, *inferere* (J). Voyez Livre IV, en fente, page 65; en couronne, 69; en fifflet, 71; en écuffon, 72; par approche, 78.

Grelot (B), fleurs en grelot. Ces fleurs ont à peu près la forme de ces efpeces de fonnettes qu'on nomme *grelot*: elles n'ont qu'un pétale qui fait un ventre, & eft refferré par le bout. Voyez Pétale.

Grenier (A), l'endroit où l'on place les grains battus & nettoyés. La confervation des grains eft un article important, & exige de bons greniers.

Gros Bois (F), fe dit du bois à brûler, comme quand on dit: Il y a plus de profit à brûler du gros bois que des cotrets & des fa-

gots. En parlant d'arbres fur pied, on dit bien *un grand bois*; mais on ne dit pas *un gros bois*, quoiqu'on dife qu'il y a dans un bois *de gros arbres*.

Grau (F), fe difoit des fruits fauvages que grugent les bêtes fauves.

Gruage (F), maniere de vendre & d'exploiter les bois relativement à la mefure, l'arpentage, la criée & la livraifon des bois. A l'égard du droit de gruage, *gruarium*, voyez Grurie.

Grume (F). On appelle *bois en grume* celui qui étant ébranché ou coupé par billes ou tronçons, eft refté avec fon écorce. Voyez Bois.

Grumeleux (J), qui eft formé d'un affemblage de grumeaux. La chair de ce fruit eft grumeleufe & pâteufe. La fuperficie de ce fruit eft grumeleufe.

Grurie (F), petite jurifdiction des Eaux & Forêts pour juger les plus petits délits. L'Officier de cette jurifdiction s'appelle *Gruyer*: il y en a de Royaux & de Seigneuriaux.

Grurie, *Grairie* ou *Grérie* eft auffi un droit dû au Roi; de forte qu'affez fouvent ce droit fe montant à la moitié du prix de la vente, fi l'arpent d'un bois en Grurie eft vendu 200 livres, il en appartient 100 livres au Roi, & autant au Propriétaire.

Les adjudications de ces bois fe font avec les mêmes formalités que pour les bois qui font entiérement au Roi. Les mort-bois ne font point fujets à la Grairie. Voyez Se-grairie.

Gueret (A), terre labourée à la charrue.

Gueule (B), fleur en gueule ou labiée, *flos labiatus*: les fleurs en gueule font des tuyaux ordinairement percés dans le fond, terminés en devant par une efpece de gueule, formée de deux levres. Quand la fleur eft paffée, on trouve au fond du calyce quatre femences nues, ce qui les diftingue des fleurs perfonnées & des anomales monopétales: voyez Labiée, Pétale & Liv. III, p. 211.

Gymnofpermia (B). Dans cette famille les plantes ont quatre graines nues au fond du calyce, c'eft-à-dire, non renfermées dans un péricarpe. Ainfi les fleurs labiées ou en gueule, y font comprifes.

Gynandria (B). Dans cette famille les étamines portent fur le piftil, & non fur le placenta ni fur le calyce, non plus que fur les pétales. M. Linnæus les diftingue en *Diandria*, *Triandria*, &c, fuivant le nombre de leurs étamines. Voyez la Préface.

H

*H*Abitatio plantarum (B), eſt le lieu où elles croiſſent naturellement; ce qui eſt bon à connoître pour les planter dans un terrein à peu près pareil, & pour ſavoir où il faut s'adreſſer quand on veut en avoir.

Habitus planta (B). Voyez PORT d'une plante.

HACHE (F), c'eſt un fer de coignée dont le manche n'a que 10 ou 12 pouces de longueur.

HAIE (F), clôture d'un héritage, qui ſe fait avec des branches entrelacées. On diſtingue *haie-vive* & *haie-morte* ou *ſeche*. Celles-ci ſont faites avec des branches mortes entrelacées les unes dans les autres : les autres ſont formées par des arbres enracinés. On dit *une haie d'épines* : un champ clos avec une haie-vive & un foſſé, eſt auſſi en ſûreté que s'il étoit renfermé par une muraille.

HALLIER (F), buiſſons, arbriſſeaux & brouſſailles. On dit : Ce lievre s'eſt ſauvé parmi les halliers.

HAMPE (B) Voyez *Scapus.*

Hamus (B), hameçon; d'où l'on a appelé *Hamiplantæ*, les plantes qui ayant des crochets comme les hameçons, s'attachent aux habits, ou au poil des animaux.

HANNETON (A), ſorte de Scarabée fort commun, qui dévore la verdure au Printemps. Il vient d'un gros ver blanc, qu'on nomme *Turc*, qui vit en terre, & qui ſouvent mange les racines des arbres.

Haſtatus (B), en fer de pique. Voyez FEUILLE.

HASTIF (J), ſe dit de tout fruit qui parvient à l'état où l'on en peut faire uſage avant ceux des plantes d'une même eſpece : c'eſt la même choſe que *précoce*. Un Jardinier habile parvient à avoir des Pois, des Melons, &c, hâtifs.

HAUTE-FUTAIE (F). On appelle *bois de haute-futaie*, celui où l'on a laiſſé parvenir les arbres à toute leur grandeur: voyez ARBRE.

HAUTE TIGE (J), arbre fruitier auquel on forme une tige de 6 à 8 pieds de hauteur. Les arbres de *demi-tige* ne l'ont que de 4 ou 5 pieds, quelquefois moins. Voyez ARBRES.

HÉLIOTROPE (B). Il y a pluſieurs plantes qui portent ce nom; mais en général on appelle *plantes héliotropes*, celles qui tournent le diſque de leur fleur vers le Soleil, ou qui

ſont affectées ſenſiblement par cet aſtre. Voy. Livre IV, page 149.

Heptandria (B), les fleurs hermaphrodites qui ont ſept étamines. Voyez la Préface.

HERBACÉ (B), qui n'a pas plus de ſolidité que de l'herbe. Les jeunes tiges, tendres & ſucculentes des arbres ſont herbacées. On dit auſſi *herbacea planta*, une plante tendre, qui n'eſt point ligneuſe.

HERBAGE (A). Ce terme a différentes ſignifications. Les Jardiniers appellent *herbages* toutes les herbes qu'ils cultivent dans leurs potagers. On appelle auſſi *herbages*, d'excellents prés où l'herbe croit en abondance. Enfin le droit d'herbage, *herbagium*, eſt celui d'aller couper de l'herbé, ou d'exiger un droit de ceux qui veulent en couper.

Herbarium (B). Voyez HERBIER.

HERBE, *herba* (B). Nous regardons comme des herbes, toutes les plantes qui perdent leur tige dans l'hiver, ſoit que les racines ſoient vivaces ou annuelles. Ainſi ce ſont toutes les plantes qui ne ſont ni arbres, ni arbriſſeaux, ni arbuſtes. On dit encore : *herbes potageres, herbe vive, herbe ſeche, mauvaiſes herbes.*

HERBIER, *herbarium, viridarium* (B), eſt un recueil de plantes deſſéchées que l'on conſerve entre des feuilles de papier. *Herbarium* eſt auſſi un Livre qui traite des plantes. Tournefort a intitulé ſa méthode Latine, *Inſtitutiones rei Herbariæ.* L'Herbier d'un habile Botaniſte eſt regardé comme une choſe très-précieuſe. On appelle dans quelques campagnes *herbier*, l'endroit où l'on conſerve l'herbe pour nourrir les vaches.

HERBORISER (B), c'eſt aller à la campagne reconnoître les herbes ſur les lieux où elles croiſſent en abondance. On nommoit autrefois les Botaniſtes *des Herboriſtes*; mais maintenant on a attaché cette dénomination à ceux qui ramaſſent des plantes utiles, & les conſervent pour les vendre.

HÉRISSÉ, *hiſpidus* (B). On ſe ſert de ce terme lorſque les poils des plantes ſont rudes au toucher. Voyez *Echinus* & FEUILLE.

HERMAPHRODITE (B): fleur hermaphrodite, *flos hermaphroditus*, fleur qui renferme les organes des deux ſexes, les étamines & les piſtils. Voyez ÉTAMINES, PISTIL, FLEUR, & la Préface : voyez auſſi au mot ANDROGYNE, la diſtinction que Vaillant a faite entre *Androgyne & Hermaphrodite.*

HERMES, ou HERNES, ou ERMES (A), terre déſerte, abandonnée ſans culture, præ-

dia herema: ce terme est en usage dans quelques provinces.

HERSE (A), assemblage de morceaux de bois, hérissés de dents, qui sert à unir le terrein & à enterrer les semences qu'on a répandues sur un champ labouré. La *herse tournante* est un gros cylindre de bois, hérissé de dents. Cet instrument est propre à enterrer la semence & à briser les mottes.

Hexagynia (B), qui a six pistils. Voyez la Préface.

Hexandria (B), les fleurs hermaphrodites qui ont six étamines. Voyez la Préface.

Hilum (B), est une cicatrice qui se voit sur la semence, à l'endroit où répondoit le vaisseau umbilical.

Hircinus odor (B), qui sent le bouc.

Hirsutus (B), velu, couvert de poils apparents. Voyez FEUILLE, FRUIT, &c.

Hispidus (B), hérissé de poils roides & fragiles. Voyez FEUILLE & FRUIT.

HOMMÉE (A), mesure de terrein en usage dans quelques provinces: c'est, à peu près l'étendue de terre qu'un homme peut labourer en un jour. Il faut environ huit hommées pour faire l'arpent de Paris.

Horæi fructus (B), fruits d'été.

Horisontalis, horizontal (B), qui suit une direction parallele à l'horizon: cela se dit des branches qui s'inclinent, & des racines qui courent horizontalement sous terre. Voyez BRANCHES, RACINES & FEUILLES.

HORTOLAGE (J); ce mot n'est gueres en usage. On l'a employé pour désigner les plantes potageres, & on lui a fait aussi signifier la partie d'un potager qui est occupée par des plantes délicates.

HOSCHE (A): voyez HOUSCHE.

HOTTE (A) espece de panier d'osier qu'on attache sur le dos, au moyen de sangles, qu'on nomme des bretelles. *Hottereau*, diminutif de hotte. *Hotteur*, celui qui porte la hotte.

HOUSCHE (A), *oscha*, est un petit terrein situé derriere une maison, & dans lequel les Paysans cultivent les denrées les plus nécessaires à la vie. Une maison de Paysan qui n'a point d'housche n'est d'aucune valeur.

HOUE ou HOYAU (A), en quelques Provinces *Marre*, est un outil de fer mince, qui forme avec son manche un crochet. Les Pionniers, & sur-tout les Vignerons, en font un grand usage. *Houer*, est labourer avec la houe.

HOULETTE (J), est un bâton de Berger qui est terminé par une petite pêle de fer. Les houlettes de Jardinier sont de très-petites bêches qui sont creusées en gouttiere.

HOUPE (B), signifie un assemblage de poils que l'on compare aux houpes de soie, dont on se sert pour poudrer.

HOUPIER (F), signifie proprement ces arbres des haies dont on coupe les branches, & auxquels on ne laisse que les plus élevées. On appelle aussi *houpier* la cime branchue de certains arbres, laquelle ne pouvant être débitée pour aucun service, pas même pour la corde, il a été permis de la brûler pour en faire de la cendre.

HOUSSAIE (F), champ rempli de Houx.

HOUSSINE (F), jeune branche droite & menue: Quel parti peut-on tirer de ce bois? on n'y trouve que des houssines.

HUILE (B). Les *huiles grasses* & onctueuses qu'on obtient par expression de plusieurs fruits, sont différentes des *huiles essentielles*, qui sont des résines très-exaltées. On dit qu'une plante *huile*, quand elle est affectée d'une maladie qui la fait paroître comme imbibée d'huile. Les plantes élevées sur couche sont sujettes à huiler.

Humus (B), la terre proprement dite.

Hyalinus color (B), couleur d'eau.

Hybernaculum (B). Voyez SERRE.

Hybrida planta (B). Voyez *Polygama*.

Hypocrateriformis (B), en forme de bassin ou de soucoupe. Voyez SOUCOUPE & la Préface.

J

JACHERE (A), se dit d'une terre qu'on laisse pendant une année sans la semer, pour la disposer à produire du froment par des labours qu'on lui donne pendant ce temps.

JALON (J), bâton pointu par le bout d'en bas, garni d'une carte par le bout d'en haut. On s'en sert pour prendre des alignements.

JARDIN, *hortus* (J), est un espace de terre renfermé de haies ou de murailles, & qu'on cultive avec grand soin pour y faire croître des plantes utiles ou agréables, ou pour en faire un lieu de promenade. C'est pourquoi l'on distingue les Jardins en *Jardin de propreté*, *Jardin fleuriste*, *Jardin fruitier*, *Jardin potager* & *Jardin botaniste*.

JARET (J), se dit d'une branche qui forme un angle: en taillant les arbres, on ne conserve les jarets, que pour garnir des vuides.

JASPÉ (B), se dit des fleurs dont les panaches sont petites.

JAVELLE (A), grosse poignée de froment coupé, qu'on laisse sur le champ pendant quelques jours, pour se dessécher, ou comme l'on dit, *se javeler.* Il faut trois ou quatre javelles pour faire une gerbe.

JAUNISSE (B), couleur jaune des feuilles avant la saison où elles doivent tomber; elle annonce que la plante est malade: ainsi la jaunisse est une maladie des plantes.

Icones plantarum (B), représentation des plantes par des figures.

Icosandria (B), les fleurs hermaphrodites, qui ont plus de douze étamines attachées aux parois internes du calyce, & non pas au *placenta.* Voyez la Préface.

JET (B), est la derniere production d'une plante: ainsi c'est le bourgeon développé. On dit qu'un arbre *jette* beaucoup de bois; que *les jets* de cet arbre sont beaux & annoncent sa vigueur.

IMBIBITION (B), la faculté de s'imbiber ou de se charger de l'humidité qui environne: les plantes se nourrissent en partie par l'imbibition de leurs feuilles. Voyez L. II. pag. 153.

Imbricatus (B), disposé comme des tuiles sur un bâtiment. Voy. FEUILLE & CALYCE.

Imperfectus flos (B). On ne peut légitimement appeller *fleur imparfaite*, que celle qui manque des parties essentielles à la fructification, comme celles de l'*Opulus flore globoso*, qui n'ont ni étamines ni pistil. Il ne convient pas d'appeller ainsi celles dont nous ne connoissons pas encore bien les parties de la fructification. Néanmoins Rivinus a nommé *fleurs imparfaites*, celles qui manquent de pétales ou de calyce.

Incanus ou *tomentosus* (B), se dit d'une feuille, d'une tige, &c, qui est d'un vert clair & chargée de poils blanchâtres. *Incanus color* (B), de couleur blanchâtre, comme la feuille du Bouillon-blanc.

Incarnatus color (B), de couleur incarnat.

Incisus (B), incisé, coupé comme avec des ciseaux: *altè incisus*, *leviter incisus.* Voyez FEUILLE.

INCULTE (A). On appelle *terre inculte*, celle qui est abandonnée à elle-même, & qui ne produit que les herbes qui y croissent naturellement.

Incompletus flos (B), est, suivant Vaillant, une fleur qui manque de calyce & de pétales. Tournefort les a nommées *apetales*, & Rivinus les appelle *imperfectus flos*.

Incrassatus pedunculus (B), est un pédun-cule qui ne se distingue point du calyce, mais

Partie II.

qui se prolonge, sans distinction, jusqu'à la fleur, comme au *Tragopogon*.

Incumbens anthera (B), se dit quand un sommet est attaché au filet par le côté.

Incurvum ou *Inflexum folium* (B); c'est lors-que la pointe d'une feuille se recourbe en des-sus vers la tige.

INDIGENE (B); les plantes indigenes, *plantæ indigenæ*, sont naturelles au pays dont on parle: les autres sont dites *étrangeres* ou *exotiques*.

Indivisus (B), qui n'a point de division. Voyez FEUILLE.

Inerme (B), qui n'a point d'épine.

INFERTILE: voyez INGRAT.

Inflatum pericarpium (B), se dit lorsque le péricarpe est creux comme une vessie, & n'est point rempli de semences, comme le *Colutea vesicaria*.

Inflexum (B): voyez *Incurvum*.

Inflorescentia (B), se dit de la façon dont les fleurs s'implantent sur leurs supports, comme les verticillées, les corymbiferes, celles qui sont en épi, en panicule, &c.

Infundibulum (B), entonnoir. *Infundibuliformis flos*, fleur en entonnoir: voyez ENTONNOIR.

INGRAT (A). On appelle *terrein ingrat*, celui qui, malgré une bonne culture, ne donne que de médiocres productions. *Infertile* signifie la même chose.

INJECTION (B), introduction d'un suc coloré dans l'intérieur des vaisseaux. Voyez Livre V, page 281. M. Bonnet a remarqué que l'extrémité de la radicule est constamment ce qui se colore le plus; ce qui peut faire conjecturer que c'est par cet endroit que la seve entre principalement dans les plantes: il a encore rapporté des expériences qui prouvent que la petite partie colorante qui pénetre l'écorce ne communique point immédiatement avec les fibres ligneuses; d'où il conclut que ce n'est pas par-là que les vaisseaux ligneux s'abouchent avec les vaisseaux de l'é-corce. Voy. pages 257 & 258 de son ouvrage.

Inoculare (B), écussonner: voyez Livre IV.

INSECTES (A), petits animaux, tels que les fourmis, les pucerons, les lisettes, les charançons, les teignes, dont la plûpart causent des dommages considérables aux végétaux.

Inserere (B), greffer: voyez Livre IV.

Insertio (B), l'insertion des feuilles est la maniere dont elles sont attachées à la plante.

Integer (B), entier. *Integerrimus*, très-

Eee

entier. Voyez Feuille.

Interfoliacei flores (B) , font les fleurs qui viennent alternativement entre des feuilles oppofées.

Internodium (B) , eft la partie d'une tige ou d'une branche qui eft comprife entre deux nœuds ou deux boutons. C'eft ce que quelques Auteurs ont appellé *articulus culmi*.

Interruptus (B) , difcontinué , interrompu. On dit, *interruptè-pinnatum*, lorfque les folioles font de grandeur inégale. Voyez Feuille.

Inundatæ plantæ (B) , font celles qui font fubmergées , ou qui naiffent dans l'eau.

Involucrum (B) , l'enveloppe ou le calyce commun : voyez Calyce.

Involutus (B) , qui fe roule fur foi-même : voyez Feuille.

Joug (A) , fe prend en deux fens fort différents. Quelquefois c'eft une piece de bois qui fert à atteler les bœufs aux voitures & aux charrues ; & dans quelques provinces, c'eft une étendue de terrein, qu'on a eftimée fur ce que deux bœufs peuvent labourer en un jour.

Journal (A), c'eft une mefure de terre en ufage dans plufieurs provinces. Il n'eft pas douteux que l'étendue du journal a été fixée fur ce qu'une charrue peut labourer en un jour ; & comme il y a des terres plus aifées à labourer que d'autres , dans certaines provinces le journal eft plus étendu que dans d'autres. La *journée* eft le travail d'un homme pendant un jour.

Irregularis flos (B) , fleur irréguliere. Voy. Pétale.

Julus ou *Amentum* (B) , chaton : *arbores juliferæ*, les arbres qui portent des chatons : voyez Chatons, Fleurs & Calyce.

L

Labiée (B) : fleur labiée, *flos labiatus* : voyez Pétale , & Livre III , page 209.

Labourer (A), eft fouir & renverfer la terre avec des inftruments propres à cette opération, non-feulement pour détruire les mauvaifes herbes, mais encore pour foulever la terre & la rendre perméable aux influences de l'air , du foleil , des pluies, des rofées , de la gelée , &c. On fait des *labours* avec des charrues tirées par des chevaux, & à bras avec la houe, la bêche, le crochet, &c. On appelle *labourage*, le travail du *Laboureur* : & l'on dit d'une terre qu'elle eft *labourable* ,

pour dire qu'elle eft propre à être labourée.

Labyrinthe (J) , eft un bofquet formé d'allées étroites , & qui s'entrecoupent de façon que , quand on y eft engagé , on a peine à trouver la route pour en fortir.

Laceratus (B) , déchiré. Ce terme convient aux pétales & aux feuilles.

Laciniatus (B) , découpé en laniere ou lacinié. Voyez Feuille.

Lactefcentes plantæ (B) : voyez Lait.

Lacteus color (B) , blancheur de lait.

Lacuftris planta (B) , eft une plante qui vient dans les lacs, ou dans les lieux où l'eau fe raffemble , comme le *Lentibularia*.

Lais (F) , jeune baliveau de l'âge du bois qu'on abat : fuivant l'Ordonnance il faut laiffer vingt-fix de ces baliveaux par arpent, outre les baliveaux anciens & modernes. *Layer* eft marquer les arbres de réferve , & eft fynonyme avec *baliver*.

Lait, *lac* (B), eft une liqueur blanche qui coule de certaines plantes quand on les coupe. On nomme ces plantes *lactefcentes* : le Figuier, le Tithymale, font des plantes laiteufes.

Lamellofi fungi (B) , font les Champignons qui ont une de leurs faces formée de feuillets.

Lamina corollæ (B) , eft la furface fupérieure d'un pétale, lorfqu'elle s'évafe. Voyez Pétale.

Lanceolatus (B) , en fer de lance. Voyez Feuille.

Lande (A) , grande étendue de terre où il ne vient que des brouffailles ; c'eft ce qu'on appelle en d'autres pays *Gâtine* ou *Bocage*. Mais cette derniere dénomination convient mieux à un petit bois agréable : le Jonc marin ou l'Ajonc, fe nomme *Lande* en Bretagne.

Langue ou Languette (B) , *ligula* ou *lingula*, eft un appendice étroit, qui n'eft adhérent que par une de fes extrémités. M. Linnæus veut que cet appendice foit cartilagineux par le bout. On a dit *ligulatus* ou *lingulatus flos*, en parlant des demi-fleurons. Voyez Pétale.

Lanuginofus (B) , couvert de poils femblables à de la laine : ce qui eft prefque la même chofe que *villofus*, & convient à toutes les parties des plantes, feuilles , fruits, tiges, &c. Les termes de *laniger*, *lanigerus*, *lanatus*, font auffi en ufage.

Latus (B) , le côté. M. Linnæus a nommé *latera*, les côtés d'une feuille, quand on la tient perpendiculairement pour la confidérer de toutes parts ; & il appelle , *flores laterifolii*, les fleurs qui viennent à côté des queues des feuilles. Voyez FEUILLE & FLEUR.

Laxus (B), lâche , qui n'eft pas ferré ou preffé l'un contre l'autre.

LAYE (F) , eft une route coupée dans une forêt.

LAYER (F) , faire des routes dans une forêt, ou y marquer les lais ou baliveaux : voyez LAIS.

LÉGERE (A) , une terre légere eft celle qui n'ayant pas de corps fe remue facilement. Ordinairement elle eft mêlée de fable ou de petites pierres : fon défaut eft d'être maigre, & de fe deffecher aifément.

Legumen (B). Voyez GOUSSE.

LÉGUMINEUSES (B) , fleurs légumineu-fes , *flores leguminofi.* La plupart des plantes qu'on nomme légumes, Pois, Feves, &c, portent de ces fleurs. Voyez PÉTALE.

LEVER , LEVÉ , LEVÉE (A). Ces termes s'employent dans des fignifications différen-tes. En fait de labour , *lever les guérets* eft donner la premiere façon de l'année de ja-chere. On dit qu'*une femence leve* , quand on la voit fortir de terre : c'eft ce qu'on entend quand on dit que le Froment a levé prompte-ment ; que *la levée* des Mars eft belle. On fubftitue encore quelquefois *lever à enlever* , comme quand on dit : On a eu bien de la pei-ne à lever les gerbes.

LEVRES (B), découpures des fleurs labiées, *flores labiati.* On diftingue dans ces fleurs la levre fupérieure & la levre inférieure. Voyez PÉTALE & FLEUR.

Liber (B). Quelques Auteurs ont nommé toutes les couches de l'écorce , le *liber ;* mais d'autres ont nommé ainfi feulement la partie de l'écorce qui confine au bois. Voyez Livre I & IV.

LIERRÉ (J) , terme de Fleurifte, qui dé-figne des anémones dont les feuilles d'en bas reffemblent à celles du lierre.

LIGNEUX (B). On appelle *plantes ligneu-fes* , celles qui ont fous leur écorce une cou-che de bois : c'eft pourquoi quelques Jardi-niers les nomment *des plantes boifeufes ;* ces plantes étant vivaces , elles font ou des arbres, ou des arbriffeaux ou des arbuftes. On nomme auffi fibres ligneufes, celles qui font dures. La fubftance de plufieurs plantes annuelles eft tra-verfée par des fibres ligneufes. Le bois eft for-mé par l'aggrégation d'un nombre de fibres li-gneufes.

Lignum (B) : voyez BOIS.

Ligulatus ou *lingulatus flos* (B). Fleur à demi-fleur on : voyez PÉTALE.

Liliaceus flos (B) , fleur liliacée ou en Lis : voyez FLEUR & PÉTALE.

LIMAÇON (A), infecte ou petit animal à coquille : la *limace* n'en a point ; l'un & l'autre mangent les plantes & défolent les Jardi-niers.

Limbus (B) , limbe , partie évafée des fleurs monopétales. Voyez FLEUR.

LIMONNER (F). Un bois qui limonne eft un taillis qui eft affez gros pour fournir des li-mons de charrettes. On ne devroit couper les taillis que quand ils commencent à limonner.

Linearis (B) , étroit , filiforme ou filamen-teux : voyez FEUILLE.

Linguiformis (B) , en forme de langue : voyez FEUILLE & LANGUE.

LIS (B), fleur en Lis : voyez *Liliaceus* & PÉTALE.

LISETTE (A), petit Scarabée qui coupe les bourgeons des arbres : on l'appelle auffi *ébourgeonneux* , ou *coupe-bourgeon.*

LISIERE (F) , eft le bord d'un bois ; & les *arbres de lifiere* font ceux qui croiffent au bord du bois.

LISSE (B). On fe fert de ce terme pour rendre en François le mot *glaber* , qui fignifie qu'une partie d'une plante n'a point de poils , ou ne paroît point en avoir.

LIT (J) , fignifie une épaiffeur quelcon-que. On dit , faire un lit de fumier. On dit encore : La bonne terre eft pofée fur un lit d'argile ou fur un lit de gravier.

LITIERE (A) , eft le fourrage de toute ef-pece qu'on répand fous les chevaux pour les coucher. Il ne faut pas épargner la litiere aux chevaux. La litiere n'eft pas perdue ; on en fait du fumier qui engraiffe les terres.

LITRON (A) , mefure pour les grains & grai-nes ; c'eft la feizieme partie d'un boiffeau.

Lividus color (B) , couleur livide & plom-bée , comme une meurtriffure.

LOBE , *lobus* (B). A l'égard des femences , ce font les amandes ou les cotylédones , ou ces corps de groffeur quelquefois affez confi-dérable qui font attachés au germe & qui nourriffent les jeunes plantes jufqu'à ce qu'elles aient produit des racines. A l'égard des lobes des fruits & des feuilles , voyez FRUIT & FEUILLE.

LOCHET (A) , forte de bêche étroite : cet inftrument fert pour labourer la terre.

Loculamentum (B) , loge , cellule ou ca-vité qui fe trouve à l'intérieur du fruit , & qui renferme les femences : voyez FRUIT. On dit : *Bilocularis , trilocularis fructus* , &c.

Locusta (B), paquet, se dit de l'assemblage de plusieurs fleurs ou fruits dans les épis, & particuliérement des plantes graminées : voy. FLEUR & FRUIT.

LOGE (B), cellule, *cellula* ou *loculamentum* : voyez CELLULE ou FRUIT.

LOUPE (B). On appelle ainsi des grosseurs ou excroissances ligneuses & couvertes d'écorce qui se voyent sur la tige & aux branches des arbres.

Lucidus (B), brillant. Ce terme convient aux feuilles qui paroissent couvertes d'un vernis.

Lunatus (B), en forme de croissant. Ce terme convient aux feuilles, aux fruits & à d'autres parties des plantes.

Luridus color (B), de couleur pâle, tirant sur le jaune.

Luteus (B), jaune.

Luxuriantes flores (B), sont les fleurs monstrueuses dont quelques parties prennent trop d'étendue, & où d'autres parties manquent.

LYMPHE (B), humeur flegmatique qui se trouve dans les plantes. Voy. Liv. I, p. 62.

M

MAILLES (J), sont les aires ou espaces qui sont entre les fils de fer qui font un raizeau, ou entre les échalas qui forment un treillage.

MAINS, *claviculus, clavicula, capreolus* (B), ce sont des productions menues & filamenteuses, au moyen desquelles plusieurs plantes sarmenteuses s'attachent aux corps solides qui sont à leur portée. Comme ces productions se roulent en tire-bourre, on les nomme aussi des *vrilles*. Voyez Liv. II. pag. 193.

MAIRRAIN ou MERRAIN (F), bois de fente dont on fait les fonds des futailles.

MALADIE (B). Les plantes étant des êtres vivants, sont sujettes à des maladies. Nous en avons parlé à la fin du Liv. V.

MÂLE (B) : fleur mâle, *masculus flos*, ou *flos mas*, qui n'a que des étamines. Voyez FLEUR & ÉTAMINE.

Malicorium (B), écorce de la Grenade.

Malleolus (B). Voyez CROSSETTE.

MANNEQUIN (J), panier dans lequel on plante des arbres. Voyez EMMANNEQUINER.

MARAIS (A), à proprement parler, est un terrein bas & submergé qui ne peut fournir que de mauvais pâturage. Néanmoins à

Paris, ce qu'on appelle *Marais*, est un terrein peu élevé au-dessus de l'eau & dans lequel on cultive des légumes. Ceux qui cultivent ces terreins se nomment *Maragers* ou *Maraîschers*.

MARBRÉ (B), se dit des fleurs qui ont un *panache* irrégulier.

Marcescens flos (B), une fleur qui fanne sur la plante.

MARCHAIS (A). Voyez MARE.

MARCOTTER (J), faire des *Marcottes* : c'est une opération par laquelle on parvient à faire produire des racines à une branche qu'on ne sépare point de l'arbre qui la porte. Voyez Liv. IV. pag. 131.

MARE ou MARCHAIS (A), endroits bas où se rassemblent les eaux pluviales ; le fauve va s'y abreuver ; les arbres aquatiques se trouvent auprès des marchais.

Margina, *margo* (B), le bord, la bordure ; *marginatus*, bordé. Voyez FEUILLE.

MARMENTEAUX (F) : les *bois marmenteaux* sont ceux qui servent à la décoration des châteaux ; on les nomme aussi *bois de touche* ; il est défendu aux usufruitiers de les abattre. Voyez BOIS.

MARNER (A), est répandre de la marne sur une terre pour l'améliorer. La *marne* est une terre compacte, ou une pierre tendre qui est grasse au toucher ; quand on la mouille, elle fuse à l'air & se réduit d'elle-même en poussiere. La bonne marne est un excellent engrais.

MARRE (A), outil de Vigneron. *Marrer* une terre, est la labourer avec cet outil. Voyez HOUE.

MARTEAU (F) : le marteau des Eaux & Forêts, porte une empreinte d'un côté & un tranchant de l'autre, avec lequel on emporte un zeste d'écorce : la playe se nomme *miroir* : puis en frapant avec le côté qui porte l'empreinte, on marque les arbres qui doivent être réservés. Les Marchands doivent avoir un marteau enregistré au Greffe de la Maîtrise, & qui sert à marquer le bois de leur vente.

MARTELAGE (F), opération que font les Officiers des Eaux & Forêts, pour marquer les arbres de réserve avec un marteau qui porte une empreinte. Le Garde-marteau doit faire le martelage en personne & en présence de deux autres Officiers de la Maîtrise.

Mas (B), mâle ; fleur mâle. Voyez FLEUR.

MASQUE (B), fleur en masque, *flos*

de Botanique & d'Agriculture. 405

perſonatus. Voyez Pétale , & Liv. III. p. 211.

Maturité (A), c'eſt l'état de bonté d'un fruit : On reconnoît qu'un fruit eſt mûr, *maturus*, à la couleur, a l'odeur & à la conſiſtence.

Mediastin (terme d'Anatomie), membrane qui ſépare la poitrine en deux parties. On s'eſt quelquefois ſervi de ce terme pour déſigner des membranes qui ſe trouvent dans l'intérieur de certains fruits.

Medulla (B). Voyez Moelle.

Membranaceus (B), membraneux, ſe dit de ce qui eſt mince & preſque dénué de ſubſtance intérieure. Voyez Feuille , Pétale, &c.

Menuiserie (F): les ouvrages de menuiſerie, tels que portes, croiſées, lambris, meubles, en un mot tous les ouvrages que font les Menuiſiers, ſont exécutés avec des bois qu'on débite pour ces ſortes d'ouvrage, & qu'on nomme *bois de menuiſerie.* Voyez Bois.

Mere (A): les Vignerons appellent *mere*, le ſep principal qui a fourni des ſarments pour faire les marcottes qu'on nomme *foſſes* : ils appellent auſſi *mere* la principale racine, comme, lorſqu'ils diſent que la vigne coule, quand la *mere* eſt trop humectée. Les Jardiniers diſent qu'ils font *des meres* quand ils abattent un arbre près de terre, pour faire des marcottes avec les branches qu'il produit. Ce Jardinier a de bonnes *meres* de Coignaſſier ; il ne manquera pas de ce plant.

Methodus (B), méthode ou ſyſtème de Botanique. C'eſt une façon de ranger les plantes par claſſes, ſections & genres, pour ſoulager la mémoire & faciliter la connoiſſance des plantes. Voy. la Préface.

Meuble (A). Une terre meuble, eſt celle qui eſt aiſée à labourer, ou qui eſt rendue meuble ou *ameublie* par de fréquents labours.

Meule, Meulon (A), eſt un tas de foin ou de gerbes qu'on arrange de façon que l'eau ne puiſſe y pénétrer. Les Jardiniers appellent *meules*, des tas de fumier : ils font avec le fumier chanci des meules ou des couches de Champignons.

Moderne (F). On nomme ainſi les baliveaux qui ont depuis 40 ans juſqu'à 60 ou 80 ans : après ce temps, ce ſont des *arbres de haute-futaie.*

Moelle, *medulla* (B), ſubſtance rare & légere qui ſe trouve dans l'intérieur des végétaux. Voyez Livre I, page 34.

Moignon (J), eſt une branche aſſez groſſe & qu'on a taillée un peu loin de la branche principale ; il ſort ordinairement pluſieurs jets de ces ſortes de moignons. Un bon élagueur ne laiſſe point de moignons.

Moissine ou Moinssine (A), pampre ou ſarment de Vigne garni de feuilles & de grappes. Les Payſans conſervent longtemps les raiſins, en pendant les *moinſſines* à leur plancher.

Moisson (A), récolte des grains. On dit : les moiſſons ont été abondantes.

Moissonneurs (A), Ouvriers qui travaillent aux moiſſons. On les diſtingue en *Scieurs*, qui coupent les grains ; *Calvaniers*, qui les engrangent ; *Brocteurs*, qui les chargent ſur les voitures ; *Faucheurs*, qui abattent les menus grains ; & *Affaucheteurs*, qui ramaſſent avec le fauchet, les grains fauchés.

Molette (B). On fait aſſez la figure d'une molette d'éperon. M. Tournefort employe cette comparaiſon pour donner l'idée de la forme des pétales de certaines fleurs. Voyez Fleur en roſette. Quelques Auteurs ont nommé *molette* un Melon mal fait, ou une Citrouille d'une vilaine forme.

Monadelphia (B), les fleurs hermaphrodites, où tous les filets des étamines ſont réunis par leur baſe en un ſeul corps. Voyez la Préface.

Monandria (B), les fleurs hermaphrodites qui n'ont qu'une étamine. Voyez la Préface.

Monocotyledones (B), plantes qui n'ont qu'un cotylédon : voyez Cotyledones.

Monoecia (B). Ce nom convient aux plantes qui ont des fleurs mâles & des fleurs femelles ſur les mêmes pieds, quoique ſéparées les unes des autres : M. Linnæus les diviſe en *monandria*, *diandria*, &c, ſuivant le nombre des étamines des fleurs mâles ; & en *monadelphia*, *polyadelphia*, ſuivant la diſpoſition des étamines. Voyez la Préface.

Monogamia (B), eſt une ſorte de fleuron qui eſt hermaphrodite & ſolitaire. On dit *fleuron*, parce que les étamines ſont réunies & forment un cylindre. Voyez la Préface.

Monogynia (B), les fleurs qui n'ont qu'un piſtil. Voyez la Préface.

Monopetalus flos, ou *Monopetaloïdes* (B), fleur monopétale, qui a un ſeul pétale : il y en a de régulieres & d'irrégulieres : voyez Pétale, & Livre III, page 209.

Monopyrenus fructus (B), un fruit charnu, qui ne renferme qu'un noyau.

MONSTRE (B). On appelle ainsi les plantes qui ont des formes bizarres. Plusieurs fleurs doubles sont regardées comme *monstrueuses*, parce que les étamines s'étant développées en pétales, elles ne fournissent point de semence. Voy. Livre III, des fleurs, & Livre IV, des monstruosités.

MONTANT (B). On appelle *montant* ou *dard*, la principale tige qui s'élève toute droite.

MONTER (A). On dit des Laitues, des Choux, & de plusieurs autres légumes, qu'ils ne sont plus bons à manger quand ils montent en graine. On dit encore que les Bleds montent en épi; que la seve monte dans les arbres, &c.

MORT (F). Le *bois mort* est celui qui est desséché sur pied. *Mort-bois*, sont des especes de peu de valeur, comme le Marceau, le Houx, le Genevrier, le Sureau, &c: voy. BOIS.

MORT (A), est aussi une maladie du Safran dont nous avons parlé dans le Livre V.

MORVE (J). Les Jardiniers appellent ainsi une substance glaireuse qui se trouve dans certains fruits avant leur maturité. Les Cerneaux & les Féves ne sont point en état d'être mangés: ils ne contiennent que de la morve.

On appelle aussi de ce nom certaines extravasations, qui en s'épaississant deviennent glaireuses.

MOTTE (A), pelotte de *terre qui se tient sans se séparer*, quand on laboure une terre. Ce champ est très-*motteux*. On brise les mottes pour semer le Chanvre. *Lever en motte*, est tirer de terre une plante avec des précautions, pour que les racines restent engagées dans une motte de terre.

MOUILLER (J), est arroser. Quand le temps est disposé à l'orage, il faut donner une bonne *mouillure*, afin que l'eau qui survient inonde ou pénetre la terre.

MOULINÉ (F). Le bois mouliné est vermoulu ou piqué par les vers: voyez BOIS. Les Fleuristes appellent une terre *moulinée*, celle qui est criblée par les vers.

MOUSSE, *Muscus* (B), petite plante qui s'attache souvent à l'écorce des arbres, & les fatigue un peu. Les Botanistes appellent la mousse blanche *des Lichen*. On dit *planta muscosa*. Voy. Liv. V, des plantes parasites.

Mucro (B), se peut dire de toutes les parties qui se terminent en pointe. On dit *folia mucronata*.

MUFLE (B), c'est la partie extérieure du bas de la tête de quelques animaux, comme d'un bœuf, d'un lion. On se sert de ce terme dans la description de certaines fleurs, comme quand on dit le mufle de veau. Voyez FLEUR.

MULOTS (A), petites souris de jardin qui mangent les fruits, les semences, & qui souvent endommagent les racines des plantes. On en prend dans des souricieres, ou on les empoisonne. Voyez Livre V: des maladies.

Multi-capsulare pericarpium (B), un fruit qui est formé de l'assemblage de plusieurs capsules. Voyez FRUIT.

Multi-caulis (B), se dit d'une plante qui produit plusieurs tiges: voyez TIGE.

Multifidus (B), fendu en plusieurs parties: voyez FEUILLE.

Multiflorus calyx (B), un calyce qui est commun à plusieurs fleurons ou demi-fleurons, tel que celui de la Scabieuse. On dit aussi *multiflorus pedunculus*, péduncule qui supporte plusieurs fleurs ou fleurons.

Multilocularis capsula (B), une capsule à plusieurs loges dans lesquelles sont contenues les semences. Voyez FRUIT.

Multipartitum folium (B), est une feuille divisée jusqu'à sa base en plusieurs parties: voyez FEUILLE.

MULTIPLICATION (A). On multiplie les plantes par les semences, les marcottes & les boutures. Voyez Livre IV.

Multiplicatus flos (B), est une fleur semidouble, qui a plusieurs rangs de pétales; mais qui ayant des étamines, donne des semences fécondes, ce qui la différencie des fleurs doubles, qui la plupart n'en donnent point.

Multisiliqua planta (B), plantes dont les fruits sont renfermés dans plusieurs siliques qui partent d'un même endroit. Voyez FRUIT.

MURIR (A). On dit que les fruits mûrissent chacun dans leur saison: c'est-à-dire, qu'ils parviennent à cet état de *maturité* où ils sont bons à manger.

MUSARAIGNE (A), animal assez semblable à la souris, qu'on a cru venimeux.

Muscarium (B), émouchoir; assemblage de plusieurs choses qui ont la forme d'un petit balai. *Flores eupatorii in muscarium nascuntur*; ce qui veut dire qu'elles sont rassemblées par faisceaux arrondis, & qui ne sont pas serrés les uns contre les autres.

Muticus (B), un épi qui n'a point de barbe.

Mutilus flos (B), est une fleur avortée.

N

NACELLE (B). Voyez *Carina* & PÉTALE.

NAIN (B), qui eft de petite taille; c'eft dans ce fens qu'on dit le Cerifier nain, l'Amandier nain, *Cerafus-nana, Amygdalus-nana.* On appelle auffi *arbres nains*, les arbres taillés en buiffons, auxquels on ne forme qu'une tige de 8 à 10 pouces de hauteur. Voyez ARBRE.

NAISSANCE (B), origine de quelque chofe. On dit: les feuilles embraffent les tiges par leur naiffance; c'eft-à-dire, par la partie qui tient à la plante. Voyez BASE.

Napiformis (B), racine en forme de navet. Voyez RACINE.

Naturalis caracter. (B) Voyez la Préface.

NECTAR (B), *Nectarium*, c'eft une partie des fleurs qui n'eft ni pétale, ni étamine, ni piftil, & qui n'eft point effentielle à la fructification, puifqu'elle ne fe trouve pas dans beaucoup de fleurs qui néanmoins donnent de bonnes femences. C'eft quelquefois des filets, quelquefois des écailles, ou des cornets ou des mamelons glanduleux, ou des cavités. Comme affez fouvent ces parties fe trouvent imbues d'une fubftance mielleufe, on les a nommées *nectar*; & ce nom a été attribué à des parties qui ne contiennent aucun fuc particulier. Voyez Liv. III. pag. 233.

NEIGE, eau gelée qui tombe par flocons légers. La neige préferve les plantes d'être endommagées par les grandes gelées; comme elle fond peu à peu, fon eau pénetre bien avant dans la terre, ce qui fait dire qu'elle l'engraiffe.

Nervofus (B), nerveux, fe dit des vaiffeaux des plantes qui s'étendent tout droit, fans former de ramifications: on les compare aux nerfs. Ce terme convient aux feuilles & aux fruits.

NIELLE (A), maladie des grains, qui convertit la fubftance farineufe en une pouffiere noire.

Niger color (B), de couleur tirant fur le noir.

Nitidus (B), luifant ou luftré.

Niveus color (B), de couleur blanche.

Nodofus (B), noueux, garni de nœuds. On dit *caulis nodofus*, une tige garnie de nœuds. Voyez NOUEUX.

NOMBRIL (B), *Umbilicus*. On appelle ainfi certaines cavités qui s'apperçoivent à l'extrémité des fruits, comme on le voit aux poires au bout oppofé à la queue. Les Jardiniers appellent cet enfoncement l'œil. On dit auffi, *folium umbilicatum*, quand toutes les nervures partent d'un point pris dans la feuille.

NOMENCLATURE (B), eft cette partie de la Botanique qui enfeigne à connoître les plantes, & à leur affigner des noms. Voyez la Préface.

Nota propria (B), font les marques caractériftiques d'un genre de plante.

Nota fpecifica (B), font les marques qui fpécifient une efpece de plante en particulier.

NOVALE (A), terre nouvellement défrichée. Les bois & garennes défrichées & mifes en vigne, ou en grain, font des novales: elles doivent la dîme au Curé, quand même le Seigneur auroit les dîmes inféodées.

NOUE (A), endroit noyé d'eau, qui y forme de petites mares.

NOUÉE (B): on appelle *fleur nouée*, une fleur femelle ou hermaphrodite, qui furmonte l'embrion, comme les fleurs femelles des cucurbitacées. On dit auffi que les *fruits* font *noués*, quand, après que la fleur eft paffée, ils prennent de la groffeur. On connoît que les fruits à noyau font noués, quand leur ftile s'allonge plus que les pétales, ou qu'il paroît s'allonger, parce que les étamines fe racourciffent.

NOUEUX (B), fe dit d'un bois rempli de nœuds: ce bois fe nomme auffi *ruftique*. Voyez Liv. IV. & *Nodofus*.

NOYAU (B). Voyez *Nucleus* & *Nux*.

NUD, *nudus* (B), fe dit des parties des plantes qui ne font point couvertes par d'autres parties; ainfi on appelle *caulis nudus*, tige nue, une tige qui n'eft point garnie de feuilles. On dit auffi que les femences des Ombelliferes font nues, lorfqu'elles n'ont point d'enveloppe particuliere. On dit qu'une feuille eft nue, quand elle n'eft ni nerveufe, ni veineufe.

NUANCE (J), fe dit du mêlange naturel des couleurs de certaines fleurs. On dit: cette fleur charme par fa nuance.

Nucamentum (B). Voyez CHATON & FLEUR.

Nucleus (B), noyau. C'eft une boîte ligneufe qui renferme une ou plufieurs amandes. On employe auffi ce terme dans un fens figuré pour fignifier une partie qui eft entourée par d'autres, comme quand on dit, que les écailles des cônes s'attachent toutes sur un noyau ligneux.

Nudus (B). Voyez *Nud*.

Nutans flos (B), est une fleur qui présente son disque vers la terre. Dans ces fleurs le pistil est plus long que les étamines. *Carduus nutans*, est un chardon dont la tête qui est grosse se panche d'un côté.

Nutation (B) : la nutation des plantes consiste dans une courbure que prennent les tiges pour présenter les fleurs au Soleil, ou les jeunes pousses au grand air. Voyez Livre IV, page 149.

Nutrition (B), *nutritio* : elle se fait par la distribution du suc nourricier qui se répand & gonfle toutes les parties : le flegme se dissipant par la transpiration, le suc nourricier se fige, s'épaissit, & augmente le volume des parties solides, ou répare celles qui se sont dissipées.

Nux (B), noyau. Ce terme est consacré au fruit du Noyer, & on nomme plus communément le noyau *nucleus*. Voyez Fruit, & Livre III.

O

Oblique, *obliquus* (B), qui s'incline d'un côté. On dit : Les fleurs des plantes héliotropes sont obliques : elles se panchent du côté du Soleil. *Caulis obliquus*, une tige oblique, qui sort de la perpendiculaire.

Oblongus (B), oblong, allongé ; ce qui convient aux feuilles, aux fleurs & aux fruits.

Obtusus (B), obtus, qui est arrondi à son extrémité. Voyez Feuille, Pétales, &c.

Obverse ovatus (B), en spatule. Voyez Feuille.

Octandria (B), les fleurs hermaphrodites qui ont huit étamines. Voyez la Préface.

Oculus (B) : voyez Boutons.

Œil (A), signifie quelquefois le bouton, *oculus*, comme quand on dit, écussonner en œil dormant.

Œil, signifie quelquefois un enfoncement ou un umbilic, comme quand on dit, *fructu umbilicato*.

Mais les Bucherons entendent par *œil de bœuf* des trous ronds & assez petits, qu'on apperçoit sur les tiges des arbres, & qui annoncent qu'une partie du corps ligneux est pourrie. Ces plaies ne se ferment presque jamais.

Voyez Livre IV, des plaies des arbres.

Œillet (B), fleur : *flos caryophyllæus* ; fleur qui ressemble à celle des Œillets. Voy. Pétales.

Œilletons (A), ce sont de jeunes pieds qui partent de la tige des anciennes plantes, & qui sont garnis de racines : les Artichauts se multiplient par les œilletons ; c'est à peu près ce qu'on appelle *drageons* dans les arbres.

Œuf, *ovum* (B), c'est cette partie qui se trouve dans les femelles des animaux, laquelle étant fecondée par le mâle produit un autre animal : les semences des plantes sont leurs œufs. Voyez Livre IV.

Oignon, *bulbus* (B) : voyez Racine & Bulbe.

Ombelle (B), fleur en ombelle. Voyez Fleur.

Ombragé (A), qui est privé du Soleil par une montagne, un mur ou de grands arbres : les plantes qui croissent à l'ombre sont étiolées.

Ondain, ou plus communément Andain (A), sont les rangées de menus grains qui sont coupés par la faux. Un champ d'Avoine nouvellement fauché, représente comme des ondes. Quand avec le fauchet on a ramassé le grain par petits tas, on dit qu'il est en oisons, par comparaison à des oies qui seroient répandues dans le champ.

Ongle ou Onglet, *unguis* (B), c'est l'endroit par lequel le pétale s'attache au calyce. Voyez Pétale.

Oppositus (B), se dit des feuilles, des fleurs & des branches, qui ont leur origine à une même hauteur, mais placées des deux côtés opposés de la branche qui les porte. Ainsi on dit : des branches, des feuilles & des folioles opposées.

Orangerie (J), serre où l'on renferme les Orangers pendant l'hiver, ainsi que le lieu d'un jardin où l'on met les Orangers pendant l'été.

Orbiculatus (B), rond, qui est aussi large que long. Voyez Feuille, Pistil, &c.

Ordo (B), méthode : *Ordo naturalis*, ordre naturel, ou méthode naturelle. Voy. la Préface.

Orée (F), le bord d'un bois. Les Braconniers se mettent à l'affût à l'orée du bois ; les Picoreurs s'arrêtent à l'orée du bois, pour observer s'il n'y a point de Gardes qui les attendent au débouché.

Oreilles, Orillons, Oreillettes (B), sont des appendices qui se trouvent à la base de certaines

certaines feuilles ou de quelques pétales : *folium auritum*, *flos auritus* : voyez FLEUR & FEUILLE. Les Jardiniers appellent *oreilles* les feuilles féminales.

ORGANE (B). Nous appellons partie organique, un composé de différentes especes de vaisseaux, de tissu cellulaire, de parties glanduleuses, qui a des fonctions relatives à l'économie végétale.

ORMAIE ou ORMOYE (A), champ planté en Ormes.

OSERAIE (A), champ planté en Osiers.

OSSELET, *osiculus* (B). On appelle ainsi certains noyaux fort durs, & qui par leur forme ne semblent point être une boîte comme celle des noyaux. On dit : Les osselets de la Nefle. Voyez FRUIT.

Osiculus (B) : voyez OSSELET.

Ovale folium (B), feuille ovale. Voyez FEUILLE.

Ovarium (B), ovaire, est le lieu où les semences sont placées dès leur premiere origine.

Ovatum folium (B), feuille ovoïde : voyez FEUILLE.

OUDRI (J). Lorsqu'on arrache un arbre avant qu'il ait perdu sa seve, l'écorce des bourgeons se ride : ils sont *oudris*. Si l'on ne coupe pas les feuilles aux branches qu'on destine à faire des écussons, elles oudrissent, & on ne peut lever leur écorce.

OUTREPASSE (F), est un délit par lequel un Marchand a coupé en dehors des pieds corniers & limites de sa vente; ce qui est fort différent de *Sur-mesure*, qui est une erreur de l'Arpenteur, laquelle donne lieu à une indemnité en faveur du Roi ou du Marchand.

OUVRAGE (F). On appelle *bois d'ouvrages*, ceux qu'on travaille en petits ouvrages dans les forêts. Il faut les distinguer des *bois ouvrés* qui sont travaillés. Voyez BOIS.

P

PACAGE (A) : voyez PATURAGE.

PADOUANT ou PADOUENT (A), mauvais pâturage. Voyez LANDES.

PAILLASSON (J), couverture de paille qu'on fait de différentes façons, tantôt avec des perches, & tantôt avec des entrelacements de corde. On s'en sert pour couvrir les plantes délicates.

PAILLETTES (J). Les Fleuristes nomment ainsi les étamines de certaines fleurs.

Partie II.

PAILLOT *de Vigne* (A). On appelle ainsi dans quelques vignobles, le dos d'âne qui est entre les ceps.

PAISSEAUX (A), bâtons qui servent à soutenir les sarments ; d'où vient *paisseler*, mettre des paisseaux : on dit aussi *paisselage*. Voy. ECHALAS.

PAISSON (F), est la même chose que *brout*, & signifie tout ce que les bestiaux ou le fauve paissent ou broutent, principalement dans les forêts.

PAÎTRE (A), mener paître, ou en pâture, le bétail : c'est le mener en campagne pour y prendre sa nourriture.

Palatum corollæ (B). M. Linnæus nomme ainsi une éminence qui se trouve dans l'évasement d'un pétale, principalement des fleurs labiées. Voyez PÉTALE.

PALE (F), planche qui se termine en pointe, & qui sert à faire les palissades. De ce mot vient le terme de *pale-planche*, qu'on employe en Architecture pour signifier des planches ou des membrures terminées en pointes, & qui servent à faire des encaissements lorsqu'on fait des ouvrages dans l'eau.

Palea (B), la paille ou les tiges des graminées. Voyez TIGE. M. Linnæus nomme *palea* de petits filets qui se trouvent entre les fleurons & les demi-fleurons des fleurs composées.

Paleaceus flos (B), fleur en paillettes. Ray nomme ainsi les fleurs mâles ou à étamines.

PALIS (F), clôture qu'on fait avec des pales, des perches ou des claies seches, pour défendre un terrein du bétail ou du fauve. On en fait grand usage dans les forêts, pour protéger les semis. Le mot *palis* vient de *pale* : voyez PALE.

PALISSADE (J), haie formée d'un filet d'arbres, plantés les uns près des autres, & qu'on tond au croissant, pour leur donner la forme d'un mur : les arbres qui branchent dans toute la longueur de leur tronc sont les plus propres à faire de belles palissades. Les arbustes servent à faire des palissades à hauteur d'appui. On fait aussi des *palissades* avec des perches ou des pales, pour enclorre un héritage. Voyez PALIS & PALE.

PALISSER (J), signifie attacher les branches d'un arbre à un treillage d'espalier ou de contre-espalier. On fait ordinairement ces attaches avec des liens d'Osier ou de Jonc. *Palissader*, est encore former une clôture avec des pales, ce qui fait une palissade seche. Voyez PALIS.

Fff

PALISSON (F), bois refendu, dont on se sert pour garnir les entrevoux des solives, & quelquefois pour faire des barres aux futailles. On les fait avec du bois blanc.

Palmaris mensura (B), mesure qu'on nomme une palme, qui fait, suivant M. Linnæus, la largeur de quatre doigts.

Palmatus (B), palmé, qui ressemble aux doigts d'une main ouverte. Voy. FEUILLE, RACINES, &c.

PAMPRE (B), sarment de Vigne, garni de feuilles & de fruits.

PANACHÉ, *variegatus* (B), une fleur, une feuille ou un fruit panaché, sont variés de différentes couleurs. Voyez Livre III, page 208, & Livre IV, sur ce qui occasionne les nouvelles espèces de plantes, pag. 95.

M. Lawrence, Anglois, prétend qu'ayant greffé un Jasmin panaché, ou à feuilles panachées, sur un autre dont les feuilles étoient toutes vertes, le sujet produisit des branches dont les feuilles étoient panachées. Cela peut être, parce qu'on regarde la panachure des feuilles comme une maladie; & il n'en résulte aucune preuve que la greffe puisse changer l'espèce du sujet.

PANAGE (F), est le droit ou la permission de mettre des porcs dans une forêt, pour s'y nourrir de gland & de faine. Le temps est fixé; & lorsqu'on l'excède, cela s'appelle *arriere panage*. On dit mettre des porcs en panage.

Pandura-formis (B), en forme de violon: voyez FEUILLE.

PANICULE, *Panicula* (B), sorte d'épi qui contient beaucoup de fleurs ou de semences: les fleurs mâles du Maïs forment des panicules ainsi que les fruits de la plûpart des Millets. Le panicule se distingue de l'épi, parce qu'il forme plusieurs corps séparés, qui font comme une grappe.

On dit, *paniculatus flos* ou *pedunculus*, un pédicule qui porte des fleurs disposées en panicule.

PANNEAUX (B). On se sert de ce terme pour exprimer les parties de certains fruits qui ont quelque rapport aux panneaux de Menuiserie, & particuliérement pour exprimer les deux battants qui forment les siliques. Voyez FRUIT.

PAPILIONACÉE (B), fleur papilionacée ou légumineuse, *papilionaceus flos*. Voyez PÉTALE, & Livre III, page 214.

Papillosus (B), se dit de ce qui est couvert de petites vésicules, & convient à toutes les parties des plantes.

Pappus (B). Voyez AIGRETTE, SEMENCE, FRUIT, & Livre II, page 182.

PAQUET (B): voyez *Locusta*.

PARAGE (A): c'est dans quelques vignobles la première façon qu'on donne aux Vignes après la vendange. Il faut se presser de parer les vignes avant les gelées.

PARASITE (B). On appelle *plantes parasites*, celles qui végètent sur d'autres plantes & qui se nourrissent de leur substance. Voyez Livre V, page 217.

PARASOL (B), fleur en parasol, ou en umbelle, *umbellato flore*. Voyez FLEUR & UMBELLE.

PARC (A), grand espace de terrein enclos de murs ou de haies, planté de bois qui sert à élever du gibier, & dont on fait un lieu de promenade. On fait aussi des *parcs* avec des claies, pour renfermer les moutons pendant la nuit.

PARNAGE (F), signifie un droit qu'on paye au Seigneur propriétaire d'une forêt, pour y aller à la glandée, & y mettre paître le bétail. En quelques endroits on appelle ce droit *Blairie*.

PAROIS, ou arbres de lisière (F), sont des arbres marqués par l'Arpenteur & qu'on réserve pour fixer les limites des ventes, ou des bois, entre ceux du Roi & ceux des Particuliers. Ils doivent être respectés lors des exploitations; ils s'étendent d'un pied cornier à un autre.

PARTERRE (J), est une partie découverte d'un jardin, voisine de la maison, & décorée de broderie de buis nain ou de découpures de gazon avec des fleurs dans les plates-bandes.

Partitus (B), partagé, *bipartitus*, *tripartitus*, &c. Voyez FEUILLE.

Patens (B), ouvert, qui s'écarte de la perpendiculaire, & approche de l'horizontale; ce qui convient aux feuilles & aux branches.

PATIS (A), lieu où l'on met paître les bestiaux: il est synonyme avec *pâturage*, quoique celui-ci indique quelque chose de meilleur que *pâtis*.

PÂTRE (A), homme chargé de garder les bestiaux. La négligence des Pâtres cause de grands dommages aux forêts, & occasionne souvent des incendies.

PATTE-D'OIE (J). On appelle ainsi plusieurs allées qui se réunissent à un centre commun, n'occupant que la moitié de la circonférence du cercle. Si les allées occupoient toute la circonférence, ce seroit une *étoile*.

Les Fleuristes appellent *pattes* les racines des anémones.

PATURAGE, PACAGE ou PADOUAN (A), lieu où l'on fait paître les bestiaux. Les Riverains des forêts prétendent avoir droit de pâturage dans les ventes qui ont plus de trois bourgeons.

PATURE (A). On appelle *vaine pâture*, les mauvais pâturages que l'on désigne aussi sous le nom de *pâtis*. Mais on nomme *pâtures grasses*, les prés & les pâturages fertiles.

PAVILLON (B), partie évasée d'un entonnoir. Voyez FLEUR. On appelle pavillon, *vexillum*, le pétale supérieur des fleurs légumineuses. Voyez PÉTALES.

Pedalis mensura (B), la longueur d'un pied.

Pedatum folium (B), se dit quand les feuilles ou les folioles ont des pétioles particuliers qui se réunissent à un pédicule commun. Voyez FEUILLE.

Pedicellus (B) : voyez *Pedunculus partitus.*

PÉDICULE ou PÉDUNCULE, *Pediculus* ou *Pedunculus* (B). Suivant M. Linnæus, le péduncule sert à soutenir les parties de la fructification : s'il porte une seule fructification, *unicam fructificationem* ; deux, *geminam* ; plusieurs, *plurimam* ; un grand nombre, *numerosam* ; si la fructification part de la racine, elle est dite *radicalem*; de la tige, *caulinam*; des aisselles, *alarem* ; des extrémités, *terminatricem* ou *terminatam* ; si la fructification est solitaire, *solitariam* ; éparse, *sparsam* ; ramassée en groupes, *conglobatam*; en pelotons, *conglomeratam*; en panicules, *paniculatam* ; en bouquet, *corymbosam*; en paquet, *fasciculatam*; en anneau, *verticillatam*; en épi, *spicatam* ; en grappe, *racemosam* ; en umbelle, *umbellatam* ; en tête, *capitatam*. Souvent le mot *pédicule* est pris dans une signification plus étendue. Car on dit le pédicule des feuilles, ou le pédicule qui soutient les sommets des étamines, pour signifier leurs filets.

Pedunculus cernuus (B), est le pédicule qui étant recourbé par le haut, fait que la fleur s'incline comme au *carduus nutans.*

Pedunculus partitus (B), suivant M. Linn. est celui qui répand ses rameaux de tous côtés. *Pedicellus*, suivant M. Linnæus, est un péduncule partiel.

PELARD (F). Le bois pelard est celui qui a été écorcé sur pied pour en faire du tan. Voyez BOIS.

Peltatus (B), en rondache. Voy. FEUILLE.

PELUCHE (J). Les Fleuristes appellent ainsi une houpe de feuilles étroites, ou béquillons, qui remplissent le disque des anémones. La peluche doit former un dôme, & être bien fournie de bequillons. On dit : une anémone peluchée, *anemona villosa.*

Pendulum (B), un pendule, un corps qui pend à un fil ou à une verge. On dit, *Pendula radix*, lorsqu'une racine pend à un filet ; & *flore pendulo*, lorsqu'une fleur est pendante. Voyez FLEUR & FRUIT.

Pentagynia (B), les fleurs qui ont cinq pistils. Voyez la Préface.

Pentandria (B), les fleurs qui ont cinq tamines. Voyez la Préface.

PEPIN (B), semence couverte d'une enveloppe coriacée. On dit : Le pepin d'une poire & d'une pomme ; & les fruits qui ont ces semences se nomment *des fruits à pepin.* On dit aussi un pepin de raisin, quoique ce nom ne convienne pas à cette semence. Voy. FRUIT.

PÉPINIERE (A), espace de terre dans lequel on plante de jeunes arbres pour les y élever par une bonne culture, les y greffer, en un mot les disposer à être transplantés dans les vergers, les quinconces, les avenues, &c. On appelle *Jardinier pépinieriste*, celui qui s'adonne à cette culture.

Quelques-uns appellent *pepiniere*, l'endroit où l'on seme les pepins ou graines d'arbres, en un mot ce qu'on nommoit anciennement *seminaire*, & maintenant *semis.*

PERCHE (F), gaule, brin de bois, long & menu. On nomme *perchis*, un assemblage de perches qui forme un enclos.

Perche est aussi une mesure en usage pour les terres dont la longueur varie suivant les coutumes : elle a tantôt 18, tantôt 20, tantôt 22, &c. pieds de longueur.

Perennis (B), vivace, qui subsiste un nombre d'années. Voyez VIVACE, PLANTE & TIGE.

Perfectus flos (B), est suivant Ray, ce que Tournefort appelle *flos petalodes.*

Perfoliatus (B), perfolié, se dit d'une feuille qui est enfilée par la branche qui la porte. Voyez FEUILLE.

Pericarpium (B). Le péricarpe est proprement l'enveloppe des semences. Voyez FRUIT.

Perianthium (B), le calyce proprement dit, ou ce qu'on entend le plus communément par calyce. Voyez CALYCE.

PEROTS (F), baliveaux de deux coupes.

Perpendicularis (B), perpendiculaire, qui ne panche ni d'un côté, ni d'un autre. Les tiges des arbres sont perpendiculaires ; mais les *tiges* des plantes sarmenteuses ne le sont pas. Les racines qui sortent des semences & qu'on nomme le pivot, sont perpendiculaires.

PERPETRES (A), terres communes qui ne sont en la possession d'aucun Particulier. Ce mot n'est gueres d'usage.

Persistens calyx (B), un calyce qui ne tombe point avec la fleur. Voyez CALYCE.

Personatus flos (B), fleur personnée ou en musle, ou en masque, est une fleur irréguliere ou anomale. Voyez PÉTALE.

PÉTALE (B), *petalos, petalum* ou *corolla*. Les pétales sont des feuilles ordinairement variées de belles couleurs qui environnent les parties de la fructification. Cette partie n'est point essentielle pour la production des fruits, puisqu'il y a des fleurs fécondes qui n'ont point de pétales, & qu'on nomme pour cette raison apétales, *apetalos* ou *apetalus*. Mais la plus grande partie des fleurs ont des pétales, & sont dites pétalées, *flos petalus* ou *petalodes :* entre celles-ci les unes n'ont qu'un pétale & sont dites, monopétales, *monopetalodes*, ou *monopetalus* ; (Liv. III. Pl. II. Fig. 42.) d'autres sont dites bipétales, tripétales, tétrapétales, & en général polypétales ; (Liv. III. Pl. II. Fig. 65.) celles-ci en ont plusieurs, mais il ne faut point que ce soit par une surabondance de parties monstrueuses : car, à proprement parler, le *stramonium* à fleur double est une fleur monopétale double ; mais la fleur du Poirier est vraiment polypétale, puisque dans son état naturel elle a cinq pétales : s'il y en a un plus grand nombre, la fleur est polypétale, semi-double ; & si le disque est presque rempli de pétales, elle est polypétale double.

Dans les fleurs on distingue le tuyau, *tubus*, & le lymbe, *limbus*, qui est la partie évasée : (Liv. III. Pl. II. Fig. 45.) elles sont ou simples ou composées. On a vu au mot *fleur*, en quoi consiste cette distinction ; les *simples* sont régulieres ou irrégulieres ; les *régulieres* ont un contour régulier & symétrique ; (Liv. III. Pl. II. Fig. 46.) les *irrégulieres* qu'on nomme aussi *anomales*, ont un contour bizarre. (Liv. III. Pl. II. Fig. 56.) On désigne la forme des régulieres, en les comparant à quelque chose de fort connu, comme fleur en cloche, *campaniformis* ; (Liv. III. Pl. II. Fig. 46.) en entonnoir, *infundibuliformis* ; ou en rosette, en molette d'éperon, *rotatus* ; (Liv. III. Pl. I. Fig. 36.) ou en bassin, en soucoupe, *hypocrateriformis*. Entre les ano-

males ou irrégulieres, les unes ont une forme qui ressemble à un casque, ou à un masque, ou a un musle, ce qui leur a fait donner le nom de *personatus* ou *galeatus*. (Liv. III. Pl. II. Fig. 55.) Elles sont essentiellement distinguées des labiées, en ce que leurs semences sont renfermées dans une capsule qui n'est point le calyce : quelques-unes portent un cornet ou un capuchon, *flos auritus* ou *cucullatus* ; d'autres sont en tuyau irréguliérement découpé, & plusieurs sont terminées par une languette, *tubulatus in linguam desinens*, comme dans l'Aristoloche, (Liv. III. Planche II. Figure 58.) ce qui convient aussi aux demi - fleurons, *semi-flosculi :* si le tuyau est ouvert par les deux bouts, c'est ce qu'on exprime par *tubulatus, utrimque patens* ; (Liv. III. Pl. II. Fig. 43.) si le tuyau est terminé par un musle à deux mâchoires, *tubulatus, personatus*. Il y en a qui sont terminées par le bas en anneau, elles sont dites *in annulum desinens*. Enfin il y a des fleurs monopétales irrégulieres, qu'on nomme labiées, *flos labiatus* ; (Liv. III. Pl. II. Fig. 54.) elles sont formées d'un tuyau percé ordinairement dans le fond, terminé en devant par une espece de masque, composé de deux levres principales : la supérieure se nomme *galea*, l'inférieure *barba*, & l'ouverture *rictus* ou *palatum*. La forme, la position & la découpure de ces levres servent à distinguer les genres ; mais toutes les fleurs de cette famille ont quatre semences nues placées au fond du calyce (Liv. III. p. 209.)

Une fleur à fleuron, *flos flosculosus*, (Liv. III. Pl. II. Fig. 62.) est composée de l'aggrégation de plusieurs petites fleurs monopétales régulieres. (Livre III. Planch. II. Fig. 61.) Chacune est formée par un tuyau étroit, évasé & découpé par le bout en plusieurs parties. Souvent chaque fleuron repose sur un embryon de graine ; le stile enfile un tuyau formé par les filets des étamines. Tous les fleurons, *flosculi*, qui composent une fleur, sont rassemblés dans un calyce commun ; ce qui donne à ces fleurs une sorte de ressemblance avec une brosse. Il y a des fleurons stériles, & d'autres qui fourniffent de bonnes semences. (Liv. III. pag. 212.)

Le demi-fleuron, *semi-flosculus*, (Liv. III. Pl. II. Fig. 58.) est formé par un tuyau étroit qui s'évase par le haut, formant une langue ; ce qui le fait nommer pétale à languette, *corolla ligulata* ; le bout de cette languette a souvent quelques dentelures, le reste est com-

me au fleuron. On nomme fleur à demi-fleurons, *flos semi-flosculosus*, celles qui font
formées de l'aggrégation d'un nombre de demi-fleurons. (Liv. III. Pl. II. Fig. 63.)

On nomme fleur radiée, *flos radiatus*,
(Liv. III. Pl. II. Fig. 64. & pag. 212.) celle
dont le milieu ou le difque eft formé par des
fleurons, & le tour ou la couronne par des
demi-fleurons qui repréfentent des rayons, ce
qui fait qu'on a nommé plufieurs de ces fleurs,
fleurs en foleil.

A l'égard des fleurs polypétales, on confidere, 1°, la figure de chaque pétale ; 2°, leur
nombre ; 3°, la forme qu'ils donnent aux
fleurs par leur affemblage. 1°, A l'égard de la figure de chaque pétale, on diftingue l'onglet,
unguis, qui eft l'endroit par où elles s'attachent au bord du calyce ou au fond ; l'épa-
nouiffement ou la lame, *lamina*, qui a différentes formes, & qui eft ou dentelée, ou
crenelée, ou frangée, ou échancrée ; il y en
de plates, de pliées, de creufées en cuilleron.
On trouve l'explication de ces termes au mot
FEUILLE, 2°, Pour ce qui eft de leur nombre,
il y a des fleurs qui n'ont que trois pétales,
tripetalus ; d'autres quatre, *tetrapetalus* ; d'autres cinq, *pentapetalus* ; d'autres fix *hexapéta-
lus* ; un beaucoup plus grand nombre : elles
font donc tripétales, quadripétales, penta-
pétales, hexapétales, polypétales. 3°, A
l'égard de la forme qu'ils donnent aux fleurs
par leur affemblage, on les diftingue d'a-
bord comme les fleurs monopétales, en fleurs
polypétales régulieres, & polypétales irrégulieres. Les fleurs *polypétales régulieres*,
font ou en croix, *flos cruciformis*, qui ont
quatre pétales difpofés à peu près en forme
de croix, dont le piftil devient une filique,
ou une filicule ; ou en rofe, *flos rofaceus*,
(Liv. III. Pl. II. Fig. 67.) qui eft compofé de
plufieurs pétales difpofés en rond à l'extrémité du calyce, ou à la bafe de l'embryon, à
peu près comme le font les pétales des fleurs
du Rofier : quelques fleurs de cette claffe n'ont
que quatre pétales ; mais leur fruit les diftingue
aifément des fleurs en croix. Entre celles-ci font
comprifes les fleurs en umbelle dont nous avons
fuffifamment parlé au mot FLEUR : d'autres
font difpofées en œillet, *flos caryophyllæus* ;
le calyce de ces fleurs eft un tuyau au fond
duquel les pétales font attachés, & ils s'écartent lorfqu'ils font fortis du tuyau, ce qui fait
la différence des fleurs en rofe auxquelles les
pétales font attachés au bord du calyce. La
derniere famille des fleurs polypétales régu-

lieres eft celle des fleurs en lis, *flos liliaceus.*
Il eft bon de remarquer que les fleurs de cette
famille ne font pas toujours polypétales. Les
unes d'une feule piece font découpées en fix,
d'autres font formées de trois ou de fix pétales ; mais leur piftil ou calyce, forme toujours un fruit qui eft divifé en trois loges,
ainfi que celui du lis. Il ne faut pas confondre les fleurs en lis, avec les fleurs fleur-
delifées.

Les fleurs *polypétales irrégulieres* font les
fleurs papilionacées ou légumineufes, *flos
papilionaceus*. (Liv. III. Pl. II. Fig. 66.) Ces
fortes de fleurs font compofées de quatre ou
cinq pétales qui fortent du fond d'un calyce ;
le pétale fupérieur qu'on nomme le pavillon,
vexillum, eft ordinairement grand, plié en
dos d'âne, tantôt il eft relevé, & tantôt il eft
rabattu fur les autres parties de la fleur. Il
fe trouve au bas de la fleur un ou deux pétales qui par leur réunion, femblent n'en
faire qu'un ; mais dans ce cas le pétale unique a prefque toujours deux attaches, ce qui
fait que quelques Auteurs ont dit que les fleurs
papilionacées ont toujours cinq pétales : foit
que le bas de la fleur foit formé par un ou
deux pétales, on apperçoit la forme de l'a-
vant d'une nacelle, ce qui lui a fait donner
le nom de *carina* ; entre le pavillon & la
nacelle, on voit fur les côtés deux autres
pétales qu'on nomme les aîles, *alæ*. Elles ont
ordinairement une oreillette vers leur naiffance.

Enfin les fleurs polypétales irrégulieres,
proprement dites, *flos polypetalus anomalus*,
font formées d'un nombre de pétales, de figure irréguliere, & rangées fans ordre, de
forte qu'on ne peut point en donner une
idée en les comparant à quelque chofe d'un
ufage familier. Voyez Livre III, pag. 207.
& fuivantes. On peut auffi confulter ce que
nous avons dit dans la Préface, en parlant de
la méthode de Tournefort.

Petiolatus (B), qui a des pétioles ou des
queues propres ; qui eft fe dit particuliérement des feuilles & des folioles.

Petiolus (B). Le pétiole, fuivant M. Linnæus, eft la queue des feuilles, comme le péduncule eft le foutien des parties de la fructification. Néanmoins plufieurs Auteurs ont nommé pédicule, *pediculus*, les queues des feuilles, regardant ce mot comme fynonyme de
petiolus : mais il eft bon de diftinguer ces
deux parties en leur affignant des noms différents ; c'eft ce qu'à fait Tournefort, en dif-

tinguant les *queues* des feuilles des *pédicules* des fleurs.

PETREAUX (A) : voyez DRAGEONS.

Phæniceus color (B), de couleur pourpre.

PIC (A) : voyez PIOCHE.

PICOREUR (F), Voleur de bois. Les Picoreurs font du dommage dans les forêts, non-feulement par le bois qu'ils abattent, mais encore par le plant de toute efpece qu'ils arrachent pour le vendre.

PICOT (J). Les Fleuriftes difent que les fleurs des Oreilles-d'ours ont le picot, quand les étamines étant courtes, ne rempliffent pas la fleur, & qu'on voit un trou au milieu du difque. C'eft, fuivant eux, un grand défaut.

PIED, eft une mefure en longueur, qui eft formée de 12 pouces.

PIED (F). On dit : *Un beau pied d'arbre*, pour dire, un arbre de belle taille.

PIED CORNIER (F) : voyez CORNIER.

PIEU (J), morceau de bois affez gros, terminé en pointe, qu'on enfonce en terre pour fournir un point d'apui à une paliffade, un contre-efpalier, &c.

Pileus fungorum (B), eft le chapeau des Champignons.

Pilofus (B), couvert de poil, comme cotoneux, prefque fynonyme de *lanuginofus*. Voyez FEUILLE, FRUITS & TIGES, &c, Livre II, page 182.

PINCER (J), fe dit d'une efpece de taille qu'on fait dans les mois de Juin ou de Juillet en coupant avec l'ongle l'extrémité d'une branche vigoureufe & encore herbacée : le *pincement* n'eft pas approuvé de tous les Jardiniers.

Pinguis fapor (B), une faveur onctueufe, oppofée à ftiptique.

Pinnatifidus (B), découpé en aile d'oifeau. Voyez FEUILLE.

Pinnatus (B), empanné, ou conjugué, fe dit particulièrement des feuilles compofées, qui font formées par des folioles rangées des deux côtés d'un filet commun.

PIOCHE (A), outil de fer, emmanché à angle droit au bout d'un morceau de bois d'environ deux pieds & demi de longueur : il différe du *pic*, parce qu'il eft tranchant & non pas en pointe : il fert à labourer les terres endurcies. *Piochon* eft diminutif de pioche.

PIONNIER (A), Ouvrier qui travaille à la terre.

PIQUET (J), bâton pointu qu'on pique en terre ordinairement pour défigner exactement un certain point.

PISTIL (B), *piftillum* : c'eft l'organe femelle de la fructification, qui eft prefque toujours au centre de la fleur ; ainfi les fleurs qui n'ont que cette partie, font nommées fleurs femelles, *flos fœmineus*.

On diftingue trois parties dans le piftil, favoir 1°, l'embryon, *germen* (c); 2°, le ftile, *ftilus* (a-b); 3°, le ftigmate, *ftigma* (d). (Liv. III, Pl. III, Fig. 114.)

L'embryon devient le fruit, & il a différentes formes ; il eft tantôt rond ou prefque rond, d'autres fois ovale & plus ou moins allongé : il y en a de liffes, d'autres font velus ou raboteux ; mais de quelque forme qu'il foit, il contient la plus grande partie des organes qui fervent pour la nourriture des fruits & des femences.

M. Linnæus ayant examiné attentivement les embryons, il les a défignés par des expreffions affez connues, comme relativement à leur figure, *fphericum*, orbiculaire ; *fubrotundum*, arrondi ; *ovatum*, ovale ; *ovato-oblongum*, oval allongé ; *oblongum*, oblong ; *oblongiufculum*, un peu allongé ; *conicum*, en forme de cône ; *turbinatum*, de la figure d'une poire ; *ovato turbinatum*, ovale terminé comme une toupie ; *acuminatum*, fe terminant en pointe ; *obtufum*, obtus ; *depreffum*, applati ; *compreffum*, comprimé ; *quadratum*, quarré ; *quadragonum*, qui a quatre angles ; *quadrifidum*, qui eft divifé en quatre ; *trilobum*, dont les divifions au nombre de trois, font tellement féparées qu'elles forment autant de lobes. Ou relativement à leur nombre, *Germina bina*, *tria*, *plurima*, lorfque plufieurs embryons font réunis. Relativement à la groffeur des embryons, ils font ou *magnum*, ou *maximum*, ou *minimum*, ou *tenue* ; leur fuperficie eft ou liffe, ou velue, ou raboteufe, *fcabrum* ; enfin relativement à leur pofition, ils font, ou *infra receptaculum*, ou *fub receptaculo floris*, ou *infra corollam*, ou *in corolla*, fuivant qu'ils font placés fous le calyce, fous le pétale, ou dans le pétale.

Le ftile eft une partie plus ou moins déliée, & plus ou moins longue, qui porte fur l'embryon, & qui eft terminée par le ftigmate. M. Linnæus a confidéré les ftiles relativement à leur longueur qu'il comparefouvent au calyce, aux étamines ou au pétale, *longitudine calycis*, *aut ftaminum*, *aut tubi*, *aut corolla* ; *aut nullus*, *breviffimus*, *longiffimus*, *ftaminibus longior*, *brevior* &c : relativement à la groffeur, *filiformis*, *capillaris* ; en les confidérant relativement à leurs poils, *villofi*, velus ; *pilofi*, garnis de poils ; *glabri*, lisses ; *pubescentes*, couverts de petits poils blancs; *scabri*, *rugosi*, relevés d'éminence , & comme chagrinés ; eû égard à leur forme, *simplex*, simple ; *bifidus*, divisé en deux ; *subulatus* , en forme d'aleine ; *recurvus* , recourbé ; *rectus* , droit ; *acutus* , pointu; *firmus*, ferme ; &c.

A l'égard des stigmates qui sont quelquefois immédiatement attachés à l'embryon , ou qui pour l'ordinaire terminent le stile , M. Linnæus en considérant leur nombre, les distingue en *stigma simplex* , & *stigmata bina*, *tria*, *plurima*, ou divisés en plusieurs parties; ce qu'il désigne par les termes de *bifidum*, *trifidum* , &c. Par rapport à leur grosseur , il y en a de *crassum* , *crassiusculum* , & *tenue* ; en considérant leur superficie,*pubescens* ; d'autres, *villosum* ; d'autres, *plumosum* ; d'autres , *glabrum* , &c. Enfin relativement à leur forme, il emploie beaucoup de termes , *lineare* , étroit; *obtusum*, obtus ; *capitatum*, en forme de tête ; *capitato-capitatum* , *emarginatum* , échancré ; *obtuse trigonum* , de forme triangulaire , dont les angles sont obtus ; *acutum*, en pointe ; *erectum*, qui se tient droit ; *inflexum*, qui s'incline ; *conicum* , qui a la forme d'un cône ; *hispidum* , hérissé; *patens* , qui est ouvert ; *cirrhosum*, qui forme une volute ; *penicilliforme* , en pinceau; *inclusum*, qui est renfermé ; & beaucoup d'autres termes qui désignent les différences qu'on peut remarquer entre les stigmates. Voyez Liv. III. p. 224.

Ainsi on emploie , pour faire appercevoir les différences qui caractérisent les trois parties des pistils , un grand nombre de termes qu'il ne nous est pas possible de rapporter. Il nous suffira de faire remarquer, que comme M. Linnæus a prêté attention au nombre des pistils pour la division de ses classes, il a fait des mots qui expriment les nombres d'une façon très-abrégée, comme *digynia*, *trigynia*, &c. *polygynia*, dont on trouvera l'explication dans l'article de la préface, où nous parlons de la méthode de ce célebre Botaniste , ou à chacun de ces mots.

PIVOT (B). On appelle ainsi une grosse racine qui s'enfonce perpendiculairement en terre , *radix perpendicularis*. On dit: Il faut couper la racine pivotante , ou le pivot, aux arbres qu'on éleve de sémence , pour leur faire produire des racines latérales. On dit qu'un arbre *pivote* , quand il a cette racine qui s'enfonce en terre. Voyez RACINE. En terme de Charpenterie , *pivot* a une signification très-différente.

Placenta (B) , partie des fruits à laquelle aboutissent les vaisseaux umbilicaux qui portent la nourriture aux sémences. Voy. FRUIT.

PLANCHE (F) , tranches longitudinales de bois levées à la scie.

PLANCHE (J) , c'est un terrein large de 3 ou 4 pieds, & assez long, bien labouré & amendé , dans lequel on éleve des plantes délicates & des légumes.

PLANÇONS (F). Ce mot est synonyme de *plantard* ; ainsi voyez PLANTARD. Mais outre cela , on nomme ainsi dans les Ports de mer, où l'on construit des vaisseaux , de grands corps d'arbres droits qu'on refend à la scie, pour en faire des bordages, des préceintres , des illoires , &c.

PLANT (F) , se dit de jeunes arbres bons à planter ou à faire des plants. Il est défendu d'arracher du plant dans les forêts. On dit aussi: Voilà un beau plant d'arbres, pour dire une belle étendue de terrein planté en arbres.

PLANTARD (F) , est une branche assez grosse qui n'a ni branchage ni racine , & qu'on met en terre pour produire un arbre ; ainsi on ne peut faire de plantards que d'arbres qui reprennent aisément de bouture.

PLANTATION (A). On dit qu'un homme a fort amélioré sa terre par les grandes plantations qu'il y a faites, c'est-à-dire , en y plantant beaucoup d'arbres.

PLANTE (B) , *planta*. Ce mot comprend tous les végétaux , herbes & arbres. On dit : Plante annuelle , *annua* ; bis-annuelle, *bisannua* ou *bima* ; tris-annuelle, *trisannua* ou *trima* ; vivace , *perennis* ; qui ne quitte point ses feuilles, *semper virens* ; qui croît dans la mer, *marina* ; près de la mer, *maritima* ; sur les montagnes, *montana* ; dans les marais , *palustris* ; dans l'eau, *aquatica* ou *fluviatilis*.

PLANTER (A), c'est mettre les racines d'un arbre ou d'une plante en terre , desorte qu'elles y soient disposées autant qu'il est possible, aussi avantageusement qu'elles l'étoient avant d'être arrachées. La saison de planter les arbres qui quittent leurs feuilles & qui ne craignent point les gelées , est l'automne & l'hiver. A l'égard des arbres qui craignent les fortes gelées , ainsi que les arbres qui conservent leurs feuilles l'hiver , on les plante au printemps. *Transplanter* , est arracher une plante pour la planter dans un autre lieu.

PLANTOIR (A) , est une cheville de bois dur ou de fer , avec laquelle on fait des trous pour planter les boutures ou les petites plantes. Dans quelques provinces , on plante la

Vigne avec le plantoir. Les plantards de Saule ou de Peuple, se plantent avec un plantoir. Les Jardiniers plantent les Choux & les Laitues avec la cheville ou le plantoir.

PLAQUE ou MIROIR (F), est la plaie qu'on fait à l'écorce d'un arbre, pour y frapper l'empreinte du marteau de la Maîtrise : les plaques des pieds corniers servent à prendre les alignements.

PLAQUER du gazon (J), est poser dans un endroit des tranches de gazon, & les y affermir avec la batte. On leve les plus beaux gazons dans les endroits où paissent les moutons.

PLATEAU (J), se dit des cosses des Pois nouvellement défleuris, & qui ne contiennent point de semences formées. On dit : Ces Pois ne sont encore qu'en plateau.

PLATE-BANDE (J), est une bande de terre longue & étroite, qu'on laboure pour y planter des fleurs, ou qu'on ratisse pour faciliter la promenade. Les parterres sont bordés de plates-bandes : il faut bomber les plates-bandes, elles en ont meilleure grace. Les plates-bandes bien ratissées détachent les Charmilles d'avec les gazons.

PLEIN (F). Les Ouvriers disent qu'un bois est plein, lorsque ses pores sont fort petits, & que le tissu en est serré. On dit aussi qu'un bois sur pied est plein quand il est bien garni d'arbres. On dit : Cet arbre se trouve dans le plein du bois, c'est-à-dire, au milieu. On dit encore *des Arbres de plein vent*, Voyez ARBRES ; & *des Arbres de pleine terre*, pour désigner ceux qui n'ont pas besoin d'être élevés dans des pots, des caisses, &c. L'Orme est un Arbre de pleine terre.

PLEIN-VENT (A), arbre fruitier qui s'éleve de toute sa hauteur. Voyez ARBRE.

Plenus flos (B), fleur double dont le disque est rempli de pétales. Voyez FLEURS.

PLEYON (F), est quelquefois synonyme avec hare, lien de bois. Mais il signifie encore une longue perche de bois ployante. C'est dans ce sens qu'un Roulier dit : J'emploierai ces pleyons à faire des garots.

Plicatus (B), se prend en différentes significations ; *plicata planta*, est celle qui produit quantité de petites branches qui font un fourré & beaucoup de confusion ; *plicatum folium*, est celle de la base de laquelle il part des nervures qui s'étendent jusqu'au bord, la surface de la feuille s'élevant & s'enfonçant alternativement ; ce qui forme comme les plis d'un éventail.

PLOMBER (J), c'est marcher & trépigner une terre meuble pour l'affermir. Il faut plomber les terres rapportées, afin qu'elles tassent moins.

Plumbeus color (B), couleur de plomb.

PLUME, *plumula* (B) : c'est ainsi qu'on nomme la tige d'une plante quand elle sort de la semence. On compare aussi quelquefois certaines parties des plantes aux plumes des oiseaux.

Plumosus pappus (B), une aigrette en forme de plume.

Plumula (B) : voyez PLUME.

POILS, *pili* (B), petits filets qui s'observent sur différentes parties des plantes. Voyez FEUILLE, & Livre II, page 181.

POIX, substance résineuse qu'on tire du Pin & du Picea. Voyez le Traité des Arbres & Arbustes aux mots *Pinus* & *Abies*.

Pollen (B), la poussiere des étamines qu'on regarde comme la partie fécondante. (Livre III, Pl. III, Fig. 113.) Voy. Liv. III, p. 222.

Polyadelphia (B), fleurs hermaphrodites, dont les étamines sont réunies en trois faisceaux ou plus, distingués les uns des autres. M. Linnæus les a divisées encore par le nombre de leurs étamines, comme *pentandria*, celles qui ont 5 étamines ; ou encore ayant égard à la partie où elles sont attachées, comme *icosandria*, quand plus de 12 étamines forment différents faisceaux qui partent des parois intérieures du calyce ; *polyandria*, quand plus de 12 étamines forment différents faisceaux qui partent du placenta. Voyez la Préface.

Polyandria (B), des fleurs hermaphrodites qui ont plus de douze étamines attachées au placenta. Voyez la Préface.

Polycotyledones (B), plantes qui ont plusieurs cotylédons. Voyez COTYLÉDON.

Polygamia (B). Cette dénomination convient aux plantes qui ont des fleurs hermaphrodites avec des fleurs d'un seul sexe, mâles ou femelles, sur un même individu ; & M. Linnæus les distingue par le nombre de leurs étamines. Mais outre cela le mot *polygamia* sert à former une distinction des *syngenesia* ou fleurs à fleurons, demi-fleurons & radiées. Il faut seulement observer qu'on dit *polygamia æqualis*, lorsque les fleurons & les demi-fleurons, tant du centre que de la circonférence, sont hermaphrodites ; *polygamia superflua*, lorsque les fleurons du disque sont hermaphrodites, & les demi-fleurons de la circonférence femelle ; *polygamia frustranea*, lorsque les fleurons du disque sont hermaphrodites,

dites, & ceux de la circonférence fans fexe ; enfin *polygamia neceſſaria*, lorſque le diſque eſt compoſé de fleurs mâles, & la circonférence de femelles. Voyez la Préface.

Polygonus (B), qui a pluſieurs angles : ce qui s'obſerve aux tiges, aux calyces, aux fruits, &c.

Polygynia (B), les fleurs qui ont un nombre indéterminé de piſtils. Voyez la Préface.

Polypetalus flos, fleur polypétale (B), qui a pluſieurs pétales : on les diſtingue en polypétales régulieres & polypétales irrégulieres. Voyez PÉTALE, FLEUR, & Livre III, page 212, & la Préface.

Polypyrenus fructus (B), un fruit charnu qui renferme pluſieurs noyaux.

Polyspermæ plantæ (B), ſont les plantes dont les fruits contiennent pluſieurs ſemences.

POMME, *pomum* (B) : quoique ce nom convienne particuliérement au fruit du Pommier, on a nommé *arbores pomiferæ* ceux que nous appellons fruits à pepins. Voyez FRUIT, & la Préface.

POMMERAIE (A), champ planté en Pommiers.

PORES (B), petites cavités qui admettent différents fucs. La tranſpiration s'échappe par les pores des feuilles : les pores ſont trop ſerrés pour admettre les ſucs. L'eau entre avec bien de la force dans les pores du bois fec : un bois poreux eſt celui qui a beaucoup de pores ou de grands pores. Voyez L. I. Art. des Vaiſſeaux.

Poroſi fungi (B), les Champignons qui au lieu de lames, ont de petits tuyaux ſous leur chapeau.

PORT d'une plante (B), *habitus plantæ*, ou *facies exterior*, eſt la forme d'une plante conſidérée dans toutes ſes parties, d'une façon aſſez frappante à la vue, mais difficile à décrire : ainſi on dit, qu'une plante a le port d'une autre, comme on diroit qu'un homme a de l'air d'un autre homme.

POT (J) : c'eſt un vaſe de terre ou de faïance dans lequel on éleve des plantes délicates.

POTAGER (J), eſt une portion de Jardin, dans laquelle on éleve des plantes potageres ou des légumes. Les Jardiniers qui s'adonnent à cette culture, ſe nomment *Légumiſtes*.

POUCE, *uncia* ou *digitus*, c'eſt la douzieme partie d'un pied : on dit, *folium ſemiunciale, unciale, biunciale, ſeſquiunciale*, &c. une feuille qui a un demi pouce, un pouce, &c. de longueur.

POUDRETTE (A), excréments humains,
Partie II.

qui étant reſtés long-temps à l'air ſont réduits en pouſſiere. C'eſt un bon engrais.

POUPÉE (J), eſt une eſpece de tête qu'on fait avec de la terre, de la mouſſe & un drapeau, aux endroits où l'on a fait une greffe en fente ou en couronne. Voy. Liv. IV. p. 65.

POUSSE (A), eſt la derniere production des arbres : on dit, Cet arbre a fait une belle pouſſe. Quand on diſtingue *la premiere & la ſeconde pouſſe*, on entend les jets que les arbres ont produits à la ſeve du printemps & à celle d'automne.

POUSSIERE (B), *pulvis*, pollen, grains fins, déliés & fort légers. On employe ce terme pour exprimer une eſpece de poudre qui eſt contenue dans les ſommets des étamines. Voyez ETAMINE, & Liv. III. p. 222.

Præmorſum (B), rongé. On appelle ainſi des feuilles ou des pétales, qui ſemblent rongées à leur ſommet qui eſt tronqué & partagé par un ſinus aigu & ouvert : *præmorſa radix*, eſt une racine, qui ne ſe termine pas en pointe, & qui ſemble rompue.

PRAIRIES (A, étendue de terre, deſtinée à produire de l'herbe. Les *prairies naturelles* ſont celles dont les herbes croiſſent naturellement ; & les *prairies artificielles*, ſont celles où l'on ſeme du trefle, du ſainfoin, de la luzerne, &c. Voyez PRÉ.

Praſinus color (B), vert de pré.

PRÉ (A), terre deſtinée à produire de l'herbe pour fournir du foin. Les *prés bas* ſont ceux qui ſont fréquemment ſubmergés ; leur herbe eſt moins eſtimée que celle des *prés hauts*, qui ne ſont jamais ou rarement inondés. On diſtingue encore les *prés* en *naturels* & *artificiels*. Voyez PRAIRIES.

PRECOCE (A) : Voyez HATIF.

PRENDRE ou *reprendre* (A), à l'égard d'un arbre nouvellement planté, c'eſt lorſqu'il jette en terre de nouvelles racines. Quand on dit : Les arbres bien enracinés, prennent infailliblement ; ou cet arbre eſt repris, car il pouſſe avec vigueur ; on entend qu'il a pris terre, ou qu'il a pris poſſeſſion de la terre par ſes racines. C'eſt dans le même ſens qu'on dit ; qu'une bouture, une marcotte, une greffe eſt repriſe.

Primum columen ou *columella* (B), M. Linnæus ſe ſert quelquefois de ce terme pour exprimer la partie contre laquelle ſont aſſemblées les principales parties de certains fruits.

PRINTANIER (B), ce qui pouſſe, fleurit, ou fructifie pendant la ſaiſon du printemps, (*vernales plantæ*). On peut dire que le Mars ronnier d'Inde eft plus printanier que le Chêne, parce qu'il pouffe plutôt au printemps.

Procumbens (B), qui retombe, qui fait une inflexion beaucoup plus grande que ce qui penche, ou ce qui eft incliné; ainfi, *caulis procumbens*, annonce une plus grande inflexion que *caulis obliquus* ou *reclinatus*.

PROLIFFRE (B). Ce mot vient du Latin, *Prolifer*. On appelle, *fleur prolifere*, celle d'où il part une tige qui porte un bouquet de feuilles : alors c'eft *prolifer frondeus* ; ou celle d'où il part une tige qui porte une autre fleur ; & c'eft *prolifer flos* : il y a des poires proliferes, de l'œil defquelles il fort ou des feuilles, ou des fleurs, ou des fruits. Voyez Liv. III. Art. des Monftruofités, page 300.

Proprium receptaculum (B), eft un calyce propre, ou qui appartient particuliérement à une fleur : il ne doit contenir qu'un appareil d'organes de la fructification. Voyez CALYCE.

PROVIGNFR (A), c'eft coucher en terre des farments pour leur faire prendre racine. Ces farments fe nomment des *provins* ou des *marcottes* ; & le terme de *provigner*, s'eft étendu à tous les arbres qu'on multiplie de cette façon.

PROVIN (A), marcotte. Voyez PROVIGNER.

PRUNE, *Prunus* (B) : quoique ce nom défigne une efpece de fruit, néanmoins on en a fait une famille qui comprend les fruits à noyau que Tournefort appelle *fructus mollis cum officulo*, & M. Linnæus, *drupa*, & d'autres Auteurs *Arbores pruniferæ*. Voyez la Préface.

PRUNELAIE (A), champ planté en Pruniers.

Pubefcens folium (B), une feuille couverte de poils blanchâtres. Voyez FEUILLE.

PUCERON (A), petit infecte qui multiplie beaucoup, & qui fait bien du tort à quantité de plantes, comme aux Pêchers, aux Chevrefeuilles, aux Capriers, aux Raves, Navets &c; leurs excréments font fucrés, ce qui attire les fourmis. On les fait périr en frottant les feuilles avec une infufion de tabac : mais ce procédé eft bien long.

PUEIL (F). On appelle *bois en pueil*, un jeune Taillis qui n'a pas encore trois ans, & dans lequel il ne faut pas envoyer le bétail.

Pullus color (B), de couleur noirâtre.

Pulmones vegetabilium (B), font, fuivant les uns, les feuilles, & fuivant les autres, les trachées des plantes. Voyez Liv. II. pag. 169.

PULPE, *pulpa* (B), fubftance médullaire ou charnue des fruits, qui eft un tiffu cellulaire ou parenchymateux ou veficulaire.

Pulvinus (B), oreiller ; quelques Botaniftes ont employé ce terme pour donner l'idée de certaines parties qui reffemblent à ce meuble.

PUNAISE (A), infecte puant qui fe trouve trop fréquemment dans les maifons. La *punaife des Champs* eft beaucoup plus grande & d'une odeur infecte; la *punaife d'Oranger* eft une galle infecte qui fe trouve fur les plantes que l'on conferve dans les ferres.

Puniceus color (B), couleur d'écarlatte.

Purpureus color (B). Voyez *Phœniceus*.

PYRAMIDE (B), terme de Géométrie qu'on emploie pour décrire certaines parties des Plantes. On dit, *fructus pyramidatus*, *planta pyramidata*.

QUARRÉ (J). Comme les parties de Jardins renfermées par des allées forment fouvent des furfaces quarrées, les Jardiniers difent : J'ai planté un quarré de choux, d'oignons, d'artichaux, de femi-doubles, &c. lors même que les lieux qu'ils plantent ont d'autres figures.

QUEUES (B). Voyez *Petiolus* & *Pedunculus*, PEDICULE & PEDUNCULE.

QUINCONCE (J), échiquier ou tiers-point. Pour planter ainfi, on fait enforte que les arbres d'une rangée répondent précifément au milieu de deux arbres d'une autre rangée parallele. On fait des quinconces de Tilleuls, d'Ormes, &c.

R

RABATTRE (A), fignifie quelquefois tailler court un arbre qui pouffe foiblement ; il faut de temps en temps rabattre les Abricotiers, furtout ceux qui fe dégarniffent par le bas. On dit auffi *rabattre* une terre, quand on unit celle qui a été billonnée.

RABOUGRI. Voyez ABOUGRI.

RABOUILLERES ou CATTEROLLES (F), trous où les lapines font leurs petits. Quand un bois eft endommagé par les lapins, il faut s'attacher à détruire les rabouilleres.

Racemus, *racemofus* (B). Voyez GRAPPE.

RACINE, *radix* (B), eft la partie des plantes par laquelle elles tirent leur nourriture. La plûpart fe répandent dans la terre, d'autres fe diftribuent dans l'eau ; & les plantes parafites qui fe nourriffent de la feve des autres plantes, jettent leurs racines dans la fubftance des plantes nourricieres.

La racine la plus fimple , *radix fimplex*, (voyez Liv. I , Pl. IV, Fig. 8, 9 & 10), eft celle qui , ayant une forme conique, s'enfonce en terre fans former prefque aucune divifion , & qui jette de tous côtés de petits filaments prefque imperceptibles ; tels font les Raves , les Radis, les Navets , les Carottes , les Panais, même les Scorfoneres. Et comme la racine eft la partie la plus utile de ces plantes , on a coutume de les appeller fimplement *des racines*.

Les racines compofées ou branchues , *radix compofita aut brachiata* , font formées de ramifications : voyez Livre I, Pl. VI, Fig. 2 , 3 , 4 & 5.

On diftingue encore les racines par rapport à leur pofition dans la terre : prefque tous les arbres élevés de femence , jettent en terre une racine qui s'enfonce perpendiculairement , *radix perpendicularis* ; (voy. Livre I , Pl. VI , Fig. 3.) ; on la nomme *la racine pivotante*, ou le *pivot* : de ce pivot il part des racines qui s'étendent horizontalement , *radix horizontalis*, (voyez Livre I , Pl. VI , Fig. 2 & 4); & quand elles font proches de la fuperficie , on les nomme rampantes , *radix repens*.

On diftingue encore les racines par rapport à leur forme & à leur texture.

L'Oignon ou la Bulbe, *bulbus* (voyez L. I , Pl. III, Fig. 1 , 2 , 3, 4 , 5 & 6.) , a des racines qui ont une forme ronde ou ovale ; les uns font formés de plufieurs tuniques ou couches , on nomme ces oignons *tunicati*, (voy. Liv. I , Pl. III, Fig. 1 & 2) ; s'ils font formés par des écailles , on les appelle *fquamofi* ou *fquamati* (voy. Livre I , Pl. III, Fig. 3.) ; fi deux bulbes fe trouvent unies l'une à l'autre , on les dit *duplicati* (voyez Livre I , Pl. III, Fig. 6.); & *aggregati*, fi elles font affemblées plufieurs enfemble (voyez Liv. I, Pl. IV , Fig. 12 & 13).

Au bas de toutes les racines bulbeufes , *radix bulbofa*, eft une fubftance charnue (*dd*, Livre I , Pl. III , Fig. 1.), d'où partent des racines fibreufes.

Le tubercule ou la racine tubéreufe , *radix tuberofa*, differe de la bulbe , en ce qu'elle eft d'une fubftance uniforme (Livre I , Pl. III , Fig. 5.), & non point par couches ni par écailles. M. Linnæus nomme celles qui font adhérentes à la tige , *feffiles* (Pl. VI, Fig. 8.); & celles qui font fufpenduea par un filet , *pendula* ; il y en a qui font comme formées d'articulations , *geniculata* (Livre I , Pl. V ,

F. 3.) ; d'autres font couvertes d'écailles , *fquamofæ* (Livre I , Pl. 5 , Fig. 4.) ; d'autres, comme celles des Afperges , font raffemblées en bottes , ou comme la Renoncule , forment des griffes, ou comme l'Anémone, des pattes ; on les nomme *radices fafciculata* (Livre I , Pl. IV, Fig. 12 & 13, & Pl. V , Fig. 1.). Toutes ces racines jettent de tous côtés des filaments très-déliés , qu'on nomme racines chevelues , *radices fibrofæ*, ou *filamentofæ* , ou *capillaceæ* : mais il y a des racines qui fe divifent en plufieurs branches ou rameaux ; ce qui forme une racine rameufe , *radix ramofa* (Pl. VI , Fig. 4.) ; quand les divifions font beaucoup multipliées , *ramofiffima* (Pl. VI , Fig. 2.) ; & fi toutes les divifions font fort déliées , on les nomme racines fibreufes , *fibrofa* (Pl. V , Fig. 5.) : enfin il y a des racines noueufes, *nodofæ* (Pl. V , Fig. 3.) ; d'autres qui font roulées en tire-bourre , *cirrhofæ*, *cirrhatæ* ; d'autres qui fe partagent comme une main ouverte , *palmatæ* (Pl. III , Fig. 7.) : il y en a de charnues , *carnofæ* (Pl. IV , Fig. 8.), & entre celles-là il y en a qui font dites *carnofæ fibris intertextæ*, ou *lignofa* , fi les fibres ligneufes font la partie principale ; fi elles font rondes , on les dit *fphericæ* ; fi elles font ovales , *ovatæ* ; fi elles forment des grumeaux , *grumofæ*, &c. Voyez Livre I , page 78 , & Livre IV, page 99.

Radicalis (B), qui part immédiatement de la racine : plufieurs feuilles , quelques fleurs & toutes les tiges font de ce genre.

Radicans (B), qui produit des racines.

Radicatio (B), eft la difpofition des racines , confidérée par rapport au lieu d'où elles partent , à leurs divifions ; leurs directions , &c.

Radicatus (B), qui eft garni de racines.

RADICULE , *radicula* (B) , eft la premiere production des femences , qui devient la racine.

RADIÉE [fleur] (B) : *flos radiatus*, eft une fleur compofée dont le difque eft ordinairement formé par des fleurons , & la circonférence par des demi-fleurons qui forment des rayons , comme le *Corona-folis*. Voyez PÉTALE.

Radix (B) : voyez RACINE.

RAFLE , RAFFE ou RAPE (A), grappe de raifins , dépourvue de fes grains.

RAFRAICHIR (J), fe prend dans des fens fort différents. On *rafraîchit* une couche trop chaude en la découvrant ; on *rafraîchit les plantes* atténuées en les arrofant ; mais *rafraî-*

chir *une racine* est en retrancher l'extrémité.
Il ne faut point planter un arbre sans en rafraîchir les racines & les branches.

RAIE (A`, est l'enfoncement qu'on fait en
labourant un champ : le sillon est une raie
profonde.

RAMASSIS (F), menues branches qui ne
peuvent servir qu'à faire des bourrées. Voyez
RAMILLES.

RAME (J), signifie des branches ou rameaux secs qu'on pique en terre pour soutenir
des plantes flexibles : c'est dans ce sens qu'on
dit *des Pois ramés*. On dit aussi : On a mis à
part la rame, pour en faire des fagots.

RAMEAUX (A). On appelle ainsi des branches vertes qu'on coupe pour faire des greffes
& des écussons.

En terme de Forêts, des *rameaux* sont des
branches chargées de leurs feuilles.

RAMÉE (J), est un assemblage de branches
ent·elacées naturellement ou à dessein. On
dit aussi *aller à la ramée*, pour dire, aller couper des rameaux.

Rameus (B), se dit des productions des
branches : c'est dans ce sens qu'on dit, *rameum
folium, rameus pedunculus*.

RAMEUX, *ramosus* (B), est une partie qui
se divise en plusieurs branches ou rameaux :
c'est dans ce sens qu'on dit, *radix ramosa*,
une racine qui se divise en branches. On dit
aussi dans le même sens, une tige rameuse,
caulis ramosus. Voyez TIGE.

Ramificatio (B), est la disposition des branches considérées en elles-mêmes, & relativement les unes aux autres.

RAMIFIER (B) : se *ramifier*, est se diviser
en plusieurs branches.

RAMILLES (F), signifie les menues branches qui restent après l'exploitation & qui ne
peuvent servir qu'à faire des bourrées : c'est le
diminutif de *rames*.

Ramosissimus (B). On appelle *caulis ramosissimus* une tige chargée d'une quantité de petits rameaux : cela se peut dire aussi d'une racine. Voyez TIGE & RACINE.

RAMPANT, *repens* (B), se dit des parties
des plantes qui s'étendent sur le terrein ou
dans la terre, suivant une ligne horizontale ;
ainsi les plantes sarmenteuses dont les branches se couchent sur terre, sont dites *des plantes rampantes* ; & les racines qui s'étendent en
terre à une petite profondeur sont des *racines
rampantes*.

Ramulosum folium (B), se dit d'une feuille
sur-composée, qui porte plusieurs folioles sur

un pétiole commun & branchu.

Ramus (B), rameau, est une branche chargée de menues branches & de bourgeons.

RANGÉE (B), se dit de plusieurs choses qui
sont disposées en ligne droite. On dit : Une
rangée de pieux. Les Choux doivent être plantés par rangées.

RAPE (B). On s'est servi de ce terme pour
exprimer le filet qui soutient les grains du Froment, du Seigle, de l'Orge, &c. Ce terme
est aussi synonime de RAFLE.

RAPPROCHER (J), est racourcir les branches d'un arbre. Voyez RABATTRE.

RATATINÉ (J), qui pousse mal. Un Jardinier dit : Mes racines ne viennent ni grosses
ni longues ; elles sont toutes ratatinées.

RATEAU (J), instrument garni de dent
comme un peigne, qui sert à unir le terrein.

RATELER (J), est unir avec le rateau.
Quelques-uns disent *arateler*.

RATISSER (J), est donner un labour superficiel avec un instrument tranchant qu'on
nomme *ratissoire*. Dans les années humides,
en vain ratisse-t·on les allées ; on ne peut parvenir à les rendre nettes d'herbe.

RAVALER (J), c'est tailler court. Voyez
RABATTRE.

RAYONS (A), petites raies qu'on fait pour
semer certaines graines qu'on ne seme pas en
plein champ. On dit, semer par rayons ; &
rayonner, c'est faire des rayons.

REBORDER (J) : voyez BORDER.

REBOURGEONNER (A), pousser de nouveaux jets ou bourgeons, comme on dit
qu'un arbre boutonne quand il produit des
boutons.

REBOURS, terme d'Artisan. Les *bois rebours* sont ceux qui ont des nœuds & dont les
fibres prennent différentes directions, en sorte
qu'ils sont difficiles à travailler. Voyez BOIS
& Livre IV, page 53.

RECASSER (A) : voyez CASSAILLE.

RÉCEPER (F), recouper, abattre un bois
avant qu'il soit parvenu à la grandeur où on
vouloit le laisser parvenir : il faut réceper les
bois languissants ; pour rétablir ce bois, il
faut avoir recours au *récepage*. On ordonne
le récepage des bois qui ont été broutés. Les
Jardiniers récepent les arbres qu'ils veulent
greffer.

Receptaculum (B), le réceptacle, l'endroit sur lequel portent les fleurs & les fruits.
Voyez FLEUR & FRUITS.

RECHAUSSER un arbre A), est raporter de
la terre auprès de sa tige & sur ses racines. Il

faut rechauffer promptement les arbres qui ont été déracinés par les ravines.

RÉCHAUT (J), se fait avec le fumier de cheval lorsqu'il est nouveau & un peu humide: on l'arrange le long des couches pour les réchauffer. De fréquents réchauffements avancent beaucoup les Melons.

RECHIGNER (A), se dit d'une plante qui se refuse à une belle végétation.

Reclinatus (B), qui panche ou qui est comme pendant. On dit : *caulis reclinatus*, *folium reclinatum*.

RECOLEMENT (F), est un procès-verbal de visite que font les Officiers six semaines après le temps de la vuidange des bois abattus, pour voir si l'on a fait la coupe conformément au procès-verbal d'assiette.

RÉCOLTER (A), est ramasser les fruits de la terre. On fait *la récolte* des grains, des pommes, des fruits rouges, du Raisin.

RECOURS (A) : voyez COURSON.

RECOUVRIR (A), se dit des plaies qui se cicatrisent parce que le bois est recouvert par l'écorce. On dit : Cette plaie étoit grande ; mais elle est presque recouverte.

RECROQUEVILLER ou RECOQUILLER (J), se dit des feuilles & des fleurs qui se chiffonnent au lieu de s'étendre.

Reflexus (B) : voyez *Reclinatus*.

REGAIN (A) ; se dit d'une seconde moisson qu'on fait sur un même champ : le regain des sainfoins sera bon cette année, parce qu'elle a été chaude & humide.

REJETS, REJETTONS (F), nouvelles pousses que font les arbres qui ont été étêtés ou récepés. *Rejetter*, est pousser un nouveau jet.

REIN (F), est le bord d'un bois ; c'est la même chose qu'*Orée*. On dit : Cette ferme étant située sur le rein de la forêt, les terres sont exposées à être endommagées par le fauve. Voyez ORÉE.

REMISE (F), petits bois formés d'arbrisseaux, & qui sont destinés à la conservation du gibier, qui se plaît beaucoup mieux dans la broussaille que dans les bois élevés & touffus.

REMPLAGE (F), est une certaine quantité de bois qu'on donneroit à un Marchand, pour l'indemniser de ce qu'il y auroit erreur en moins sur ce qu'on lui a vendu. L'Ordonnance défend de donner du remplage, mais permet un dédommagement en argent.

Reniformis (B), en forme de rein : ce terme convient aux feuilles & aux semences.

Repandum folium (B), une feuille gaudronnée. Voyez FEUILLE.

REPEUPLEMENT (F), comprend les précautions qui sont nécessaires pour regarnir un bois dégradé par abroutissement ou autrement.

REPRENDRE (A), se dit d'un arbre nouvellement planté qui a produit de nouvelles racines. Quoiqu'un arbre pousse, il n'est pas certain qu'il soit repris.

RÉSERVE (F), est un canton qu'on défend d'abattre pour en former une futaie. Il faut faire les réserves dans les meilleurs terreins. On ne doit permettre d'abattre les réserves que quand elles commencent à dépérir.

RESPIRATION (B) : c'est à l'égard des animaux l'introduction de l'air dans leurs poumons, où le sang reçoit de cet air, une fluidité qu'il n'avoit pas en y entrant. Voyez sur la respiration des végétaux, Livre I, page 42 & 74, Livre II, page 169.

Restantes pedunculi (B), sont les pédoncules qui restent attachés à la plante après que les parties de la fructification sont tombées.

Resupinatio florum (B), regarde les fleurs labiées, & se dit quand la levre supérieure regarde la terre & l'inférieure regarde le ciel, comme dans l'*Ocymum*.

RETOUR (F) : les bois en retour sont ceux qui ont des marques sensibles de dépérissement. Voyez BOIS.

RETOURNEMENT des feuilles (B) : M. Bonnet est celui qui a plus particuliérement fait des observations sur ce sujet. On peut consulter dans son ouvrage ce qu'il dit sur la cause finale de ce *retournement*. Voyez Liv. IV. page 157.

RETRAIT (A), se dit des semences qui sont desséchées par le Soleil avant d'être parvenues à leur maturité. Les Bleds retraits & ridés donnent beaucoup de son & peu de farine.

Retrorso-serratum folium (B), feuille dentée à rebours : voyez FEUILLE.

Retusum folium (B), feuille émoussée, comme si l'on avoit retranché une partie qui forme une entamure. Voyez FEUILLE.

REVENUE (F), signifie quelquefois la reproduction des souches coupées.

Revolutus (B), qui se roule en dessous. Voyez FEUILLE & PÉTALE.

Rictus corolla (B), est un évasement entre deux levres, comme qu'on peut appeller la bouche des fleurs labiées, en gueule, ou en masque, &c. Voyez FLEUR & PÉTALE.

RIDELLES (F), ce sont des brins de Chêne en grume qu'on réserve pour les Charrons qui en font des limons & des ridelles de Charrettes. On les équarrit encore pour en faire du chevron.

RIGOLE (J), petite tranchée qu'on fait pour écouler les eaux ou pour planter de jeunes arbres : les Charmilles se plantent dans des rigoles.

Ringens flos ou *corolla* (B), fleur labiée ou en gueule. Voyez FLEUR & PÉTALE.

RIVERAIN (F), signifie proprement celui qui a des terres au bord d'une riviere. On l'applique aussi à celui qui habite ou possede des terres le long d'une forêt. Les Seigneurs riverains des bois du Roi, sont tenus de faire, à leurs dépens, des fossés qui séparent leurs bois de ceux du Roi. On appelle *Riverage* un droit domanial & quelquefois seulement seigneurial.

RONCEROT (A), endroit rempli de Ronces.

Rosaceus flos (B), une fleur en rose dont les pétales sont rangés en rond autour du calyce, comme ceux des roses. Les fleurs de cette famille sont dites *rosacées*. Voyez PÉTALE.

ROSE (B), fleur en rose : voyez *Rosaceus*.

ROSERAIE (A), endroit planté en Rosiers.

ROSETTE, *rotatus* (B), fleur en rosette, en molette d'éperon. On employe ces différentes dénominations pour donner l'idée de la forme de différentes fleurs en les comparant à des choses fort connues. Voyez PÉTALE, & Livre III, page 207.

Rostellum seminum (B): c'est la même chose que la Radicule. Voyez RADICULE.

Rotatus (B): voyez ROSETTE, PÉTALE, & Livre III, page 207.

ROUETTE (A), menues branches d'Osier.

ROUILLE (A), maladie des plantes par laquelle les feuilles se trouvent couvertes d'une poussiere rouge, semblable à la rouille du fer; ensuite les feuilles se dessèchent, & les plantes en souffrent beaucoup.

ROULEAU (A), cylindre de bois qu'on fait rouler sur les terres pour briser les mottes. On a aussi dans les jardins des rouleaux d'un grand diametre & fort pésants, qu'on fait passer sur les allées de gazon pour les unir.

ROULÉS ou ROULIS (F): les *bois roulés* ont des fentes intérieures qui sont circulaires suivant le contour des couches ligneuses. La *roulure* déprécie beaucoup les bois. Voyez BOIS.

ROUX-VENTS (J), sont des vents froids, secs & assez forts, qui gâtent, au printemps, la verdure & les jets tendres des arbres.

RU (A), canal d'un petit ruisseau. Le Saule & le Peuple viennent à merveille quand ils sont plantés au bord d'un ru.

Ruber color (B), couleur rouge; d'où l'on dit : *rubro-maculata folia*, feuilles marquées de rouge, & *venis rubris muricata*, chargées de veines rouges qui se terminent en pointe.

Ruderata loca (B), masures. Plusieurs plantes croissent singuliérement bien dans les masures.

RUFLER, ou ouvrir la Vigne (A), est fendre la terre du paillot ou de la perchée de la Vigne. On fait cette opération quand on veut la fumer.

Rugosus (B), sillonné, qui forme des enfoncements bordés de filets saillants. Ce terme convient aux feuilles, aux fruits & aux tiges.

Rumpi (B), les sarments des Vignes sauvages qui s'entrelacent dans les haies & le branches des arbres.

RUSTIQUE (A), est assez synonyme avec *rebours*. Les Ormes qu'on émonde souvent fournissent des bois rustiques & nouailleux, qui sont très-bons pour le Charronnage.

On dit aussi qu'un arbre est *rustique*, quand il vient bien sans culture & sans soins.

S

SABLE (A). Le terrein *sableux* est celui où le sable domine, & on le dit *sablonneux* si ce sable est fin comme est le sablon.

Sagittatus (B), qui ressemble à un fer de flèche. Voyez FEUILLE.

SALLE (J), est une enceinte de charmille avec des arbres de haute tige; ce qui forme un bosquet agréable.

Salsus sapor (B), de saveur salée; la plûpart des plantes maritimes ont cette saveur.

Sanguineus color (B), rouge de couleur de sang.

SAPINIERE (F), Forêt de Sapin.

SARCLER (A), c'est arracher à la main les mauvaises herbes : on nomme néanmoins des *sarcleuses*, celles qui avec un petit instrument tranchant, nommé *sarcloir*, coupent dans les bleds les chardons & les autres grandes herbes. On dit quelquefois échardonner.

SARMENT, *sarmentum* (B), proprement dit, est la branche de la Vigne; mais on l'a appliqué aux plantes qui ont leurs branches souples & pliantes; on les nomme des plantes *sarmenteuses*: une tige souple & pliante est nommée *caulis sarmentosus*, ou *sarmentaceus*.

Saumée (A), mesure de terre qui est en usage dans quelques Provinces.

Saussaie (A), terrein, planté de Saules.

Sautelle ou Sauterelle (A), est une sorte de marcotte de Vigne.

Sauterelle (A), est aussi un insecte qui fait quelquefois beaucoup de tort aux biens de la terre.

Sauvageon (A) : on appelle ainsi les arbres sauvages qu'on arrache dans les bois pour les planter en pépiniere, & greffer dessus des especes plus précieuses. On greffe les bonnes especes de poires sur sauvageon, c'est-à-dire, sur des Poiriers sauvages.

Scaber (B), raboteux, couvert de petites inégalités ou de parties déliées qui sont rudse au toucher. M. Guettard les nomme glandes miliaires. On a fait une famille de plantes qu'on a nommée *scabrida.* Ce terme convient à toutes les parties des plantes.

Scandentes plantæ (B), sont les plantes qui grimpent, comme le lierre, la vigne, le houblon.

Scapus (B), la hampe, une tige qui porte les fleurs & les fruits sans être chargée de feuilles comme est le Narcisse.

Sciage (F) : on appelle *bois de sciage*, ceux qu'on débite à la scie de long, pour en faire des planches, des membrures, &c. Voyez Bois.

Scion, *surculus* (B), rejetton d'un arbre.

Scoursons ou Coursons (A), sarments qu'on coupe, en taillant, à deux ou trois yeux. Quelques-uns font dériver ce mot de *secours*, qui vient au secours des autres branches ; néanmoins dans plusieurs vignobles on les nomme Coursons.

Secheron (A) : on appelle ainsi un pré qui est en terre seche ; le foin qui croît dans les sécherons est excellent.

Segrairie (F), qu'on appelle aussi *grairie* & en quelques endroits *gruerie*, sont des bois possédés en commun, ou par indivis, soit avec le Roi, soit avec des particuliers : en quelques endroits au lieu de *segrairie*, on dit *segreage* ou *segroage.* Le *Segraier* est celui qui possede les bois indivis. On appelle *segrais*, des bois qui sont séparés des grands bois & qu'on exploite à part.

Seller (A). Ce terme s'applique à une terre qui se durcissant à la superficie ne peut être labourée : on dit, Cette terre est bonne ; mais elle est sujette à se seller.

Semailles (A), c'est l'opération de se-

mer les grains. Le temps est propre pour les semailles ; il faut en profiter. Celui qui seme se nomme le *semeur* ; & l'instrument avec lequel on seme, *le semoir.*

Semen (B), semence ou graine : il y en a d'une infinité de figures ; elles sont quelquefois ornées d'aigrettes, ou d'une couronne, ou d'ailes membraneuses. Voyez Fruit.

Semer (A), répandre de la semence dans un terrein. Resemer, est semer une seconde fois. On est obligé de resemer les bois qui ont été mangés par les bestiaux.

Semi-amplexicaule (B), qui embrasse la moitié de la tige. Voyez Feuille.

Semi-cylindraceus (B), qui est comme un cylindre coupé en deux par son axe. Cela s'applique à toutes les parties des plantes, & plus particuliérement aux pédicules des feuilles & aux feuilles mêmes : on dit *semi-cylindraceum folium.*

Semi-flosculus (B), demi-fleuron, petite fleur partielle à languette. Voyez Pétale.

Seminalia (B), feuilles séminales. Ce sont les feuilles qui paroissent immédiatement après que les semences sont levées : on les a nommées *cotylédones* ; & les Jardiniers les nomment *les oreilles.*

Seminalis (B), séminal, qui part de la semence : c'est pourquoi on dit les feuilles séminales, *seminalia.* La racine séminale se distribue dans la semence même ou dans les cotylédones.

Semis (A), endroit où l'on seme des graines d'arbres, ou pour y former un bois, ou pour les lever & les mettre la troisieme ou la quatrieme année en pépiniere. Les anciens nommoient ce lieu assez convenablement, *le séminaire.*

Sep (B), pied de vigne qui porte des sarments & des pampres.

Sepée (F), touffe de plusieurs arbres qui ont été produits par une même souche. On arrache les sepées qui viennent dans les prés.

Septier (A), mesure de grains, différente suivant les lieux ; celui de Paris contient 12 boisseaux ou quatre minots, ou deux mines. Il pese en froment environ 240 livres. On divise aussi un terrein en *septiers*, mines & minots. C'est l'étendue de terre qu'on peut semer avec un septier ou une mine de grain, &c.

Septum-intermedium (B), cloison. Voyez Fruit & Cloison.

Serfouette ou Serfouir (J), est donner un labour fort léger, qui ne fait que détruire les mauvaises herbes ; il se donne avec un instrument qu'on nomme SERFOUETTE.

SERGENTERIES (F): les Eaux & Forêts ont leurs Sergents comme les autres Jurisdictions; mais il y avoit anciennement des sergenteries fieffées qui ont été abolies. Voyez VERDERIES.

SERGENTS *dangereux* (F), sont des Sergents traversiers, qui alloient autrefois examiner si les Sergents ou Gardes faisoient leur devoir pour la conservation des bois qui étoient en tiers & dangers.

SERPE (A), sorte de grand couteau recourbé qui a un manche court & qu'on manie avec une main; il sert à élaguer les arbres & à débiter le menu bois.

SERPETTE (J), est un petit couteau courbe dont se servent les Jardiniers pour tailler les arbres.

Serra, serratus (B), denté comme une scie. Voyez FEUILLE.

SERRE (J), gallerie bien exposée & close, dans laquelle on renferme l'hiver les arbres qui craignent les gelées. Les serres où l'on renferme les Orangers, se nomment *Orangeries* : pour les arbres encore plus délicats on a des serres qui sont échauffées par des poëles. On les nomme *serres chaudes*, ou *étuves.*

Sessilis (B), qui forme un siege, un support; lorsqu'une racine tubéreuse grossit plus que la tige & qu'elle y reste adhérente, on la dit *sessilis.* Lorsque des feuilles ou des folioles sont sans pétioles propres, elles sont dites *folia* ou *foliola sessilia* : lorsqu'une aigrette, *pappus*, est sans pied, on la dit *sessilis.* Voyez FEUILLE & RACINE.

SEVE (B), c'est l'humeur qui se trouv dans le corps des plantes, prise d'une façon générale; car on apperçoit qu'il y a dans les plantes différentes liqueurs, comme la lymphe, le suc propre &c. Voyez Liv. I. pag. 60, Liv. V. p. 191. M. Bonnet a fait des expériences qui prouvent que la seve s'éleve avec beaucoup de vitesse dans les plantes, Voyez pag. 254. de son ouvrage.

SEVRER (J), se dit d'une marcotte ou d'un arbre greffé par approche, lorsqu'on separe la marcotte ou la greffe de leur arbre propre; il ne faut sevrer les greffes, que quand elles sont bien reprises, & les marcottes lorsqu'elles ont suffisamment produit de racines pour se nourrir.

Sexus plantarum (B), le sexe des plantes: comme on a découvert qu'il falloit dans les plantes, comme dans les animaux, le concours des deux sexes pour obtenir une semence féconde, il a fallu distinguer les parties qui appartiennent à chacun de ces sexes. Nous en avons amplement parlé dans le Livre III.

SIFFLET (J), greffe en sifflet. Voyez Liv. IV. pag. 71.

Silicula (B), petite silique ou silicule: *siliculosæ plantæ*, plantes à silicule. Voyez FRUIT.

Siliqua (B), silique: *siliquosæ plantæ*, plantes à silique. Voyez FRUIT.

SILLÉE (A): c'est la même chose que le sillon d'une vigne, ou la partie basse qui est entre deux paillots.

SILLON (A), raie profonde qu'on fait en labourant; suivant la nature des terres, on fait les sillons plus ou moins larges & profonds. *Silloner*, c'est former des sillons qui sont bordés par des éminences que les Paysans nomment *billons.*

SIMPLE (B), est le nom general qu'on donne aux plantes d'usage, parce que ces plantes forment un médicament simple.

Simplex (B), simple : on emploie ce terme, tantôt par opposition à *double*, comme quand on dit, une rose simple, une giroflée simple; & tantôt par opposition à *composé* : c'est dans ce sens qu'on dit, *flores simplices* par opposition à fleurs composées; *folia simplicia*, les feuilles qui sont uniques sur une queue; *radix simplex*, une racine qui s'étend comme une rave, sans former de ramification; *caulis simplex*, une tige qui s'éleve sans fournir beaucoup de branches, & *simplicissimus*, quand elle n'en a point du tout; *umbella simplex*, est un ombel, qui porte ses fleurs à l'extrémité des premiers rayons. Voyez FLEURS, FEUILLE, RACINES, & TIGE.

Sinuatus (B), qui a des sinus. Voyez FEUILLE.

Sinus (B), échancrure. Voyez FEUILLE.

Situs (B), la situation; on a égard en Botanique à la situation des fruits, des fleurs, des feuilles, qu'on dit éparses, conglobées, verticillées, &c. Voyez FEUILLE, FRUIT, &c.

SOL, *solum* (A), terroir considéré relativement à sa qualité. Ce sol est trop humide pour le froment; mais il est très-bon pour les prés & les bois.

SOLE (A), étendue de terre destinée à une certaine culture. On dit la sole des bleds, des avoines, &c: diviser des terres par soles.

Solidus bulbus (B), une bulbe dont la substance est ferme & solide.

solitarius (B), un à un, se dit de toutes les parties qui se trouvent ainsi séparées, lorsque

que quelquefois elles font raffemblées plufieurs enfemble ; c'eft dans ce fens qu'on dit, *flores folitarii, folia folitaria,* &c.

SOMMET, *apex* ou *anthera* ou *crocus* (B). On appelle ainfi les petites capfules qui terminent les étamines, & qui font remplies de pouffiere. Voyez ETAMINE, & Liv. III. pag. 221. M Linnæus appelle le fommet, *apex,* d'une feuille, fon extrémité oppofée au pétiole ou à la queue.

SOUCHE (F), le bas du tronc d'un arbre. Les vieilles fouches ne produifent que de mauvais bois. *Effoucher* un champ eft en arracher les fouches. *Souchetage,* eft une opération qui fe fait, ou avant l'exploitation pour marquer les arbres qu'on doit abattre ; ou après l'exploitation pour connoître fi on l'a fait fuivant l'Ordonnance. *Soucheteurs,* font des Experts nommés pour faire cette vifite. On dit encore, *une fouche de vigne,* pour dire un pied, un cep.

SOUCOUPE (B), efpece de jatte qui a les bords peu relevés ; & par comparaifon, on dit, fleur en foucoupe, *flos hypocrateriformis.* Voyez PÉTALE, & Liv. III. pag. 209. & la Préface.

SOUS-ARBRISSEAU, *fuffrutex* (B). Voyez ARBUSTE.

Sparfus (B), répandu çà & là fans ordre. On dit, *flores fparfi, folia fparfa.*

Spatha (B), voile, ou forte de calyce. Voyez CALYCE.

Spatulatus (B), qui a la forme d'une fpatule. Voyez FEUILLE.

Species plantarum (B). Voyez ESPECE.

Specifica nomina (B), font les noms qui conviennent aux efpeces & qui les caractérifent.

Sperma (B), femence. On dit, *monofperma, bifperma, trifperma,* &c, fuivant le nombre des femences qui font raffemblées dans un même fruit. Voyez FRUIT.

Spica, fpicatus (B) : voyez EPI.

Spina (B), épine ; d'où l'on dit, *fpinofus,* épineux. Ce terme convient aux feuilles, aux fruits, aux tiges, &c. Voyez EPINE.

Spithame (B) : voyez Dodrans.

Squama (B) : voyez ECAILLE, CALYCE, TIGE, &c.

Squamofus (B) : voy. ECAILLÉ ou ECAILLEUX.

Squarrofus calyx (B), eft un calyce dont les écailles s'ouvrent de toutes parts, comme au Chardon.

Stamen (B) : voyez ETAMINE, *Stamineus flos,* fleur à étamine. Voyez FLEUR.

Partie II.

Stellatus (B), en forme d'étoile : il y a des fleurs qui ont cette forme. A l'égard des feuilles en étoile, *stellata folia,* elles font p'acées par étage le long des tiges, comme les p'umes d'un volant. Voyez FEUILLE.

STÉRILE, *fterilis* (B), qui ne rapporte point de fruit. On dit, un arbre ftérile, une terre ftérile, une fleur ftérile, *flos fterilis* ; les fleurs mâles & les fauffes fleurs font ftériles. Voyez FLEUR.

STIGMATE, *ftigma* (B), eft une partie finguliérement organifée qui fe trouve à l'extrémité du ftile, ou immédiatement fur le germe. Voyez PISTIL.

STILE, *ftilus* (B), eft une partie du piftil qui eft entre l'embryon & le ftigmate. Voy. PISTIL.

Stimulus, aiguillon (B), eft une partie pointue qui eft peu adhérente à la plante : voyez Aculeus.

Stipes, tige (B), & encore une efpece de tige qui appartient à une partie des plantes. On emploie ce terme pour fignifier une partie qui foutient d'autres feuilles, fleurs, &c. comme, quand on parlant d'une aigrette, on dit *ftipiti infidens,* qui eft portée par une efpece de tige. Voyez TIGE.

STIPULES, *ftipulæ* (B), font de petites productions de la nature des feuilles qui fe trouvent à la naiffance des vraies feuilles ou à une petite diftance fur le bourgeon. Voyez Livre II, page 107. On dit *ftipulatus,* garni de ftipules.

Stolones (B) : voyez DRAGEONS.

Striatus (B), ftrié, cannelé. Voyez FEUILLE & CANNELURE.

Stricta folia (B), les feuilles qui fe tiennent droites & fermes.

Striga, raie, fillon (B) : *ftrigatus ager,* un champ labouré. On fe fert de ce terme en botanique pour exprimer une tige ou une feuille fillonnée & rude au toucher : *Strigatum* ou *ftrigofum folium.*

Strobilus, cône (B). Voyez FRUIT & CÔNE.

Subalaris (B) : voyez Axillaris.

Subdivifus caulis (B), fe dit d'une tige qui fe divife en plufieurs rameaux fans ordre.

Subrotundum folium (B), une feuille fousorbiculaire, eft celle qui a plus de largeur que de longueur. Voyez FEUILLE.

SUBSTANTIEUX (A). Une terre fubftantieufe eft celle qui ayant beaucoup de fubftance, eft très propre à la végétation. On a fouvent dit, une terre fubftantielle. Mais

Hhh

comme ce terme s'employe dans des fens fort différents de celui dont il s'agit, nous avons été déterminés à lui préférer celui de *fubftantieux*.

Subulatus (B), en forme d'alêne. Ce mot convient aux feuilles, aux étamines, &c.

Suc NOURRICIER (B), eft la partie de la feve qui eft propre à la nourriture des plantes. Voyez Liv. IV, pag. 187.

Suc PROPRE, *fuccus proprius* (B), eft une humeur qui femble particuliere à chaque plante, telle que la gomme, la réfine, une liqueur laiteufe, &c. Voyez Livre I, pages 60 & 68.

SUCCULENT (B), qui eft rempli de fuc. La chair des fruits fondants eft fucculente & agréable.

Suffrutex (B) : voyez ARBUSTE.

Sulcatus (B), fillonné, empreint de lignes creufées parallélement dans toute la longueur. Voyez FEUILLE, FRUIT, &c.

Superficies (B), la furface. Quand on décrit une plante, on a égard à l'état de la furface des feuilles, des fruits, des tiges, &c, qui eft ou velue, ou hériffée de poils, ou raboteufe, ou piquante, ou épineufe, ou garnie de mamelons, ou liffe, ou pliffée, ou ridée, ou veineufe, ou nerveufe, &c.

SUPPORT, *fulcrum* (B). Suivant M. Linnæus, ce font des parties qui fervent à foutenir ou à défendre les autres : il en diftingue de dix efpeces ; favoir, la ftipule, *ftipula* ; la feuille florale, *braɛ̃tea* ; la vrille, *cirrhus* ; l'épine, *fpina* ; l'aiguillon, *aculeus* ; le pétiole ou la queue, *petiolus* ; le péduncule ou pédicule, *pedunculus* ; la hampe, *fcapus* ; la glande, *glandula* ; l'écaille, *fquama*. Voy. ces noms & *Fulcrum*.

Supra decompofitus (B), fur-compofé. Voyez FEUILLE, & Liv. II, pag. 113.

Surculus (B), jeune branche : voyez BOURGEON.

SURFEUILLE (B), membrane qui couvre le bourgeon.

SURGEON (B), rejetton qui fort de la tige d'un arbre principalement vers le pied.

SUR-MESURE (F), eft une erreur de l'Arpenteur des bois, qui quand elle eft conftatée emporte dédommagement, ou en faveur du Propriétaire, ou en faveur du Marchand de bois acquéreur.

Syngenefia (B), toutes les étamines unies par leurs fommets, en forme de cylindre ; ce font les fleurs à fleurons & demi-fleurons. On les diftingue en *polygamia æqualis*, *poly-*

gamia fuperflua, *polygamia fruftranea*, *polygamia neceffaria*. Voyez *Polygamia* & la Préface.

Syftema plantarum (B), eft un arrangement méthodique des plantes. Voyez la Préface.

T

TABLE *de marbre* (F), Jurifdiction fupérieure des Eaux & Forêts.

TAILLE (A), la taille des arbres confifte à retrancher avec art & connoiffance certaines branches, afin que l'arbre ait une forme agréable, & qu'il produife de plus beaux fruits. Ce Jardinier entend la taille des arbres ; la taille des Pêchers eft plus favante que celle des Poiriers.

TAILLIS (F) : les bois taillis font ceux qu'on met en coupe réglée de 10, 12, 20, 25, 30, jufqu'à 40 ans ; ceux qui font plus âgés font des demi-futaies. Voyez BOIS.

Talea (B). Voyez BOUTURE.

TALONNIER (F), ouvrier qui fait des talons pour les fouliers, avec des bois légers. On en fabrique beaucoup dans les forêts mêmes.

TAN (F), écorce de jeune Chêne pulverifée, & qu'on emploie pour tanner les cuirs. *Tannée*, eft le tan qui a fervi & qu'on tire des foffes : la tannée fert à faire des mottes à bruler & des couches chaudes.

TAON (A), forte de mouche qui mange les fruits. On appelle auffi *taon* ou *turc* un gros ver blanc qui mange les racines.

TAPIS *verds* (J), efpace de terre garni d'herbe. Les beaux tapis font faits avec des gazons rapportés qu'on leve dans les endroits où paiffent les moutons. On les affujettit à la batte ; on les foule avec de gros rouleaux très-péfants, & on les fauche fouvent : c'eft ainfi que fe font les beaux tapis à l'Angloife.

TARÉ (F) : un arbre taré eft celui qui a quelque défaut qui diminue de fon prix.

TAUPE (A), petit animal de la groffeur d'un rat, qui fouille la terre & forme des éminences ou des buttes qu'on nomme *taupinieres*. Il faut abattre les taupinieres dans les prés afin que la faux coupe l'herbe près de terre.

TAYON (F), baliveau de trois coupes. Voy. BALIVEAU.

TEIGNE (B), maladie de l'écorce. Voyez GALE.

TEIGNE ou TIGNE (A), infecte qui ronge les étoffes, & qui dévore les grains.

TÉRÉBENTHINE, *terebinthina* (B), est un suc qui découle des incisions qu'on fait à plusieurs especes d'arbres. Elle se dissout dans l'esprit-de-vin, & non pas dans l'eau; ce qui distingue les résines des gommes. Voyez *Abies, Pinus, Terebinthus*, dans le Traité des Arbres.

Teres, cylindrique (B): une tige qui a la forme d'un cylindre est nommée *caulis teres*. Mais ce terme convient à toutes les parties des plantes qui ont une forme cylindrique.

Terminalis pedunculus (B), se dit des pédoncules, qui sont à l'extrémité des branches.

Ternatus (B), trois qui ont une même origine; par exemple, *ternatum folium*, est une feuille qui a trois folioles.

TERRASSE (J), terrein élevé naturellement ou par art, sur lequel on forme des allées qui dominent sur le reste du terrein.

TERRASSIER (A), Ouvrier qui travaille au remuement des terres.

TERRE (A), se prend pour le sol, comme quand on dit: Cette terre est fertile: ou pour une étendue de terres seigneuriales; en ce sens on dit: Cet homme possede de grandes terres. On distingue les terres relativement à leurs qualités, comme quand on dit, une terre forte, une terre glaiseuse, une terre argilleuse, une terre légere, une terre sableuse, pierreuse, crayonneuse, marneuse, marécageuse, fertile, usée, &c. Voyez TERREIN.

TERREAU (A), est un fumier très-pourri & réduit en terre; d'où vient *terreauder*, améliorer une terre avec du terreau. On dit du terreau de vieilles couches, du terreau des rues & des chemins, c'est-à-dire, des boues qu'on a laissé mûrir pendant plusieurs années.

TERREIN & TERROIR, indique une étendue de terre relativement à sa qualité. Un arbre planté en bon terrein réussit toujours. Les fruits de ce jardin sont beaux; mais ils ont un goût de terroir.

TERRER (A), est rapporter de la terre dans un endroit. On ne se sert guère de ce terme qu'à l'égard de la Vigne. *Terrer une Vigne* est y transporter de la terre neuve, qui lui vaut mieux que du fumier.

TERRIER (A). Voyez CLAPIER.

Testa (B). Voyez COQUE & FRUIT.

Testaceus color, couleur de terre cuite (B), presque synonyme de *ferrugineus*.

TESTARD (F). On nomme ainsi les Saules, les Peupliers, les Ormes, &c, qu'on étête tous les quatre ou cinq ans, & qui produisent de nouvelles branches de l'extrémité de leur tronc.

Testiculi vegetabilium (B). Quelques-uns ont nommé ainsi les sommets des étamines.

TESTE (B), à l'égard d'un arbre *coma*, est l'amas de branches garnies de feuilles & de fruits qu'on apperçoit au haut du tronc. Ce que nous nommons *tête*, les Bucherons l'appellent *chapeau*. Ils augurent bien d'un arbre quand ils n'apperçoivent point de bois mort dans le chapeau. On emploie aussi ce terme à l'égard des plantes, comme quand on dit *coma aurea*.

TESTE, *capitulum* (B), toutes les parties des plantes qui prennent une grosseur un peu considérable, se nomment *tête*; ainsi on dit, *brassica capitata*, le Choux à tête; & à l'égard des racines *capitatum porrum*; des fleurs, *flores in capitulum congestæ*; *fructificationem capitatam*, &c.

Teter vegetabilium odor (B), l'odeur puante & désagréable des végétaux.

Tetradynamia (B), les fleurs hermaphrodites qui ont six étamines, dont quatre sont plus longues que les autres; comme le pistil devient une silique, on les distingue en *siliquosæ* & *siliculosæ*: ce sont les crucifères de Tournefort. Voyez la Préface.

Tetragonum folium (B). Voyez *Triqueter*.

Tetragonus caulis (B), une tige quarrée qui a quatre angles.

Tetragynia (B), les fleurs qui ont quatre pistils. Voyez la Préface.

Tetrandria (B), les fleurs hermaphrodites qui ont quatre étamines. Voyez la Préface.

Thalamus (B), c'est proprement ce qui renferme les organes de la fructification; ainsi c'est quelquefois le calyce, quelquefois le placenta, quelquefois le support, *sedes*; enfin on l'a aussi nommé *receptaculum*.

Theca (B), étui, capsule, boîte qui renferme les semences. Voyez FRUIT.

Thyrsus (B), est un panicule rassemblé en forme ovale, comme au Syringa.

TIERCEMENT (F), c'est une enchere du tiers du prix: on peut la faire au Greffe après l'adjudication: ainsi un arpent de bois qui a été adjugé à 300 livres, le *Tierceur* le met à 400 livres. Il faut que cette enchere soit faite dans un temps fixé par l'Ordonnance.

TIERS & DANGER (F), est un droit qui appartient au Roi ou à des Seigneurs sur les bois possédés par leurs Vassaux, sur-tout en Normandie. Le droit de *tiers*, est le tiers du bois ou le tiers de la vente, & le droit de *danger* en est le dixieme; de sorte que sur trente arpents qu'un Tréfoncier possede en tiers & danger, il y en a dix arpents qui appartiennent au Roi; plus, trois arpents pour le dixieme. Ces treize arpents prélevés, ou leur prix, le reste appartient au Tréfoncier.

TIGE, _caulis_ (B); la tige est la production principale & verticale d'un arbre & d'une plante. Ainsi l'on dit : Cette plante a une belle tige; cet arbuste pousse plusieurs tiges, &c. La tige des plantes graminées, se nomme la paille, _palea_; le chalumeau, _calamus_; ou le chaume, _culmus_. Ce terme est propre aux graminées qui ont une tige creuse, garnie de feuilles.

On distingue les tiges en simples & composées : la tige simple, _caulis simplex_, est celle qui se continue sans interruption depuis le bas jusqu'au haut; on l'appelle entiere, _integer_, lorsqu'elle ne pousse aucune branche; _nudus_, si elle est sans feuilles; _foliatus_, si elle en est garnie; _rectus_, si elle s'éleve droite; _obliquus_, si elle est oblique; _volubilis_, si elle s'entortille; _flexuosus_, lorsqu'elle s'attache aux corps solides en se pliant; _reclinatus_, quand elle se panche; _procumbens_, lorsqu'elle retombe; _repens_, si elle se couche par terre; _sarmentosus_, quand elle pousse de grands brins menus, qu'on peut comparer à ceux de la Vigne; _perennis_, si elle est vivace; _fruticosus_, en arbrisseau; _suffruticosus_, en sous-arbrisseau; _annuus_, quand elle périt tous les ans; _teres_, si elle est cylindrique; _anceps_, si elle a deux angles; _trigonus_, à trois angles, &c; ou _polygonus_, à plusieurs angles; _striatus_, cannelée; _canaliculatus_, en gouttiere; _glaber_, lisse; _villosus_, velue; _scaber_, raboteuse; _hispidus_, hérissée de poils: _caulis ramosus_, est celle qui branche; si elles montent, elles sont dites _ascendentes_; si elles s'écartent, _diffusi_; si la tige porte de grosses branches, elle est dite _brachiatus_; des rameaux, _ramosus_; en grande quantité, _ramosissimus_; si elle est chargée de supports, _fulcratus_; s'il en sort des semences, _prolifer_; enfin elle a encore tous les attributs de la tige entiere.

La tige composée, _caulis compositus_, est celle qui se perd en se ramifiant : lorsqu'elle forme des bifurcations, on la dit _dichotomus_; si elle se sépare en deux rangs de branches, _distichus_; lorsqu'elle se subdivise, _subdivisus_.

A l'égard du chaume, _culmus_, nous avons dit que c'est la tige fistuleuse des plantes graminées qu'on nomme _plantæ culmiferæ_; elle porte d'ordinaire des épis ou des panicules; elle est entiere, _integer_; ou branchue, _ra-_

mosus; uniforme, _æqualis_; articulée, _articulatus_; écailleuse, _squamosus_; sans feuilles, _nudus_; ou garnie de feuilles, _foliatus_.

Quelques plantes qui produisent leurs fleurs immédiatement des racines sont dites _acaulis_ ou _acolos_. Voyez Livre I, page 3, & les différents noms que nous venons d'indiquer.

Les tiges reprennent toujours la perpendiculre : voyez Livre IV, page 144, & de plus les Expériences de M. Bonnet, Art. LII de son Ouvrage, par lesquelles il prouve que lorsque le bout inférieur d'une tige est libre & le supérieur retenu, le mouvement s'exécute sur celui-là.

TIGRE (J), petit insecte qui se métamorphose en une espece de papillon : il suce la substance des feuilles des arbres en espalier, sur-tout des Poiriers de Bon-chrétien, ce qui les fatigue beaucoup.

TIRER (J), se prend en plusieurs significations. On dit, _tirer un alignement_; mais quand on dit, _tirer des arbres d'une pépiniere_, c'est les en arracher pour être plantées ailleurs. On a tant tiré d'arbres de cette pépiniere, qu'elle est épuisée.

TISSU (B) cellulaire, vésiculaire, utriculaire ou parenchymateux. Voyez MOELLE, & Livre I, page 23.

Tomentosus (B), drapé, couvert de poils, ordinairement blanchâtres, qui sont tous près-à-près, mais que l'œil ne peut pas distinguer. Ce terme convient aux feuilles, aux fruits, &c.

TONDRE (J), c'est retrancher indistinctement toutes les branches qui défigurent un arbre. On tond les palissades avec le croissant; & les banquetres, ainsi que les arbrisseaux des boulingrins & les bordures des parterres, avec des ciseaux.

TONNE, TONNEAU (A), sorte de futaille.

TONNELLE (J), c'est une espece de berceau pour décorer les jardins. On les fait avec des treillages peints en vert, que l'on garnit avec des arbres ou avec des plantes sarmenteuses dont on assujettit les branches sur les treillages : ces sortes de décorations ne conviennent que dans les petits jardins.

TOQUE (B), bonnet cylindrique en forme de chapeau, dont le bord est étroit. Il y a des fruits qui ressemblent à de petites toques.

Torosum pericarpium (B), se dit d'un fruit qui est relevé de bosses ou de protubérances placées sans ordre.

Tortilis (B), se dit d'une barbe filamenteuse, qui forme une maniere de tire-bourre par son extrémité, comme celle de l'Avoine.

TOUCHE (F), bois de touche. Voyez MARMENTAU.

TOUFFE (A), se dit d'un gros pied d'arbrisseau qui est accompagné de plusieurs autres petits qu'on peut lever pour les transplanter ailleurs. Une touffe de Laurier, une touffe de Lilas.

TOUPILLON (J), se dit d'un tas confus de mauvaises branches. Cet arbre est plein de toupillons ; on voit bien qu'il a été mal taillé.

TOURBE (A), terre qui se tire du fond des marais, & dont on se sert pour brûler. Il y a de la tourbe formée par une multitude de racines, & d'autre qui est fort bitumineuse. Le Saule ne se plaît pas dans la tourbe ; mais l'Aune y vient bien.

TOURNER (A), à l'égard des fruits, est un changement de couleur qui annonce qu'ils approchent de leur maturité. Le raisin commence à tourner. Ce Melon est tourné, il faudra le couper incessamment.

TRACER (B), se dit des racines qui s'étendent entre deux terres & qui produisent des drageons. Dans ce sens on dit que le Chiendent trace. Quelquefois les branches qui s'étendent sur terre produisent des racines ; c'est dans ce sens qu'on dit que le Fraisier trace.

TRACER *un alignement* (J), c'est le marquer par un trait léger. Ce trait se fait quelquefois avec un bâton pointu qu'on nomme *traçoir*, & d'autres fois avec une pioche étroite. On dit un *trait* de Buis ou de Lavande, pour signifier une rangée unique.

TRACHÉE, *trachea* (B), ce sont des vaisseaux spiraux qu'on apperçoit dans la partie des jeunes rameaux qui doit devenir ligneuse. On les nomme aussi *fistulæ spirales*, & on les regarde communément comme des vaisseaux destinés à ne contenir que de l'air. Voyez Livre I, pages 42 & 74, & Livre II, page 169.

TRANCHÉS (F). On appelle *bois tranchés* ceux dont on est obligé de couper les fibres en les travaillant, parce qu'ils ne suivent pas dans l'intérieur de l'arbre, une ligne droite. Voyez BOIS.

TRANSPIRATION (B), évacuation par laquelle les plantes se déchargent des humeurs qui leur sont superflues. Il y a une transpiration sensible, & une qui est insensible. Voy. L. II, p. 134. M. Bonnet a prouvé, art. 16, 17 & 93, que la surface inférieure des feuilles, est aussi bien un organe de transpiration que d'imbibition. Voyez dans son Ouvrage ce qu'il en dit ; & Livre II, Chap. III.

TRANSPLANTER (B), tirer une plante d'un endroit pour la placer dans un autre. Voyez PLANTER.

TRÉFONCIER (F) ou *Parager*, Propriétaire des bois & forêts qui sont en tiers & danger, ou en Gruerie, suivant l'usage des lieux.

TREILLAGE (J), ouvrage fait avec des échalas ou des perches de bois bien dressées, & qu'on attache les unes aux autres avec du fil de fer en formant des mailles quarrées ou en losange. On garnit de treillage les murs des espaliers, & on fait avec des treillages des berceaux & des tonnelles.

TREILLES (J), c'est un treillage garni de quelque plante sarmenteuse, particuliérement de Vigne. On distingue le raisin de treille de celui de vigne.

TREMBLAIE (A), lieu planté de Tremble.

TREZEAUX (A), & par corruption en quelques endroits *triaux*, sont des tas souvent de treize gerbes qu'on laisse dans les champs pour acquitter la dîme ou le champart.

TRIAGE (F), sont des buissons qui marquent certaines limites ; car les grandes forêts sont divisées en gardes & triages : les Officiers sont tenus de faire des visites de garde en garde & de triage en triage.

Triandria (B), les fleurs hermaphrodites qui ont trois étamines. Voyez la Préface.

Triangularis (B), qui a trois angles. Ce mot convient aux feuilles, aux tiges, aux fruits, aux péduncules, &c.

Trigonus ou *triqueter* (B), qui a trois arrêtes tranchantes, la partie d'entre les arrêtes étant convexe, ce qui convient à toutes les parties des plantes. Voyez FEUILLE.

Trigynia (B), les fleurs qui ont trois pistils. Voyez la Préface.

Trinatus (B), trois qui ont une même origine, *trinatum folium*, une feuille en treffle.

Tripartitum folium (B), est une feuille découpée en trois jusqu'à la base. Voyez *Partitum* & FEUILLE.

Triplicata corolla (B), se dit des fleurs qui ont l'une dans l'autre trois pétales, comme la Campanule double à feuille d'Ortie, le Stramonium à fleur double.

Triqueter (B), qui a trois angles formés par des lignes droites, ce qui s'applique à toutes les parties des plantes. Voyez FEUILLE.

TRIS-ANNUELLE (B), est une plante qui périt après avoir vécu trois ans : elle leve la première année ; elle se fortifie la seconde ; la troisieme elle porte ses semences, & périt.

Triternatum folium (B) : voyez *triplicato-ternatum*.

Trivialia nomina (B), font les noms qui font en ufage parmi ceux qui ne font point Botaniftes. C'eft ainfi qu'on nomme Baguenaudier le *Colutea veficaria.*

TROCHET (B), eft l'affemblage d'un nombre de fruits raffemblés près les uns des autres. Il y a du Noyer à trochet, du Cerifier à trochet, &c.

TRONC, *caudex* (B); eft la tige des arbres & des arbriffeaux. On dit : Un beau tronc d'arbre; & auffi : Cet arbre a une belle tige.

TRONC, *truncus* (A), eft proprement la partie baffe de la tige d'un gros arbre. On dit : On a étété cet arbre; il ne lui refte que le tronc : cet arbre eft étronçonné. M. Linnæus emploie généralement *truncus*, pour défigner la tige d'un arbre & celle d'une plante.

Truncatus (B), tronqué, fe dit des parties qui fe terminent comme fi l'on avoit retranché leur extrémité. Ce terme convient à plufieurs parties des plantes, feuilles, fruits, piftils, &c.

TRONÇON (F), piece de bois qui faifoit partie du tronc d'un arbre. On a débité la tige de cet Orme par tronces ou tronçons, pour en faire des moyeux de roues.

TROUÉE (F), ouverture faite dans un bois ou dans une haie. On a fait une trouée pour tirer les bois de cette vente.

Truncus (B) : voyez TRONC.

Tuberculum (B), eft un petit corps faillant qui s'obferve fur différentes parties des plantes.

TUBE (B), *tubus*, tube, tuyau ou cylindre creux. On emploie ce terme pour différentes parties des plantes, mais finguliérement pour les fleurs monopétales, qu'on nomme *flores tubulati*, fleurs en tuyau, *flofculus tubulatus*; & on dit auffi *folium tubulatum.* Voyez PÉTALE & FEUILLE.

TUF (A), terre dure & compacte qui n'eft pénétrée prefque par aucune racine. Le tuf fe trouve au deffous de la bonne terre. La plûpart des arbres périffent quand leurs racines ont atteint le tuf.

TUNIQUE, *tunica* (B), robe. On appelle ainfi les différentes peaux d'un Oignon, qui fe recouvrent les unes les autres. Et dans d'autres cas on s'en fert pour fignifier une enveloppe; d'où vient *tunicatus.* Voyez *Bulbus* & RACINES.

Turbo, *turbinatus* (B), défigne une figure qui reffemble affez à une toupie; d'où eft venu *turbinatus*, qui a la forme d'une poire : ainfi c'eft un fynonyme de *pyriformis*, pyriforme.

Turiones (B), bourgeons naiffants ou pouffes tendres & nouvelles des arbres. Voyez BOURGEONS.

TUTEURS (A), font des pieux longs & forts qu'on pique auprès de la tige des jeunes arbres pour empêcher qu'ils ne foient renverfés par le vent.

TUYAU : voyez TUBE.

V

Vagina, *vaginula* (B) : voyez GAÎNE.

Vaginatus (B), qui eft renfermé dans une gaine.

VAGUE (F), fignifie le lieu d'une forêt où il n'y a point d'arbres. On dit : Cette vente fera vendue à bon compte; car il y a beaucoup de vagues : pour dire qu'il y a bien des endroits où il ne fe trouve point d'arbres. On nomme auffi ces endroits des *clarieres.*

VAISSEAUX, *vafculi* ou *vafa* (B), tuyaux qui contiennent différentes humeurs ou liqueurs : ainfi il y a des vaiffeaux lymphatiques, des vaiffeaux propres, des vaiffeaux fpiraux, des vaiffeaux féveux; de plus, on appelle *vaiffeaux excrétoires* ceux qui fervent à vuider les humeurs qui font filtrées dans les glandes : *vaiffeaux fecretoires*, ceux qui féparent une humeur; & *vaiffeaux abforbans*, ceux qui fe chargent d'une humeur pour la porter dans la plante. On peut ajouter à ces vaiffeaux ceux qu'on nomme *umbilicaux* & *fpermatiques.* Voyez Livre I, pages 17, 23, 27, 34, 41, 42, 53.

Valvulæ (B), panneaux d'une capfule, qui en forment l'extérieur; d'où l'on a fait *bivalvis*, *trivalvis*, *quadrivalvis*, &c.

VARENNE (A), plaine inculte qui ne fe cultive ni ne fe fauche.

Variegatus (B), panaché : il fe dit des fleurs & des feuilles dont les couleurs font variées : voyez PANACHÉ, & Livre III, page 108.

Varietas (B). On diftingue dans les plantes les variétés d'avec les efpeces. Les *efpeces* doivent être conftantes & ne point changer : les *variétés* font des jeux de la nature. Voyez la Préface.

Vafa (B) : voyez VAISSEAUX.

Vafculi (B) : voyez VAISSEAUX.

VASE (J). On plante les fleurs dans des vafes pour orner les plates-bandes. On décore les jardins avec des vafes de marbre, de pierre, de terre cuite, de bronze ou de fer, qu'on met fur des pieds d'eftaux. On fait auffi des vafes de treillage qu'on met fur les tonnelles.

Vase (A), terre bourbeuse : un terrein vaseux ou vasard est un terrein trop abreuvé d'eau, ce qui le rend comme de la boue. Il y a des arbres qui viennent dans ces sortes de terres.

Végétal, au pluriel *végétaux* (B), désigne tout ce qui végete. Ce mot est synonyme avec plante.

Quelques-uns disent *un végétable* : je crois que ce mot vient de l'Anglois, où l'on appelle *vegetables*, ce que nous appellons *végétaux*.

Végétation (B), c'est l'action par laquelle les plantes se nourrissent, croissent, fructifient, &c. On dit : Les engrais sont favorables à la végétation ; la végétation se ranime au printemps.

Velu (B) : voyez *Villosus*.

Vendange (A), recolte du raisin pour en faire du vin.

Venosus (B.), veineux, se dit des parties dans le tissu desquelles on apperçoit des ramifications que l'on compare à celles des vaisseaux sanguins. Voyez Feuille & Fruit.

Vente (F), étendue de terrein que l'on détermine dans une forêt, & dont on adjuge la coupe. Les Officiers des Eaux & Forêts vont asseoir les ventes. On distribue une forêt en ventes & coupes réglées. Les Marchands sont obligés de vuider les ventes dans un temps préfixe.

Ventier (F). On appelle *Marchand ventier* celui qui achete des bois dans les forêts & qui les y fait exploiter. Le Marchand Ventier étant tenu de se conformer aux Ordonnances, est obligé de donner des chaînes aux Bucherons pour mesurer la longueur du bois, la grosseur des fagots, &c.

Verderie (F). Il y avoit autrefois des Verderies ou Seigneuries fieffées ; ces terres étoient données à des Particuliers, à charge de garder les forêts du Roi : elles ont été supprimées. Ces Officiers s'appelloient *Viridarii* qu'on a traduit en François *Verdiers* : les Sergenteries fieffées différent peu des Verderies.

Verdure (A), se dit de la couleur verte que produisent les feuilles. La verdure est charmante au printemps : la belle verdure de ce bois indique sa vigueur ; les insectes ont détruit toute la verdure.

Vergée (A), mesure de terre en usage dans quelques provinces.

Verger (J), lieu planté d'arbres fruitiers, principalement en plein vent.

Verglas (A), glace qui couvre les branches des arbres. Quand après une pluie il survient une forte gelée, les arbres sont chargés de verglas : le verglas fait plus de tort aux arbres que les fortes gelées. Il ne faut pas confondre *le verglas* avec *le givre* qui est aussi un amas de glace sur les branches, mais qui étant moins adhérent ne fait pas tant de tort.

Vermoulu (F). Le bois vermoulu est piqué par les vers ; d'où est venu *vermoulure*, qui signifie la trace que font les vers dans le bois, ou la poussiere que les vers laissent après eux.

Vernales plantæ (B), plantes printanieres : voyez Printanier.

Versatilis anthera (B), se dit d'un sommet qui est attaché au filet par le côté.

Versura sive margines agrorum (B), sont les bords d'une terre labourée & fertile qui sont couverts d'herbe comme celle des prés.

Verticilles, *verticillum* (B), anneaux qui entourent les branches. On dit que des fleurs sont verticillées, *flores verticillati*, quand d'étage en étage elles forment des bouquets en anneaux autour des tiges : on dit que des feuilles sont verticillées quand un nombre de feuilles entourent les tiges ou les branches. Voyez Fleur & Feuille.

Vesicules (B), petites vessies qui s'observent sur les parties tendres des plantes ; d'où est venu le nom de *glandes vésiculaires*, que M. Guettard a adopté. Voyez Utricule.

Veule (F), menu. Un arbre veule est un arbre fort menu, relativement à sa hauteur.

Vexillum (B), pavillon, c'est le pétale supérieur des fleurs légumineuses ou papilionacées. Voyez Pétale.

Vif (F). On nomme *bois vif*, celui qui est en état de vigueur & d'accroissement. Voyez Bois.

Vigiliæ plantarum (B), suivant M. Linnæus, est la détermination des heures auxquelles les plantes épanouissent leurs fleurs.

Villosus (B), velu ; ce qui differe peu d'*hirsutus* : ce mot convient à toutes les parties des plantes.

Vimen (B), hart, lien fait avec une branche de bois souple, ou de quelque plante. On fait des liens avec du Jonc, de la paille, des Osiers, &c.

Violaceus color (B), de couleur violette.

Viridarium (B). Voyez Herbier.

Viridis color (B), de couleur verte.

Vis (B), roulé en pas de vis, en tire-bourre, en hélice. Il y a des fleurs & des fruits qui ont cette forme, & que l'on dit *cirrhosi*.

Viscere (B). Nous entendons par ce terme, qui est pris de l'Anatomie, une partie composée de glandes ou d'autres parties organiques, & qui a des usages relatifs à l'économie végétale. C'est dans ce sens que nous regardons, avec les autres Botanistes, les feuilles & les fleurs des plantes comme des viscères.

Viscidus (B), gluant, visqueux, se dit de toutes les parties des plantes qui sont enduites d'une humeur gluante.

Viticulus (B), jet rampant : les Fraisiers, les Ronces, poussent sur terre des jets qui produisent des racines. Voyez TRACER.

Vitreus color (B), d'une couleur verdâtre.

VIVACE (B) : voyez *Perennis*.

VIVE PÂTURE (F), est la saison de la glandée, qui dure depuis la S. Michel jusqu'à la S. André.

Uliginosa loca (B), lieux ou terreins humides.

Umbella, umbellatus (B) : voyez FLEUR.

UMBILICAL (B), qui appartient au nombril : les vaisseaux umbilicaux en Anatomie, s'insèrent au nombril, & sont destinés à porter la nourriture au fœtus. Comme les semences reçoivent leur nourriture par un vaisseau qui part du fruit, & répond à la semence, nous l'avons nommé *umbilical*.

Umbilicus (B), umbilic. *Umbilicatus*, qui a un umbilic. Voyez NOMBRIL.

Umbo (B). Voyez *Discus*.

Uncia ou *digitus* (B), pouce, la douzieme partie d'un pied ; d'où l'on dit, *folium semi-unciale*, d'un demi-pouce ; *unciale*, d'un pouce ; *bi-unciale*, de deux pouces, &c.

Undulatus (B), ondé, se dit lorsque des inflexions alternativement convexes & concaves représentent comme les ondes de la mer. Voyez FEUILLE.

Unguicularis mensura (B), grand comme l'ongle.

Unguis (B), ongle ou onglet. Voyez PÉTALE.

Unicapsulare pericarpium (B), fruit à une capsule. Il y a des fruits qui sont formés de deux, trois, &c, capsules qui se réunissent par une de leur partie. On les nomme *bicapsulare, tricapsulare*, &c. Ceux qui n'ont qu'une capsule, sont unicapsulaires, quoiqu'ils soient quelquefois divisés en plusieurs loges.

Uniflorus (B), se dit lorsqu'il n'y a qu'une fleur sur un pédoncule ; s'il y en a plusieurs on dit, *biflorus, triflorus*, &c, *multiflorus*. Voyez FLEUR.

Uniloculare pericarpium (B), fruit à une loge. Cela se dit des capsules qui n'ont qu'une

loge ; si elles en ont deux, elles sont *biloculare* ; trois, *triloculare*, &c ; ce qui se distingue par des cloisons qui les partagent intérieurement.

VOILE (B), sorte de calyce. Voyez *Spatha*.

VOLIGE ou VOLICHE (F), planche sciée fort mince.

Volva (B, bourse, sorte de calyce ou enveloppe. Voyez CALYCE & BOURSE.

Volubilis (B), qui s'entortille : ainsi *caulis volubilis*, est comme celles de l'*évonimoïdes* qui s'entortillent les unes sur les autres, ou sur les corps solides qui sont à leur portée. On emploie aussi ce terme pour les feuilles. Voyez TIGE & FEUILLE.

VRILLES (B). Voyez MAINS, & Livre II, page 193.

Urceolata corolla (B), un pétale qui ressemble à un petit pot.

USAGERS (F), sont ceux qui ont droit d'usage, dans un bois ou pour y abattre du bois, ou pour y mettre des bestiaux en pâture. Le droit d'*usage* s'étend aux prairies : & ces endroits qui appartiennent à une commune, se nomment *Communes & Communaux*.

USÉE (A). On appelle *terre usée*, celle qui, à force de rapporter, devient infertile. Il est nécessaire de la bonifier par des engrais. On dit aussi qu'*une vente est usée*, quand on en a enlevé tout le bon bois.

USUELLE (B) : une plante usuelle ou d'usage, est celle dont on connoît les vertus ou propriétés pour les différents usages de la vie, principalement pour la Médecine. Chomel a fait un Traité des plantes usuelles.

UTRICULE, *utriculus* (B), petite vessie ou bourse. On emploie quelquefois ce terme pour désigner certains fruits, ou les sommets des étamines. Mais la *substance utriculaire* ou *vésiculaire* de Malpighi, est une partie intérieure des plantes qui forme la pulpe des fruits ou le tissu vésiculaire ou parenchymateux des plantes. Voyez Livre I, pag. 23.

VUIDER (F). Les Marchands de bois sont obligés de vuider les ventes dans un temps fixé ; & le temps du *vuide* passé, le bois debout & gisant doit être confisqué. On emploie aussi le terme de *vuidange des bois*, pour signifier l'enlevement des bois dont on s'est rendu Adjudicataire.

Vulgaris (B), ou *frequens planta*, se dit des plantes qui se trouvent communément en un lieu.

FIN.

www.ingramcontent.com/pod-product-compliance
Lightning Source LLC
Chambersburg PA
CBHW060524220326
41599CB00022B/3423